V

COURS

DE

MATHÉMATIQUES,

À L'USAGE

DES ECOLES MILITAIRES.

IMPRIMERIE DE COSSE ET G.-LAGUIONIE,
Rue Christine, n° 2.

COURS
DE
MATHÉMATIQUES,

RÉDIGÉ

POUR L'USAGE DES ÉCOLES MILITAIRES,

D'APRÈS L'ORDRE DE M. LE GÉNÉRAL DE DIVISION BELLAVÈNE, COMMANDANT-DIRECTEUR DES ÉTUDES DE L'ÉCOLE SPÉCIALE DE SAINT-CYR,

Par MM. ALLAIZE, BILLY, BOUDROT,

PROFESSEURS DE MATHÉMATIQUES,

Et M. L. PUISSANT,

Membre de l'Institut, et de plusieurs autres Sociétés savantes.

Quatrième Édition,

REVUE ET AUGMENTÉE.

Ouvrage adopté par diverses institutions.

PARIS,

CH. TANERA, ÉDITEUR,

LIBRAIRIE POUR L'ART MILITAIRE, LES SCIENCES ET LES ARTS.

Quai des Augustins, 27.

1853

AVANT-PROPOS.

Le Cours de Mathématiques, réimprimé aujourd'hui pour la quatrième fois, est le précis des leçons données à l'École de St-Cyr, à l'époque où cette École comptait encore l'illustre et modeste Puissant au nombre de ses professeurs.

Chargé par le savant Académicien, peu de mois avant que la mort ne l'enlevât à ses impérissables travaux, de réviser ces leçons et d'y ajouter les améliorations de détail dont il voulut bien nous laisser juge, nous nous sommes efforcé : 1° de conserver à cet excellent Traité Élémentaire la marche rapide et concise qui le distinguent éminemment ; 2° à l'aide de quelques développements succincts, jetés çà et là dans tout le cours du livre, d'en rendre l'intelligence tout-à-fait indépendante des conseils d'un professeur ; 3° enfin, et par des additions assez nombreuses dont quelques-unes ont été rédigées par M. Puissant lui-même, de l'approprier autant à l'enseignement industriel qu'à celui des jeunes officiers à qui, dans l'origine, il était plus spécialement destiné.

Nous avons donc tout lieu d'espérer, que, dans l'état où il est parvenu à cette troisième édition, il satisfera amplement aux exigences des examens pour l'admission dans toutes les Écoles du gouvernement, aussi bien qu'aux besoins des jeunes gens qui se destinent à la carrière de l'industrie.

Ainsi l'ARITHMÉTIQUE, y est présentée de manière à suffire aux calculs qui ont rapport à la comptabilité et à l'administration des corps militaires ou des usines. L'ALGÈBRE, qui précède d'ailleurs la géométrie, parce que celle-ci tire de puissants secours de la première, est réduite à la partie véritablement usuelle de cette vaste science, à celle qui suffit à presque toutes les applications. La GÉOMÉTRIE, où l'on a sacrifié quelque chose de la rigueur plus apparente que réelle de certaines démonstrations, ne s'écarte d'ailleurs des beaux modèles de MM. *Legendre* et *Lacroix*, qu'en ce que l'on s'est attaché à montrer l'emploi de la science dans les opérations sur le terrain et les arts de construction. Elle est suivie des notions les plus nécessaires de la GÉOMÉTRIE DESCRIPTIVE ou THÉORIE DES PROJECTIONS dont la pratique fait un emploi si fréquent. A ces bases purement élémentaires de la science mathématique, succède un traité très succinct, mais suffisant de l'art du NIVELLEMENT, puis la TRIGONOMÉTRIE RECTILIGNE, et des notions de TRIGONOMÉTRIE SPHÉRIQUE forment une introduction à un traité de la LEVÉE DES PLANS, où l'illustre auteur de la *Géodésie* s'est complu à résumer tout ce qu'exige la pratique des militaires ou des ingénieurs. Enfin des notions assez étendues de GÉOMÉTRIE ANALYTIQUE ou D'APPLICATION DE L'ALGÈBRE A LA GÉOMÉTRIE à deux et à trois dimensions précèdent le Précis de STATIQUE, de DYNAMIQUE et d'HYDROSTATIQUE, qui termine l'ouvrage. Cette dernière partie surtout a reçu de notables développements, et nous espérons qu'elle formera maintenant une base d'où l'on pourra facilement s'élever jusqu'à l'étude de la mécanique industrielle.

Une table détaillée des définitions et des principes, résume en peu de pages la substance entière de ce traité, où l'on voit que l'on a suivi de tous points le sage conseil que, suivant l'expression d'Amyot, Hiéron donnait à Archimède: « de révo-« quer un petit la Géométrie de la spéculation des choses intel-« lectives à l'action des corporelles et sensibles. »

T. RICHARD,
Ingénieur.

ALPHABET

Pour faciliter la lecture des calculs où l'on fait usage de lettres grecques.

A α	Alpha.
B β ϐ	Bêta.
Γ γ Γ	Gamma.
Δ δ	Delta.
E ε	Epsilon.
Z ζ	Zêta.
H η	Êta.
Θ θ ϑ	Thêta.
I ι	Iota.
K κ	Cappa.
Λ λ	Lambda.
M μ	Mu.
N ν	Nu.
Ξ ξ	Xi.
O ο	Omicron.
Π π ϖ	Pi.
P ρ ϱ	Rho.
Σ σ ς	Sigma.
T τ ϑ	Tau.
Υ υ	Upsilon.
Φ φ	Phi.
X χ	Chi.
Ψ ψ	Psi.
Ω ω	Oméga.

Explication de quelques termes usités en mathématiques.

Un *axiome* est une vérité évidente par elle-même.
Un *théorème* est une vérité ou une proposition à démontrer.
Un *corollaire*, une conséquence d'une proposition démontrée.
Un *problème*, une question à résoudre.
Un *lemme*, une proposition qui sert de préparation à une autre.
Un *scolie*, une remarque faite sur une proposition.

COURS DE MATHÉMATIQUES.

ARITHMÉTIQUE.

NOTIONS PRÉLIMINAIRES.

1. On appelle *quantité* tout ce qui est susceptible d'augmentation ou de diminution; *unité*, toute quantité à laquelle on compare celles de même espèce, pour les mesurer ou les évaluer; *nombre*, la réunion de plusieurs unités de même nature, ou le rapport qui exprime combien de fois une quantité contient celle de même espèce qu'on a prise pour unité. L'objet des Mathématiques est de déterminer ce rapport.

2. Les Mathématiques *pures* comprennent l'Arithmétique et l'Algèbre, ou le calcul; la Géométrie, ou la mesure de l'étendue, et l'application du calcul à la Géométrie.

Les Mathématiques *mixtes*, ou sciences Physico-Mathématiques, comprennent la Mécanique, l'Astronomie, l'Optique, etc.

3. L'*Arithmétique* est la science des nombres, elle en comprend la numération et le calcul.

4. Un nombre est entier, fractionnaire, ou simplement une fraction, selon qu'il est composé d'unités entières ou d'unités et de parties d'unités, ou simplement de parties de l'unité : ainsi on a un nombre entier dans *trois*, un nombre fractionnaire dans *trois et demi*, et une fraction dans *trois quarts*.

Un nombre est abstrait ou concret, suivant qu'il est énoncé sans ou avec l'espèce. Ainsi on a un nombre abstrait dans trois, ou trois fois, et un nombre concret dans cent boulets.

De la numération des nombres entiers et des parties décimales.

5. La *Numération* est l'art d'énoncer et d'écrire les nombres.

6. Pour énoncer les nombres, on les décompose en différentes tranches, savoir : celle des unités, celle des mille, celle des millions, celle des billions, celle des trillions, etc. Chaque tranche est composée d'unités, de dizaines et de centaines, ces tranches se lient entre elles par la convention qu'un mille vaut dix centaines d'unités; qu'un million vaut dix centaines de mille; un billion (qu'on appelle encore en finances un milliard), dix centaines de millions; un trillion, dix centaines de billions, etc.

On énonce d'abord les centaines, les dizaines et les unités de la tranche la plus élevée en valeur; ensuite, et successivement, celles des tranches immédiatement inférieures.

EXEMPLE.

Il y a trente et un millions cinq cent cinquante-six mille neuf cent trente-deux secondes, dans l'année solaire.

7. La Grammaire enseigne à écrire les nombres en toutes lettres.

8. Dans le calcul, on écrit ou on exprime les nombres avec dix caractères que l'on nomme *chiffres*. En voici la figure, et le nom ou la valeur.

0, 1, 2, 3, 4, 5, 6, 7, 8, 9.
zéro, un, deux, trois, quatre, cinq, six, sept, huit, neuf.

Pour exprimer les nombres au delà de neuf, on emploie plusieurs chiffres; à cet effet, ces mêmes chiffres ont une valeur qui dépend et de la place qu'ils occupent et de la manière d'énoncer les nombres.

Si on compte ces places de droite à gauche, les 3 premières sont pour la tranche des unités; les 3 suivantes pour la tranche des mille; la 7e, la 8e et la 9e, pour la tranche des millions; les 3 suivantes, pour les billions, etc. Dans chaque tranche, les chiffres expriment des unités à la 1re place, des dizaines à la 2e, des centaines à la 3e.

9. D'après cet exposé, il est facile d'exprimer en chiffres un nombre énoncé dans le discours, ou écrit en toutes lettres; voici la règle :

Exprimez successivement les centaines, les dizaines et les unités de chaque tranche, en commençant par celle qui a la plus grande valeur. Distinguez les tranches en laissant entre elles un petit intervalle.

EXEMPLES.

Le nombre énoncé à la fin du n° 6 est égal 31 556 932.

S'il manque des centaines ou des dizaines ou des unités dans une tranche, on met un zéro à la place; cependant, si, d'après cette règle, il se trouvait un ou deux zéros à la gauche des chiffres significatifs, on les supprimerait comme inutiles.

Pour exprimer que la circonférence de la terre est de vingt millions cinq cent vingt-deux mille neuf cent soixante toises, ou de quarante millions de mètres, on écrirait 20 522 960, pour le premier nombre, et 40 000 000 pour le second.

10. Il ne sera pas plus difficile d'énoncer ou d'écrire en toutes lettres un nombre exprimé en chiffres.

Partagez le nombre proposé en tranches de 3 chiffres, en allant de droite à gauche. Énoncez ensuite ou écrivez les centaines, les dizaines et les unités de chaque tranche, sans oublier le nom de la tranche, en allant de gauche à droite. S'il se rencontre des zéros, il faut les passer, sans rien écrire ou énoncer.

EXEMPLES.

1 234 567 890 = un billion, deux cent trente-quatre millions, cinq cent soixante-sept mille, huit cent quatre-vingt-dix; 100 002 000 030 = cent billions, deux millions, trente. Le signe = placé entre l'expression en chiffres et celle en lettres, se nomme signe d'égalité, et se prononce *égale*.

11. En allant de droite à gauche, la valeur des chiffres croît en progression décuple, c'est-à-dire, devient de 10 en 10 fois plus grande; et les unités d'un chiffre quelconque font le décuple de celles du chiffre placé à sa droite, et le dixième de celles du chiffre mis à sa gauche.

On rend donc un nombre successivement 10, 100, 1000 fois plus grand, en mettant un ou deux, ou trois zéros à sa droite. Ainsi 3600 = cent fois 36, et 2400 francs font 240 000 centimes.

Quand un nombre est terminé par des zéros, on le rend 10 ou 100, ou 1000 fois plus petit, en supprimant 1 ou 2 ou 3 zéros. Ainsi 360 est le dixième, et 36 le centième de 3600. Ainsi 300 000 centimes font 3000 francs.

De la numération des parties décimales.

12. On nomme en général *parties décimales*, ou simplement *décimales*, et en particulier dixième, centième, millième, dix-millième, cent-millième, millionième, dix-millionième, cent-millionième, billionième, etc., les parties de l'unité divisée successivement par 10, par 100, par 1 000, par 10 000, par 100 000, par 1 000 000, etc.

La première dénomination leur a été donnée, parce qu'elles sont des dixièmes les unes des autres, et qu'on peut regarder les centièmes comme des dixièmes de dixième, les millièmes comme des dixièmes de centième, et ainsi de suite.

Cette manière de diviser l'unité est la plus commode pour le calcul : on l'a adoptée dans les nouvelles mesures.

Si un nombre est composé d'unités entières et de parties décimales, on énonce séparément les unes et les autres. On peut aussi convertir les unités en décimales.

On énonce celles-ci en les réduisant à leur plus petite espèce. Ainsi, au lieu de trois unités, quatre dixièmes, six centièmes et huit millièmes, on dit trois unités et quatre cent soixante-huit *millièmes*. On peut dire aussi trois mille quatre cent soixante-huit *millièmes*.

Pour les exprimer en chiffres, après avoir mis une virgule ou un point à la droite des unités, on écrit de suite et successivement les dixièmes, le centièmes, les millièmes, les dix-millièmes, les cent-millièmes, les millionièmes, etc., en sorte que, si on compte les places de gauche à droite, les dixièmes sont à la première, les centièmes à la seconde, les millièmes à la troisième, les dix-millièmes à la quatrième, les cent-millièmes à la cinquième, et les millionièmes à la sixième. Ceci est une conséquence nécessaire de la numération adoptée pour les nombres entiers, puisque, si la valeur d'un chiffre croit en progression décuple de droite à gauche, elle doit décroître dans le même rapport de gauche à droite.

13. Ier *PROBLÈME : Exprimer en chiffres un nombre de décimales énoncé dans le discours, ou écrit en toutes lettres.*

RÈGLE : Exprimez d'abord le nombre des parties ; ensuite mettez la virgule de manière que le dernier chiffre vers la droite occupe la place qui convient à l'espèce indiquée. Enfin écrivez les unités à la gauche de la virgule.

EXEMPLES.

Exprimer trois unités et quatre cent vingt et un millièmes. Le dernier chiffre 1 doit occuper la troisième place après la virgule ; il faut donc la placer à gauche du 4. Enfin écrivant les 3 unités à gauche de la virgule, l'expression demandée est 3,421.

S'il n'y a point d'unités, on met un zéro pour en indiquer l'absence et la place. Ainsi cent vingt-trois millièmes = 0,123.

S'il manque des parties décimales, on met des zéros à leur place. Ainsi cent trois millièmes = 0,103. Vingt-trois millièmes = 0,023. Trois millièmes = 0,003 ; et deux unités, cent deux millionièmes = 2,000102.

14. IIe *PROBLÈME. Énoncer ou écrire en toutes lettres un nombre de décimales exprimé en chiffres.*

RÈGLE : Énoncez ou écrivez d'abord le nombre de parties, sans avoir égard à la virgule ; ensuite indiquez-en l'espèce : c'est celle des décimales exprimées par le dernier chiffre vers la droite.

EXEMPLES.

3,456 = trois unités quatre cent cinquante-six *millièmes*. 0,406 = quatre cent six millièmes. 0,056 = cinquante-six millièmes. 0,006 = six millièmes. Enfin 0,513 074 = cinq cent treize mille soixante-quatorze millionièmes. C'est le rapport du mètre à la toise.

15. Un nombre qui renferme des décimales, devient 10 fois plus grand ou plus petit, suivant que la virgule y change d'une place vers la droite ou vers la gauche. Ainsi on rend 12,34, 10 fois plus grand, en écrivant 123,4 ; et 10 fois plus petit, en écrivant 1,234. Dans le premier cas, chaque chiffre est devenu 10 fois plus grand ; et dans le second, 10 fois plus petit.

Il est aisé de conclure de cette première règle, qu'on rendra un nom-

ARITHMÉTIQUE. 5

bre 10 fois, 100 fois, 1000 fois plus grand ou plus petit, en portant la virgule d'une ou deux ou de trois places, vers la droite ou vers la gauche. Ainsi les nombres 12,345, 123,45, 1234,5, sont, le premier 10 fois, le second 100 fois, le troisième 1000 fois plus grand que 1,2345. Ainsi les nombres 123,45, 12,345, 1,234 5, sont le premier 10 fois, le second 100 fois, le troisième 1 000 fois plus petit que 1 234,5.

Si l'on ne peut avancer ou reculer la virgule faute de chiffres significatifs, on y supplée par des zéros. Par exemple, pour que 12,34 devienne 1 000 fois plus grand ou plus petit, il faut écrire 12 340 ou 0,012 34.

APPLICATIONS.

1 mètre = 0,513 074 toises; 1 décamètre ou 10 mètres = 5,130 74 toises; 1 kilom. ou 1000 mètres = 513,074 toises; 1 myriamètre ou 10 000 mètres = 5 130,74 toises;

enfin, le quart du méridien ou 10 000 000 mètres = 5 130 740 toises.

En partageant un bénéfice entre des associés, ou en répartissant une contribution, on a trouvé que le bénéfice ou la contribution était de $0^f,123\,456$ pour chaque franc du capital ou du revenu; il est facile d'en conclure qu'il faudra prendre $1^f,234\,56$ pour 10 francs; $12^f,345\,6$ pour 100 francs; $123^f,456$ pour 1000 francs, et ainsi de suite.

Pareillement le prix d'un stère de bois étant de $21,50^c$, celui d'un décistère ou de la dixième partie d'un stère doit être de $2^f,150$, ou $2^f,15^c$; et le prix d'un hectare de terre étant de $625^f,50^c$, celui d'un are ou de la centième partie d'un hectare sera de 6,255 0.

16. On peut supprimer, en totalité ou en partie, les zéros qui se trouvent à la droite du dernier chiffre significatif d'un nombre qui est composé de parties décimales; par exemple :

6,255 0 = 6,255; et 0,50 = 0,5. La raison en est facile à saisir. En effet, si on diminue le nombre des parties, on en augmente la valeur dans le même rapport *et vice versâ*.

Réciproquement on peut écrire autant de zéros qu'on veut, à la droite du dernier chiffre significatif d'un nombre de décimales. Ainsi 0,5 = 0,50 = 0,500; alors on augmente le nombre des parties, et on en diminue la valeur. C'est ainsi que $0^f,2 = 0^f,20$, ou que 2 décimes = 20 centimes.

Passons maintenant aux opérations fondamentales, qui sont l'*Addition*, la *Soustraction*, la *Multiplication* et la *Division*.

De l'Addition des nombres entiers et des parties décimales.

17. L'*Addition* est une opération par laquelle on cherche la *somme* de plusieurs nombres donnés; on nomme ainsi un nombre égal à ces nombres réunis. On indique cette opération par ce signe +, qu'on place immédiatement à gauche de chaque nombre qu'on se propose d'ajouter ; ce signe se prononce *plus*. Ainsi, $4 + 5 + 6 = 15$, signifie que 4, plus 5, plus 6, égale 15.

Ier PROBLÈME : *Trouver la somme de plusieurs nombres entiers.*

SOLUTION. 1° On écrit les nombres donnés les uns sous les autres, en mettant les unités sous les unités, les dizaines sous les dizaines, les centaines sous les centaines, et en général les quantités de même espèce dans une même colonne verticale.

2° On fait la somme des nombres contenus dans chaque ligne verticale, en commençant par celle des unités, et en allant de là à celle des dizaines, à celle des centaines, etc. Si chaque somme ne passe pas neuf, on l'exprime par un chiffre mis au bas de la ligne verticale ; si non, on décompose cette somme en dizaines et en unités ; on écrit celles-ci sous la ligne verticale, et on retient les dizaines par la pensée, pour les ajouter aux nombres qui composent la ligne verticale suivante. Les sommes partielles ainsi écrites successivement à la gauche les unes des autres, forment la somme totale cherchée.

EXEMPLE.

Trouver la somme des cinq nombres suivants : 123 456, 789 012, 345 678, 901 234 et 567 890.

Disposition des nombres donnés,

1er Nombre :	123 456
IIe......	789 012
IIIe.....	345 678
IVe.....	901 234
V^e......	567 890
Somme..	2 727 270

La manière de calculer la somme partielle des unités, montrera comment on doit opérer pour avoir les autres. Dans cet exemple, on dit : 6 et 2 font 8 et 8 font 16 et 4 font 20.

La première somme partielle étant 20, c'est-à-dire, 2 dizaines et 0 unités, on pose zéro pour les unités, et l'on reporte les 2 dizaines à la colonne de cet ordre, pour les ajouter à la somme partielle qu'on fait de cette colonne. Celle-ci $= 27 = 20 + 7$. On écrit 7 à gauche du 0 pour exprimer 7 dizaines. Les 20 dizaines restantes forment 2 centaines qui se reportent à la somme partielle des centaines. Elle devient 22 ou $20 + 2$ ou 2 dizaines plus 2. On laisse 2 à côté du 7, pour tenir lieu de 2 centaines. Les 20 centaines restantes forment 2 mille, qu'on ajoute à la somme partielle des mille ; celle-ci $= 27$. On laisse 7 à gauche du chiffre 2, pour faire 7 mille. On ajoute les 2 dizaines de mille à la somme partielle des dizaines de mille, qui, par là, devient 22 ; enfin, ayant mis 2 dizaines de

ARITHMÉTIQUE.   7

mille à gauche du chiffre des mille, et fait des vingt autres dizaines de mille deux centaines de mille, on les ajoute à la sixième et dernière somme partielle, qu'on trouve égale à 27, et qu'on écrit en entier à gauche du dernier chiffre 2; la somme totale, par la réunion des sommes partielles, devient deux millions sept cent vingt-sept mille deux cent soixante et dix.

On voit comment on continuerait le calcul, s'il y avait plus de six lignes verticales, ou plus de six sommes partielles, ou plus de six chiffres dans un ou plusieurs des nombres donnés.

18. C'est pour la facilité du calcul qu'on écrit les nombres donnés, de manière que les quantités de même espèce se trouvent dans une même ligne verticale. C'est avec plus de raison encore qu'on calcule les sommes partielles en allant de droite à gauche. Voici un exemple où les nombres donnés sont écrits à la suite les uns des autres : $1\,234 + 5\,678 + 9\,012 + 3\,456 + 7\,890 = 2\,7270$. Il a fallu rassembler des yeux les quantités de même espèce dans chaque nombre. On se fatigue davantage, et on court plus de risques de se tromper.

Voici un autre exemple où l'on calcule séparément les sommes partielles de gauche à droite.

$$\begin{array}{r} 4\,789 \\ 6\,543 \\ 2\,101 \\ 9\,876 \\ \hline 21\,199 \\ 2\,11 \\ \hline 23\,209 \\ 1 \\ \hline 23\,309 \end{array}$$

Il a fallu faire 3 opérations pour arriver à la somme finale.

19. Il est à propos de donner des exemples pour le cas où les nombres donnés n'auraient pas autant de chiffres les uns que les autres.
Soit les 6 nombres 456, 7 890, 12 245, 67, 890 123 et 4.
Disposition des nombres dans l'ordre où ils sont donnés,

$$\begin{array}{r} 456 \\ 7\,890 \\ 12\,245 \\ 67 \\ 890\,123 \\ 4 \\ \hline 910\,785 \end{array}$$

Il est évident que l'on obtiendrait le même résultat, en adoptant une tout autre disposition.

Si l'on avait beaucoup de nombres à ajouter ensemble, on pourrait faire plusieurs additions partielles; la somme des sommes partielles serait le résultat cherché.

20. On entend par *preuve de l'addition*, l'opération par laquelle on vérifie le calcul. Cette vérification, toujours nécessaire, se fait de plusieurs manières; la plus simple consiste à recommencer le calcul, en comptant de bas en haut ou de haut en bas, selon qu'on a compté la première fois de haut en bas ou de bas en haut. On peut aussi donner aux nombres une autre disposition, et faire une nouvelle addition. Dans tous les cas, il faut que les résultats soient les mêmes.

Il y a aussi la preuve par la soustraction; on en parlera après avoir expliqué la soustraction.

21. IIe PROBLÈME : *Trouver la somme de plusieurs nombres qui renferment des parties décimales.*

SOLUTION. Ecrivez les nombres donnés les uns sous les autres, en mettant les unités ou parties décimales de même espèce dans une même ligne verticale. Ensuite faites l'*addition* comme il a été dit pour les nombres entiers (n° 17), et dans la somme, placez la virgule à droite du chiffre qui exprime des unités, ou à gauche de celui qui exprime des dixièmes.

EXEMPLE.

Soit proposé d'ajouter les 4 nombres suivants : 49,876 534, 15,798 249, 6,789 012 et 4,789 656.

OPÉRATION.

$$\begin{array}{r}49{,}876\ 534\\15{,}798\ 249\\6{,}789\ 012\\4{,}789\ 656\\\hline 77{,}253\ 451\end{array}$$

La première somme partielle étant 21, on pose 1 et on retient 2, qu'on joint aux nombres de la deuxième ligne verticale. La deuxième somme partielle devient 15; on pose 5 et on retient 1, pour l'ajouter aux nombres de la troisième ligne verticale. On continue de même. Cette règle est fondée sur ce que la valeur des parties décimales, comme celle des unités entières, croît en progression décuple en allant de droite à gauche.

Si les nombres donnés n'avaient pas autant de chiffres décimaux les uns que les autres, on remplacerait les chiffres décimaux par des zéros mis à la droite des nombres qui en avaient le moins.

Soit proposé d'ajouter ensemble les 4 nombres : 1,234 ; 5,67 ; 8,90 123 et 0,456 789. On écrit trois zéros à droite du premier nombre ; quatre à droite du second, et un à la suite du troisième ; ce qui n'en change pas la valeur (n° 16), et on fait l'opération comme il a été expliqué (n° 21). Les nombres ont alors 6 chiffres décimaux chacun.

OPÉRATION.

1,234 000
5,670 000
8,901 230
0,456 789

16,262 019

Quand on est bien exercé, on fait *l'addition* sans recourir à cet expédient.

EXEMPLE.

421,75
32,816 5
0,002 7
11,

465,569 2

De la Soustraction des nombres entiers et des parties décimales.

22. La *Soustraction* est une opération par laquelle on retranche un nombre d'un autre. Le résultat se nomme *reste, excès* ou *différence*. On indique la Soustraction par ce signe — qui se prononce *moins*, et il se place à gauche des nombres qu'on veut soustraire.

23. Ier PROBLÈME : *Trouver la différence de deux nombres.*

SOLUTION. On écrit le plus petit nombre au-dessous du plus grand, en mettant les unités sous les unités, les dizaines sous les dizaines, etc. Ensuite on retranche chaque nombre inférieur de son correspondant supérieur. On écrit chaque reste au-dessous, et on met zéro quand il ne reste rien.

EXEMPLE.

On propose de retrancher 4321 de 9762. On écrit ces deux nombres comme il suit :

9 762
4 321

Différence 5 441 ou 9 762 — 4 321 = 5 441.

En commençant par le chiffre des unités, je dis 1 ôté de 2, reste 1, que j'écris au-dessous. Puis, passant aux dizaines, je dis, 2 ôté de 6 reste 4, que j'écris à gauche des unités. Je dis de même pour les centaines, 3 ôté de 7 reste 4, et pour les mille, 4 ôté de 9 il reste 5. J'écris les 4 centaines à gauche des dizaines, et les 5 mille à gauche des centaines.

24. Lorsque le chiffre inférieur se trouve plus grand que le chiffre supérieur correspondant, on ajoute par la pensée 10 au chiffre supérieur, et on fera ensuite la soustraction. Pour compenser cette erreur, on augmentera d'une unité le chiffre inférieur suivant, avant de le retrancher.

EXEMPLE.

Trouver la différence des nombres 12 345 et 6 789. On écrira :

$$\begin{array}{r} 12\,345 \\ 6\,789 \\ \hline 5\,556 \end{array}$$ Ainsi 12 345 — 6 789 = 5 556.

On dit 9 ôté de 15 il reste 6, qu'on écrit à la place des unités. On retient la dizaine, et on dit 8 et 1, ou 9 ôté de 14 il reste 5, qu'on écrit à gauche des unités. On retient encore la dizaine, et on dit 7 + 1, ou 8 ôté de 13 il reste 5. Ce sont 5 centaines qu'on écrit à gauche des dizaines. Enfin, on retient de nouveau la dizaine, et on dit 6 et 1, ou 7 ôté de 12 il reste 5, qu'on place à gauche des centaines. La différence totale se trouve être de 5556.

Au lieu d'augmenter d'une unité le chiffre inférieur suivant, on peut au contraire diminuer le chiffre supérieur; mais cette manière de calculer paraît moins commode. Au reste, quelque procédé qu'on adopte, il faut s'appliquer à le bien employer.

25. II° *PROBLÈME : Trouver la différence de deux nombres qui renferment des parties décimales.*

La règle est la même que pour les nombres entiers.

EXEMPLE Ier.

Retrancher 4,612 304 de 9,876 528.

OPÉRATION.

De 9,876 528
ôter 4,612 304

Différence 5,264 224

EXEMPLE II.

Retrancher 4,612 304 de 9,106 002.

ARITHMÉTIQUE.

OPÉRATION.

9,106 002
4,612 304

Différence 4,493 698

EXEMPLE III.

Trouver la différence des nombres 2,4512 et 10,25.

OPÉRATION.

10,250 0
2,451 2

7,798 8

Dans le premier exemple il n'y a aucune difficulté. Dans le second exemple, on a dit : 4 ôté de 12 il reste 8 ; 1 de retenu ôté de 10, il reste 9 ; 3 et 1 de retenu, ou 4 ôté de 10, il reste 6, etc. Le troisième exemple rentre dans le second, au moyen des deux zéros écrits à droite du nombre 10,25 (n° 16).

La Soustraction sert de preuve à l'Addition. Pour cela on recommence l'Addition par la gauche : à mesure qu'on additionne une colonne, on en retranche la somme de celle qui se trouve écrite au total, et on écrit le reste au-dessous à son rang pour l'employer comme dizaines avec le chiffre écrit au bas de la colonne suivante considéré comme unité. En continuant ainsi, on doit trouver 0 pour reste à la colonne des unités. En effet, tous ces restes étaient les retenues que chaque colonne avait reçues de la précédente ; or, celle des unités n'étant précédée d'aucune autre, n'a reçu aucune retenue.

Ce que nous avons dit ici pour la colonne des unités, s'appliquerait à celle du dernier ordre de décimales, s'il s'en trouvait dans les nombres ajoutés.

EXEMPLE.

4 789
6 543
2 101
9 876

23 309
2 210

Je retranche 21, somme que donne la colonne des mille, de 23 qui se trouve sous cette colonne, et j'écris sous le 3 le reste 2, qui, avec le 3 écrit sous les centaines, donne 23 centaines ; cette colonne n'en contient que 21, il reste 2 centaines ou 20 dizaines. La colonne des dizaines n'en donne que 19; j'écris donc au-dessous 1 dizaine, qui, avec le 9 écrit sous les unités, fait 19. Ce doit être la somme que contient cette colonne, ce l'est en effet, le reste est 0; l'opération est donc bonne : ou, ce qui est de même, de la somme totale qui contenait les sommes partielles des unités, des dizaines, des centaines, des mille, nous avons retranché les sommes partielles des mille, des centaines, des dizaines, des unités, et il ne s'est trouvé aucune différence; donc la première somme est exacte.

26. La preuve de la Soustraction se fait en ajoutant ensemble la différence et le nombre qu'on a retranché, parce que la somme doit être égale au plus grand des deux nombres donnés. Cela est évident.

EXEMPLES :

2 486,173
14,567 89
─────────
2 471,605 11
─────────
Preuve 2 486,173 00

De la Multiplication.

27. La *Multiplication* est une opération par laquelle on prend un nombre autant de fois qu'il y a d'unités dans un autre nombre. On appelle *multiplicande* le premier nombre, *multiplicateur* le second, et *produit* le résultat. On donne aussi le nom de *facteurs* aux nombres que l'on multiplie l'un par l'autre; cette dénomination est nécessaire, surtout quand on doit multiplier successivement l'un par l'autre plusieurs nombres donnés, ou quand le produit d'une Multiplication doit devenir facteur d'une nouvelle Multiplication.

28. La *Multiplication* s'indique par ce signe $\times$, placé entre le multiplicande et le multiplicateur, ou entre les deux facteurs. On prononce *multiplié par* si le multiplicande est le premier, et *multipliant* s'il est le second. On peut aussi indiquer la même opération par un *point* placé entre les deux facteurs. Ainsi 4×3 ou $4.3 = 12$; c'est-à-dire, 4 multiplié par 3, ou multipliant 3, égale 12.

S'il y avait plus de deux facteurs, on trouverait le produit final en cherchant d'abord le produit des deux premiers facteurs, lequel se multiplierait par le troisième facteur, et ainsi de suite. Par exemple, $3.4.5 = 12.5 = 60$. On prononce 3 multiplié par 4, multiplié par 5, égale 12 multiplié par 5, *égale* 60. Le sens est qu'il faut multiplier 3 par 4 d'abord, ensuite le premier produit 12 par 5 pour avoir le produit final 60.

29. Il est indifférent de multiplier 4 par 3, ou 3 par 4 : le produit est

ARITHMÉTIQUE. 13

toujours 12. Il en est de même de deux facteurs quelconques. Ainsi $6.5 = 5.6 = 30$. Quoique ceci paraisse évident, il y a des auteurs qui ont cru devoir le démontrer; c'est ce qu'a fait M. Legendre, dans son ouvrage intitulé : *Théorie des Nombres*. On pourra se faire une idée de sa démonstration par l'exemple suivant :

Soit proposé de multiplier 8 par 3, on aura $8.3 = (3+5).3 = 3.3 + 5.3$, ensuite $5.3 = (3+2).3 = 3.3 + 2.3$; puis $2.3 = 2.(2+1) = 2.2 + 2.1$; enfin $2.1 = (1+1).1 = 1.1 + 1.1$. Si on réunit ces différents produits partiels, on aura $3.3 + 3.3 + 2.2 + 1.1 + 1.1 = 9 + 9 + 4 + 1 + 1 = 24$. Qu'on multiplie à présent 3 par 8, on aura $3.8 = 3.(3+5) = 3.3 + 3.5$; ensuite $3.5 = 3.(3+2) = 3.3 + 3.2$; puis $3.2 = (2+1).2 = 2.2 + 1.2$; enfin $1.2 = 1.(1+1) = 1.1 + 1.1$; donc $3.8 = 3.3 + 3.3 + 2.2 + 1.1 + 1.1 = 9 + 9 + 4 + 1 + 1 = 24$.

On voit que cette démonstration consiste à décomposer le produit total en produits partiels qui ont des facteurs égaux. Comme on obtient les mêmes produits partiels, par les deux procédés, le produit total est le même, et l'ordre dans lequel on multiplie les deux facteurs est indifférent. L'Algèbre et la Géométrie donnent plus de généralité à cette démonstration.

30. La Multiplication doit son origine à l'Addition. En effet, si on imagine que les nombres qu'on doit ajouter ensemble soient égaux entre eux, il y aura deux moyens d'en obtenir la somme, d'abord en faisant l'addition, comme à l'ordinaire, ensuite en prenant un de ces nombres autant de fois qu'il y en a; c'est ce second procédé qu'on nomme *Multiplication*. Ainsi l'idée primitive de la Multiplication est une addition de nombres égaux. Le multiplicande représente un des nombres égaux, le multiplicateur indique combien il y en avait, et le produit en est la somme.

EXEMPLE.

Soit proposé d'ajouter ensemble 6 nombres égaux à 7. La somme, par l'addition ordinaire, sera : $7+7+7+7+7+7 = 42$, et par l'addition, qu'on nomme *Multiplication*, cette somme deviendra le produit $7.6 = 42$.

La Multiplication simplifie, abrége et rend praticable l'addition des nombres égaux, dans le cas où les calculs seraient compliqués, longs et inexécutables.

31. Nous distinguerons trois cas principaux : le premier, quand les deux facteurs ne sont composés que d'un chiffre; le second, quand l'un a plusieurs chiffres et l'autre un seul; le troisième, quand l'un et l'autre ont plusieurs chiffres.

32. Ier Cas. Multiplier un nombre d'un chiffre par un nombre d'un chiffre.

Il faut savoir de mémoire tous les produits de ce genre; ils se trouvent réunis dans la table suivante, qui porte le nom de *Table de Pythagore*.

1	2	3	4	5	6	7	8	9
2	4	6	8	10	12	14	16	18
3	6	9	12	15	18	21	24	27
4	8	12	16	20	24	28	32	36
5	10	15	20	25	30	35	40	45
6	12	18	24	30	36	42	48	54
7	14	21	28	35	42	49	56	63
8	16	24	32	40	48	56	64	72
9	18	27	36	45	54	63	72	81

L'usage de cette table consiste à chercher l'un des facteurs dans la ligne horizontale supérieure, et l'autre dans la ligne verticale à gauche. Le produit se trouve à la fois sur la ligne verticale qui passe par le premier facteur, et sur la ligne horizontale qui passe par le second.

Quand les deux facteurs sont égaux, on trouve le produit une fois dans le tableau, et quand ils sont inégaux, deux fois. Ainsi 7.7 = 49 et 8.7 = 7.8 = 56. Au reste, on ne doit recourir à cette table que pour apprendre à s'en passer totalement.

IIe Cas. Trouver le produit de deux facteurs, dont l'un a plusieurs chiffres, et l'autre un seul.

Règle. Il faut multiplier successivement chaque chiffre du premier, en allant de droite à gauche, par celui du second; et écrire les produits partiels dans le même ordre de droite à gauche.

EXEMPLE.

Soit proposé de multiplier 1234 par 2.

ARITHMÉTIQUE.

OPÉRATION.

```
I er  Facteur. . . .  1 234
II e  . . . . . . . .      2
                      ─────
      Produit. . . .  2 468
```

Je dis 2 fois 4 = 8, que j'écris au-dessous de la ligne verticale ; ensuite 2 fois 3 font 6, que j'écris à côté de 8 à gauche, puis 2 fois 2=4, et 2 fois 1 = 2 que j'écris comme on voit. Le produit total = 2468 : ce qui est évident, puisqu'il est formé de la réunion des produits partiels. On peut encore raisonner ainsi : multiplier 1234 par 2, c'est prendre 2 fois 1234. Or on a pris 2 fois les unités, les dizaines, les centaines et les mille ou toutes les parties de ce nombre ; donc on a rempli le but qu'on s'était proposé.

Lorsqu'un produit partiel est plus grand que 9, on le décompose en dizaines et en unités ; on écrit seulement les unités à la place destinée à ce produit, et on retient les dizaines, pour les ajouter au produit partiel suivant.

EXEMPLE.

Multiplier 365 par 9.

OPÉRATION.

```
I er  Facteur. . . .  365
II e  . . . . . . . .   9
                      ─────
      Produit. . . . 3 285
```

Le produit partiel, ou celui des unités = 5.9 = 45. Je pose 5 à la place destinée aux unités, laquelle est arbitraire ; je retiens 4 pour les dizaines, j'ajoute ce nombre au deuxième produit partiel, ou à celui des dizaines ; lequel devient 6.9 + 4 = 54 + 4 = 58 = 50 + 8. J'écris 8 à gauche des unités, et je retiens 5. Je dis, 9 fois 3 font 27 et 5 de retenus = 32, que j'écris à gauche du 8 et le produit total = 3 285.

III e Cas : Trouver le produit de deux facteurs qui ont l'un et l'autre plusieurs chiffres.

Regle : Ayant écrit le facteur qui a le moins de chiffres, sous le facteur qui en a le plus, et souligné, multipliez tous les chiffres du facteur supérieur successivement par les unités, par les dizaines, par les centaines, etc., du facteur inférieur, comme il vient d'être expliqué dans l'article précédent ; vous aurez autant de produits partiels qu'il y aura de chiffres dans ce dernier facteur. Ecrivez le 1er chiffre de chaque produit sous le 2e du produit précédent ; ajoutez ensemble tous les produits partiels, et vous aurez le produit total.

EXEMPLE.

Multipliez 365 par 24.

OPÉRATION.

$$
\begin{array}{rr}
\text{I}^{\text{er}} \text{ Facteur.} \ldots & 365 \\
\text{II}^{\text{e}} \ldots \ldots & 24 \\
\hline
\text{I}^{\text{er}} \text{ Produit partiel.} \ldots & 1\,460 \\
\text{II}^{\text{e}} \text{ Idem} \ldots \ldots & 7\,30 \\
\hline
\textit{Somme} \text{ ou produit total.} \ldots & 8\,760
\end{array}
$$

EXPLICATION : Le 2ᵉ produit partiel exprime des dizaines, parce qu'il provient de la multiplication du facteur 365, par les 2 dizaines du facteur 24 ; on en place pour cette raison le 1ᵉʳ chiffre sous le 2ᵉ du produit précédent.

AUTRE EXEMPLE.

Multiplier 12345 par 6789.

OPÉRATION.

$$
\begin{array}{rr}
\text{I}^{\text{er}} \text{ Facteur.} \ldots & 12\,345 \\
\text{II}^{\text{e}} \ldots \ldots & 6\,789 \\
\end{array}
$$

Iᵉʳ Produit partiel...	111 105	Il exprime des unités.
IIᵉ	987 60	.... dizaines.
IIIᵉ	8 641 5	.... centaines.
IVᵉ	74 070	.... mille.

Somme. . . 83 810 205 ou produit demandé.

33. S'il se trouvait des zéros entre les chiffres du multiplicateur ou du facteur par lequel on multiplie, on passerait au delà, jusqu'au chiffre significatif qui vient après ces zéros.

On ne multiplie point par les zéros qui peuvent se trouver entre les chiffres du multiplicateur, parce que les produits partiels qui en résulteraient ne seraient composés que d'une suite de zéros sans valeur. Alors en formant le produit partiel du chiffre significatif qui suit immédiatement ces zéros, on en recule le premier chiffre d'autant de places plus une, vers la gauche, qu'il y a de zéros de suite.

EXEMPLE.

Multiplier 123 456 par 709 009.

OPÉRATION.

$$
\begin{array}{r}
123\,456 \\
709\,009 \\
\hline
1\,111\,104 \\
987\,648 \\
86\,419\,2 \\
\hline
87\,407\,959\,104
\end{array}
$$

1 111 104 Produit partiel par 9
987 648 Idem........ 8
86 419 2 Idem........ 7

87 407 959 104 Produit total.

34. Si l'un des facteurs ou tous les deux sont terminés par des zéros, on multiplie comme si ces zéros n'y étaient pas ; mais on les met ensuite tous à la droite du produit.

EXEMPLE.

Multiplier 3 600 par 250.

OPÉRATION.

```
    3 600
      250
   ───────
      180   Produit partiel par 5 dizaines.
       72   Idem. . . . . . 2 centaines.
   ───────
  900 000   Produit total.
```

EXPLICATION : On multiplie seulement 36 par 25 ; à la droite du produit 900, on écrit les 3 zéros des facteurs. En effet, le facteur 3 600 = 36 centaines, et le facteur 250 = 25 dizaines ; le produit 900 exprime donc des dizaines de centaines ou des mille ; il doit donc avoir 3 zéros. On raisonnera de même pour les autres cas.

On fera bien de s'exercer sur les exemples suivants :

```
     8 214 356              8 210 075
           132                420 306
     ─────────           ─────────────
    16 428 712             49 260 450
   246 430 68            2 463 022 5
   821 435 6             16 420 150
                         328 403 00
   ──────────           ──────────────
 1 084 294 992        3 450 743 782 950
```

On trouverait encore que

821 436 × 672 576 = 552 478 139 136
12 345 679 × 9 = 111 111 111
12 345 679 × 9 × 2 = 222 222 222
12 345 679 × 9 × 3 = 333 333 333
. . . .
. . . .
12 345 679 × 9 × 9 = 999 999 999
2 345 679 × 91 = 123 456 789

De la multiplication des parties décimales.

35. On multiplie les parties décimales comme les nombres entiers, sans faire attention d'abord à la virgule ; mais on sépare dans le produit, par une virgule, autant de chiffres décimaux qu'il y en a dans les deux facteurs ensemble.

EXEMPLE.

Multiplier 12,34
Par   5,6

$$\begin{array}{r}7404 \\ 6170 \\ \hline 69{,}104\end{array}\ \begin{array}{l}\text{Produit par 6} \\ \textit{Idem}\ldots\ 5\end{array}$$

EXPLICATION : Le facteur 12,34 = 1234 centièmes ; le produit exprimerait donc 69 104 centièmes, si l'autre facteur était le nombre entier 56 ; mais comme il n'en est que la dixième partie, le produit doit devenir dix fois plus petit, ou n'exprimer que des dixièmes de centièmes ou des millièmes ; il doit donc avoir trois chiffres décimaux, et c'est ce qu'on indique en plaçant la virgule entre 9 et 1. Semblable raisonnement pour d'autres nombres.

AUTRE EXEMPLE.

Multiplier 0,123
Par   0,45

$$\begin{array}{r}615 \\ 492 \\ \hline 0{,}05535\end{array}\ \begin{array}{l}\text{Produit par 5} \\ \textit{Idem}\ldots\ 4 \\ \text{Produit total.}\end{array}$$

EXPLICATION : Il faut indiquer cinq chiffres décimaux dans le produit ; comme il n'y a que 4 chiffres significatifs, on écrit 2 zéros sur la gauche, l'un pour tenir la place des dixièmes, l'autre celle des unités. En effet, le facteur 0,123 = 123 millièmes ; on aurait donc pour produit 5 535 millièmes si l'autre facteur était le nombre entier 45 ; mais comme il n'en est que la centième partie, le produit exprimera des centièmes de millième ou des cent-millièmes : il doit donc avoir 5 chiffres décimaux.

On trouverait de même que 43,7 multiplié par 3,91 = 170,867, et que le produit de 2,4542 par 0,0053 = 0,0130 072 6.

Usage de la Multiplication.

36. Trouver la valeur de plusieurs choses, lorsqu'on connaît la valeur de chacune.

Par exemple, combien doivent coûter 1 234 chevaux, si chaque cheval coûte 560 francs ; et combien doivent peser 680 boulets de 24. On aura 560 × 1 234 = 1 234,560 = 691 040 francs, dans le premier cas ; et 24.680 = 680.24 = 16 320 liv. = 7 989 kilogrammes environ, dans le second.

37. Convertir les unités d'une certaine espèce en d'autres unités plus petites. Par exemple : évaluer en heures l'année civile commune, composée de 365 jours. On aura 365 jours = 24^h × 365 = 365.24 =

ARITHMÉTIQUE.   19

8760 heures. Évaluer en secondes l'année solaire moyenne, en la supposant de 365^j 5^h 48$'$ 51$''$, 6. On aura 365.24 = 8760^h = 8 760.60$'$ = 525 600$'$ = 31 536 000$''$. . . . . 31 536 000$''$
5^h = 5.60$'$ = 300$'$ = 300.60$''$ = 18 000$''$. 18 000
48$'$ = 48.60$''$ = 2 880$''$. 2 880
51$''$, 6. . . . . 51, 6
31 556 931$''$, 6

38. Trouver la solde de 123 456 hommes, à raison de 789 fr. pour la solde d'un homme. Trouver aussi la population de 34 600 lieues carrées, en supposant 850 habitans par lieue carrée.

39. On peut faire la preuve de la Multiplication, ou en vérifier le calcul par une autre multiplication, de la manière suivante : Doublez ou triplez l'un des facteurs; faites ensuite la multiplication; doublez ou triplez le produit de la première Multiplication, et voyez s'il est le même que celui de la seconde opération.

EXEMPLE.

La Multiplication de l'article 32 donne 365.24 = 8 760.
Le double de 24 ou 24.2 = 48 ; ensuite,

Multipliant   365
Par   48
----
2 920
14 60

On trouve 17 520 ou le double de 8 760.

De la Division des nombres entiers et des parties décimales.

40. La division est une opération par laquelle on cherche combien de fois un nombre est contenu dans un autre.

On appelle *dividende* le nombre qu'on divise; *diviseur*, celui par lequel on divise, et *quotient*, le résultat de l'opération, ou le nombre qui marque combien de fois le diviseur est contenu dans le dividende.

41. On indique la *Division* par ce signe : , ou bien en mettant le dividende au-dessus d'un trait —, et le diviseur au-dessous. Ce signe tient lieu des mots *divisé par*. Pour indiquer la division de 365 par 5, on écrit 365 : 5, ou $\frac{365}{5}$, et on prononce 365 divisé par 5. Si on effectue l'opération, ainsi qu'il sera expliqué ci-après, on aura $\frac{365}{5}$ = 73, ou 365, divisé par 5, égale 73. C'est la nature de la question qui fait connaître l'espèce des unités du quotient, ainsi qu'on le verra.

42. Il suit de la définition qu'on a donnée de la Division, que le dividende contient le diviseur autant de fois que le quotient renferme l'unité ;

20 COURS DE MATHÉMATIQUES.

ainsi, on peut regarder le dividende comme un produit, dont le diviseur et le quotient sont les facteurs. Donc, si on multiplie le diviseur par le quotient, le produit sera égal au dividende, ce qui donne un moyen de vérifier le résultat de la Division.

43. Ier CAS. Diviser un nombre d'un ou de deux chiffres par un nombre d'un chiffre, et le quotient ne devant en avoir qu'un.

Il faut savoir de mémoire tous les quotiens de ce genre, qu'on trouve dans la table de multiplication (n° 32). On cherche le diviseur dans la ligne horizontale supérieure. On descend verticalement jusqu'à ce qu'on rencontre le dividende ; et le quotient se voit vis-à-vis dans la première colonne verticale à gauche. Ainsi $\frac{56}{8} = 7$. On peut aussi chercher le diviseur dans la première colonne verticale : alors on suit la ligne horizontale où il se trouve, jusqu'à ce qu'on rencontre le dividende, et le quotient est au-dessus, dans la ligne horizontale supérieure.

Si le dividende ne se trouve pas exactement dans la table, on s'arrête au nombre immédiatement plus petit qu'on y rencontre sur la ligne verticale ou horizontale, passant par le diviseur. Le quotient, qui se prend comme il a été dit, n'est plus exact, il n'est qu'approché. Par exemple, si l'on voulait diviser 57 par 8, on trouverait 56 pour le nombre le plus approchant du dividende 57, et le quotient serait 7; il reste 1. On dira plus bas ce qu'on doit faire d'un semblable reste.

Nous le répétons, il faut savoir de mémoire tous les quotiens de ce genre, et s'exercer assez pour les trouver sur-le-champ, et sans le moindre effort d'esprit.

44. IIe CAS. Diviser un nombre de plusieurs chiffres par un nombre d'un chiffre, le quotient devant avoir aussi plusieurs chiffres.

EXEMPLE.

Diviser 364 par 7.

TABLEAU DE L'OPÉRATION.

$$\begin{array}{r|l} \textit{Dividende } 364 & 7 \textit{ Diviseur.} \\ 35 & \\ \hline & 52 \textit{ Quotient.} \\ 014 & \\ 14 & \\ \hline 00 & \end{array}$$

J'écris le diviseur à la droite du dividende, et je les sépare l'un de l'autre par un trait vertical. Je souligne le diviseur; ensuite je prends sur la gauche du dividende les deux premiers chiffres, parce qu'un seul ne suffirait pas pour contenir le diviseur 7. Je dis, en 36 combien de fois 7 ; je trouve 5 fois. J'écris 5 au-dessous du diviseur, à la place destinée au quotient. Pour vérifier ce premier chiffre du quotient, je le multiplie par 7, et j'écris le produit 35 sous le dividende partiel 36; je l'en retranche. A droite de la différence 1, j'écris le chiffre 4 qui reste au dividende. Le nouveau dividende partiel 14 étant divisé par 7, le quotient partiel est 2, que j'écris à la droite du premier; je multiplie le diviseur 7 par ce quotient, et je retranche le produit 14 du deuxième dividende partiel 14. La différence étant zéro, le quotient complet est 52.

AUTRE EXEMPLE.

Diviser 1 461 par 4.

TABLEAU DE L'OPÉRATION.

```
Dividende 1461 | 4   Diviseur.
          12   |
          ——   | 365 ¼  Quotient.
          26   |
          24
          ——
           21
           20
          ——
           01
```

J'ai 1 461 pour dividende total, et 14 pour dividende partiel. Le premier quotient partiel est 3; je le multiplie par le diviseur, et le produit 12 se retranche de 14. A côté du reste 2 j'écris le chiffre 6, qui, au dividende, suit immédiatement le premier dividende partiel 14; il en résulte le deuxième dividende partiel 26, que je divise par 4. Le deuxième quotient partiel 6 se met à droite du premier quotient. Je multiplie le diviseur 4 par le nouveau quotient 6; le produit 24 se soustrait du dividende partiel 26. A droite de la différence 2, j'écris le chiffre 1 du dividende, et j'ai pour troisième et dernier dividende partiel 21, qui, divisé par 4, donne 5 pour troisième et dernier quotient partiel. Je l'écris à la droite du précédent quotient 6. Le produit 20 du diviseur 4, multiplié par 5, dernier quotient partiel, étant ôté de 21, dernier dividende partiel, il reste 1; je l'écris à la suite du quotient, et en plaçant au-dessous le diviseur 4, j'ai la notation ¼ qu'on prononce *un quart*. Ainsi le quotient total = 365 et un quart, ce qui signifie que le dividende contient le diviseur 365 fois et un quart.

45. Si quelqu'un des dividendes partiels ne contenait pas le diviseur, on écrirait un zéro au quotient, et on abaisserait tout de suite à droite de ce dividende partiel un autre chiffre, s'il en restait au dividende général; puis l'on continuerait la Division.

EXEMPLE.

Diviser 56 325 par 8.

```
Dividende 56 325 | 8   Diviseur.
          56     |
          ———    | 7040 ⅝  Quotient.
          00 32  |
             32
          ———
             005
```

Le deuxième dividende partiel 3 ne contenant pas le diviseur 8, je mets zéro au quotient, et je forme tout de suite le troisième dividende partiel 32, en abaissant 2 à côté de 3. Le quatrième dividende partiel 5 ne contenant pas 8, le quatrième quotient partiel est aussi zéro : je fais du reste 5 l'usage indiqué dans le numéro précédent.

46. Ce procédé est trop long quand le dividende a beaucoup de chiffres, il faut absolument se familiariser avec le suivant. Pour cela, l'on doit faire attention que diviser un nombre par 2 ou 4, ou 5, ou 6, ou 7, ou 8, ou 9, c'est la même opération que d'en prendre la moitié ou le quart, ou le cinquième, ou le sixième, ou le septième, ou le huitième, ou le neuvième.

Pour applications, reprenons les exemples précédents.

Diviser le nombre 364 par 7, ou prendre le septième de 364.

OPÉRATION.

$$\frac{364}{7} = 52.$$

Je dis : le septième de 36 = 5, je pose 5 au quotient, et je retiens le reste 1 pour en faire une dizaine. Je continue et je dis : le septième de 14 est 2, sans reste; je pose 2 au quotient, et l'opération est finie avec 6 chiffres.

Diviser pareillement 56 325 par 8, ou calculer le huitième de 56 325.

OPÉRATION.

$$\frac{56325}{8} = 7040\tfrac{5}{8}.$$

On dit le huitième de 56 = 7 sans reste; le huitième de 3 = 0 avec le reste 3; le huitième de 32 = 4 sans reste; le huitième de 5 = 0 avec le reste 5, dont je fais la fraction $\tfrac{5}{8}$, ou *cinq huitièmes*.

Par cette méthode, comme par la précédente, on décompose toujours le dividende général en dividendes partiels, pour trouver successivement les chiffres dont le quotient est composé. On fait mentalement les Multiplications et les Soustractions, et c'est en cela que consiste l'abréviation.

47. IIIe CAS. Diviser un nombre de plusieurs chiffres par un nombre aussi de plusieurs chiffres. Un exemple rendra la méthode plus facile à exposer et à expliquer.

EXEMPLE.

Diviser 2 976 par 24.

OPÉRATION.

```
Dividende 2976 | 24  Diviseur.
          24   |────────────
          ───  | 124 Quotient.
          057
           48
          ───
          096
           96
          ───
           00
```

Je décompose le dividende donné en dividendes partiels, en commençant par la gauche. Le premier dividende partiel est 29, il contient une fois le diviseur; j'écris 1 au quotient. Je multiplie 24 par 1, le produit 24 se place sous le dividende partiel 29. Soustraction faite, il reste 5, à côté duquel j'abaisse 7 pris dans le dividende donné, immédiatement après 9 déjà employé. Le deuxième dividende partiel 57 contient 2 fois le diviseur, j'écris 2 au quotient à droite, et tout à côté du premier chiffre 1; je multiplie 24 par 2, le produit 48 se met sous le dividende partiel 57; soustraction faite il reste 9, à côté duquel j'abaisse 6, pris dans le dividende donné. Le troisième et dernier dividende partiel est 96, il contient 4 fois le diviseur 24; j'écris donc 4 au quotient, à côté du 2. Je multiplie 24 par 4, le produit 96 se place sous le dividende partiel 96; et comme après la soustraction faite il ne reste rien, il s'ensuit que 2 976 contient 124 fois 24, sans reste.

Division des parties décimales.

48. Ier Cas. Si le dividende et le diviseur ont autant de chiffres décimaux l'un que l'autre, on supprime la virgule dans l'un et dans l'autre, et on fait ensuite la Division comme pour les nombres entiers.

EXEMPLE.

Diviser 368,64 par 1,92. On opérera comme si l'on avait à diviser 36 864 par 192 (n° 47). Le quotient de cette dernière Division est 192 : c'est celui de la Division proposée, comme on peut s'en assurer, en multipliant le diviseur 1,92 par 192 (n° 42).

La suppression de la virgule n'altère en rien le quotient demandé; car le quotient ne doit point avoir de chiffres décimaux, quand le dividende et le diviseur en ont le même nombre. Autrement le produit du diviseur multiplié par le quotient aurait plus de chiffres décimaux que le dividende; ce qui ne peut être (n°s 35 et 42).

IIe Cas. Si le dividende a moins de chiffres décimaux que le diviseur, écrivez (n° 16), à la droite du dividende, un ou plusieurs zéros, pour y remplacer les chiffres décimaux qu'il a de moins. Ensuite suivez la règle du Ier cas.

EXEMPLE.

Diviser 3 686,4 par 1,152. On écrit 2 zéros à la droite du dividende, on supprime la virgule, et on divise 368 6400 par 1 152; le quotient de cette Division est 3 200, c'est celui de la Division proposée. Si on multiplie le diviseur donné 1,152 par le quotient 3 200, le produit est 3 686,400 ou 3 686,4, en supprimant les deux zéros (n° 16).

IIIe Cas. Si le dividende a plus de chiffres décimaux que le diviseur, écrivez (n° 16) un ou plusieurs zéros à la droite du diviseur, pour y remplacer les chiffres décimaux qu'il a de moins. Suivez ensuite la règle du Ier cas.

EXEMPLE.

Diviser 36,864 par 4,8. On écrit 2 zéros à la droite du diviseur, on supprime la virgule, et on divise 36 864 par 4 800. Le quotient est 7 avec le reste 3 264; ainsi le quotient complet est $7 + \frac{3264}{4800}$ (n° 44). Si l'on voulait vérifier ce quotient, en le multipliant par le diviseur donné 4,8, on serait arrêté par une difficulté nouvelle, qui proviendrait de l'expression $\frac{3264}{4800}$. Pour lever cette difficulté, voyez le numéro suivant, et plus loin la Théorie des Fractions.

49. Lorsque le quotient n'est pas un nombre entier, on peut l'obtenir en parties décimales, quelquefois exactement, et toujours d'une manière très approchée. On expliquera dans la Théorie des Fractions, quand le quotient peut s'évaluer exactement ou seulement par approximation.

Reprenons la Division de 36 864 par 4 800. Convertissons en dixièmes le reste 3 264, ce qui se fait en multipliant par 10, et par conséquent en écrivant un zéro à la droite de ce nombre; nous aurons 32 640. Divisons par 4 800; écrivons le quotient 6 à la droite du quotient 7 déjà trouvé, avec l'attention de l'en séparer par une virgule, pour exprimer que ce sont des dixièmes. Multiplions 6 par 4 800, et retranchons le produit du dividende partiel 32 640. Convertissons le reste 3 840 en dixièmes de dixième, ou en centièmes, en écrivant un zéro à la droite de ce nombre; nous aurons 38 400. Divisons ce nouveau dividende par 4 800; écrivons le quotient 8 à la droite du quotient précédent 6, pour exprimer que ce sont des dixièmes de dixième, ou des centièmes. Vérification faite de ce quotient, il ne reste rien; ainsi le quotient du nombre 36 864 divisé par 4 800 est 7,68; c'est aussi celui de 36,864 divisé par 4,8 (47, IIIe cas), ce qui se vérifie définitivement en multipliant le diviseur 4,8 par 7,68. Voici le tableau abrégé de cette division.

Dividende	36,864	4,8	Diviseur.
ou	36,864	4,800	
ou enfin	36 864	4 800	
	32640	7,68	Quotient.
	38400		
	00000		

EXPLICATION. Le dividende 36 864 divisé par 4 800, donnant 7 au quotient, j'écris 7 sous le diviseur. Je multiplie successivement par ce nombre tous les chiffres du diviseur, à commencer par les unités; et j'ôte à mesure les produits partiels, des chiffres correspondants du dividende. Par exemple, 0 multiplié par 7 donnant 0, j'ôte ce produit du premier chiffre 4 du dividende, et il reste 4 que je pose au dessous de ces unités. Ensuite je multiplie les dizaines du diviseur par 7; le produit étant encore 0, je l'ôte des dizaines du dividende, et il reste 6 que j'écris au-dessous de ce chiffre.

Je multiplie 8 par 7, et j'ôte le produit 56 des centaines du dividende ; ces centaines étant 8, je les considère comme des unités de cet ordre, et je les augmente de 5 dizaines afin de pouvoir effectuer la soustraction ; comme il reste 2, je les écris sous 8. Enfin je multiplie 4 par 7, et le produit 28 augmenté des 5 dizaines d'emprunt devient 33 que j'ôte de 36, et il reste 3 que j'écris à la gauche de 264 ; de sorte que 3 264 est le premier reste de la division de 36 864 par 4 800.

On opère de la même manière pour trouver les deux chiffres décimaux 68 qui suivent le chiffre 7 des unités.

S'il y a toujours un reste, on ne peut avoir le quotient exactement. Dans ce cas on s'arrête quand on est parvenu, dans le quotient, à des parties décimales assez petites pour être négligées sans erreur sensible.

EXEMPLE.

Diviser 355 par 113. Cette division se fait comme il suit :

Dividende 355 | 113 *Diviseur.*
160 |
470 | 3,14 159 2 *Quotient.*
180 |
670 |
1050 |
330 |
104 |

On se dispense, comme ci-dessus, d'écrire les produits successifs de chaque chiffre du quotient par le diviseur, en soustrayant du dividende partiel chaque partie du produit, à mesure qu'il se forme ; ce qui rend la marche de l'opération plus expéditive. Ainsi, ayant trouvé le premier chiffre 3 du quotient, on dit $3.3 = 9$, ôté de 15 reste 6 ; $3.1 = 3$ et 1 de retenu fait 4 ôté de 5 reste 1 ; $3.1 = 3$ ôté de 3 reste 0 ; ainsi de suite.

Le quotient approché est donc 3,14 159 2, ou 3,14 159, ou 3,141 5, ou 3,141 ou 3,14, ou, etc., suivant qu'on juge à propos de s'arrêter au 6e, ou au 5e, ou au 4e, ou, etc., chiffre décimal ; c'est-à-dire suivant qu'on peut négliger les parties décimales du 7e ou 6e, ou 5e, ou, etc., ordre.

On présentera le calcul des parties décimales sous une nouvelle forme, à la suite des fractions ordinaires : on ne peut trop se familiariser avec ce calcul.

Des Fractions.

50. Le dividende ayant été considéré comme un produit, il faut nécessairement qu'il résulte de la multiplication du diviseur par le quotient ; or, quand le dividende n'est pas un multiple exact du diviseur, le quotient ne peut être entier ; et après un certain nombre de divisions, on arrive à un reste plus petit que le diviseur. Ainsi 51 divisé par 8 donnera au quotient 6, et il restera encore 3. Ce quotient n'est donc pas complet, puisque, multiplié par le diviseur, il ne produit que 48. On ne peut compléter ce quotient, en lui ajoutant une unité, puisqu'il deviendrait trop grand. Quelle est donc cette quantité moindre que l'unité qu'il faut ajouter au quotient, pour qu'il devienne exact? Ce ne peut être que le résultat de la division du reste 3 par le diviseur 8 ; résultat qui ne peut que s'indiquer, et qui se met sous la forme $\frac{3}{8}$. Ainsi le quotient complet sera $6 + \frac{3}{8}$. Cette expression d'un quotient plus petit que l'unité, s'appelle *Fraction;* on voit qu'elle représente ici la huitième partie de 3 unités, ou 3 fois la huitième partie de l'unité. Le diviseur 8 prend le nom de *dénominateur,* et le dividende 3 celui de *numérateur,* parce que l'un *dénomme* l'espèce des parties exprimées par la Fraction, et l'autre compte (*numerat*) le nombre de ces parties; tous deux s'appellent encore les deux termes de la Fraction.

51. De là il suit qu'une fraction sera d'autant plus grande ou plus petite, selon que son numérateur seul croîtra ou décroîtra ; ainsi $\frac{5}{8} > \frac{3}{8}$, c'est-à-dire $\frac{5}{8}$ plus grand que $\frac{3}{8}$; $\frac{2}{8} < \frac{3}{8}$, c'est-à-dire $\frac{2}{8}$ plus petit que $\frac{3}{8}$.

52. Au contraire le dénominateur seul croissant ou décroissant la Fraction diminue ou augmente ; ainsi $\frac{3}{10} < \frac{3}{8}$, puisque des dixièmes d'unité sont plus petits que des huitièmes, et pareillement $\frac{3}{7} > \frac{3}{8}$.

53. Si le numérateur seul est multiplié, la Fraction est multipliée, puisque l'espèce des parties restant la même, le nombre qu'on en prend est multiplié ; ainsi $\frac{8}{13} = 4 \times \frac{2}{13}$.

54. Si le numérateur seul est divisé, la Fraction est divisée ; ainsi $\frac{2}{15}$ est le quotient de $\frac{10}{15}$ divisés par 5.

55. Si, au contraire, le dénominateur seul est divisé, la Fraction est multipliée ; ainsi, en divisant par 3 le dénominateur 15 de la Fraction $\frac{2}{15}$, j'ai la fraction $\frac{2}{5}$, trois fois aussi grande que la première ; car un quinzième est trois fois plus petit qu'un cinquième.

Par la même raison, si le dénominateur seul est multiplié, la Fraction est divisée ; car, multipliant par 3 le dénominateur 4 de la Fraction $\frac{3}{4}$, elle exprimera des douzièmes, parties trois fois plus petites que les quarts.

56. De là il résulte deux moyens de multiplier une Fraction par un entier, soit en multipliant son numérateur, soit en divisant son dénominateur. Le premier est toujours possible, le second ne l'est pas toujours ; mais il est préférable quand on peut l'employer, parce qu'alors la Fraction a une forme plus simple, puisque ses deux termes sont des nombres plus petits.

57. On a donc aussi deux moyens de diviser une Fraction par un entier, soit en divisant le numérateur, soit en multipliant le dénominateur. Le second seul est toujours praticable ; mais on préfère le premier quand il est possible, par la raison que nous avons donnée (n° précédent).

58. Enfin, une Fraction reste la même, si ses deux termes sont à la fois multipliés ou divisés par un même nombre, puisque la même opération faite sur les deux termes, en même temps, produit deux effets entièrement opposés et qui se détruisent; ainsi les deux termes de la Fraction $\frac{5}{6}$ étant multipliés par 2, on a la Fraction $\frac{10}{12}$ égale à la première. Réciproquement, les deux termes de la Fraction $\frac{12}{16}$ étant divisés par 2, on a la Fraction $\frac{6}{8}$ qui lui est égale; car si, d'une part, elle est rendue deux fois plus petite par la division du numérateur, d'autre part elle est rendue 2 fois plus grande par la division du dénominateur. Donc une même valeur fractionnaire peut être exprimée d'une infinité de manières différentes, équivalentes entre elles, mais dont une seule est la plus simple. Par exemple : $\frac{3}{7} = \frac{9}{21} = \frac{27}{63} = \frac{81}{189}$, etc.

Réduction des Fractions à leur plus simple expression.

59. Comme il est plus commode de calculer les Fractions sous leur forme la plus simple, on doit chercher à les y ramener. On voit qu'on y parviendra en divisant les deux termes par le plus grand nombre qui puisse à la fois les diviser tous deux, c'est-à-dire par leur *plus grand commun diviseur*; or, un raisonnement assez simple nous fera découvrir la méthode propre à cette recherche. D'abord, si le plus petit des deux termes est diviseur exact du plus grand, il est clair qu'il est le plus grand commun diviseur de tous deux; ainsi dans la *Fraction* $\frac{13}{65}$, 65 étant égal à 5 fois 13, on a $\frac{13}{65} = \frac{1}{5}$.

Il est donc naturel de tenter d'abord cet essai. Si cette première division laisse un reste, le plus grand nombre étant composé d'un multiple du petit, plus ce reste, le diviseur commun aux deux nombres doit diviser ce reste, sans quoi il ne diviserait que le petit nombre; ainsi, dans la Fraction $\frac{28}{60}$, on a $60 = 2 \times 28 + 4$. Si le diviseur commun ne divise pas 4, il pourra diviser 2.28 première partie de 60, mais il ne divisera pas la seconde; donc le diviseur cherché doit être commun au petit nombre et au premier reste; donc il doit l'être aussi au reste de leur division, et par conséquent à tous les restes provenant de la division successive du premier reste par le second, du deuxième par le troisième, et ainsi de suite. Donc il faut continuer ces divisions jusqu'à ce qu'on arrive à une division sans reste; et alors prenant le dernier diviseur, qui était aussi le dernier reste, pour diviseur commun, on se convaincra facilement qu'il est diviseur de tous les autres; et ce diviseur commun sera le plus grand de tous ceux qui peuvent diviser les deux nombres proposés, puisqu'il doit se diviser lui-même.

Ainsi la méthode consiste à *diviser le plus grand nombre par le plus petit; celui-ci par le reste de la division; ce premier reste par le second, et ainsi de suite; les diviseurs devenant successivement dividendes, et les restes diviseurs, jusqu'à ce qu'on arrive à un quotient exact; alors le dernier reste sera le plus grand commun diviseur cherché.*

Soit, par exemple, à réduire la Fraction $\frac{40103}{101549}$. La manière la plus commode de disposer l'opération est la suivante :

101549	40103	21343	18760	2583	679	546	133	14	7
21343	2	1	1	7	3	1	4	9	2
	18760	2583	679	546	133	14	7	0	

Les deux termes de la Fraction ayant été divisés par leur plus grand commun diviseur 7, les quotiens seront 5729 et 14507; donc $40103 = 5729 \times 7$ et $101549 = 14507 \times 7$.

On peut donc mettre la Fraction sous la forme $\dfrac{5729 \times 7}{14507 \times 7}$, et supprimant le facteur 7 au numérateur et au dénominateur, on a $\frac{5729}{14507}$, expression la plus simple de la Fraction proposée.

Soit encore $\frac{799}{2961}$; on trouvera pour plus grand commun diviseur 47, ce qui réduit la Fraction à $\frac{17}{63}$.

On peut aussi obtenir les deux termes de la Fraction réduite, en faisant usage des quotiens de la manière suivante :

Soit, par exemple, la *Fraction* $\frac{799}{2961}$. Après avoir trouvé le diviseur commun 47, à l'aide de cette opération,

2961	799	564	235	94	47
	3	1	2	2	2
63	17	12	5	2	1

écrivez l'unité sous le dernier quotient 2, ou plutôt sous le diviseur 47; placez le dernier quotient sous le précédent 2; multipliez-les l'un par l'autre, et ajoutez au produit l'unité, vous aurez 5; ayant écrit ce nombre sous le diviseur 235, faites le produit de 5 par le quotient 2, et ajoutez le 2 qui est à droite; écrivez cette somme 12 sous 564; et opérant de même, vous aurez 17 sous 799, et 63 sous 2961. Un peu d'attention fera connaître facilement que ces nombres 63, 17, 12, 5, 2, 1, expriment combien de fois les nombres 2961, 799, 564, 235, 94, 47, contiennent le diviseur commun 47.

Lorsque le dernier diviseur est l'unité, il est clair que les deux nombres n'ont pas d'autre diviseur commun; alors on les appelle *premiers entre eux;* et s'ils sont les deux termes d'une Fraction, on dit qu'elle est *irréductible*.

60. Il peut être utile de reconnaître si un nombre est divisible par un ou plusieurs des nombres 2, 3, 4, 5, 6, 8, 9, 10, 12, et comme la chose est facile nous allons l'indiquer.

D'abord, tout nombre est pair, ou divisible par 2, si son dernier chiffre est un chiffre pair ou 0 ; car tout nombre peut être considéré comme composé de dizaines et d'unités ; or, les dizaines forment un nombre pair, puisque $10 = 5 \times 2$; donc si les unités sont aussi en nombre pair, le nombre est pair : ainsi $72 = 70 + 2$. Donc les deux parties de ce nombre sont paires ; donc il est pair.

Un nombre est divisible par 4, si ses deux derniers chiffres forment un multiple de 4 : car en les décomposant en deux parties, l'une formée par les centaines, qui sont nécessairement divisibles par 4, puisque $100 = 4 \times 25$; s'il arrive que l'autre partie formée par les dizaines et les unités, soit aussi multiple de 4, ce nombre est multiple de 4. Ainsi $1\,328 = 1\,300 + 28$ est multiple de 4.

Pareillement un nombre sera divisible par 8, si ses trois derniers chiffres forment un multiple de 8 ; par 16, si ses 4 derniers chiffres forment un multiple de 16, ainsi de suite.

Il sera divisible par 5, si son dernier chiffre est 5 ou 0 ; puisque les dizaines étant multiples de 5, il suffit que les unités soient 5 ou 0, pour que tout le nombre soit divisible par 5.

Pour qu'un nombre soit divisible par 9, il faut que la somme de ses chiffres soit un multiple de 9. En effet, si on décompose le nombre en unités, dizaines, centaines,...... on verra que $10 = 9 + 1$, $20 = 2 \times 9 + 2$, $30 = 3 \times 9 + 3$..... Donc un nombre quelconque de dizaines divisé par 9, laisse un reste égal à son chiffre significatif.

De même $100 = 90 + 10 = 99 + 1$.
$200 = 2.90 + 20 = 2.90 + 2.9 + 2$.
$300 = 3.90 + 30 = 3.90 + 3.9 + 3$.

Donc aussi un nombre quelconque de centaines laisse un reste égal à son chiffre significatif. On trouvera la même propriété pour les mille, dizaines de mille, etc.

Donc la somme des chiffres, par lesquels un nombre est exprimé, est aussi celle des restes que laisseraient après la division par 9 ses différentes parties ; donc si cette somme est elle-même un multiple de 9, on peut dire qu'il n'y a pas de reste, et qu'ainsi ce nombre est divisible par 9. Par exemple, 3456 est un multiple de 9, puisque $3 + 4 + 5 + 6 = 18 = 2.9$.

347 n'est pas multiple de 9, puisque $3 + 4 + 7 = 14 = 9 + 5$; le reste de la division par 9 serait donc 5.

Mais si cette somme des chiffres fait seulement un multiple de 3, le nombre est seulement aussi divisible par 3 ; car 9 étant multiple de 3, ce nombre est alors composé d'un multiple de 9 ou de 3, plus d'un reste multiple de 3 ; donc le tout est multiple de 3. Ainsi 27642 est un multiple de 3, puisque $2 + 7 + 6 + 4 + 2 = 21 = 7 \times 3$.

Un nombre sera divisible par 6, s'il l'est à la fois par 2 et par 3 ; il sera divisible par 12, s'il l'est par 4 et par 3, ainsi de suite. On sent bien que les facteurs doivent être premiers entre eux.

Multiplication des Fractions.

61. Revenons maintenant aux opérations sur les Fractions : elles se concevront facilement si on a toujours soin de regarder une fraction comme un quotient ; ainsi voulant multiplier un entier 42 par $\frac{5}{6}$, je considère $\frac{5}{6}$ comme une quantité 6 fois plus petite que 5 ; donc si je fais le produit de 42 par 5, il sera 6 fois trop grand, puisque 5 est 6 fois plus grand que $\frac{5}{6}$; donc pour avoir le véritable produit, il faut diviser ce premier résultat par 6, et on aura $\frac{42 \times 5}{6} = \frac{210}{6}$.

Pour avoir les entiers contenus dans cette expression, on remarquera que l'unité peut toujours être représentée par une Fraction, dont le numérateur égale le dénominateur ; ainsi $\frac{6}{6} = 1$. Donc il y a autant d'unités dans $\frac{210}{6}$ que 210 contient de fois 6. La division donne 35 ; les $\frac{5}{6}$ de 42 ou $42 \times \frac{5}{6}$ sont donc 35. Réciproquement si on a une quantité composée d'entiers et d'une Fraction, et qu'on veuille la mettre sous la forme d'une seule Fraction, on convertira les entiers en Fractions, en les multipliant par le dénominateur donné, on ajoutera au produit le numérateur de la Fraction, et on donnera à cette somme ce même dénominateur : ainsi,

$$3 + \frac{2}{3} = \frac{9+2}{3} = \frac{11}{3}.$$

Si on trouvait, en tirant les entiers d'une expression fractionnaire, que le numérateur ne fût pas multiple du dénominateur, le reste serait le numérateur d'une Fraction qui se joindrait aux entiers. Ainsi les $\frac{5}{6}$ de 44, ou $44 \times \frac{5}{6} = \frac{220}{6} = 36 + \frac{4}{6}$; ainsi *pour multiplier un entier par une Fraction, on multiplie l'entier par le numérateur de la Fraction, et on divise ce produit par le dénominateur* ; on a de cette manière une expression fractionnaire que l'on peut laisser sous la forme d'un quotient indiqué ; mais si on veut en extraire les entiers qu'elle contient, quand le numérateur est plus grand que le dénominateur, on exécute la division ; le quotient donne les entiers, et le reste est le numérateur de la Fraction qu'il faut leur ajouter.

Si le multiplicande est lui-même une Fraction ; par exemple si l'on voulait connaître les $\frac{4}{7}$ de $\frac{3}{5}$, en considérant toujours le multiplicateur comme le quotient de 3 divisé par 5, ou comme une quantité 5 fois plus petite que 3, on multipliera d'abord par 3, et on aura $\frac{4 \times 3}{7} = \frac{12}{7}$, résultat 5 fois trop grand, mais qu'on rend 5 fois plus petit en le divisant par 5 ; c'est-à-dire, en multipliant par 5 le dénominateur 7, et pour lors le vrai produit sera $\frac{12}{7 \times 5} = \frac{12}{35}$. Donc dans ce cas la règle de la multiplication est de *multi-*

plier *numérateur par numérateur, et dénominateur par dénominateur. Ces produits seront les deux termes de la Fraction produit des deux facteurs fractionnaires.*

Si l'on voulait avoir les $\frac{2}{3}$ des $\frac{3}{4}$ des $\frac{5}{7}$ de $\frac{8}{11}$, il est clair qu'il faudrait prendre d'abord les $\frac{2}{3}$ de $\frac{3}{4}$ puis les $\frac{5}{7}$ du produit, puis les $\frac{7}{9}$ du nouveau produit, et ainsi de suite... ce qui donnerait.

$$\frac{2\times 3\times 5\times 7\times 8}{3\times 4\times 7\times 9\times 11} = \frac{2\times 5\times 8}{4\times 9\times 11} = \frac{1\times 5\times 8}{2\times 9\times 11} = \frac{20}{99};$$

on donne quelquefois à ce résultat le nom de *fractions de fractions*.

Si un des facteurs ou tous deux étaient composés d'entiers et de Fractions, on les mettrait sous la forme d'une seule Fraction, et on opérerait comme il vient d'être dit; ainsi

$$\left(3+\frac{1}{4}\right)\times\frac{3}{5} = \frac{3\times 4+1}{4}\times\frac{3}{5} = \frac{13\times 3}{4\times 5} = \frac{39}{20} = 1+\frac{19}{20}.$$

$$\left(2+\frac{2}{3}\right)\times\left(4+\frac{1}{4}\right) = \frac{8}{3}\times\frac{17}{4} = \frac{136}{12} = \frac{34}{3} = 11\frac{1}{3}.$$

On peut remarquer, sur ce dernier exemple, qu'on eût obtenu tout de suite le résultat simplifié $\frac{34}{3}$, en voyant qu'on avait dans l'expression $\frac{8}{3}\times\frac{17}{4}$, le facteur commun 4 aux deux termes, et qu'en le supprimant de part et d'autre, il en résultait $\frac{2.17}{3} = \frac{34}{3}$. Il est donc souvent avantageux dans le calcul de ne faire qu'indiquer les opérations, afin de voir plus facilement les réductions possibles.

Division des Fractions.

62. Une considération semblable fera trouver la règle de la division des Fractions. En effet, soit 1° le dividende entier 25 à diviser par $\frac{4}{7}$. Je remarque d'abord que pour un même dividende, le quotient est d'autant plus petit que le diviseur est plus grand; puis considérant $\frac{4}{7}$ comme une quantité 7 fois plus petite que 4; je divise 25 par 4, et j'ai $\frac{25}{4}$; quotient 7 fois trop petit, puisque j'ai employé un diviseur 7 fois trop grand; donc il faut multiplier ce résultat par 7, ce qui donne $\frac{25\times 7}{4} = \frac{175}{4} = 43\frac{3}{4}$ pour le quotient cherché.

2° Si le dividende est fractionnaire, le raisonnement est le même. Je veux, par exemple, diviser $\frac{5}{13}$ par $\frac{4}{3}$; je divise d'abord $\frac{5}{13}$ par 3, en multipliant par 3 le dénominateur 13, et j'ai $\frac{5}{13\times 3} = \frac{5}{39}$ pour premier résultat 4 fois trop petit, comme provenant d'un diviseur 4 fois trop grand; je multiplie donc par 4 le numérateur 5, et j'ai $\frac{4\times 5}{39} = \frac{20}{39}$ pour véritable quotient.

Si le dividende ou le diviseur, ou tous deux, sont composés d'entiers et de Fractions, il faut les mettre chacun sous la forme d'une seule Fraction, et opérer ensuite à l'ordinaire. Ainsi pour avoir le quotient de $3\frac{1}{5}$ divisé par $\frac{2}{7}$, on dira,

$$3 + \frac{1}{5} = \frac{16}{5}, \text{ divisés par } \frac{2}{7} = \frac{16}{5} \times \frac{7}{2} = \frac{112}{10} = 11 + \frac{2}{10};$$

$$\frac{7}{13} \text{ divisés par } \left(2 + \frac{1}{3}\right) = \frac{7}{13} \times \frac{3}{7} = \frac{3}{13};$$

$$4 + \frac{1}{5} \text{ divisés par } 2 + \frac{1}{7} = \frac{21}{5} \times \frac{7}{15} = \frac{147}{75} = \frac{49}{25} = 1 + \frac{24}{25}.$$

La règle est donc ici *de multiplier le numérateur de la Fraction dividende par le dénominateur de la Fraction diviseur ; et le dénominateur de la Fraction dividende par le numérateur de la Fraction diviseur*, ou, ce qui est la même chose, *multiplier la Fraction dividende par la Fraction diviseur renversée*; ainsi, dans l'exemple précédent, $\frac{5}{13}$ divisés par $\frac{3}{4}$ égalent $\frac{5}{13} \times \frac{4}{3} = \frac{20}{39}$.

Il faut, avant d'aller plus loin, observer soigneusement que prendre le $\frac{1}{4}$, les $\frac{2}{3}$, etc., d'une quantité, c'est la multiplier par $\frac{1}{4}$, par $\frac{2}{3}$...; au lieu que la diviser par $\frac{1}{4}$, par $\frac{2}{3}$..... c'est chercher combien de fois $\frac{1}{4}$, $\frac{2}{3}$..... son contenus dans le dividende, ce qui est bien différent. Les $\frac{2}{3}$ de 100 sont $=$ $\frac{100 \times 2}{3} = \frac{200}{3} = 66\frac{2}{3}$, et 100 divisés par $\frac{2}{3}$ égalent $100 \times \frac{3}{2} = 150$.

Remarquons encore que le quotient de l'unité divisé par une Fraction, n'est autre chose que cette Fraction retournée ; car,

$$\frac{1}{\frac{2}{5}} = 1 \times \frac{5}{2} = \frac{5}{2}.$$

Addition et Soustraction des Fractions.

63. L'origine et la nature des Fractions considérées comme des quotients, ont conduit à traiter d'abord de la multiplication et de la division des Fractions. Pour donner les règles de l'addition et de la soustraction des Fractions, il faut distinguer deux cas ; celui où ces Fractions ont même dénominateur, et celui où elles ont des dénominateurs différents. Dans le premier cas, il est clair qu'on obtiendra la somme de plusieurs Fractions de même dénominateur, en faisant celle des numérateurs de ces Fractions; et prenant cette somme pour numérateur d'une Fraction de même dénominateur que celles qu'on avait à ajouter. Ainsi

$$\frac{2}{27} + \frac{5}{27} + \frac{19}{27} + \frac{17}{27} = \frac{2+5+19+17}{27} = \frac{43}{27} = 1 + \frac{16}{27}.$$

La différence de deux Fractions de même dénominateur s'obtiendra de même, en prenant la différence des numérateurs, et donnant au reste le dénominateur de ces fractions. Par exemple,

$$\frac{13}{25} - \frac{8}{25} = \frac{13-8}{25} = \frac{5}{25} = \frac{1}{5}.$$

Mais lorsque les fractions à ajouter, ou celles dont on veut avoir la différence, sont de dénominateurs différents, on ne peut en faire la somme, ni trouver leur différence sans les réduire au même dénominateur. On y parviendra, en se rappelant qu'une Fraction ne change pas de valeur, si on multiplie ses deux termes par un même nombre (58). D'après cela, on peut avoir la somme des deux fractions $\frac{3}{7}$ et $\frac{2}{5}$. Si on multiplie les deux termes de chacune par le dénominateur de l'autre, elles prendront la forme $\frac{15}{35}$ et $\frac{14}{35}$, et leur somme sera $\frac{29}{35}$.

Si on a plus de deux fractions, le principe et l'application ne changent pas; et ces fractions se trouvent avoir même dénominateur, si on multiplie les deux termes de chacune par le produit des dénominateurs de toutes les autres; car alors ce dénominateur commun sera le produit de tous les dénominateurs. Ainsi $\frac{3}{5}, \frac{2}{3}, \frac{7}{11}, \frac{1}{2}$, deviendront $\frac{198}{330}, \frac{220}{330}, \frac{210}{330}, \frac{165}{330}$. On voit que la somme de ces fractions ainsi préparées, sera

$$\frac{198+220+210+165}{330} = \frac{793}{330} = 2 + \frac{133}{330}.$$

La différence de deux de ces fractions s'obtiendra de la même manière que nous l'avons dit ci-dessus; ainsi,

$$\frac{2}{3} - \frac{7}{11} = \frac{22-21}{33} = \frac{1}{33}.$$

Si on considère que, pour être composé des mêmes facteurs, le dénominateur commun ne doit pas pour cela contenir plus d'une fois chacun des facteurs dont se composent les dénominateurs particuliers, on verra qu'il ne faut pas répéter dans sa composition un facteur qui y a été déjà introduit. Par exemple, ayant à mettre au même dénominateur les Fractions $\frac{5}{6}, \frac{3}{4}, \frac{1}{3}, \frac{7}{8}, \frac{11}{12}$, et ayant fait le produit 24 des deux premiers dénominateurs, je ne multiplie pas par 3 qui est déjà employé, ni par 8, puisque 8 est déjà compris dans 24; j'aurai la même raison pour laisser 12. Le commun dénominateur sera donc 24, et on aura $\frac{20}{24}, \frac{18}{24}, \frac{8}{24}, \frac{21}{24}, \frac{22}{24}$, au lieu des fractions précédentes. Pour obtenir, dans ces cas, les numérateurs, il est clair qu'il faut diviser le dénominateur commun par chaque dénominateur particulier, et multiplier le quotient par le numérateur. Ainsi ayant adopté 24 pour dénominateur commun, je transforme la première fraction en divisant 24 par 6, et multipliant le quotient 4 par le numérateur 5. La fraction transformée $\frac{20}{24}$, n'est autre chose que la première $\frac{5}{6}$, dont les deux termes sont multipliés par 4; je fais de même pour toutes les autres. Ce sera donc par $6 = \frac{24}{4}$ que je multiplierai les 2 termes de la fraction $\frac{3}{4}$, pour avoir la transformée $\frac{18}{24}$.

3

Exercices sur la théorie des Fractions.

Réduction à la plus simple expression. $\frac{1470}{2205} = \frac{294}{441} = \frac{98}{147} = \frac{14}{21} = \frac{2}{3}$; les diviseurs successifs sont 5, 3, 7, 7, ou bien $\frac{1470}{2205} = \frac{2}{3}$ en employant le plus grand commun diviseur 735.

Applications des autres règles. $\frac{957}{43} = 22 + \frac{11}{43}$; $\frac{5480}{274} = 20$; on trouverait $\frac{1}{320}$ pour les $\frac{2}{3}$ du $\frac{1}{12}$ de $\frac{1}{40}$; $\frac{2\frac{2}{3}}{4\frac{4}{5}} = \frac{\frac{8}{3}}{\frac{24}{5}} = \frac{5}{9}$; $\frac{2}{3} + \frac{6}{7} + \frac{5}{9} = \frac{126 + 162 + 105}{189} = \frac{42 + 54 + 35}{63}$; $(12 + \frac{5}{6}) - (8 + \frac{3}{5}) = \frac{77}{6} - \frac{43}{5} = \frac{385}{30} -$

$\frac{258}{30} = \frac{127}{30} = 4 + \frac{7}{30}$; $\frac{3}{4} \times 2 = \frac{6}{4} = \frac{3}{2} = 1 + \frac{1}{2}$; $\frac{\frac{6}{7}}{5} = \frac{6}{7 \times 5} = \frac{6}{35}$

$2\frac{2}{3} \times \frac{3}{4} = \frac{8}{3} \times \frac{3}{4} = 2$; $\frac{\frac{8}{3}}{\frac{5}{3}} = \frac{8}{9} \times \frac{5}{4} = 1 + \frac{1}{9}$; $(45 + \frac{3}{4}) \times (17 + \frac{2}{3}) = 808 + \frac{1}{4}$.

Fractions décimales.

64. Les *fractions décimales* sont celles dont le dénominateur est l'unité, suivie d'un ou de plusieurs zéros; ainsi $\frac{3}{10}$, $\frac{27}{100}$, $\frac{49}{10000}$ sont des *fractions décimales*.

Ce caractère particulier a fait imaginer une manière de les exprimer qui rend leur calcul aussi commode que celui des nombres entiers; elle consiste à sous-entendre le dénominateur, et à n'écrire que le numérateur. Il n'a fallu pour cela qu'une convention fort simple qui a déjà été exposée et motivée, c'est de désigner dans un nombre le rang des unités par une virgule placée au bas du chiffre qui les exprime, ou du zéro qui en occupe la place : les chiffres écrits à droite forment le numérateur d'une fraction, dont le dénominateur sous-entendu est toujours l'unité, suivie d'autant de zéros qu'il y a de caractères après la virgule. Ces chiffres s'appellent chiffres décimaux, ou simplement *décimales*, en sous-entendant le mot *fractions*, ou *parties*. Quand on énonce la valeur d'un nombre, ce dénominateur supposé se lit comme s'il était vraiment écrit. Ainsi $3{,}125 = 3 + \frac{125}{1000} = 3 + \frac{100}{1000} + \frac{20}{1000} + \frac{5}{1000} = 3 + \frac{1}{10} + \frac{2}{100} + \frac{5}{1000}$. Dans ce nombre il y a 3 chiffres décimaux ou simplement 3 décimales; le dénominateur est donc 1 000; on lira donc trois unités cent vingt-cinq *millièmes*, ou trois unités un *dixième* deux *centièmes* cinq *millièmes*; c'est la première manière qui est généralement adoptée.

Il est aisé de tirer de là les deux règles (nos 13 et 14), d'après lesquelles on pourra écrire un nombre décimal proposé, et lire un nombre décimal écrit.

1° Ayant à écrire, par exemple, trois mille quarante-cinq *cent millièmes*, je vois que le dénominateur serait 100 000, il faut donc 5 chiffres décimaux ; le nombre 3 045 n'employant que 4 figures, il faut mettre un zéro en avant à gauche pour compléter le nombre des décimales, puis conserver le rang des unités par un zéro suivi de la virgule, ainsi qu'il suit : 0,03 045. La règle sera donc celle-ci : écrivez le nombre décimal proposé comme un nombre ordinaire, et s'il n'emploie pas autant de figures qu'il faut de décimales, complétez-en le nombre par des zéros placés vers la gauche, puis placez la virgule avant le résultat que vous obtenez ainsi, et faites-la précéder par un zéro pour tenir la place des unités si la fraction décimale n'est pas accompagnée d'un entier.

2° Pour lire un nombre décimal, il suffit de se rappeler que le nombre des décimales est le même que celui des zéros qui suivraient l'unité dans le dénominateur supprimé. On lira donc le nombre décimal comme un nombre entier, puis on exprimera, d'après ce qui vient d'être dit, le dénominateur sous-entendu. Ainsi, dans le nombre 3,00 420 17, je vois que le dénominateur serait l'unité suivie de 7 zéros = 10 000 000 ; je lirai donc trois unités quarante-deux mille dix-sept dix-millionièmes.

En suivant ces considérations, on peut reconnaître qu'un nombre décimal ne change pas de valeur si l'on écrit à sa droite un ou plusieurs zéros, puisque par là on multiplie le numérateur et le dénominateur de la fraction par un même nombre. Par exemple, si, à la suite du nombre 0,47, j'écris 2 zéros, j'ai 0,47 00, et le nombre paraît être multiplié par 100 ; mais si je remarque que le dénominateur non écrit, qui était 100, est devenu 10 000, je vois que les deux termes de la fraction ayant été multipliés par un même nombre, sa valeur n'est pas changée. En effet, j'ai $\frac{47}{100} = \frac{4700}{10000}$. Par une raison semblable, on peut supprimer des zéros qui terminent un nombre décimal, puisque ce n'est autre chose que diviser les deux termes d'une fraction par un même nombre. Il suit de là que 0,47 00 = 0,47, puisque $\frac{4700}{10000} = \frac{47}{100}$.

Cela posé, si nous avons à ajouter plusieurs nombres décimaux, nous pouvons leur supposer le même dénominateur, en leur donnant le même nombre de décimales, par le moyen qu'on vient d'exposer ; alors l'addition des nombres décimaux revient à celle des fractions de même dénominateur, et nous avons vu qu'elle se réduit à l'addition des numérateurs, c'est-à-dire qu'elle se fait alors comme celle des nombres entiers ; ainsi 0,3 + 4,52 + 17,00 25 = 0,30 00 + 4,52 00 + 17,00 25 = 21,82 25.

65. Si on a à soustraire un nombre décimal d'un nombre décimal, on peut également leur donner le même nombre de décimales s'ils ne l'ont pas ; et suivre alors la règle donnée pour la soustraction des fractions de même dénominateur ; ainsi 4,17 − 0,03 7 = 4,17 0 − 0,03 7 = 4,13 3.

66. Pour obtenir le produit de deux nombres décimaux, on les multipliera l'un par l'autre comme des nombres entiers ; et on séparera par la virgule autant de décimales, dans ce produit, que les deux facteurs en avaient. En effet, le dénominateur supprimé serait l'unité suivie d'autant de zéros qu'il y avait de décimales dans les deux facteurs. Par exemple,

$$10{,}21 \times 2{,}003 = \tfrac{1021}{100} \times \tfrac{2003}{1000} = \tfrac{2045063}{100000} = 20{,}45\,063.$$
$$0{,}012 \times 0{,}0004 = \tfrac{12}{1000} \times \tfrac{4}{10000} = \tfrac{48}{10000000} = 0{,}00\,000\,48.$$

67. Pour diviser un nombre décimal par un nombre décimal, on remarquera que, si on veut diviser une fraction par une autre de même dénominateur, il suffit de diviser le numérateur de la première par celui de la seconde. En conséquence, ayant donné au dividende et au diviseur le même nombre de décimales, on fera la division à la manière ordinaire, comme pour les nombres entiers. En effet, soit 275 à diviser par 2,5; j'aurai 275,0 à diviser par 2,5, ou $\tfrac{2750}{10}$ à diviser par $\tfrac{25}{10}$, ou enfin $\tfrac{2750}{25} = 110$.

Soit encore 12,52 à diviser par 4,3; j'aurai 12,52 à diviser par 4,30, ou $\tfrac{1252}{100}$ à diviser par $\tfrac{430}{100}$, ou enfin $\tfrac{1252}{430} = 2 + \tfrac{392}{430} = 2{,}91\,16$ (n° 49).

On peut diviser un nombre décimal par 10, par 100, par 1 000, etc., transportant la virgule d'un rang, de deux rangs, trois rangs, etc., vers la gauche. En effet, dans le nombre décimal $34{,}7 = \tfrac{347}{10}$, si je porte la virgule entre le 4 et le 3, j'aurai $3{,}47 = \tfrac{347}{100}$, nombre dix fois plus petit. Dans le nombre $224{,}3 = \tfrac{2243}{10}$, si je porte la virgule entre le premier et second chiffre à gauche, j'aurai $2{,}243 = \tfrac{2243}{1000}$, nombre cent fois plus petit.

68. On peut semblablement multiplier un nombre décimal par 10, par 100, par 1 000, etc., en avançant la virgule d'un rang, de 2 rangs, 3 rangs, etc., sur la droite. Soit, en effet, dans le nombre $5{,}27 = \tfrac{527}{100}$, la virgule portée entre le deuxième et le troisième chiffre; on aura $52{,}7 = \tfrac{527}{10}$, nombre dix fois plus grand.

69. La conversion d'une fraction ordinaire en décimales (n° 49), va donner lieu à quelques remarques intéressantes. Soit, par exemple, $\tfrac{5}{7} = 0{,}71\,428\,571\,4\ldots$ Dans ce développement, après les 6 premiers chiffres, on voit les mêmes reparaître dans le même ordre, et cela devait être.

En effet, il doit arriver au quotient autant de chiffres différents que la division laissera de restes différents; or, le diviseur 7 ne peut laisser que des restes plus petits que lui-même; il ne peut donc y en avoir que 6, après quoi l'on retombera sur un de ceux qui ont paru; et alors les circonstances redevenant les mêmes, les résultats le seront aussi. On appelle ce retour *périodique*. Il n'aurait pas lieu si la division pouvait se faire exactement; mais, il est aisé de voir que (par hypothèse), le numérateur n'étant pas divisible par le dénominateur, la division ne pourra se terminer qu'autant qu'un des nombres 10, 100, 1 000,.... par lesquels on multiplie le numérateur, sera un multiple du dénominateur; il faut donc que ce dénominateur n'ait pas d'autres facteurs que ceux qui composent 10, 100, 1 000,....; or, ces facteurs sont 2 et 5; il n'y a donc que les fractions dont les dénominateurs sont composés uniquement de ces facteurs, qui soient exactement réductibles en décimales; ainsi $\frac{1}{2} = 0,5$; $\frac{3}{4} = 0,75$; $\frac{1}{25} = 0,04$; $\frac{7}{8} = 0,875$.

70. On peut réciproquement convertir les fractions décimales en fractions ordinaires, en rendant aux premières leurs dénominateurs, et réduisant. Ainsi $0,875 = \frac{875}{1000} = \frac{7}{8}$, en divisant les deux termes par 125; $0,04 = \frac{4}{100} = \frac{1}{25}$. Quant aux fractions décimales périodiques, leur conversion dépend des remarques suivantes :

$\frac{1}{9} = 0,11111\ldots$; $\frac{1}{99} = 0,010101\ldots$; $\frac{1}{999} = 0,001001001\ldots$ D'après cela, soit une fraction décimale périodique, dans laquelle la période n'a qu'un chiffre, comme $0,333\ldots$ On voit que cette fraction équivaut à trois fois $0,111\ldots = 3 \times \frac{1}{9}$; elle vaut donc $\frac{3}{9}$ ou $\frac{1}{3}$. Si la période a deux chiffres, comme $0,36363 6\ldots$, on voit que cette fraction équivaut à 36 fois $0,010101\ldots = 36 \times \frac{1}{99}$, donc elle vaut $\frac{36}{99} = \frac{4}{11}$, ainsi de suite.

Nous pourrons en conclure la règle suivante : *Une fraction décimale périodique est égale à une fraction ordinaire, dont le numérateur est la période elle-même, et dont le dénominateur est composé d'autant de 9 qu'il y a de chiffres à la période.* Ainsi $0,324324\ldots = \frac{324}{999} = \frac{12}{37}$; $0,00270027 = \frac{27}{9999} = \frac{3}{1111}$.

Si la période ne commence pas au premier chiffre décimal, on ramène ce second cas au précédent, par la transposition de la virgule. Soit, par exemple, $4,27818181\ldots$ Si on place la virgule après le 7, on aura $427,81818 1\ldots$; expression cent fois plus grande que la première, et qui, étant réduite en fraction ordinaire, vaut $427 + \frac{81}{99}$; mais il faut diviser cette dernière valeur par 100, ce qui donne $\frac{427}{100} + \frac{81}{9900} = \frac{427 \cdot 99 + 81}{9900} = \frac{42354}{9900} = \frac{2353}{550}$; ainsi, $4,278181 = \frac{2353}{550}$, ce dont on se convaincra facilement, si on convertit cette fraction en décimales. On trouvera de même que $0,08333\ldots = \frac{1}{12}$, et que $0,231212\ldots = \frac{763}{3300}$.

On a fait, sur le développement en décimales des fractions, dont le numérateur est l'unité et le dénominateur un nombre premier, la remarque suivante, qui peut servir à abréger l'opération. Lorsque le nombre des chiffres de la période doit être pair, on en est averti par le reste que laisse le dernier chiffre de la première moitié de la période; car ce reste est alors égal au dénominateur diminué de l'unité, et les chiffres de la seconde moitié de la période se trouvent en prenant le complément à 9 des chiffres de la première moitié. Ainsi, dans le développement de $\frac{1}{7}$, le troisième reste sera 6, et on aura $\frac{1}{7} = 0,142857$, où l'on voit que les 3 derniers chiffres 8, 5, 7, sont $9-1, 9-4, 9-2$. Les fractions $\frac{1}{11} = 0,09$; $\frac{1}{13} = 0,076923$, etc., donneront lieu aux mêmes remarques.

On n'a pu, cependant, trouver jusqu'à présent aucun moyen de reconnaître, avant l'opération, si le nombre des chiffres de la période serait pair ou impair, ou moindre que le dénominateur diminué de l'unité.

Exercices sur les Fractions décimales.

Convertir une fraction ordinaire en fraction décimale :
$\frac{7}{16} = 0{,}43\,75$; $\frac{11}{64} = 0{,}17\,187\,5$; $\frac{4}{27} = 0{,}14\,814\,8$. . . . .
$\frac{11}{63} = 0{,}17\,460\,317\,460\,3$. . . . . $\frac{44}{57} = 0{,}77\,192$.

On a vu ci-dessus que. . . . $\frac{1}{7} = 0{,}14\,285\,714$. . .

Il est digne de remarque
que la période se compose
des mêmes chiffres et dans le
même ordre pour les fractions. . . . .
$\left.\begin{array}{l}\frac{2}{7} =\;\;\;\;0{,}285\,714\,28\ldots\\ \frac{3}{7} =\;\;\;\;\;\;\;\;\;\;\;\;0{,}42\,857\,142\\ \frac{4}{7} = 0{,}57\,142\,857.\\ \frac{5}{7} = 0{,}71\,428\,571.\\ \frac{6}{7} = 0{,}85\,714\,85.\end{array}\right\}$

Revenir d'une fraction décimale à une fraction ordinaire, $0{,}37\,5 = \frac{3}{8}$.

Opérations sur les Nombres complexes.

71. On appelle nombre *complexe* un nombre composé de plusieurs espèces d'unités subordonnées. Ainsi $3^{tt}\ 4^{s}\ 6^{d}$ est un nombre complexe, dans lequel la livre tournois est l'unité principale ; le sou qui est contenu 20 fois dans la livre, et le denier contenu 12 fois dans le sou, sont des unités secondaires, ou des fractions de l'unité principale.

L'adoption du système décimal pour les nouvelles mesures, a fait disparaître les nombres complexes, et rendu leur calcul inutile ; cependant, l'obligation où on se trouve encore souvent d'exécuter ou de vérifier des calculs de nombres complexes, nous force à en parler.

La mesure ancienne de pesanteur était la livre partagée en 16 onces, l'once en 8 gros, le gros en 3 deniers ou 72 grains ; de sorte que la livre contient 128 gros, ou 9 216 grains.

La mesure de longueur était la toise partagée en 6 pieds, le pied en 12 pouces, le pouce en 12 lignes ; la toise est donc de 72 pouces, ou de 864 lignes.

Addition des Nombres complexes.

72. Pour obtenir la somme de plusieurs nombres complexes, on les écrit les uns sous les autres, avec l'attention de mettre ensemble en même colonne les unités de même espèce. On commence à droite par les plus petites ; et si la somme de leur colonne surpasse le nombre qu'il en faut pour composer une unité de l'ordre supérieur le plus voisin, on écrit seulement le reste sous cette colonne, et on reporte, dans la somme de la suivante, l'unité ou les unités données par la précédente, ainsi de suite.

EXEMPLE : soient à ajouter 20^{toises} 4^{pieds} 7^{pouces} 8^{lignes} ; 9^{toises} 5^{pieds} 11^{pouces} 10^{lignes} ; 19^{toises} 4^{pieds} 7^{pouces} 3^{lignes}. Ayant disposé ces nombres comme ci-après :

ARITHMÉTIQUE.

	toises.	pieds.	pouces.	lignes.
	20	4	7	8
	9	5	11	10
	19	4	7	3
on a pour somme...	50	3	2	9

En effet, la colonne des lignes en donne 21; j'en ôte 12, faisant 1 pouce, et j'écris le reste 9 lignes. La colonne des pouces en contient 25, et y joignant 1 pouce donné par la colonne précédente, c'est en tout 26 pouces, ou 2 pieds 2 pouces; j'écris 2 pouces, et les 2 pieds joints aux 13 pieds de la colonne suivante, en donnent 15, ou 2 toises 3 pieds; j'écris les trois pieds, et je joins les 2 toises à celles de la colonne des toises, qui se trouve ainsi en contenir 50.

Soustraction des Nombres complexes.

73. Après avoir écrit le plus petit sous le plus grand, toujours avec l'attention de placer l'une sous l'autre les unités de même espèce, on commencera à droite par celles de moindre valeur, soustrayant le nombre inférieur du nombre supérieur autant que cela se pourra faire, et écrivant le reste. Si le nombre supérieur est plus petit que l'inférieur, on rendra la soustraction possible en empruntant sur l'espèce voisine la plus prochaine. Un exemple va éclaircir cette règle.

Soient 20^{tb} 7 onces 4 gros 50 grains, à retrancher de 22^{tb} 5 onces 5 gros 18 grains; on disposera ainsi l'opération :

	livres.	onces.	gros.	grains.
	22	5	5	18
	20	7	4	50
Différence...	1	14	0	40

Ne pouvant ôter 50 grains de 18 grains, j'emprunte 1 gros, valant 72 grains : j'en ai donc 90, et il en reste par conséquent 40. Passant aux gros où le nombre supérieur est réduit à 4 par l'emprunt d'une unité, le reste est zéro. Je ne puis ôter 7 onces de 5 onces, mais une livre empruntée me donne 16 onces; j'en ai donc 21, desquelles ôtant 7 il en reste 14; et 20^{tb} ôtées de 21 laissent 1^{tb} pour reste.

Si l'on proposait de retrancher de 6 toises, 4 toises 3 pieds 6 pouces 8 lignes 5 points :

	toises.	pieds.	pouces.	lignes.	points.
	6	0	0	0	0
	4	3	6	8	5
Différence...	1	2	5	3	7

On serait conduit dès le commencement de l'opération à décomposer une toise en 5 pieds 11 pouces 11 lignes 12 points, et le calcul pourrait immédiatement recevoir la forme suivante :

COURS DE MATHÉMATIQUES.

	toises.	pieds.	pouces.	lignes.	points.
	5	5	11	11	12
	4	3	6	8	5
Différence...	1	2	5	3	7

74. La preuve de la soustraction des nombres complexes se fait comme pour les nombres incomplexes ; car en ajoutant le reste au petit nombre, on doit retrouver le plus grand.

La preuve de l'addition se fait aussi comme pour les nombres incomplexes, en recommençant l'opération par la gauche, et soustrayant la somme de chaque colonne de celle qui a été écrite dessous ; on doit définitivement trouver zéro pour reste sous la dernière colonne à droite. En effet, le procédé qu'on a suivi a dû composer la somme totale de toutes les parties qui formaient les nombres à ajouter ; donc si de cette somme on retranche successivement toutes les parties qui la composent, il ne doit rien rester, dans le cas où l'opération a été bien faite. Reprenons, pour éclaircir ceci, l'exemple précédent.

	toises.	pieds.	pouces.	lignes.
	20	4	7	8
	9	5	11	10
	19	4	7	3
Somme...	50	3	2	9
Preuve...	zz	z	z	0

Les 3 dizaines de toises étant ôtées de 5 qu'on a écrit, il en reste 2 qui proviennent du rapport de la colonne des toises ; ces 2 dizaines valent 20 toises, et la colonne des toises n'en donne que 18, il en reste 2, valant 12 pieds, qui, joints aux 3 pieds faisant partie de la somme, en donnent 15 ; mais la colonne des pieds n'en donne que 13, il en reste donc 2 valant 24 pouces, avec 2 qui se trouvent dans la somme, on en a 26 qui surpassent de 1 pouce les 25 pouces de cette colonne : ce pouce provenant du report des lignes, et joint aux 9 lignes de la somme, en donnent 21 ; c'est exactement le nombre qui se trouve dans cette colonne ; l'addition est donc bonne.

Multiplication des nombres complexes.

75. Il faut d'abord rappeler ici que, dans toute multiplication, le multiplicateur est un nombre abstrait, et le multiplicande un nombre concret de la nature du produit ; ce qui ne peut manquer de le faire reconnaître, puisque l'état de la question apprend nécessairement quelle doit être la nature du produit.

76. La multiplication des nombres complexes pourrait se ramener à la multiplication des fractions, puisque chaque facteur est formé d'unités principales et de fractions de cette unité.

EXEMPLE.

Veut-on savoir ce qu'il faut payer pour 5 toises 4 pieds 6 pouces d'ouvrage, à $3^{tt}\ 2^{\prime\prime}\ 6^{\text{d}}$ la toise? Le multiplicande $3^{tt}\ 2^{\prime\prime}\ 6^{\text{d}}$ est composé de 3 unités de $\frac{2}{20}$ et $\frac{6}{240}$ de l'unité principale; ces deux fractions mises au même dénominateur donnent $\frac{24}{240} + \frac{6}{240} = \frac{30}{240}$; le multiplicande est donc $3^{tt} + \frac{30}{240} = \frac{750}{240}^{tt}$, ou 750 deniers; ce qu'on obtient également par la réduction des livres en sous, ou en les multipliant par 20, car on aura $60^{\prime\prime} + 2^{\prime\prime} = 62^{\prime\prime}$, puis en deniers, en multipliant par 12, ce qui donne $744^d + 6^d = 750^d$.

Par un procédé analogue, le multiplicateur peut être représenté par $5^t + \frac{4}{6} + \frac{6}{72} = 5^t + \frac{48}{72} + \frac{6}{72} = 5^t + \frac{54}{72} = \frac{414}{72}t$; ou bien réduisant les toises en pieds, en multipliant par 6, on a $30^{pi} + 4^{pi} = 34^{pi}$, réduisant en pouces en multipliant par 12, il vient $408^{po} + 6^{po} = 414^{po}$.

Voilà la question réduite à multiplier $\frac{750}{240} \times \frac{414}{72} = \frac{310500}{17280} = \frac{575}{32}^{tt} = 17^{tt} + \frac{31}{32}^{tt}$. Cette fraction réduite en sous, donne $\frac{620}{32}^{\prime\prime} = 19^{\prime\prime} + \frac{12}{32}^{\prime\prime} = 19^{\prime\prime} + \frac{3}{8}$, fraction qui, réduite en deniers, donne $\frac{36}{8}^d = 4^d \frac{1}{2}$. Le produit cherché est donc $17^{tt}\ 19^{\prime\prime}\ 4^d \frac{1}{2}$.

On peut donner pour règle générale, qu'il faut *réduire les deux facteurs à leur plus petite sous-espèce, multiplier les deux résultats l'un par l'autre, et diviser le produit par celui des deux nombres qui expriment combien l'unité principale de chaque facteur contient de fois la plus petite sous-espèce. On aura une fraction de laquelle on tirera successivement les unités de chaque ordre du produit.*

Mais la méthode la plus généralement adoptée et la plus expéditive est celle des parties aliquotes, que nous allons exposer.

77. On appelle *parties aliquotes*, des parties ou fractions qui ont l'unité pour numérateur; ce nom leur a été donné, parce que l'unité est composée d'une de ces parties prise un certain nombre de fois. Par exemple : $10^{\prime\prime}$ sont une aliquote de la livre, parce que, répétés deux fois, ils donnent la livre. $5^{\prime\prime}, 4^{\prime\prime}, 2^{\prime\prime}$, sont des aliquotes de la livre, puisque ces nombres sont le $\frac{1}{4}, \frac{1}{5}, \frac{1}{10}$ de la livre. $2^{\prime\prime}\ 6^d, 3^{\prime\prime}\ 4^d, 6^{\prime\prime}\ 8^d$, qui sont le $\frac{1}{8}$, le $\frac{1}{6}$, le $\frac{1}{3}$ de la livre en sont les aliquotes; mais $3^{\prime\prime}$ ne sont pas une aliquote, parce que $3^{\prime\prime}$ répétés un certain nombre de fois ne donnent pas exactement la livre.

Cela posé, reprenons l'exemple ci-dessus, dans lequel il s'agit de

Multiplier...	3^{tt}	$2^{\prime\prime}$	6^d
Par....	5^t	4^{pi}	6^{po}
Pour 3^{tt}......	15^{tt}	$0^{\prime\prime}$	0^d
Pour $2^{\prime\prime}$......	0	10	0
Pour 6^d......	0	2	6
Pour 2^{pi}......	1	0	10
Pour 2^{pi}......	1	0	10
Pour 6^{po}......	0	5	$2\frac{1}{2}$
	17^{tt}	$19^{\prime\prime}$	$4^d \frac{1}{2}$

Le produit doit contenir tout le multiplicande multiplié par tout le multiplicateur. Multiplions d'abord tout le multiplicande par les entiers du multiplicateur; on a $3^{lt} \times 5 = 15^{lt}$. Ensuite pour avoir le produit de 2^s par 5, je dis, une livre multipliée par 5, donnerait 5^{lt} au produit; mais 2^s qui sont $\frac{1}{10}^{lt}$, ne doivent donner que le dixième de ce produit. Je prends donc le $\frac{1}{10}$ de 5^{lt}, et j'écris 10^s. Enfin 6^d, moitié d'un sou, ou quart de 2^s, donneront donc au produit le quart de 10^s, produit de 2^s; j'écris donc $2^s\ 6^d$.

Passant aux sous-espèces du multiplicateur, je trouve 4 pieds, dont le produit se fera par ce raisonnement : une toise vaut $3^{lt}\ 2^s\ 6^d$; 4 pieds ne font pas une aliquote de la toise; mais 2 pieds faisant le $\frac{1}{3}$, je décompose 4 pieds en $\frac{1}{3} + \frac{1}{3}$, j'écris donc 2 fois le $\frac{1}{3}$ de $3^{lt}\ 2^s\ 6^d$, qui vaut $1^{lt}\ 0^s\ 10^d$.

Enfin je remarque que 6 pouces sont la moitié d'un pied, ou le quart de 2 pieds; je prends donc le quart du dernier produit, et j'ai $5^s\ 2^d\ \frac{1}{2}$; ajoutant ces produits partiels, leur somme donne $17^{lt}\ 19^s\ 4^d\ \frac{1}{2}$ pour le produit total, le même qu'on a obtenu par un procédé plus long.

La règle générale qu'on peut conclure de cette opération est donc celle-ci : *Ecrivez le multiplicateur sous le multiplicande, multipliez tout le multiplicande par les entiers du multiplicateur, en décomposant successivement les sous-espèces en aliquotes de l'espèce précédente; puis prenez pour les sous-espèces du multiplicateur, des aliquotes convenables du multiplicande; la somme de ces produits partiels sera le produit total.*

Un second exemple achèvera de développer l'application de cette méthode. Combien recevra-t-on pour 2 jours 6 heures 30 minutes de travail, à raison de 17^{lt} par journée de 12 heures.

$$17^{lt}$$
$$2^j\quad 6^h\quad 30^m$$

Pour 2^j.	34^{lt}	0^s	0^d	
Pour 6^h.	8	10	0	Moitié de 17^{lt}.
Pour 1^h.	1	8	4	Produit auxiliaire.
Pour 30^m.	0	14	2	Moitié du prix de 1 heure.
	43^{lt}	4^s	2^d	

Ayant pris pour 2^j deux fois le multiplicande, et pour 6^h moitié, on prendra le $\frac{1}{6}$ de ce produit pour avoir la valeur d'une heure, afin d'en prendre la moitié pour avoir le produit correspondant à 30' ou une demi-heure; on rayera ce produit d'une heure, comme ne devant pas faire partie du produit total. On aurait pu prendre pour 30^m le $\frac{1}{12}$ du produit de 6^h.

Si la question eût été ainsi posée : pour 1^{lt} on fait travailler un homme pendant $2^j\ 6^h\ 30^m$, combien de temps le fera-t-on travailler pour 17^{lt}, la journée de travail étant toujours de 12 heures? On voit que 17 est multiplicateur, et qu'il s'agit de prendre $2^j\ 6^h\ 30^m$, 17 fois, comme il suit :

ARITHMÉTIQUE. 43

$$\begin{array}{rrr} 2^j & 6^h & 30^m \\ 17^{\#} & & \end{array}$$

$$\begin{array}{rrr} 34^j & & \\ 8 & 6_h & \\ \cancel{1} & 5 & \\ 0 & 8 & 30' \\ \hline 43^j & 2^h & 30^m \end{array}$$

On a d'abord 17 fois 2 jours, faisant 34^j; puis 17 fois 6^h, ou 17 fois $\frac{1}{2}$ jour, faisant la moitié de 17 jours, ou 8 journées 6^h. Ensuite on pourra prendre le $\frac{1}{6}$ de ce produit, qui correspondra à celui d'une heure, faisant 17 heures ou 1 journée 5 heures, dont la moitié, ou 8^h 30', correspond à une demi-heure ou 30^m; et le produit total sera la somme de ces produits partiels, ayant toutefois rayé le produit auxiliaire 1 jour 5 heures.

La circonférence du cercle étant conçue, divisée en 360 parties ou degrés, chaque degré en 60 minutes, et chaque minute en 60 secondes, on demande combien de degrés, minutes et secondes a parcourus, dans le ciel, en 27 ans 9 mois, un astre qui décrit chaque année un arc de 2 degrés 35 minutes. On a donc

$$\begin{array}{l} \phantom{\text{A multiplier par}}\ \ \ 2° \ \ \ 35' \\ \text{A multiplier par}\ \ \ 27^{\text{ans}} \ \ 9^{\text{mois}} \end{array}$$

	54°			
Pour 30'. . . .	13	30'	0	Moitié de 27°.
Pour 5'. . . .	2	15'	0	$\frac{1}{6}$ du produit de 30'.
Pour 6 mois. .	1	17'	30"	Moitié du multiplicande.
Pour 3 mois. .	0	38'	45"	Moitié du produit de 6 mois.
Produit. . . .	71°	41'	15"	

Division des nombres complexes.

78. Nous avons vu que le produit du quotient par le diviseur égale le dividende. On peut donc regarder le diviseur et le quotient comme les deux facteurs du dividende; mais un de ces facteurs doit être abstrait, et l'autre de la nature du produit; donc si le diviseur est de la nature du dividende, le quotient sera abstrait. Ier *Cas.*

Si le diviseur n'est pas de la nature du dividende, le diviseur est abstrait, et le quotient concret de la nature du dividende. IIe *Cas.*

Dans aucun cas, on ne peut diviser par un diviseur complexe; il faut donc toujours préparer l'opération en mettant le diviseur sous une forme incomplexe; mais de plus, dans le premier cas, il faut que le dividende soit préparé de même, car on ne pourrait pas sans cela obtenir le quotient abstrait.

79. Supposons, pour premier exemple, que $409^{\text{lt}}\ 12^{\text{s}}$ aient été payés pour le prix d'un certain nombre de fusils, à raison de $25^{\text{lt}}\ 12^{\text{s}}$ chaque; il s'agit de savoir combien de fois $25^{\text{lt}}\ 12^{\text{s}}$ sont contenus dans $409^{\text{lt}}\ 12^{\text{s}}$. Le diviseur étant complexe, il faut le réduire en une seule expression fractionnaire; or $25^{\text{lt}}\ 12^{\text{s}} = 25^{\text{lt}} + \frac{3}{5}^{\text{lt}} = \frac{128}{5}^{\text{lt}}$, de même le dividende $409^{\text{lt}}\ 12^{\text{s}} = 409^{\text{lt}} + \frac{3}{5}^{\text{lt}} = \frac{2048}{5}^{\text{lt}}$; il faut donc diviser $\frac{2048}{5}$ par $\frac{128}{5}$, ce qui donne $\frac{2048}{5} \times \frac{5}{128} = \frac{2048}{128} = 16$.

La nature de cette question ne pouvait admettre qu'un quotient entier; mais le raisonnement et l'opération seraient encore les mêmes, si le quotient abstrait devait se convertir aussi en nombre complexe. Par exemple, on a payé $1\,278^{\text{lt}}\ 5^{\text{s}}\ 7^{\text{d}}\ \frac{1}{2}$ pour un certain nombre de toises, pieds, pouces d'ouvrages, à raison de $37^{\text{lt}}\ 17^{\text{s}}\ 6^{\text{d}}$ la toise; quel était ce nombre? Ici le quotient pourra être composé d'entiers et fractions, et la nature de la question veut que ce soit une fraction de toise, ou que nous la convertissions en pieds, pouces, lignes, etc., ce qui se fera facilement. D'abord le diviseur est $37^{\text{lt}} + \frac{17}{20} + \frac{6}{240}$, ou $37^{\text{lt}} + \frac{17}{20} + \frac{1}{40} = 37^{\text{lt}} + \frac{34}{40} + \frac{1}{40} = 37^{\text{lt}} + \frac{35}{40} = 37^{\text{lt}} + \frac{7}{8} = \frac{303}{8}^{\text{lt}}$; le dividende $= 1\,278^{\text{lt}} + \frac{5}{20} + \frac{7}{240} + \frac{1}{480}^{\text{lt}} = 1\,278^{\text{lt}} + \frac{120}{480} + \frac{14}{480} + \frac{1}{480} = 1\,278 + \frac{135}{480} = \frac{613575}{480}$ à diviser par $\frac{303}{8}$ ou $\frac{613575}{480} \times \frac{8}{303} = \frac{613575}{60 \times 303}$ en divisant numérateur et dénominateur par $8 = \frac{613575}{18180}$; et en divisant les 2 termes par 45, on a $\frac{13635}{404} = 33 + \frac{303}{404} = 33 + \frac{3}{4}$. Pour convertir cette fraction en pieds, on multiplie son numérateur par 6, ce qui donne $\frac{18}{4} = 4 + \frac{1}{2}$; c'est donc 4 pieds 6 pouces, ce qu'on aurait eu de même en multipliant le numérateur par 12, ce qui aurait produit $\frac{12}{2} = 6$; le quotient est donc 33 toises 4 pieds 6 pouces.

La règle applicable à ce premier cas, est donc de *réduire le dividende et le diviseur, chacun en une seule expression incomplexe, en les convertissant, si l'on veut, en sous-divisions les plus petites de leur unité principale, et si ces deux résultats sont alors de même dénominateur, on divisera les deux numérateurs l'un par l'autre; si les dénominateurs sont différents, on opérera comme dans la division des fractions, multipliant la fraction dividende par la fraction diviseur renversée; on aura pour quotient une fraction dont on extraira les entiers, puis on convertira le reste en sous-espèce de l'unité principale déterminée par l'état de la question.*

Si le dividende se trouvait être plus petit que le diviseur, le quotient s'obtiendrait toujours de la même manière. Par exemple, veut-on savoir combien pour $7^{\text{lt}}\ 5^{\text{s}}$ on aurait d'onces, de gros, etc..., de thé, à raison de $12^{\text{lt}}\ 10^{\text{s}}$ la livre? On voit que le dividende est de $7\frac{1}{4} = \frac{29}{4}$, le diviseur $12\frac{1}{2} = \frac{25}{2}$; on a donc à diviser $\frac{29}{4}$ par $\frac{25}{2}$, ce qui donne $\frac{29}{4} \times \frac{2}{25} = \frac{29}{50}$. Pour que cette fraction exprime des onces, on la multipliera par 16, et on aura

$\frac{29 \times 16}{50} = \frac{29 \times 8}{25} = \frac{232}{25} = 9^{onces} + \frac{7}{25}^{onces}$. Cette deuxième fraction multipliée par 8 donnera $\frac{56}{25}^{gros} = 2^{gros} + \frac{6}{25}$; ainsi de suite.

80. Dans le deuxième cas, le quotient doit être de la nature du dividende; car il est question de partager le dividende en un certain nombre entier, ou fractionnaire de parties désigné par le diviseur. Alors le diviseur seul doit être incomplexe, et, s'il ne l'est pas, on le réduira, comme nous avons fait précédemment, en une seule expression fractionnaire; puis on opérera comme dans la division des fractions, multipliant le dividende par le dénominateur de la fraction diviseur, et divisant ce produit par le numérateur. Par exemple, 13 toises 3 pieds d'ouvrage ont coûté 84^{tt} 15^s 6^d, quel est le prix de la toise? Le diviseur est donc $13\frac{1}{2}$ ou $\frac{27}{2}$; ainsi on veut partager le dividende en $\frac{27}{2}$, ou le double du dividende en 27 parties, le dividende multiplié par 2, donne

$$\begin{array}{r|l} 169^{tt}\ 11^s & \text{à diviser par 27.} \\ 7^{tt} & \\ 20 & 6^{tt}\ 5^s\ 7^d\ \frac{3}{27}. \\ \hline 140 & \\ 11 & \\ \hline 151^s & \\ 16 & \\ 12 & \\ \hline 192 & \\ 3 & \end{array}$$

Divisant les entiers par 27, on a 6 au quotient, avec 7^{tt} de reste, qui, multipliées par 20 pour les convertir en sous, donnent 140^s; et les joignant aux 11^s, qui font partie du dividende, on a 151, et 5 au quotient avec 16^s de reste, qui, multipliés par 12, donnent 192^d au dividende, 7^d au quotient, et 3^d de reste, qui, divisés par 27, donnent $\frac{3}{27}^d$.

Voici encore une question pareille :

36 toises 5 pieds 6 pouces 8 lignes d'ouvrage ont coûté 1374^{tt} 12^s 6^d, quel est le prix de la toise?

On voit bien que ce nombre de toises donné est un diviseur abstrait, qui n'est autre chose que le facteur par lequel il faudrait multiplier le prix cherché pour produire la somme payée. Nous aurons donc $36^t + \frac{5^t}{6} + \frac{6^t}{72} + \frac{8^t}{864}$. Il faut réunir ces trois fractions, ou bien, ce qui revient au même, convertir le diviseur en lignes, 864mes de toises. Simplifiant les fractions, on a $36^t + \frac{5}{6} + \frac{1}{12} + \frac{1}{108}$, ou $36^t + \frac{90}{108} + \frac{9}{108} + \frac{1}{108} = 36 + \frac{100}{108}$ $36 + \frac{25}{27} = \frac{997}{27}$; ainsi le dividende doit être multiplié par 27, et divisé par 997; ce qui donne

$$\frac{37114^{tt}\ 17^s\ 6^d}{997} = 37^{tt}\ 4^s\ 6^d\ \frac{212}{997}.$$

OPÉRATION.

$$
\begin{array}{r|l}
37\,114^{\text{tt}}\ 17^{s}\ 6^{d} & 997 \\
7\,204 & \\ \hline
\end{array}
$$

1er reste 225^{tt} $37^{\text{tt}}\ 4^{s}\ 6^{d}\,\frac{372}{997}$.
Multiplié par 20   pour le convertir en sous.

      4 500^{s}
        17^{s} du dividende ci-dessus.

      4 517
2e reste   529^{s}
Multiplié par 12   pour le convertir en deniers.

      6 348
        6^{d} du dividende ci-dessus.

      6 354
3e reste   372^{d} Numérateur de la fraction.

81. Si on avait à convertir un nombre complexe en décimales, et réciproquement, voici la marche à tenir :

Soit, 3 degrés 18 minutes 20 secondes à convertir en décimales.

On remarque qu'une seconde étant $\frac{1}{60}$ de minute, on a $18'\,\frac{20}{60} = 18'\,\frac{1}{3} = 18',333...$ puis $18',333... = \frac{18°,333}{60} = \frac{1°,8333...}{6} = 0°,305\,5...$, donc $3°,18'\,20'' = 3°,3055....$

Soit encore 5 toises 4 pieds 3 pouces 7 lignes à mettre en décimales. On a d'abord 7 lignes $= \frac{7}{12}$ pouces $= 0,58$ pouces.... Le nombre proposé est donc $5^{t}\,4^{pi}\,3^{po},58....$ Pour convertir $3^{po},58...$ en fraction décimale du pied, il faut diviser par 12, puisque $3^{po},58 = \frac{3,58}{12}$ pieds $= 0^{pieds},298...$ on a donc $5^{t}\,4^{pi},298....$ Mais $4^{pieds},298 = \frac{4,298}{6}$ toises $= 0^{t},716\,3$; donc $5^{t}\,4^{pi}\,3^{po}\,7^{lig} = 5^{t},7163$, à moins d'un dix-millième près.

On voit donc qu'il faut *commencer par la plus petite sous-division de l'unité principale, et diviser successivement par le nombre qui exprime combien chaque sous-division est contenue dans la précédente.*

Une marche inverse donnera le développement d'une fraction décimale en nombre complexe. Reprenons l'exemple précédent, et cherchons ce que vaut en toises, pieds, pouces, lignes, le nombre $5^{t},716\,3$. Il est aisé de voir d'abord que $0,716\,3$ étant une fraction de toise, en la multipliant par 6, on la convertira en pieds; on aura donc $0^{t},716\,3 = 4^{pl},297\,8$. De même la fraction $0^{pl},297\,8$, multipliée par 12, donnera des pouces; ainsi $0^{pl},297\,8 = 3^{po},573\,6$. Enfin, la fraction $0^{po},573\,6$, multipliée par 12, donnera des lignes; ainsi $0^{po},573\,6 = 6^{lig},883\,2$, environ 7^{lig}; par conséquent $5^{t},716\,3 = 5^{t}\,4^{pl}\,3^{po}\,7^{lig}.$

On voit que *cette conversion s'opère par une marche inverse de la pré-*

ARITHMÉTIQUE. 47

cédente, en multipliant successivement par les nombres qui indiquent combien de fois chaque espèce d'unité contient celle de l'espèce inférieure suivante.

Ceci nous donne occasion de remarquer que dans le calcul des décimales, lorsqu'on en restreint le nombre, il faut augmenter d'une unité la dernière de celle que l'on conserve, si la première de celle qu'on néglige égale ou surpasse 5 ; car, ce calcul étant le plus souvent approximatif, il s'agit de faire la moindre erreur possible : or, dans le cas, dont nous parlons, on ferait une erreur de plus d'une demi-unité sur le dernier chiffre si on négligeait l'augmentation prescrite ; au lieu que cette augmentation n'expose qu'à une erreur moindre d'une demi-unité.

Rapports. Proportions.

82. Un *rapport* est le résultat de la comparaison de deux quantités. On distingue deux sortes de rapports. Le rapport *Arithmétique*, ou mieux le rapport *par différence*, est la différence qui existe entre deux nombres. Ainsi le rapport de 2 à 5 est 3, celui de 7 à 9 est 2, de 11 à 7 est 4.

Le rapport *géométrique* ou de *contenance* entre deux nombres, est le quotient de l'un divisé par l'autre ; ainsi le rapport géométrique entre 6 et 18 est $\frac{6}{18}$, ou $\frac{1}{3}$; le rapport géométrique entre 12 et 4 est $\frac{4}{12}$; le rapport géométrique entre 12 et 4 est $\frac{12}{4}$ ou 3 ; entre 3 et 21 est $\frac{3}{21}$ ou $\frac{1}{7}$.

Le premier des deux nombres que l'on compare s'appelle *antécédent* du rapport, et le second est le *conséquent*.

83. Une *proportion* est l'assemblage de deux rapports égaux. Il y a donc deux sortes de proportions comme il y a deux sortes de rapports, la proportion arithmétique ou *l'équidifférence,* et la proportion géométrique, ou *l'équicontenance.*

Soit le rapport arithmétique de 5 à 2, et celui de 10 à 7. La différence 3 étant la même dans ces deux rapports, leur assemblage forme une proportion arithmétique qui s'écrit ainsi, 5 . 2 : 10 . 7, c'est-à-dire, 5 est à 2 comme 10 est à 7.

On aura de même 4 . 7 : 8 . 11 ; 9 . 5 : 7 . 3.

84. Une propriété essentielle de la proportion arithmétique, c'est que *la somme des extrêmes égale celle des moyens* (On appelle *extrêmes* le premier et le dernier terme, et *moyens* le second et le troisième.) Pour prouver cette propriété, en général, il suffit de remarquer que, dans chaque rapport, le conséquent est égal à son antécédent, plus la différence, si les termes de la proportion sont placés suivant l'ordre ascendant 4 . 7 : 8 . 11 par exemple, et que ce conséquent est égal à son antécédent, moins la différence, lorsque les termes sont disposés dans l'ordre inverse 7 . 4 : 11 . 8. Dans l'un et l'autre cas, *la somme des extrêmes* se compose du premier antécédent et du deuxième conséquent, tandis que la *somme des moyens* se compose du premier conséquent et du deuxième antécédent. Si nous mettons à la place de ces mots *conséquents* leurs équivalents trouvés ci-dessus, nous aurons :

Ier CAS. $\begin{cases} \text{Somme des extrêmes} = 1^{er} \text{ antécédent} + 2^e \text{ antécédent} + \text{différence.} \\ \text{Somme des moyens} = 1^{er} \text{ antécédent} + \text{différence} + 2^e \text{ antécédent.} \end{cases}$

IIe CAS. $\begin{cases} \text{Somme des extrêmes} = 1^{er} \text{ antécédent} + 2^e \text{ antécédent} - \text{différence.} \\ \text{Somme des moyens} = 1^{er} \text{ antécédent} - \text{différence} + 2^e \text{ antécédent.} \end{cases}$

Ces sommes, étant composées des mêmes termes, sont évidemment égales.

Dans le deuxième exemple, 7 égale 4, plus la différence 3, et 11 égale 8, plus la différence 3; ce qui donne encore $4 + 8 + 3$, somme des extrêmes, égale $8 + 4 + 3$, somme des moyens.

Lorsque le même nombre est conséquent du premier rapport et antécédent du deuxième, c'est-à-dire qu'il sert deux fois de moyen, la proportion est dite *continue*. Elle s'écrit ainsi $\div 4 . 7 . 10$; $\div 9 . 5 . 1$; alors la somme des extrêmes égale le double du moyen.

Il suit de cette propriété que, *dans toute proportion arithmétique, un terme inconnu, s'il est extrême, s'obtient en retranchant l'extrême connu de la somme des moyens, et, s'il est moyen, en retranchant le moyen connu de celle des extrêmes.* Ainsi, appelant ce terme x, on aura $5 . 13 : 15 . x = 15 + 13 - 5 = 23$; $3 . x : 9 . 17$; $x = 17 + 3 - 9 = 11$.

Si la proportion est continue, un extrême s'obtient en retranchant l'autre du double du moyen. $\div 4 . 11 . x = 22 - 4 = 18$. *Le moyen s'obtient en prenant la moitié des extrêmes :* $\div 3 . x . 7$. Donc $x = \frac{7+3}{2} = 5$.

85. L'égalité de deux rapports géométriques constitue la proportion géométrique. Pour en reconnaître les propriétés, remarquons d'abord que la valeur du rapport géométrique étant un quotient, et pouvant toujours être représentée par une fraction dont le numérateur serait l'antécédent, et le dénominateur le conséquent du rapport, elle ne change pas si on multiplie ou si on divise les deux termes du rapport par un même nombre. Ainsi le rapport $15 : 25 = \frac{15}{25} = \frac{3}{5} = \frac{30}{50}$, etc.

De même le rapport $28 : 7 = \frac{28}{7} = \frac{4}{1} = 4$.

La proportion géométrique s'écrit ainsi : $2 : 4 :: 6 : 12$. Elle a aussi ses 2 extrêmes, ses 2 moyens, ses 2 antécédents, ses 2 conséquents. D'après ce que nous venons de dire, elle peut être mise sous la forme $\frac{2}{4} = \frac{6}{12}$. Elle s'appelle *continue*, si elle a le même moyen répété 2 fois, et s'écrit ainsi :

$$\div 3 : 12 : 48.$$

86. La propriété essentielle de toute proportion géométrique, est que *le produit des extrêmes est égal au produit des moyens*, ce qui peut se démontrer ainsi : toute proportion pouvant être représentée par deux fractions équivalentes (85), il arrivera si on les réduit au même dénominateur en multipliant les deux termes de chacune par le dénominateur de l'autre, que le numérateur de la première deviendra égal à celui de la seconde. On voit en effet que s'il n'en était pas ainsi, les fractions ne seraient point équivalentes, ce qui est contraire à l'hypothèse; mais ces numérateurs sont : l'un, le produit des extrêmes; l'autre, le produit des moyens : donc.... soit, par exemple, la proportion $2 : 4 :: 6 : 12$, elle peut être mise sous la forme $\frac{2}{4} = \frac{6}{12}$; réduisant au même dénominateur on a $\frac{2 \times 12}{4 \times 12} = \frac{4 \times 6}{4 \times 12}$; l'identité des dénominateurs entraîne l'égalité des numérateurs, donc $2 \times 12 = 4 \times 6$; or le premier produit est celui des extrêmes, l'autre est celui des moyens; donc ces produits sont égaux.

Cette propriété dérivant de l'essence de la proportion, la constitue tellement, que 4 nombres où elle se trouve sont nécessairement en proportion; et qu'il n'y a pas de proportion entre 4 nombres qui n'offrent pas cette propriété, puisque les deux rapports étant mis sous la forme de deux fractions, on pourrait leur donner un même dénominateur sans rendre leurs numérateurs égaux; ces deux rapports ne sont donc pas égaux. Ainsi les rapports $4 : 8$, $12 : 16$, ne font pas une proportion; en effet, $\frac{4}{8}$ et $\frac{12}{16}$ mises au même dénominateur, donnent $\frac{4 \times 16}{8 \times 16}$ et $\frac{12 \times 8}{8 \times 16}$. Les numérateurs 4×16 et 12×8 sont deux produits inégaux, les deux fractions ne sont donc pas égales.

87. Il suit encore de cette propriété, que, quelques changements qu'on fasse dans la disposition des termes d'une proportion, pourvu qu'ils laissent subsister l'égalité entre le produit des extrêmes et celui des moyens, l'ensemble de ces termes formera encore une proportion. On peut donc mettre un moyen à la place de l'autre, faire de même des extrêmes, les remplacer par les moyens et réciproquement; mettre les antécédents à la place des conséquents, et réciproquement; on obtient ainsi les 8 permutations suivantes, entre les quatre termes $4 : 2 :: 12 : 6$, sans qu'ils cessent de former une proportion.

EXEMPLE.

$4 : 2 :: 12 : 6$ Ire   inverse de la 4e.
$4 : 12 :: 2 : 6$ IIe   inverse de la 3e.
$6 : 2 :: 12 : 4$ IIIe
$6 : 12 :: 2 : 4$ IVe
$2 : 4 :: 6 : 12$ V^e   inverse de la 8e.
$2 : 6 :: 4 : 12$ VIe   inverse de la 7e.
$12 : 4 :: 6 : 2$ VIIe
$12 : 6 :: 4 : 2$ VIIIe

On voit que 4 de ces 8 permutations sont l'inverse des 4 autres.

La deuxième mérite une attention particulière, les deux antécédents y forment le premier rapport, et les deux conséquents le deuxième. On peut donc (85) multiplier ou diviser les 2 antécédents par un même nombre, et en faire autant des conséquents, et il y aura encore proportion.

Puisque le rapport ou la raison est le quotient de l'antécédent divisé par le conséquent, l'antécédent est le produit du conséquent par la raison ; et si l'on divise les deux termes par le conséquent, le rapport sera celui de la raison à l'unité. Ainsi, dans la proportion 4 : 2 :: 12 : 6, les deux termes du premier rapport étant divisés par 2, et ceux du deuxième par 6, on aura les 2 rapports identiques 2 : 1 :: 2 : 1.

Il suit de là *qu'on peut, dans chaque rapport, augmenter ou diminuer l'antécédent du conséquent, les rapports ne cesseront pas d'être égaux;* le quotient sera seulement augmenté ou diminué d'une unité. Ainsi on aura 4 + 2 : 2 :: 12 + 6 : 6 ou 6 : 2 :: 18 : 6; pareillement 4 − 2 : 2 :: 12 − 6 : 6, ou 2 : 2 :: 6 : 6.

Comme on peut, en mettant un moyen à la place de l'autre, former des deux antécédents le premier rapport, et des deux conséquents le deuxième, on peut appliquer à cette nouvelle disposition ce qui vient d'être dit : ainsi la proportion 4 : 2 :: 12 : 6 donne d'abord 4 : 12 :: 2 : 6, puis 4 ± 12 : 12 :: 2 ± 6 : 6, ou 4 ± 12 : 2 ± 6 :: 12 : 6.

C'est-à-dire que *la somme ou la différence des antécédents est à la somme ou à la différence des conséquents, comme un antécédent est à son conséquent.*

88. Si, au lieu de deux rapports égaux, nous en avions trois, ou un plus grand nombre, cette propriété s'y trouverait de même; car chaque antécédent étant égal à son conséquent, multiplié par la raison ou quotient, la somme des antécédents égale celle des conséquents multipliés par le quotient; le rapport de ces deux sommes est donc celui du quotient à l'unité, ou d'un antécédent à son conséquent. Donc, *dans une suite de rapports égaux, la somme des antécédents est à la somme des conséquents, comme un antécédent est à son conséquent.* Il est clair que, dans cette suite, on peut prendre un certain nombre de rapports pour comparer les sommes des antécédents et des conséquents, et retrancher de celle des antécédents un ou plusieurs antécédents, et leurs conséquents de celle des conséquents.

89. Une proportion étant l'égalité de deux rapports ou de deux fractions, multiplier deux proportions l'une par l'autre, terme à terme, c'est multiplier deux fractions égales par deux fractions égales; ces deux produits donneront deux fractions égales ou une proportion. Ainsi 4 : 2 :: 12 : 6, et 3 : 9 :: 5 : 15 donneront $\frac{4}{2} = \frac{12}{6}$, $\frac{3}{9} = \frac{5}{15}$, donc $\frac{4}{2} \times \frac{3}{9} = \frac{12}{6} \times \frac{5}{15}$, ou $\frac{4 \times 3}{2 \times 9} = \frac{12 \times 5}{6 \times 15}$, c'est-à-dire $4 \times 3 : 2 \times 9 :: 12 \times 5 : 6 \times 15$.

ARITHMÉTIQUE. 51

Donc *plusieurs proportions, multipliées par ordre, donneront 4 produits qui seront en proportion.*

Il serait possible d'étendre davantage cette théorie; mais on y reviendra en Algèbre.

Règle de Trois simple.

90. Lorsque quatre nombres sont en proportion, chacun d'eux dépend des trois autres; trois quelconques doivent donc suffire pour faire trouver le quatrième. En effet, le produit des extrêmes étant égal à celui des moyens, *si on cherche un extrême, on l'obtiendra en divisant le produit des moyens par l'autre extrême; et, si on cherche un moyen, on divisera le produit des extrêmes par l'autre moyen.*

Si la proportion est continue, un extrême s'obtient en divisant le carré du moyen par l'autre extrême, et un moyen s'obtient en extrayant la racine carrée du produit des extrêmes. Nous verrons en Algèbre comment on extrait cette racine.

91. Un rapport ne pouvant s'établir qu'entre des choses de même nature, parmi les 3 nombres donnés pour en trouver un 4e, il y en aura nécessairement 2 de même espèce, et un 3e de la nature de celui qu'on cherche; il est donc naturel de former le premier rapport des deux nombres donnés de même nature, et le deuxième des deux autres, en représentant le nombre inconnu par un signe : on prend ordinairement pour cela une des dernières lettres de l'alphabet, x, y, z.

Cela posé, sachant qu'un courrier fait en 3 heures 4 myriamètres, on demande en combien de temps il en fera 55. Il est clair que le rapport entre les temps est le même qu'entre les espaces parcourus; puisqu'en un temps double, le courrier qui est censé aller toujours également vite, fera le double de chemin, etc.

J'établis cette proportion :

$$\overset{\text{Mm.}}{4} : \overset{\text{Mm.}}{55} :: \overset{\text{h.}}{3} : \overset{\text{h.}}{x}.$$

$x = \frac{55 \times 3}{4} = \frac{165}{4} = 41 + \frac{1}{4}$; il mettra donc $41^h \frac{1}{4}$ à faire 55^{Mm}.

L'intérêt de l'argent étant $3\frac{1}{2}$ pour 100 par an, on demande quel est le capital qui a produit 567^f en un an. Les intérêts sont dans le même rapport que les capitaux; on a donc cette proportion :

L'intérêt $3\frac{1}{2}$: l'intérêt 567 :: le capital 100 : capital x,

$$x = \frac{100 \times 567}{\frac{7}{2}} = \frac{2 \times 100 \times 567}{7} = \frac{113400}{7} = 16\,200^f.$$

Si on veut avoir la preuve de l'exactitude de l'opération, on peut, après avoir calculé le terme inconnu, regarder un des 3 autres comme inconnu;

ainsi dans cet exemple, si on cherchait à quel taux doit être l'intérêt, pour que 16 200^f rapportent 567^f en un an, on aurait cette proportion :

$$x : 567 :: 100 : 16\,200$$

D'où $x = \frac{567 \times 100}{16200} = \frac{567}{162} = \frac{63}{18} = \frac{7}{2} = 3\frac{1}{2}$.

Un ouvrage a été fait en 8 jours par 300 ouvriers, en combien de jours le feront 160 ? On voit que *plus* il y a d'ouvriers, *moins* il faut de temps, et réciproquement ; de manière cependant que le rapport entre les ouvriers est le même que le rapport des jours, si on le renverse ; car le nombre des ouvriers étant $\frac{1}{2}$, celui des jours sera $\frac{2}{1}$; le nombre cherché, qui est évidemment plus grand que le nombre des jours connus, se trouvera donc par la proportion suivante :

$$160^{\text{ouv.}} : 300^{\text{ouv.}} :: 8^j : x^j = \frac{8 \times 300}{160} = \frac{240}{16} = 15.$$

La règle donnée s'applique donc également à cette sorte de question. Il suffit seulement, pour la disposition des termes du deuxième rapport, de savoir si le nombre cherché est plus grand ou plus petit que le nombre donné de la même nature, ce que l'état de la question fait toujours connaître. La règle de trois s'appelle, en pareil cas, *inverse*.

10 000 hommes composent la garnison d'une place ; on a des provisions suffisantes pour 10 000 rations de 30 onces par jour ; si on fait entrer 3 000^h de plus dans la place, à combien d'onces faudra-t-il réduire la ration ?

La garnison étant alors composée de 13 000^h, on aura la proportion :

$$13\,000 : 10\,000 :: 30 : x = \frac{30 \times 10000}{13000} = \frac{300}{13} = 23\frac{1}{13}.$$

Pour la preuve, on pourrait supposer, comme ci-dessus, un terme inconnu. Par exemple, de combien était auparavant la garnison, si, l'ayant portée à 13 000^h, on a été obligé de réduire la ration de 30 onces à 23°$\frac{1}{13}$. Il est clair qu'on aurait 13 000 : x :: 30 : 23 $\frac{1}{13}$.

$$x = \frac{13000 \times \frac{300}{13}}{30} = \frac{390000}{13 \times 30} = \frac{30000}{30} = 10\,000.$$

Toutes les questions de ce genre peuvent encore se résoudre en réduisant à l'unité l'un des termes de l'énoncé. Reprenons pour exemples les questions ci-dessus. 1° Un courrier fait 4 myriamètres en 3 heures, il est évident qu'il parcourra le $\frac{1}{4}$ de cette longueur dans le quart du temps, c'est-à-dire qu'il fera 1 myriamètre en $\frac{3}{4}$ d'heure ; or on demande en combien d'heures il fera 55 myriamètres ? Évidemment en un temps 55 fois plus long, ou en $55 \times \frac{3}{4} = \frac{165}{4} = 41\frac{1}{4}$, ainsi qu'on l'a déjà trouvé. 2° L'intérêt de l'argent est à $3\frac{1}{2}$ ou $\frac{7}{2}$ pour cent par an, on demande quel est le capital qui a produit 567ᶠ? Si 100ᶠ rapportent $\frac{7}{2}$ il est évident que $\frac{100}{\frac{7}{2}} = \frac{200}{7}$ rapporteront 1ᶠ, et que dès lors le capital qui aura produit 567ᶠ dans le même temps, doit être 567 fois plus considérable ou $= \frac{200 \times 567}{7} = \frac{113500}{7} = 16\,200^f$. 3° *Règle inverse*. Un ouvrage a été fait en 8 jours par 300 ouvriers, en combien de jours le feront 160 ouvriers? Un ouvrage fait en 8 jours par 300 ouvriers aurait été fait par 1 seul ouvrier en 300 fois 8 jours, or 160 ouvriers emploieront évidemment 160 fois moins de temps ou $\frac{300 \times 8}{160} = 15$, ainsi qu'on l'a déjà trouvé.

On voit que celui des trois termes connus qu'on doit réduire à l'unité, appartient au rapport dont on connaît les deux termes, et que cette réduction à l'unité se fait par division si le problème est *direct*, et par multiplication s'il est *inverse*, comme dans le dernier exemple.

Règle d'Escompte.

92. L'*escompte* peut être considéré comme la valeur à laquelle doit se réduire un billet qui n'est pas encore échu, à proportion du temps qui reste à s'écouler jusqu'à l'échéance. Pour trouver cette valeur, il faut remarquer que celui qui fait l'avance, doit avoir dans le paiement du billet, tant le remboursement de la somme avancée, que celui de l'intérêt de cette somme pendant le temps qu'il l'a abandonnée. Ainsi le montant du billet doit être décomposé en deux parties, un capital et l'intérêt de ce capital. Pour obtenir cette décomposition, il n'y a qu'à composer une somme de la même manière; ainsi prenons pour exemple le capital fictif 100; supposons qu'il faille prendre l'intérêt pour un an, et qu'il soit de 5 pour 100; supposons en outre un billet de 12 000ᶠ. Le capital 100 augmenté de son intérêt, donne 105; voilà donc les deux termes du premier rapport composés de même, 105ᶠ : 12 000ᶠ. Ce rapport doit être égal à celui des capitaux, qui sera le deuxième de la proportion, savoir, 100ᶠ : l'escompte; on a donc

$$105^f : 12\,000^f :: 100 : x;$$

ou $21 : 2400 :: 100 : x = \frac{240000}{21} = 11\,428{,}57.$

Si le temps était un nombre complexe, on commencerait par chercher l'intérêt de 100ᶠ pour ce temps. Par exemple, soit à escompter un billet de 2400ᶠ, qui doit échoir dans 6 mois 10 jours, l'intérêt étant à $7\frac{1}{4}$ pour 100 par an.

Une première proportion me donnera l'intérêt de 100^f pour 6^m 10^j.

$$12^m : 6^m \tfrac{1}{3} :: 7^f \tfrac{1}{2} : x = \frac{\tfrac{15}{2} \times \tfrac{19}{3}}{12} = \frac{285}{72} = 3^f,96.$$

Cet intérêt aurait pu se calculer aussi par la multiplication complexe, comme il suit :

	Multiplicande...	7^f	50	
	Multiplicateur...	0^{ans}	6^m	10^j
Pour 6^m........		3^f	75^c	
Pour 1^m........		0	625	
Pour 10^j........		0	208	
		3,	958	

Ajoutant cet intérêt à 100$_f$, on a le 1er terme de la proportion,

$$103^f,96 : 2400 :: 100 : x = \frac{2400 \times 100}{103,96} = \frac{24000000}{10396} = \frac{6000000}{2599} = 2308^f,58.$$

La règle à tirer de ce qui vient d'être dit est donc celle-ci :

On trouve l'escompte par une proportion, dont le premier terme est 100^f, augmenté de l'intérêt pour le temps qui reste à courir; le deuxième terme est le montant du billet; le troisième terme est 100^f; le quatrième terme sera l'escompte cherché.

Règle de Trois composée.

93. Lorsqu'une question renferme plus de deux espèces de choses, il se présente plus de deux rapports pour la résoudre; mais on peut ramener ces rapports à n'en former que deux, l'un simple, l'autre composé, qui pourra être le premier, et alors le second se formera des deux quantités de même espèce, l'une connue et l'autre inconnue, dont la recherche fait l'objet de la question.

EXEMPLE.

Pour 7 francs on a fait porter 3150 kilog. à 15 lieues, combien de kilog. fera-t-on porter à 45 lieues, pour 10^f?

Je commence par écrire les différentes données l'une sous l'autre, par nature de choses, de cette manière :

$$7^f \quad\quad 15^{lieues} \quad\quad 3150^{kilog.}$$
$$10^f \ldots \quad 45^{lieues} \quad\quad x^{\,kilog.}$$

Je vois que le rapport entre les poids dépend des deux rapports entre les lieues et entre les francs, et qu'il doit être égal à un rapport composé de ces deux autres; mais pour faire convenablement cette composition, je les prends chacun séparément; ainsi, faisant abstraction de la différence entre les distances, je dis : pour 10^t on fera porter plus de 3 150^k; j'ai donc

$$7 : 10 :: 3150 : x = \frac{3150 \times 10}{7} = 4500 \text{ kilog.}$$

Mais la première distance était de 15 lieues, la deuxième est de 45; le poids qu'on pourra faire porter est donc moindre que 4500. Ainsi,

$$45 : 15 :: 4500 : x = \frac{4500 \times 15}{45} = 100 \times 15 = 1500 \text{ kilog.}$$

On voit que le 1er rapport influe d'une manière directe sur le résultat; le second, d'une manière inverse.

Nous avons prouvé qu'en multipliant plusieurs proportions par ordre, on a une proportion. Pour appliquer ici cette vérité, reprenons nos deux proportions précédentes, sans chercher la valeur de x que donne la 1re; nous aurons,

$$\begin{array}{cccccccc} & \text{f.} & & \text{f.} & & \text{kilog.} & & \text{kilog.} \\ & 7 & : & 10 & :: & 3150 & : & x \\ & \text{lieues.} & & \text{lieues.} & & & & \\ & 45 & : & 15 & :: & x & : & x' \\ \hline & \multicolumn{7}{c}{45 \times 7 : 15 \times 10 :: 3150 \times x : x \times x'.} \end{array}$$

x étant facteur dans les deux termes du deuxième rapport, peut être supprimé; donc,

$$x' = \frac{3150 \times 15 \times 10}{45 \times 7} = 1500.$$

On aurait pu simplifier les premiers rapports en supprimant les facteurs égaux qui se trouvent à la fois dans un des antécédents et dans un des conséquents de ces rapports; ainsi divisant à la fois 10 et 45 par 5, on aurait 2 et 9; puis divisant 9 et 15 par 3, on aurait 3 et 5 à la place de ces nombres; ce qui donnerait :

$$\begin{array}{cccc} 7 : 2 :: & 3150 & : & x \\ 3 : 5 :: & x & : & x' \end{array}$$

Enfin si on divisait les deux antécédents 3 et 3150, par 3, on aurait :

$$\begin{array}{l} 7 : 2 :: 1050 : x \\ 1 : 5 :: x : x' = \frac{10500}{7} = 1500. \end{array}$$

Cette règle ainsi conduite, s'appelle *règle conjointe*; elle donne le moyen de résoudre avec la même facilité les questions de ce genre, en apparence les plus compliquées. Par exemple :

140 ouvriers, ayant 9 degrés de force, ont travaillé 7$^h\frac{1}{2}$ par jour, pendant 546 jours, dans un terrain de 7 degrés de dureté, pour construire une digue de 216^t de longueur, sur 1^t 4^{pi} de hauteur et 3^t 2^{pi} de largeur: quelle sera la longueur d'une digue construite par 192 ouvriers ayant 11 de-

grés de force, travaillant dans un terrain de 11 degrés de dureté, $8^h\frac{1}{3}$ par jour, pendant 975^j; supposant la hauteur de $2^t\ 3^{pl}$ et la largeur de $4^t\ 1^{pl}$.

Ayant disposé par ordre toutes les données comme il suit :

$$\begin{array}{llllllll}
\text{ouv.} & \text{deg. de force.} & \text{deg. de dur.} & \text{j.} & \text{h.} & \text{t} & \text{long. t. p.} & \text{haut. t. p.} \\
140 & 9. \ldots & 7. \ldots & 546 \text{ à } & 7\frac{1}{2}.. & 216. \ldots & 1\ 4\ \ldots & 3\ 2 \\
192 & 11. \ldots & 11. \ldots & 975. & 8\frac{1}{3}. & x & 2\ 3\ \ldots & 4\ 1
\end{array}$$

je prends successivement chaque rapport, pour l'égaler au rapport des longueurs, ce qui donne :

$$\begin{array}{ccccc}
140^{\text{ouv}} & : & 192^{\text{ouv}} & :: & 216^t & : & x^t \\
9 & : & 11 & :: & x & : & x' \\
11 & : & 7 & :: & x' & : & x'' \\
546 & : & 975 & :: & x'' & : & x''' \\
7\frac{1}{2} & : & 8\frac{1}{3} & :: & x''' & : & x^{IV} \\
2^t\ 3^p & : & 1^t\ 4^p & :: & x^{IV} & : & x^V \\
4^t\ 1^p & : & 3^t\ 2^p & :: & x^V & : & x^{VI}
\end{array}$$

On voit que dans la seconde construction, le nombre des ouvriers étant plus grand, leur force, la longueur de leurs journées, la durée de leurs travaux étant plus grande, ces quantités influent directement sur la longueur de la digue ; mais, d'autre part, le terrain plus dur, la hauteur et la largeur plus grandes, concourent d'une manière inverse, c'est-à-dire, contribuent à la diminution de cette longueur, c'est ce qui a été observé dans les proportions dont le produit donnera le nombre cherché. Pour faire le calcul, on convertira le rapport complexe $7\frac{1}{2} : 8\frac{1}{3}$ en $\frac{15}{2} : \frac{25}{3}$ ou $\frac{46}{6} : \frac{50}{6}$, c'est-à-dire, $45 : 50$; on réduira de même en pieds les nombres complexes des deux derniers rapports, qui deviendront pour les hauteurs $15^{pl} : 10^{pl}$, et pour les largeurs $25^{pl} : 20^{pl}$; ce qui donnera en définitive

$$x^{VI} = \frac{216 \times 192 \times 11 \times 7 \times 975 \times 50 \times 10 \times 20}{140 \times 9 \times 11 \times 546 \times 45 \times 15 \times 25},$$

et après les réductions possibles $= \frac{2 \times 64 \times 4 \times 5 \times 2}{7 \times 3} = \frac{5120}{21} = 243^t,81$.

Laissons de côté maintenant le raisonnement qui a conduit à ce résultat, et voyons comment les divers rapports dont il est formé se composent avec les nombres donnés par l'énoncé de la question :

$$x^{VI} = \frac{216 \times 192 \times 11 \times 7 \times 975 \times 50 \times 10 \times 20}{140 \times 9 \times 11 \times 546 \times 45 \times 15 \times 25},$$

peut être mis sous la forme,

$$x^{VI} = 216 \times \underset{\text{long.}}{\frac{192}{140}} \times \underset{\text{ouv.}}{\frac{11}{9}} \times \underset{\text{deg. de forc.}}{\frac{7}{11}} \times \underset{\text{deg. de dur.}}{\frac{975}{546}} \times \underset{\text{j.}}{\frac{50}{45}} \times \underset{\text{heures.}}{\frac{10}{15}} \times \underset{\text{haut.}}{\frac{20}{25}}$$
(long.)

qui montre que la valeur de l'inconnue s'obtiendra immédiatement : 1° en écrivant les unes sous les autres les quantités *homogènes* ou de même espèce, suivant deux lignes horizontales ; 2° en changeant mutuellement

ARITHMÉTIQUE.   57

les places de ces quantités homogènes, si leur espèce influe *directement* sur le résultat, et les laissant telles quelles, si leur espèce influe d'une manière *inverse*, l'inconnue et son homogène restant d'ailleurs à leur place respective; 3° en multipliant entre eux tous les nombres de chaque ligne; 4° en divisant enfin le produit qui ne contient point x par tout le multiplicateur de cette inconnue. Un exemple va nous faire comprendre ce procédé.

Si 20 ouvriers, travaillant pendant 15 jours et 8 heures par jour, font un certain ouvrage, combien faudra-t-il d'ouvriers travaillant pendant 30 jours et 10 heures par jour pour faire ce même ouvrage; on a

ouv.	jours.	heures.
20	15	8
x	30	10

Il est évident que *plus* on travaillera de jours, *moins* il faudra d'ouvriers; le rapport étant inverse, les quantités de jours conservent leurs places, il en sera de même des quantités d'heures, donc

$$x = \frac{20 \times 15 \times 8}{30 \times 10} = 8 \text{ ouvriers.}$$

Si 20 travailleurs enlèvent en 15 jours 45 mètres cubes de terre, combien 25 travailleurs en 40 jours enlèveront-ils de mètres cubes de terre, en supposant que les premiers ouvriers travaillent 8 heures par jour, les seconds 10 heures, que la force de la première troupe est à la force de la seconde comme 6 est à 7, et que la dureté du premier terrain est à la dureté du second comme 9 est à 11; on a

ouvriers.	jours.	mèt.	h.	force.	dureté.
20	15	45	8	6	9
25	40	x	10	7	11

Plus il y a d'ouvriers, *plus* ils travaillent de jours, *plus* est longue la journée de travail, *plus* ils sont vigoureux, et *plus* il y aura de besogne faite; d'un autre côté, *plus* le terrain est dur et *moins* on en enlèvera on a donc,

$$x = \frac{45 \times 25 \times 40 \times 10 \times 7 \times 9}{20 \times 15 \times 8 \times 6 \times 11} = 178^{\text{m.c.}} \tfrac{43}{44}.$$

Ce procédé est applicable aux règles de trois simples.

Règle de Change.

94. Pour effectuer cette règle, on suivra la marche que nous venons de tenir.

EXEMPLE.

Un Parisien a 800 cruzades de Portugal à recevoir; mais comme il n'y a pas de change ouvert entre Lisbonne et Paris, il faut que les fonds passent par les banques d'Amsterdam et de Genève; or, 1 cruzade vaut 45 deniers de gros d'Amsterdam; 92 deniers d'Amsterdam valent 3f de Genève, et 3f de Genève en valent 5 de France; combien recevra-t-on donc à Paris pour les 800 cruzades ? On le trouvera par les proportions suivantes :

$$\begin{array}{cccc} \text{cr.} & \text{cr.} & \text{d.} & \text{d.} \\ 1 & : 800 & :: 45 & : x \\ 92\,\text{d.} & : xd & :: 3\,\text{f. }G. & : x'\,\text{f. de Genève.} \\ 3\,\text{f.}\,G. & : x' & :: 5\,\text{f. }P. & : x''\,\text{f. de Paris.} \end{array}$$

$$1 \times 92 \times 3 : 800 :: 45 \times 3 \times 5 : x'' = \frac{45 \times 3 \times 5 \times 800}{1 \times 92 \times 3} = \frac{45 \times 4000}{92} = \frac{45000}{23} = 1956,52$$

On voit que les x et x' étant facteurs dans les conséquents, peuvent être supprimés, puisqu'après la multiplication des proportions ils se trouveraient à la fois facteurs dans le produit des extrêmes et dans celui des moyens.

Il est encore plus simple, en désignant par x'' la somme à toucher à Paris, d'écrire cette suite d'égalités,

$$\begin{aligned} x''\,\text{fr.} &= 800\ \text{cruzades.} \\ 1\ \text{cruz.} &= 45\ \text{deniers.} \\ 92\ \text{deniers} &= 3\ \text{f. de G.} \\ 3\ \text{f. de G.} &= 5\ \text{f. de F.} \end{aligned}$$

puis de multiplier entre eux tous les premiers nombres, et d'égaler le produit à celui de tous les seconds nombres; ce qui donne

$$x'' \times 1 \times 92 \times 3 = 800 \times 45 \times 3 \times 5$$

et comme ci-dessus $\quad x'' = \dfrac{800.45.3.5}{1.92.3} = \dfrac{4000.45}{92} = 1956,52.$

Règle de Société ou de partage.

95. Cette règle a pour objet de partager un nombre de la même manière qu'un autre est partagé. Ainsi voulant partager 100 en deux parts, qui soient entre elles comme 2 : 3, je regarde 2 et 3 comme les parties d'une somme 5; puis représentant les parties proportionnelles de 100 par x', x'', j'aurai $x' : 2 :: x'' : 3$; or je sais (n° 88) que dans une suite de rapports égaux, la somme des antécédents est à celle des conséquents, comme un antécédent est à son conséquent; donc

$$\begin{array}{cccc} & x' + x'' : 5 :: x' : 2 :: x'' : 3 \\ \text{ou } 100 : & 5 :: x' : 2 \quad\quad 100 : 5 :: x'' : 3 \\ \text{ou bien}\quad 5 : 100 :: 2 & : x' = \frac{200}{5} = 40. \\ & :: 3 : x'' = \frac{300}{5} = 60. \end{array}$$

C'est ce dernier arrangement que l'on prend ordinairement, quel que soit le nombre des parts.

ARITHMÉTIQUE.   59

EXEMPLES.

Trois associés ayant chargé un bâtiment de 212 pièces de vin, qui s'est vendu 32^f la pièce, quels seront les bénéfices du premier qui a mis 1 342^f, du deuxième qui a mis 1 178^f, et du troisième qui a mis 630^f ?

La vente se monte donc à 212 × 32 = 6 784^f, et la somme des mises à 3 150^f; ainsi le gain est 6 784 — 3 150 = 3 634, ce qui donne les trois proportions

$$3\,150 : 3\,634 :: \begin{cases} 1\,342 : x' = 1\,548^f,19 \\ 1\,178 : x'' = 1\,359,01 \\ 630 : x''' = 726,80 \end{cases}$$
$$\phantom{3\,150 : 3\,634 :: \{1\,342 : x' =\,} \overline{3\,634,00}$$

Un homme meurt, laissant sa femme enceinte, et par son testament il dispose ainsi de sa fortune, montant à 100 000^f : si ma femme met au monde un fils, les deux tiers de mon bien lui appartiendront, et l'autre tiers sera à sa mère ; s'il naît une fille, elle aura la moitié de mon bien, sa mère aura l'autre. Comment partagera-t-on, suivant les intentions du testateur, s'il naît un fils et une fille ?

La part du fils étant $\frac{2}{3}$, celle de la mère est $\frac{1}{3}$; ainsi les trois parts seront entre elles comme $\frac{2}{3} : \frac{1}{3} : \frac{1}{3}$, ou comme 2 : 1 : 1. La somme de ces nombres est 4 donc on a

$$4 : 100\,000 :: \begin{cases} 2 : x' \\ 1 : x'' \\ 1 : x''' \end{cases}$$

$$\text{ou } 1 : 25\,000 :: \begin{cases} 2 : x' = 50\,000 \\ 1 : x'' = 25\,000 \\ 1 : x''' = 25\,000 \end{cases}$$
$$\phantom{\text{ou } 1 : 25\,000 :: \{2 : x' =\,} \overline{100\,000}$$

Si les fractions qui représentent les parts étaient de dénominateurs différents, il est clair qu'il faudrait d'abord les mettre au même dénominateur pour en faire la somme. Alors celle des numérateurs répondrait au nombre à partager, et chaque numérateur à chaque part, puisque des fractions de même dénominateur sont entre elles comme les numérateurs.

96. Les règles de trois, dans ce genre de questions, deviennent composées, s'il s'agit d'un bénéfice ou d'une perte à répartir entre des associés, non-seulement en proportion des mises de chacun, mais aussi en proportion des temps pendant lesquels ces mises sont restées dans la société.

Dans ce cas, la manière d'opérer la plus commode est de rapporter les mises à une même unité de temps, en multipliant chacune d'elles par le temps durant lequel elle a été employée ; car alors on peut faire abstraction du temps qui est rendu le même pour toutes.

Par exemple, trois associés, dans une affaire commune, ont placé, l'un 1 200^f qu'il a laissés un an dans la société, l'autre 1 800^f, et ne les a laissés que 6 mois ; le troisième 2 400^f, pendant trois mois. Ils ont gagné 600^f. Comme 3 mois, temps le plus court, divise exactement 6 et 12, je peux prendre ici 3 mois pour unité de temps, et pour y rapporter la deuxième mise, je dirai 1 800^f pendant six mois donnent le même droit au partage que 2 fois 1 800^f ou 3 600^f pendant 3 mois ; de même la première mise 1 200^f employée pendant 4 fois 3 mois, vaut autant que 4 fois 1 200^f ou 4 800^f pendant 3 mois. Ces trois mises ainsi préparées donnent une somme de 10 800. Le premier rapport, commun aux trois proportions, est 10 800 : 600, ou 18 : 1.

OPÉRATION.

$$18 : 1 :: \begin{cases} 4800 : x^I = 266,^f 67 \\ 3600 : x^{II} = 200, 00 \\ 2400 : x^{III} = 133, 33 \end{cases}$$

$$\text{Somme} = 600, 00$$

Règle d'Alliage.

97. Cette règle sert à trouver le prix d'une mesure d'un mélange, connaissant le nombre des mesures de chaque espèce qui sont entrées dans sa composition, et leur prix. Par exemple :

On a mêlé ensemble 300 bouteilles de vin à 14^s, 200 à 20^s, et 150 à 26^s ; on demande à quel prix revient une bouteille du mélange.

OPÉRATION.

```
300^b à 14^s . . . donnent . . . . . 210^ft
200 à 20 . . . . . . . . . . . . . 200
150 à 26 . . . . . . . . . . . . . 195
―――                              ―――
650                                605
```

Il est clair que 650 bouteilles coûtant 605^{ft}, une bouteille coûte $\frac{605^{ft}}{650} = \frac{21^{ft}}{130} = \frac{3420^s}{130} = \frac{342^s}{13} = 18^s\ 7^b\ \frac{3}{13}$.

AUTRE EXEMPLE.

Pour essayer une pièce d'artillerie, on a tiré avec elle 100 coups, qui ont donné, pour connaître sa portée, les résultats suivants :

```
18 coups ont porté à . . . 632 mètres, font . . . 11 376
25 . . . . . . . . . à . . . 628 . . . . . . . . . 15 700
53 . . . . . . . . . à . . . 620 . . . . . . . . . 32 860
 4 . . . . . . . . . à . . . 640 . . . . . . . . .  2 560
―――                                               ――――――
100                                                62 496
```

On voit que les portées des 100 coups d'essai, ayant donné pour somme 62 496 mètres, on aura pour l'estime de la portée moyenne de cette pièce $\frac{62496^m}{100} = 624^m,96$, environ 625^m.

DES NOUVELLES MESURES.

Mesures Linéaires ou de Longueur.

98. La diversité des anciennes mesures et de leurs divisions, dans les différentes parties de la France, fit naître le désir d'un système unique de mesures, et dont la base fût prise dans la nature. On choisit le méridien terrestre, ou grand cercle de la terre, qui passe par ses deux pôles, et qui est partagé en deux parties égales par l'équateur; de sorte que l'arc compris entre l'équateur et le pôle en forme le quart. La France se trouve placée d'une manière particulièrement favorable à la mesure de cet arc, dont les degrés augmentent de grandeur en allant de l'équateur au pôle, et dont le degré moyen occupe le milieu; car on peut, sans sortir de France, mesurer ce degré et plusieurs autres en deçà et au delà. Les astronomes ont ainsi mesuré, par ordre du gouvernement, un arc d'environ dix degrés, et on en a pu conclure assez exactement la longueur du quart du méridien, qui s'est trouvée être de 5 130 740 toises, ou 30 784 440 pieds. On a pris pour unité de mesure linéaire la dix-millionième partie de cette longueur, ou 3 pieds 0784440, c'est-à-dire 3 pieds 0 pouces 11 lignes 295936, ou en s'arrêtant aux millièmes de ligne, 3 pieds 11 lignes $\frac{1296}{1000}$ de ligne = 443^l,296, et on l'a nommé *mètre*.

99. On a formé des multiples décimaux de cette unité en la multipliant par 10, par 100, par 1 000, par 10 000, et on a donné à ces multiples des noms formés des mots grecs qui signifient 10, 100, 1000, 10 000, auxquels on a ajouté le mot *mètre*, tiré aussi du grec et signifiant *mesure*. Pour former les sous-divisions décimales, on a multiplié le mètre par 0,1 0,01 0,001, on leur a donné des noms formés des initiales tirées du latin, qui signifient dix, cent, mille, et on a eu la série suivante :

			pl.		t.	pl.	po.	l.
Myriamètre ou 10000 mètres		=	30784,44	=	5130	4	5	3,36
Kilomètre	1000	=	3078,444	=	513	»	5	3,936
Hectomètre	100	=	307,8444	=	51	1	10	1,5936
Décamètre	10	=	30,784440	=	5	»	9	4,95936
Mètre	1	=	3,078444	=	»	3	»	11,295936
Décimètre	0,1 de mèt.	=	0,3078444	=	»	»	3	8,3296
Centimètre	0,01	=	0,03078444	=	»	»	»	4,43296
Millimètre	0,001	=	0,003078444	=	»	»	»	0,443296

On voit que tout le système n'introduit que sept mots, qui serviront pour les autres espèces de mesures, en changeant seulement les finales, suivant la nature de la mesure.

Le myriamètre équivaut à peu près à deux lieues moyennes. Le double mètre peut remplacer la toise, qu'il ne surpasse que d'un peu moins de deux pouces; et le double décimètre, qui vaut un peu moins de 7 pouces et demi, donne une mesure commode pour mettre dans la poche de l'ouvrier, comme auparavant le pied de roi. Le mètre remplace l'aune, qui était à Paris de 3 pieds 7 pouces 10 lignes $\frac{5}{6}$. Il représente environ $\frac{21}{25}$, ou un peu plus de $\frac{5}{6}$ d'aune.

Mesures de Superficie.

100. En général, l'unité de mesure des surfaces est le *mètre carré*, qui contient cent décimètres carrés, ou dix mille centimètres carrés, ou un million de millimètres carrés. Il faut se garder de confondre le décimètre quarré avec le dixième du mètre carré, qui vaut dix décimètres carrés; ni le centimètre carré avec le centième du mètre carré, qui vaut cent centimètres carrés.

Ainsi le nombre $3^{mc},263075$, exprime trois mètres carrés plus $\frac{263075}{1000000}$ de mètre carré, ou trois mètres carrés, 26 décimètres carrés, 30 centimètres carrés, 75 millimètres carrés. On peut prendre pour unité le décimètre carré ou le centimètre carré, et le transport de la virgule à deux ou quatre rangs plus loin sur la droite, opérera la conversion dans la nouvelle unité. Ainsi le nombre ci-dessus vaut 326^{dmc}, $\frac{3075}{10000}$ de décimètre carré ou $32\,630^{cmc}$, $\frac{75}{100}$ de centimètre carré.

Mais l'unité adoptée pour les mesures agraires ou des champs, est le *décamètre carré* qu'on a appelé *are*. Il contient cent mètres carrés. Aussi le mètre carré s'appelle dans ce cas *centiare*. Cent ares forment *l'hectare* qui contient par conséquent 10 000 mètres carrés; c'est la quantité de terrain renfermée dans un carré dont le côté est de 100 mètres ou d'un hectomètre; ainsi l'hectare est l'hectomètre carré. L'hectare répond à peu près à deux arpents de l'ancienne mesure des eaux et forêts, composés chacun de 100 perches carrées, la perche ayant 22 pieds, et a environ 3 arpents de Paris, à 18 pieds par perche.

Mesures de Volumes.

101. L'unité de volume est le *mètre cube*, qui prend le nom de *stère*, quand il s'agit de bois à brûler. Le mètre cube contient mille décimètres cubes, ou un million de centimètres cubes, ou un billion de millimètres cubes. De sorte qu'un volume étant exprimé en mètres cubes et fractions décimales de cette unité, si on voulait prendre pour unité le décimètre cube, il faudrait reculer la virgule de trois rangs à droite, ou de six rangs, si on prenait pour unité le centimètre cube, ainsi de suite : $4^{m.cub},273045976 = 4273^{dm.cub},045976 = 4273045^{cm.cub},976 = 4273045\,976^{mm.cub}$.

Mais la mesure de capacité pour les liquides et pour les grains, est le

ARITHMÉTIQUE. 63

litre équivalant au décimètre cube, dont on a formé des multiples et des sous-divisions avec les mêmes initiales, et suivant la même échelle que nous avons fait connaître, en parlant des mesures linéaires, savoir :

```
Kilolitre ou  1000 litres = 1 m cub
Hectolitre     100        = 0,1
Décalitre       10        = 0,01
Litre            1        = 0,001    = 1 dm cub
Décilitre        0,1      = 0,0001   = 0,1
Centilitre       0,01     = 0,00001  = 0,01
Millilitre       0,001    = 0,000001 = 0,001 = 1 cmcub
```

Le litre surpasse d'environ $\frac{1}{14}$ la pinte de Paris.

On a formé, pour remplacer le boisseau, une mesure de 20 litres, appelée *double décalitre*. On a aussi pour les liquides le *demi-litre*, qui remplace la chopine, puis le *double décilitre*, etc.....

Poids ou Mesures de pesanteur.

102. On a voulu que la matière qui donnerait l'unité de poids fût une matière commune, offerte par la nature. On a choisi l'eau ; mais, à volume égal, le poids de cette substance peut varier par plusieurs causes : d'abord elle est ordinairement mêlée de substances étrangères, puis la température fait varier son volume. Pour échapper à l'influence de la première cause, on a opéré sur l'eau distillée ; et pour avoir un terme de température constant, on a remarqué que si la chaleur augmente le volume de l'eau, la congélation l'augmente aussi ; on a donc cherché par l'observation le degré précis où l'abaissement de la température cesse de diminuer le volume de l'eau, et on l'a trouvé vers le quatrième degré au-dessus de zéro du thermomètre centigrade ; c'est à ce degré que l'eau pure considérée dans le vide, a la plus grande densité. Un certain volume d'eau pure pesé dans cet état, a fait connaître que le poids d'un décimètre cube de cette eau répond à 18 827^{grains},15 ; celui du centimètre cube est donc de 18^g,82715 ; c'est ce poids qu'on a pris pour unité et qu'on a appelé *gramme*. Le gramme est donc le poids d'un centimètre cube d'eau pure au *maximum* de densité. Ses multiples et ses sous-divisions donnent une suite analogue aux précédentes, savoir :

	gram.		grains.	liv. on. gr. grains.	
Myriagr.	10000	=	188271,5	= 20 6 6 63,5	
Kilogr.	1000	=	18827,15	= 2 0 5 35,15	poids de 1 dm cub eau pure.
Hectogr.	100	=	1882,715	= 0 3 2 10,715	0,1
Décagr.	10	=	188,2715	= 0 0 2 44,2715	0,01
Gramme	1	=	18,82715	= 0 0 0 18,82715	0,001 = 1 cm cub eau.
Décigr.	0,1	=	1,88271	= 0 0 0 1,88271	0,1 cm. c.
Centigr.	0,01	=	0,18827	= 0 0 0 0,18827	0,01
Milligr.	0,001	=	0,01883	= 0 0 0 0,018827	0,001 = 1 mm cub eau.

64   COURS DE MATHÉMATIQUES.

Le quintal métrique est composé de 100 kilogrammes, ou 10 myriagr. et vaut par conséquent 204$^{liv.}$ 4° 4^{gros} 59^{grains}.

Monnaies.

103 L'unité monétaire est le *franc*; il est composé de $\frac{9}{10}$ d'argent fin, et de $\frac{1}{10}$ d'alliage : sa valeur, comparée à celle de la livre tournois, s'est trouvée être de 1$^{liv.}$ + $\frac{1}{80}$. La pièce d'un franc est du poids de 5 grammes, et celles de 5 francs pèse 25 grammes; mille francs pèsent donc 5$^{kil.}$,000.

Le franc se subdivise en 10 décimes, et le décime en 10 centimes. Les pièces d'argent sont le cinquième de franc, le demi-franc, le franc, le double franc, et la pièce de 5 francs.

Les pièces d'or sont de 10^f, de 20^f et de 40^f.

Le rapport de valeur de l'or à l'argent, à poids égal, est de 31 : 2, suivant la fixation de la loi.

Pour convertir les monnaies anciennes en nouvelles, et réciproquement, remarquons que $1^f = \frac{81}{80}^{\#}$; ainsi $80^f = 81^{\#}$, donc $1^f = 1^{\#},0125$; $1^{\#} = \frac{80}{81}^f = 0^f,98765432098\ldots$. Ainsi 1^{sou} vaut $0^f,049$, environ cinq centimes; et 1^{d} vaut $0^f,0042$ à peu près.

D'après cela, veut-on convertir $1\,083^{\#}\ 12^s\ 10^{\text{d}}$ en francs? On aura d'abord

$$1\,083^{\#} = 1\,083^f \times \tfrac{80}{81} \quad\quad\quad = 1\,069^f,63$$
$$12^s = 12 \times 0,049 = 0^f,588 = 0,59$$
$$10^{\text{d}} = 10 \times 0,0042 = 0,042 = 0,04$$
$$\overline{\quad\quad\quad\quad\quad\quad\quad\quad\quad\quad 1\,070,26}$$

Réciproquement pour convertir en livres une somme exprimée en francs, par exemple, $1\,070^f,26$; on aura $1\,070^f,26 = 1\,070^{\#},26 \times 1,0125$, ou $1\,070,26 \times \tfrac{81}{80}^{\#} = 1\,083^{\#},64 = 1\,083^{\#}\ 12^s\ 10^{\text{d}}$.

Dans l'usage commun un sou passe pour 5 centimes.

Réduction des mesures Linéaires anciennes en mesures nouvelles, et réciproquement.

104. Puisque $5\,130\,740^{toises} = 10\,000\,000^m$; $1^t = \frac{10\,000\,000^m}{5\,130\,740} = 1^m,949037$; le pied vaut donc $\frac{1^m,949037}{6} = 0^m,324849$; le pouce $= \frac{0^m,324839}{12} = 0^m,02707$; la ligne $= \frac{0^m,02707}{12} = 0^m,002256$; ou bien en rapportant le pied et le pouce au centimètre, et la ligne au millimètre, on a $1^p = 32^{cm},484$; $1^{po} = 2^{cm},707$; $1^l = 2^{mm},26$. On aura de même $1^m = \frac{5\,130\,740}{10\,000\,000}^t = 0^t,513074$ (n° 99).

ARITHMÉTIQUE.

Soit donc à convertir en mètres et parties décimales du mètre, $13^t\ 5^{pi}\ 3^{po}\ 8^l$; on a

$$13^t = 25\overset{m.}{,}337481$$
$$5^{pi} = 1,624195$$
$$3^{po} = 0,081210$$
$$8^l = 0,018047$$
$$\overline{27,060933}$$

Réciproquement $\overset{m.}{27} = 27^t \times 0{,}513074 = 13\overset{t.}{,}853 = 13^t\ 5^{pl}\ 1^{po}\ 5^l$

$\overset{cm.}{6} = 6 \times 4\overset{l.}{,}4 = \ldots\ldots\ \ \ \ »\ \ »\ \ 2\ \ 2$

$\overset{mm.}{\frac{9}{10}} = 9 + 0{,}04 = \ldots\ldots\ \ »\ \ »\ \ »\ \ 1$

$$\overline{13\ \ 5\ \ 3\ \ 8}$$

On trouvera par un procédé semblable la valeur de l'aune de Paris en mètres. En effet, on a (n° 99),

$$3^{pi} = 0\overset{m.}{,}9745183$$
$$7^{po} = 0,1894897$$
$$10^l = 0,0225583$$
$$\tfrac{5}{6} = 0,0018798$$
$$\overline{1,1884461}$$

Comparaison des Mesures de superficie anciennes et nouvelles.

105. $1^t = 1^m,94903659$; $1^{t.c} = 1^m,94903659 \times 1^m,94903659$, ainsi, $1^{t.c} = 3^{m.c},79874364$.

$$1^{pl.c} = \frac{3^{m.c},79874364}{36} = 0^{m.c},1055207.$$

$$1^{po.c} = \frac{0^{m.c},1055207}{144} = 0^{m.c},00073278.$$

$$1^{l.c} = \frac{0^{m.c},00073278}{144} = 0^{m.c},000005089.$$

Réciproquement le mètre carré est $\frac{1^{t.c}}{3{,}7984364} = 0\overset{t.c}{,}2632449$; ou bien on a également mètre carré $= 0^t,513074 \times 0,513074 = 0^{t.c},263245$. En multipliant cette expression par 36, on a celle du mètre carré en pieds carrés $= 9^{pl.c},476817$; et cette dernière multipliée par 144 donne $144 \times 9,476817 = 1364^{po.c},6617$, pour l'expression du mètre carré en pouces carrés.

L'are vaut donc $26^{t.c},32449$, et l'hectare $2632^{t.c},449$.

Comparaison des Mesures de volume anciennes et nouvelles.

106. Pour avoir la toise cube exprimée en mètres cubes, il suffit de multiplier l'expression de la toise carrée par celle de la toise linéaire, ce qui donne,

Toise cube $= 3^{m.c},79874364 \times 1^m,94903659 = 7^{m.cub},40389034$.

Pied cube $= \dfrac{7^{m.cub},40389034}{216} = 0^{m.cub},03427727 = 34^{dm.cub},27727$.

Pouce cube $= \dfrac{34^{dm.cub},27727}{1728} = 0^{dm.cub},019836 = 19^{cm.cub},836$.

Ligne cube $= \dfrac{19^{cm.cub},836}{1728} = 0^{cm.cub},01148 = 11^{mm.cub},48$.

Réciproquement on aura le mètre cube $= 0^{t.c},263245 \times 0^t,513074 = 0^{t.cub},135064 = 29^{pt.cub},1739$.

Par conséquent le décimètre cube $= \dfrac{29^{pl.cub},1739}{1000} = 0^{pl.cub},029174 = 50^{po.cub},41242$: c'est l'évaluation du litre en pouces cubes.

Et comme la pinte de Paris était d'environ $46^{po.cub},95$,

Le rapport de la pinte au litre est $\dfrac{46,95}{50,41242} = 0,93132$; donc la pinte $= 0^{lit},93132$.

Le rapport du litre à la pinte $= \dfrac{50,41242}{46,95} = 1,07375$; donc le litre $= 1^{pin},07375$.

Ainsi le décalitre vaut $10^p,7375$.

L'hectolitre $107^p,375$, et le kilolitre $1703^p,75$.

Comparaison des Poids anciens et nouveaux.

107. Puisque le kilogramme vaut $18827^{grains},15$, le grain vaut $\dfrac{1000^{grammes}}{18827,15}$; et la livre composée de 9216 grains vaut donc $\dfrac{9216000^{gram.}}{18827,15} = \dfrac{921600000^{gram.}}{1882715} = 489^{gram.},506$; l'once $= \dfrac{489^{gram.},506}{16} = 30^{gram.},594$; le gros $= \dfrac{30^{gram.},594}{8} = 3^{gram.},624$; le grain $= \dfrac{3^{gram.},824}{72} = 0^{gram.},0531$ ou 53^{mg}.

Comparaison des Divisions du Cercle, anciennes et nouvelles.

108. L'ancienne division du cercle est de 360 parties ou degrés; elle s'appelle *division sexagésimale*.

La nouvelle division est de 400 parties ou grades; elle s'appelle *division centésimale*, parce que le quart de la circonférence ou le quadrant qui se prend ordinairement pour unité d'arc, contient 100 grades, dont chacun se divise en 100 minutes, et chaque minute en 100 secondes; au lieu que le degré se divise en 60 minutes et la minute en 60 secondes. Le degré vaut donc 3 600 secondes. Les degrés se désignent par un °, les minutes par un accent, et les secondes par deux : ainsi on écrira 3 degrés, 40 minutes, 20 secondes, de cette manière : 3° 40' 20".

La minute centésimale est un centième de grade ou un dix-millième du quadrant, et la seconde centésimale est un centième de la minute ou un dix-millième du grade, ou un millionième du quadrant. D'après cela, prenant le quadrant pour unité, si on veut écrire 25 grades 4 minutes 17 secondes, on le fera de la manière suivante : $0^q,250417$ ou $25^{gr},0417$.

10 grades valant 9 degrés, pour convertir des grades, minutes et secondes centésimales en degrés et parties décimales de degré, on soustrait du nombre des grades un dixième de ce nombre, le reste est l'expression de ce nombre en degrés, etc.

Par exemple : Un arc contient $\quad 47^{gr},2995780$
Combien est-ce de degrés?
J'ôte $\frac{1}{10}$ . . . . . . = $\quad 4,7299578$

Reste. . . . $\quad 42,5696202$

Pour convertir la fraction décimale en minutes, on la multipliera par 60, ce qui donnera 34', 77212; on fera de même pour convertir en secondes la fraction décimale de minute, ce qui donnera 10",63272. Ainsi,

$47^{gr},299578 = 42°\ 34'\ 10'',63272$.

Réciproquement pour convertir un nombre de degrés et parties décimales de degrés en grades, etc., il suffit de l'augmenter d'un neuvième de ce même nombre, puisque $9° = 10^{gr}$.

Soit par exemple $\quad 42°, 5696202$
Ajoutant $\frac{1}{9} =\quad 4,7299578$

On aura . . $\quad 47^{gr},2995780$

Si les parties de degré sont exprimées en minutes et secondes, on les réduira en décimales en divisant par 60. Ainsi,

$34'\ 10'',63 = 34',177 = 0°,5696$.

ALGÈBRE.

1. L'algèbre a pour objet principal la recherche de la série des opérations qu'il faut effectuer pour passer des quantités connues à celles qui ne le sont point.

2. On y exprime les nombres par des caractères d'une valeur numérique indéterminée ; on a choisi à cet effet les lettres de l'alphabet.

3. On y indique les opérations par des signes dont l'usage est avantageux, même en arithmétique, comme on a eu occasion de le voir.

4. Pour indiquer l'égalité de deux quantités a et b, par exemple, on écrit $a = b$, et on prononce *a égale b*.

De l'Addition.

5. On indique l'addition du nombre a avec le nombre b, en écrivant $a + b$, et on prononce *a plus b*.

6. Si on voulait ajouter ensemble plus de deux nombres, par exemple les quatre nombres a, b, c et d, on écrirait $a + b + c + d$, et on prononcerait *a plus b plus c plus d*. On écrit donc le signe de l'addition immédiatement à gauche du nombre ou de la lettre qu'on veut ajouter.

7. Si les nombres étaient exprimés par la même lettre, et par conséquent supposés égaux, on abrégerait l'indication de leur somme en cette manière : au lieu de $a + a + a + b + b + c + c$, on écrit $3a + 2b + 2c$, et on prononce *trois a plus deux b plus deux c*. On nomme coefficient le nombre placé à la gauche d'une lettre, et qui marque combien de fois il faut prendre le nombre qu'elle représente. Le coefficient est ce qu'on appelle un multiplicateur en arithmétique.

8. Si on avait plusieurs sommes à réunir en une seule, on les écrirait à la suite les unes des autres, avec le signe de l'addition. On ferait ensuite la réduction, s'il y avait lieu, avec les coefficients. Ainsi la somme des trois sommes partielles $2a + 3b + 4c + d$, $9a + 2b + c + 2d$, et $a + b + c$, serait $2a + 3b + 4c + d + 9a + 2b + c + 2d + b + c = 12a + 6b + 6c + 3d$.

9. On écrit les lettres dans l'ordre qu'on veut ; cependant on paraît s'être accordé à suivre, à cet égard, l'ordre alphabétique.

10. On ne donne point le signe de l'addition à la quantité qui s'écrit la première à gauche ; mais on doit l'y supposer écrit.

11. Le coefficient 1 ne s'écrit point non plus, comme étant jugé inutile ; mais il faut le remplacer par la pensée là où il devient nécessaire.

12. On reviendra à l'addition, après avoir exposé la manière d'indiquer la soustraction.

De la Soustraction.

13. Pour indiquer la différence des deux nombres a et b, on écrit $a - b$, ou $b - a$, et on prononce *a moins b*, ou *b moins a*, suivant qu'on retranche b de a, ou a de b.

14. On pourrait aussi écrire $-b + a$ dans le premier cas, et $-a + b$ dans le second; mais l'usage de la première notation a prévalu.

15. S'il y avait des coefficients, on en prendrait la différence. Ainsi pour retrancher $3\,a$ de $6\,a$, on écrirait d'abord $6\,a - 3\,a$; ensuite on aurait $3\,a$ pour différence réduite, ce qui est évident.

16. Si on voulait retrancher une somme d'une autre somme, on mettrait le signe de la soustraction devant chacun des nombres qu'on se propose de retrancher. Ainsi la différence de $3\,a + b + 4\,c$, et de $5\,d + 2\,e + f$, serait $3\,a + b + 4\,c, -5\,d - 2\,e - f$, ou $5\,d + 2\,e + f - 3\,a - b - 4\,c$, selon qu'on soustrait la première ou la deuxième somme.

17. Si le même nombre se trouvait répété dans les deux sommes, on prendrait la différence des coefficients. Ainsi pour soustraire $2\,a + 4\,b + 6\,c$ de $6\,a + 8\,b + 6\,c$, on écrirait $6\,a + 8\,b + 6\,c - 2\,a - 4\,b - 6\,c = 4\,a + 4\,b$. La quantité c disparaît à cause de l'égalité de ses coefficients, dont la différence est zéro.

De l'Addition et de la Soustraction, à la fois employées dans la même opération

18. On appelle *termes* d'une expression algébrique, les quantités dont elle est composée, et qui sont séparées les unes des autres par le signe de l'addition ou par celui de la soustraction. L'expression algébrique s'appelle *monome*, *binome*, *trinome*, et en général *polynome*, selon qu'elle renferme un, ou deux, ou trois, ou plusieurs termes. Ainsi a est un monome, $2\,a$ en est un aussi; $a + 2\,b$ ou $2\,a - 3\,b$ sont des binomes; $a + 2\,b - 3\,c$, ou $4\,a - 3\,b + 2\,c$ sont des trinomes.

19. Si on veut ajouter ensemble plusieurs polynomes, dont les termes sont affectés indifféremment des signes de l'addition et de la soustraction, il faut en écrire les termes à la suite les uns des autres, sans rien changer ni à leurs signes, ni à leurs coefficients. On fait ensuite la réduction, s'il y a lieu. Il ne faut pas oublier qu'un terme qui n'a point de signe, est censé avoir celui de l'addition, et qu'on doit supposer le coefficient 1 partout où il n'y en a pas d'exprimé.

EXEMPLE.

On veut ajouter les quatre quantités suivantes :

$$\begin{array}{l}6\,a - 4\,b + 3\,c \\ 3\,a + 6\,b - 4\,c + 4\,d \\ a + 2\,b + 2\,c - d \\ 5\,a - b + c + 2\,d + e\end{array}$$

Somme $6\,a - 4\,b + 3\,c + 3\,a + 6\,b - 4\,c + 4\,d + a$
$+ 2\,b + 2\,c - d + 5\,a - b + c + 2\,d + e.$

Faisant la réduction, on trouve $15\,a$ pour les a, $+8\,b$ d'une part, et $-5\,b$ de l'autre, et par conséquent $+3\,b$ pour reste ; $+6\,c$ d'une part, et $-4\,c$ de l'autre, donc $+2\,c$ de reste ; $+6\,d$ et $-d$ ou $5\,d$ pour différence ; enfin $+e$. Réunissant ces différents résultats, la somme finale est $15\,a + 3\,b + 2\,c + 5\,d + e$.

Si on avait eu les quatre polynomes :

$$\begin{array}{l}6\,a - 4\,b - 3\,c \\ 3\,a - 6\,b + 4\,c - 4\,d \\ a + 2\,b - 2\,c + d \\ 5\,a - b + c + 2\,d - e.\end{array}$$

La somme aurait été $15\,a - 9\,b - d - e$, toute réduction faite, et c'est la seule qu'on écrive ordinairement pour abréger. La lettre c a disparu à cause de l'égalité de ses coefficients et de la différence de ses signes.

Les deux exemples précédents offrent un mélange d'additions et de soustractions. Si l'on avait quelque peine à comprendre comment des opérations si contraires peuvent se trouver mêlées, on regarderait le résultat d'une pareille addition comme une somme de différences.

20. On rencontre aussi l'addition dans la soustraction, lorsqu'on se propose de soustraire des différences.

Soit proposé de soustraire $b - c$ de a, on écrira $a - b + c$; car la règle est de changer le signe de chacun des termes du polynome qu'on doit soustraire.

EXEMPLE.

Qu'on ait $2\,a - 8\,b + 4\,c$ à soustraire de $6\,a - 4\,b + 2\,c$. La différence sera $6\,a - 4\,b + 2\,c - 2\,a + 8\,b - 4\,c = 4\,a + 4\,b - 2\,c$.

21. Voici la raison de cette règle : Reprenons l'exemple où l'on se proposait de soustraire $b - c$ de a. Si l'on se contentait d'indiquer la différence par $a - b$, elle serait trop petite du nombre c, puisqu'on aurait retranché b tout entier, et que c'était b diminué de c qu'il fallait retrancher ; il faut donc y ajouter c, et la différence véritable est $a - b + c$. Autrement $a = a + b - b + c - c$, et si nous retranchons de part et d'autre $b - c$, nous aurons pour résultat $a - (b - c) = a - b + c$. La notation $a - (b - c)$ signifie qu'on veut soustraire $b - c$ de a.

De la Multiplication.

22. Pour indiquer la multiplication de a par b, on écrit $a \times b$, ou $a.b$, ou $a\ b$, et on prononce a multiplié par b, ou a multipliant b, ou simplement ab.

23. Si l'on voulait indiquer le produit de trois facteurs, tels que a, b et c, et on écrirait $a \times b \times c$, ou $a.b.c$, ou abc, et l'on prononcerait a multiplié par b multiplié par c, ou a multipliant b multipliant c, ou abc. Si les nombres étaient exprimés en chiffres, on multiplierait d'abord l'un des trois facteurs par l'un des deux autres, et ensuite leur produit par le troisième facteur. On écrirait, on prononcerait et on calculerait de même pour un plus grand nombre de facteurs.

24. Remarquons en passant que l'ordre suivant lequel on doit multiplier les facteurs, est tout à fait indifférent. Ainsi $ab = ba$; et $abc = acb = bac = bca = cba = cab$. La démonstration qu'on pourrait en donner serait trop longue à écrire pour ce précis. On en trouve de satisfaisantes dans la *Théorie des nombres* de M. Legendre, ainsi que dans quelques traités élémentaires d'Algèbre.

25. Si tous les facteurs étaient représentés par la même lettre, cette lettre se trouverait écrite dans le produit autant de fois qu'il y a de facteurs. Ainsi $a \times a$ donnerait aa; aa multiplié par aaa, donnerait $aaaaa$; $aaaaa$ multiplié par a, donnerait $aaaaaa$.

Dans ce cas, on n'écrit cette lettre qu'une fois; mais on marque par un nombre, qu'on appelle *exposant*, et qu'on place sur la droite, un peu au-dessus de la lettre, combien de fois cette lettre est facteur, ou combien de fois elle doit être écrite de suite à côté d'elle-même. Ordinairement l'exposant s'exprime en chiffres.

Au lieu de aa, on écrira a^2; au lieu de aaa, on emploiera a^3. Pareillement au lieu de $aabbcc$, on écrira $a^3 b^2 c^2$. On prononce a *deux*, a *trois*; et dans le dernier exemple, a *trois*, b *deux*, c *deux*.

Réciproquement on se souviendra que $a^2 = aa = a \times a$, que $a^2 b^3 c^2 = aabbbcc = a \times a \times b \times b \times c \times c$.

26. On nomme *puissance*, tout produit dont les facteurs sont tous égaux entre eux, et la dénomination de la puissance se tire du nombre des facteurs; ainsi l'exposant d'une quantité marque à quelle puissance elle est élevée. Dans a^3, l'exposant 3 désigne la troisième puissance de a.

De même dans a^n, l'exposant n désigne la $n^{\text{ième}}$ puissance de a; en sorte que si n valait 4, la quantité a serait élevée à la quatrième puissance.

27. Il ne faut pas confondre l'exposant avec le coefficient et prendre $2a$ pour a^2, ou a^3 pour $3a$. Dans $2a$, le coefficient 2 marque l'addition de a avec a, ou que $2a = a + a$; dans a^2, l'exposant 2 marque la multiplication de a par a, ou que $a^2 = a \times a$; en sorte que si $a = 5$, $2a = 10$ et $a^2 = 25$.

28. Il suit de ce qui précède, que pour multiplier deux quantités monomes qui auraient des lettres communes, on ajoute les exposants des lettres semblables du multiplicande et du multiplicateur.

Ainsi pour multiplier a^3 par a^4, j'écris a^7, ce qui est évident; car $a^3 = aaa$, et $a^4 = aaaa$; donc $a^3 \times a^4 = aaa \times aaaa = aaaaaaa = a^7$.

Pareillement $a^4 b^3 c$ multiplié par $a^3 b^2 cd = a^7 b^5 c^2 d$. On écrit d'abord toutes les lettres différentes $a\,b\,c\,d$; ensuite on donne à la première pour exposant 7, somme de ses exposants 4 et 3; à la seconde 5, somme de ses exposants 3 et 2; à la troisième, l'exposant 2, somme de ses exposants 1 et 1 : car quoique l'exposant de c ne soit pas exprimé, on doit sous-entendre qu'il est 1, puisque c est facteur une fois. De là cette remarque : Toute lettre dont l'exposant n'est point écrit, est censée avoir 1 pour exposant; et réciproquement toutes les fois qu'un exposant devra être 1, on peut le supprimer comme inutile. On le supposera de nouveau à sa place, si on en a besoin.

29. Si les monomes ont des coefficients, il faut commencer la multiplication par ces coefficients. Ainsi,

$$2a \times 3b = 6ab, \text{ et } 15\,a^3\,b^3 \times 12\,a^2\,b = 180\,a^5\,b^4.$$

Dans le premier exemple, on multiplie le coefficient 2 par le coefficient 3, et l'on a 6 pour le coefficient du produit. Il en est de même du second exemple. Pour expliquer cette règle, il suffit de dire que les coefficients étant des facteurs, ils doivent être multipliés comme les autres facteurs.

30. Passons à la multiplication des polynomes ou quantités *complexes*. On suit le même procédé qu'en Arithmétique pour les facteurs qui ont plusieurs chiffres, c'est-à-dire qu'on multiplie successivement chaque terme du multiplicande par chaque terme du multiplicateur, en allant de droite à gauche, ou de gauche à droite : c'est ce dernier parti qu'on prend ordinairement. Ainsi l'opération se trouve ramenée à des multiplications de monomes. Si on désigne par n le nombre des termes du multiplicande, et par n' (prononcez n prime) celui des termes du multiplicateur, le produit nn' marque combien on a de multiplications de monomes.

Nous supposerons d'abord que tous les termes des facteurs ont le signe de l'addition, ou sont positifs.

$$\begin{array}{r} \text{Multiplier } a + b \\ \text{Par } c + d \\ \hline \text{Produit.} \ldots ac + bc + ad + bd. \end{array}$$

On multiplie, 1° a par c; 2° b par c; 3° a par d; 4° b par d. Or (n° 22) $a \times c = ac$; $b \times c = bc$; $a \times d = ad$, et $b \times d = bd$. Le produit total, égal à la somme de ces produits partiels, devient donc $ac + bc + ad + bd$.

31. Supposons maintenant que les facteurs ont des termes affectés du signe de la soustraction, et qu'il s'agit de multiplier des différences :

ALGÈBRE.

EXEMPLE Ier.

Multiplier $\quad a - b$
Par $\quad c$
—————
Produit. . . . $ac - bc$.

Le produit de a par c est ac, et celui de b par c est bc, abstraction faite des signes; mais au lieu d'ajouter ce second produit au premier, je l'en retranche. En effet, ce n'est point a tout entier, mais seulement la différence de a et de b qu'il faut multiplier par c; il y a donc une partie de a représentée par b, qu'il ne faut point multiplier par c : comme son produit par c, lequel est bc, se trouve compris dans ac, il faut donc l'en retrancher, ainsi qu'on a fait; donc $(a-b)$ multiplié par $c = ac - bc$.

EXEMPLE II.

Multiplier $\quad a - b$
Par $\quad c - d$
—————
Produit. . . . $ac - bc - ad + bd$.

D'abord le produit de $a - b$ par c est $ac - bc$, comme on vient de le voir; il faut en retrancher celui de $a - b$ par d, lequel est $ad - bd$. En effet, $a - b$ ne doit point être multiplié par la partie de c équivalente à d. Le produit $ad - bd$ qui en résulte, se trouve donc de trop dans le produit de $a - b$ par c tout entier, ou dans $ac - bc$: il faut donc l'en retrancher, et écrire $ac - bc - ad + bd$ pour le produit définitif (n° 20).

32. Le produit de $a - b$ multiplié par $c - d$, étant $ac - bc - ad + bd$, nous en conclurons les deux règles suivantes pour les signes : si les deux termes qu'on multiplie ont le même signe, ou tous deux $+$ ou tous deux $-$, leur produit aura le signe $+$; si au contraire ils sont de signes différents, leur produit aura toujours le signe $-$.

En effet on a trouvé, 1° $\quad a \times c \quad = ac$.
2° $\quad - b \times c \quad = - bc$.
3° $\quad a \times - d = - ad$.
4° $\quad - b \times - d = + bd$.

On traduit assez souvent ces règles en cette manière : *plus* multiplié par *plus*, et *moins* multiplié par *moins*, donnent *plus*; *moins* multiplié par *plus*, et *plus* multiplié par *moins*, donnent *moins*; mais il faut entendre ces énoncés dans le sens qui vient d'être expliqué.

33. En procédant à la multiplication, on observera d'abord la règle des signes, puis celle des coefficients, enfin celle des lettres et celle des exposants; faisons-en une application.

EXEMPLE.

Multiplier $\quad 4a^4 - 12\,a^2b^3 + 9b^6$
Par $\quad\;\;16a^4 - 40\,a^2b^3 + 25b^6$

Ier Prod. part. $64a^8 - 192\,a^6b^3 + 144\,a^4b^6$
IIe $Id.$ $\qquad\qquad - 160\,a^6b^3 + 480\,a^4b^6 - 360\,a^2b^9$
IIIe $Id.$ $\qquad\qquad\qquad\qquad\quad + 100\,a^4b^6 - 300\,a^2b^9 + 225\,b^{12}$

Produit total. $64\,a^8 - 352\,a^6b^3 + 724\,a^4b^6 - 660\,a^2b^9 + 225\,b^{12}$.

Je multiplie tous les termes du multiplicande, 1° par $16\,a^4$; 2° par $40\,a^2b^3$; 3° par $25\,b^6$, pour obtenir les trois produits partiels ci-dessus exprimés :

Pour le premier, j'ai $4a^4 \times 16a^4 = 64a^8$; ensuite $- 12a^2b^3 \times 16a^4 = -192a^6b^3$; enfin $+ 9b^6 \times 16a^4 = 144a^4b^6$.

Pour le deuxième produit, j'ai successivement $4a^4 \times -40a^2b^3 = -160\,a^6b^3$; ensuite $-12a^2b^3 \times -40a^2b^3 = +480\,a^4b^6$; enfin $+9b^6 \times -40\,a^2b^3 = -360\,a^2b^9$.

Pour le troisième produit, j'ai pareillement $4a^4 \times 25b^6 = 100\,a^4b^6$; puis $-12\,a^2b^3 \times 25\,b^6 = -300\,a^2b^9$; enfin $+9\,b^6 \times 25\,b^6 = 225\,b^{12}$.

La somme de tous ces produits partiels forme un produit total, qui, par la réduction des termes semblables, devient $64\,a^8 - 352\,a^6b^3 + 724\,a^4b^6 - 660\,a^2b^9 + 225\,b^{12}$.

34. Il faut s'exercer beaucoup, afin de se familiariser avec la pratique de cette règle. A cet effet, voici quelques exemples tous calculés; nous y joindrons aussi quelques remarques importantes.

EXEMPLE Ier.

Multiplier $\quad a + b$
Par $\quad\;\; a + b$

Ier *Produit.* $\quad a^2 + ab + ab + b^2 = a^2 + 2ab + b^2$.

Cet exemple fait voir que le carré de la somme $a + b$ de deux nombres, contient le carré a^2 du premier nombre, plus le double produit $2ab$ du premier nombre multiplié par le second, et enfin le carré b^2 du deuxième nombre. Si on désigne par a les dizaines d'un nombre, et par b ses unités, on aura une démonstration générale de la règle relative à la composition du carré d'un nombre.

EXEMPLE II.

Multiplier $\quad a - b$
Par $\quad\;\; a - b$

Produit. . . . $a^2 - ab - ab + b^2 = a^2 - 2ab + b^2$.

On voit que le carré de la différence de deux nombres, contient le carré a^2 du premier nombre, moins le double produit $2ab$ du premier nombre multiplié par le second, plus le carré b^2 du second.

ALGÈBRE

EXEMPLE III.

Multiplier $a + b$
Par $a - b$

Produit.... $a^2 + ab - ab - b^2 = a^2 - b^2$.

On conclut de cet exemple, que quand on multiplie la somme $a + b$ de deux nombres par leur différence $a - b$, le produit est égal à la différence $a^2 - b^2$, des carrés a^2 et b^2 de ces mêmes nombres. Réciproquement au lieu de la différence des carrés de deux nombres, on pourra substituer le produit de la somme de ces deux nombres multipliée par leur différence.

EXEMPLE IV.

Multiplier $a^2 + 2ab + b^2$
Par $a + b$

Produit.... $a^3 + 2a^2b + ab^2 + a^2b + 2ab^2 + b^3 =$
$a^3 + 3a^2b + 3ab^2 + b^3$.

Le premier facteur ou le multiplicande étant le carré ou la deuxième puissance de la somme $a + b$ de deux nombres, et le second facteur étant la somme de ces nombres, le produit représente le cube, ou la troisième puissance du binôme $a + b$. On conclut de là que le cube d'un binôme contient quatre termes, savoir : 1° le cube a^3 du premier nombre a; 2° trois fois le produit du carré du premier nombre multiplié par le second b; 3° trois fois le produit du premier nombre multiplié par le carré du second; 4° enfin le cube b^3 du deuxième nombre. Si on désigne par a les dizaines d'un nombre, et par b ses unités, on aura la démonstration de la règle qui a pour objet la formation du cube d'un nombre.

Pour indiquer le produit, lorsque les facteurs sont des polynômes, on renferme chaque facteur entre deux parenthèses, et on écrit l'undes signes de la multiplication entre ces facteurs, comme s'ils étaient des monômes; souvent même on n'emploie aucun signe. Ainsi pour indiquer la multiplication du polynôme $a^2 + 2ab + b^2$ par le binôme $a + b$, on écrit $(a^2 + 2ab + b^2) \times (a + b)$, ou $(a^2 + 2ab + b^2) \times (a + b)$, ou même $(a^2 + 2ab + b^2)(a + b)$. Quelquefois, au lieu de renfermer les facteurs entre des parenthèses, on les couvre d'un trait en cette manière :

$$\overline{a^2 + 2ab + b^2} \times \overline{a + b}.$$

C'est un usage qu'il ne faut point adopter en général; on pourra s'exercer sur l'exemple suivant :
$(2a + bc - 2b^2)(2a - bc + 2b^2) = 4a^2 - b^2c^2 + 4b^3c - 4b^4.$

De la Division.

35. On indique la division, en écrivant le diviseur sous le dividende, en forme de fraction, et en les séparant l'un de l'autre par un trait. Ainsi pour indiquer le quotient de a divisé par b, on écrit $\frac{a}{b}$, et on prononce a divisé par b. Pareillement on écrit $\frac{a+b}{c+d}$, si on se propose de diviser $a+b$ par $c+d$.

La division la plus compliquée se réduisant toujours à diviser un monome par un monome, voici les règles qu'on doit suivre dans ce dernier cas.

36. Règle des signes. Le quotient est positif ou négatif, suivant que le dividende et le diviseur ont les mêmes signes, ou des signes contraires. On énonce aussi cette règle, en disant que $+$ divisé par $+$ et $-$ divisé par $-$ donnent $+$; que $+$ divisé par $-$, et $-$ divisé par $+$ donnent moins.

37. Règle des coefficients. On divise celui du dividende par celui du diviseur.

38. Règle des lettres. On n'écrit point au quotient les lettres qui sont communes, ou qui sont écrites le même nombre de fois au dividende et au diviseur. On écrit au quotient toute lettre qui se trouve au dividende sans être au diviseur.

39. Règle des exposants. Lorsqu'une lettre se trouve au dividende et au diviseur avec des exposants différents, celui qu'elle a dans le diviseur se retranche de celui qu'elle a dans le dividende. Le reste devient son exposant dans le quotient.

40. Toutes ces règles sont une conséquence de celles de la multiplication, et sont fondées sur le principe que le produit du diviseur multiplié par le quotient doit reproduire le dividende.

EXEMPLE.

Diviser $9216\,a^4 b^3 c^2 de$ par $96\,a^2 bcd$.

Le quotient indiqué est $\frac{9216\,a^4 b^3 c^2 de}{96\,a^2 bcd}$.

Et le quotient réduit ou effectué $= 96\,a^2 b^2 ce$.

Je divise 9216 par 96, et le quotient est 96. Par la règle des exposants, on doit avoir au quotient $4-2$ ou 2 pour l'exposant de a; $3-1$ ou 2 pour celui de b; $2-1$ ou 1 pour celui de c. On supprime celui-ci comme inutile. Enfin, par la règle des lettres, d ne doit point se trouver au quotient.

41. Si on applique la règle des exposants au cas où une lettre a le même exposant au dividende et au diviseur, elle aura zéro pour exposant dans le quotient.

Ainsi a^2 divisé par a^2 donnera a^0 pour quotient.

$$\text{et } \frac{a^5 bc^2}{a^2 bc^2} = ab^0 c^0.$$

Dans ce cas, on peut se dispenser d'écrire les lettres qui ont zéro pour exposant ; car le facteur de ce genre est égal à l'unité, comme étant le quotient d'une quantité divisée par elle-même. Ainsi $a^0 = b^0 = c^0 = 1$, quel que soit le nombre a ou b, ou c, ou, etc.

Si tous les facteurs du quotient avaient zéro pour exposant, ce quotient serait 1 ; ainsi,

$$\frac{a^3 b^2 c}{a^3 b^2 c} = a^0 b^0 c^0 = 1.$$

Pareillement, si on applique la règle des lettres au cas où elles sont les mêmes au dividende et au diviseur, le quotient paraît devoir être zéro, puisqu'il n'y faut écrire aucune lettre ; mais dans ce cas il est égal à l'unité, comme étant celui d'une quantité divisée par elle-même ; ainsi,

$$\frac{abc}{abc} = 1.$$

42. Lorsque, 1° le diviseur a des lettres qui ne se trouvent point au dividende ; lorsque, 2° les exposants du diviseur sont plus grands que ceux de pareilles lettres du dividende ; lorsqu'enfin, 3° le coefficient du diviseur ne divise point exactement celui du dividende, il est évident (*Arith.* 42) que le dividende proposé n'est point un multiple du diviseur, et la division ne peut plus alors s'effectuer : on se contente de l'indiquer ; cependant on peut simplifier l'expression fractionnaire, qui représente alors le quotient. On supprime, dans le dividende et dans le diviseur, les lettres qui leur sont communes. A l'égard des lettres qui ont des exposants, on supprime la lettre qui a le plus petit exposant, et on diminue de pareille quantité le plus grand exposant de la même lettre ; ainsi,

$$\frac{a^5 b c^3}{a^2 b^2 c^4} = \frac{a^3}{b^2 c} ;$$

et $\dfrac{a^2 b^5 c^3}{a^3 b c^2 d} = \dfrac{b^4 c}{ad}.$

Enfin, $\dfrac{a^2}{a^5} = \dfrac{1}{a^3}.$

Ce dernier exemple fait voir que quand il ne reste plus aucune lettre au dividende, il faut y écrire l'unité.

Cette règle s'explique par la condition que le produit du diviseur multiplié par le quotient, doit toujours être égal au dividende, ainsi qu'on l'a vu en arithmétique.

43. Si le dividende et le diviseur sont complexes, voici comment on procédera, et comment on trouvera le quotient quand la division sera possible :

1° On écrit le dividende et le diviseur sur une même ligne, avec l'attention d'écrire leurs termes, de manière que les exposants d'une même lettre soient toujours décroissants. Cela s'appelle *ordonner* le dividende et le diviseur par rapport à cette lettre ;

2° On sépare le dividende du diviseur par un trait vertical ; on divise le premier terme du dividende par le premier terme du diviseur, en ayant égard successivement à la règle des signes, à celle des coefficients, à celle des lettres et à celle des exposants; on écrit le quotient sous le diviseur;

3° On multiplie tout le diviseur par le quotient partiel qu'on vient de trouver, et on écrit les termes du produit sous le dividende, avec l'attention de changer leur signe;

4° On souligne le tout, et on fait la réduction des termes semblables du dividende et de ce produit. Après cette opération, on écrit le reste au-dessous, et on fait une seconde division, en prenant pour premier terme de ce second dividende partiel, celui des termes restants où la lettre, par rapport à laquelle on a ordonné, a le plus grand exposant.

EXEMPLE.

Diviser $a^2 + b^2 - 2ab$ par $-b + a$.

J'ordonne les termes du dividende et du diviseur, par rapport à la lettre a, par exemple, et d'après cela je les écris ainsi qu'il suit :

$$\begin{array}{r|l}
\textit{Dividende} \quad a^2 - 2ab + b^2 & a - b \quad \ldots \textit{Diviseur.} \\
\underline{\quad - a^2 + ab \quad\quad\quad\quad} & a - b \quad \ldots \textit{Quotient.} \\
\text{I}^{\text{er}} \text{ Reste.} \ldots \quad - ab + b^2 & \\
\underline{\quad\quad\quad\quad + ab - b^2} & \\
\text{II}^{\text{e}} \text{ Reste.} \ldots \quad 0 &
\end{array}$$

Explication : Je divise d'abord le premier terme a^2 du dividende par le premier terme a du diviseur. Par la règle des signes, j'ai $+$ pour le signe du quotient : on le supprime comme inutile. Par la règle des coefficients, celui du quotient est un, on le supprime aussi par la même raison. Suivant la règle des exposants, a^2 divisé par a donne a pour quotient, je l'écris sous le diviseur. Je multiplie le diviseur $a - b$ par le quotient a. Le produit est $a^2 - ab$; j'en change les signes pour faire la soustraction, et j'écris $-a^2 + ab$ sous le dividende. Je souligne le tout, et je fais la réduction des termes semblables. En vertu de cette réduction, les deux termes a^2 et $-a^2$ se détruisent comme étant égaux et de signes contraires. Les termes $-2ab$ et $+ab$ se réduisent à $-ab$. Il me reste ce terme $-ab$ à côté duquel j'abaisse le terme restant b^2 du dividende, et j'ai pour second dividende $-ab + b^2$.

Je continue la division, en prenant $-ab$ pour premier terme du nouveau dividende, parce que la lettre a s'y trouve encore, tandis qu'elle n'est pas dans le terme b^2. Je divise donc $-ab$ par a; le quotient est $-b$, en vertu de la règle des signes et de celle des lettres. J'écris ce quotient à la suite du premier quotient a.

Je multiplie de nouveau le diviseur $a - b$ par le nouveau quotient $-b$. Le produit est $-ab + b^2$; je change les signes de ce produit, et j'écris $+ab - b^2$ sous le second dividende partiel $-ab + b^2$. Je fais la réduction des termes semblables, et il ne reste rien, les termes semblables $-ab + ab$, ainsi que b^2, $-b^2$ étant égaux et de signes contraires.

On peut vérifier le quotient total, en le multipliant par le diviseur. on doit trouver le produit égal au dividende.

On aurait pu ordonner les termes par rapport à la lettre b. Dans ce cas, on aurait divisé $b^2 - 2ab + a^2$ par $-b + a$, et le quotient serait devenu $-b + a$, c'est-à-dire le même que $a - b$.

Nous ajouterons quelques exemples de division, afin qu'on se familiarise avec cette opération.

EXEMPLE Ier.

$$\begin{array}{r|l} \text{Dividende} \quad a^2 - b^2 & a - b \ldots \ldots \text{Diviseur.} \\ \phantom{\text{Dividende}}\quad -a^2 + ab & \overline{a + b \ldots \ldots \text{Quotient.}} \\ \hline \text{Reste} \ldots \quad +ab - b^2 & \\ \phantom{\text{Reste} \ldots \quad} -ab + b^2 & \\ \hline \text{Dernier reste}\ldots \quad 0 & \end{array}$$

Cet exemple prouve que la différence des carrés de deux quantités est exactement divisible par la différence ou par la somme de leurs racines. En général, la différence des mêmes puissances de deux quantités est exactement divisible par la différence de ces mêmes quantités; c'est-à-dire que a et b étant élevés chacun à la puissance n, on a

$$\frac{a^n - b^n}{a - b} = a^{n-1} + a^{n-2}b + a^{n-3}b^2 + \ldots + b^{n-1},$$

ainsi qu'il est facile de le vérifier.

EXEMPLE II.

$$\begin{array}{r|l} a^4 - 4a^3b + 6a^2b^2 - 4ab^3 + b^4 & a^2 - 2ab + b^2 \\ -a^4 + 2a^3b - a^2b^2 & \overline{a^2 - 2ab + b^2} \\ \hline 0 - 2a^3b + 5a^2b^2 - 4ab^3 + b^4 & \\ +2a^3b - 4a^2b^2 + 2ab^3 & \\ \hline 0 + a^2b^2 - 2ab^3 + b^4 & \\ -a^2b^2 + 2ab^3 - b^4 & \\ \hline 0 & \end{array}$$

EXEMPLE III.

$$\begin{array}{r|l} \tfrac{2}{7}a^3 - \tfrac{9}{35}ab^2 + \tfrac{3}{6}a^2b - \tfrac{3}{20}b^3 & \tfrac{2}{3}a^2 - \tfrac{3}{5}b^2 \\ -\tfrac{2}{7}a^3 + \tfrac{9}{35}ab^2 & \overline{\tfrac{3}{7}a + \tfrac{1}{4}b.} \\ \hline 0 + \tfrac{1}{6}a^2b - \tfrac{3}{20}b^3 & \\ -\tfrac{1}{6}a^2b + \tfrac{3}{20}b^3 & \\ \hline 0 & \end{array}$$

EXEMPLE IV.

$$\begin{array}{r|l}
\frac{3}{5}a^4b - \frac{136}{75}a^3b^2 + \frac{8}{5}a^2b^3 + \frac{3}{10}ab^4 - b^5 & \frac{2}{3}a^3 - \frac{4}{5}a^2b + \frac{1}{2}b^2. \\
-\frac{3}{5}a^4b + \frac{36}{75}a^3b^2 \phantom{+ \frac{8}{5}a^2b^3} - \frac{3}{10}ab^4 & \overline{\phantom{\frac{2}{3}}\frac{3}{5}ab - 2b^2.} \\ \hline
0 - \frac{100}{75}a^3b^2 + \frac{8}{5}a^2b^3 \phantom{+ \frac{3}{10}ab^4} - b^5 & \\
 + \frac{100}{75}a^3b^2 - \frac{8}{5}a^2b^3 + b^5 & \\ \hline
0 &
\end{array}$$

S'il arrivait que la lettre suivant laquelle on a ordonné portât le même exposant dans plusieurs termes, il faudrait mettre cette lettre, avec son exposant, en facteur commun des termes dans lesquels elle est engagée, et réunir ceux-ci entre des parenthèses. Si l'on avait, par exemple :

$$6a^6b^3 + a^6b^2c - 10a^5b^3 + 6a^5b^2d - 2a^6bc^2 + 5a^5b^2c - 3a^5bcd$$
à diviser par $2ba^2 - ca^2$

après avoir ordonné par rapport à la lettre a, on formerait un seul terme de tous ceux qui multiplient la même puissance de cette lettre, et l'on opérerait comme ci-dessous.

$$\begin{array}{r|l}
(6b^3+b^2c-2bc^2)a^6 - (10b^3-5b^2c-6b^2d+3bcd)a^5 & (2b-c)a^2 \\
-(6b^3+b^2c-2bc^2)a^6 & \overline{(3b^2+2bc)a^4 - (5b^2-3bd)a^3} \\ \hline
 -(10b^3-5b^2c-6b^2d+3bcd)a^5 & \\
 +(10b^3-5b^2c-6b^2d+3bcd)a^5 & \\ \hline
 0 &
\end{array}$$

Du plus grand commun diviseur de deux nombres et de deux quantités littérales.

44. Quand la division ne peut s'effectuer, on laisse le quotient sous une forme fractionnaire, et on en simplifie l'expression en divisant le dividende et le diviseur par leur plus grand commun diviseur.

On a donné et expliqué en Arithmétique la règle pour trouver celui de deux nombres. Voici une démonstration analytique de cette opération.

Soit a le plus grand et b le plus petit de ces nombres. Désignons par q', q'', q''', q^{IV}.....q^{n-3}, q^{n-2}, q^{n-1}, q^n, les quotients; et par r', r'', r''', r^{IV}.....r^{n-3}, r^{n-2}, r^{n-1}, r^n, les restes de divisions depuis la première, dont le dividende est a, le diviseur b, le quotient q', et le reste r', jusqu'à la $n^{\text{ième}}$ ou dernière, dont le dividende est r^{n-1}, le diviseur r^{n-1}, le quotient q^n, et le reste r^n ou zéro, n étant un indice de rang et non un exposant.

On aura les équations :

$$a = b\,q' + r'\,;\ b = r'\,q'' + r''\,;$$
$$r' = r''\,q''' + r'''\,;\ r'' = r'''\,q^{IV} + r^{IV}\,;$$
$$\cdots\cdots\cdots\cdots\cdots\cdots\cdots\cdots$$
$$r^{n-3} = r^{n-2}\,q^{n-1} + r^{n-1}\,;$$
$$r^{n-2} = r^{n-1}\,q^n + r^n = r^{n-1}\,q^n,\ \text{à cause de } r^n = 0.$$

ALGÈBRE. 81

Il faut prouver que le dernier reste significatif r^{n-1}, est le plus grand commun diviseur des deux nombres a et b.

Pour arriver à ce but, on commence par établir les deux principes suivants, savoir, que tout nombre qui divise exactement le diviseur et le reste d'une division, en divise aussi le dividende ; et que tout diviseur commun au dividende et au diviseur, l'est pareillement au reste. En effet, soit D le dividende, d le diviseur, q le quotient, et r le reste. On aura l'équation $D = dq + r$; on en conclut $\frac{D}{m} = \frac{dq}{m} + \frac{r}{m}$, m étant un nombre entier quelconque. Si d et r sont divisibles par m, alors $\frac{dq}{m}$ et $\frac{r}{m}$ étant des nombres entiers, il faudra bien que $\frac{D}{m}$ soit aussi un entier, car autrement on aurait ce résultat absurde, un entier = une fraction ; D se divisera donc exactement par m : voilà pour le premier principe. Pareillement si D et d ont m pour commun diviseur, $\frac{D}{m}$ et $\frac{dq}{m}$ seront deux nombres entiers, et à moins qu'on admette cette absurdité, un entier = un entier plus une fraction, $\frac{r}{m}$ sera lui-même un entier, c'est-à-dire que r sera exactement divisible par m. Voilà le deuxième principe.

Il est facile maintenant de prouver que le dernier reste significatif r^{n-1} est le plus grand commun diviseur des deux nombres a et b.

Premièrement, il est commun diviseur de ces nombres : en effet, parmi les nombres a, b, r', r'', r''', r^{iv}.... r^{n-4}, r^{n-3}, r^{n-2}, r^{n-1}, qu'on en prenne 3 consécutifs, à volonté, on pourra considérer le plus petit comme le reste, le moyen comme le diviseur, et le plus grand comme le dividende d'une même division ; donc tout nombre qui divise le plus petit et le moyen, divise aussi le plus grand ; donc le dernier reste significatif r^{n-1} se divisant lui-même exactement, et étant, par supposition, diviseur de r^{n-2}, doit aussi l'être de r^{n-3} ; par la même raison, comme il divise r^{n-2} et r^{n-3}, il doit diviser r^{n-4}, ainsi que tous les nombres de la série, en remontant jusqu'aux nombres primitifs b et a.

En second lieu, r^{n-1} est le plus grand commun diviseur de ces mêmes nombres. En effet, tout commun diviseur de a et de b, doit diviser le premier reste r' d'après le deuxième principe. Pareillement comme il divise b et r', il divisera r'' ; divisant r' et r'', il divisera r''', ainsi que tous les restes suivants, jusqu'à r^{n-1} ; donc r^{n-1} étant diviseur de a et de b, et devant se diviser lui-même, il s'ensuit qu'il est le plus grand commun diviseur de ces mêmes nombres.

Pour trouver le plus grand commun diviseur de deux quantités algébriques, il faut savoir qu'après avoir ordonné leurs termes par rapport à une même lettre, on entend par la plus grande celle où cette lettre a le plus grand exposant ; alors on divise la plus grande par la plus petite, et on

6

continue la division jusqu'à ce que cet exposant soit devenu moindre dans la première que dans la seconde, ou tout au plus égal. On divise ensuite la seconde par le reste de cette division, et de la même manière ; on divise après cela le premier reste par le second, celui-ci par le troisième, ce dernier par le quatrième, et ainsi de suite, jusqu'à ce qu'on soit arrivé à une division exacte : alors le dernier reste qu'on aura employé, est le plus grand commun diviseur cherché.

Jusqu'ici la méthode est la même pour les nombres exprimés avec des chiffres ou avec des lettres ; mais pour en faciliter l'application aux quantités algébriques et n'avoir jamais de quotient fractionnaire, il faut y joindre l'observation suivante : on ne change rien au plus grand commun diviseur de deux quantités, lorsqu'on multiplie ou lorsqu'on divise l'une des deux quantités par une autre quantité qui n'est point diviseur de l'autre, et qui n'a point de commun diviseur avec cette autre. Par exemple, dans $\frac{x^4 - z^4}{x^5 - z^2 x^3}$, je vois que x^3 est un facteur commun aux deux termes du diviseur, et qu'il ne l'est pas à ceux du dividende ; il ne peut donc pas faire partie du plus grand commun diviseur que je cherche ; je supprime donc ce facteur, et par là j'ai $\frac{x^4 - z^4}{x^2 - z^2} = x^2 + z^2$ sans reste. J'en conclus que $x^2 - z^2$ est le plus grand commun diviseur cherché. Effectuant les deux divisions, je trouve $\frac{x^2 + z^2}{x^3}$ pour la plus simple expression du quotient indiqué par $\frac{x^4 - z^4}{x^5 - x^3 z^2}$.

Appliquons la règle et la remarque à quelques exemples.

EXEMPLE 1er.

Soit proposé de chercher le plus grand commun diviseur de $6a^3 - 17a^2b + 22ab^2 - 15b^3$, et de $6a^2 - 17ab + 12b^2$.

$$\begin{array}{c|c}
\text{1er Dividende.} & \text{1er Diviseur.} \\
6a^3 - 17a^2b + 22ab^2 - 15b^3 & 6a^2 - 17ab + 12b^2 \\
-6a^3 + 17a^2b - 12ab^2 & \\
\hline
& a \ldots \text{1er Quotient.} \\
\text{1er reste} \quad 0 \quad 0 \quad +10ab^2 - 15b^3 &
\end{array}$$

Il faudrait donc diviser $6a^2 - 17ab + 12b^2$, par $10ab^2 - 15b^3$; mais comme cette dernière quantité a pour facteur $5b^2$, qui n'a point de commun diviseur avec la première, il suffit de diviser celle-ci par

$2a - 3b$, qu'on trouve en divisant $10ab^2 - 15b^3$ par $5b^2$.

$$\begin{array}{c|c}
\text{2e Dividende.} & \text{2e Diviseur.} \\
6a^2 - 17ab + 12b^2 & 2a - 3b \\
-6a^2 + 9ab & \\
\hline
& 3a - 4b \quad \text{Quotient.} \\
0 \quad -8ab + 12b^2 & \\
+8ab - 12b^2 & \\
\hline
\text{Reste...} \quad 0 \quad 0
\end{array}$$

ALGÈBRE. 83

Le plus grand commun diviseur est donc $2a - 3b$. Ainsi,

$$\frac{6a^3 - 17a^2b + 22ab^2 - 15b^3}{6a^2 - 17ab + 12b^2} = \frac{3a^2 - 4ab + 5b^2}{3a - 4b}.$$

EXEMPLE II.

Cherchons le plus grand commun diviseur de
$6a^3 - 17a^2b + 22ab^2 - 15b^3$ et de $10a^2 - 23ab + 12b^2$.

1er *Dividende.*	1er *Diviseur.*
$6a^3 - 17a^2b + 22ab^2 - 15b^3$	$10a^2 - 23ab + 12b^2$

Comme on ne peut diviser 6 par 10, je multiplie tout le dividende par 10, ce qui me donne :

1er *Dividende* bis.   1er *Diviseur.*

$60a^3 - 170a^2b + 220ab^2 - 150b^3$ | $10a^2 - 23ab + 12b^2$
$-60a^3 + 138a^2b - 72ab^2$ | ————————
—————————————————— | $6a - 16$ Quotient.
$0 - 32a^2b + 148ab^2 - 150b^3$
ou $-16a^2 + 74ab - 75b^2$ en divisant par $2b$.
ou $-160a^2 + 740ab - 750b^2$ en multipliant par 10.
$+160a^2 - 368ab + 192b^2$
——————————————
$0 + 372ab - 558b^2$
ou $+ 2a - 3b$ en divisant par $186b$.

2e *Dividende.*   2e *Diviseur.*

$10a^2 - 23ab + 12b^2$ | $2a - 3b$
$-10a^2 + 15ab$ | ——————
——————————— | $5a - 4b$. Quotient exact.
$0 - 8ab - 12b^2$
$+ 8ab - 12b^2$
———————
$0 \quad 0$

Le plus grand commun diviseur cherché est donc $2a - 3b$.

Des Fractions algébriques.

45. Pour indiquer une fraction dont le numérateur est a et le dénominateur b, on écrit $\frac{a}{b}$, et on prononce a divisé par b. Le sens de cette expression est, comme il a été dit en arithmétique, que l'on conçoit l'unité divisée en b parties égales, et que l'on prend a de ces parties pour former la fraction.

46. On sait qu'on ne change point la valeur d'une fraction, quand on en multiplie les deux termes par un même nombre. Ainsi,

$$\frac{a}{b} = \frac{ac}{bc} = \frac{aa}{ab} = \frac{an + ac}{ab + bc}.$$

On a multiplié les deux termes a et b d'abord par c, ensuite par a, enfin par $a+c$.

On sait qu'on ne change pas non plus la valeur d'une fraction, quand on en divise les deux termes par un même nombre. Ainsi,

$$\frac{abc}{bbc} = \frac{a}{b} \; ; \; \text{et} \; \frac{8a^2b - 4abc}{12ab^2 - 8abd} = \frac{2a-c}{3b-2d}.$$

On a divisé les deux termes de la fraction par bc dans le premier exemple, et par $4ab$ dans le second.

C'est à cette dernière opération qu'on applique utilement la règle donnée pour trouver le plus grand commun diviseur de deux quantités.

Pour obtenir l'expression la plus simple d'une fraction, il faut en diviser les deux termes par leur plus grand commun diviseur. Ainsi,

$$\frac{a+b}{a^2-b^2} = \frac{1}{a-b},$$

en divisant haut et bas par $a+b$. Pareillement,

$$\frac{4a^2 - 12ab + 9b^2}{4a^2 - 9b^2} = \frac{2a-3b}{2a+3b}.$$

On a divisé le numérateur et le dénominateur par $2a-3b$.

47. Pour extraire les entiers contenus dans une expression fractionnaire, on divise le numérateur par le dénominateur, autant qu'il est possible, en suivant les règles de la division. Ainsi,

$$\frac{a^2 - 12ab + 9b^2 + 3c}{2a-3b} = 2a-3b + \frac{3c}{2a-3b},$$

en divisant par $2a-3b$. Pareillement,

$$\frac{4a^2 - 9b^2 + 6c}{2a+3b} = 2a-3b + \frac{6c}{2a+3b}.$$

Réciproquement, pour réduire un entier et une fraction en une seule fraction, il faut multiplier l'entier par le dénominateur de la fraction; ajouter ensemble le produit et le numérateur de la fraction, et conserver le dénominateur primitif. Ainsi,

$$2a-3b + \frac{6c}{2a+3b} = \frac{4a^2 - 9b^2 + 6c}{2a+3b}.$$

48. Pour réduire plusieurs fractions au même dénominateur, on multiplie les deux termes de chaque fraction par le produit des dénominateurs des autres fractions. Ainsi,

$$\frac{a}{b}, \frac{c}{d}, \frac{e}{f} = \frac{adf}{bdf}, \frac{bcf}{bdf} \; \text{et} \; \frac{bde}{bdf}.$$

En effet, les nouvelles fractions sont respectivement équivalentes aux premières, puisqu'elles en sont dérivées, en en multipliant les deux termes par un même nombre. D'ailleurs elles doivent avoir pour dénominateur commun le produit de tous les dénominateurs primitifs. Pareillement,

$$\frac{a-b}{a+b} \text{ et } \frac{2a-3c}{a-b} = \frac{a^2-2ab+b^2}{a^2-b^2} \text{ et } \frac{2a^2-3ac+2ab-3bc}{a^2-b^2}.$$

49. L'addition et la soustraction se font de cette manière : on réduit d'abord les fractions au même dénominateur, si les dénominateurs sont différents ; ensuite on prend la somme des numérateurs pour l'addition, et la différence pour la soustraction. On conserve le dénominateur commun. Ainsi,

$$\frac{a}{b} + \frac{c}{d} + \frac{e}{f} = \frac{adf+bcf+bde}{bdf} : \text{Voilà pour l'addition.}$$

$$\frac{2a-3c}{a-b} - \frac{a-b}{a+b} = \frac{2a^2-3ac+2ab-3bc-a^2+2ab-b^2}{a^2-b^2} =$$

$$= \frac{a^2+4ab-b^2-3ac-3bc}{a^2-b^2} : \text{Voilà pour la soustraction.}$$

Les dénominateurs marquant l'espèce, et les numérateurs le nombre des parties de l'unité dont les fractions sont composées, il faut donc que les premiers soient égaux, pour qu'on puisse prendre la somme ou la différence des seconds.

Si l'on avait à réduire au même dénominateur les fractions

$$\frac{a^2}{by^2} + \frac{b^2x}{y} + \frac{4c}{b} + \frac{by}{b^2y^2},$$

on mettrait à profit la remarque de la page 33, et l'on voit qu'il suffirait de multiplier les deux termes de la seconde par by, les deux termes de la troisième par y^2, et enfin de diviser les deux termes de la quatrième par by ; ce qui donnerait,

$$\frac{a^2}{by^2} + \frac{b^2ay}{by^2} + \frac{4cy^2}{by^2} + \frac{1}{by^2}.$$

50. Pour multiplier une fraction par un entier, ou un entier par une fraction, on multiplie le numérateur de la fraction par l'entier, ou l'entier par le numérateur de la fraction, et on donne au produit le dénominateur primitif. Ainsi,

$$\frac{a}{b} \times c = \frac{ac}{b} ; \text{ et } c \times \frac{a}{b} = \frac{ac}{b}.$$

Pour multiplier une fraction par une fraction, on multiplie numérateur par numérateur, et dénominateur par dénominateur. Ainsi,

$$\frac{a}{b} \times \frac{c}{d} = \frac{ac}{bd}.$$

Pareillement $\frac{2a-3b}{2a+3b} \times \frac{3a+2b}{3a-2b} = \frac{6a^2-5ab-6b^2}{6a^2+5ab-6b^2}.$

51. A l'égard de la division des fractions, les règles sont fondées sur le principe que le produit du diviseur multiplié par le quotient doit être égal au dividende. D'après cela, pour diviser une fraction par une fraction, on multiplie la fraction dividende par la fraction diviseur renversée.

Ainsi pour diviser $\frac{a}{b}$ par $\frac{c}{d}$, on multiplie $\frac{a}{b}$ par $\frac{d}{c}$, et le résultat est $\frac{ad}{bc}$.

Si l'on avait à diviser un entier par une fraction, ou une fraction par un entier, on donnerait à l'entier pour dénominateur l'unité, et ce cas rentrerait dans le précédent.

Si l'on avait un entier joint à une fraction, soit au dividende, soit au diviseur, soit dans l'un ou dans l'autre, on réduirait l'entier en fraction, comme il a été dit.

52. Il est quelquefois utile de ne faire qu'indiquer la multiplication ou la division des fractions, et d'examiner s'il n'y a pas de facteurs communs au numérateur et au dénominateur, afin de les supprimer. Ainsi,

$$\frac{a^2-b^2}{c^2-d^2} \times \frac{c^2-2cd+d^2}{a^2+2ab+b^2} = \frac{(a+b)(a-b)(c-d)(c-d)}{(c+d)(c-d)(a+b)(a+b)} = \ldots$$

$$= \frac{(a-b)(c-d)}{(c+d)(a+b)} = \frac{ac-bc-ad+bd}{ac+bc+ad+bd}.$$

On a supprimé, avant la multiplication, les facteurs $a+b$ et $c-d$ dans le numérateur et dans le dénominateur. Ces artifices de calcul s'apprennent avec l'usage; il faut d'abord se familiariser beaucoup avec les règles générales.

Des Équations.

53. La notation par laquelle on indique l'égalité de deux quantités, se nomme *équation*. Les deux quantités peuvent être monomes ou polynomes. Nous avons déjà dit que pour marquer l'égalité des quantités a et b, par exemple, on écrit $a = b$, et qu'on prononce a est égal à b, ou a égale b.

On donne le nom de *premier membre* de l'équation, à la totalité des termes de la quantité placée à la gauche du signe, et celui de deuxième membre de la même équation, aux termes de la quantité écrite à droite du signe. Ainsi dans l'équation $a = b$, a est le premier membre, et b est le second. Dans celle-ci, $3a - 4b = 2c - 6d$. Le premier membre comprend $3a - 4b$, et le deuxième $2c - 6d$.

Les équations servent à exprimer la relation qui existe entre les nombres qui y sont employés. Cette relation, en général, fournit des moyens pour connaître les nombres inconnus à l'aide de ceux qui sont connus. C'est l'usage des équations qui a donné à l'algèbre une supériorité décidée sur l'arithmétique; les anciens, qui en étaient privés, n'ont pu pousser la science de l'analyse aussi loin que les modernes.

Former et résoudre des équations, voilà le but des mathématiques. Le calculateur qui fait une addition, ou une soustraction, ou une multiplication, ou une division, forme et résout une équation entre les nombres donnés et la somme, ou la différence, ou le produit, ou le quotient, qui sont les nombres cherchés. L'astronome qui veut calculer une éclipse, doit aussi former et résoudre une équation entre le nombre inconnu qui donne l'époque du phénomène, et les nombres connus qui dépendent des mouvements des corps célestes. Quand l'illustre auteur de la Mécanique Céleste a déterminé la parallaxe du soleil par le calcul, c'est-à-dire l'angle sous lequel on verrait de cet astre le rayon de la terre, il a formé et résolu une équation entre le nombre qui l'exprime et d'autres nombres connus, ayant avec le premier un rapport rigoureux. Même dans la science conjecturale de prévoir les événements futurs, le profond politique forme et résout une équation entre les chances favorables et les chances défavorables, exprimées en nombres les unes et les autres. Former et résoudre une équation entre ce que l'on connaît et ce que l'on cherche, est donc le but général, quand on se propose de faire une découverte. Voyons comment on sait l'atteindre.

Les auteurs classiques les plus estimés n'ont point encore pu donner des règles toujours sûres et faciles à pratiquer pour former une équation. Voici ce qu'ils ont dit de plus direct à ce sujet:

1° Exprimer avec des lettres le nombre ou les nombres qu'on cherche. On destine à cet usage les dernières lettres x, y, z, etc., de l'alphabet;

2° Exprimer de même, ou en chiffres, les nombres donnés. Si on emploie des lettres, on prend les premières de l'alphabet, a, b, c, etc.;

3° Examiner de quels nombres il faut indiquer, ou la somme, ou la différence, ou le produit, ou le quotient, ou une puissance, ou une racine, etc. Faire une indication avec les signes convenables;

4° Déterminer deux expressions équivalentes d'une même quantité, en *fonction* des nombres cherchés, c'est-à-dire contenant ces nombres d'une manière quelconque; mettre enfin le signe de l'égalité entre ces deux expressions, et l'on aura l'équation demandée.

On formera de même d'autres équations, s'il y a lieu.

La quantité dont on détermine deux expressions équivalentes pour former l'équation, peut être simplement ou un nombre, ou une somme, ou une différence, ou un produit, ou un quotient, ou, etc. Elle peut être aussi composée de ces différentes fonctions à la fois.

Ce que ces règles ont d'abstrait, s'éclaircira et deviendra intelligible par des exemples; mais il nous a semblé utile de les énoncer.

On a partagé les équations en différents degrés. Une équation est du *premier degré*, lorsque les nombres inconnus n'y sont multipliés ni par eux-mêmes, ni entre eux. Nous commencerons par cette espèce d'équations.

Des Equations du 1er degré à une seule inconnue.

54. Résoudre une équation du premier degré à une seule inconnue, c'est faire en sorte que la lettre qui représente la quantité inconnue soit seule dans un membre de l'équation, tandis que l'autre membre ne renferme que des quantités connues. C'est ordinairement dans le premier membre que la lettre ou la quantité inconnue doit se trouver seule.

Les règles pour résoudre cette sorte d'équations se réduisent à trois, suivant que la quantité inconnue, ou simplement l'inconnue fait partie d'une somme ou d'une différence, ou d'un produit, ou d'un quotient, ou d'une combinaison de ces fonctions.

55. Pour dégager l'inconnue, lorsqu'elle se trouve mêlée avec des quantités connues par voie d'addition ou de soustraction, c'est-à-dire quand elle entre dans une somme ou dans une différence, on fait passer dans le premier membre tous les termes où se trouve l'inconnue, et dans le deuxième membre tous les termes composés des nombres donnés. Cela se fait en supprimant chaque terme dans le membre où il est, et en l'écrivant dans l'autre avec un signe contraire. Ainsi l'équation $6x + 4 = 5x + 10$, devient $6x - 5x = 10 - 4$, ou en réduisant, on a $x = 6$.

Pareillement l'équation $4x - 10 = 14 - 2x$, devient $4x + 2x = 14 + 10$, ou $6x = 24$. On dira bientôt comment on trouvera qu'ici $x = 4$.

Il est facile de se rendre raison de cette règle. En effet, soit l'équation $x + b = a$. Si de deux quantités égales on retranche le même nombre, les restes sont égaux. Retranchons donc b de part et d'autre, nous aurons $x + b - b = a - b$; mais $x + b - b$ se réduit à x, donc $x = a - b$. Ce résultat fait voir que pour faire passer un terme additif du premier membre dans le second, il faut le supprimer dans le premier, et l'écrire dans le second avec le signe de la soustraction.

Pareillement l'équation $a = b + c$ devient $a - c = b + c - c$, ou $a - c = b$. On retranche d'abord la quantité c du premier et du deuxième membre de l'équation; ce qui donne les différences égales, $a - c = b + c - c$. On réduit ensuite le deuxième membre, et on a $a - c = b$. Concluons de là qu'il est permis de supprimer un terme positif ou additif dans le second membre, pourvu qu'on l'écrive dans le premier avec un signe contraire.

De même si l'on a $a - c = b$, on en conclura $a - c + c = b + c$, ou $a = b + c$. On peut donc supprimer aussi un terme négatif dans un membre, et l'écrire dans l'autre avec un signe contraire. Dans ce dernier exemple, on ajoute une même quantité à des quantités égales, et il en résulte des sommes égales.

ALGÈBRE.

Si après cette transposition, ce qui reste des x, avait le signe — on changerait le signe de chaque terme de l'équation : soit "l'équation $2x - 4 = 3x - 6$. On en conclut $2x - 3x = -6 + 4$, et en réduisant il vient $-x = -2$; enfin $x = 2$. En effet, on pouvait transporter les x dans le second membre, et les nombres connus dans le premier. Alors on aurait obtenu l'équation

$-4 + 6 = 3x - 2x$, et en réduisant on aurait eu $2 = x$, ou $x = 2$.

56. Soit maintenant l'équation $4x - 6 = 12 - 2x$. On en conclut d'abord $4x + 2x = 12 + 6$, ou $6x = 18$; et enfin $x = \frac{18}{6} = 3$. Si donc après la transposition des x dans le premier membre, et des nombres connus dans le second, x a un coefficient, il faut le supprimer, écrire x seul, et diviser le second membre par ce même coefficient. Ainsi de l'équation $10x - 24 = 32 + 2x$, on obtient successivement $10x - 2x = 32 + 24$; puis $8x = 56$. Enfin $x = \frac{56}{8} = 7$.

En effet, soit l'équation $bx = a$. On peut regarder a comme un produit dont les facteurs sont x et b; donc le facteur x est égal au produit a divisé par le facteur b; donc si $bx = a$, on doit avoir $x = \frac{a}{b}$, ce qui démontre généralement la règle donnée.

Si les nombres connus étaient exprimés par des lettres, et qu'après la transposition il y eût plusieurs termes affectés de l'inconnue, la règle serait la même. Soit l'équation $ax + bc - cx = ac - bx$. On a d'abord $ax + bx - cx = ac - bc$; ensuite, comme $ax + bx - cx = (a+b-c)x$; on a $x = \frac{ac-bc}{a+b-c}$. Ainsi il faut laisser x seul, et diviser le second membre par la totalité de $a+b-c$, quantité qu'on peut regarder comme le coefficient de l'inconnue.

Si l'on avait $x + ax - bc = ab + cx$, on en conclurait successivement $x + ax - cx = ab + bc$; ensuite $x(1 + a - c) = ab + bc$; enfin $x = \frac{ab+bc}{1+a-c}$. Il faut se rappeler que le coefficient du terme x est 1.

57. Pour dégager l'inconnue d'un diviseur ou d'un dénominateur, il faut multiplier les autres termes par ce dénominateur. Ainsi de l'équation $\frac{x}{4} = 6$, on tire celle-ci, $x = 6 \times 4 = 24$. En effet, soit $\frac{x}{b} = a$, on peut regarder x comme le dividende, b comme le diviseur, et a comme le quotient d'une même division. Or le dividende étant égal au produit du diviseur multiplié par le quotient, on doit avoir $x = ab$; ce qui démontre la règle.

Si on voulait faire évanouir à la fois plusieurs dénominateurs, on multiplierait chaque terme par le produit des dénominateurs des autres termes; ou donnerait l'unité pour dénominateur aux termes qui n'en auraient point.

Soit l'équation :
$$\frac{3x}{4} + 2 = \frac{2x}{3} + 10 - \frac{4x}{5}.$$

On aura l'équation,
$3x.3.5 + 2.4.3.5 = 2x.4.5 + 10.4.3.5 - 4x.4.3;$
ou $\qquad 45x + 120 = 40x + 600 - 48x;$
ou $\qquad 45x - 40x + 48x = 600 - 120;$
ou bien $\qquad 53x = 480;$
enfin $\qquad x = \frac{480}{53} = 9 + \frac{3}{53}.$

Voici la raison de cette règle : Après avoir donné l'unité pour dénominateur, aux termes qui n'en ont point, on peut considérer tous les termes de l'équation comme des fractions. Si l'on voulait réduire ces fractions au même dénominateur, on multiplierait le numérateur et le dénominateur de chacune d'elles par le produit des dénominateurs de toutes les autres, cela ne changerait rien à l'équation. On pourrait réduire toutes les fractions du premier membre à une seule, par la règle de l'addition des fractions, et opérer de même pour les fractions du deuxième membre; alors l'équation exprimerait l'égalité de deux fractions. Si ensuite on supprimait les dénominateurs, égaux par supposition, il resterait encore une équation entre les numérateurs, puisque deux fractions égales ne peuvent manquer d'avoir leurs numérateurs égaux; quand leurs dénominateurs le sont. Or, c'est ce que nous avons fait, et ce que nous prescrivons de faire : la règle est donc rigoureuse.

Reprenons l'équation précédente, et laissons les dénominateurs jusqu'à la fin.
$$\frac{3x}{4} + 2 = \frac{2x}{3} + 10 - \frac{4x}{5}.$$

Premier changement, en donnant l'unité pour dénominateur aux nombres entiers 2 et 10.
$$\frac{3x}{4} + \frac{2}{1} = \frac{2x}{3} + \frac{10}{1} - \frac{4x}{5};$$

Deuxième changement, en réduisant au même dénominateur :
$$\frac{3x.3.5}{4.3.5} + \frac{2.4.3.5}{4.3.5} = \frac{2x.4.5}{3.4.5} + \frac{10.4.3.5}{4.3.5} - \frac{4x.4.3}{5.4.3}.$$

Troisième changement, en réunissant en une seule fraction celles du premier membre d'une part, et celles du second de l'autre, et faisant en outre les multiplications indiquées.
$$\frac{45x + 120}{60} = \frac{40x + 600 - 48x}{60}.$$

Quatrième changement, en supprimant les deux dénominateurs·
$$45x + 120 = 40x + 600 - 48x;$$

ALGÈBRE.   91

Le restè de l'opération s'exécute d'après les règles données et expliquées ci-dessus.

58. Si les termes étaient des quantités littérales, on suivrait la même marche. Soit l'équation.

$$\frac{ax}{b} - c = \frac{mx}{n} + d.$$

On aura successivement,

$$ax.n - b.c.n = mx.b + d.b.n;$$
$$anx - bcn = mbx + bnd;$$
$$anx - mbx = bnd + bcn;$$
$$x(an - bm) = bnd + bcn$$

enfin

$$x = \frac{bnd + bcn}{an - bm}.$$

Soit encore l'équation :

$$\frac{ax}{a-b} + 4b = \frac{cx}{3a+b}.$$

On aura successivement, 1° en indiquant les calculs :

$$ax(3a+b) + 4b \times (a-b)(3a+b) = cx(a-b)$$

2° En faisant les calculs :

$$3a^2x + abx + 12a^2b - 12ab^2 + 4ab^2 - 4b^3 = acx - bcx;$$

3° En réduisant :

$$3a^2x + abx + 12a^2b - 8ab^2 - 4b^3 = acx - bcx;$$

4° En transposant :

$$3a^2x + abx - acx + bcx = 8ab^2 + 4b^3 - 12a^2b;$$

5° En divisant par la totalité des coefficients de x :

$$x = \frac{8ab^2 + 4b^3 - 12a^2b}{3a^2 + ab - ac + bc}.$$

EXEMPLES.

$\frac{x}{a} + d = 3b - 2c$ donne : 1° $\frac{x}{a} = 3b - 2c - d;$

2° $x = 3ab - 2ac - ad.$

De $4ax - 5b = 3dx + 4c$, on tire successivement :

1° $4ax = 3dx + 4c + 5b;$ 2° $4ax - 3dx = 4c + 5b;$

3° $(4a - 3d)x = 4c + 5b;$ 4° $x = \frac{4c + 5b}{4a - 3d}.$

Soit encore $\frac{1}{4}x \times \frac{1}{5}x - \frac{1}{6}x = 3$, on en déduira :

1° $\frac{6 \times 5x}{4 \times 5 \times 6} + \frac{4 \times 6x}{4 \times 5 \times 6} - \frac{4 \times 5x}{4 \times 6 \times 5} = \frac{3 \times 4 \times 5 \times 6}{4 \times 5 \times 6};$

$2°\ 30x + 24x - 20x = 3 \times 120$, d'où

$3°\ (54-20)x = 360$, d'où enfin $x = \frac{360}{34} = \frac{180}{17} = 10 + \frac{10}{17}$.

Si l'on avait la proportion $\frac{3}{4}x : a :: 5b : 3c$, on pourrait la mettre sous forme d'équation en égalant le produit des moyens à celui des extrêmes; on en tirerait

$$\frac{9}{4}cx = 5ab, \text{ d'où } 9cx = 20ab, \text{ d'où } x = \frac{20ab}{9c}.$$

Soit enfin à résoudre l'équation

$\frac{1}{3}(x+1) + \frac{1}{4}(x+3) = \frac{1}{5}(2+4) + 16$, on en déduira successivement :

$1°\ 20(x+1) + 15(x+3) = 12(x+4) + 3 \times 4 \times 5 \times 16;$
$2°\ 20x + 20 + 15x + 45 = 12x + 48 + 60 \times 16;$
$3°\ 35x - 12x = 960 + 48 - 20 - 45$.
$4°\ 23x = 1008 - 65 = 943;$
$5°\ x = \frac{943}{23} = 41.$

Application des principes précédents à la résolution de quelques questions ou problèmes.

59. Tout problème est une sorte d'énigme à deviner. Pour le résoudre, il faut qu'il y ait des rapports bien déterminés entre ce que l'on cherche et ce que l'on connaît. On exprime ces rapports par des équations, et la résolution des équations donne la solution du problème.

Quel que soit le nombre des inconnues renfermées dans un problème, il faut entre elles autant d'équations distinctes qu'il y a de ces inconnues, pour que le problème soit *déterminé*, c'est-à-dire pour que la valeur de chaque inconnue soit uniquement fonction des quantités données.

Ier PROBLÈME. Deux piles de boulets contiennent ensemble 344 boulets; il y en a 64 de plus dans l'une que dans l'autre, combien chaque pile en renferme-t-elle?

Appliquons les règles données pour mettre le problème en équation. D'abord nous avons quatre nombres à employer, savoir, chacun des nombres cherchés, la somme 344 et leur différence 64. Représentons le plus petit par x, le plus grand sera évidemment $x + 64$. Nous avons sans peine deux expressions équivalentes de leur somme, savoir le nombre tout connu 344, et $x + x + 64$; donc l'équation sera

$$2x + 64 = 344.$$

Maintenant pour la résoudre, il faut, 1° transposer 64 du premier membre dans le second, ce qui donne $2x = 344 - 64 = 280$; 2° diviser le second membre par 2, coefficient de l'inconnue x, ce qui donne $x = \frac{280}{2} = 140$. Le plus petit nombre étant 140, le plus grand, ou $x + 64$ sera $140 + 64$ ou 204. En effet, la somme de ces deux nombres est 344, et leur différence est 64. Il y avait donc 204 boulets dans une ville et 140 dans l'autre.

Le problème précédent n'est qu'un cas particulier de cette question générale : *Trouver deux nombres dont on connaît la somme et la différence.* Voici comment on la résout généralement :

Soit s leur somme, d leur différence, et x le plus petit ; le plus grand sera dès lors $x + d$. Leur somme $x + x + d$, ou $2x + d = s$; donc $2x = s - d$, et $x = \frac{s-d}{2}$; c'est la valeur du plus petit. Le plus grand $= \frac{s-d}{2} + d = \frac{s-d+2d}{2} = \frac{s+d}{2}$. De ces deux valeurs des nombres cherchés, on tire cette règle générale : *Ajoutez ensemble la somme et la différence des nombres cherchés ; prenez la moitié, et ce sera le plus grand ; de la somme des nombres retranchez leur différence, et prenez la moitié, ce sera le plus petit.* On donne cette même règle de cette autre manière : *Ajoutez ensemble la moitié de la somme et la moitié de la différence, et vous aurez le plus grand ; de la demi-somme ôtez la demi-différence, et vous aurez le plus petit.* Cette seconde règle est évidente aussi, puisque $\frac{s+d}{2} = \frac{s}{2} + \frac{d}{2}$, et que $\frac{s-d}{2} = \frac{s}{2} - \frac{d}{2}$.

Ces deux règles font voir l'avantage qu'on retire d'exprimer les nombres par des lettres ; alors les résultats qu'on obtient appartiennent à tous les cas semblables, qui ne diffèrent que par la valeur des nombres. Voici un autre avantage qu'on sentira mieux par la suite.

Dans l'équation $x = \frac{s-d}{2}$; ou $2x = s - d$, on peut trouver s, si on connaît x et d; ou d, si l'on sait la valeur de s et de x. De même si l'on désigne le plus grand nombre par x', l'équation $x' = \frac{s+d}{2}$, ou $2x' = s + d$, fait voir qu'on aura la valeur de s par celle de x' et par celle de d, ou la valeur de d par celle de s et par celle de x'. Il suffit alors de résoudre l'équation, par rapport à la lettre que l'on regarde comme inconnue. C'est en ce sens que nous avons dit qu'une équation exprime une relation nécessaire entre les nombres qui y sont employés.

IIe PROBLÈME. Trois bombes, la première de 12 pouces, la deuxième de 10 pouces, et la troisième de 8, pèsent ensemble 143 kilogrammes. La bombe de 12 pouces pèse 22 kilogr. de plus que celle de 10 pouces, et celle-ci 29 kilogr. de plus que celle de 8 pouces. Quel est donc le poids de chaque bombe?

Je représente le poids de la bombe de 8 pouces par x; celui de la bombe de 10 pouces sera $x + 29$; et celui de la bombe de 12 pouces sera

$x + 29 + 22$, ou $x + 51$: tous ces poids sont évalués en kilogrammes. Voilà donc les nombres cherchés qui sont exprimés. Maintenant, pour former l'équation, il est facile d'avoir deux expressions équivalentes de la somme de tous les poids; l'une est le nombre tout connu 143, l'autre est $3x + 80$, en réunissant ensemble les trois poids x, $x + 29$, et $x + 51$. Donc on a l'équation :

$$3x + 80 = 143.$$

Pour la résoudre, je transpose le terme connu 80 du premier membre dans le second, et j'ai $3x = 143 - 80 = 63$, en faisant la réduction; je divise par le coefficient 3 de l'inconnue, et j'obtiens $x = \frac{63}{3} = 21$.

On a donc pour le poids de la bombe de 8 pouces, 21 kilogrammes; pour celui de la bombe de 10 pouces, $21 + 29$, ou 50 kilogr.; enfin $50 + 22$ ou 72, pour celui de la bombe de 12 pouces. Effectivement ces trois poids réunis font 143, ce qui vérifie complétement le calcul.

Si l'on prenait x pour désigner le poids de la bombe de 12 pouces, celui de la bombe de 10 pouces serait $x - 22$, et celui de la troisième bombe serait $x - 22 - 29$, ou $x - 51$. L'équation deviendrait $3x - 73 = 143$, et on en tirerait successivement $3x = 143 + 73 = 216$ et $x = \frac{216}{3} = 72$; donc $x - 22 = 50$, et $x - 51 = 21$. On obtient donc les mêmes poids qu'on a déjà trouvés.

Il en serait de même, si l'on désignait par x le poids de la bombe de 10 pouces; alors on aurait $x + 22$ pour celui de la bombe de 12 pouces, et $x - 29$ pour celui de la bombe de 8 pouces. La somme des trois poids serait $x + x + 22 + x - 29$, ou $3x - 7$; donc $3x - 7 = 143$; d'où l'on conclut $3x = 143 + 7 = 150$, et $x = \frac{150}{3} = 50$. Ayant le poids de la bombe de 10 pouces, on aurait, d'après l'énoncé du problème, $50 + 22$, ou 72 pour celui de la bombe de 12 pouces, et $50 - 29$, ou 21 pour celui de la bombe de 8 pouces. La somme des trois poids est effectivement 143.

Si l'on représentait par des lettres les nombres donnés, on obtiendrait des résultats qu'on pourrait transformer en règles pour résoudre tous les problèmes du même genre.

IIIe PROBLÈME. Partager 21375 cartouches de fusil à trois détachements dont les forces sont proportionnelles aux nombres 3, 5 et 11; c'est-à-dire, dont le premier est les $\frac{3}{5}$ du second et les $\frac{3}{11}$ du troisième.

Soit $3x$ le nombre de cartouches que doit avoir le premier détachement; on aura $5x$ pour le second détachement, et $11x$ pour le troisième. En effet, $3x$ sont les $\frac{3}{5}$ de $5x$, et les $\frac{3}{11}$ de $11x$. On a été guidé dans le choix de ces nombres, par la double condition qu'ils fussent proportionnels aux nombres 3, 5 et 11, et qu'ils restassent inconnus ou indéterminés.

L'autre condition est que leur somme soit égale à 21375 : donc l'équation est,
$$3x + 5x + 11x = 21375.$$

On en conclut $19x = 21375$; ensuite $x = \dfrac{21375}{19} = 1125$.

On aura donc pour le premier détachement, $3x = 3375$; pour le second, $5x = 5625$; pour le troisième, $11x = 12375$. En effet, leur somme $= 21375$.

Si on fait x égale au nombre que doit avoir le premier détachement, on aura $\dfrac{5x}{3}$ pour le second, et $\dfrac{11x}{3}$ pour le troisième; donc,
$$x + \dfrac{5x}{3} + \dfrac{11x}{3} = 21375.$$

Faisant évanouir les dénominateurs, et réduisant les termes semblables du premier membre, on a $19x = 64125$.

De là $x = \dfrac{64125}{19} = 3375$; voilà pour le premier détachement. On en conclura $\dfrac{5x}{3} = \dfrac{5 \times 3375}{3} = \dfrac{16875}{3} = 5625$, pour le second; enfin $\dfrac{11x}{3} = \dfrac{11 \times 3375}{3} = \dfrac{37125}{3} = 12375$, comme par le premier calcul.

Pareillement, si l'on prend x pour désigner le nombre de cartouches du second détachement, on aura $\dfrac{3x}{5}$ pour le premier, et $\dfrac{11x}{5}$ pour le troisième. La somme de ces nombres étant égale à 21375, on a l'équation
$$\dfrac{3x}{5} + x + \dfrac{11x}{5} = 21375,$$

de laquelle on tire pour le second détachement . . . .
$x = \dfrac{106875}{19} = 5625$.

On aura donc $\dfrac{3x}{5} = \dfrac{3 \times 5625}{5} = \dfrac{16875}{5} = 3375$ pour le premier; et $\dfrac{11x}{5} = \dfrac{11 \times 5625}{5} = \dfrac{61875}{5} = 12375$ pour le troisième; toujours comme par le premier calcul. On parviendrait encore aux mêmes résultats, en prenant pour inconnue le nombre de cartouches du troisième détachement.

Cette question rentre dans ce qu'on nomme, en arithmétique, la règle de société, laquelle consiste à partager un nombre donné en parties proportionnelles à des nombres donnés. On n'a point employé les proportions, à l'instar des anciens, pour former des équations, parce que l'algèbre remplit mieux cet objet et plus directement.

Si l'on représente par a le nombre qu'on se propose de partager, et par m, n et p, les nombres auxquels les parties doivent être proportionnelles, on pourra désigner ces parties par mx, nx et px, quantités évidemment proportionnelles aux nombres m, n et p; pour lors l'équation sera :

$$mx + nx + px = a; \text{ ou } x(m+n+p) = a.$$

Donc, $\quad x = \dfrac{a}{m+n+p}.$

Ainsi $\quad mx = \dfrac{ma}{m+n+p}$, pour la première partie;

$\quad\quad nx = \dfrac{na}{m+n+p}$, pour la deuxième;

et $\quad px = \dfrac{pa}{m+n+p}$, pour la troisième.

De là cette règle générale. *Multipliez le nombre à partager par le nombre auquel est proportionnelle la partie que vous voulez avoir; et divisez le produit par la somme des nombres proportionnels, vous aurez cette partie.*

IVe PROBLÈME. Deux courriers partent, l'un de Paris, l'autre de Fontainebleau; tous deux vont à Lyon et suivent la même route. Le premier part trois heures avant le second. Celui-ci fait 9 kilomètres à l'heure, et celui-là en fait 12. Après combien d'heures et à quelle distance de Fontainebleau se rejoindront-ils? On suppose que la distance de Fontainebleau à Paris est de 60 kilomètres.

Représentons la route par la ligne ci-jointe.

P———————|F————————|R

Désignons Paris par P; Fontainebleau par F, et le point de rencontre par R.

Il est évident que la distance PR, parcourue par le courrier de Paris, est égale à la somme des distances PF et FR

Soit x le nombre d'heures que le courrier de Paris est en route, on aura $x - 3$ pour celui de Fontainebleau. Le premier parcourra $12 \cdot x$ ou $12x$ kilomètres, et celui de Fontainebleau $9 \times (x-3)$ ou $9x - 27$ kilomètres; d'un autre côté, PF $= 60$ kilomètres. On aura donc l'équation :

$$12x = 60 + 9x - 27.$$

On en conclut $12x - 9x = 60 - 27$; ensuite $3x = 33$, et $x = \dfrac{33}{3} = 11^h$; c'est le temps employé par le courrier de Paris. Celui du courrier de Fontainebleau sera égal à 8 heures. En effet, le premier aura parcouru $11 \cdot 12 = 132$ kilomètres, et le second $8 \cdot 9 = 72$ kilom. Or 72 et 60 font 132; ainsi le point de rencontre est à 132 kilomètres de Paris et à 72 de Fontainebleau.

On a formé l'équation entre deux expressions équivalentes de l'espace parcouru par le courrier de Paris. On aurait pu employer celui du courrier de Fontainebleau.

Voici une autre solution, en prenant la distance PR pour l'inconnue.
Désignons l'intervalle PR par x; on aura $x - 60$ pour FR.

Pour former l'équation, cherchons deux expressions du même temps, celui du courrier de Paris, par exemple; ce temps est évidemment exprimé en heures par $\frac{x}{12}$, puisque le courrier fait 12 kilomètres par heure. Pareillement celui du courrier de Fontainebleau sera donné en heures par $\frac{x-60}{9}$; mais il est plus petit de 3 heures que le précédent, celui-ci est donc encore représenté par $\frac{x-60}{9} + 3$. Ainsi on aura l'équation :

$$\frac{x-60}{9} + 3 = \frac{x}{12}.$$

Faisant disparaître les dénominateurs, on a,
$12(x - 60) + 3.9.12 = x.9$; ou $12x - 720 + 324 = 9x$ Transposant, il vient $12x - 9x = 720 - 324$. Réduisant, on trouve $3x = 396$. En divisant par 3, on obtient

$$x = \frac{396}{3} = 132.$$

Voilà pour PR, ou le chemin fait par le premier courrier. Celui du second sera $x - 60 = 132 - 60 = 72$, comme par le calcul précédent.

Ve PROBLÈME. Supposons que les deux courriers vont en sens contraires. L'un part de Fontainebleau pour Paris, et l'autre de Paris pour Fontainebleau; celui-ci 2 heures après l'autre. Où, et après combien de temps se rencontreront-ils?

Représentons encore le chemin par une ligne, et soit toujours R le point de rencontre.

P————————R————————————F

Si nous désignons par x le temps en heures qu'emploie le courrier de Paris, on aura $x + 2$ pour celui de l'autre courrier; l'espace PR parcouru par le premier, sera $x.12 = 12x$, et l'espace FR parcouru par le second, sera $9(x+2)$ ou $9x + 18$.

Pour former l'équation, nous prendrons deux expressions équivalentes de l'intervalle PF. L'une est le nombre tout connu 60 kilomètres, l'autre se trouve en ajoutant PR avec FR, ou $12x$ avec $9x + 18$, ce qui donne

$$12x + 9x + 18 = 60.$$

On en tire $21x = 60 - 18 = 42$; ensuite $x = \frac{42}{21} = 2$.

Ainsi le courrier de Paris court pendant 2ʰ, et celui de Fontainebleau pendant 4ʰ. Le point de rencontre se trouve à une distance de Paris, représentée par $PR = 24$ kilom., et à une distance $FR = 36$ kilom. de Fontainebleau. On pourra s'exercer à résoudre cette question, en prenant l'intervalle PR pour l'inconnue.

Si on veut la résoudre d'une manière générale, voici comment on peut procéder :

Supposons d'abord que les courriers vont dans le même sens, et que AR soit la ligne qu'ils parcourent.

```
A           |B             |R
―――――――――――――――――――――――――――――
```

Soit $AB = a$, l'intervalle des points de départ ; R ; le point de réunion ; b, le nombre d'heures ou d'unités de temps dont le départ d'un courrier diffère de celui de l'autre ; c et d leurs vitesses respectives, c étant $> d$; x l'intervalle AR. On aura par conséquent l'intervalle $BR = x - a$.

Nous formerons l'équation entre deux expressions du temps employé par le même courrier. Celui du courrier parti de A est $\frac{x}{c}$, et celui de l'autre est $\frac{x-a}{d}$. Si, comme dans l'exemple précédent, ce dernier est plus petit, on aura $\frac{x-a}{d} + b$ pour seconde valeur du premier. Donc,

$$\frac{x-a}{d} + b = \frac{x}{c}.$$

Faisant évanouir les dénominateurs, on a :
$c(x-a) + b \cdot c \cdot d = x \cdot d$ ou $cx - ac + bcd = dx$; transposant, il vient $cx - dx = ac - bcd$.

Décomposant en facteurs, et divisant, on trouve $x = \frac{c(a-bd)}{c-d}$; c'est la valeur de AR.

Celle de BR est $x - a = \frac{c(a-bd)}{c-d} - a = \frac{c(a-bd) - a(c-d)}{c-d} =$
$\frac{ac - bcd - ac + ad}{c-d} = \frac{ad - bcd}{c-d} = \frac{d(a-bc)}{c-d}$.

Soit $a = 60$; $b = 2$; $c = 12$; $d = 9$, on aura
$x = \frac{12(60 - 2.9)}{12 - 9} = \frac{720 - 216}{3} = \frac{504}{3} = 168$ᵏⁱˡᵒᵐ., et . . . .
$x - a = 168 - 60 = 108$ ᵏⁱˡᵒᵐ. Effectivement le temps employé sera $\frac{168}{12} = 14$ʰ pour l'un, et $\frac{108}{9}$ ou 12ʰ pour l'autre. La différence de temps est donc 2, comme on l'a supposé.

Si le courrier parti du point A se mettait le dernier en route, il suffirait de changer le signe du terme où b est facteur, pour exprimer cette condition, parce que la seconde expression du temps employé par ce courrier serait $\frac{x-a}{d} - b$, au lieu d'être $\frac{x-a}{d} + b$; ainsi l'intervalle AR, ou $x = \frac{c(a+bd)}{c-d}$, et BR, ou $x - a = \frac{d(a+bc)}{c-d}$.

Soit $a = 60^{kil.}$; $b = 2^h$; $c = 12^{kil.}$; $d = 9$; alors
$$x = \frac{12(60+2.9)}{12-9} = \frac{12.78}{3} = 4.78 = 312^{kil.}; \text{ ensuite}$$

$x - a = 312 - 60 = 252$ · le temps employé est $\frac{312}{12} = 26$ pour l'un, et $\frac{252}{9} = 28$ pour l'autre. Différence 2.

Passons au cas où les courriers vont en sens contraires. Soit $AB = a$, l'intervalle des points de départ A et B;

A _____|R_____ B

R le point de rencontre; b la différence des temps employés; c et d les vitesses respectives, égales ou inégales indifféremment; c celle du courrier parti de A, et d celle de l'autre; x l'intervalle AR, d'où $a - x = BR$.

On formera toujours l'équation entre deux expressions du même temps; l'un sera $\frac{x}{c}$, et l'autre $\frac{a-x}{d}$. Supposons celui-ci le plus grand, on aura :
$$\frac{x}{c} = \frac{a-x}{d} - b.$$

Donc $x.d = c(a-x) - b.c.d$, ou $dx = ac - cx - bcd$.

Ensuite $cx + dx = ac - bcd$.

Enfin $x = \frac{ac - bcd}{c+d} = \frac{c(a-bd)}{c+d}$, et $a - x = \frac{d(a+bc)}{c+d}$.

Soit $a = 60^{kil.}$; $b = 2^h$; $c = 12^{kil.}$; $d = 9$, on a
$$x = \frac{12.(60-2.9)}{12+9} = \frac{12.42}{21} = 12.2 = 24; \text{ et}$$
$$a - x = 60 - 24 = 36, \text{ ou bien}$$
$$a - x = x' = \frac{9.(60+2.12)}{12+9} = \frac{9.84}{21} = 9.4 = 36.$$

Les temps sont $\frac{24}{12} = 2^h$, et $\frac{36}{9} = 4^h$, dont la différence est 2.

Si le courrier parti de A se mettait le premier en route, il suffirait de changer le signe du terme où b est facteur, ce qui donnerait $x = \frac{c(a+bd)}{c+d}$ et $a - x$ ou $x' = \frac{d(a-bc)}{c+d}$. Ceci est fondé sur ce que la seconde expression du temps $\frac{x}{c}$, serait $\frac{a-x}{d} + b$, au lieu d'être $\frac{a-x}{d} - b$

Soit $a = 60^{\text{kil}}$; $b = 2^{\text{h}}$; $c = 12^{\text{kil}}$; $d = 8^{\text{kil}}$; d'où

$$x = \frac{12(60+2.8)}{12+8} = \frac{12.76}{20} = \frac{912}{20} = 45^{\text{kil}},6 ; \text{ et } a-x \text{ ou}$$

$x' = 60 - 45,6 = 14^{\text{k}},4$. Les temps sont $\frac{45,6}{12} = 3^{\text{h}},8$; et $\frac{14,4}{8} = 1^{\text{h}}8$; différence $= 2^{\text{h}}$; ce qui rend la vérification complète.

Les deux dernières questions se rapportent directement à la partie de la mécanique qui traite du mouvement uniforme. L'exemple le plus simple et le plus familier de ce mouvement, se rencontre dans les machines qui mesurent le temps, telles que les montres, pendules, ou horloges. Soit donc proposée cette question :

VIᵉ PROBLÈME. Trouver tous les instants où l'aiguille des minutes d'une montre et celle des heures répondent au même point.

Il est d'abord évident qu'une pareille rencontre se fait à midi : cherchons les suivantes.

Soit a la circonférence entière ; x l'espace parcouru par l'aiguille des heures, depuis midi jusqu'au point de rencontre qui suit immédiatement. $12x$ sera l'espace parcouru par l'aiguille des minutes dans le même temps. Le même espace embrasse aussi la circonférence entière, et le chemin parcouru par l'aiguille des heures : ainsi on aura l'équation $12x = a + x$; d'où l'on conclut $11x = a$, et $x = \frac{a}{11}$. Mais l'aiguille des heures emploie 12 heures à parcourir la circonférence entière ; il s'écoulera donc $\frac{12^{\text{h}}}{11}$, ou une heure et un onzième entre deux rencontres consécutives ; ainsi les rencontres se feront à midi, à $1^{\text{h}}\frac{1}{11}$, à $2^{\text{h}}\frac{2}{11}$, à $3^{\text{h}}\frac{3}{11}$, à $10^{\text{h}}\frac{10}{11}$, et à $11^{\text{h}}\frac{11}{11}$, ou à 12^{h}, ou à midi et à minuit.

Si le mouvement des planètes autour du soleil était uniforme, le calcul des éclipses se réduirait à ce qui précède ; mais il en est autrement.

Voici quelques questions simples pour exercer les commençants. On se contentera d'en donner les résultats, pour servir à vérifier les solutions qu'on en trouvera.

Trouver un nombre qui étant successivement ajouté à 13 et à 17, donne deux sommes qui soient l'une à l'autre, comme 4 est à 5..... Rép. 3.

Un père a 8 fois l'âge de son fils, et la somme des deux âges est égale à 36 ; quel est l'âge du fils ? quel est celui du père..... Rép. 32 et 4.

On donne par jour une gratification de $1^{\text{f}} 20^{\text{c}}$ à un jeune écolier, quand il remplit bien son devoir. Il paie, au contraire, une amende de 75^{c} quand il y manque. Au bout de 30 jours, il lui reste un bénéfice de $6^{\text{f}} 75^{\text{c}}$. Combien y a-t-il de jours de travail, et combien de jours de paresse ?..... Rép. 15 jours de chaque espèce.

La somme des diamètres des boulets de 36 et de 24, est de 315 millimètres; leur différence est de 21 *millimètres. Quel est donc chaque diamètre?*..... Rép. 168 et 147.

Un entrepreneur achète des bois, qu'il revend ensuite 2000 *fr. de plus qu'il ne les a achetés. A ce marché, il gagne* 10 *pour cent du prix qu'il les vend. Combien les avait-il achetés?* Rép. 18000 fr.

On a une composition d'artifice telle, que, sur 15 *kilog. de salpêtre, il y entre* 2 *kilogr. de soufre. Combien faudrait-il y ajouter de salpêtre pour que sur* 17 *kilogr. du mélange, il n'y eût plus qu'un demi-kilogramme de soufre?* Rép. 51 kilogrammes.

Des Équations du premier degré à plusieurs inconnues.

60. Nous supposerons d'abord deux équations et deux inconnues. Soient donc les deux équations :

$$2x + 3y = 70 \text{; et } 4x + 5y = 130.$$

Résoudre ces équations, c'est trouver deux nombres qu'on puisse y mettre, l'un à la place de x, et l'autre à celle de y. Voici une règle pour arriver à ce but :

1° On résout chaque équation par rapport à l'une des inconnues; 2° avec les deux valeurs qui en résultent pour cette inconnue, on forme une nouvelle équation; 3° on résout celle-ci par rapport à l'inconnue qui s'y trouve, ce qui la fait connaître entièrement; 4° on en substitue la valeur dans l'une des expressions qui représentent la première inconnue, ce qui la fait aussi entièrement connaître.

EXEMPLE Ier.

Appliquons cette règle aux deux équations précédentes, que nous résoudrons d'abord par rapport à x.

De la première, on tire, en transposant : $2x = 70 - 3y$; et en divisant, $x = \frac{70 - 3y}{2}$.

De la deuxième, on tire pareillement, d'abord, $4x = 130 - 5y$, ensuite $x = \frac{130 - 5y}{4}$.

De ces deux équations l'on conclut celle-ci :

$$\frac{130 - 5y}{4} = \frac{70 - 3y}{2},$$

puisque deux quantités égales à une troisième sont égales entre elles. Faisant évanouir les dénominateurs on a $130 - 5y = (70 - 3y) 2$. Effectuant les multiplications, il vient $130 - 5y = 140 - 6y$; transposant, on a $6y - 5y = 140 - 130$; réduisant, on trouve $y = 10$.

Substituant 10 pour y dans l'une des expressions qui représentent x, dans la première, par exemple, on trouve

$$x = \frac{70-3.10}{2} = \frac{70-30}{2} = \frac{40}{2} = 20.$$ Telle est la valeur de x.

En effet, $2x + 3y = 2.20 + 3.10 = 40 + 30 = 70$; et $4x + 5y = 4.20 + 5.10 = 80 + 50 = 130$.

Ces résultats sont une vérification complète du calcul.

EXEMPLE II.

Soit encore proposé de résoudre les deux équations,

$$\frac{2x}{3} + \frac{4y}{5} = 64, \text{ et } \frac{5x}{6} + \frac{9y}{10} = 77.$$

Faisons d'abord évanouir les dénominateurs. On obtient l'équation,

$$5.2x + 3.4y = 3.5.64;$$

ou $10x + 12y = 960$, à la place de la 1re;

et l'équation $10.5x + 6.9y = 6.10.77$;

ou $50x + 54y = 4620$, à la place de la 2e.

Nous avons maintenant des équations de la même forme que celles du premier exemple. Si on les résout par rapport à y, la première donnera $y = \frac{960-10x}{12}$, et la deuxième $y = \frac{4620-50x}{54}$. On en conclut $\frac{960-10x}{12} = \frac{4620-50x}{54}$. Faisant disparaître les dénominateurs, et transposant, on a $600x - 540x = 55440 - 51840$, par conséquent $x = \frac{3600}{60} = 60$. C'est la valeur de x.

On aura celle de y, en mettant 60 pour x, dans l'une des équations précédentes; ce qui donne:

$$y = \frac{960-10.60}{12} = \frac{960-600}{12} = \frac{360}{12} = 30.$$

$$\text{ou } y = \frac{4620-50.60}{54} = \frac{4620-3000}{54} = \frac{1620}{54} = 30.$$

C'est toujours 30 pour y. Mettons donc 60 pour x, et 30 pour y, dans chacune des équations primitives.

La première devient $\frac{2.60}{3} + \frac{4.30}{5} = \frac{120}{3} + \frac{120}{5} = 40 + 24 = 64$.

La deuxième devient pareillement $\frac{5.60}{6} + \frac{9.30}{10} = \frac{300}{6} + \frac{270}{10} = 50 + 27 = 77$. Donc la vérification est complète.

Si les équations étaient entièrement littérales, on emploierait un procédé semblable,

Qu'on ait donc à résoudre les deux équations:

$$ax + by = c, \text{ et } a'x + b'y = c'.$$

On prononce *a prime, b prime, c prime*.

Si on résout ces équations d'abord par rapport à x, on aura :
$$x = \frac{c-by}{a}, \text{ et } x = \frac{c'-b'y}{a'}.$$

Egalant ces deux expressions d'une même inconnue, on a $\frac{c-by}{a} = \frac{c'-b'y}{a'}$. Faisant évanouir les deux dénominateurs, il vient $a' \times (c-by) = a \times (c'-b'y)$. Effectuant les multiplications, on obtient $a'c - a'by = ac' - ab'y$. Transposant, on a $ab'y - a'by = ac' - a'c$. Enfin divisant, on trouve $y = \frac{ac'-a'c}{ab'-a'b}$. Telle est la valeur générale de y.

Au lieu de la substituer pour y, dans l'une des expressions qui représentent x, nous reprendrons les équations primitives, et nous en déduirons immédiatement la valeur de l'inconnue x, comme on a eu celle de y.

On a d'abord $y = \frac{c-ax}{b}$, et $y = \frac{c'-a'x}{b'}$.

On en conclut $\frac{c'-a'x}{b'} = \frac{c-ax}{b}$.

Ensuite $b(c'-a'x) = b'(c-ax)$; $bc' - a'bx = b'c - ab'x$; et par la transposition $ab'x - a'bx = b'c - bc'$.

Enfin $$x = \frac{b'c-bc'}{ab'-a'b}.$$

Telle est la valeur générale de x. On pourra s'exercer à vérifier ces valeurs, et à s'assurer qu'elles satisfont aux équations primitives.

Si les deux inconnues ne se trouvaient point toutes deux dans chaque équation, le calcul en serait plus facile.

Par exemple, soient les deux équations :
$$7\,ax = 4\,b, \text{ et } 2\,ex + 3\,dy = 4\,e.$$

On prendrait d'abord la valeur de l'inconnue x, dans la première équation, ce qui donnerait $x = \frac{4b}{7a}$.

On prendrait ensuite la valeur de la même inconnue dans la deuxième équation, ce qui donnerait encore $x = \frac{4e-3dy}{2e}$.

Egalant ces deux valeurs, on aurait $\frac{4b}{7a} = \frac{4e-3dy}{2e}$.

Chassant les dénominateurs, il viendrait $4\,b \cdot 2\,c = 7\,a\,(4\,e - 3\,dy)$ ou $8\,bc = 28\,ae - 21\,ady$.

Transposant, on aurait $21\,ady = 28\,ae - 8\,bc$.

Enfin l'on tirerait de là $y = \frac{28\,ae - 8\,bc}{21\,ad}$

Des Équations du premier degré qui renferment plus de deux inconnues.

61. Supposons d'abord trois équations et trois inconnues; par exemple, celles-ci :

$$2x + 3y + 4z = 160;$$
$$5x - 6y + 7z = 100;$$
$$8x - 9y + 10z = 160.$$

En suivant le procédé dont nous avons fait usage, dans le cas de deux équations et de deux inconnues, nous résoudrons d'abord chaque équation par rapport à la même inconnue. Que ce soit par rapport à x, on aura,

par la Ire équation, $x = \dfrac{160 - 3y - 4z}{2}$;

par la IIe $\quad x = \dfrac{100 + 6y - 7z}{5}$;

par la IIIe $\quad x = \dfrac{160 + 9y - 10z}{8}$.

Formons deux nouvelles équations, l'une entre la 1re et la 2e de ces valeurs de x, et l'autre entre la 1re et la 3e, ou entre la 2e et la 3e.

nous aurons $\dfrac{160 - 3y - 4z}{2} = \dfrac{100 + 6y - 7z}{5}$

et $\dfrac{160 - 3y - 4z}{2} = \dfrac{160 + 9y - 10z}{8}$.

Voilà donc la difficulté ramenée au cas où il y a deux équations et deux inconnues; il faut donc résoudre ces deux équations par rapport à une même inconnue. Que ce soit par rapport à y, on aura,

par la première équation, $y = \dfrac{600 - 6z}{27}$ ou $y = \dfrac{200 - 2z}{9}$, en divisant le numérateur et le dénominateur par 3.

Par la seconde équation, $y = \dfrac{160 - 2z}{7}$, toutes réductions faites; donc égalant ces valeurs de y, on a,

$$\dfrac{200 - 2z}{9} = \dfrac{160 - 2z}{7};$$

équation par laquelle on trouve $z = 10$; ensuite $y = 20$, et $x = 30$, en substituant 10 pour z dans l'une des équations entre y et z; puis 10 pour z, et 20 pour y, dans l'une des trois équations entre x, y et z.

Enfin, si dans les équations primitives on emploie 30 pour x, 20 pour y et 10 pour z, elles se vérifient complétement.

Si toutes les inconnues n'entraient pas à la fois dans chaque équation, le calcul serait plus simple. Soient, par exemple, les trois équations

$$10x - 9y = 550; \; 8x - 7z = 625, \text{ et } 6y - 5z = 175.$$

ALGÈBRE.

On tire de la 1ʳᵉ $x = \dfrac{550 + 9y}{10}$;

et de la 2ᵉ $x = \dfrac{625 + 7z}{8}$.

Egalant ces deux valeurs de x, on a $\dfrac{550 + 9y}{10} = \dfrac{625 + 7z}{8}$.

Cette équation, et la 3ᵉ des équations primitives étant résolues par rapport à y, on trouve $y = \dfrac{175 + 5z}{6}$ par l'une, et $y = \dfrac{1850 + 70z}{72}$ par l'autre.

Enfin, l'équation formée entre ces deux valeurs de y, donne $z = 25$. On en conclut $y = 50$, et $x = 100$; en substituant 25 pour z, et 50 pour y, dans les équations dérivées. Les équations primitives se vérifient complétement, en y mettant 100 pour x, 50 pour y, et 25 pour z.

Supposons quatre équations et quatre inconnues; qu'on ait, par exemple, à résoudre les quatre équations,

$$x + 2y + 3z + 4u = 20;$$
$$5x - 6y + 7z - 8u = 8;$$
$$9x - 10y - 11z + 12u = -4;$$
$$13x + 14y - 15z - 16u = 48.$$

On prend la valeur de x dans chaque équation, ce qui donne,

1° $x = 20 - 2y - 3z - 4u$;

2° $x = \dfrac{8 + 6y - 7z + 8u}{5}$;

3° $x = \dfrac{10y + 11z - 12u - 4}{9}$;

4° $x = \dfrac{48 - 14y + 15z + 16u}{13}$.

Egalant la première de ces valeurs de x, successivement avec chacune des trois autres, on n'aura plus que 3 équations et 3 inconnues, ce qui fera rentrer ce cas dans le précédent.

Si on continue le calcul, les trois équations entre y, z et u, résolues par rapport à y, donneront,

1° $y = \dfrac{92 - 8z - 28u}{16} = \dfrac{23 - 2z - 7u}{4}$;

2° $y = \dfrac{184 - 38z - 24u}{28} = \dfrac{92 - 19z - 12u}{14}$;

3° $y = \dfrac{212 - 54z - 68u}{12} = \dfrac{106 - 27z - 34u}{6}$.

Egalant la première de ces valeurs avec chacune des deux autres, on aura deux équations entre z et u. Si on les résout par rapport à z, on trouve,

$$1° \ z = \frac{23 + 25u}{24}; \ 2° \ z = \frac{143 - 47u}{48}.$$

toutes réductions faites. De là l'équation,

$$\frac{23 + 25u}{24} = \frac{143 - 47u}{48},$$

entre les deux valeurs de z, donnera $u = 1$; d'où l'on conclura enfin $z = 2$, $y = 3$, et $x = 4$.

S'il y a n équations, il faudra,

1° Résoudre chaque équation primitive, par rapport à l'une des inconnues; ce qui donnera n expressions ou valeurs équivalentes de cette inconnue;

2° Egaler la première valeur avec chacune des $n - 1$ autres; ce qui réduira à $n - 1$ le nombre des équations et celui des inconnues;

3° Traiter ces équations dérivées comme on a traité les équations primitives, ce qui réduira à $n - 2$ le nombre des équations et des inconnues. Par la même réduction, on aura pour le nombre des équations et celui des inconnues, successivement $n - 3, n - 4, \ldots n - (n - 1)$; et la dernière équation fera connaître la seule inconnue qui s'y trouve. Il sera facile ensuite d'obtenir la valeur des autres inconnues.

La méthode que nous venons d'exposer, consiste donc à faire disparaître successivement chaque inconnue, jusqu'à ce qu'il n'en reste plus qu'une. Cela s'appelle *éliminer* les inconnues. On suit, au reste, dans cette élimination, l'ordre qui paraît devoir rendre le calcul plus simple, sinon on suit l'ordre qu'on veut.

62. Il y a d'autres moyens pour résoudre les équations du premier degré à plusieurs inconnues; en voici un qu'il est utile de connaître et commode d'employer.

Soit proposé de résoudre les deux équations :

$$4x + 5y = 659; \text{ et } 6x + 7y = 963.$$

Pour éliminer x, je multiplie tous les termes de la première par 6, coefficient de x dans la deuxième, et ceux de la seconde par 4, coefficient de la même inconnue dans la première; ce qui me donne les deux équations dérivées,

$$24x + 30y = 3954, \text{ et } 24x + 28y = 3852;$$

je retranche la seconde de la première, et j'obtiens pour troisième équation dérivée,

$$24x + 30y - 24x - 28y = 3954 - 3852;$$

réduisant, on a $2y = 102$; donc $y = 51$.

Pour éliminer y, je multiplie la première équation par 7, et la seconde par 5 : ce sont les coefficiens de y. Il en résulte pour équations dérivées,

$$28x + 35y = 4613, \text{ et } 30x + 35y = 4815$$

soustrayant la première de la seconde, et supprimant tout de suite les y qui se détruisent, il vient

$$30\,x - 28\,x = 4815 - 4613;$$

ensuite $2\,x = 202$, et $x = 101$.

Soient encore les équations :

$$11\,x - 12\,y = 1 + \tfrac{1}{3}, \text{ et } 13\,x - 14\,y = 1 + \tfrac{5}{6}.$$

Pour éliminer y, je multiplie la première par 13, et la seconde par 11; puis prenant leur différence, il vient

$$156\,y - 154\,y = 20 + \tfrac{1}{6} - 19 + \tfrac{1}{2};$$

donc $\qquad 2\,y = \tfrac{4}{6} = \tfrac{2}{3}$; et $y = \tfrac{1}{3}$.

Pour éliminer y, je multiplie la première équation primitive par 14, et la seconde par 12; et après avoir soustrait la première de la seconde, il reste $156\,x - 154\,x = 22 - 21$; ensuite

$$2\,x = 1 \text{ et } x = \tfrac{1}{2}.$$

S'il y avait trois équations et trois inconnues, on emploierait cette méthode avec le même succès et la même facilité.

Soit proposé, par exemple, de résoudre les 3 équations :

$$6\,x - 4\,y + 5\,z = 2 + \tfrac{11}{12};$$
$$4\,x + 3\,y - 7\,z = 1 + \tfrac{1}{4};$$
$$12\,x - 6\,y - 3\,z = 3 + \tfrac{1}{4}.$$

Pour éliminer x, je multiplie, 1° la première équation par 48, produit des coëfficients 4 et 12 de x dans la seconde et la troisième équation; la seconde équation par 72, produit des coëfficients 6 et 12 de la même inconnue dans la première et la troisième équation ; 3° la troisième équation par 24 ; produit de 6 et de 4, coëfficients de x dans la première et dans la seconde équation. Ces calculs donnent les trois équations dérivées :

$$288\,x - 192\,y + 240\,z = 140;$$
$$288\,x + 216\,y - 504\,z = 90;$$
$$288\,x - 144\,y - 72\,z = 78.$$

Lesquelles étant divisées par 2, pour abréger, deviennent

$$144\,x - 96\,y + 120\,z = 70;$$
$$144\,x + 108\,y - 252\,z = 45;$$
$$144\,x - 72\,y - 36\,z = 39;$$

Je soustrais successivement la deuxième et la troisième équation de la première, il en résulte les deux nouvelles équations dérivées :

$$-204\,y + 372\,z = 25, \text{ et } -24\,y + 156\,z = 31.$$

Pour en éliminer y, je multiplie la première par 24, et la seconde par 204; ce qui donne, pour troisième transformation, les deux équations,

$$-4896\,y + 8928\,z = 600,$$
$$\text{Et } -4896\,y + 31824\,z = 6324.$$

Je soustrais la première de la deuxième, et j'obtiens pour quatrième transformation, l'équation,

$$22896 z = 5724 ; \text{ d'où l'on conclut } z = \tfrac{1}{4}.$$

Pour obtenir la valeur de y, je reprends l'une des deux équations entre y et z, et j'y substitue $\tfrac{1}{4}$ pour z; ce qui me donne

$$-24 y + 156 (\tfrac{1}{4}) = 31, \text{ ou } 24 y = 39 - 31.$$

Donc
$$y = \frac{8}{24} = \frac{1}{3}.$$

Enfin, pour avoir x, je substitue $\tfrac{1}{3}$ pour y, et $\tfrac{1}{4}$ pour z dans l'une des équations primitives, dans la première, par exemple ; il en résulte $6x - \tfrac{4}{3} + \tfrac{5}{4} = 2 + \tfrac{11}{12}$; d'où $x = \tfrac{1}{2}$.

Ainsi, pour éliminer une inconnue par cette méthode, il faut faire en sorte qu'elle ait le même coefficient dans les équations dérivées. On atteint ce but, en multipliant chaque équation par le produit des coefficients de cette inconnue dans les autres équations ; par ce moyen, le coefficient commun de cette inconnue dans les équations dérivées, est le produit de tous ses coefficients dans les équations primitives. Ensuite on prend la différence ou la somme de l'une des équations dérivées, et de chacune des autres, suivant que l'inconnue qui a déjà le même coefficient, a ou n'a pas le même signe.

Lorsque les coefficients primitifs ne sont pas premiers entre eux, on peut en trouver un multiple commun plus petit que leur produit : il suffit alors de multiplier chaque équation par le quotient de ce multiple divisé par le coefficient de l'inconnue qu'on élimine. Ainsi, dans le dernier exemple, on voit facilement que 12 est un multiple commun des coefficients primitifs 6, 4 et 12 de x. Il suffit donc de multiplier la première équation par 2, quotient de 12 divisé par 6, et la seconde par 3, quotient de 12 divisé par 4, sans rien changer à la troisième. Les équations de la première transformation deviennent

$$12x - 8y + 10z = 5 + \tfrac{5}{6}.$$
$$12x + 9y - 21z = 3 + \tfrac{3}{4},$$
$$\text{et } 12x - 6y - 3z = 3 + \tfrac{1}{4}.$$

La différence de la première et de la seconde donne

$$-17 y + 31 z = 2 + \tfrac{1}{12};$$

la différence de la première et de la troisième donne

$$-2 y + 13 z = 2 + \tfrac{7}{12}.$$

Pour éliminer ensuite y, on suivrait la règle générale, parce que les coefficients 17 et 2 sont des nombres premiers. Il en serait de même si on voulait éliminer z, dont les coefficients 31 et 13 sont aussi des nombres premiers.

Cette méthode s'applique avec succès à la résolution générale des équations du premier degré ; mais voici le précis d'une autre méthode simple et élégante, qui mène directement aux équations finales.

ALGÈBRE.   109

Formules pour la Résolution des équations du premier degré.

63. Supposons, 1° une équation et une inconnue ; 2° deux équations et deux inconnues ; 3° trois équations et trois inconnues.

1° Soit l'équation : $ax = b$. On en conclut tout de suite $x = \dfrac{b}{a}$, et c'est la formule pour ce cas, ce qui est évident : a et b sont des nombres quelconques.

2° Soient les deux équations,
$$ax + by = c, \text{ et} = a'x + b'y = c'.$$
a, a', b, b', c et c' sont des nombres quelconques.
Multiplions la 1re par m, nombre quelconque, nous aurons :
$$amx + bmy = cm,$$
et retranchons la 2e équation, la différence sera,
$$x(am - a') + y(bm - b') = cm - c'.$$
Soit d'abord $am - a' = 0$; on en déduit :

$m = \dfrac{a'}{a}$, et y devient $= \dfrac{cm - c'}{bm - b'} = \dfrac{a'c - ac'}{a'b - ab'} = \dfrac{ac' - ca'}{ab' - ba'}$.

Soit ensuite $lm - b' = 0$;

d'où $m = \dfrac{b'}{b}$; x devient $= \dfrac{cm - c'}{am - a'} = \dfrac{b'c - bc'}{ab' - a'b} = \dfrac{cb' - bc'}{ab' - ba'}$.

Ce sont les valeurs qu'on a déjà obtenues, par un autre procédé expliqué à la fin du n° 60.

3° Soient ensuite les trois équations ;
$$ax + by + cz = d$$
$$a'x + b'y + c'z = d'$$
$$a''x + b''y + c''z = d''.$$
Multiplions la 1re par m, et la 2e par n, nous aurons :
$$amx + bmy + cmz = dm,$$
$$a'nx + b'ny + c'nz = d'n.$$
De la somme de ces deux équations dérivées, retranchons la troisième équation primitive, la différence sera l'équation
$$x(am + a'n - a'') + y(bm + b'n - b'') + z(cm + c'n - c'') = dm + d'n - d''.$$
Egalons à zéro le coefficient de y et celui de z, nous aurons les trois nouvelles équations :
$$x(am + a'n - a'') = dm + d'n - d'' ;$$
$$bm + b'n - b'' = 0 ;$$
$$cm + c'n - c'' = 0.$$

Donc $x = \dfrac{dm + d'n - d''}{am + a'n - a''}$; $m = \dfrac{b'c'' - b''c'}{b'c - bc'}$; et $n = \dfrac{b''c - bc''}{b'c - bc'}$;

Donc enfin $x = \dfrac{db'c'' - dc'b'' + cd'b'' - bd'c'' + bc'd'' - cb'd''}{ab'c'' - ac'b'' + ca'b'' - ba'c'' + bc'a'' - cb'a''}$.

Egalons à zéro le coefficient de x et celui de z, alors les trois équations de condition deviennent,

$$am + a'n - a'' = 0;$$
$$y(bm + b'n - b'') = dm + d'n - d'';$$
$$cm + c'n - c'' = 0.$$

On en conclut $m = \dfrac{a''c' - a'c''}{ac' - a'c}$; $n = \dfrac{a''c - ac''}{a'c - ac'}$.

et $y = \dfrac{dm + d'n - d''}{bm + b'n - b''} = \dfrac{ad'c'' - ac'd'' + ca'd'' - da'c'' + dc'a'' - cd'a''}{ab'c'' - ac'b'' + ca'b'' - ba'c'' + bc'a'' - cb'a''}$.

Egalons enfin à zéro le coefficient de x et celui de y, nous trouverons successivement :

$$am + a'n - a'' = 0. \quad bm + b'n - b'' = 0;$$
$$\text{et } z(cm + c'n - c'') = dm + d'n - d'';$$

$$m = \dfrac{a''b' - a'b''}{ab' - a'b}; \quad n = \dfrac{ab'' - a''b}{ab' - a'b};$$

Enfin $z = \dfrac{dm + d'n - d''}{cm + c'n - c''} = \dfrac{ab'd'' - ad'b'' + da'b'' - ba'd'' + bd'a'' - db'a''}{ab'c'' - ac'b'' + ca'b'' - ba'c'' + bc'a'' - cb'a''}$.

Nous avons supprimé quelques détails de calcul et quelques remarques assez intéressantes, parce que les bornes de ce précis ne nous permettent point de nous étendre davantage; mais l'on peut, à cet égard, consulter l'algèbre de Lacroix.

Pour faire connaître l'usage de ces formules, soient 1° les deux équations,

$$3x - 2y = 40, \text{ et } 2x - 3y = 10,$$

qui se rapportent à celles-ci :

$$ax + by = c, \text{ et } a'x + b'y = c'.$$

Si on les résout par l'une des règles données n°s 60 et 62, on trouve $x = 20$, et $y = 10$. Voyons si les formules générales donneront les mêmes résultats. Dans cet exemple, $a = 3$; $b = -2$; $c = 40$; $a' = 2$; $b' = -3$, et $c' = 10$. Ainsi, des valeurs générales de x et y trouvées ci-dessus, on tire sur-le-champ,

$$x = \dfrac{-3 \times 40 - 10 \times -2}{3 \times -3 - 2 \times -2} = \dfrac{-120 + 20}{-9 + 4} = \dfrac{-100}{-5} = 20$$

et $y = \dfrac{3.10 - 2.40}{3.-3 - 2.-2} = \dfrac{30 - 80}{-9 + 4} = \dfrac{-50}{-5} = 10.$

Ce sont les mêmes valeurs.

ALGÈBRE.

Soient ensuite les trois équations :
$$x - 2y + 3z = 3;$$
$$2x - 3y - 9z = 1;$$
$$3x - 5y - 4z = 6,$$
qui correspondent aux suivantes :
$$ax + by + cz = d;$$
$$a'x + b'y + c'z = d';$$
$$a''x + b''y + c''z = d''.$$
Ici $a=1$; $a'=2$, $a''=3$; $b=-2$; $b'=-3$; $b''=-5$; $c=3$; $c'=-9$; $c''=-4$; $d=3$; $d'=1$ et $d''=6$.

Après avoir calculé les différents produits qui composent le numérateur et le dénominateur de la valeur de chaque inconnue, on trouve :
$$x = \frac{36 - 135 - 15 - 8 + 108 + 54}{12 - 45 - 30 - 16 + 54 + 27} = \frac{40}{2} = 20.$$
$$y = \frac{-4 + 54 + 36 + 24 - 81 - 9}{12 - 45 - 30 - 16 + 54 + 27} = \frac{20}{2} = 10.$$
$$z = \frac{-18 + 5 - 30 + 24 - 6 + 27}{12 - 45 - 30 - 16 + 54 + 27} = \frac{2}{2} = 1.$$

Ces valeurs satisfont aux trois équations proposées ; ce qui est une preuve de leur exactitude.

Application des règles précédentes, à la résolution de quelques questions qui renferment plus d'une inconnue.

64. Ire QUESTION : 12 obus dits de 8 pouces, avec 18 de 6 pouces, pèsent ensemble 960 livres anciennes, ou 469$^{\text{kil.}}$,925, et 20 de 8 pouces avec 15 de 6 pouces, pèsent 1240 livres, ou 606$^{\text{kil.}}$,987. Quel est le poids de chaque obus ?

Représentons par x le poids de l'obus de 8 pouces, et par y celui de l'obus de 6 pouces. Que x et y soient d'abord évalués en livres anciennes, on aura :
$$12x + 18y = 960, \text{ et } 20x + 15y = 1240.$$
Pour résoudre ces deux équations de la manière la plus simple, on divisera tous les termes de la 1re par 6, et tous ceux de la 2e par 5 ; de sorte que l'on aura,
(1) $\quad 2x + 3y = 160$; et (2) $\quad 4x + 3y = 248$;
or si l'on soustrait le résultat (1) du résultat (2), les termes en y disparaîtront, et il viendra
$$2x = 248 - 160 = 88, \text{ d'où } x = 44.$$

Substituant 44 pour x, dans l'équation (1), on trouve,
$$88 + 3y = 160;$$
de là, $\quad 3y = 160 - 88 = 72,$
et enfin, $\quad y = \tfrac{72}{3} = 24.$

Ces nombres satisfont au problème; en effet,
$$12x + 18y = 528 + 432 = 960$$
et $\quad 20x + 15y = 880 + 360 = 1240,$
comme on l'a supposé dans l'énoncé de la question.

On obtiendra x et y en kilogrammes à l'aide des deux proportions suivantes :
$$960 : 44 :: 469^{\text{kil}},925 : x^{\text{kil}} = 21^{\text{kil}},538;$$
$$960 : 24 :: 469^{\text{kil}},925 : y^{\text{kil}} = 11^{\text{kil}},748.$$

Mais évaluons directement x et y en kilogrammes, afin de donner un nouvel exemple de la résolution des équations du premier degré, et suivons le procédé du n° 60.

Les deux équations à traiter seront alors,
$$12x + 18y = 469,925, \text{ et } 20x + 15y = 606,987.$$

Eliminons y pour avoir x; nous aurons,
$$y = \frac{469,925 - 12x}{18} \text{ pour la première équation;}$$
et $\quad y = \dfrac{606,987 - 20x}{15}$ pour la seconde.

Nous en concluons, $\dfrac{469,625 - 12x}{18} = \dfrac{606,987 - 20x}{15}.$

Ensuite, $\quad 7048,875 - 180x = 10925,766 - 360x.$
Puis, $\quad 360x - 180x = 10925,766 - 7048,875.$

Enfin $\quad x = \dfrac{3876,891}{180} = 21^{\text{kil}},538.$

On néglige ici une petite fraction de gramme.

Pour avoir y, substituons la vraie valeur de x dans la première de y, et nous trouverons,
$$y = \frac{469,925 - \dfrac{12 \times 3876,891}{180}}{18} = \frac{469,925 - 258,459}{18} = 11^{\text{kil}},748.$$

On a de nouveau négligé une petite fraction de gramme.

Si on voulait vérifier cette seconde solution, il faudrait mettre $\dfrac{3876,891}{180}$ pour x, et $\dfrac{469,925 - \dfrac{12 \times 3876,891}{180}}{18}$, ou simplement $\dfrac{2114,656}{180}$ pour y, dans les équations primitives. On trouve en effet,

ALGÈBRE.

$$12x+18y = \frac{3876,891 \times 12 + 2114,656 \times 18}{180} = \frac{84586,500}{180} = 469,925;$$

et $20x+15y = \dfrac{20 \times 3876,891 + 15 \times 2114,656}{180} = \dfrac{109257,660}{180} = 606,987;$

ce qui vérifie complètement le calcul de cette seconde solution.

Si on substitue seulement 21538 pour x, et 11748 pour y, on trouve $12x+18y = 469,920$, au lieu de 469,925, et $20x+15y = 606,980$, au lieu de 606,987. Ces erreurs viennent de ce que les valeurs de x et de y sont trop petites, comme on l'a indiqué.

Il résulte enfin de tout ce calcul, que l'obus de 8 pouces pèse 44 livres, ou 21$^{\text{kil.}}$,538; et l'obus de 6 pouces, 24 livres, ou 11$^{\text{kil.}}$,748; c'est le *maximum* du poids de ces projectiles, suivant l'*Aide-Mémoire des officiers d'artillerie.*

IIe QUESTION. Une pièce de 16, composée de cuivre et d'étain, pèse 2010$^{\text{kil.}}$,640, ou 2010640 grammes, et contient un volume de 223 décimètres cubes; on suppose que le décimètre cube de cuivre pèse 9250 grammes, et que le décimètre cube d'étain pèse 7320 grammes. Comment peut-on déterminer la quantité de cuivre et celle d'étain?

Désignons par x les décimètres cubes de cuivre, et par y ceux d'étain. L'équation des volumes sera

$$x+y = 223;$$

et celle des poids

$$9250x + 7320y = 2010640.$$

On tire de la première équation $x = 223 - y;$

et de la seconde, $\quad x = \dfrac{2010640 - 7320y}{9250};$

on en conclut $\quad \dfrac{2010640 - 7320y}{9250} = 223 - y;$

et par suite $\quad y = \dfrac{52110}{1930} = 27.$

Il y a donc 27 décimètres cubes d'étain, et par conséquent $223-27$, ou 196 décimètres cubes de cuivre.

Nous trouverons le poids du cuivre, en multipliant 9250 grammes par 196, et celui de l'étain, en multipliant 7320 grammes par 27. Le premier est donc de 1813000 gram., et le second de 197640 grammes. Leur somme 2010640 achève de compléter la vérification de tout le calcul.

IIIe QUESTION. La poudre à canon est composée de salpêtre, de soufre et de charbon. Le mélange est tel, que sur 100 kilogram., le triple du poids du salpêtre employé est égal à 13 fois celui du charbon, plus 5 fois celui du soufre, et que 5 fois le poids du salpêtre vaut 37 fois le poids du soufre, moins 7 fois celui du charbon. Dans quelle proportion se fait donc ce mélange?

8

Soit x le poids du salpêtre, y celui du soufre, et z celui du charbon : x, y et z sont évalués en kilogrammes.

La première condition donne l'équation
$$x + y + z = 100;$$
la seconde, $\quad 3x = 5y + 13z,$
et la troisième, $\quad 5x = 37y - 7z.$

On tire de la première équation $x = 100 - y - z;$

de la seconde, $\quad x = \dfrac{5y + 13z}{3};$

et de la troisième, $\quad x = \dfrac{37y - 7z}{5}.$

Egalant d'abord la première et la seconde valeur de x, et ensuite la première et la troisième,

on trouve $\quad \dfrac{5y + 13z}{3} = 100 - y - z;$

et $\quad \dfrac{37y - 7z}{5} = 100 - y - z.$

Faisant évanouir les dénominateurs, transposant, réduisant et divisant par le coefficient de y, on a successivement,

$$5y + 13z = 300 - 3y - 3z;$$
et $\quad 37y - 7z = 500 - 5y - 5z;$
ensuite $\quad 8y = 300 - 16z,$ et $42y = 500 + 2z;$

puis $\quad y = \dfrac{300 - 16z}{8}, \quad \text{et } y = \dfrac{500 + 2z}{42}.$

Egalant ces deux valeurs de y, on obtient une équation en z, de laquelle on tire $z = \dfrac{1075}{86} = 12 + \frac{1}{2}.$

Substituant $12 + \frac{1}{2}$ pour z dans la première valeur de y, il vient
$$y = \dfrac{300 - 200}{8} = 12 + \tfrac{1}{2}.$$

Mettant enfin $12 + \frac{1}{2}$ pour y et pour z, dans la première valeur de x, on trouve $x = 100 - 25 = 75.$

Il y a donc 75 kil. de salpêtre, $12 + \frac{1}{2}$ kil. tant de soufre que de charbon, sur 100 kilog. de poudre ; ainsi dans la composition de la poudre à canon, le salpêtre forme les $\frac{3}{4}$ du mélange ; le soufre et le charbon y entrent chacun pour un huitième.

Voici l'énoncé de quelques questions semblables ;

Faire 219 francs avec 60 pièces, les unes de 5 francs et les autres de 2 francs.

RÉPONSE. Il faut 33 pièces de 5 francs et 27 de 2 francs.

ALGÈBRE. 115

Une voiture est chargée de 50 bombes, les unes de 12 pouces et les autres de 10 pouces; chacune des premières pèse 72 kilogrammes, et chacune des secondes 50. Le poids des 50 bombes est de 2698 kilogrammes. Combien y a-t-il de bombes de chaque espèce?

Réponse. 9 de 12, 41 de 10.

600 élèves occupent 4 étages dans le même bâtiment d'une maison d'instruction. Il y a au premier deux fois autant d'élèves qu'au quatrième; le nombre des élèves du second et du troisième réunis, est égal à celui des élèves du premier et du quatrième réunis aussi, et il y a au troisième les $\frac{5}{7}$ du second. Combien y a-t-il d'élèves dans chaque étage?

Réponse. Au premier 200, au second 175, au troisième 125, au quatrième 100.

Dans un magasin militaire, il y a 3 espèces de grains. Sur 100 kilogrammes, la première espèce contient 80 kilogrammes de froment, 12 de seigle et 8 d'orge; la seconde, 75 de froment, 15 de seigle et 10 d'orge; et la troisième, 60 de froment, 20 de seigle et 20 d'orge. Combien faut-il prendre de chaque espèce de grains, pour que sur 100 kilogrammes il y ait 73 kilogrammes de froment, 15 de seigle et 13 d'orge?

Réponse. 50 kilogrammes de la première espèce, 20 de la seconde, et 30 de la troisième.

Des cas où le Problème proposé est indéterminé ou impossible; comment le calcul le fait connaître; notations $\frac{0}{0}$ et $\frac{a}{0}$.

65. Quoiqu'on ait autant d'équations que d'inconnues, le problème, cependant, est quelquefois indéterminé ou impossible; c'est-à-dire qu'on peut assigner une infinité de nombres pour y satisfaire, ou qu'on ne peut en assigner aucun.

Dans le premier cas, quelques conditions du problème sont au fond les mêmes, quoique énoncées différemment; et les équations qui en résultent sont dérivées les unes des autres. Dans le cas d'impossibilité, il y a des conditions contradictoires.

Voici un exemple du premier cas. Supposons que pour résoudre un problème du premier degré, on ait à satisfaire aux deux équations,

$$2x - 3y = 100, \quad \text{et} \quad 3x - \frac{9y}{2} = 150.$$

Si on élimine x, l'équation finale en y sera,

$$\frac{100 + 3y}{2} = \frac{150 + \frac{9y}{2}}{3};$$
$$\text{ou} \quad 300 + 9y = 300 + 9y.$$

8*

Il est évident qu'on satisfait à cette équation, en prenant pour y un nombre quelconque, entier ou fractionnaire, positif ou négatif, etc. La raison de ce fait résulte de ce que la seconde des équations primitives est dérivée de la première, en y multipliant chaque terme par $\frac{3}{2}$. Ainsi elle n'introduit point de nouvelle condition dans le problème.

Prenons pour second exemple du même cas les trois équations,
$$3x - 3y + 4z = 100;$$
$$3x + 4y - 2z = 150;$$
$$\text{et } x - 10y + 10z = 50.$$

Celle-ci se forme en retranchant le double de la seconde du quadruple de la première.

Si on élimine successivement x et y, on trouve pour l'équation finale en z
$$\frac{16z}{17} = \frac{48z}{51}, \text{ ou } z = z.$$

On pourra donc prendre un nombre quelconque pour z. Il en serait de même pour x et y; ceci pourtant doit s'entendre dans le sens, qu'après avoir pris arbitrairement x ou y ou z, on calculera les autres d'après cette supposition, et les équations données. On reconnaît donc que le problème reste indéterminé, lorsqu'on peut satisfaire à l'équation finale d'une infinité de manières.

Cependant, on diminue considérablement le nombre de solutions dont ces sortes de problèmes sont susceptibles en général, en n'admettant que des valeurs entières et positives pour x, y, z.... Par exemple, la condition que x et y soient entiers et positifs, dans l'équation précédente $2x - 3y = 100$, de laquelle on tire $x = 50 + y + \frac{y}{2}$, exige que le terme $\frac{y}{2}$ soit un nombre entier; faisant donc $\frac{y}{2} = E$, on aura $y = 2E$; ainsi quelque valeur positive et entière qu'on attribue à l'indéterminée E, y sera un nombre entier positif; et il en sera de même de x, puisque $x = 50 + y + \frac{y}{2}$. Par conséquent, si on fait successivement

$$E = 0, = 1, = 2, = 3, = 4, = \text{etc.}$$
on aura,
$$y = 0, = 2, = 4, = 6, = 8, = \text{etc.}$$
et
$$x = 50, = 53, = 56, = 59, = 62, = \text{etc.}$$

On voit par là comment on pourrait payer 100^f, en donnant des pièces de 2^f, et recevant en échange des pièces de 3^f.

On reconnaît qu'un problème est impossible, lorsque l'équation finale renferme quelque absurdité, comme l'égalité de deux nombres inégaux.

En voici des exemples : Qu'on ait à satisfaire aux deux équations :
$$6x - 8y = 9; \text{ et } 9x - 12y = 13.$$

ALGÈBRE.

Éliminons x, nous aurons $\dfrac{9+8y}{6} = \dfrac{13+12y}{9}$.

Ensuite, $\qquad 81 + 72y = 78 + 72y$.
Puis $\qquad\quad 72y - 72y = 78 - 81$.
Enfin, $\qquad\quad 0 = 3$; ce qui est absurde.

On peut donc assurer qu'il est impossible de satisfaire à la fois aux deux équations primitives, quelques nombres qu'on prenne pour x et pour y. La seconde équation a été formée en multipliant le premier membre de la première par $\frac{3}{2}$, et le second membre par $\frac{13}{9}$; ce qui détruit l'égalité supposée. Il y a donc contradiction à la supposer de nouveau.

C'est encore une sorte d'impossibilité, lorsque le calcul donne des nombres fractionnaires ou négatifs, et que le problème ne peut être résolu qu'avec des nombres entiers ou positifs; mais dans ce cas on peut satisfaire aux équations. Par exemple, si l'on disait, il y a 180 élèves dans les deux sections d'une classe, et il y en a 15 de plus dans l'une que dans l'autre; on trouverait $97\frac{1}{2}$ pour l'une, et $82\frac{1}{2}$ pour l'autre. Ces deux nombres satisfont bien aux conditions numériques, puisque leur somme est 180, et que leur différence est 15; mais il est évident qu'ils ne satisfont point au problème, qui exige des nombres entiers, et qu'il est impossible qu'on ait à la fois 180 pour la somme, et 15 pour la différence des élèves des deux sections.

Pareillement, si l'on supposait que deux piles de boulets sont telles, qu'on trouve 100, en prenant les $\frac{3}{4}$ de la première x, et la $\frac{1}{2}$ de la seconde y; et qu'on ait 120 en prenant les $\frac{2}{5}$ de la première, et les $\frac{2}{5}$ de la seconde, on trouverait 200 et -100; ces nombres satisfont bien aux équations, mais non au problème, puisqu'il ne peut être résolu avec des nombres négatifs.

Toutefois ces *solutions* dites *négatives* sont susceptibles d'interprétations : en indiquant une absurdité dans l'énoncé de la question, elles montrent de quelle manière il peut être modifié pour que l'absurdité disparaisse. La valeur négative -100 trouvée pour y dans la question ci-dessus, par exemple, deviendrait une valeur positive $+100$, en transformant le premier énoncé en celui-ci : deux piles de boulets sont telles qu'on trouve 100 en *retranchant* la $\frac{1}{2}$ de la seconde des $\frac{3}{4}$ de la première, et 120 en déduisant les $\frac{2}{5}$ de la seconde des $\frac{2}{5}$ de la première. En général la valeur négative trouvée pour l'inconnue d'un problème, annonce qu'il faut changer sa qualité dans la qualité opposée, des degrés de chaleur en degrés de froid, par exemple; une vitesse dans une certaine direction, en une vitesse dans une direction opposée, un avoir en une dette, un gain en une perte, etc., lorsque la nature de la question se prête à de telles interprétations; dans le cas contraire on change partout le signe de l'inconnue, et on rend l'énoncé conforme à ce changement. Si la question ne se prête ni à ce changement de qualité, ni à ce changement d'énoncé, la solution est impossible.

Expliquons maintenant ce qu'on doit entendre par $\frac{0}{0}$, et par $\frac{a}{0}$, a étant un nombre fini quelconque.

D'abord, $\frac{0}{0}$ est en général le symbole d'une quantité indéterminée. En effet, si l'on a $x = \frac{0}{0}$, on en conclut $0 \cdot x = 0$. Ce qui se vérifie pour toutes les valeurs finies qu'on donnerait à x, puisque tout nombre multiplié par zéro donnerait un produit nul.

Ensuite, $\frac{a}{0}$ est le symbole de l'infini. En effet, soit $x = \frac{a}{0}$, on en déduit $0 \cdot x = a$, d'où $0 = \frac{a}{x}$; ce qui indique que x doit être tel que le quotient de a par sa valeur soit nul; or il est évident qu'il n'existe aucun nombre, soit entier, soit fractionnaire, propre à remplir cette condition; cependant plus x sera grand, plus le quotient $\frac{a}{x}$ sera petit; il s'approchera donc sans cesse de 0 à mesure qu'on fera croître x, et pour qu'il atteignît cette limite, il faudrait que x fût infiniment grand ou infini, ce qu'on exprime par $x = \infty$.

Qu'on applique les formules générales des équations du premier degré aux exemples précédents, on trouve,

$$x = \frac{0}{0};\ y = \frac{0}{0},\ \text{et}\ z = \frac{3}{0},\ \text{dans ceux du premier cas};$$

$$x = \frac{4}{0},\ \text{et}\ y = \frac{0}{0},\ \text{dans l'exemple du second cas}.$$

L'expression $\frac{0}{0}$, à laquelle on parvient quelquefois par suite de certaines hypothèses, n'est point toujours un symbole d'indétermination. Si l'on avait, par exemple, $x = \frac{a^2 - b^2}{a - b}$, et qu'on supposât $a = b$, l'expression $x = \frac{0}{0}$ à laquelle on arrive, pourrait faire penser que x est indéterminé, bien qu'il ne le soit pas. En effet, si l'on simplifie l'expression $\frac{a^2 - b^2}{a - b}$ en divisant numérateur et dénominateur par $a - b$, on a $x = a + b$, et à cause de $b = a$, $x = 2a$, valeur déterminée.

Pareillement l'expression $x = \frac{a^n - b^n}{a - b}$, dont la valeur développée est (n° 43),

$$x = a^{n-1} + a^{n-2}b + a^{n-3}b^2 + \ldots + b^{n-1},$$

a pour expression $x = na^{n-1}$, lorsque $a = b$; puisque tous les termes au nombre de n sont égaux à a^{n-1}.

On voit donc qu'en général lorsqu'on rencontre une expression $\frac{0}{0}$, il faut, avant de prononcer sur sa valeur, chercher s'il n'y avait point quelque facteur commun qui, en devenant nul, aurait rendu les deux termes de la fraction égaux à 0 en même temps, et faire disparaître ce facteur commun avant tout, si l'on reconnaît sa présence. Il y a cependant des cas qui échappent à cette méthode, il ne nous est point permis de nous y arrêter; ne poussons donc pas plus loin l'examen de ces cas singuliers, dont on trouve le développement dans les grands traités de mathématiques.

Des équations du deuxième degré à une inconnue.

66. Une équation à une inconnue est du *second degré*, lorsque l'inconnue s'y trouve multipliée par elle-même. Telles sont les équations,
$$x^2 = 100; \ 5y^2 = 125; \ az^2 = b;$$
a et b étant des nombres connus. Les équations $x^2 + 4x = 12$, et $x^2 + px = q$, sont aussi du second degré.

On forme ces équations, comme celles du premier degré; mais pour les résoudre, il faut des règles particulières, dépendantes de la formation du carré, et de l'extraction de la racine carrée d'un nombre.

De la Formation du carré.

67. Le produit d'un nombre multiplié par lui-même, s'appelle *carré*, ou *seconde puissance* de ce nombre. Ainsi, 100 est le carré de 10, et a^2 est celui de a.

La dénomination de *carré* vient de la géométrie, parce que pour évaluer la surface du carré, il faut multiplier par lui-même le côté de ce carré, ou plutôt le nombre qui en exprime la valeur; c'est ce que l'on verra par la suite.

La dénomination de *seconde puissance* vient de ce que le nombre y est deux fois facteur.

On indique le carré d'un nombre par l'exposant 2, et on l'effectue par la multiplication. Ainsi,

celui de $10 = (10)^2 = 10^2 = 10 \times 10 = 100$;

celui de $a = (a)^2 = a \times a = aa = a^2$;

pareillement, celui de $a+b$, est $\overline{a+b}^2$,

ou $(a+b)^2 = (a+b)(a+b) = a^2 + 2ab + b^2$.

De même,

$(a-b)^2 = (a-b)(a-b) = a^2 - 2ab + b^2;$

$$\left(\frac{2}{3}\right)^2 = \frac{2}{3} \times \frac{2}{3} = \frac{4}{9};$$

$$\left(\frac{a}{b}\right)^2 = \frac{a}{b} \times \frac{a}{b} = \frac{a^2}{b^2}.$$

De l'Extraction de la racine carrée.

68. La *racine carrée* d'un nombre est le nombre qui, multiplié par lui-même, donne un produit égal à ce nombre. Ainsi, 10 est la racine carrée de 100, $\frac{2}{3}$ celle de $\frac{4}{9}$; a celle de a^2 ; $a+b$ celle de $a^2+2ab+b^2$; $a-b$ celle de $a^2-2ab+b^2$; $\frac{a}{b}$ celle de $\frac{a^2}{b^2}$. En effet, $10\times 10 = 100$; $\frac{2}{3}\times\frac{2}{3} = \frac{4}{9}$; $a\times a = a^2$, etc.....

On indique la racine carrée par ce signe $\sqrt{}$, qu'on nomme *signe radical*, ou simplement *radical*. Ainsi, pour indiquer la racine carrée d'un nombre quelconque a, on écrit $\sqrt{a}$, et on prononce racine carrée de a, ou simplement racine a, quand il n'y a point d'équivoque sur l'espèce de la racine.

L'extraction de la racine carrée embrasse deux cas, suivant que le nombre est exprimé par des chiffres ou par des lettres ; commençons par le premier.

Celui-ci peut admettre deux sous-divisions, selon que le nombre proposé est ou n'est pas un carré parfait, c'est-à-dire tel qu'on peut ou qu'on ne peut pas en extraire exactement la racine carrée.

Supposons qu'il s'agisse d'un carré parfait. Il faut savoir d'abord de mémoire la racine des carrés qui ne passent point 100. En voici le tableau :

Carrés. . . . . . . 1. 4. 9. 16. 25. 36. 49. 64. 81. 100.
Racines carrées... 1. 2. 3. 4. 5. 6. 7. 8. 9. 10.

Si le carré donné est plus grand que 100, il faut une règle particulière, dépendante de la formation du carré des nombres plus grands que 10, ou composés de dizaines et d'unités.

Désignons un nombre quelconque par $a+b$; a exprimant les dizaines, et b les unités de ce nombre. On aura pour le carré,
$$(a+b)^2 = a^2 + 2ab + b^2.$$

Ainsi, le carré d'un nombre composé de dizaines et d'unités, contient 3 parties, savoir : a^2, ou le carré des dizaines ; $2ab$, ou $2a\times b$, ou le produit du double des dizaines multiplié par les unités ; et b^2, ou le carré des unités.

Soit 24 le nombre proposé : a vaudra 2 dizaines ou 20 unités, et b égalera 4 unités ; le carré comprendra donc,

a^2 ou $(20)^2$. 400
$2ab$ ou $2a\times b$ ou 40×4, ou 160
b^2 ou $(4)^2$ ou. **16**
et $a^2 + 2ab + b^2$ ou $(24)^2 =$. **576**

Ce résultat s'accorde avec le produit de 24, multiplié par 24, qu'on trouve être égal à 576.

ALGÈBRE.   121

Si le nombre renfermait des centaines, ou des mille, ou, etc., on réduirait ces centaines, ou ces mille, etc., en dizaines. Soit, par exemple, le nombre 125, dont on demande le carré, a vaudra 12 dizaines ou 120 unités, et b égalera 5 unités. On aura pour le carré,

$$a^2 = (120)^2 \dots\dots\dots\dots\ 14400$$
$$2ab = 2a.b = 240 \times 5 \dots\dots\ 1200$$
$$b^2 = (5)^2 \dots\dots\dots\dots\ 25$$

et $\quad a^2 + 2ab + b^2 = (125)^2 \dots\dots\dots\ 15625$

Soit encore 10203 le nombre proposé. Ici, $a = 1020$ dizaines ou 10200 unités, et $b = 3$ unités. Donc,

$$(a+b)^2 = \begin{cases} a^2 \text{ ou } (10200)^2 \dots\dots\ 104040000 \\ 2ab \text{ ou } 20400 \times 3 \dots\dots\ 61200 \\ b^2 \text{ ou } (3)^2 \dots\dots\dots\ 9 \end{cases}$$

Et $(10203)^2 = \dots\dots\ 104101209$

Après avoir vu comment on forme le carré, ou comment on va de la racine au carré, voyons comment on extrait la racine carrée, ou comment on revient du carré à la racine. Exposons et appliquons la règle en même temps; nous la démontrerons ensuite : c'est le moyen de la faire mieux comprendre.

EXEMPLE 1ᵉʳ.

Soit proposé d'extraire la racine carrée de 576.

```
Carré donné......5 76 | 24  Racine demandée.
Carré des dizaines......4 |
                    ─────
                      17 6 | 44
                      176  |
                    ─────
                        0
```

Exposition de la Règle. Ecrivez 576; tirez une ligne verticale à la droite de ce nombre, comme si vous vouliez faire une division; décomposez ce nombre en deux tranches, allant de droite à gauche, et en prenant deux chiffres pour la première. On indique la séparation des tranches par un intervalle, comme on l'a fait ici, ou par un trait vertical. La première tranche, dans notre exemple, est 76, et la seconde, 5.

Extrayez la racine carrée de 4, qui est le plus grand carré contenu dans 5, cette racine est 2. Ecrivez-la à la droite de 576, et vous aurez les dizaines de la racine cherchée. Otez 4 de 5; à côté du reste 1, écrivez 76 ou la première tranche, ce qui donne 176. Faites pour un moment abstraction du chiffre des unités, 6. A la droite de 176, écrivez 4, double des dizaines de la racine; divisez 17 par 4. Ecrivez le quotient 4 à la droite des deux dizaines de la racine; ce sera le chiffre des unités.

Pour le vérifier, écrivez-le aussi à la droite de 4, ou du diviseur dont on vient de parler. Multipliez 44 par 4, le produit 176 étant retranché du reste précédent, il ne reste rien; d'où l'on conclut que 576 a 24 pour racine carrée exacte. On vérifie cette conclusion, en calculant le carré de 24, qu'on trouve être égal à 576.

Démonstration de la Règle. Le nombre donné 576 étant plus grand que 100, sa racine est plus grande que 10. Elle est donc composée de dizaines et d'unités; ainsi, 576 contient le carré des dizaines, plus le produit du double des dizaines par les unités; plus, enfin, le carré des unités de cette racine. Pour retrouver le carré de ces dizaines dans 576, observons qu'il ne peut être que l'un des nombres suivants : 100, 400, 900, etc., carrés de 1, de 2, de 3, etc., dizaines, ou de 10, de 20, de 30, etc., unités. En général, un carré de dizaines, évalué en unités, est terminé par deux zéros. D'après cela, si l'on fait abstraction de ces zéros, le carré du chiffre des dizaines ne peut se trouver que dans le chiffre 5 qui exprime des centaines. Voilà pourquoi on a mis deux chiffres dans la première tranche 76.

Le plus grand carré contenu dans 5, étant 4, dont la racine est 2, on a 2 pour le chiffre des dizaines de la racine de 576.

Pour trouver ensuite le chiffre des unités, on divise le produit du double des dizaines, multiplié par les unités, par le double des dizaines. Il faut donc avoir ce produit; or, il ne peut être compris que dans les 17 dizaines du reste 176, puisque le produit d'un nombre de dizaines, multiplié par des unités, est nécessairement terminé par un zéro. Voilà pourquoi on a fait abstraction du chiffre 6 des unités, on a pris 17 pour le produit du double des dizaines par les unités, et pourquoi on a divisé 17 par 4, double des dizaines. Le quotient 4 étant le chiffre des unités, on doit l'écrire à droite du chiffre 2 des dizaines. Pour le vérifier, on l'écrit aussi à côté du diviseur 4, ou du double des dizaines; il est évident que 44 qui en résulte, contient le double des dizaines, plus les unités, donc, en multipliant ce nombre par les unités, ou par 4, on obtient le produit du double des dizaines par les unités, plus le carré des unités, c'est-à-dire, les deux dernières parties du carré de 24; en les retranchant du reste 176, on épuise le carré de 24, puisqu'on a déjà retranché la première partie, ou le carré des dizaines.

EXEMPLE II.

Soit proposé d'extraire la racine carrée de 9216.

OPÉRATION.

Carré donné.	92 16	96	*Racine demandée.*
Carré des dizaines.	81		
	111 6	186	
	111 6		
	0		

ALGÈBRE.

Le plus grand carré contenu dans 92, est 81. C'est celui des dizaines. Il y en a donc 9. On les écrit à la racine. On retranche 81 de 92; et à côté du reste 11, on abaisse 16. On fait abstraction du chiffre 6. On considère 111 comme le produit du double des dizaines, multiplié par les unités, sauf un reste dont on parlera plus bas. On divise 111 par 18, double des dizaines de la racine demandée ; le quotient 6 est le chiffre des unités de la même racine. Pour le vérifier, on l'écrit à côté de 18, et on le multiplie par le nombre 186; on retranche le produit 1116 du même nombre 1116 qui restait du carré donné 9216, après la soustraction de 81 centaines, ou du carré des dizaines. Le reste final étant zéro, on en conclut que 96 est la racine carrée exacte de 9216.

Ces exemples suffisent pour le cas où le carré donné est plus petit que 10000. Voyons comment la même règle s'étend aux carrés qui sont plus grands que 10000, et qui se décomposent en plus de deux tranches.

EXEMPLE Ier.

Extraire la racine carrée de 15625.

Carré donné. . . . . . 1 56 25 | 125 *Racine demandée.*
1

0 5 6 | 22
4 4

122 5 | 245
122 5

0

Divisez 15625 en tranches, en allant de droite à gauche, composez chaque tranche de 2 chiffres, à l'exception de la dernière vers la gauche, qui n'en aura qu'un. Extrayez la racine carrée du plus grand carré contenu dans cette tranche ; ici c'est 1, dont la racine est 1. Écrivez ce chiffre à la racine. De la tranche, ôtez le plus grand carré 1 qu'elle contient ; il ne reste rien. Abaissez la tranche suivante 56 ; faites abstraction du chiffre 6 des unités ; divisez les 5 dizaines restantes par 2, double du chiffre 1 déjà mis à la racine. Le quotient 2 s'écrit à la droite du chiffre 1 de la racine, ainsi qu'à la suite du diviseur 2, qu'on suppose déjà écrit sur la même ligne que le dividende 56. Multipliez 22 par le quotient 2 ; écrivez le produit 44 sous la tranche 56. Faites la soustraction ; à côté du reste 12, abaissez la tranche 25 ; il en résulte 1225. Faites-y abstraction du chiffre 5 des unités ; divisez les 122 dizaines restantes par 24, double du nombre 12, déjà écrit à la racine, Écrivez le quotient 5 à la droite de 12, et à celle du diviseur 24. Multipliez 245 par 5, et retranchez-en le produit de 1225. Comme il ne reste rien, on en conclut que 125 est la racine carrée exacte de 15625.

EXEMPLE II.

Extraire la racine carrée de 104101209.

```
1 04 10 12 09 | 10203
1             |
              |
  0 41 0      | 202
    4 0 4     |
              |
      61 20 9 | 20403
      61 20 9 |
            0 |
```

Dans cet exemple, on a 5 tranches; les 4 premières de 2 chiffres, et la dernière d'un chiffre, vers la gauche. On extrait la racine carrée de 1, qui est le plus grand carré contenu dans cette tranche. On écrit 1 à la racine; on ôte le carré 1 de la tranche 1; il ne reste rien. On abaisse la tranche suivante 04. On y fait abstraction du chiffre 4 des unités. Comme alors il n'y aurait rien à diviser, on écrit 0 à la suite du chiffre 1 de la racine. On abaisse la tranche 10 à côté de 4; il en résulte 410. On fait abstraction du chiffre 0 des unités, et on divise les 41 dizaines par 20, double de 10, déjà mis à la racine. Le quotient 2 s'écrit à la droite du diviseur 20, et à la suite de 10, à la racine. On multiplie 202 par 2. Le produit 404 se retranche de 410. A côté du reste 6, on abaisse la tranche 12; il en résulte 612. Comme en y faisant abstraction du chiffre 2 des unités, le nombre restant 61 ne pourrait se diviser par 204, double de 102, déjà écrit à la racine, on met 0 à la racine, et on abaisse la tranche 09 à côté de 612 : il en résulte 61209. On continue à y faire abstraction du chiffre 9 des unités, et on divise 6120 par 2040, double de 1020, déjà trouvé pour la racine. Le quotient 3 s'écrit à la racine, qui devient 10203, et à la droite du diviseur 2040; ce qui donne 20403. On multiplie 20403 par 3, et le produit 61209 étant retranché de 61209, il ne reste rien; d'où l'on conclut que 10203 est la racine carrée exacte de 104101209.

Démontrons la règle qu'on a suivie dans ces deux exemples; elle est une extension de celle qu'on a déjà exposée et démontrée.

Reprenons 15625. Ce nombre étant plus grand que 100, sa racine est plus grande que 10. Elle est donc composée de dizaines et d'unités; et 15625 contient les 3 parties ordinaires, le carré des dizaines, le produit du double des dizaines multiplié par les unités, et le carré des unités.

Pour avoir le carré des dizaines, il faut d'abord faire abstraction du chiffre 5 des unités, et de celui des dizaines 2. Voilà la première tranche 25. Ce carré est donc compris dans 156. Ce nombre étant plus grand que 100, la racine du plus grand carré qui y est contenu, est elle-même plus grande que 10. Elle est donc aussi composée de dizaines et d'unités. Pour avoir le carré de ces nouvelles dizaines, il faut de nouveau faire abstraction du chiffre 6 des unités, et du chiffre 5 des dizaines. Voilà donc la seconde tranche 56. On trouvera, par la méthode déjà démontrée, que la racine du plus grand carré contenu dans 156, est 12. Pour trouver le troisième chiffre 5, celui des unités, on retranche 144, carré de 12, de 156. A côté du reste 12, on abaisse 25; il en résulte 1225. On divise les 122 dizaines de ce nombre par 24, double des 12 dizaines de la racine, ainsi qu'on l'a expliqué.

Reprenons aussi 104101209. En raisonnant comme on vient de faire, on séparera d'abord deux tranches, en allant de droite à gauche; il restera 10410, dont il faudra extraire la racine carrée, ou du moins celle du plus grand carré qui y est contenu. Par le même raisonnement, on aura de nouveau 3 tranches, et on trouvera 102 pour racine, avec le reste 6. On regardera 102 comme les dizaines de la racine du plus grand carré contenu dans 1041012. On trouvera 0 pour les unités. On considérera 1020 comme les dizaines de la racine carrée du carré donné, et on trouvera 3 pour les unités, en employant toujours les mêmes raisonnements.

On peut donc généraliser la règle de cette manière : *Divisez le carré donné en tranches de deux chiffres, en allant de droite à gauche. La tranche la plus avancée vers la gauche pourra n'avoir qu'un chiffre. Cela arrivera toutes les fois que le carré aura un nombre impair de chiffres. Extrayez la racine du plus grand carré contenu dans cette tranche ; ce sera le premier chiffre de la racine; formez le carré de ce chiffre, et retranchez-le de la tranche dont nous venons de parler. A côté du reste, abaissez la tranche suivante; faites-y abstraction du chiffre des unités; divisez le nombre restant par le double des chiffres déjà mis à la racine. Le quotient sera le second chiffre de la racine; on l'écrira à droite du premier. Pour le vérifier, on l'écrira aussi à droite du diviseur précédent; on multipliera le nombre qui en résulte par ce même quotient; le produit se retranchera du nombre total, où l'on avait fait d'abord abstraction du chiffre des unités. Si le produit était trop grand, on diminuerait le chiffre de la racine, ainsi que le quotient, jusqu'à ce que la soustraction pût s'effectuer. A côté du reste, on abaisserait une nouvelle tranche, et on trouverait le troisième chiffre de la racine, ainsi que les suivants, comme on a trouvé le second.*

La crainte de prendre un quotient trop grand, en fait quelquefois employer un trop petit; on reconnaît cette erreur de cette manière : on ajoute 1 au double du nombre déjà écrit à la racine; si le reste est le même, ou plus grand que la somme, il faut augmenter le quotient; mais il est rare que l'on tombe dans cette faute. Voici la raison de cette règle : Soit a le nombre déjà mis à la racine; son carré sera a^2; celui de $a + 1$, est $a^2 + 2a + 1$. La différence de ces carrés est $2a + 1$. Donc, si le reste est $> 2a + 1$ ou même vaut $2a + 1$, la racine a est trop petite, et il faut l'augmenter au moins d'une unité.

Le moyen le plus commode pour se familiariser avec la pratique de l'extraction de la racine carrée, c'est de former des carrés, et d'en extraire ensuite la racine.

On abrége aussi les calculs en faisant les soustractions en même temps que les multiplications; mais ceci tient aux règles de calcul données dans l'arithmétique.

Si le carré donné pouvait se diviser par 4, ou par 9, ou par 25, enfin par un carré, on gagnerait à le faire. On extrairait ensuite la racine carrée du quotient, et on la multiplierait par 2, ou par 3, ou par 5; enfin par la racine du carré diviseur. On la multiplierait par le produit des racines, si on avait divisé successivement par plusieurs carrés. Soit proposé d'extraire la racine carrée de 36864, je divise par 4, le quotient est 9216; je divise de nouveau par 4, il vient 2304 au quotient; je divise enfin par 9, et le quotient est 256, dont la racine est 16; je multiplie 16 par 12, produit des 3 racines 2, 2 et 3, et j'ai 192 pour racine carrée exacte de 36864.

Voici la raison de cette règle : Désignons par a^2, b^2, c^2, etc., les carrés diviseurs; le nombre donné est donc de la forme $a^2 b^2 c^2 m^2$, m^2 étant le quotient final.

On a évidemment $\sqrt{a^2 b^2 c^2 m^2} = abcm$;

puisque $(abcm)^2 = abcm \times abcm = a^2 b^2 c^2 m^2$.

Au surplus, ceci est plus curieux qu'utile.

On doit rapporter au cas actuel celui où le nombre donné, quoique renfermant des parties décimales, est toujours un carré parfait, c'est-à-dire le produit d'un nombre multiplié par lui-même. La multiplication des parties décimales fait voir que le carré d'un nombre qui en contient, doit avoir 2 fois autant de chiffres décimaux qu'il y en a dans ce nombre, et réciproquement, qu'il y a à la racine moitié moins de chiffres décimaux qu'au carré. Ainsi, supposons qu'il y en ait n dans l'une, il y en aura nécessairement $2n$ dans l'autre. D'après cela, on extrait d'abord la racine carrée, comme si tout le nombre était entier; ensuite on y indique, en allant de droite à gauche, le nombre convenable de chiffres décimaux; n par exemple, s'il y en a $2n$ au carré donné.

EXEMPLES.

$\sqrt{1999824} = 1732$; donc, $\sqrt{19998,24} = 173,2$;

$\sqrt{199,9824} = 17,32$; $\sqrt{1,999824} = 1,732$;

$\sqrt{0,01999824} = 0,1732$; $\sqrt{0,0001999824} = 0,01732$.

69. Examinons maintenant le cas où la racine carrée ne peut s'extraire exactement, ce qui arrive toutes les fois que le nombre donné n'est point un carré parfait, ou le produit d'un nombre multiplié par lui-même.

Alors on extrait la racine du plus grand carré contenu dans ce nombre. Ainsi la racine carrée de 12345, est 111, à moins d'une unité, et même à moins d'une demi-unité. En général, soit $a = b^2 + c$; a étant le nombre

ALGÈBRE. 127

donné, b^2 le plus grand carré qui y soit contenu, et c leur différence. On prendra b pour la racine carrée de a.

Quelquefois, au lieu de la racine du carré immédiatement plus petit que le nombre donné, on prend celle du carré immédiatement plus grand : cela se fait lorsque ce dernier diffère moins que le premier de ce nombre donné. Ainsi la racine carrée de 15615 est plus proche de 125 que de 124 ; on a, par ce moyen, la racine carrée à moins d'une demi-unité. Il en serait de même si le nombre renfermait des parties décimales ; on vient de voir que la racine carrée de 12345 est 111, à moins d'une demi-unité. Ainsi on prendra,

11,1 pour $\sqrt{123{,}45}$; 1,11 pour $\sqrt{1{,}2345}$, et 0,111 pour $\sqrt{0{,}012345}$.

De même, au lieu de $\sqrt{156{,}15}$, ou de $\sqrt{1{,}5615}$, ou de $\sqrt{0{,}015615}$, on emploierait $\sqrt{156{,}25}$, ou $\sqrt{1{,}5625}$, ou $\sqrt{0{,}015625}$, et par conséquent 12,5, ou 1,25, ou 0,125.

On a, par ce moyen, la racine, à moins d'une demi-unité décimale de l'ordre n, s'il y a $2n$ chiffres décimaux au carré, et par conséquent n à la racine.

On suppose toujours que les chiffres décimaux sont en nombre pair, au nombre dont on propose d'extraire la racine carrée ; autrement le plus grand carré qu'on y trouve, abstraction faite de la virgule, n'en serait plus un lorsqu'on y remettrait la virgule, puisqu'ayant un nombre impair de chiffres décimaux, il ne serait point le produit d'un nombre multiplié par lui-même. Dans ce cas, on écrit 1 ou 3, ou 5 zéros à la droite du nombre donné ; mais nous y reviendrons.

Pour obtenir la racine carrée avec une plus grande approximation, voici la règle qu'on suit ordinairement.

S'il s'agit de prendre la racine carrée d'un nombre entier, on écrit à la droite de ce nombre deux fois autant de zéros qu'on veut avoir de chiffres décimaux à la racine ; on extrait ensuite la racine carrée du plus grand carré contenu dans le nouveau nombre. On sépare dans cette racine, en allant de droite à gauche, le nombre convenu de chiffres décimaux.

EXEMPLE.

Extraire la racine carrée de 2, à moins d'un millième.

2,000000	1,414
10 0	24
40 0	281
1190 0	2824
604	

On écrit donc 6 zéros à la droite du nombre donné 2, parce qu'on veut avoir 3 chiffres décimaux à la racine carrée. On trouve 1414 pour $\sqrt{2000000}$, avec un reste 604 qu'on néglige. On a donc 1,414 pour $\sqrt{2}$, à moins d'un millième. En effet, $(1,414)^2 = 1,999396$, et $(1,415)^2 = 2,002225$. Ainsi $\sqrt{2} > 1,414$, et $< 1,415$, plus proche du premier nombre que du second.

Voilà la règle : en voici la démonstration. On veut que la racine ait n chiffres décimaux ; il faut donc employer un carré qui en ait $2n$. Dans cette vue, on écrit 2 fois n zéros à la droite du nombre donné, et on considère ces $2n$ zéros comme des chiffres décimaux. Le plus grand carré contenu dans le nombre ainsi transformé en parties décimales, a nécessairement 2 fois n chiffres décimaux, comme on le suppose. On donnera une seconde démonstration, lorsqu'on aura expliqué l'extraction de la racine carrée des fractions ordinaires.

S'il s'agit d'extraire la racine carrée d'un nombre qui renferme déjà des parties décimales, et qu'on veuille toujours n chiffres décimaux à la racine, on écrit à la droite du nombre donné autant de zéros qu'il en faut pour qu'il ait $2n$ chiffres décimaux, les zéros étant comptés comme des chiffres de cette espèce.

EXEMPLE Ier.

Extraire la racine carrée de 1,25, à moins d'un millième.

1,250000	1,118
25	21
40 0	221
1790 0	2228
76	

On a écrit 4 zéros, pour compléter les 6 chiffres décimaux qu'on doit avoir au carré, puisqu'on en veut 3 à la racine.

On trouve 1118 pour $\sqrt{1250000}$; on a donc 1,118 pour $\sqrt{1,250000}$, ou $\sqrt{1,25}$.

En effet, $(1,118)^2 = 1,249924$, et $(1,119)^2 = 1,252161$.

Donc, $\sqrt{1,25} > 1,118$, et $< 1,119$.

EXEMPLE II.

Extraire la racine carrée de 12,5, à moins d'un millième.

12,500000	3,535
35 0	65
250 0	703
3910 0	7065
3775	

On a écrit 5 zéros, pour qu'en les comptant il y ait 6 chiffres décimaux au nombre donné, ou plutôt au plus grand carré qui y est contenu.

Ainsi ayant trouvé 3535 pour $\sqrt{12500000}$, on a 3,535 pour $\sqrt{12,500000}$, ou plus simplement pour $\sqrt{12,5}$.

En effet, $(3,535)^2 = 12,496225$, et $(3,536)^2 = 12,503296$. D'où l'on conclut $\sqrt{12,5} > 3,535$, et $< 3,536$.

Le second nombre est un peu plus approché.

Carré et racine carrée des Fractions.

70. Soit $\frac{a}{b}$ une fraction quelconque, on aura,

$$\left(\frac{a}{b}\right)^2 = \frac{a}{b} \times \frac{a}{b} = \frac{a^2}{b^2}.$$

Le carré d'une fraction se trouve donc en formant séparément le carré du numérateur et celui du dénominateur. Réciproquement, pour avoir la racine carrée d'une fraction, il faut extraire séparément la racine carrée du numérateur et celle du dénominateur. Ainsi,

$$\sqrt{\frac{a^2}{b^2}} = \frac{\sqrt{a^2}}{\sqrt{b^2}} = \frac{a}{b}.$$

Passant aux nombres exprimés en chiffres, on aura successivement,

$$\sqrt{\frac{4}{9}} = \frac{\sqrt{4}}{\sqrt{9}} = \frac{2}{3};$$

et
$$\sqrt{\frac{9216}{10201}} = \frac{\sqrt{9216}}{\sqrt{10201}} = \frac{96}{101}.$$

Si le dénominateur seul était un carré parfait, on extrairait la racine du numérateur par approximation, et on la diviserait par celle du dénominateur. Ainsi,

$$\sqrt{\frac{3}{4}} = \frac{\sqrt{3}}{\sqrt{4}} = \frac{1,732}{2} = 0,866.$$

De même $\sqrt{\frac{2}{9}} = \frac{\sqrt{2}}{\sqrt{9}} = \frac{1,414}{3} = 0,471$,

à moins d'un millième.

On pousse l'approximation aussi loin qu'on le juge convenable. On réduit la racine entièrement en parties décimales, pour n'avoir pas une fraction de fraction.

Si le dénominateur n'est pas un carré parfait, on transforme la fraction en une autre qui soit dans ce cas; cela se fait, en général, en multipliant les deux termes de la fraction par le dénominateur. On opère ensuite comme il vient d'être dit. Il résulte de là que,

$$\sqrt{\frac{2}{3}} = \sqrt{\frac{6}{9}} = \frac{\sqrt{6}}{\sqrt{9}} = \frac{2,449}{3} = 0,816.$$

On suit cette règle même dans le cas où le numérateur est un carré parfait, pourvu que le dénominateur n'en soit pas un. Ainsi,

$$\sqrt{\tfrac{1}{2}} = \sqrt{\tfrac{2}{4}} = \tfrac{\sqrt{2}}{\sqrt{4}} = \tfrac{1{,}414}{2} = 0{,}707.$$

Il serait possible d'extraire, par approximation, la racine carrée du dénominateur, aussi bien que celle du numérateur. Par exemple,

$$\sqrt{\tfrac{2}{3}} = \tfrac{\sqrt{2}}{\sqrt{3}} = \tfrac{1{,}414}{1{,}732} = \tfrac{1414}{1732} = 0{,}816.$$

Mais le calcul serait plus long, et surtout plus compliqué.

Quand le numérateur est un carré parfait, on pourrait aussi laisser la fraction telle qu'elle est, et extraire, par approximation, la racine carrée du dénominateur de cette manière,

$$\sqrt{\tfrac{1}{2}} = \tfrac{\sqrt{1}}{\sqrt{2}} = \tfrac{1}{1{,}414} = 0{,}707;$$

mais le calcul serait encore moins simple.

Enfin, on pourrait transformer la fraction donnée en parties décimales, et extraire ensuite la racine carrée du nombre qui en résulte. Ainsi,

$$\sqrt{\tfrac{1}{2}} = \sqrt{0{,}5} = 0{,}707.$$

De même $\sqrt{\tfrac{2}{3}} = \sqrt{0{,}666667} = 0{,}816.$

Ce dernier procédé paraît aussi simple que celui qu'on suit ordinairement.

Résolution des équations du deuxième degré à deux termes

71. Nous pouvons maintenant résoudre les équations du second degré de la forme $x^2 = q$. Il suffit, pour cela, d'extraire la racine carrée du nombre q, supposé connu.

Comme le carré de $-a$, aussi bien que celui de $+a$, est $+a^2$, il s'ensuit que le même nombre admet deux racines carrées, égales en grandeur, mais de signes différents. Pour indiquer cette double racine, on donne le double signe $\pm$, soit à la racine extraite, soit à la racine indiquée, ou au radical. Ainsi de l'équation $x^2 = q$, on conclut celle-ci, $x = \pm\sqrt{q}$.

Soit $q = 25$, on aura $x^2 = 25$;
ensuite $x = \pm\sqrt{25} = \pm 5$.

Cela veut dire qu'on satisfait à l'équation primitive $x^2 = 25$, en prenant $x = 5$, ou $x = -5$.

Si le nombre q n'est pas un carré parfait, on en extraira la racine par approximation. Ainsi de l'équation,

$$x^2 = 2, \text{ on tire } x = \pm\sqrt{2} = \pm 1{,}4142.$$

On pousse l'approximation aussi loin qu'on le juge convenable.

Si le carré de l'inconnue, au lieu d'être isolé dans le premier membre, y formait, avec des nombres connus, une somme, ou une différence, ou un produit, ou un quotient, on le dégagerait, comme il a été prescrit pour la première puissance de l'inconnue dans les équations du premier degré.

Soit, par exemple, l'équation :

$$\frac{2x^2}{3} + 2\tfrac{3}{4} = \tfrac{5}{12}.$$

Chassant les dénominateurs, transposant, réduisant, divisant, et extrayant la racine carrée, on a successivement,

$$8x^2 + 33 = 41 ; \; 8x^2 = 41 - 33 = 8 ;$$
$$x^2 = \tfrac{8}{8} = 1 ; \; x = \pm \sqrt{1} = \pm 1.$$

APPLICATIONS.

Ire QUESTION. Les corps, en tombant librement, et abstraction faite de la résistance de l'atmosphère, parcourent des espaces proportionnels aux carrés des temps pendant lesquels ils tombent. Ce principe est prouvé, en physique, par l'expérience, et démontré en mécanique par des raisonnements rigoureux. Les temps et les espaces se comptent depuis le commencement du mouvement. On a observé que l'espace correspondant à la première seconde de temps, est de $4^m,9045$. D'après cela, combien de secondes emploiera un corps à tomber d'une hauteur de $132^m,5347$ (408 pieds)? laquelle est celle du sommet de la croix de Saint-Pierre de Rome.

Soit t le nombre de secondes, on aura cette proportion :

$$4^m,9045 : 132^m,5347 :: 1 : t^2 ;$$

donc $$t^2 = \frac{132,5347}{4,9045} = \frac{1325347}{49045} = 27,02 ;$$

et $$t = \pm \sqrt{27,02} = \pm 5,2.$$

Ces deux valeurs de t peuvent également résoudre l'équation $t^2 = 27,02$, mais la valeur positive 5,2 résout seule le problème. Ainsi un corps n'emploierait que $5'',2$, à tomber de cette grande élévation.

IIe QUESTION. Les saucissons employés au revêtement d'une batterie, peuvent être considérés comme des cylindres droits. Avec des matériaux suffisants pour en faire 25 de 325 millimètres (12 pouces) de diamètre, on voudrait en faire 36 de même longueur. Quel doit être le diamètre de ces derniers?

On démontre, en géométrie, que les volumes des cylindres droits de même longueur, sont proportionnels aux carrés des diamètres. Or, ces volumes doivent évidemment être ici en raison inverse du nombre des saucissons, de sorte qu'en représentant par x le diamètre cherché, on a immédiatement (page 56) l'équation :

$$x^2 = \frac{25 \times (325)^2}{36} \; ; \text{ d'où l'on tire}$$

$$x = \pm \sqrt{\frac{25 \times (325)^2}{36}} = \pm 325 \sqrt{\frac{25}{36}}$$

$$= \pm \frac{325 \times 5}{6} = \frac{1625}{6} = \pm 270 \frac{5}{6}.$$

Ainsi le diamètre demandé est de 271 millimètres (10 pouces).

IIIe Question. La chambre d'un mortier est un cylindre droit. Celle du mortier de 12 pouces (325 millim.), et celle du mortier de 8 pouces (217 millim.), ont la même profondeur. Le diamètre de la première est de 126 millimètres (4 pouces 8 lig.) : on demande celui de la seconde. On suppose, en outre, que la première contient 1693 grammes de poudre (3^{liv}. 7^{onc}. $\frac{1}{3}$), et que la seconde en contient 635 grammes (20^{onc}. $\frac{3}{4}$).

La capacité des cylindres de même longueur est proportionnelle au carré du diamètre. D'un autre côté, le poids de la poudre que peut contenir chaque chambre, est évidemment proportionnel à sa capacité ; ainsi le poids est ici proportionnel au carré du diamètre. Désignons donc par x le diamètre cherché ; nous aurons la proportion,

$$1693 : 635 :: (126)^2 : x^2$$

de cette proportion on tire, entre les racines carrées de ces termes, cette autre proportion,

$$\sqrt{1693} : \sqrt{635} :: 126 : x;$$

donc
$$x = \frac{126 \times \sqrt{635}}{\sqrt{1693}};$$

ou $x = 126 \times \sqrt{\frac{635}{1693}} = 126.\sqrt{0{,}375074} = 126 \times 0{,}612 = 77$;

Ainsi le diamètre de la chambre du mortier de 8 pouces, est 77 millimètres (2 pouces 10 lig.).

IVe Question. Supposons que la hauteur du talus d'une batterie est de 2^m,274 (7 pieds) à l'intérieur, et que la base est de 0^m,758 (2 pieds 4 pouces), ou le tiers de la hauteur. Calculer la longueur de ce même talus.

On démontre, en Géométrie, que le carré de la longueur de ce talus est égal à la somme des carrés de sa hauteur et de sa base. D'après ce principe, soit x la longueur, on aura,

$$x^2 = (2{,}274)^2 + (0{,}758)^2;$$
$$\text{ou } x^2 = 5{,}745640;$$
$$\text{et } x = \pm \sqrt{5{,}745640} = \pm 2{,}397.$$

Donc la longueur du talus est de 2^m,397.

Si on trouvait un nombre négatif pour la valeur du carré de l'inconnue, ce serait une preuve que la question proposée renferme une absurdité, et qu'elle ne peut être résolue. En effet, un nombre négatif ne peut jamais être le produit d'un nombre multiplié par lui-même. La valeur de l'inconnue serait donc alors la racine carrée d'une quantité négative. Ces sortes de racines s'appellent *imaginaires*, parce qu'on ne peut les représenter par aucun nombre positif ou négatif, soit exactement, soit par approximation. Par exemple, soit

$$3x^2 + 75 = 48; \text{ donc } 3x^2 = 48 - 75 = -27;$$
$$\text{et } x^2 = -\tfrac{27}{3} = -9, \text{ enfin } x = \pm\sqrt{-9}.$$

Expression impossible, puisqu'aucun nombre réel, multiplié par lui-même, ne peut donner -9 pour produit.

Résolution des équations complexes du deuxième degré à une inconnue.

72. Ces équations sont de la forme $x^2 + px = q$; p et q étant des nombres quelconques, supposés connus. Voici comment on les résout : on ajoute aux deux membres de l'équation $(\tfrac{1}{2}p)^2$, ou $\tfrac{1}{4}p^2$, c'est-à-dire le carré de la moitié du coefficient p, qui multiplie la première puissance de l'inconnue, et l'équation devient,

$$x^2 + px + (\tfrac{1}{2}p)^2 = q + \tfrac{1}{4}p^2;$$
$$\text{ou } (x + \tfrac{1}{2}p)^2 = \tfrac{1}{4}p^2 + q;$$

en effet, $(x + \tfrac{1}{2}p) \times (x + \tfrac{1}{2}p) = x^2 + px + \tfrac{1}{4}p^2$.

On extrait la racine carrée du premier membre, laquelle est $x + \tfrac{1}{2}p$. On indique celle du second, et on a l'équation du premier degré,

$$x + \tfrac{1}{2}p = \pm\sqrt{\tfrac{1}{4}p^2 + q};$$

d'où on tire, $\qquad x = -\tfrac{1}{2}p \pm \sqrt{\tfrac{1}{4}p^2 + q}.$

L'inconnue a donc deux valeurs, savoir :

$$-\tfrac{1}{2}p + \sqrt{\tfrac{1}{4}p^2 + q}, \text{ et } -\tfrac{1}{2}p - \sqrt{\tfrac{1}{4}p^2 + q}.$$

On met aussi ces valeurs sous cette forme,

$$-\frac{p - \sqrt{p^2 + 4q}}{2} \text{ pour l'une, et } -\frac{p + \sqrt{p^2 + 4q}}{2} \text{ pour l'autre.}$$

Cette règle se démontre d'elle-même. Donnons-en quelques exemples avec des nombres.

EXEMPLE Ier.

Résoudre l'équation $x^2 + 6x = 160$. Ici $p = 6$, et $q = 160$; donc $\tfrac{1}{2}p = 3$.

Complétons d'abord le carré du premier membre, extrayons ensuite la racine carrée, et transposons, nous aurons successivement,
$$x^2 + 6x + (3)^2 = 160 + 9 = 169;$$
$$x + 3 = \pm \sqrt{169} = \pm 13; \ x = -3 \pm 13.$$

Les deux valeurs de l'inconnue sont donc,
$$-3 + 13, \text{ ou } 10, \text{ et } -3 - 13, \text{ ou } -16.$$

Ces deux valeurs satisfont, en effet, à l'équation proposée,
$$x^2 + 6x = 160,$$

D'abord si on suppose $x = 10$, on a
$$x^2 + 6x = (10)^2 + 6 \times 10 = 100 + 60 = 160;$$
ensuite si on prend $x = -16$, on trouve,
$$x^2 = (-16)^2 = -16 \times -16 = 256; \ 6x = 6 \times -16 = -96;$$
donc, $\qquad x^2 + 6x = 256 - 96 = 160.$

EXEMPLE II.

Résoudre l'équation $x^2 - 5x = 50$. Ici $p = -5$, et $q = 50$; donc $\frac{1}{2}p = -\frac{5}{2}$; et on aura successivement,
$$x^2 - 5x + (\tfrac{5}{2})^2 = 50 + \tfrac{25}{4} = \tfrac{225}{4};$$
$$x - \tfrac{5}{2} = \pm \sqrt{\tfrac{225}{4}} = \pm \tfrac{15}{2};$$
enfin $\qquad x = \tfrac{5}{2} \pm \tfrac{15}{2}.$

Désignons la première valeur par x', et la seconde par x''. (On prononce x *prime*, et x *seconde*), et nous aurons,
$$x' = \tfrac{5}{2} + \tfrac{15}{2} = 10; \text{ et } x'' = \tfrac{5}{2} - \tfrac{15}{2} = -5.$$

Ces valeurs satisfont à l'équation. D'abord soit $x = 10$, on a
$$x^2 - 5x = 100 - 50 = 50.$$

Soit ensuite $\qquad x = -5,$ on a,
$$x^2 - 5x = (-5)^2 - 5 \times -5 = 25 + 25 = 50.$$

EXEMPLE III.

Résoudre l'équation $x^2 - 7x = -6$. Ici $p = -7$, et $q = -6$;
donc $\qquad x^2 - 7x + (\tfrac{7}{2})^2 = -6 + \dfrac{49}{4} = \dfrac{49 - 24}{4} = \dfrac{25}{4};$
$$x - \tfrac{7}{2} = \pm \sqrt{\tfrac{25}{4}} = \pm \tfrac{5}{2}; \text{ et } x = \tfrac{7}{2} \pm \tfrac{5}{2};$$
donc $\qquad x' = 6, \text{ et } x'' = 1.$

En effet, $x^2 - 7x = (6)^2 - 7 \times 6 = 36 - 42 = -6;$
et $\qquad (1)^2 - 7 \cdot 1 = 1 - 7 = -6.$

EXEMPLE IV.

Résoudre l'équation $x^2 - 9x = -25$. Ici $p = -9$, et $q = -25$;

ALGÈBRE.   135

donc $\quad x^2 - 9x + (\frac{9}{2})^2 = -25 + \frac{81}{4} = \frac{81-100}{4} = -\frac{19}{4}$;

$x - \frac{9}{2} = \pm \sqrt{-\frac{19}{4}} ; x = \frac{9}{2} \pm \sqrt{-\frac{19}{4}}.$

Dans cet exemple les valeurs de x sont *imaginaires* : il y a donc impossibilité de satisfaire à l'équation proposée.

Si l'équation primitive n'était pas de la forme $x^2 + px = q$, on l'y amènerait aisément. Soit, par exemple,

$$3x^2 - 4x + 19 = 5x^2 - 11x + 25.$$

On aura successivement,

$3x^2 - 4x - 5x^2 + 11x = 25 - 19 ; -2x^2 + 7x = 6,$

$2x^2 - 7x = -6 ; \quad x^2 - \frac{7x}{2} = -3 ;$

$x^2 - \frac{7}{2}x + (\frac{7}{4})^2 = -3 + \frac{49}{16} = \frac{49-48}{16} = \frac{1}{16};$

$x - \frac{7}{4} = \pm \sqrt{\frac{1}{16}} = \pm \frac{1}{4} ; x = \frac{7}{4} \pm \frac{1}{4} ;$

$x' = 2 ; x'' = \frac{3}{2} = 1\frac{1}{2}.$

Soit encore $\quad \frac{2x^2}{3} - \frac{3x}{4} + \frac{5}{6} = \frac{11x^2}{12} - \frac{x}{2} + \frac{1}{3}.$

On aura successivement,

$8x^2 - 9x + 10 = 11x^2 - 6x + 4 ;$

$8x^2 - 11x^2 - 9x + 6x = 4 - 10 ;$

$-3x^2 - 3x = -6 ; 3x^2 + 3x = 6 ;$

$x^2 + x = 2 ; x^2 + x + (\frac{1}{2})^2 = 2 + \frac{1}{4} = \frac{9}{4} ;$

$x + \frac{1}{2} = \pm \frac{3}{2} ; x = -\frac{1}{2} \pm \frac{3}{2},$

donc $\quad x' = 1,$ et $x'' = -2.$

Remettons à la fois sous les yeux toutes les règles qui servent à résoudre l'équation complète du second degré à une inconnue.

1° *Faire passer, dans le premier membre de l'équation, tous les termes affectés de x, et les quantités connues dans l'autre ;* 2° *examiner si le terme qui contient x^2 est positif; s'il avait le signe —, on changerait tous les signes de l'équation;* 3° *faire disparaître le coefficient et le diviseur du premier terme s'il y en a : ce qui se fait, en divisant tous les termes de l'équation par le coefficient, et en les multipliant par le diviseur;* 4° *compléter le carré, en ajoutant à chaque membre le carré de la moitié de la quantité connue qui multiplie la première puissance de x;* 5° *tirer la racine carrée de chaque membre, et donner à celle du second membre le double signe $\pm$. L'équation sera réduite au premier degré.*

Application de ces règles à la résolution de quelques questions du second degré.

Ire QUESTION. Trouver un nombre tel, que si l'on ajoute 132 à son carré, la somme soit égale à 23 fois ce nombre.

Solution. Soit x ce nombre; x^2 sera son carré. Ainsi,
$$x^2 + 132 = 23x :$$
transposons, il vient, $\quad x^2 - 23x = -132;$
complétons le carré, et réduisons, on a,
$$x^2 - 23x + \left(\tfrac{23}{2}\right)^2 = \tfrac{1}{4};$$
extrayons la racine carrée, on trouve,
$$x - \tfrac{23}{2} = \pm \tfrac{1}{2};$$
donc $\qquad x = \tfrac{23}{2} \pm \tfrac{1}{2};$
donc première valeur $x' = 12$; seconde, $x'' = 11$.

Vérification. 1° Si $x = 12$, on a, $x^2 + 132 = 144 + 132 = 276 = 23 \cdot 12$;

2° Si $x = 11$, on a $x^2 + 132 = 121 + 132 = 253 = 23 \cdot 11$;

IIe QUESTION. Un régiment de cuirassiers achète un certain nombre de chevaux pour 11250 fr.; un régiment de dragons en achète 15 de plus pour 16000 fr. Un cheval de dragon coûte 50 f. de moins qu'un cheval de cuirassiers. Combien y en avait-il des uns et des autres, et combien a-t-on payé pour chaque cheval?

Solution. Désignons par x et par $x + 15$ les deux nombres de chevaux, et par $\frac{11250}{x}$ et $\frac{16000}{x+15}$ les prix correspondants, on aura l'équation,
$$\frac{11250}{x} = \frac{16000}{x+15} + 50.$$

Faisons disparaître les dénominateurs, transposons, changeons les signes, et réduisons, nous trouverons,
$$50x^2 + 5500x = 168750;$$
divisons par 50; complétons le carré, et extrayons la racine carrée, nous aurons;

$x + 55 = \pm 80$; donc $x' = 80 - 55 = 25$, et $x'' = -135$.

La première valeur résout seule le problème et l'équation. Il y avait donc 25 chevaux de cuirassiers et 40 de dragons. La valeur négative —135 satisfait à l'équation seulement.

IIIe QUESTION. Trois compagnies d'ouvriers, en travaillant ensemble, feraient un ouvrage en 15 heures; s'ils travaillaient séparément, les premiers emploieraient les $\tfrac{4}{5}$ du temps des seconds, et ceux-ci 15 heures de

ALGÈBRE.   137

moins que les derniers. Combien chaque compagnie mettrait-elle donc de temps ?

Solution. Désignons par x le temps des seconds, nous aurons $\dfrac{4x}{5}$ pour le temps des premiers, et $x + 15$ pour celui des derniers. Ce qu'ils font de l'ouvrage par heure sera exprimé respectivement par

$$\dfrac{1}{\dfrac{4x}{5}}, \ \dfrac{1}{x} \ \text{et} \ \dfrac{1}{x+15},$$

l'ouvrage entier étant représenté par **1**.

Les trois compagnies le faisant en 15 heures, l'équation sera,

$$\dfrac{15}{x} + \dfrac{15}{\dfrac{4x}{5}} + \dfrac{15}{x+15} = 1; \ \text{ou} \ \dfrac{75}{4x} + \dfrac{15}{x} + \dfrac{15}{x+15} = 1;$$

faisant évanouir les dénominateurs, il vient,

$$75x^2 + 1125x + 60x^2 + 900x + 60x^2 = 4x^3 + 60x^2;$$

divisant tous les termes par x, réduisant, transposant et changeant les signes, on a,

$$4x^2 - 135x = 2025;$$

d'où l'on tire, en procédant comme ci-dessus,

$$x = \dfrac{135}{8} \pm \dfrac{225}{8};$$

Les deux valeurs de l'inconnue sont donc, $x' = 45$ et $x'' = -11\tfrac{1}{4}$. La première, seule, résout le problème; la seconde ne satisfait qu'à l'équation. L'ouvrage entier serait donc fait en 36 heures par la première compagnie, en 45 par la seconde, et en 60 par la troisième.

En effet, les 3 compagnies feraient ensemble $\tfrac{1}{36} + \tfrac{1}{45} + \tfrac{1}{60}$, ou $\tfrac{1}{15}$ de l'ouvrage en une heure, et l'ouvrage entier en 15 heures.

IVe Question. Suivant les physiciens, l'action de la lumière est en raison directe de son intensité, et en raison inverse du carré de la distance de l'objet éclairé au corps lumineux. D'après ce principe, trouver sur la droite qui joint deux corps lumineux, le point qui en est également éclairé, en supposant leur distance de 125 centimèt., et les intensités de leur lumière proportionnelles aux nombres 16 et 25.

Solution. Représentons par la droite ab.

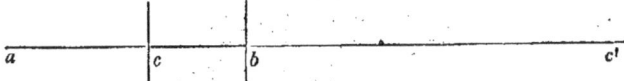

celle qui joint les corps lumineux supposés, l'un en a, et l'autre en b; le premier étant plus grand que le second. Soit c le point cherché; désignons par x la distance ac; donc $bc = 125 - x$. La force de la lumière en a étant 25 à la distance 1, elle sera $\dfrac{25}{x^2}$ à la distance x; pareillement la force de la lumière en b étant 16 à la distance 1, elle deviendra $\frac{16}{(125-x)^2}$ à la distance $125-x$. Ces dernières forces devant être égales, on a l'équation,

$$\frac{25}{x^2} = \frac{16}{(125-x)^2}.$$

Faisant évanouir les dénominateurs, on a,

$$25(125-x)^2 = 16x^2.$$

Effectuant les opérations indiquées, transposant et réduisant, on trouve,

$$9x^2 - 6250x = -390625,$$

et par suite,

$$x = \frac{3125}{9} \pm \frac{2500}{9}.$$

Les deux valeurs sont donc $x = 625$, et $x = 69\frac{4}{9}$; l'une et l'autre satisfont au problème. La valeur $69\frac{4}{9}$ désigne le point c placé entre les deux corps lumineux; et la valeur 625 désigne un autre point c', situé sur le prolongement de la droite ab du côté de la lumière la plus faible.

On aurait pu résoudre plus simplement l'équation $\frac{25}{x^2} = \frac{16}{(125-x)^2}$ de cette manière. D'abord extrayons la racine carrée, nous aurons $\frac{\pm 5}{\pm x} = \frac{\pm 4}{\pm(125-x)}$; ce qui donne les deux équations,

$$\frac{5}{x} = \frac{4}{125-x}; \text{ et } \frac{5}{x} = \frac{-4}{-(125-x)} = \frac{4}{x-125}.$$

On tire de la première, $x = 69\frac{4}{9}$, et de la seconde, $x = 625$, comme précédemment.

De l'extraction de la racine carrée des Polynomes.

73. Rappelons-nous l'indication et la formation du carré d'un monome algébrique. Nous aurons successivement,

1° $\quad (a^m)^2 = a^m . a^m = a^{2m};$

2° $\quad (a^m b^n c^p)^2 = a^m b^n c^p \times a^m b^n c^p = a^{2m} b^{2n} c^{2p};$

3° $\quad \left(\frac{a^m}{b^n}\right)^2 = \frac{a^m}{b^n} \times \frac{a^m}{b^n} = \frac{a^{2m}}{b^{2n}};$

4° $\quad (2a^m)^2 = 2a^m \times 2a^m = 4a^{2m}$

Ces résultats font voir que pour passer de la première à la seconde puissance, ou au carré d'un monome, il faut, 1° élever au carré le coefficient ou facteur numérique, s'il y en a un; 2° doubler l'exposant de chaque facteur algébrique. Il suit de là que pour extraire la racine carrée d'un monome algébrique, il faut, 1° extraire la racine carrée du coefficient ou

ALGÈBRE.

facteur numérique; 2° prendre la moitié de l'exposant de chaque facteur algébrique. Ainsi,

1° $\qquad \sqrt{16a^6b^4c^2} = 4a^3b^2c;$

2° $\qquad \sqrt{\dfrac{16a^4b^6}{25c^2d^4}} = \dfrac{4a^2b^3}{5cd^2};$

3° En général $\qquad \sqrt{\dfrac{4a^{2m}b^{2n}}{9c^{2p}d^{2q}}} = \dfrac{2a^mb^n}{3c^pd^q}.$

Si l'on ne peut extraire la racine carrée du coefficient, ni prendre la moitié de l'exposant de chaque facteur algébrique, on ne peut alors qu'indiquer la racine carrée du monome algébrique.

74. Rappelons aussi l'indication et la formation du carré d'un binome algébrique. Nous aurons successivement,

1° $\qquad (a^m + b^n)^2 = (a^m + b^n) \times (a^m + b^n)$
$\qquad\qquad\qquad = a^{2m} + 2a^mb^n + b^{2n};$

2° $\qquad (2a^m + 3b^n)^2 = (2a^m + 3b^n) \times (2a^m + 3b^n)$
$\qquad\qquad\qquad = 4a^{2m} + 12a^mb^n + 9b^{2n};$

3° $\qquad (a^m + b^nc^p)^2 = a^{2m} + 2a^mb^nc^p + b^{2n}c^{2p}.$

Ces résultats montrent que le carré d'un binome algébrique renferme toujours 3 termes; savoir, *le carré du premier terme du binome; le double produit du premier terme, multiplié par le second, et le carré du second terme du binome.* Cette remarque sert à extraire la racine carrée d'un trinome, quand il est un carré parfait. On ne parle point de l'extraction de la racine carrée d'un binome, qui ne peut jamais être un carré, puisque celui d'un monome n'a qu'un terme, tandis que celui d'un binome en renferme trois.

Soit d'abord le trinome $12a^mb^n + 4a^{2m} + 9b^{2n}$, dont on demande la racine carrée. Pour y retrouver les 3 parties qui composent le carré d'un binome, je l'ordonne par rapport à l'une des lettres qui y sont employées; à la lettre a, par exemple.

J'ai $4a^{2m} + 12a^mb^n + 9b^{2n}$. L'opération se dispose et s'explique comme il suit :

$$\begin{array}{l|l} 4a^{2m} + 12a^mb^n + 9b^{2n} & 2a^m + 3b^n \quad \text{Racine.} \\ 4a^{2m} & \\ \hline 0 \ + 12a^mb^n + 9b^{2n} & 4a^m + 3b^n. \\ \ \ - 12a^mb^n - 9b^{2n} & \\ \hline \ \ \ \ \ \ \ \ \ \ \ 0 & \end{array}$$

J'extrais la racine carrée du premier terme $4a^{2m}$, et j'ai $2a^m$ pour le premier terme de la racine, que j'écris à la droite du trinome proposé. Je retranche de cette quantité, $4a^{2m}$, carré de $2a^m$; le reste est $12a^mb^n + 9b^{2n}$. Je divise $12a^mb^n$, premier terme de ce reste, par $4a^m$ écrit au-dessous de $2a^m$, dont il est le double. Le quotient $3b^n$ est le second terme de la racine. Il s'écrit à la suite de $2a^m$ et de $4a^m$. Je multiplie $4a^m +$ $3b^n$, par $3b^n$. Le produit $12a^m b^n + 9b^{2n}$, s'écrit au-dessous du reste précédent, dont il doit être retranché. Le reste *zéro* fait voir que la racine carrée de $4a^{2m} + 12a^m b^n + 9b^{2n}$ est exactement $2a^m + 3b^n$. En effet, j'extrais la racine carrée de $4a^{2m}$, considérée comme le carré du premier terme de la racine, et j'ai $2a^m$ pour ce premier terme; ensuite $12a^m b^n$, regardé comme le double produit du second terme de la racine, multiplié par le premier, se divise par $4a^m$, double de ce premier terme. Le quotient est donc le second terme de la racine. Ce procédé doit donner par conséquent la racine cherchée. Pour la vérifier, on a retranché du trinome proposé, 1° $4a^{2m}$, carré du premier terme de la racine ; 2° $12a^m b^n$, double produit du premier terme multiplié par le second, enfin, $9b^{2n}$, carré du second terme de la racine. On a donc réellement retranché du trinome donné, les trois termes du carré du binome trouvé ; et comme il ne reste rien, on a raison de conclure que ce binome est la racine exacte du trinome. Ces raisonnements s'appliquent à tous les trinomes.

75. Si la quantité dont on se propose d'extraire la racine carrée, a plus de 3 termes, alors elle n'est plus le carré d'un binome. En la supposant celui d'un trinome $a + b + c$, on a $(a + b + c)^2 = (a + b)^2 + 2(a + b) \times c + c^2$, expression où l'on retrouve, 1° le carré d'un binome $a + b$; 2° le double produit de ce binome multiplié par c, troisième terme de la racine ; 3° le carré de ce troisième terme.

On s'appliquera donc à retrouver successivement, d'abord le binome, ou les deux premiers termes, et ensuite le troisième terme de cette racine.

On retrouverait le binome, en cherchant séparément chaque terme, comme il vient d'être expliqué ; et on aura le troisième terme, comme on l'enseigne ci-dessous.

EXEMPLE.

Soit proposé d'extraire la racine carrée de
$$16ac + 4a^2 - 12ab + 9b^2 - 24bc + 16c^2.$$

On ordonnera cette quantité par rapport à la lettre a, et l'on disposera l'opération comme il suit :

	$4a^2 - 12ab + 9b^2 - 24bc$	$2a - 3b + 4c$ *Racine*
	$\quad + 16ac + 16c^2$	——————— *demandée.*
	$-4a^2$	$4a - 3b$
1er reste.	$0 - 12ab + 9b^2 - 24bc$	$4a - 6b + 4c$
	$\quad + 16ac + 16c^2$	
	$\quad + 12ab - 9b^2$	
2e reste.	$0 + 16ac - 24bc + 16c^2.$	
	$\quad - 16ac + 24bc - 16c^2.$	
	$\quad\;\; 0 \quad\;\; 0 \quad\;\; 0$	

Je regarde $4a^2$ comme le carré du premier terme de la racine. Ce premier terme est donc $2a$, dont le carré se retranche de la quantité proposée. Je considère $-12ab$, premier terme du reste, comme le double du premier terme de la racine, multiplié par le second. Je le divise par $4a$, double du premier terme de la racine. Le quotient $-3b$ est le second terme de la racine. Je le multiplie par $4a-3b$. Le produit $-12ab+9b^2$ se retranche du premier reste. De cette manière, j'ai déjà soustrait $4a^2 - 12ab + 9b^2$, carré de $2a-3b$, ou des 2 premiers termes de la racine; le second reste, doit contenir encore le double produit du troisième terme de la racine, multiplié par la somme des deux premiers, plus le carré de ce troisième terme. Je divise ce second reste par $4a-6b$, double de cette somme, et le quotient $4c$ est le troisième terme de la racine. On l'écrit à la suite de $2a-3b$, à la racine et à côté de $4a-6b$, double de $2a-3b$; on multiplie $4a-6b+4c$ par $4c$, et le produit se retranche du dernier reste, qui se trouve entièrement détruit, ce qui fait voir que le polynome proposé est le carré du trinome $2a-3b+4c$.

Formation du cube, et extraction de la racine cubique.

76. Le *cube*, ou la troisième puissance d'un nombre, est le produit de ce nombre multiplié par son carré. La dénomination de troisième puissance vient de ce que c'est un produit de 3 facteurs égaux, et celle de cube est due à la géométrie, où l'on nomme ainsi un corps terminé par six carrés égaux. Les cubes des nombres d'un seul chiffre sont compris dans la seconde ligne de la table ci-dessous.

Nombres.	1.	2.	3.	4.	5.	6.	7.	8.	9.
Cubes...	1.	8.	27.	64.	125.	216.	343.	512.	729.

Le cube de 10 étant 1000, il s'ensuit que tout nombre de trois chiffres ne peut renfermer que le cube d'un nombre d'un chiffre.

Pour expliquer la formation du cube d'un nombre de deux chiffres, imitons le procédé que nous avons suivi pour le carré d'un pareil nombre. Représentons-en les dizaines par a, et les unités par b. Nous aurons,
$$(a+b)^3 = a^3 + 3a^2b + 3ab^2 + b^3.$$
C'est-à-dire que *le cube d'un nombre composé de dizaines et d'unités, renferme quatre parties; savoir : 1° le cube des dizaines; 2° trois fois le carré des dizaines, multiplié par les unités; 3° trois fois le produit des dizaines par le carré des unités; 4° le cube des unités.*

Soit 64 le nombre dont on demande la troisième puissance. En faisant $a = 6$ dizaines, $b = 4$ unités, on aura,

$$\begin{aligned} a^3 &= 216000 \\ 3a^2b &= 43200 \\ 3ab^2 &= 2880 \\ b^3 &= 64 \\ \hline (64)^3 &= 262144 \end{aligned}$$

Voici maintenant comment on revient du cube 262144 à sa racine 64.

OPÉRATION.

Cube donné......	262 144	64	Racine trouvée.
Cube de 6 dizaines..	216	36	Carré de 6.
	461 44	108	Triple carré de 6.

Vérification.

$$\begin{array}{r} 64 \\ 64 \\ \hline 256 \\ 384 \\ \hline 4096 \\ 64 \\ \hline 16384 \\ 24576 \\ \hline 262144 \end{array}$$

donc $\sqrt[3]{262144} = 64$.

Prononcez, racine cubique de 262144 *égale* 64.

Explication de l'opération. 1° Tirez un trait vertical à droite du cube proposé 262144; 2° partagez-le en tranches de 3 chiffres, en commençant par la droite; 3° sous la tranche à gauche, 262, écrivez 216 ou le plus grand cube contenu dans cette tranche. Ce cube, si on ne le sait pas de mémoire, se trouve à l'aide de la table précédente des cubes des nombres d'un chiffre; 4° écrivez 6, racine du cube 216, à la droite du cube proposé 262144; ce chiffre 6 donne les dizaines de la racine; 5° retranchez 216, cube de 6, de la tranche 262, et à côté du reste 46, écrivez la tranche 144, pour avoir 46144; 6° dans ce nombre, faites abstraction des deux derniers chiffres vers la droite, et divisez le nombre 461, composé des autres chiffres, par 108, triple carré du chiffre 6, déjà mis à la racine; 7° écrivez le quotient 4 à la droite de ce même chiffre 6; le quotient 4 exprime les unités de la racine; 8° vérifiez la racine entière 64, en élevant 64 au cube. Comme ce cube se trouve égal au cube donné, il est évident que 64 est la racine cubique de 262144.

Démonstration de l'opération. Le cube du chiffre des dizaines n'a point d'unités au-dessous de mille; ce cube est donc tout entier dans la tranche à gauche 262. Le plus grand cube contenu dans cette tranche étant 216, il est clair que la racine 6 de ce cube exprime les dizaines de la racine. Après avoir retranché 216 du cube proposé, le reste 46144, contient les 3 autres parties du cube. Le triple carré des dizaines, multiplié par les unités, qui est une de ces trois parties, n'a point d'unités au-dessous de 100; ce produit est donc tout entier dans 461. Considérant 461 comme ce

ALGÈBRE.   143

produit lui-même, il est évident que si nous le divisons par le triple carré des dizaines, qui est un de ses facteurs nous aurons au quotient le chiffre des unités, qui en est l'autre facteur. Divisons donc 461 par 108, triple carré des dizaines, le quotient 4 indique le chiffre des unités ; la racine entière est donc 64. La vérification se fait ensuite, et complète l'opération.

77. Tel est donc le procédé qu'il faut suivre, toutes les fois que le cube proposé a plus de trois chiffres et moins de 7. Séparez les 3 premiers vers la droite, et cherchez la racine du plus grand cube contenu dans les chiffres restans. Ecrivez cette racine à la place convenable. Retranchez son cube de la partie sur laquelle vous avez opéré. A côté du reste, abaissez les 3 chiffres de la droite. Faites abstraction des 2 chiffres de la droite, et divisez ce qui reste par le triple du carré des dizaines trouvées ; le quotient sera le chiffre des unités. Vérifiez la racine entière en l'élevant au cube. Si ce cube est égal au cube proposé, la racine trouvée est exacte. Si ce cube est plus grand que le cube proposé, diminuez le chiffre des unités de la racine. Procédez à une nouvelle vérification, et continuez de même jusqu'à ce que vous trouviez un résultat égal au nombre proposé, ou moindre, si ce nombre n'est pas un cube parfait ; dans ce cas, la racine trouvée est celle du plus grand cube qu'il contient. Si on craint qu'elle ne soit trop petite, on l'augmente et on fait la vérification.

78. Soit proposé d'extraire la racine cubique d'un nombre qui a plus de 6 chiffres.

OPÉRATION.

```
860 085 351  | 951
729          | 81
-----------  | 243
1310 85      | 27075
8573 75
-----------
27103 51
860085351
-----------
000000000
```

Donc $\sqrt[3]{860085351} = 951$.

Explication. Je partage le nombre en tranches de 3 chiffres en 3 chiffres, en allant de droite à gauche. Ces tranches sont dans cet ordre, *351, 085, 860*; 2° sous 860, j'écris 729 ; c'est le plus grand cube qui y est contenu ; 3° je porte la racine 9 de ce cube, à la droite du nombre proposé; 4° je retranche 729 de 860 ; à côté du reste 131, j'abaisse la tranche suivante 085, et j'ai le nombre 131085 ; 5° j'y fais abstraction des deux derniers chiffres vers la droite, et je divise le nombre restant 1310, par 243, triple du carré de 9 ; 6° j'écris le quotient 5 à côté de 9, et j'ai 95 pour les deux premiers chiffres de la racine ; 7° je vérifie cette partie de la racine, en l'élevant au cube ; 8° ce cube est égal à 857375 ; je le retranche de 860085, ou des deux tranches sur lesquelles j'ai opéré ; 9° à côté du reste 2710, j'abaisse la dernière tranche 351 ; 10° dans le résultat 2710351, je fais de nouveau abstraction des 2 derniers chiffres vers la droite, et je divise 27103 par 27075, triple du carré de 95; 11° j'écris le quotient 1 à la droite de 95, et j'ai 951 pour la racine entière; 12° la vérification qui donne 860085351 pour le cube de 951, complète l'opération.

Démonstration. Quelle que soit la racine cherchée, on la suppose décomposée en unités et en dizaines; le cube de celle-ci ne comprend aucun des 3 derniers chiffres du nombre proposé. Il est donc tout entier dans 860085; mais comme ce nombre a 6 chiffres, la racine du plus grand cube qui y est contenu, a 2 chiffres, des unités et des dizaines. On cherche cette racine par la règle expliquée dans le numéro précédent, et on trouve 95. On regarde 95 comme les dizaines de la racine entière : on retranche d'abord 857375, cube de 95, de 860085; à côté du reste 2710, on abaisse la tranche 351; le résultat 2710351 contient les 3 dernières parties du cube, dont 95 exprime les dizaines; on doit donc en trouver les unités, comme dans l'exemple précédent, en faisant abstraction des deux derniers chiffres de 2710351, vers la droite, et en divisant le nombre restant 27103, par 27075, triple du carré de 95, considéré comme les dizaines de la racine entière : ainsi le quotient 1 donne le chiffre des unités, et la racine entière est 951.

Si le nombre proposé avait une tranche de plus, on continuerait l'opération, comme on l'a fait pour la troisième.

Si les chiffres à diviser sur la gauche du reste, ne contiennent point le nombre par lequel il faut les diviser, on met un zéro à la racine. On descend alors la tranche suivante, et on opère sur cette tranche, réunie au reste, comme sur les autres tranches.

79. Le moyen le plus en usage pour extraire la racine cubique par approximation, consiste à évaluer cette racine en parties décimales. A cet effet, voyons comment se forme le cube d'un nombre qui renferme des parties décimales.

EXEMPLES.

1° $(1,2)^3 = 1,2 \times 1,2 \times 1,2 = 1,44 \times 1,2 = 1,728$;
2° $(0,12)^3 = 0,001728$;
3° $(1,25)^3 = 1,953125$;
4° $(0,125)^3 = 0,001953125$.

Il y a donc, au cube, 3 fois autant de chiffres décimaux qu'à la racine, et cette remarque est générale. En effet, un cube étant un produit, il doit avoir autant de chiffres décimaux que tous ses facteurs ensemble, et par conséquent 3 fois autant que l'un de ses facteurs, puisqu'il y en a 3, et qu'ils sont égaux.

80. Pour tenir lieu des chiffres décimaux qui manquent au nombre proposé, on écrira à sa droite 3 fois autant de zéros qu'on veut avoir de chiffres décimaux à la racine. On fera ensuite l'extraction suivant les règles exposées dans ce qui précède, et on séparera, dans le résultat, le nombre convenable de chiffres décimaux.

ALGÈBRE.

EXEMPLE.

Extraire la racine cubique de 2 à moins d'un millième près.

OPÉRATION.

2 000 000 000	1,259
1	
	3
10 00	432
1728	46875
2720 00	
1953125	
468750 00	46875
1995616979	
4383021	

Ainsi, $\sqrt[3]{2} = 1,259$, à moins d'un millième près. En effet $(1,259)^3 = 1,995616979$, et $(1,260)^3 = 2,000376000$.

Explication. 1° J'écris 9 zéros à la droite de 2, parce que je veux avoir 3 décimales à la racine; 2° je partage le résultat en tranches de 3 chiffres, en allant de droite à gauche; 3° j'extrais la racine cubique de 2 : c'est 1, que j'écris à la place destinée à la racine cherchée; 4° de 2, composant la tranche sur laquelle j'ai opéré, je retranche 1, cube de 1, premier chiffre mis à la racine; 5° à côté du reste 1, j'abaisse la seconde tranche, et j'ai 1000; 6° je fais abstraction des deux zéros de la droite, et je divise le nombre restant 10, par trois, triple du carré de 1, déjà mis à la racine; 7° avant d'écrire le quotient 3, je le vérifie, en élevant 13 au cube : ce cube étant plus grand que 2000, nombre sur lequel j'ai opéré, je ne mets que 2 à la racine; 8° je retranche 1728, cube de 12, de 2000, ou des 2 tranches déjà employées; 9° à côté du reste 272, j'abaisse la tranche suivante, et j'ai 272000 : dans ce nombre, faisant abstraction des deux derniers zéros, je divise le reste 2720 par 432, triple du carré de 12, déjà écrit à la racine; 10° le quotient paraîtrait devoir être 6; mais la racine 126 qui en résulterait, aurait un cube plus grand que 2000000; ainsi je ne mets que 5 à la racine; 11° je retranche 1953125, cube de 125, de 2000000, ou des trois tranches déjà employées; 12° à côté du reste 46875, j'abaisse les 3 zéros qui composent la dernière tranche; faisant abstraction des deux derniers zéros dans 46875000, je divise le reste 468750 par 46875, triple du carré de 125, et j'écris le quotient 9 à la racine, qui devient définitivement 1259, ou plutôt 1,259, en séparant 3 décimales sur la droite, conformément au but proposé; 13° je vérifie cette racine, en l'élevant au cube, ainsi que 1,260, d'où je vois que la racine cubique de 2 tombe entre 1,259 et 1,260, plus près cependant de 1,260 que de 1,259.

Si le nombre proposé avait déjà des décimales, il faudrait y ajouter des zéros, de manière que le nombre total des décimales y fût triple de celui des décimales qu'on veut avoir à la racine. Ainsi, soit proposé d'extraire la racine cubique de 1,25, à moins d'un centième près. On veut 2 décimales à la racine ; il faut qu'il y en ait 6 au cube supposé, et comme il y en a déjà 2, on doit donc écrire quatre zéros à la droite de 1,25 ; cela fait, on extraira la racine cubique de 1250000.

Cette racine tombe entre 105 et 106. Celle de 1,25 se trouve donc entre 1,05 et 1,06 ; ainsi,

$$\sqrt[3]{1,25} = 1,05 \text{ ou } 1,06,$$

à moins d'un centième près. La première valeur est la plus approchée, parce que si l'on eût cherché la racine avec 3 décimales, la troisième décimale aurait été au-dessous d'un demi-centième.

Pour s'assurer si la racine trouvée est celle du plus grand cube contenu dans le nombre proposé, il faut remarquer que le cube de $(a+1) = a^3 + 3a^2 + 3a + 1$, et que cette quantité excède le cube de a ou a^3, de $3a^2 + 3a + 1$; on voit donc que si a est la racine écrite, on sera certain qu'elle n'est point trop faible, tant que le reste laissé par l'opération sera plus petit que $3a^2 + 3a + 1$; si ce reste était égal ou plus grand, il faudrait augmenter la racine a d'une unité.

81. Le cube d'une fraction se forme en élevant au cube séparément le numérateur et le dénominateur de cette fraction. En effet,

$$\left(\frac{a}{b}\right)^3 = \left(\frac{a}{b}\right)^2 \times \frac{a}{b} = \frac{a^2}{b^2} \times \frac{a}{b} = \frac{a^3}{b^3}.$$

donc
$$\left(\frac{3}{4}\right)^3 = \frac{27}{64}.$$

Réciproquement la racine cubique d'une fraction se trouve en extrayant séparément la racine cubique du numérateur et celle du dénominateur de cette fraction. Ainsi,

$$\sqrt[3]{\frac{a^3}{b^3}} = \frac{a}{b} ; \text{ et } \sqrt[3]{\frac{64}{125}} = \frac{\sqrt[3]{64}}{\sqrt[3]{125}} = \frac{4}{5}.$$

Tel est le procédé qu'il faut suivre, quand le numérateur et le dénominateur sont l'un et l'autre des cubes parfaits. Dans tous les autres cas, on opère comme il suit :

Si le dénominateur seul est un cube parfait, on extrait la racine cubique du numérateur, par approximation, et on divise cette racine par celle du dénominateur. Par exemple,

$$\sqrt[3]{\frac{2}{27}} = \frac{\sqrt[3]{2}}{\sqrt[3]{27}} = \frac{1,260}{3} = 0,420.$$

Si le dénominateur n'est pas un cube parfait, on multiplie les deux termes de la fraction par le carré de ce dénominateur. De cette manière, on a

ALGÈBRE.   147

une fraction dont le dénominateur est un cube parfait, et l'on extrait celle du numérateur par approximation. Ainsi,

$$\sqrt[3]{\frac{2}{3}} = \sqrt[3]{\frac{2.9}{3.9}} = \sqrt[3]{\frac{18}{27}} = \frac{\sqrt[3]{18}}{3} = \frac{2,62}{3} = 0,87.$$

On pourrait aussi transformer la fraction en une autre, dont le numérateur fût un cube parfait. Par exemple,

$$\sqrt[3]{\frac{2}{3}} = \sqrt[3]{\frac{2.4}{3.4}} = \sqrt[3]{\frac{8}{12}} = \frac{2}{2,289} = 0,87,$$

comme précédemment.

Cette méthode n'est point en usage, sans doute, parce que, à la fin, il reste à faire une division, moins simple qu'en suivant la règle usitée.

Enfin, on pourrait évaluer en parties décimales la fraction dont on demande la racine cubique.

EXEMPLES.

$\sqrt[3]{\frac{2}{3}} = \sqrt[3]{0,666667} = 0,87$, comme précédemment.

Cette règle est aussi commode que la première; il faut, quand on la suit, que le nombre des décimales substituées à la fraction, soit triple de celui des décimales qu'on veut à la racine.

82. Quand on sait extraire la racine carrée et la racine cubique, on peut extraire la racine quatrième, la racine sixième, la racine huitième, la racine neuvième, la racine douzième, la racine seizième, la racine dix-huitième, la racine vingt-quatrième, etc., et généralement la racine dont l'exposant est une puissance de 2 ou une puissance de 3, ou le produit d'une puissance de 2 multipliée par une puissance de 3.

On obtient la racine quatrième par deux extractions successives de la racine carrée. La racine sixième, par deux extractions successives : l'une de la racine carrée, et l'autre de la racine cubique. La racine huitième, par 3 extractions successives de la racine carrée. La racine neuvième, par 2 extractions successives de la racine cubique. La racine douzième, par 3 extractions successives, deux de la racine carrée, et une de la racine cubique, etc.

EXEMPLES.

Soit le nombre 4096 dont on demande la racine quatrième, la racine sixième, et la racine douzième, on aura,

$\sqrt[4]{4096} = 8$, parce que $\sqrt{4096} = 64$, et que $\sqrt{64} = 8$;

$\sqrt[6]{4096} = 4$, parce que $\sqrt{4096} = 64$, et $\sqrt[3]{64} = 4$;

enfin,

$\sqrt[12]{4096} = 2$, parce que $\sqrt{4096} = 64$; $\sqrt{64} = 8$ et $\sqrt[3]{8} = 2$.

Ces règles se démontrent facilement. En effet, soit une quatrième puissance quelconque a^4; on aura d'abord $\sqrt{a^4} = a^2$; ensuite $\sqrt{a^2} = a$, quantité qui est évidemment la racine quatrième de a^4. De même, soit une sixième puissance quelconque a^6; on aura successivement $\sqrt{a^6} = a^3$, et $\sqrt[3]{a^3} = a$, résultat qui est la racine sixième de a^6. Pareillement $\sqrt{a^8} = a^4$, $\sqrt{a^4} = a^2$, $\sqrt{a^2} = a$, racine huitième de a^8, ou de la huitième puissance de a.

83. La racine cubique d'un produit est égale au produit des racines cubiques des facteurs. Ainsi,

$$\sqrt[3]{a^3 b^3 c^3} = \sqrt[3]{a^3} \times \sqrt[3]{b^3} \times \sqrt[3]{c^3} = abc.$$

En effet, qu'on élève abc au cube, on retrouve $a^3 b^3 c^3$, donc, etc.

Cette remarque peut servir à l'extraction de la racine cubique d'un nombre dont tous les facteurs sont des cubes parfaits. Ainsi,

$$\sqrt[3]{8 \times 27 \times 343 \times 729} = \sqrt[3]{8} \times \sqrt[3]{27} \times \sqrt[3]{343} \times \sqrt[3]{729} = 2 \times 3 \times 7 \times 9 = 378.$$

Si tous les facteurs d'un produit ne sont pas des cubes parfaits, on ne peut pas obtenir la racine cubique; mais on peut en simplifier l'indication. Ainsi,

$$\sqrt[3]{a^3 b^6 c} = ab^2 \times \sqrt[3]{c};$$

En effet le cube de $ab^2 \times \sqrt[3]{c}$ est égal à $a^3 b^6 c$. Pareillement,

$$\sqrt[3]{8 \times 27 \times 10} = 2.3 \times \sqrt[3]{10} = 6\sqrt[3]{10}.$$

84. Nous renverrons aux auteurs qui ont pu traiter l'algèbre avec étendue, pour l'extraction de la racine cubique des polynomes algébriques, opération qu'on a très rarement besoin d'exécuter. Nous y renverrons aussi pour ce qui concerne l'extraction numérique des racines dont l'exposant est un nombre premier, différent de 2 ou de 3. Ces sortes d'extractions, dont le calcul est très compliqué, s'exécutent très facilement, à l'aide des logarithmes dont nous parlerons dans la suite.

Application de l'extraction des racines cubiques.

Ier PROBLÈME. Le *litre*, unité des mesures de capacité, doit avoir la forme d'un cylindre droit, et sa hauteur est double du diamètre de la base; évaluer ces dimensions, en se rappelant que le volume du litre est équivalent à celui d'un décimètre cube.

Solution. Nous supposons qu'on ait appris (n° 166 Géométrie) que le volume d'un cylindre droit est égal au produit de sa hauteur par le carré du rayon de sa base et par le rapport $\frac{22}{7}$ de la circonférence au diamètre; d'après cela, soit x le rayon de la base, et par conséquent $4x$ la hauteur du cylindre. La quantité x, qui est une ligne, s'évalue en décimètres linéaires. On aura $\frac{22x^2}{7}$ pour l'aire de la base, et enfin $\frac{22x^2}{7} \times 4x = \frac{88x^3}{7} = 1^{dmc}$. On tire facilement de cette équation,

$$x^3 = \frac{7}{88}, \text{ et } x = \sqrt[3]{\frac{7}{88}} = \sqrt[3]{\frac{7}{8.11}} = \sqrt[3]{\frac{7.121}{8.11.121}}$$
$$= \sqrt[3]{\frac{847}{8.11^3}} = \frac{\sqrt[3]{847}}{\sqrt[3]{2^3.11^3}} = \frac{9,4615}{2.11} = \frac{9,4615}{22} = 0^{dm},43 = 43^{mll}.$$

Ainsi le rayon $= 43^{mll}$; le diamètre $= 86^{mll}$, et la hauteur $= 172^{mll}$. Ces opérations de calcul sont fondées sur les numéros 81 et 83.

IIe *PROBLÈME.* Le diamètre d'un boulet de canon dit de 36, est de 6 pouces 2 lignes 8 points, anciennes mesures, ou de 168 millimètres; évaluer le diamètre du boulet de 24, celui du boulet de 16, de 12, de 8, de 4.

Solution. Suivant les géomètres, les cubes des diamètres des sphères, sont proportionnels au poids, quand les corps sont homogènes ou de même nature. Il suit de là qu'en désignant par x le diamètre du boulet de 24, nous aurons la proportion,

$$x^3 : 168^3 :: 24 : 36, :: 2 : 3;$$

donc
$$x^3 = \frac{(168)^3 \times 2}{3};$$

et $x = \sqrt[3]{\frac{168^3.2.9}{3.9}} = \sqrt[3]{\frac{168^3.18}{3^3}} = \frac{\sqrt[3]{168^3.18}}{\sqrt[3]{3^3}} = \frac{168}{3} \times \sqrt[3]{18}.$

$= 56.2,62. = 147$ millimètres.

Tel est le diamètre du boulet de canon de 24. On trouvera par des calculs semblables que le diamètre du boulet de 16 est 128^{mm}; ensuite 116^{mm}; 102^{mm}, 81^{mm} pour ceux des boulets de 12, 8 et 4. Les calculs sont fondés, comme ceux du premier problème, sur les numéros 81 et 83.

Nous reviendrons à quelques autres problèmes de ce genre dans les applications des logarithmes.

DES PROPORTIONS ET DES PROGRESSIONS.

85. Au lieu de l'algèbre qui manquait aux anciens géomètres pour former des équations, ils employaient beaucoup les proportions. Les modernes en ont conservé l'usage; mais ils pourraient s'en passer entièrement. Quoiqu'on en ait déjà parlé dans le précis de l'arithmétique, nous croyons devoir y revenir ici, parce que l'algèbre permet d'en expliquer la théorie avec plus de simplicité et de généralité.

Des Proportions Arithmétiques.

86. Dans toute proportion arithmétique ou équidifférence, la somme des extrêmes est égale à celle des moyens : en effet, soit la proportion $a.b : c.d$, à cause de $a - b = c - d$, on a toujours $a + d = b + c$.

D'après cela, il est facile de connaître un des termes, au moyen des 3 autres supposés connus. En effet, soit l'équidifférence.

$$a.b : c.x; \text{ donc } x = b + c - a.$$

Ainsi l'on a ces deux règles générales. Un extrême est égal à la somme des moyens, moins l'extrême connu, et un moyen est égal à la somme des extrêmes, moins le moyen connu. Si les deux moyens étaient égaux et inconnus, alors chacun d'eux serait égal à la moitié de la somme des extrêmes. En effet, soit la proportion $a.x : x.b$,

donc
$$2x = a + b, \text{ et } x = \frac{a+b}{2}.$$

Ce qu'on nomme ordinairement *moyen arithmétique* entre deux nombres, est l'un des moyens égaux d'une proportion arithmétique, dont les extrêmes sont ces deux nombres. Ainsi, 2 dans la proportion $1.2 : 2.3$, et b dans la proportion $a.b : b.c$ sont des moyens arithmétiques, savoir, 2 entre 1 et 3, et b entre a et c.

APPLICATIONS.

Ier PROBLÈME. Suivant les physiciens, lorsqu'un corps tombe librement pendant quelques secondes, les espaces qu'il parcourt étant pris 4 à 4, forment une proportion arithmétique. D'après cette loi, supposons qu'une bombe, qui a employé 4 secondes à tomber, ait parcouru 4^{mètres},904 pendant la première seconde, 14^{m},713 pendant la seconde, et 24^{m},522 pendant la troisième : combien pendant la quatrième ou dernière seconde?

Solution. L'énoncé du problème nous donne la proportion arithmétique.

$$4^{\text{m}},904 . 14^{\text{m}},713 : 24^{\text{m}},522 . x^{\text{m}} = 34^{\text{m}},331.$$

La bombe a donc parcouru 34^{m},331 pendant la quatrième seconde, et 78^{m},470 pendant les 4 secondes.

IIe PROBLÈME. Le diamètre d'un boulet, dit de 24, doit être compris entre 149^{millimètres},17, et 147^{mm},47. Quelle est la grandeur moyenne de ce diamètre, qu'on nomme aussi *calibre*?

Solution. Soit x ce diamètre, on aura,

$$149,17 . x : x . 147,47;$$

donc
$$x = \frac{149,17 + 147,47}{2} = 148^{\text{mm}},32.$$

Des Proportions Géométriques.

87. Dans toute proportion géométrique ou par quotient, le produit des extrêmes est égal à celui des moyens. En effet, soit la proportion géométrique $a : b :: c : d$; à cause de

$$\frac{a}{b} = \frac{c}{d}, \text{ ou de } \frac{a}{c} = \frac{b}{d}, \text{ on trouve } a \times d = b \times c.$$

Réciproquement, si l'on a deux produits égaux, composés chacun de deux facteurs, on peut en déduire une proportion, en prenant pour extrêmes les 2 facteurs de l'un des produits, et pour moyens les facteurs de l'autre produit : car soient mq et pn ces deux produits égaux. A cause de $m \times q = n \times p$, on a, en divisant tout par nq,

$$\frac{m}{n} = \frac{p}{q}; \text{ donc } m : n :: p : q.$$

De l'équation $ad = bc$, on tire successivement $a = \frac{bc}{d}$; $b = \frac{ad}{c}$; $c = \frac{ad}{b}$, et $d = \frac{bc}{a}$; donc chaque extrême est égal au produit des moyens divisé par l'autre moyen, et chaque moyen est égal au produit des extrêmes divisé par l'autre moyen. Il est donc facile de calculer l'un des termes de la proportion, quand on en connaît les 3 autres.

Si les moyens sont égaux, la proportion est dite *continue*; telle est celle-ci,

$$a : b :: b : c.$$

La quantité qui représente les deux moyens égaux, s'appelle *moyen proportionnel géométrique* entre a et c. Dans ce cas particulier, à cause de $b \times b$ ou $b^2 = ac$, on a $b = \sqrt{ac}$, c'est-à-dire que le moyen terme est égal à la racine carrée du produit des extrêmes. Lorsque 4 quantités sont en proportion, leurs puissances et leurs racines de même exposant y sont aussi. Soit la proportion $a : b :: c : d$;

donc $\quad \frac{a}{b} = \frac{c}{d}; \frac{a^m}{b^m} = \frac{c^m}{d^m};$ et $\frac{\sqrt[m]{a}}{\sqrt[m]{b}} = \frac{\sqrt[m]{c}}{\sqrt[m]{d}};$

donc $\quad a^m : b^m :: c^m : d^m;$

et $\quad \sqrt[m]{a} : \sqrt[m]{b} :: \sqrt[m]{c} : \sqrt[m]{d};$

Lorsqu'on a deux proportions, on peut, en les multipliant ou en les divisant terme à terme, former une troisième proportion; ainsi des deux proportions,

$\qquad a : b :: c : d$, et $m : n :: p : q$;

on déduit, 1° $\quad am : bn :: cp : dq;$

2° $\frac{a}{m} : \frac{b}{n} :: \frac{c}{p} : \frac{d}{q};$

proportions qui se vérifient, à cause de $ad = bc$, et de $mq = np$.

Si on se rappelle qu'on a nommé *antécédents* le premier et le troisième terme, et *conséquents* le second et le quatrième, il est aisé de voir, 1° que, dans toute proportion géométrique, la somme ou la différence des antécédents, est à la somme ou à la différence des conséquents, comme un antécédent est à son conséquent. Ainsi de la proportion $a : b :: c : d$, on peut tirer celle-ci :

$a + c : b + d :: a : b$; $a - c : b - d :: a : b$; et par conséquent $a + c : b + d :: a - c : b - d$, proportion qui se vérifie, à cause de $ad = bc$.

En général, dans une suite de rapports égaux, la somme des antécédents est à la somme des conséquents, comme un antécédent quelconque est à son conséquent. En effet, soit

$$a : aq :: b : bq :: c : cq :: d : dq :: \text{etc.},$$

cette suite de rapports égaux; on peut en tirer cette proportion,

$$(a + b + c + d + \ldots) : (a + b + c + d + \ldots) q :: a : aq,$$

puisque le produit des extrêmes est égal à celui des moyens.

APPLICATIONS.

Les règles de trois, d'escompte, de société, etc., des arithméticiens, se font par le moyen de la proportion géométrique, comme on l'a déjà vu dans la première partie de ce Cours. Ce qui embarrasse le plus les commençants, c'est la disposition des 4 termes de la proportion, dont 3 sont donnés. Ce qu'il y a de plus simple à dire à cet égard, c'est de former, ou deux quotients, ou deux produits égaux, entre les 4 termes, et d'en déduire une proportion.

Règle de trois directe.

La solde d'un corps militaire de 12500 hommes a été de 62562^f,50^c; quelle sera celle d'un corps de 18750 hommes? On la suppose, comme la première, proportionnelle au nombre d'hommes, c'est-à-dire que la solde de chaque homme est la même dans les deux corps.

Solution. La solde d'un homme est exprimée par $\frac{62562^f,50}{12500}$ dans le premier corps, et par $\frac{x \text{ fr.}}{18750}$ dans le second; on a donc

$$\frac{x \text{ fr.}}{18750} = \frac{62562^{fr},50^c}{12500};$$ équation qui revient à la proportion

$$x : 18750 :: 62562,50 : 12500,$$

et d'où l'on tire immédiatement

$$x = \frac{62562,50 \times 18750}{12500} = 93843^{fr},75.$$

Règle de trois indirecte.

On a des vivres pour 30 jours dans une place assiégée ; on veut les faire durer 36 jours. A quoi faut-il réduire les rations ordinaires, qu'on suppose d'abord être de 375 grammes ?

Solution. Soit x le nombre de grammes de chaque ration réduite, et n le nombre de rations par jour ; on aura $375^{gr} \times n$, ou $375\,n$ pour la consommation par jour, et la totalité des vivres sera exprimée évidemment à la fois, en multipliant $375\,n$ par 30, et nx par 36. On a donc entre ces produits égaux l'équation,
$$36 \cdot nx = 30 \cdot 375\,n, \text{ ou } 36x = 30 \cdot 375 ;$$
on en tire la proportion,
$$36 : 30 :: 375 : x = \frac{375 \times 30}{36} = 312^{gr},5.$$

On aurait pu obtenir immédiatement cette valeur de l'équation
$$36x = 375 \times 30,$$
qui donne
$$x = \frac{375 \times 30}{36} = 312^{gr},5.$$

Nouvelle preuve de l'inutilité des proportions dans les règles de trois indirectes, ou plutôt de la facilité de les résoudre par des équations.

Règle de société ou de répartition simple.

Le but de cette règle est de diviser un nombre donné en parties proportionnelles à des nombres aussi donnés. Proposons-nous, par exemple, de partager la quantité a en 3 parties x, y, z, proportionnelles à trois nombres donnés m, n et p.

Nous aurons entre x et y la relation,
$$\frac{y}{x} = \frac{n}{m}, \text{ d'où } y = \frac{nx}{m} ;$$
et entre x et z la relation,
$$\frac{z}{x} = \frac{p}{m}, \text{ d'où } z = \frac{px}{m} ;$$
or, à cause de $x + y + z = a$, il est évident que
$$x + \frac{nx}{m} + \frac{px}{m} = a, \text{ ou bien } x\frac{(m+n+p)}{m} = a ;$$
équation d'où l'on tire d'abord,
$$x = \frac{a \times m}{m+n+p} ; \text{ puis } y = \frac{a \times n}{m+n+p}, \text{ et } z = \frac{a \times p}{m+n+p},$$
et, si l'on veut, les proportions,
$$m+n+p : a :: m : x ; \; m+n+p : a :: n : y,$$
et
$$m+n+p : a :: p : z.$$

C'est-à-dire, *la somme des nombres proportionnels donnés est au nombre qu'on veut partager, comme l'un des nombres proportionnels donnés est à la partie proportionnelle correspondante;* et telle est la règle donnée en arithmétique. Elle rentre, comme on voit, dans celle que nous avons obtenue page 95, par un procédé un peu différent.

Suivant cette règle, on voit qu'il faut faire autant de proportions, et par conséquent autant de multiplications et de divisions, qu'il y a de parties proportionnelles à trouver; mais on peut réduire toutes les divisions à une seule.

En effet, qu'on suppose $\dfrac{a}{m+n+p} = q$, on aura

$$x = q \times m;\ y = q \times n;\ z = q \times p.$$

Ainsi il suffira de diviser a par $m+n+p$, et l'on n'aura plus que des multiplications à faire. Cette règle consiste donc à diviser exactement, ou par approximation, a par $m+n+p$, et à multiplier le quotient successivement par m, par n et par p. Les raisonnements seraient les mêmes pour un nombre quelconque de parties proportionnelles.

EXEMPLE.

Répartir une solde de 23740^f 50^c entre 10 compagnies, à proportion des hommes dont elles sont composées; la 1re étant de 100^h, la 2e de 96, la 3e de 104, la 4e de 102, la 5e de 95, la 6e de 92, la 7e de 90, la 8e de 88, la 9e de 84, et la 10e de 80.

Je divise 23740^f,50^c par 931, nombre total des hommes des 10 compagnies; le quotient 25^f,50^c étant multiplié successivement par le nombre des hommes de chaque compagnie, on trouve qu'il revient 2550^f à la 1re, 2448^f à la 2e, 2652^f à la 3e, 2601^f à la 4e, 2422^f,50^c à la 5e, 2346^f à la 6e, 2295^f à la 7e, 2244^f à la 8e, 2142^f à la 9e, et 2040^f à la 10e.

On peut aussi éviter les multiplications et simplifier le calcul de cette manière. Dans l'exemple précédent, il est évident que le quotient 25^{f}50^c exprime la solde qui revient à chaque homme, puisqu'on a divisé la solde totale par le nombre des hommes; d'après cela, formez le tableau suivant :

Hommes.	Solde.
1	25^f, 50^c
2	51, 00
3	76, 50
4	102, 00
5	127, 50
6	153, 00
7	178, 50
8	204, 00
9	229, 50

ALGÈBRE. 155

Avec ce tableau, il ne reste plus que des additions à faire, comme on le voit ci-dessous :

1ʳᵉ Compagnie.		2ᵉ Compagnie.	
Hommes.	Solde.	Hommes.	Solde.
100	2550ᶠ	90. . . .	2295ᶠ
		6. . . .	153
		96	2448

EXPLICATION.

1ʳᵉ Compagnie. Pour 100 hommes, je prends dans le tableau, vis-à-vis 1, et j'avance la virgule de 2 places vers la droite, ce qui me donne 2550ᶠ.

2ᵉ Compagnie. Je décompose 96 en 90 + 6 ; pour 90 ou 9 dizaines, je prends dans le tableau, vis-à-vis 9, j'avance la virgule d'une place, et j'ai 2295 ; pour 6, je prends 153ᶠ dans le tableau, vis-à-vis 6, sans rien changer, et j'ai 2448ᶠ pour la solde de 96 hommes.

On voit comment on opérerait pour les 8 autres compagnies.

On est, en quelque sorte, forcé de recourir à cette méthode, quand le nombre des parties proportionnelles est très grand. Soit proposé, par exemple, de répartir une contribution militaire de 152407ᶠ,060205 entre 1000 propriétaires, à proportion de leurs revenus, dont la totalité monte à 12345678ᶠ,90.

On cherchera la contribution par franc, et ensuite on opérera comme ci-dessus, pour trouver celle qui est relative à chaque revenu.

Règle de Société ou de Répartition composée.

90. Répartir une gratification de 9595ᶠ,95ᶜ entre deux employés, à proportion de leurs appointements et de la durée de leurs services. On suppose au premier 6000ᶠ d'appointements et 15 ans de service, et au second 5000ᶠ d'appointements et 20 ans de service.

Il faut multiplier les appointements par le temps de service, et faire ensuite une règle de répartition simple. Ainsi, dans cet exemple, la part du premier sera proportionnelle à $6000 \times 15 = 90000$, et celle du second à $5000 \times 20 = 100000$; on trouvera 5050ᶠ,50ᶜ pour le second, et 4545ᶠ,45 pour le premier.

Règle de Trois composée.

91. 300 ouvriers travaillant 8 heures par jour, ont fait en 50 jours une tranchée de 200ᵐ de longueur, 6ᵐ de largeur, et 2ᵐ de profondeur. Combien faudrait-il d'ouvriers, travaillant 10ʰ par jour, pendant 40 jours, pour faire une tranchée de 180ᵐ de longueur, 8 de largeur, et 2,5 de profondeur ?

Pour ramener cette question à une règle de trois simple, il faut réduire à 4 les 12 nombres qui y sont employés. Cela se fait de cette manière : Soit x le nombre d'ouvriers qu'on cherche; 300 ouvriers travaillant 8^h par jour pendant 50 jours, sont équivalents à $300 \times 8 \times 50 = 120000$ ouvriers qui travaillent pendant une heure. Pareillement x ouvriers occupés 10^h par jour, pendant 40 jours, peuvent être remplacés par $x \times 10 \times 40 = 400\,x$ ouvriers, employés pendant une heure. D'une autre part, une tranchée de 200^m de longueur, 6^m de largeur et 2^m de profondeur, est équivalente à $200 \times 6 \times 2 = 2400$ mèt. cubes; et une tranchée de 180^m de longueur, de 8^m de largeur, et 2,5 de profondeur, est équivalente à $180 \times 8 \times 2,5 = 3600^m$ cubes. Ainsi la question primitive est équivalente à celle-ci.

120000 ouvriers ont fait 2400^m cubes, et 400x ouvriers ont fait 3600^m cubes. Les ouvrages étant proportionnels aux ouvriers, on a cette proportion :

$$2400 : 3600 :: 120000 : 400\,x;$$

donc $$400\,x = \frac{3600 \times 120000}{2400} = 180000;$$

et $$x = \frac{180000}{400} = 450.$$

Il faudrait donc 450 ouvriers.

Les raisonnements ci-dessus expliquent le procédé dont nous avons recommandé l'emploi en arithmétique, et qu'on applique toujours avec beaucoup d'avantage aux problèmes qui renferment un aussi grand nombre de termes ; ainsi de

ouv.	heures.	jours.	mèt. long.	larg.	profond.
300	8	50	200	6	2
x	10	40	180	8	2,5

On déduit immédiatement

$$300 \times 8 \times 50 \times 180 \times 8 \times 2,5 = x \times 10 \times 40 \times 200 \times 6 \times 2;$$

d'où

$$x = \frac{300 \times 8 \times 50 \times 180 \times 8 \times 2,5}{10 \times 40 \times 200 \times 6 \times 2} = \frac{432000000}{960000} = \frac{43200}{96} = 450.$$

Au lieu de faire la proportion, on aurait pu employer l'équation $\frac{2400}{120000} = \frac{3600}{400x}$ entre les deux expressions équivalentes de ce que chaque ouvrier fait par heure.

Cette opération est un peu plus difficile à expliquer et à comprendre, lorsqu'on s'interdit entièrement l'usage des notations algébriques.

DES PROGRESSIONS.

92. On distingue ordinairement deux sortes de progressions; celle qu'on nomme *Arithmétique* ou *par différence*, et celle qu'on appelle

ALGÈBRE.   157

Géométrique ou *par quotient*. Dans la première, la différence, et dans la seconde, le quotient de deux termes consécutifs sont des quantités constantes, qu'on appelle aussi *raisons*.

De la Progression Arithmétique.

93. D'après la définition précédente, les nombres naturels 0, 1, 2, 3, 4, 5, 6, 7, etc., forment une progression arithmétique dont la différence est un. La notation adoptée pour l'indiquer est celle-ci :

$$\div 0 . 1 . 2 . 3 . 4 . 5, \text{ etc.}$$

On prononce : zéro est à 1 comme 1 est à 2, comme 2 est à 3, comme 3 est à 4, comme, etc. Dans la suite nous emploierons aussi la virgule pour séparer les termes de cette progression.

On aurait pareillement une progression arithmétique, si l'on écrivait les mêmes nombres dans un ordre renversé,

$$\div 5 . 4 . 3 . 2 . 1 . 0.$$

La première progression est dite *croissante*, et la seconde *décroissante*.

Il est facile de voir qu'en prenant 3 termes de suite, on aura toujours une proportion arithmétique continue.

PROBLÈME GÉNÉRAL. Désignons le premier terme d'une progression arithmétique par a, la différence ou la *raison* par d, le nombre des termes par n, le dernier par u, et la somme par s. Trouver 2 de ces 5 quantités lorsque l'on connaît les 3 autres.

Solution. On a généralement,

$$u = a + d(n-1), \text{ et } s = (a+u) \times \frac{n}{2}.$$

En effet, soit une progression arithmétique croissante,

$$\div a, a+d, a+2d, a+3d, a+4d\dots u.$$

Il est évident que le coefficient de d dans un terme quelconque, est toujours plus petit d'une unité que le chiffre qui exprimerait le rang de ce terme; donc ce coefficient est $n-1$ dans le $n^{\text{ième}}$; donc ce $n^{\text{ième}}$ terme ou $u = a + d(n-1)$.

Pour démontrer l'équation $s = \frac{(a+u) \times n}{2}$, nous procéderons comme il suit :

Progression donnée,

$$\div a, a+d, a+2d, a+3d \dots a+d(n-2), a+d(n-1);$$

progression renversée,

$$\div a+d(n-1), a+d(n-2) \dots a+d, a;$$

somme des deux progressions ;

$$\div 2a + d(n-1),\ 2a + d(n-1),\ 2a + d(n-1)\ldots$$
$$2a + d(n-1),\ 2a + d(n-1);$$

ou $\quad \div a + u,\ a + u,\ a + u \ldots a + u,\ a + u;$

somme des termes de cette dernière progression,

$$2s = (a+u) \times n ;$$

somme des termes de la première progression,

$$s = \frac{(a+u) \times n}{2}.$$

Explication. On ajoute ensemble, terme à terme, les deux premières progressions pour former la troisième. Tous les termes de cette dernière se trouvent nécessairement égaux entre eux, parce que la différence d est additive dans la première, et soustractive dans la seconde. Chaque terme de la troisième étant exprimé par $a + u$, la somme de tous les termes le sera par $(a + u) \times n$; mais cette somme est évidemment double de celle des termes de la première progression ; donc $s = \frac{(a+u) \times n}{2}$, en désignant par s la somme des termes de la première progression.

Les deux équations fondamentales,

$$u = a + d(n-1),\ \text{ et }\ s = \frac{(a+u) \times n}{2};$$

se traduisent ainsi dans le langage ordinaire : *le dernier terme d'une progression arithmétique croissante est égal au premier terme, plus la différence multipliée par le nombre des termes moins un; et la somme des termes est égale à la moitié du produit de la somme des extrêmes, multipliée par le nombre des termes.*

Les deux équations primitives,

$$u = a + d(n-1),\ \text{ et }\ s = \frac{(a+u) \times n}{2},$$

ayant trois quantités communes, a, u et n, on peut en tirer trois autres équations, en éliminant successivement a, u et n. Ces équations dérivées sont

$$2s = 2un - dn(n-1);$$
$$2s = 2an + dn(n-1),$$
et $\quad 2ds = u^2 - a^2 + ad + ud.$

Ainsi on aura cinq équations entre les cinq quantités a, d, n, u et s, combinées quatre à quatre.

94. Si on résout chaque équation, par rapport à chacune des quatre quantités qui y sont employées, il en résultera 20 formules qui résoudront le problème proposé.

ALGÈBRE.

Tableau de ces vingt formules.

Connaissant.			Trouver.	Formules.
n	d	u	....	$a = u - d(n-1)$;
n	u	s	....	$a = \dfrac{2s - un}{n}$;
			a	
n	d	s	....	$a = \dfrac{2s - dn(n-1)}{2n}$;
u	d	s	....	$a = \dfrac{d \pm \sqrt{(2u+d)^2 - 8ds}}{2}$.
a	d	n	....	$u = a + d(n-1)$;
a	n	s	....	$u = \dfrac{2s - an}{n}$;
			u	
d	n	s	....	$u = \dfrac{2s + dn(n-1)}{2n}$;
a	d	s	....	$u = \dfrac{-d \pm \sqrt{(2a-d)^2 + 8ds}}{2}$.
a	u	d	....	$n = 1 + \dfrac{u-a}{d}$;
a	u	s	....	$n = \dfrac{2s}{a+u}$;
			n	
a	d	s	....	$n = \dfrac{d - 2a \pm \sqrt{(2a-d)^2 + 8ds}}{2d}$.
u	d	s	....	$n = \dfrac{2u + d \pm \sqrt{(2u+d)^2 - 8ds}}{2d}$.
a	u	n	....	$d = \dfrac{u-a}{n-1}$;
a	u	s	....	$d = \dfrac{u^2 - a^2}{2s - a - u}$;
			d	
a	n	s	....	$d = \dfrac{2s - 2an}{n(n-1)}$;
u	n	s	....	$d = \dfrac{2un - 2s}{n(n-1)}$.

Suite du Tableau.

Connaissant.			Trouver.	Formules.
a	u	n	....	$s = \dfrac{(a+u) \times n}{2};$
a	u	d	....	$s = \dfrac{(a+u)(u-a+d)}{2d};$
			s	
a	n	d	....	$s = \dfrac{2an+dn(n-1)}{2};$
u	n	d	....	$s = \dfrac{2un-dn(n-1)}{2}.$

Les commençants feront bien de chercher ces mêmes formules et de les vérifier, en les appliquant à une progression connue dans toutes ses parties. Soit, par exemple, la progression,

$\div 1 \,.\, 3 \,.\, 5 \,.\, 7$, où $a=1, d=2, n=4, u=7$ et $s=16$.

Veut-on vérifier la formule un peu compliquée,

$$n = \frac{d-2a \pm \sqrt{(2a-d)^2 + 8ds}}{2d};$$

on aura $n = \dfrac{2-2 \pm \sqrt{(2-2)^2 + 8 \times 2 \times 16}}{2 \times 2} = \pm \dfrac{16}{4} = \pm 4$.

La valeur $+4$ satisfait seule à l'équation et à la progression, et la valeur -4 ne satisfait qu'à l'équation.

95. Si l'on divise en parties égales le temps qu'un corps emploie à tomber librement, et sans éprouver de résistance de la part de l'air, les espaces parcourus, pendant ces instants égaux, forment, suivant les physiciens, une progression arithmétique. Cette progression est d'ailleurs très remarquable, en ce que la différence qui y règne, est double du premier terme; d'après cela, nous aurons,

$$d = 2a \,;\, \text{et } s = \frac{2an+dn(n-1)}{2} = \frac{2an+2an(n-1)}{2}$$
$$= \frac{2an+2an^2-2an}{2} = an^2.$$

Ainsi, dans cette progression, la somme des termes est égale au premier terme, multiplié par le carré du nombre des termes; et par conséquent l'espace parcouru par un corps, depuis l'origine de son mouvement, est égal à l'espace parcouru dans le premier instant, multiplié par le carré du nombre des instants. On a observé que le premier espace $a = 4^m,904$, si l'on compte le temps en secondes. D'après cela, passons aux applications.

ALGÈBRE.

APPLICATIONS.

Ier PROBLÈME. Une bombe à mis autant de temps à monter qu'à descendre, et son mouvement a duré 10 secondes. A quelle hauteur s'est-elle élevée ?

Solution. On trouve $s = 4^m,904 \times 5^2 = 4^m,904 \times 25 = 122^m,600$ (63 toises). On fait $n = 5$, puisque la bombe a dû tomber pendant 5 secondes.

IIe PROBLÈME. Le sommet du Panthéon, à Paris, est élevé d'environ $78^m,464$ ($241\frac{1}{3}$ pieds) au-dessus du pavé de cet édifice. Combien de secondes emploierait un corps pesant à tomber de cette hauteur ?

Solution. L'équation $s = an^2$ devient $78^m,464 = 4^m,904 \cdot n^2$.

$$\text{Donc } n^2 = \frac{78464}{4904} = 16 \text{ et } n = 4,$$

Ainsi le corps mettrait 4 secondes à tomber.

IIIe PROBLÈME. Un homme est chargé d'arroser, un à un, 100 arbres placés sur la même ligne, à 5 mètres l'un de l'autre ; il prend l'eau à 10 mètres du premier arbre, sur le prolongement de la ligne des arbres. Combien de chemin fera-t-il, tant en allant qu'en revenant ?

Solution. Il fera 20 mètres pour le premier arbre, 30 pour le second, 40 pour le troisième, etc.

Les espaces parcourus forment donc une progression arithmétique, dont le premier terme est 20, la différence 10, et le nombre des termes 100. On aura la somme par la formule,

$$s = \frac{2an + dn(n-1)}{2} = \frac{2.20.100 + 1000 \times 99}{2} = \frac{4000 + 99000}{2}$$

$= 51500^{\text{mèt.}} = 5^{\text{myr.}},15 ;$

environ 12 lieues, de 25 au degré de latitude.

IVe PROBLÈME. Un homme, tant en allant qu'en revenant, a parcouru 13750 mètres pour arroser, un à un, n arbres placés sur une même ligne, à 5 mètres l'un de l'autre. On sait, de plus, qu'il a fait 520 mètres pour le dernier arbre. On demande combien il y a d'arbres, et à quelle distance du premier arbre est la source qu'on suppose sur la ligne des arbres ?

Solution. Ne prenons que le chemin parcouru en allant ou en revenant.

Nous aurons $\frac{13750}{2} = 6875^m$ pour tous les arbres,

et $\frac{520}{2} = 260$ pour le dernier arbre.

Alors les espaces parcourus forment une progression arithmétique, dont la différence $d = 5$, le dernier terme $u = 260$, et la somme des termes $s = 6875$. Le nombre des termes sera,

$$n = \frac{2u + d \pm \sqrt{(2u+d)^2 - 8ds}}{2d} = \frac{525 \pm 25}{10};$$

ainsi $\quad n = \frac{525 - 25}{10} = 50$; ou $n = \frac{525 + 25}{10} = 55.$

Si on prend $n = 50$, on trouve,

$$a = u - d(n-1) = 260 - 5.49 = 260 - 245 = 15.$$

Ainsi il y avait 50 arbres, et l'eau était à 15 mètres du premier arbre.

La seconde valeur de n ne peut résoudre le problème; car, si l'on prend $n = 55$, on trouve $a = -10$. Mais cette même valeur de n, ainsi que la première, résoudrait la question suivante : Dans une progression arithmétique décroissante, le plus grand terme $u = 260$, la différence $d = 5$, et la somme des termes $s = 6875$. En effet, dans le cas de $n = 50$, la progression serait,

$$\div 260.255.250.\ldots.20.15,$$

et dans le cas de $n = 55$, la progression deviendrait,

$$\div 260.255.250.\ldots.20.15.10.5.0.-5.-10,$$

progression où, comme dans la première, $u = 260$, $d = 5$, et $s = 6875$; parce que la somme des 5 termes $10, 5, 0, -5, -10$, se réduit à zéro.

Nous reviendrons à la progression arithmétique, lorsque nous parlerons des piles de boulets.

Des Progressions Géométriques ou par Quotient.

96. Dans cette espèce de progression, le quotient de deux termes consécutifs, divisés l'un par l'autre, est toujours le même. Ainsi la suite des nombres 1, 2, 4, 8, 16, où chaque terme est la moitié du suivant, et celle-ci : 15625, 3125, 625, 125, 25, 5 et 1, où chaque terme est le cinquième du précédent, forment deux progressions géométriques, la première croissante, et la seconde décroissante. On écrit,

$$\div 1 : 2 : 4 : 8 : 16, \text{ pour la première,}$$

et $\div$ 15625 : 3125 : 625 : 125 : 25 : 5 : 1, pour la seconde. On prononce, 1 *est* à 2, comme 2 *est* à 4, comme 4 *est* à 8, etc.

97. PROBLÈME GÉNÉRAL. Connaissant trois de ces cinq quantités, le plus petit terme a, le plus grand u, le nombre des termes n, la somme des termes s, et le quotient ou la *raison* q, trouver les deux autres.

Solution. Supposons la progression croissante, et $q > 1$; nous aurons,

$$1° \quad u = aq^{n-1}; \quad 2° \quad s = \frac{uq-a}{q-1}.$$

En effet, soit la progression croissante quelconque

$$\div a : aq : aq^2 : aq^3 : aq^4 : aq^5 : aq^6 \ldots : u.$$

On voit évidemment que, dans chaque terme, l'exposant de q est plus petit d'une unité que le chiffre qui exprime le rang de ce terme; ainsi cet exposant doit être $n-1$ dans le $n^{ième}$ terme, et par conséquent $u = aq^{n-1}$.

De l'équation $s = a + aq + aq^2 + aq^3 \ldots$
$$+ aq^{n-3} + aq^{n-2} + aq^{n-1} \text{ ou } u,$$

on tire d'abord

$$s - a = aq + aq^2 + aq^3 \ldots + aq^{n-2} + aq^{n-1}$$
$$= q(a + aq + aq^2 \ldots + aq^{n-2}) = q(s-u).$$

De l'équation $s - a = q \times (s - u)$ on tire successivement,

$$s - a = sq - uq; \quad s - sq = a - uq; \quad s(1-q) = a - uq;$$

$$s = \frac{a - uq}{1 - q}, \text{ ou plutôt } s = \frac{uq - a}{q - 1},$$

parce qu'on suppose $q > 1$. Voilà donc la seconde équation démontrée.

Si on élimine successivement chacune des trois quantités a, u et q, communes aux deux équations primitives,

$$u = aq^{n-1} \text{ et } s = \frac{uq-a}{q-1},$$

on aura ces trois équations dérivées :

$$aq^n - a + s - sq = 0;$$
$$uq^n - u + sq^{n-1} - sq^n = 0;$$
et $$u \cdot (s-u)^{n-1} - a \cdot (s-a)^{n-1} = 0.$$

On aura donc en tout cinq équations, renfermant chacune quatre des cinq quantités a, u, q, n et s. La résolution de ces cinq équations donnera 20 formules, et ces 20 formules résoudront le problème proposé. Voici ces formules, en y employant, autant que possible, les logarithmes, dont nous parlerons ci-après.

164 COURS DE MATHÉMATIQUES.

Connaissant.			Trouver.	Formules.
u	q	n	....	$a = \dfrac{u}{q^{n-1}};$ $\log. a = \log. u - (n-1) \times \log. q.$
u	q	s	....	$a = uq + s - sq;$ $\log.(s-a) = \log. q + \log.(s-u).$
q	n	s	a	$a = \dfrac{s(q-1)}{q^n - 1};$ $\log. a = \log. s + \log.(q-1) - \log.(q^n - 1).$
u	n	s	....	$a \times (s-a)^{n-1} - u \times (s-u)^{n-1} = 0.$
a	q	n	....	$u = aq^{n-1};$ $\log. u = \log. a + (n-1) \times \log. q.$
a	q	s	....	$u = \dfrac{sq - s + a}{q};$ $\log.(s-u) = \log.(s-a) - \log. q.$
q	n	s	u	$u = \dfrac{s q^{n-1}(q-1)}{q^n - 1};$ $\log. u = \log. s + (n-1) \times \log. q + \log.(q-1) - \log.(q^n - 1).$
a	n	s	....	$u(s-u)^{n-1} - a(s-a)^{n-1} = 0.$
a	u	n	....	$q = \sqrt[n-1]{\dfrac{u}{a}};$ $\log. q = \dfrac{\log. u - \log. a}{n-1};$
a	u	s	q	$q = \dfrac{s-a}{s-u};$ $\log. q = \log.(s-a) - \log.(s-u).$
a	n	s	....	$aq^n - sq + s - a = 0.$
u	n	s	....	$q^n - \dfrac{sq^{n-1}}{s-u} + \dfrac{u}{s-u} = 0.$

ALGÈBRE.   165

Connaissant.			Trouver.	Formules.
a	u	q	....	$n = 1 + \dfrac{\log. u - \log. a}{\log. q};$
a	u	s	.... n	$n = 1 + \dfrac{\log. u - \log. a}{\log.(s-a) - \log.(s-u)};$
a	q	s	....	$n = \dfrac{\log.(a+sq-s) - \log. a}{\log. q};$
u	q	s	....	$n = 1 + \dfrac{\log. u - \log.(s - sq + uq)}{\log. q}.$
a	u	q	....	$s = \dfrac{uq-a}{q-1};$ $\log. s = \log.(uq-a) - \log.(q-1).$
a	u	n	.... s	$s = \dfrac{u\sqrt[n-1]{u} - a\sqrt[n-1]{a}}{\sqrt[n-1]{u} - \sqrt[n-1]{a}}$ On calculera séparément : 1° $u\sqrt[n-1]{u};$ 2° $a\sqrt[n-1]{a};$ 3° $\sqrt[n-1]{u};$ 4° $\sqrt[n-1]{a},$ par les formules particulières ; 1° $\log. u\sqrt[n-1]{u} = \log. u + \dfrac{\log. u}{n-1};$ 2° $\log. a\sqrt[n-1]{a} = \log. a + \dfrac{\log. a}{n-1};$ 3° $\log. \sqrt[n-1]{u} = \dfrac{\log. u}{n-1};$ 4° $\log. \sqrt[n-1]{a} = \dfrac{\log. a}{n-1}.$
a	n	q	....	$s = \dfrac{a(q^n - 1)}{q - 1};$ $\log. s = \log. a + \log.(q^n - 1) - \log.(q-1).$
u	n	q	....	$s = \dfrac{u(q^n - 1)}{q^{n-1}(q-1)};$ $\log. s = \log. u + \log.(q^n - 1) - \log.(q-1) - \log. q^{n-1}.$

Ces formules s'appliquent également aux progressions décroissantes : il suffit alors de regarder a comme le plus petit terme, u comme le plus grand, q comme le quotient du plus grand des deux termes consécutifs, divisé par le plus petit.

Les élèves feront bien de s'exercer à vérifier ces formules, en les appliquant à une progression dont toutes les parties sont connues. Par exemple, soit la progression :
$$\div 1 : 2 : 4 : 8 : 16 : 32 : 64;$$
ici, $a = 1$, $q = 2$, $u = 64$, $n = 7$, et $s = 127$.

Si l'on veut vérifier les formules,
$$a = uq + s - sq ; \quad u = \frac{sq^{n-1}(q-1)}{q^n - 1};$$

enfin
$$s = \frac{u\sqrt[n-1]{u} - a\sqrt[n-1]{a}}{\sqrt[n-1]{u} - \sqrt[n-1]{a}}.$$

On aura successivement,
$$a = 2 \cdot 64 + 127 - 2 \cdot 127 = 128 - 127 = 1;$$
$$u = \frac{127 \cdot 2^6}{2^7 - 1} = \frac{127 \cdot 64}{128 - 1} = 64;$$
$$s = \frac{64\sqrt[6]{64} - \sqrt[6]{1}}{\sqrt[6]{64} - \sqrt[6]{1}} = \frac{128 - 1}{2 - 1} = 127.$$

Résultats conformes aux suppositions qu'on a faites.

Parmi les formules du tableau précédent, il en est cependant quatre que les élèves ne pourront vérifier en général, parce que ces éléments ne comportent pas l'exposé des méthodes pour résoudre les équations numériques des degrés supérieurs au second.

APPLICATIONS.

98. On ne peut guère parler des progressions géométriques sans rappeler le problème suivant.

PROBLÈME. L'inventeur du jeu des échecs ayant eu le choix de la récompense qu'il désirait, demanda 1 grain de blé pour la première case de l'échiquier, 2 grains pour la seconde, 4 grains pour la troisième, 8 grains pour la quatrième, et ainsi de suite, en doublant toujours jusqu'à la soixante-quatrième et dernière case. Combien demandait-il de grains?

Le nombre des grains de blé est évidemment la somme des termes d'une progression où l'on connaît $a = 1$, $q = 2$, $n = 64$; on aura donc cette somme par la formule,
$$s = \frac{a(q^n - 1)}{q - 1} = \frac{2^{64} - 1}{2 - 1} = 2^{64} - 1 = 18446744073709551615.$$

ALGÈBRE.

Ce calcul consiste à retrancher 1 de la soixante-quatrième puissance de 2. Cette soixante-quatrième puissance peut se former de cette manière : Multipliez, 1° la quatrième puissance, ou 16, par elle-même ; 2° le résultat de cette première multiplication, par lui-même, ou la huitième puissance, par elle-même ; 3° le résultat de cette seconde multiplication, par lui-même, ou la seizième puissance, par elle-même ; 4° le résultat de la troisième multiplication, par lui-même, ou la trente-deuxième puissance, par elle-même, ce qui donnera la soixante-quatrième puissance de 2.

Des curieux ont trouvé qu'il fallait environ 261000 grains de blé pour former le poids d'un myriagramme (environ 20 liv.) ; l'inventeur aurait donc eu 70677180359040 myriagrammes ; et en évaluant ce poids à 2 fr., cela aurait fait 141354360718080 fr., somme d'argent bien supérieure à tous les trésors du monde.

99. Reprenons la formule,

$$s = \frac{u(q^n-1)}{q^{n-1}(q-1)} = \frac{uq}{q-1}\left(1 - \frac{1}{q^n}\right).$$

Si nous en faisons l'application aux progressions décroissantes à l'infini, elle se réduira à $s = \frac{uq}{q-1}$; en effet, le nombre n des termes étant infini, la fraction $\frac{1}{q^n}$ s'évanouit, puisque son dénominateur q^n devient lui-même plus grand que toute quantité assignable.

Pour faire usage de cette formule, on se rappellera ce qu'on a dit pour appliquer aux progressions décroissantes les formules des progressions croissantes. Voyez la remarque qui suit immédiatement le tableau de ces formules.

On trouvera successivement, au moyen de la formule précédente,

$$\frac{1}{2} + \frac{1}{4} + \frac{1}{8} + \frac{1}{16} \ldots + 0 = \frac{\frac{1}{2} \times 2}{2-1} = 1;$$

$$\frac{1}{3} + \frac{1}{9} + \frac{1}{27} + \frac{1}{81} \ldots + 0 = \frac{\frac{1}{3} \times 3}{3-1} = \frac{1}{2};$$

$$\frac{1}{4} + \frac{1}{16} + \frac{1}{64} + \frac{1}{256} \ldots + 0 = \frac{\frac{1}{4} \times 4}{4-1} = \frac{1}{3}.$$

On représente le plus petit terme par 0, comme devant être plus petit qu'aucun nombre fini ; autrement la progression pourrait être continuée au delà.

Les fractions décimales périodiques offrent un exemple remarquable des progressions décroissantes à l'infini. En effet, l'expression de ce genre, 0, 81 81 81, etc.

$$= \frac{81}{100} + \frac{81}{10000} + \frac{81}{1000000} + \text{etc.}$$

$$= \frac{81}{100} + \frac{81}{100^2} + \frac{81}{100^3} + \text{etc.}$$

$$= \frac{\frac{81}{100} \cdot 100}{100 - 1} = \frac{81}{99} = \frac{9}{11};$$

parce que, dans cette progression, $u = \frac{81}{100}$, et $q = 100$.

Pareillement 0, 135 135 135, etc.

$$= \frac{135}{1000} + \frac{135}{1000^2} + \frac{135}{1000^3} + \text{etc.} = \frac{\frac{135}{1000} \cdot 1000}{1000 - 1} = \frac{135}{999} = \frac{5}{37}.$$

De même 0,571428 571428 571428, etc.

$$= \frac{571428}{1000000} + \frac{571428}{(1000000)^2} + \frac{571428}{(1000000)^3} + \frac{571428}{(1000000)^4} + \text{etc.}$$

$$= \frac{\frac{571428}{1000000} \cdot 1000000}{1000000 - 1} = \frac{571428}{999999} = \frac{4}{7}.$$

On voit par ces exemples, que dans la fraction ordinaire, équivalente à la fraction décimale périodique, le numérateur est formé des chiffres de la période, et que le dénominateur est composé d'autant de 9 qu'il y a de chiffres dans la période.

Si la période décimale ne commence pas avec les premiers chiffres décimaux, on s'y prendra de cette manière.

Soit l'expression 0,416666, etc., on aura,

$$0{,}416666, \text{etc.} = \frac{1}{100} \cdot 41{,}6666, \text{etc.}$$

$$= \frac{1}{100} \cdot \left(41 + \frac{6}{10} + \frac{6}{(10)^2} + \frac{6}{(10)^3} + \text{etc.} \right)$$

$$= \frac{1}{100} \cdot \left(41 + \frac{6}{9} \right) = \frac{375}{900} = \frac{5}{12}.$$

On aura de même 0, 1 36 36 36, etc.

$$= \frac{1}{10} \times 1, 36\ 36\ 36\ 36, \text{etc.}$$

$$= \frac{1}{10} \left(1 + \frac{36}{100} + \frac{36}{(100)^2} + \frac{36}{(100)^3} + \text{etc.} \right)$$

$$= \frac{1}{10} \left(1 + \frac{36}{99} \right) = \frac{1}{10} \cdot \frac{135}{99} = \frac{135}{990} = \frac{3}{22}.$$

La période commence au troisième chiffre, dans le premier exemple, et au deuxième chiffre, dans le second exemple. On a avancé la virgule de deux places, dans le premier exemple, et d'une place, dans le second. Mais comme cela revenait à multiplier par 100, dans le premier exemple, et par 10, dans le second, on a en même temps indiqué la division par

ALGÈBRE. 139

100, dans le premier cas, et par 10, dans l'autre ; compensation qui a conservé la valeur des expressions primitives.

On tirerait de là, la règle prescrite en arithmétique, au n° 70, pour retrouver la fraction ordinaire qui a pu produire une fraction périodique.

DES LOGARITHMES.

100. Néper, inventeur des logarithmes, a dû en concevoir l'idée, en comparant la progression arithmétique à la progression géométrique.

Les *logarithmes* sont des nombres artificiels qu'on emploie au lieu des nombres véritables, pour simplifier les calculs. En effet, par leur moyen, on ramène la multiplication à l'addition, la division à la soustraction, la formation des puissances à la multiplication, et l'extraction des racines à la division. Il peut y avoir une infinité de systèmes de logarithmes, parmi lesquels il en existe deux qui sont en usage. Nous nous bornerons d'abord aux logarithmes vulgaires ou de *Briggs*, et nous en établirons la théorie sur la comparaison des deux progressions : ce procédé paraît le plus simple et le plus élémentaire.

101. Soit la progression géométrique,

$$\div \ 1 \ : \ 10 \ : \ 100 \ : \ 1000 \ : \ 10000 \ : \ 100000 \ : \ 1000000 \ . \ \text{etc.}$$

qui revient à

$$\div \ (10)^0 : (10)^1 : (10)^2 : (10)^3 : (10)^4 : (10)^5 : (10)^6 . \ \text{etc.}$$

et la progression arithmétique,

$$\div \ 0 \ . \ 1 \ . \ 2 \ . \ 3 \ . \ 4 \ . \ 5 \ . \ 6 \ . \ . \ \text{etc.}$$

Nous prendrons les termes de celle-ci pour les logarithmes des termes correspondants de la première. Ainsi, log. $1 = 0$, log. $10 = 1$, log. $100 = 2$, log. $1000 = 3$, log. $10000 = 4$, log. $100000 = 5$, log. $1000000 = 6$, etc. On voit que le logarithme a autant d'unités qu'il y a de zéros après l'unité, dans le nombre correspondant.

La progression géométrique, comme on voit, est celle des puissances de 10 ; et la progression arithmétique est celle des nombres naturels. Ce sont celles qui rendent les calculs les plus simples.

102. Pour concevoir les logarithmes des nombres qui ne sont pas des puissances de 10, comme 2, 3, etc., on suppose qu'on a inséré un très grand nombre de moyens géométriques entre deux termes consécutifs dans la progression géométrique, et un pareil nombre de moyens arithmétiques envers les termes consécutifs et correspondants de la progression arithmétique. En allant de 1 à 10, dans la progression géométrique, on aura des moyens géométriques qui équivaudront l'un à 2, l'autre à 5, un autre à 4, etc., sinon exactement, au moins d'une manière suffisamment approchée, puisque la différence entre deux moyens consécutifs est aussi petite qu'on veut : ces moyens géométriques équivalant à 2, à 3, à 4, etc., auront pour logarithmes les moyens arithmétiques correspondants.

Par exemple, si on évalue les logarithmes à un cent millième près, comme dans les tables qui portent le nom de Lalande, on est supposé avoir inséré 99999 moyens, tant géométriques que arithmétiques, et la différence entre deux moyens arithmétiques consécutifs est $\frac{1}{100000}$, tandis que le rapport de deux moyens géométriques consécutifs, est exprimé par $\sqrt[100000]{10}$.

On voit que ce rapport se trouve par la formule précédente
$$q = \sqrt[n-1]{\frac{u}{a}}, \quad \text{Ici, } n = 10001, \ u = 10, \ a = 1.$$

La différence entre deux termes consécutifs de la progression arithmétique correspondante, se trouve par la formule
$$d = \frac{u-a}{n-1}. \quad \text{Ici, } u = 1, \ a = 0.$$

Nous indiquerons d'autres procédés praticables pour calculer réellement les logarithmes des nombres qui ne sont pas des puissances exactes de 10.

103. Voyons maintenant comment, à l'aide des logarithmes, on ramène, ainsi que nous l'avons annoncé, la multiplication à l'addition, la division à la soustraction, etc.

Concevons qu'on a inséré entre les termes consécutifs de l'une et de l'autre progression, ce très grand nombre de moyens géométriques et arithmétiques dont nous avons parlé. Soit q, le rapport de deux termes consécutifs de la nouvelle progression géométrique, y un terme quelconque de la même progression, dont le rang ou la place est n; soit pareillement d, la différence de deux termes consécutifs de la nouvelle progression arithmétique, et x, un terme quelconque, dont le rang est n; par conséquent, $x = \log. y$.

104. On aura (97) $\quad\quad y = q^{n-1},$
et (93 et 94) $\quad\quad\quad\quad x = d(n-1).$

On aura de même $y' = q^{n'-1}$, et $x' = d(n'-1)$.
y' est un terme dont le rang est n' dans la progression géométrique; x' est le terme correspondant, ou du même rang, dans la progression arithmétique. Ainsi,
$$x' = \log. y'.$$

Si nous multiplions y par y', nous aurons,
$$y \times y' = q^{n-1} \times q^{n'-1} = q^{n+n'-2},$$
puisque les exposants sont supposés des nombres entiers. Le produit $q^{n+n'-2}$, est un des termes de la progression géométrique, et il y occupe un rang marqué par $n + n' - 1$; ainsi, son logarithme, qui occupe la

ALGÈBRE.

même place dans la progression arithmétique, doit être exprimé par $d(n+n'-2.)$. Or, $x+x'=d(n+n'-2)$. Donc log. $y \cdot y' = x+x'$ = log. $y +$ log. y'. Ainsi, le logarithme d'un produit de deux facteurs, est égal à la somme des logarithmes de ces deux facteurs.

Si le produit renferme trois facteurs, comme $y \cdot y' \cdot y''$, soit $y \cdot y' = z$, on aura, $y \cdot y' \cdot y'' = zy''$, et log. $(y \cdot y' \cdot y'') =$ log. $zy'' =$ log. $z +$ log. $y'' =$ log. $y + y' +$ log. y'', à cause de log. $z =$ log. $y +$ log. y'. Ainsi, le logarithme d'un produit de trois facteurs, est égal à la somme des logarithmes de ces trois facteurs. Il est facile d'étendre cette règle à un nombre quelconque de facteurs. Donc, *en général, le logarithme d'un produit est égal à la somme des logarithmes des facteurs de ce produit.* Donc, la multiplication, au moyen des logarithmes, se ramène à l'addition.

105. Soit $q = \frac{a}{b}$, donc $bq = a$, et log. $bq =$ log. $b +$ log. $q =$ log. a. Enfin, log. $q =$ log. $a -$ log. b; c'est-à-dire le *logarithme d'un quotient est égal au logarithme du dividende, moins le logarithme du diviseur.* Par conséquent, la division se ramène à la soustraction.

106. Soit $y = a^2$; donc log. $y =$ log. $a +$ log. $a = 2$ log. a. Soit encore $y = a^3 = aaa$; donc log. $y =$ log. $a +$ log. $a +$ log. $a = 3$ log. a. Ainsi le logarithme du carré d'un nombre, vaut deux fois celui de ce nombre; et le logarithme du cube d'un nombre quelconque, vaut trois fois le logarithme de ce nombre.

Il est facile de généraliser cette règle, et d'en conclure que *le logarithme d'une puissance quelconque d'un nombre, se trouve en multipliant le logarithme de ce nombre par l'exposant de la puissance*; règle qu'on peut traduire de cette manière en algèbre. Soit $y = a^n$, on en tire log. $y = n$ log. a. Ainsi la formation des puissances se ramène à la multiplication.

107. Soit $y^2 = a$, et par conséquent $y = \sqrt{a}$; on aura,

log. y^2, ou 2 log. $y =$ log. a, et log. $y = \frac{1}{2}$ log. a;

c'est-à-dire le logarithme de la racine carrée d'un nombre a est égal à la moitié du logarithme de ce nombre.

Soit encore $y^3 = a$, et par conséquent $y = \sqrt[3]{a}$,

donc log. y^3, ou 3 log. $y =$ log. a,

et log. $y = \frac{1}{3}$ log. $a = \frac{\log. a}{3}$;

c'est-à-dire le logarithme de la racine cubique d'un nombre est égal au tiers du logarithme de ce nombre. En général,

soit $y^n = a$, et par suite $y = \sqrt[n]{a}$;

on a log. y^n, ou n log. $y = a$, et log. $y = \frac{\log. a}{n}$;

donc, en général, *le logarithme de la racine quelconque d'un nombre, se trouve en divisant le logarithme de ce nombre par l'exposant de la racine.* Ainsi l'extraction des racines dont le calcul est si pénible, et quelquefois presque impraticable par les règles ordinaires, se ramène à une simple division, avec le secours des logarithmes.

108. Après avoir donné les règles qui conviennent au cas où l'on emploie séparément la multiplication, la division, la formation des puissances et l'extraction des racines, voyons celles qu'on peut en déduire, quand ces opérations de calcul sont mêlées ensemble.

109. Soit la proportion géométrique,

$$a : b :: c : x, \text{ on en tire } x = \frac{bc}{a};$$

et $\quad \log. x = \log. b + \log. c - \log. a.$

Donc *le logarithme d'un extrême d'une proportion géométrique, est égal à la somme des logarithmes des moyens, moins le logarithme de l'extrême connu.*

Soit la proportion,

$$a : b :: x : c, \text{ on en tire } x = \frac{ac}{b};$$

et $\quad \log. x = \log. a + \log. c - \log. b.$

C'est-à-dire, *le logarithme d'un moyen est égal à la somme des logarithmes des extrêmes, moins le logarithme du moyen connu.*

110. Soit la proportion continue,

$$a : x :: x : b, \text{ d'où } x^2 = ab;$$

et $\quad \log. x = \dfrac{\log. a + \log. b}{2}.$

Ainsi *le logarithme du moyen terme, dans une proportion continue, est égal à la moitié de la somme des logarithmes des extrêmes.*

111. Soit $x = a + \dfrac{b}{c}$, ou $x = \dfrac{ac + b}{c}$;

donc $\quad \log. x = \log. (ac + b) - \log. c.$

Donc, *pour avoir le logarithme d'un entier joint à une fraction, il faut réduire l'entier en fraction, regarder le nouveau numérateur comme un dividende, et le dénominateur comme un diviseur, et appliquer la règle prescrite pour la division.* Il ne faut pas confondre log. $(ac + b)$ avec log. $ac + $ log. b, ce dernier étant celui du produit de la quantité ac, multiplié par b; au lieu que le premier est celui de la somme de ces deux quantités : pour l'employer, il faut évaluer ces deux quantités séparément en nombre, les ajouter ensemble, et prendre le logarithme de leur somme.

112. Le tableau des formules des progressions géométriques, offre des exemples assez compliqués de l'usage des logarithmes : nous y renvoyons. Nous en rapportons seulement deux exemples.

Soit l'équation,
$$u\,q^n - u = sq^n - sq^{n-1}.$$

Pour la résoudre par rapport à n, on passera dans le premier membre tous les termes où n se trouve, et dans le second celui où n n'est pas; on aura,

$$uq^n - sq^n + sq^{n-1} = u\,;\text{ ensuite } q^{n-1}(uq - sq + s) = u\,;$$

puis
$$q^{n-1} = \frac{u}{uq + s - sq}\,;$$

enfin
$$(n-1)\log.q = \log.u - \log.(uq + s - sq)\,;$$

et
$$n = 1 + \frac{\log.u - \log.(uq + s - sq)}{\log.q}.$$

Soit encore l'équation,
$$a(s-a)^{n-1} = u(s-u)^{n-1},$$

qu'on veut résoudre par rapport à n; on aura,

$$\frac{(s-a)^{n-1}}{(s-u)^{n-1}} = \frac{u}{a},\text{ ou } \left(\frac{s-a}{s-u}\right)^{n-1} = \frac{u}{a}.$$

Passant des nombres aux logarithmes, on aura,

$$(n-1)\log.\left(\frac{s-a}{s-u}\right) = \log.u - \log.a\,;$$

enfin
$$n - 1 = \frac{\log.u - \log.a}{\log.(s-a) - \log.(s-u)}.$$

On pourra s'exercer à chercher les autres résultats de la table.

Idée de la manière de calculer les logarithmes vulgaires.

113. Les progressions fondamentales donnent immédiatement les logarithmes des nombres 1, 10, 100, 1000, etc., ou des puissances exactes de 10. La recherche des logarithmes des autres nombres se réduit à celle des logarithmes des nombres premiers, 2, 3, 5, 7, etc., puisque les logarithmes des nombres qui sont formés par la multiplication des nombres premiers, s'obtiennent en ajoutant ensemble les logarithmes de ces nombres premiers. Voyons comment nous pourrons calculer le logarithme d'un nombre premier, celui de 5, par exemple. On ne peut faire usage de la supposition des moyens géométriques et arithmétiques, insérés en nombre immense entre les termes consécutifs des deux progressions fondamentales, parce que le calcul de cette manière serait impraticable; mais voici un autre procédé.

114. Cherchons un moyen géométrique entre 1 et 10, et un moyen arithmétique entre 0 et 1 : celui-ci sera le logarithme du premier. On aura, en désignant par x, ce moyen géométrique,

$$x = \sqrt{10} = 3{,}162277, \text{ et log. } x = \frac{\log.10}{2} = 0{,}50000000.$$

Cherchons de nouveau un moyen géométrique entre 10 et 3,162277, on aura par ce moyen $\sqrt{31{,}62277} = 5{,}6234113$. Le logarithme correspondant est égal à la moitié de la somme des logarithmes de 10 et 3,162277 : ce logarithme égale donc 0,7500000. On continue l'opération en cherchant toujours un moyen proportionnel entre deux moyens déjà calculés, l'un immédiatement plus grand, et l'autre immédiatement plus petit que 5. On s'arrête lorsqu'on est arrivé à un moyen qui ne diffère pas de 5, d'une partie décimale d'un ordre donné ; du sixième, par exemple, si l'on se borne à cette approximation. On calcule en même temps les logarithmes correspondants ; ce qui est très facile, puisque le logarithme d'un moyen quelconque est égal à la moitié de la somme des logarithmes des deux nombres entre lesquels on a calculé ce moyen.

C'est ainsi qu'on a trouvé que le log. 5 = 0,6989700 :

On en conclura, log. 2 = log. 10 — log. 5 = 0,3010300.

Avec log. 2 et log. 5, on calculera les logarithmes des nombres qui sont une puissance de 2, ou une puissance de 5, ou le produit d'une puissance de 2 multipliée par une puissance de 5. Ainsi,

$$\log. 4 = \quad 2 \log. 2 = 0{,}6020600;$$
$$\log. 25 = \quad 2 \log. 5 = 1{,}3979400,$$
$$\text{et log. } 40 = \text{et log. } 5 + \log. 8 = 1{,}6020600.$$

Si l'on calcule de même les logarithmes de tous les nombres premiers, on aura facilement les logarithmes des autres nombres, qui sont, ou des puissances ou des produits des puissances des nombres premiers. A la vérité, cette méthode entraînerait dans des calculs immenses ; mais heureusement ces calculs sont faits, et il en est résulté des tables de logarithmes. Nous allons indiquer celles qui sont le plus en usage.

Des Tables de logarithmes.

115. Les tables de Callet méritent la préférence par leur étendue et la manière dont on y a disposé les logarithmes vulgaires. Elles renferment, en outre, les logarithmes des lignes trigonométriques, suivant la division sexagésimale, et suivant la division centésimale. On y trouve aussi les logarithmes népériens, dont l'usage est utile dans l'analyse transcendante.

Nous indiquerons ensuite les tables de Borda, dont M. Delambre a été l'éditeur ; elles renferment : 1° les logarithmes vulgaires, avec la même étendue et la même disposition que celles de Callet ; 2° les logarithmes des lignes trigonométriques suivant la division centésimale. A défaut de

ALGÈBRE.   175

ces grandes tables, on peut employer celles in-12 à six figures, publiées par M. Plauzoles, renfermant les logarithmes vulgaires pour tous les nombres, depuis 1 jusqu'à 21750, et les logarithmes trigonométriques pour l'ancienne et la nouvelle division du quart de cercle.

Les tables de Lalande ont aussi l'avantage d'être très portatives : mais elles ne donnent les logarithmes vulgaires des nombres naturels que depuis 1 jusqu'à 10000.

Nous croyons devoir renvoyer à ces différentes tables, pour apprendre la manière de s'en servir. Nous supposerons qu'on a sous les yeux celles de Callet; autrement il serait presque impossible de comprendre ce que nous allons exposer.

116. Il y a dans tout logarithme deux parties distinctes, la *caractéristique* et la *fraction décimale*. La caractéristique est le nombre entier qui précède la fraction décimale ; ainsi dans $1,3979400 = \log. 25$, la caractéristique est 1, et la fraction décimale est 0,3979400.

Callet et Borda ont supprimé, et avec raison, la caractéristique des logarithmes vulgaires. Cette suppression, loin d'entraîner des inconvénients, est très avantageuse, ainsi que ces auteurs le font voir. D'abord il est facile de retrouver la caractéristique du logarithme d'un nombre donné, s'il est entier, ou s'il est composé d'un entier et d'une fraction décimale. Dans le premier cas, la caractéristique a autant d'unités qu'il y a de chiffres moins un dans le nombre donné ; dans le second cas, la caractéristique a autant d'unités qu'il y a de chiffres moins un à gauche de la virgule qui sépare le nombre entier de la fraction décimale. Ainsi la caractéristique est 4 dans log. 12345 ; 3 dans log. 1234,5 ; 2 dans log. 123,45 ; 1 dans log. 12,345 ; 0 dans log. 1,2345.

En effet, à cause de log. $1 = 0$, et de log. $10 = 1$, il s'ensuit que le logarithme de l'un quelconque des nombres, 2, 3, 4, 5, 6, 7, 8, 9 est compris entre 0 et 1 ; il y a donc 0 pour caractérisque. On remarquera sans peine que les logarithmes sont compris entre 1 et 2, depuis log. $10 = 1$, jusqu'à log. $100 = 2$; entre 2 et 3, depuis log. $100 = 2$ jusqu'à log. $1000 = 3$; entre 3 et 4, depuis log. $1000 = 3$ jusqu'à log. $10000 = 4$; enfin, entre $n-1$ et n, depuis log. 10^{n-1} et log. 10^n. Par conséquent, la caractéristique du logarithme est 1, ou 2, ou 3, ou 4, ou $n-1$, ou n, suivant que le nombre a 2, ou 3, ou 4, ou 5, ou n, ou $n+1$, chiffres. Ainsi, en général, la caractéristique d'un nombre entier a autant d'unités que ce nombre a de chiffres moins un.

Soit log. $12345 = 4,0914911$;
on en conclura
$$\log. 1234,5 = \log. \tfrac{12345}{10} = \log. 12345 - \log. 10 = 3,0914911;$$
ensuite
$$\log. 123,45 = \log. \tfrac{12345}{100} = \log. 12345 - \log. 100 = 2,0914911;$$
puis
$$\log. 12,345 = \log. \tfrac{12345}{1000} = \log. 12345 - \log. 1000 = 1,0914911,$$

enfin
$$\log. 1,2345 = \log. \tfrac{12345}{10000} = \log. 12345 - \log. 10000 = 0,0914911;$$
à cause de
$$\log. 10 = 1, \log. 100 = 2; \log. 1000 = 3; \log. 100000 = 4.$$

Dans tous ces résultats, on voit que la caractéristique a autant d'unités que le nombre proposé a de chiffres moins un avant les fractions décimales.

117. Si l'on multiplie ou si l'on divise un nombre quelconque par une puissance de 10, la fraction décimale dans le logarithme du produit, ou dans celui du quotient, sera la même que dans le logarithme du nombre primitif. Ainsi,
$$\log. 12345 = 4,0914911, \log. 12345 \times 10 = 5,0914911, \text{ et } \log. \tfrac{12345}{10} = 3,0914911.$$

En effet, le logarithme d'une puissance de 10 a toujours zéro pour fraction décimale, l'addition ou la soustraction d'un pareil logarithme ne peut rien changer à la fraction décimale du logarithme du nombre qu'on a multiplié ou divisé par une puissance de 10.

Il suit encore de là que la fraction décimale du logarithme d'un nombre composé d'entiers et de parties décimales, est la même que s'il n'y avait point de parties décimales. Ainsi,
$$\log. 12345 = 4,0914911, \text{ et } \log. 12,345 = 1,0914911:$$
logarithmes ou la fraction décimale est la même.

118. Ces remarques serviront à faciliter l'usage des logarithmes des fractions. Ces sortes de logarithmes se présentent naturellement sous la forme de nombres négatifs; en effet, on peut considérer une fraction comme un quotient, le numérateur comme un dividende, et le dénominateur comme un diviseur. Ainsi le logarithme d'une fraction est égal à celui du numérateur, moins celui du dénominateur : il est donc négatif toutes les fois que le dénominateur est plus grand que le numérateur. Par exemple,
$$\log. \tfrac{1}{2} = \log. 1 - \log. 2 = 0, -0,3010300 = -0,3010300; \text{ et } \log. \tfrac{2}{3}$$
$$= \log. 2 - \log. 3 = -(\log. 3 - \log. 2) = -(0,4771213 - 0,3010300)$$
$$= -0,1760913.$$

Pour éviter ces logarithmes négatifs, qui ont toujours quelques inconvénients, on augmente de 10 unités la caractéristique du logarithme du numérateur; de cette manière le logarithme du dénominateur peut se soustraire de celui du numérateur ainsi modifié. Par exemple, on a,
$$\log. \tfrac{1}{2} = 9,6989700, \text{ et } \log. \tfrac{2}{3} = 9,8239087.$$
De même $\log. (\tfrac{1}{20} = 0,05) = 8,6989700.$

A la vérité, on commet une erreur énorme, tant sur le logarithme qui est trop grand de 10 unités à la caractéristique, que sur la valeur du nombre correspondant, qui est multiplié par la dixième puissance de 10, ou par 10000000000; mais on corrige cette double erreur, en supprimant une dizaine à la caractéristique du logarithme définitif.

Par la même raison,

$$\log. \tfrac{1}{4} = 9,3979400 \ ; \ \log. \tfrac{1}{8} = 9,0969100.$$

Or
$$\tfrac{1}{2} = (\tfrac{1}{4})^{\tfrac{1}{2}} \ ; \ \tfrac{1}{4} = \left(\tfrac{1}{8}\right)^{\tfrac{1}{3}};$$

si donc, l'on veut le logarithme de $\tfrac{1}{2}$ au moyen de celui de $\tfrac{1}{4}$; il faudra, après avoir ajouté une dizaine à la caractéristique du logarithme de $\tfrac{1}{4}$, prendre la moitié de ce logarithme. Si l'on avait le logarithme de $\tfrac{1}{8}$ et qu'on voulût celui de $\tfrac{1}{4}$, on ajouterait d'abord deux dizaines au premier logarithme; puis on le diviserait par 3. En général, pour prendre une racine quelconque d'une fraction, il faut, avant de diviser son logarithme par l'indice de la racine proposée, augmenter sa caractéristique d'autant de dizaines moins une, qu'il y a d'unités dans l'indice de cette racine.

APPLICATIONS.

119. Les logarithmes ont été spécialement inventés pour faciliter les calculs de la trigonométrie. Nous renvoyons à cette partie de la géométrie, pour les applications de ce genre : en voici quelques autres.

1° On a payé 67890 fr. pour la solde de 12345 hommes, combien doit-on payer pour celle de 14814 ?

On aura la proportion,

$$12345 : 14814 :: 67890 : x;$$

d'où l'on tire,

log. x = log. 67890 + log. 14814 — log. 12345 = 4,9109870 = log. 81468.

Tableau du calcul.

Log. 67890.	= 4,8318058
Log. 14814.	= 4,1706723
Somme.	= 9,0024781
Otant log. 12345.	= 4,0914911
Différ. ou log. x.	= 4,9109870

Ce logarithme est celui de 81468; ainsi $x = 81468$.

2° On a payé 987^{fr},65$^\text{c}$ pour 43$^\text{m}$,21$^\text{c}$ de drap, combien doit-on payer pour 315$^\text{m}$,65$^\text{c}$?

On aura la proportion,

$$43^\text{m},21^\text{c} : 345^\text{m},68^\text{c} :: 987^{\text{fr}},65^\text{c} : x^{\text{fr}}.$$

ensuite log. x = log. 987,65 + log. 345,68 — log. 43,21 = 3,8976931 = log. 7901,2.

Tableau du calcul.

$$\text{Log. } 987,65 \ldots \ldots = 2,9946031$$
$$\text{Log. } 345,68 \ldots \ldots = 2,5386743$$
$$\text{Somme} \ldots \ldots = 5,5332774$$
$$\text{Otant log. } 43,21 \ldots = 1,6355843$$
$$\text{Différ. ou log. } x \ldots = 3,8976931$$

Ce logarithme est celui de 7901,2; donc $x = 7901,2$, et c'est ce qu'on doit payer.

3° Connaissant le poids et le diamètre d'un boulet de canon, trouver le diamètre d'un autre boulet dont le poids est donné. Par exemple, trouver le diamètre du boulet dit de 24 (ancien poids), sachant que celui du boulet de 36 est de 168^{millim}, environ, 74 $\frac{2}{3}$ lignes.

On démontre en géométrie que les sphères sont proportionnelles aux cubes de leurs diamètres; et en physique, que les volumes sont entre eux comme les poids, quand les corps sont homogènes; il suit de là que les poids des boulets sont comme les cubes des diamètres.

Désignons par x le diamètre cherché, nous aurons cette proportion,

$$x^3 : (168)^3 :: 24 : 36 :: 2 : 3;$$

On a donc $$x^3 = \frac{(168)^3 \times 2}{3};$$

ensuite $\quad 3 \log x = 3 \log 168 + \log 2 - \log 3;$

enfin $\quad \log x = 2,1666122 = \log 146,76.$

Le diamètre du boulet de 24 est donc de 147 millimètres à très peu près.

4° Suivant les astronomes, les carrés des temps que deux planètes emploient à faire leurs révolutions autour du soleil, sont entre eux comme les cubes de leurs distances à ce même astre; d'après cela, sachant que la révolution de la terre autour du soleil est de 365^j 5^h 48^r 51^s, et que celle de Jupiter est de 4330^j 14^h 39^r 2^s, trouver le rapport des distances de ces planètes au soleil.

Réduisons d'abord en secondes les révolutions données; nous aurons 31556931 secondes pour la terre, et 374164742 pour Jupiter. Désignons le premier nombre par a, le second par b; par 1 la distance de la terre au soleil, et par x celle de Jupiter au même astre; nous aurons la proportion,

$$x^3 : (1)^3 :: b^2 : a^2;$$

ensuite $\quad 3 \log x = 2 \log b - 2 \log a;$

parce que $\log 1 = 0$. Ainsi,

$$\log x = \frac{2 \log b - 2 \log a}{3} = 0,71597880 = \log 5,1997.$$

Ainsi la distance de Jupiter au soleil est à celle de la terre au même astre, à peu près comme 52 : 10.

Tableau du calcul.

$+ 2 \log. b \ldots \ldots = 17{,}14612573$
$- 2 \log. a \ldots \ldots = 14{,}99818934$

Différ. ou $3 \log. x. = 2{,}14793639$
$\log. x \ldots \ldots = 0{,}7159788$

Ce dernier logarithme est celui de 5,1997.

5° Après avoir tiré un litre de vin d'un tonneau, on le remplace par un litre d'eau; on en tire un second que l'on remplace de même, et ainsi de suite. Comment déterminer le nombre de litres qu'il faudrait tirer de ce mélange, pour que le vin qui resterait dans le tonneau fût la moitié, ou le tiers, ou en général la partie n de celui qui y était d'abord.

Prenons un exemple particulier. Supposons qu'il y a 100 litres, et qu'il doit rester la moitié du vin dans le tonneau. Le vin diminuant d'un centième à chaque fois, les nombres qui expriment les quantités de vin que le tonneau contient successivement, forment une progression géométrique décroissante, dont le premier terme est 100, le second 99, le dernier 50, et la raison $\frac{99}{100}$. Cette progression se change en une progression croissante, dont le premier terme égale 50, le dernier 100, et la raison $\frac{100}{99}$. Le nombre des termes de cette progression est plus grand d'une unité que celui des opérations. Soit a le premier terme, u le dernier, q le rapport, et n le nombre des termes; on aura successivement,

$$u = a q^{n-1}; \text{ ensuite } q^{n-1} = \frac{u}{a};$$

puis $(n-1) \log. q = \log. u - \log. a;$

enfin $n - 1 = \frac{\log. u - \log. a}{\log. q} = \frac{\log. 100 - \log. 50}{\log. 100 - \log. 99} = \frac{0{,}3010300}{0{,}0043648} = 68{,}9;$

ainsi il faudrait tirer environ 69 litres.

6° On a placé un capital de 10000 fr. à 5 pour 100 d'intérêt par an; au bout de combien de temps serait-il dû le double, y compris le capital et les intérêts des intérêts?

Chaque année le capital augmente d'un vingtième. Ainsi les nombres qui marquent ce qu'il est dû successivement au moment du placement; ensuite après la première, la seconde, la troisième et la $n^{\text{ième}}$ année, font une progression géométrique croissante dont

le premier terme $a = 10000;$

le deuxième $= 10000 + \frac{100000}{20} = 10500;$

le dernier terme $u = 20000,$

la raison $q = \frac{10500}{10000} = \frac{21}{20} = 1{,}05;$

De plus, le nombre des termes de la progression est plus grand d'une unité que le nombre des années. Ainsi, ce dernier nombre sera $n-1$, si le premier est n. La théorie des progressions donne,

$$u = aq^{n-1}; \text{ ensuite, } q^{n-1} = \frac{u}{a},$$

puis, $\qquad (n-1)\log. q = \log. u - \log. a.$

Enfin,

$$n-1 = \frac{\log. u - \log. a}{\log. q} = \frac{\log. 20000 - \log. 10000}{\log. 1,05} = \frac{0,3010300}{0,0211893} = 14,2.$$

Le capital serait donc doublé en un peu plus de 14 ans, et plus que doublé en 15 ans.

7° Une personne emprunte 10000 fr. à 6 pour 100 d'intérêt par an, à condition de pouvoir rembourser ce capital en payant chaque année une somme de 1000 fr.; pendant combien de temps faudra-t-il payer cette *annuité*, pour éteindre à la fois le capital et les intérêts?

Représentons le capital par a, l'intérêt d'un franc par r, et l'annuité par b. Au bout d'un an il sera dû,

$$a + ar - b = a(1+r) - b = a'.$$

Au bout de deux ans la dette sera,

$$a' + a'r - b = a'(1+r) - b = a(1+r)^2 - b(1+r) - b = a''.$$

Au bout de trois ans, cette dette se réduira à,

$$a''(1+r) - b = a(1+r)^3 - b(1+r)^2 - b(1+r) - b = a'''.$$

Au bout de quatre ans, cette dette sera,

$$a'''(1+r) - b = a(1+r)^4 - b(1+r)^3 - b(1+r)^2 \\ - b(1+r) - b.$$

Enfin, après n années, il sera seulement redû

$$a(1+r)^n - b(1+r)^{n-1} - b(1+r)^{n-2} - b(1+r)^{n-3}\ldots \\ - b(1+r) - b$$

$$= a \cdot (1+r)^n - b \times [(1+r)^{n-1} + (1+r)^{n-2}(1+r)^{n-3}\ldots \\ + (1+r) + 1,]$$

$$= a(1+r)^n - b[1 + (1+r) + (1+r)^2 \ldots + (1+r)^{n-1}]$$

$$= a(1+r)^n - b\frac{(1+r)^n - 1}{r}.$$

parce que la quantité qui multiplie b est la somme des termes d'une progression géométrique, dont le premier terme est 1, la raison $1+r$ et le nombre des termes est n.

Pour exprimer que la dette est nulle, on aura,

$$a(1+r)^n - b\frac{(1+r)^{n-1}}{r} = 0;$$

ensuite $\quad (1+r)^n \left(a - \dfrac{b}{r}\right) = -\dfrac{b}{r},$

ou $\quad (1+r)^n \left(\dfrac{b-ar}{r}\right) = \dfrac{b}{r};$

puis, $n \log. (1+r) = \log. b - \log. (b-ar).$

Enfin, $\quad n = \dfrac{\log. b - \log. (b-ar)}{\log. (1+r)}.$

Pour application, soit $a = 10000$, $b = 1000$;
$r = \dfrac{6}{100}$, $ar = 600$, $b - ar = 400$, $1 + r = 1{,}06$.
on aura;

$$n = \dfrac{\log. 1000 - \log. 400}{\log. 1{,}06} = \dfrac{0{,}3979400}{0{,}0253059} = 15{,}7.$$

Ainsi, il faudrait payer l'annuité pendant près de 16 ans.

Sans l'usage des logarithmes, ces dernières questions seraient presque insolubles.

SUPPLÉMENT
A CES ÉLÉMENTS D'ALGÈBRE.

120. Nous commencerons ce supplément par la recherche de la formule qui donne la somme des carrés des termes d'une progression arithmétique, formule utile pour calculer les piles de boulets.

Soit une progression arithmétique croissante, dont les termes sont $a, b, c \ldots t, u$; soit d la différence de deux termes consécutifs, n le nombre des termes, s_1 la somme des termes, s_2 celle de leurs carrés, et s_3 celle de leurs cubes. On aura,

$$b = a + d, c = b + d \ldots u = t + d;$$

ensuite,
$$b^3 = (a+d)^3 = a^3 + 3a^2d + 3ad^2 + d^3;$$
$$c^3 = (b+d)^3 = b^3 + 3b^2d + 3bd^2 + d^3,$$
$$\ldots\ldots\ldots\ldots\ldots\ldots\ldots\ldots\ldots\ldots\ldots$$
$$u^3 = (t+d)^3 = t^3 + 3t^2d + 3td^2 + d^3.$$

Ajoutons ensemble ces équations, terme à terme, nous aurons,
$$s_3 - a^3 = s_3 - u^3 + 3d(s_2 - u^2) + 3d^2(s_1 - u) + d^3(n-1),$$
ou $\quad a^3 = u^3 - 3d(s_2 - u^2) - 3d^2(s_1 - u) - d^3(n-1),$

équation d'où l'on tire,
$$s_2 = \frac{3du^2 + u^3 - a^3 - 3d^2(s_1 - u) - d^3(n-1)}{3d}.$$

Mais (93) $u = a + d(n-1)$, et $s_1 = (2a + dn - d)\frac{n}{2}$;

il sera donc facile d'obtenir s_2 ou la somme des carrés des termes, lorsqu'on connaîtra a, d et n.

Dans le cas particulier où la progression est celle des nombres naturels 1, 2, 3, 4 ..... n, on fait $a = 1$, $d = 1$; par conséquent $u = n$, et $s_1 = \frac{n(n+1)}{2}$: dans le même cas, on trouve,

$$s_2 = \frac{2n^3 + 3n^2 + n}{6} = \frac{n(n+1)(2n+1)}{1 \cdot 2 \cdot 3}.$$

Telle est la formule qui donne la somme des carrés des nombres naturels, depuis le carré de 1 jusqu'à celui de n.

ALGÈBRE. 183

Autre manière de trouver la formule $s_2 = \dfrac{n(n+1)(2n+1)}{1.2.3}$.

Soit $\quad s_2 = 1^2 + 2^2 + 3^2 + 4^2 \ldots + (n-1)^2 + n^2,$
et $\quad s'_2 = 1^2 + 2^2 + 3^2 + 4^2 \ldots + (n-1)^2;$
on en conclura $s_2 - s'_2 = n^2$. Soit de plus,
$$s_2 = an^3 + bn^2 + cn + d;$$
les coefficients a, b, c, d, étant indépendants des valeurs particulières de n. Ainsi on aura,
$$s'_2 = a(n-1)^3 + b(n-1)^2 + c(n-1) + d;$$
ensuite, $\quad s_2 - s' = 3an^2 - 3an + 2bn + a - b + c = n^2,$
ou $\quad n^2(3a-1) + n(2b-3a) + a - b + c = 0.$

Pour exprimer la condition que les coefficients a, b, c, d, sont indépendants des valeurs particulières de n, il faut égaler à zéro séparément, chacun des termes de l'équation précédente, ce qui donne,

1° $3a - 1 = 0$ et $a = \dfrac{1}{3}$;

2° $2b - 3a = 0$, et $b = \dfrac{1}{2}$;

3° $a - b + c = 0$, et $c = \dfrac{1}{3}$.

Ainsi,
$$s_2 = \dfrac{n^3}{3} + \dfrac{n^2}{2} + \dfrac{n}{6} + d.$$

Pour déterminer d, soit $n = 1$. Dans ce cas où $s_2 = 1$, on trouve $d = 0$. C'est aussi la valeur de d dans tous les cas possibles. Ainsi, définitivement,
$$s_2 = \dfrac{n^3}{3} + \dfrac{n^2}{2} + \dfrac{n}{6} = \dfrac{2n^3 + 3n^2 + n}{6} = \dfrac{n(n+1)(2n+1)}{1.2.3},$$
formule absolument pareille à celle qu'on a obtenue par l'autre méthode.

Piles de Boulets.

121. Dans les parcs d'artillerie, on met en piles les boulets de canon, les bombes et les obus. Ces piles peuvent être de trois espèces différentes; pyramidales à base carrée, pyramidales à base triangulaire, et oblongues, ayant pour base un parallélogramme rectangle.

De la pile pyramidale à base carrée.

122. Cette pile est composée de tranches carrées; ces tranches sont, en allant du sommet à la base, la suite des carrés des nombres naturels. Ainsi, en suivant cet ordre, on a un boulet dans la première tranche,

4 dans la seconde, 9 dans la troisième, 16 dans la quatrième, 25 dans la cinquième, ... n^2 dans la $n^{\text{ième}}$; la dernière tranche se nomme *base* de la pile. La totalité des boulets est donc la somme des carrés des nombres naturels, depuis celui de 1 jusqu'à celui de n, en désignant par n le nombre des tranches. n marque aussi combien il y a de boulets dans chaque côté de la base, et dans chacune des arêtes latérales de la pyramide.

Si on désigne par s le nombre des boulets de la pile entière, on aura, ainsi qu'on vient de le trouver,

$$s = \frac{n(n+1)(2n+1)}{1.2.3};$$

nous employons la lettre s sans accent, parce qu'il n'y a plus d'équivoque, et qu'il n'est plus nécessaire de distinguer la somme des carrés de celle des troisièmes ou premières puissances.

Voici, de plus, un tableau qui pourra tenir lieu de la formule, s'il est assez étendu, et qui servira à la vérifier, s'il est nécessaire.

Arêtes...	1	2	3	4	5	6	7	8	9	10	11	12
Tranches..	1	4	9	16	25	36	49	64	81	100	121	144
Pile. ...	1	5	14	30	55	91	140	204	285	385	506	650

La première ligne marque le nombre des tranches, ou le nombre des boulets contenus dans chaque arête; la seconde suite indique combien il y a de boulets dans chaque tranche; enfin, la troisième donne les boulets de la pile entière.

Soit $n = 10$, ou supposons qu'il y a 10 tranches, la formule donne $s = \frac{10 \times 11 \times 21}{6} = 385$, comme le tableau.

De la Pile pyramidale à base triangulaire.

193. Cette pile se décompose en tranches triangulaires, en allant du sommet à la base. Chaque tranche est un triangle équilatéral, excepté la première, qui ne contient qu'un seul boulet. Il y a 2 boulets dans le côté de la seconde tranche, 3 dans celui de la troisième, 4 dans celui de la quatrième,... n dans celui de la $n^{\text{ième}}$. Le nombre des boulets d'une tranche quelconque, est la somme des termes d'une progression arithmétique, dont le premier terme est 1, la différence aussi 1, et le nombre des termes égal à celui des boulets contenus dans chaque côté de la tranche. Ainsi, dans le cas où ce côté contient n boulets, la tranche en contient $\frac{n^2+n}{2}$ ou $\frac{1}{2}(n^2 + n)$. Si n vaut successivement 1, 2, 3, 4, ... n, les tranches vaudront successivement $\frac{1}{2}(1^2+1), \frac{1}{2}(2^2+2), \frac{1}{2}(3^2+3), \frac{1}{2}(4^2+4), \ldots \frac{1}{2}(n^2+n)$, et s, étant toujours la totalité des boulets de la pile, on aura,

$$s = \tfrac{1}{2}(1^2+1), +\tfrac{1}{2}(2^2+2) + \tfrac{1}{2}(3^2+3), +\tfrac{1}{2}(4^2+4) \ldots + \tfrac{1}{2}(n^2+n)$$

$$= \tfrac{1}{2}(1^2 + 2^2 + 3^2 + 4^2 \ldots + n^2) + \tfrac{1}{2}(1 + 2 + 3 + 4 \ldots + n)$$
$$= \frac{n(n+1)(2n+1)}{12} + \frac{n^2+n}{4} = \frac{n(n+1)(n+2)}{1.2.3}.$$

Formons aussi un tableau pour cette pile à base triangulaire, comme nous en avons formé un pour la pile à base carrée. Soit une tranche dont chaque côté contient n boulets : cette tranche est composée de n rangées, formant la même progression arithmétique que les nombres naturels $1, 2, 3, 4, \ldots n$. Ainsi le nombre des boulets de cette tranche est exprimé par $1 + 2 + 3 + 4 \ldots + n$. Ce nombre est donc 1 pour la première tranche,

$1 + 2 = 3$ pour la seconde,
$1 + 2 + 3 = 6$ pour la troisième,
$1 + 2 + 3 + 4 = 10$ pour la quatrième,
$1 + 2 + 3 + 4 \ldots + n$ pour la $n^{\text{ième}}$.

Chaque tranche se forme donc par l'addition successive des nombres naturels. D'après cela, voici le tableau des nombres qu'on appelle *figurés* :

Arêtes.... 1 2 3 4 5 6 7 8 9 10, etc.
Tranches. 1 3 6 10 15 21 28 36 45 55, etc.
Pile........ 1 4 10 20 35 56 84 120 165 220, etc.

La première ligne indique combien il y a de boulets dans chaque arête de la pile, ou de tranches dans la pile. La seconde ligne, qui est celle des *nombres triangulaires*, marque le nombre des boulets contenus dans les différentes tranches. On voit donc qu'il y aurait 55 boulets dans la dixième tranche. Cette seconde ligne se forme en ajoutant successivement les nombres naturels, depuis 1 jusqu'à celui qui marque le rang de la tranche. La troisième ligne, qui est celle des *nombres pyramidaux*, se forme en ajoutant successivement tous les nombres contenus dans la deuxième ; ainsi chacun de ces termes exprime nécessairement la totalité des boulets d'une pile entière, puisqu'il est la somme des tranches de cette pile. Ainsi il y a 220 boulets dans une pile dont le nombre des tranches est 10. La formule $s = \frac{n(n+1)(n+2)}{6}$, en mettant 10 pour n, devient

$s = \frac{10 \times 11 \times 12}{6} = 220$, résultat parfaitement d'accord avec celui du tableau.

Pile oblongue dont la base est un rectangle.

124. Les tranches de cette pile sont des rectangles ; en allant du sommet à la base, la première tranche contient une rangée de boulets seulement. Soit m le nombre de boulets de cette tranche ; il y a dans la seconde tranche 2 rangées de boulets, et $m+1$ boulets dans chaque rangée ; 3 rangées dans la troisième tranche, et $m+2$ boulets dans chaque rangée ; 4 rangées dans la quatrième tranche, et $m+3$ boulets dans chaque rangée ; enfin, n rangées dans la $n^{\text{ième}}$ tranche, et $m+n-1$ boulets dans chaque rangée. D'après cette analyse, le nombre des boulets de la $n^{\text{ième}}$ tranche, sera $n(m+n-1) = mn + n^2 - n$. Si dans cette expression, on met pour n successivement 1, 2, 3, 4, ...n, le nombre des boulets sera,

$m + 1^2 - 1$ pour la 1re tranche.
$2m + 2^2 - 2$ .... 2^{e}
$3m + 3^2 - 3$ .... 3^{e}
$4m + 4^2 - 4$ .... 4^{e}
....
....
$nm + n^2 - n$ .... n^{e}.

Soit toujours s la somme des tranches, on aura :

$$s = m(1+2+3+4\ldots+n)$$
$$+ (1^2+2^2+3^2+4^2\ldots+n^2)$$
$$- (1+2+3+4\ldots+n).$$
$$= m \times \frac{n(n+1)}{2} + \frac{n(n+1)(2n+1)}{6} - \frac{n(n+1)}{2}$$
$$= \frac{n(n+1)}{2} \times \left(m + \frac{2n+1}{3} - 1\right)$$
$$= \frac{n(n+1)(3m+2n-2)}{6}.$$

On a substitué $\frac{n(n+1)}{2}$ pour $1+2+3+4\ldots+n$, et $\frac{n(n+1)(2n+1)}{6}$ pour $1^2+2^2+3^2+4^2\ldots+n^2$.

On ne peut faire de tableau pour cette pile, qu'en donnant une valeur arbitraire à la première tranche m ; soit donc $m=10$, on aura le tableau suivant :

Nombre de tranches.	1	2	3	4	5	6	7	8	9	10	etc
Valeur des tranches.	10	22	36	52	70	90	112	136	162	190	etc.
Pile............	10	32	68	120	190	280	392	528	690	880	etc.

La première ligne marque le nombre des tranches de la pile, et celui des boulets de chaque arête latérale. Cette même ligne désigne aussi le rang des tranches dans une pile donnée. La seconde ligne indique le nombre des boulets contenus dans les différentes tranches dont une pile est composée. Cette seconde ligne se forme d'après la formule $n(m+n-1)$, expliquée précédemment, et dans laquelle il faut supposer $m=10$, et donner pour valeur à n successivement, les nombres naturels 1, 2, 3, 4, ...10. La troisième ligne se calcule en ajoutant ensemble les termes de la seconde. Cette troisième ligne étant ainsi composée des sommes des tranches, donne le nombre des boulets des piles correspondantes. Ainsi le dixième terme 880 marque qu'il y a 880 boulets dans une pile oblongue composée de 10 tranches. La formule

$$s = \frac{n(n+1)(3m+2n-2)}{6},$$ en y mettant 10 pour m, et 10 pour n,

devient $s = \frac{10 \times 11 \times 48}{6} = 880$, résultat qui s'accorde avec le tableau.

125. Si la pile n'était pas entière, on la compléterait par la pensée. On calculerait séparément la pile entière, et la pile qu'il a fallu ajouter pour compléter la pile tronquée : la différence des deux piles donnerait celle-ci.

EXEMPLE.

Soit une pile à base carrée, composée de 4 tranches, et dont la base a 8 boulets sur chaque côté ; il est aisé de voir que la pile entière aurait 8 tranches, et qu'elle contiendrait $\frac{8 \times 9 \times 17}{6} = 204$ boulets. Otons-en $\frac{4 \times 5 \times 9}{6} = 30$ boulets pour les quatre tranches qui manquent, le reste 174 exprime le nombre des boulets de la pile tronquée.

Soit une pile tronquée à base triangulaire, composée de 5 tranches, et dont la base a 8 boulets sur chaque côté ; la pile entière aurait 8 tranches, et contiendrait $\frac{8 \times 9 \times 10}{6} = 120$ boulets. Otons-en $\frac{3 \times 4 \times 5}{6} = 10$ boulets pour les 3 tranches qui manquent ; le reste 110 boulets est la pile tronquée. Soit enfin une pile oblongue, composée de 6 tranches, et dont la base a 15 boulets sur un côté, et 10 sur l'autre ; il y aurait 10 tranches, et $\frac{10 \times 11 \times 36}{6} = 660$ boulets dans la pile entière. On en ôte $\frac{4 \times 5 \times 24}{6} = 80$ boulets pour la pile supprimée, le reste 580 sera la pile tronquée.

Dans cette évaluation, le facteur 36 est donné par le facteur $3m + 2n - 2$, de la formule précédente. Or, le côté $15 = m + n - 1$; donc $m = 15 - 10 + 1 = 6$. De même le facteur 24 dans la pile supprimée $= 3 \times 6 + 2 \times 4 - 2$.

Si l'on voulait trouver le nombre des tranches d'une pile à base carrée, quand on connait combien la pile entière contient de boulets, on le peut sans calcul, au moyen du tableau suffisamment étendu. A cet effet, on cherche, dans la troisième ligne, le nombre des boulets de la pile : le nombre qui correspond à celui-ci dans la première ligne, indique combien il y a de tranches dans la pile. Ainsi on voit que la pile doit avoir 12 tranches, s'il y a 650 boulets dans la pile.

On peut aussi résoudre le même problème au moyen de la formule $s = \frac{2n^3 + 3n^2 + n}{6}$, où l'on connait s et où l'on cherche n. On aurait à résoudre, à la vérité, une équation du troisième degré; mais, au lieu de recourir aux méthodes ordinaires, que nous n'avons pu d'ailleurs exposer dans ce précis d'algèbre, il suffit de chercher la racine cubique du plus grand cube contenu dans $3s$. Cette racine cubique sera la valeur de n, si s convient à une pile complète. En effet, de l'équation précédente, on tire

$$3s = n^3 + \frac{3n^2}{2} + \frac{1}{2}n,$$

ce qui donne $\quad 3s > n^3,$ et $3s < (n+1)^3$

ou $\quad\quad n < \sqrt[3]{3s},$ et $n+1 > \sqrt[3]{3s}.$

n est donc la racine cubique du plus grand cube contenu dans $3s$. On doit se rappeler que $(n+1)^3 = n^3 + 3n^2 + 3n + 1$; on a donc,

$$3s \text{ ou } n^3 + \frac{3n^2}{2} + \frac{1}{2}n < (n+1)^3,$$

comme on l'a supposé.

S'il s'agit de la pile à base triangulaire, à cause de

$$s = \frac{n(n+1)(n+2)}{6} = \frac{n^3 + 3n^2 + 2n}{6}, \text{ on a,}$$

$$6s = n^3 + 3n^2 + 2n,$$

ce qui donne $6s > n^3$ et $6s < (n+1)^3$.

n est donc la racine cubique du plus grand cube contenu dans $6s$.

Quant à la pile oblongue, comme il entre trois quantités différentes dans son équation, $s = \frac{n(n+1)(3m+2n-2)}{6}$, il faut connaître deux de ces trois quantités pour déterminer la troisième.

Des Combinaisons.

126. Nous croyons devoir parler de la théorie des combinaisons, parce que nous en ferons usage, pour démontrer la formule connue sous le nom de *Binôme de Newton*, au moyen de laquelle on trouve les différents termes d'une puissance d'un binôme, ainsi qu'on le verra ci-après.

127. Nous distinguons trois espèces de combinaisons. Dans la première espèce, on peut répéter la même quantité dans la même combinaison, et arranger les quantités de toutes les manières possibles. Telles sont les neuf combinaisons $aa, ab, ba, ac, ca, bb, bc, cb, cc$, qu'on obtient, en combinant deux à deux les trois quantités a, b, c. Nous les désignerons sous le nom de *Permutations avec répétition* ou d'*arrangements*.

128. Dans la seconde espèce, on arrange bien les quantités de toutes les manières possibles, mais on ne répète plus la même quantité dans la même combinaison. Telles sont les six combinaisons ab, ba, ac, ca, bc, cb, que donnent les trois quantités a, b, c, combinées deux à deux de cette manière. Cette espèce de combinaison s'appelle *Permutation sans répétition*, ou simplement *Permutation*.

129. Enfin, dans la troisième espèce, non-seulement on ne répète point la même quantité dans la même combinaison, comme dans la première espèce, mais encore on n'admet point les combinaisons composées des mêmes quantités, quoique arrangées différemment. Telles sont les trois combinaisons ab, ac, bc, formées des trois quantités a, b, c, prises deux à deux de cette manière. Cette troisième espèce est connue sous la dénomination vicieuse de *Produits différents;* nous lui réserverons le nom de *Combinaison* proprement dite.

Première espèce de combinaison. — Permutation avec répétition.

130. Représentons par des lettres les quantités que nous voulons combiner, et employons indifféremment la dénomination de lettre pour celle de quantité.

Soit un nombre quelconque m de lettres, on aura m arrangements, en les prenant une à une. Si l'on conçoit que l'une des lettres, a, par exemple, soit écrite à la droite de chacun des arrangements précédents, on aura m arrangements de deux lettres, dont a fera partie; en employant de même la lettre b, on obtiendra m nouveaux arrangements de deux lettres. Il en sera de même des autres lettres. On aura donc m fois m ou m^2 pour le nombre des arrangements de m lettres, prises deux à deux de cette manière.

Maintenant, si on écrit successivement chacune des m lettres à la droite de chacun des arrangements de deux lettres, on aura m fois autant d'arrangements de trois lettres qu'il y en a de deux, c'est-à-dire mm^2 ou m^3.

Pareillement, en plaçant successivement chaque lettre à la droite des arrangements de trois lettres, on aura m fois autant d'arrangements de quatre lettres qu'il y en a de trois, c'est-à-dire mm^3 ou m^4.

En généralisant ce raisonnement, on trouvera que m lettres, arrangées n à n de cette manière, donneront un nombre d'arrangements, représenté par m^n; c'est-à-dire que, pour avoir ce nombre, il faut élever le nombre m des lettres, à une puissance marquée par le nombre des lettres employées dans chaque arrangement. Ainsi, 4 lettres combinées de cette manière, donnent 4 combinaisons d'une lettre, 16 de deux lettres, 64 de trois lettres, etc.

Notre système de numération offre un exemple bien remarquable de cette espèce de combinaison, puisqu'on y emploie, de cette manière, les 10 chiffres connus, pour exprimer tous les nombres. Il est bon de remarquer cependant que, comme on supprime les zéros qui sont à gauche des chiffres significatifs, la règle se trouve en défaut dans tous les cas suivants. Par exemple, on devrait avoir 100 nombres composés de deux chiffres, puisque $10^2 = 100$. Cependant, il n'y en a que 90 ; cela vient de ce que les combinaisons 00, 01, 02, 03, 04, 05, 06, 07, 08, 09, sont remplacées dans l'usage par les nombres 0, 1, 2, 3, 4, 5, 6, 7, 8, 9. On verra de même pourquoi on n'a que 900 nombres de trois chiffres, au lieu de 1000 qu'on devrait avoir.

Quelques jeux de société, comme le trictrac, présentent de nouveaux exemples de cette première espèce de combinaison. On pourrait citer encore l'usage des sons de la voix dans la langue parlée, et celui des lettres de l'alphabet dans la langue écrite, en remarquant pourtant que l'on n'admet qu'un très petit nombre de ces arrangements dans la pratique. Si l'on n'en rejetait aucun, on trouverait la totalité des signes réellement différents qu'on pourrait former avec les vingt-quatre lettres, en cherchant la somme d'une progression par quotient, dont le premier terme serait 24, le quotient 24, et le nombre des termes 24, on aurait,

$$s = \frac{a(q^n-1)}{q-1} = \frac{24^{25}-24}{24-1} =$$

$$\frac{3200965864440681898677795348272600}{23} =$$

$$139172428887252999425128493402200.$$

Deuxième espèce de combinaison. — Permutation sans répétition.

131. Soit un nombre quelconque m de lettres a, b, c, d, etc., on aura toujours m permutation d'une lettre. Qu'on écrive a, par exemple, à la droite de chacune des autres lettres ; qu'on écrive de même successivement b, c, d, etc., on aura $m-1$, combinaisons où a occupera la deuxième place, autant pour b, autant pour c, etc. ; on aura donc $m-1$ fois autant de permutations de deux lettres qu'il y en a d'une lettre ; c'est-à-dire $m(m-1)$ pour le nombre des combinaisons de deux lettres prises de la seconde manière.

Si on écrit a à la droite des combinaisons de deux lettres, où a n'entre pas, on aura $(m-1)(m-2)$ combinaisons de trois lettres dans lesquelles a occupera la troisième place vers la droite. On en dira autant pour b, pour c, pour d, etc. On aura donc $m(m-1)(m-2)$ pour les combinaisons de m lettres prises trois à trois de cette manière.

En généralisant, on aura $m(m-1)(m-2) \ldots (m-n+1)$ pour le nombre des combinaisons de m lettres prises n à n.

Par exemple, les quatre lettres du mot *rime* donnent 4 arrangements d'une lettre, 12 de deux lettres, 24 de trois lettres, et 24 de quatre lettres. Les faiseurs de logogryphes, et surtout d'anagrammes, peuvent tirer parti de cette espèce de combinaison. La loterie, heureusement supprimée en France depuis plusieurs années, en offre un exemple, quand on y joue par extraits déterminés.

Troisième espèce de combinaison.

132. Soit toujours un nombre m de lettres. Pour trouver les com-

SUPPLÉMENT A L'ALGÈBRE.   191

binaisons qu'on peut former avec ces lettres, prises 1 à 1, 2 à 2, 3 à 3, 4 à 4, ... n à n, il faut chercher combien de permutations, sans répétition, on peut former avec une, ou deux, ou trois, ou n lettres arrangées de toutes les manières possibles. D'abord deux lettres, a et b, donnent deux permutations, ab et ba, pour une combinaison ab. Trois lettres a, b, c, donnent six permutations, $abc, acb, cab, bac, bca, cba$, pour une combinaison. Avec n lettres, on forme un nombre de permutations, représenté par $n(n-1)(n-2) \ldots 2.1$, ou $1.2.3 \ldots n$. Ainsi, pour passer des permutations aux combinaisons, il faut diviser le nombre des permutations par 2, ou 6, ou 24, ou généralement par $1.2.3 \ldots n$, selon qu'il y a 1, ou 2, ou 3, ou n lettres dans chaque combinaison. Le nombre des combinaisons est donc

$$m, \quad \frac{m(m-1)}{1.2}, \quad \frac{m(m-1)(m-2)}{1.2.3}, \quad \frac{m(m-1)(m-2)\ldots(m-n+1)}{1.2.3\ldots n},$$

pour m lettres prises une à une, ou deux à deux, ou trois à trois, ou n à n.

La loterie présente un exemple remarquable de cette troisième espèce de combinaison. On y tire 5 numéros sur 90 ; ces 90 numéros fournissent,

1°, 90 combinaisons, en les prenant un à un ; c'est ce qu'on nomme extraits ;

2°, $\frac{90.89}{1.2} = 4005$ combinaisons, en les prenant deux à deux ; ce sont les ambes ;

3°, $\frac{90.89.88}{1.2.3} = 117480$ combinaisons, en les prenant trois à trois ; ce sont les ternes ;

4°, $\frac{90.89.88.87}{1.2.3.4} = 2555190$ combinaisons, en les prenant quatre à quatre ; ce sont les quaternes ;

5°, $\frac{90.89.88.87.86}{1.2.3.4.5} = 43949268$ combinaisons, en les prenant cinq à cinq ; ce sont les quines.

Binôme de Newton.

133. Soit $x + a$ un binôme quelconque, et m un nombre entier, on aura, ainsi que nous allons le démontrer,

$$(x+a)^m = x^m + max^{m-1} + \frac{m(m-1)}{1.2} a^2 x^{m-2}$$
$$+ \frac{m(m-1)(m-2)}{1.2.3} a^3 x^{m-3} \ldots$$
$$+ \frac{m(m-1)(m-2)\ldots(m-n+1)}{1.2.3\ldots n} a^n x^{m-n}.$$

Telle est la formule connue sous la dénomination de *formule du binôme* de *Newton*. Pour en concevoir la formation, mettons pour m dans $(x+a)^m$ successivement 1, 2, 3, 4, nous aurons par la multiplication,

$$(x+a)^1 = x + a$$
$$(x+a)^2 = x^2 + 2ax + a^2$$
$$(x+a)^3 = x^3 + 3ax^2 + 3a^2x + a^3$$
$$(x+a)^4 = x^4 + 4ax^3 + 6a^2x^2 + 4a^3x + a^4.$$

134. Ces résultats pourraient faire découvrir la loi des exposants de x, celle des exposants de a, et combien le développement de la puissance doit avoir de termes; mais il serait impossible d'y soupçonner même la loi beaucoup plus compliquée des coefficients de tous les termes. Cette difficulté vient de la réduction des termes semblables : or, pour éviter l'inconvénient attaché à cette réduction, il faut chercher d'abord le développement du produit de plusieurs facteurs binômes, tels que $x+a$, $x+b$, $x+c$, $x+d$, avec l'attention d'ordonner les termes par rapport à x; on aura successivement,

pour le produit de deux facteurs $(x+a)(x+b)$

$$\begin{array}{r} x + a \\ x + b \\ \hline x^2 + ax + ab \\ + bx, \end{array}$$

pour le produit des trois facteurs $(x+a)(x+b)(x+c)$

$$\begin{array}{l} x^3 + ax^2 + abx + abc \\ + bx^2 + acx \\ + cx^2 + bcx, \end{array}$$

pour le produit des quatre facteurs $(x+a)(x+b)(x+c)(x+d)$

$$\begin{array}{l} x^4 + ax^3 + abx^2 + abcx + abcd \\ + bx^3 + acx^2 + abdx \\ + cx^3 + adx^2 + acdx \\ + dx^3 + bcx^2 + bcdx \\   + bdx^2 \\   + cdx^2. \end{array}$$

135. On remarque, 1° que les exposants de x vont en diminuant d'une unité d'un terme au suivant, à commencer du premier, où l'exposant de x est égal au nombre des facteurs du produit;

2° Que le coefficient du premier terme est 1; celui du second, la somme des seconds termes des facteurs; celui du troisième terme, la somme des produits de ces mêmes facteurs, multipliés deux à deux; celui du quatrième terme, la somme des produits des mêmes seconds termes, multipliés trois à trois; enfin, que le coefficient du dernier terme est le produit des mêmes seconds termes multipliés tous ensemble.

136. On peut généraliser cette remarque de cette manière. Supposons que le produit de m facteurs soit de la forme suivante :

$$x^m + Px^{m-1} + Qx^{m-2} + Rx^{m-3} \ldots + Y.$$

SUPPLÉMENT A L'ALGÈBRE.   193

Multiplions ce produit par $x + K$, nous aurons pour résultat,

$$\begin{array}{l} x^{m+2} + P x^m + Q x^{m-1} + R x^{m-2} .. x \\ \phantom{x^{m+2}} + K x^m + PK x^{m-1} + QK x^{m-2} .... + KY \end{array} \Big\}$$

Ainsi, l'exposant de x, dans le premier terme, est encore égal au nombre des facteurs, nombre qui est ici $m + 1$. De plus, le coefficient du premier terme est toujours l'unité ; celui du deuxième terme, $P + K$, est évidemment la somme des seconds termes des facteurs ; celui du troisième terme, $Q + PK$, est la somme des produits des mêmes seconds termes, multipliés deux à deux ; celui du quatrième terme, $R + QK$, est la somme des produits des seconds termes, multipliés trois à trois ; enfin, celui du dernier terme, KY, est le produit de ces mêmes seconds termes multipliés tous ensemble.

La loi des coefficients est donc vraie pour un produit de $m + 1$ facteurs, si elle est vraie pour celui de m facteurs. Or, elle a été vérifiée pour quatre facteurs, elle a donc lieu pour cinq, et par une conséquence nécessaire, pour six, sept ..... m facteurs.

137. Si dans les facteurs $x + a$, $x + b$, $x + c$, $x + d$, on fait $a = b = c = d$, les produits de ces facteurs deviendront des puissances du binôme $x + a$; alors l'exposant de la puissance étant toujours représenté par m, les exposants de x seront m dans le premier terme, $m - 1$ dans le second, $m - 2$ dans le troisième....., 1 dans l'avant-dernier. Le coefficient de x^m sera toujours 1 ; celui de x^{m-1}, ou du second terme, sera a pris m fois ; celui de x^{m-2}, ou du troisième terme, sera a^2 pris autant de fois qu'on peut faire de combinaisons avec m facteurs, multipliés deux à deux ; celui de x^{m-3}, ou du quatrième terme, sera a^3 pris autant de fois qu'on peut former de combinaisons avec m facteurs, multipliés trois à trois, et ainsi de suite jusqu'au dernier terme, qui sera a^m.

138. D'après le n° 132, m facteurs multipliés n à n donnent $\frac{m(m-1)(m-2) \ldots (m-n+1)}{1 . 2 . 3 \ldots n}$, combinaisons. Mettant pour n successivement 1, 2, 3, 4 ..... n, on aura $\frac{m}{1}$ pour coefficient numérique du second terme ;

$$\frac{m(m-1)}{1 . 2}$$ pour celui du troisième ;

$$\frac{m(m-1)(m-2)}{1 . 2 . 3}$$ pour celui du quatrième,

et généralement $\frac{m(m-1)(m-2) \ldots (m-n+1)}{1 . 2 . 3 \ldots n}$ pour celui du terme dont le rang est $n + 1$. La formule cherchée est donc définitivement,

$$(x+a)^m = x^m + \frac{m}{1} ax^{m-1} + \frac{m(m-1)}{1 \cdot 2} a^2 x^{m-2}$$
$$+ \frac{m(m-1)(m-2)}{1 \cdot 2 \cdot 3} a^3 x^{m-3} \ldots$$
$$+ \frac{m(m-1)(m-2)\ldots(m-n+1)}{1 \cdot 2 \cdot 3 \ldots\ldots\ldots n} a^n x^{m-n}.$$

On passe d'un terme au suivant de cette manière : Multipliez le coefficient du premier par l'exposant de x dans ce terme, et divisez par le rang de ce même terme, ce sera le coefficient du suivant. L'exposant de a y sera ce même diviseur, et celui de x y sera m diminué de ce diviseur. En effet, le premier terme étant x^m ;

le second sera $\frac{m}{1} a^1 x^{m-1}$, ou simplement max^{m-1} ;

le troisième sera $\frac{m}{1} \times \frac{m-1}{2} a^2 x^{m-2}$, ou $\frac{m(m-1)}{1 \cdot 2} a^2 x^{m-2}$;

le quatrième sera $\frac{m}{1} \times \frac{m-1}{2} \times \frac{m-2}{3} a^3 x^{m-3}$;

ou $\frac{m(m-1)(m-2)}{1 \cdot 2 \cdot 3} a^3 x^{m-3}$, etc.

En général, le terme du rang $n+1$ étant exprimé par
$$\frac{m(m-1)(m-1)\ldots(m-n+2)(m-n+1)}{1 \cdot 2 \cdot 3 \ldots\ldots(n-1) \cdot n} a^n x^{m-n},$$
celui du $n^{ième}$ rang sera,
$$\frac{m(m-1)(m-2)\ldots(m-n+2)}{1 \cdot 2 \cdot 3 \ldots\ldots(n-1)} a^{n-1} x^{m-n+1}.$$

Expressions qui font voir que le coefficient du terme du rang $n+1$ est égal à celui du terme du rang n, multiplié par $m-n+1$, et divisé par n; mais le multiplicateur $m-n+1$ est l'exposant de x dans le terme du $n^{ième}$ rang, et le diviseur n marque ce rang; ainsi la règle est générale.

139. Appliquons cette règle au développement de la dixième puissance de $x+a$. Ici $m=10$: il y aura onze termes, dont

le premier sera x^{10} ;

le second, $10ax^9$;

le troisième, $\frac{10}{1} \times \frac{9}{2} a^2 x^8 = 45a^2 x^8$;

le quatrième, $45 \times \frac{8}{3} a^3 x^7 = 120 a^3 x^7$;

le cinquième, $120 \times \frac{7}{4} a^4 x^6 = 210 a^4 x^6$;

le sixième, $210 \times \frac{6}{5} a^5 x^5 = 252 a^5 x^5$;

le septième, $252 \times \frac{5}{6} a^6 x^4 = 210 a^6 x^4$;

le huitième, $210 \times \frac{4}{7} a^7 x^3 = 120 a^7 x^3$;

le neuvième, $120 \times \frac{3}{8} a^8 x^2 = 45 a^8 x^2$;

le dixième, $45 \times \frac{2}{9} a^9 x^1 = 10 a^9 x^1$;

enfin le onzième, $10 \times \frac{1}{10} a^{10} x^0 = a^{10}$,

à cause de $x^0 = 1$. Ainsi,

$(x + a)^{10} = x^{10} + 10ax^9 + 45a^2 x^8 + 120a^3 x^7$
$\qquad + 210a^4 x^6 + 252a^5 x^5 + 210a^6 x^4$
$\qquad + 120a^7 x^3 + 45a^8 x^2 + 10a^9 x + a^{10}.$

Les coefficients, comme on le voit par cet exemple, sont les mêmes dans les termes où a et x font un échange d'exposants, ce qui a lieu dans les termes également éloignés du premier et du dernier. Si, comme dans l'exemple précédent, l'exposant de la puissance est pair, et par conséquent si le nombre des termes du développement est impair, il y a un coefficient qui n'est pas répété, c'est celui du terme également éloigné des extrêmes, et dans lequel a et x ont le même exposant, et cet exposant est la moitié de celui de la puissance. Cette remarque sera évidente, si on fait attention que le développement de $(a + x)^m$, qui doit être identique avec celui de $(x + a)^m$, se déduira de ce dernier, en y mettant a à la place de x, et x à celle de a.

140. La même formule servira à développer $(x + a + b)^m$; on fera d'abord $a + b = c$, et on développera $(x + c)$; ensuite on remettra $a + b$ à la place de c.

Soit, par exemple, $m = 4$, on aura, en ordonnant les termes par rapport à x.

$(x + a + b)^4 = (x + c)^4$
$= x^4 + 4cx^3 + 6c^2 x^2 + 4c^3 x + c^4$
$= x^4 + 4(a + b) x^3 + 6(a + b)^2 x^2 + 4(a + b)^3 x + (a + b)^4$
$= x^4 + 4(a + b) x^3 + 6(a^2 + 2ab + b^2) x^2 + 4(a^3 + 3a^2b$
$\qquad + 3ab^2 + b^3) x + a^4 + 4a^3 b + 6a^2 b^2 + 4ab^3 + b^4.$

141. Si les termes x et a du binôme avaient des coefficients, on élèverait ces coefficients aux puissances marquées par les exposants correspondants de x et de a. Ainsi, par exemple,

$(2x + 3a)^4 = 2^4 x^4 + 4 \cdot 2^3 \cdot 3ax^3 + 6 \cdot 2^2 \cdot 3^2 \cdot a^2 x^2$
$\qquad + 4 \cdot 2 \cdot 3^3 \cdot a^3 x + 3^4 \cdot a^4.$
$= 16x^4 + 96ax^3 + 216a^2 x^2 + 216a^3 x + 81a^4.$

Les coefficients ne se répètent pas dans le développement, comme on l'a remarqué plus haut; cela tient à l'inégalité des coefficients dans le binôme.

142. Si on avait à développer $(x - a)^m$, au lieu de $(x + a)^m$, il suffirait de changer le signe du second terme, celui du quatrième, celui du sixième, et en général celui de chaque terme de rang pair; parce que l'exposant de a est impair dans chacun de ces termes, et que toute puissance impaire d'une quantité négative est elle-même négative, ou en général $(-a)^{2k+1} = -a^{2k+1}$; $2k + 1$, où k est entier, désigne généralement un nombre impair. Ainsi

$(3a - 5b)^4 = 81a^4 - 540a^3 b + 1350a^2 b^2$
$\qquad - 1500ab^3 + 625b^4$

143. A cause de $a^n x^{m-n} = x^m \times \dfrac{a^n}{x^n}$, on peut employer la formule

$$(x+a)^m = x^m \left(1 + \frac{m}{1}\cdot\frac{a}{x} + \frac{m(m-1)}{1.2}\frac{a^2}{x^2}\right.$$
$$+ \frac{m(m-1)(m-2)}{1.2.3}\frac{a^3}{x^3}$$
$$\left.+ \frac{m(m-1)(m-2)\ldots(m-n+1)}{1.2.3\ldots n}\frac{a^n}{x^n}\right),$$

au lieu de la première
$$(x+a)^m = x^m + max^{m-1} + \frac{m(m-1)}{1.2}a^2 x^{m-2}\ldots$$
$$+ \frac{m(m-1)\ldots(m-n+1)}{1.2.3\ldots n} a^n x^{m-n}.$$

De cette manière, l'exposant de x, dans le développement, est le même que celui de a. Cela donne le moyen de ramener le développement de $(x+a)^m$ à celui de $(1+y)^m$, en faisant $\dfrac{a}{x} = y$ et multipliant ensuite par x^m chaque terme du développement de $(1+y)^m$; en effet,

$$x+a = x\left(1+\frac{a}{x}\right), \text{ donc } (x+a)^m = x^m\left(1+\frac{a}{x}\right)^m.$$

Autre méthode pour trouver la formule du binôme de Newton.

144. A cause de $x+a = x\left(1+\dfrac{a}{x}\right)$, et $(x+a)^m = x^m\left(1+\dfrac{a}{x}\right)^m$, il suffit de trouver le développement de $\left(1+\dfrac{a}{x}\right)^m$, ou celui de $(1+y)^m$, en faisant $\dfrac{a}{x} = y$.

Soit donc
$$(1+y)^m = A + By + Cy^2 + Dy^3 + Ey^4 +, \text{ etc.} \ldots \quad (1)$$

A, B, C, D, E, etc., sont des coefficients indépendants de y, et dépendants seulement de l'exposant m.

Ce qui fait conjecturer que le développement de $(1+y)^m$ sera de cette forme, c'est parce qu'il en est ainsi dans les cas particuliers, comme on peut s'en assurer, en faisant successivement $m=2$, $m=3$, etc.; puis développant par la méthode du n° 67.

On aura donc de même,
$$(1+z)^m = A + Bz + Cz^2 + Dz^3 + Ez^4 +, \text{ etc.};$$
on tire de là,
$$\begin{array}{r}(1+y)^m - (1+z)^m = B(y-z) + C(y^2-z^2) \\ + D(y^3-z^3) + E(y^4-z^4) +, \text{ etc.}\end{array} \Bigg\} \ldots (2)$$

SUPPLÉMENT A L'ALGÈBRE.

Qu'on divise les deux membres de l'équation (2) par $y - z$, on aura,

$$\frac{(1+y)^m - (1+z)^m}{y-z} = B + C(y+z) + D(y^2 + yz + z^2) \\ + E(y^3 + y^2z + yz^2 + z^3) +, \text{etc.} \quad \} \ldots (3)$$

Soit $1 + y = u$, et $(1+y)^m = u^m$; soit de même $1 + z = v$, et $(1+z)^m = v^m$; donc,

$$u - v = y - z, \text{ et } \frac{(1+y)^m - (1+z)^m}{y-z} = \frac{u^m - v^m}{u-v}$$
$$= u^{m-1} + u^{m-2}v + u^{m-3}v^2 \ldots + v^{m-1};$$

ainsi l'équation (3) devient

$$u^{m-1} + u^{m-2}v + u^{m-3}v^2 \ldots + v^{m-1} \\ = B + C(y+z) + D(y^2 + yz + z^2) \\ + E(y^3 + y^2z + yz^2 + z^3) +, \text{etc.} \quad \} \ldots (4)$$

Qu'on suppose $y = z$, et par conséquent $u = v$; cette équation (4) devient

$$mv^{m-1} = B + 2Cy + 3Dy^2 + 4Ey^3 +, \text{etc.}$$

ou $\quad m(1+y)^{m-1} = B + 2Cy + 3Dy^2 + 4Ey^3 +, \text{etc.} \ldots (5)$

multipliant chaque membre de cette équation par $1 + y$, et ordonnant les termes par rapport à y, nous aurons

$$m(1+y)^m = B + (B + 2C)y + (2C + 3D)y^2 \\ + (3D + 4E)y^3 +, \text{etc.} \quad \} \ldots (6)$$

ou $m(1 + By + Cy^2 + Dy^3 + Ey^4 +, \text{etc.})$
$$= B + (B + 2C)y + (2C + 3D)y^2 \\ + (3D + 4E)y^3 +, \text{etc.} \quad \} \ldots (7)$$

en remplaçant $(1+y)^m$ par sa valeur tirée de l'équation (1), et en remarquant en même temps que si, dans l'équation (1), on fait $y = 0$, on aura $A = 1$. Égalons séparément les coefficients qui multiplient la même puissance de y, nous aurons $B = m$;

$$B + 2C = mB, \text{ et } C = \frac{B(m-1)}{2} = \frac{m(m-1)}{1.2};$$

$$2C + 3D = mC, \text{ et } D = \frac{C(m-2)}{3} = \frac{m(m-1)(m-2)}{1.2.3};$$

$$3D + 4E = mD; \text{ et } E = \frac{D(m-3)}{4} = \frac{m(m-1)(m-2)(m-3)}{1.2.3.4}$$

donc,

$$(1+y)^m = 1 + \frac{m}{1}y + \frac{m(m-1)}{1.2}y^2 + \frac{m(m-1)(m-2)}{1.2.3}y^3 \\ + \frac{m(m-1)(m-2)(m-3)}{1.2.3.4}y^4 +, \text{etc.} \quad \} \ldots (8)$$

m étant un nombre entier, le développement ou la *série* s'arrêtera, lorsqu'on sera arrivé au terme du rang $m + 1$, parce que le suivant renfermerait le facteur $m - m$, ou zéro.

Remettons $\frac{a}{x}$ au lieu de y, nous aurons :

$$\left(1+\frac{a}{x}\right)^m = \left(\frac{x+a}{x}\right)^m = \frac{(x+a)^m}{x^m} = 1 + m\frac{a}{x}$$
$$+ \frac{m(m-1)}{1.2}\frac{a^2}{x^2} + \frac{m(m-1)(m-2)}{1.2.3}\frac{a^3}{x^3} +, \text{etc.}$$

Multiplions par x^m, nous aurons enfin,

$$\left.\begin{array}{l} (x+a)^m = x^m + max^{m-1} + \dfrac{m(m-1)}{1.2}a^2 x^{m-2} \\ \qquad + \dfrac{m(m-1)(m-2)}{1.2.3}a^3 x^{m-3} +, \text{etc.} \end{array}\right\} \ldots (9)$$

Formule du même binôme, dans le cas où l'exposant est fractionnaire.

145. L'exposant fractionnaire a été introduit pour indiquer l'extraction des racines; et il suit naturellement des théories exposées aux n°^{os} 73, 82 et 83, que $a^{\frac{1}{2}} = \sqrt{a}$, et $a^{\frac{1}{3}} = \sqrt[3]{a}$. En général, l'expression $a^{\frac{m}{n}}$ est équivalente à $\sqrt[n]{a^m}$, et signifie qu'on veut extraire la racine n^{ième} de la puissance m^{ième} de a. Cette expression est aussi équivalente à $(\sqrt[n]{a})^m$, et signifie qu'on veut élever la racine n^{ième} de a à la puissance m. De là il est aisé de faire sur les quantités radicales, toutes les opérations algébriques qui peuvent s'effectuer sur les quantités rationnelles; car il suffit de changer les radicaux en exposants fractionnaires, et d'appliquer ensuite à ces exposants les règles qui conviennent aux exposants entiers. Cela posé, soit

$$(1+y)^{\frac{m}{n}} = A + By + Cy^2 + Dy^3 + Ey^4 +, \text{etc.} \ldots \ldots (1)$$

Soit aussi,

$$(1+z)^{\frac{m}{n}} = A + Bz + Cz^2 + Dz^3 + Ez^4 +, \text{etc.}$$

Il est aisé de voir, en égalant y ou z à zéro, que $A = 1$. On tire de ces équations,

$$(1+y)^{\frac{m}{n}} - (1+z)^{\frac{m}{n}} = B(y-z) + C(y^2-z^2)$$
$$+ D(y^3-z^3) + E(y^4-z^4) +, \text{etc.}$$

Divisant par $y-z$, il vient

$$\left.\begin{array}{l} \dfrac{(1+y)^{\frac{m}{n}} - (1+z)^{\frac{m}{n}}}{y-z} = B + C(y+z) \\ + D(y^2+yz+z^2) + E(y^3+y^2z+yz^2+z^3) +, \text{etc.} \end{array}\right\} \ldots (2)$$

Soit $1+y=u$, et $1+z=v$, on aura

$$\frac{u^{\frac{m}{n}}-v^{\frac{m}{n}}}{y-z} = B + C(y+z) + D(y^2+yz+z^2) \\ + E(y^3+y^2z+yz^2+z^3)+, \text{etc.} \quad \Big\} \ldots (3)$$

Soit de plus $u = u'^n$, et $v = v'^n$, on aura

$$\frac{u^{\frac{m}{n}}-v^{\frac{m}{n}}}{u-v} = \frac{u'^m - v'^m}{u'^n - v'^n} = \frac{u'^{m-1}+u'^{m-2}v'+u'^{m-3}v'^2\ldots+v'^{m-1}}{u'^{n-1}+u'^{n-2}v'+u'^{n-3}v'^2\ldots+v'^{n-1}};$$

en divisant le numérateur et le dénominateur par $u'-v'$.

Si on substitue cette dernière quantité à la place du premier membre de l'équation (3); si ensuite on y suppose $u'=v'$, et par conséquent $u=v$, et $y=z$, on aura, toutes réductions faites,

$$\frac{m}{n}(1+y)^{\frac{m}{n}-1} = B + 2Cy + 3Dy^2 + 4Ey^3 +, \text{etc.} \ldots (4)$$

Multiplions les deux membres de cette équation par $1+y$, et au lieu de $(1+y)^{\frac{m}{n}}$ dans le premier membre, mettons sa valeur prise dans l'équation (1); nous aurons

$$\left. \begin{array}{l} \frac{m}{n}(1+By+Cy^2+Dy^3+Ey^4+,\text{etc.}) = \ldots \\ B + (B+2C)y + (2C+3D)y^2 + (3D+4E)y^3+,\text{etc.} \end{array} \right\} \ldots (5)$$

Remarquons ici que cette équation est la même que l'équation (7) du numéro précédent, en y remplaçant m par $\frac{m}{n}$,
Ainsi on aura

$$B = \frac{m}{n}; \quad C = \frac{B\left(\frac{m}{n}-1\right)}{2} = \frac{m(m-n)}{n.2n};$$

$$D = \frac{C\left(\frac{m}{n}-2\right)}{3} = \frac{m(m-n)(m-2n)}{n.2n.3n};$$

$$E = \frac{D\left(\frac{m}{n}-3\right)}{4} = \frac{m(m-n)(m-2n)(m-3n)}{n.2n.3n.4n} \text{ etc.}$$

La formule définitive est donc

$$\left. \begin{array}{l} (1+y)^{\frac{m}{n}} = 1 + \frac{m}{n}y + \frac{m(m-n)}{n.2n}y^2 + \frac{m(m-n)(m-2n)}{n.2n.3n}y^3 \\ + \frac{m(m-n)(m-2n)(m-3n)}{n.2n.3n.4n}y^4 \ldots +, \text{etc.} \end{array} \right\} \ldots (6)$$

Ce développement ne peut jamais s'arrêter, parce que m et n étant des nombres premiers entre eux, aucun des facteurs des coefficients ne peut devenir nul.

Cette formule nous servira pour le développement des quantités exponentielles et logarithmiques; on peut aussi en faire usage pour l'extraction des racines des quantités numériques.

EXEMPLE.

146. Soit $m = 1$, et $n = 2$, alors

$$(1+y)^{\frac{m}{n}} = (1+y)^{\frac{1}{2}} = \sqrt{1+y}; \text{ on a donc}$$

$$\sqrt{1+y} = 1 + \tfrac{1}{2}y - \tfrac{1}{2}\cdot\tfrac{1}{4}y + \tfrac{1}{2}\cdot\tfrac{1}{4}\cdot\tfrac{3}{6}y^3 - \tfrac{1}{2}\cdot\tfrac{1}{4}\cdot\tfrac{3}{6}\cdot\tfrac{5}{8}y^4 \text{ . etc.}$$

Les facteurs des numérateurs sont la suite des nombres impairs 1, 3, 5, etc., et les facteurs des dénominateurs sont les nombres pairs 2, 4, 6, 8, etc., avec l'attention de répéter 1 au-dessus des deux premiers facteurs. Il faut que y soit une fraction beaucoup plus petite que l'unité, afin que la valeur des termes du développement décroisse rapidement, et qu'il suffise de calculer quelques termes pour avoir une approximation suffisante. Soit, par exemple, à extraire la racine carrée de 101, on fera

$$101 = 100 + 1 = 100(1+0,01); \sqrt{101} = 10\sqrt{1+0,01}.$$

Mettant 0,01 pour y dans la série précédente, on aura,

$$\sqrt{1+0,01} = 1 + 0,005 - 0,0000125 + 0,0000000625$$
$$- 0,00000000039 +, \text{etc.} = 1,0049875621,$$

et $\sqrt{101} = 10,049875621.$

On aura par le même calcul,

$$\sqrt{99} = \sqrt{100-1} = 10\sqrt{1-0,01} = 10(1-0,005-0,0000125$$
$$- 0,0000000625 - 0,00000000039, \text{etc.}) = 9,949874371.$$

Il est facile de voir que tous les termes de ce dernier développement sont négatifs, excepté le premier. Quant à la valeur des termes, elle a dû être évidemment la même que dans le développement $\sqrt{1+0,01}.$

Soit proposé, pour dernier exemple, de prendre la racine cinquième de 260. On aura $\sqrt[5]{260} = \sqrt[5]{243+17} = \sqrt[5]{3^5+17} = 3\sqrt[5]{1+\tfrac{17}{243}}$;

faisant $y = \tfrac{17}{243} = 0,0699590$; $\tfrac{m}{n} = \tfrac{1}{5}$; et la formule (6), du numéro précédent, donnera

$$\sqrt[5]{260} = 3,0408477.$$

Formule du binôme de Newton, dans le cas où l'exposant est négatif.

147. Remarquons d'abord qu'une quantité algébrique de la forme a^{-m} est équivalente à la fraction $\frac{1}{a^m}$, comme on l'a expliqué en parlant de la division algébrique.

Soit $\qquad (1+y)^{-m} = A + By + Cy^2 + Dy^3 + Ey^4 +$, etc... (1)

Soit de même, $(1+z)^{-m} = A + Bz + Cz^2 + Dz^3 + Ez^4 +$, etc... (2)

Retranchons l'équation (2) de l'équation (1), et divisons ensuite, de part et d'autre, par $y - z$; nous aurons

$$\left. \begin{array}{l} \dfrac{(1+y)^{-m}-(1+z)^{-m}}{y-z} = B + C(y+z) \\ + D(y^2 + yz + z^2) + E(y^3 + y^2z + yz^2 + z^3) +, \text{ etc.} \end{array} \right\} \ldots (3)$$

Soient $1 + y = u$; $1 + z = v$; à cause de

$$\frac{u^{-m} - v^{-m}}{u - v} = \frac{v^m - u^m}{u^m v^m (u-v)} = -\frac{1}{u^m v^m} \times \frac{u^m - v^m}{u - v} = -\frac{1}{u^m v^m}$$
$$\times (u^{m-1} + u^{m-2}v + u^{m-3}v^2 + u^{m-4}v^3 \ldots + v^{m-1}).$$

L'équation (3), toute réduction faite, devient

$$\left. \begin{array}{l} -\dfrac{1}{u^m v^m}(u^{m-1} + u^{m-2}v + u^{m-3}v^2 + u^{m-4}v^3 \ldots + v^{m-1}) \\ = B + C(y+z) + D(y^2 + yz + z^2) \\ + E(y^3 + y^2z + yz^2 + z^3). \ldots \end{array} \right\} \ldots (4)$$

Qu'on fasse $y = z$, et par conséquent $u = v$; de plus, qu'on remette $1 + y$ pour u, l'équation (4) devient

$$-m(1+y)^{-m-1} = B + 2Cy + 3Dy^2 + 4Ey^3 +, \text{ etc.} \ldots (5)$$

Qu'on multiplie par $1 + y$, et qu'au lieu de $(1+y)^{-m}$, on substitue sa valeur prise dans l'équation, on aura,

$$\left. \begin{array}{l} -m(A + By + Cy^2 + Dy^3 + Ey^4 +, \text{ etc.}) \\ = (B + 2Cy + 3Dy^2 + 4Ey^3 +, \text{ etc.}) \times (1+y). \end{array} \right\} \ldots (6)$$

Cette équation étant la même que l'équation (7), relative au cas où l'exposant est un nombre entier, en y changeant m en $-m$, le reste du calcul, dans le cas présent, se déduira de celui du cas cité, en y changeant m en $-m$. Ainsi on aura définitivement

$$\left. \begin{array}{l} (1+y)^{-m} = 1 - \dfrac{m}{1}y + \dfrac{m(m+1)}{1.2}y^2 \ldots \\ - \dfrac{m(m+1)(m+2)}{1.2.3}y^3 + \dfrac{m(m+1)(m+2)(m+3)}{1.2.3.4}y^4 -, \text{ etc.} \end{array} \right\} \ldots (7)$$

Formule pour développer en série, la quantité exponentielle a^x.

148. Soit $\quad a^x = A + Bx + Cx^2 + Dx^3 + Ex^4 +$, etc..... (1)

Soit de même, $a^y = A + By + Cy^2 + Dy^3 + Ey^4 +$, etc..... (2)

Retranchons l'équation (2) de l'équation (1), et divisons par $x - y$, nous aurons,

$$\left. \frac{a^x - a^y}{x-y} = B + C(x+y) + D(x^2 + xy + y^2) \atop + E(x^3 + x^2y + xy^2 + y^3) +, \text{etc.} \right\} \ldots (3)$$

Soit $a = 1 + b$; on aura

$$a^x - a^y = a^y(a^{x-y} - 1) = a^y[(1+b)^{x-y} - 1] = a^y \times$$
$$\left((x-y)b + \frac{(x-y)(x-y-1)}{1.2}b^2 + \frac{(x-y)(x-y-1)(x-y-2)}{1.2.3}b^3, \text{etc.}\right)$$

Ainsi l'équation (3) deviendra

$$\left. \begin{array}{l} a^y \left[b + \frac{x-y-1}{2}b^2 + \frac{(x-y-1)(x-y-2)}{2.3}b^3 \right. \\ \quad + \frac{(x-y-1)(x-y-2)(x-y-3)}{2.3.4}b^4 \\ \quad \left. + \frac{(x-y-1)(x-y-2)(x-y-3)(x-y-4)}{2.3.4.5}b^5 \ldots \right] \\ \bullet = B + C(x+y) + D(x^2 + xy + y^2) \\ \quad + E(x^3 + x^2y + xy^2 + y^3) +, \text{etc.} \end{array} \right\} \ldots (4)$$

Faisant $x = y$, l'équation (4) se change en celle-ci :

$$\left. \begin{array}{l} a^x(b - \frac{1}{2}b^2 + \frac{1}{3}b^3 - \frac{1}{4}b^4 + \frac{1}{5}b^5 - \frac{1}{6}b^6 +, \text{etc.}) \\ \quad = B + 2Cx + 3Dx^2 + 4Ex^3 +, \text{etc.} \end{array} \right\} \ldots (5)$$

Soit $k = b - \frac{1}{2}b^2 + \frac{1}{3}b^3 - \frac{1}{4}b^4 + \frac{1}{5}b^5 - \frac{1}{6}b^6 +$ etc.,

et remettant la valeur de a^x prise dans l'équation (1), on changera l'équation (5) en celle qui suit :

$$\left. \begin{array}{l} k(A + Bx + Cx^2 + Dx^3 + Ex^4 +, \text{etc.}). \\ \quad = B + 2Cx + 3Dx^2 + 4Ex^3 +, \text{etc.} \end{array} \right\} \ldots (6)$$

En faisant $x = 0$ dans l'équation (1), on trouve $A = a^0 = 1$. D'après cela, si on égale ensemble les coefficients qui multiplient la même puissance de x dans le premier et le second membre de l'équation (6), on trouve successivement

$$B = \frac{k}{1}; \quad 2C = Bk, \text{ et } C = \frac{Bk}{2} = \frac{k^2}{1.2}; \quad 3D = Ck,$$

et $D = \frac{Ck}{3} = \frac{k^3}{1.2.3}$; $4E = Dk$, et $E = \frac{Dk}{4} = \frac{k^4}{1.2.3.4} +$, etc.

Ainsi on a définitivement
$$a^x = 1 + \frac{kx}{1} + \frac{k^2 x^2}{1.2} + \frac{k^3 x^3}{1.2.3} + \frac{k^4 x^4}{1.2.3.4} +, \text{ etc.} \quad \ldots \quad (7)$$

149. Soit d'abord $x = 1$, l'équation (7) devient
$$\left.\begin{array}{l} a = 1 + \dfrac{k}{1} + \dfrac{k^2}{1.2} + \dfrac{k^3}{1.2.3} + \dfrac{k^4}{1.2.3.4} \\ \qquad + \dfrac{k^5}{1.2.3.4.5} +, \text{ etc.} \end{array}\right\} \ldots (8)$$

Mais on a supposé précédemment
$$k = b - \tfrac{1}{2} b^2 + \tfrac{1}{3} b^3 - \tfrac{1}{4} b^4 + \tfrac{1}{5} b^5 - \tfrac{1}{6} b^6 +, \text{ etc.} \quad \ldots \quad (9)$$
équation où $b = a - 1$.

L'équation (8) fait connaître a, quand on donne k, et l'équation (9) montre comment on peut avoir k, si a est connu.

Soient $k = 1$, et e la valeur correspondante de a; l'équation (8) devient
$$e = 2,718281828459, \text{ etc.} \quad \ldots \quad (10)$$

A l'égard de k, on ne peut le calculer commodément par l'équation (9), qu'en supposant $b < 1$. Soit, par exemple, $a = \frac{11}{10}$, et par conséquent $b = \frac{1}{10}$; on aura
$$k = 0,09531.$$

Si dans l'équation (7) on met e pour a, et par conséquent 1 pour k, on aura généralement
$$\left.\begin{array}{l} e^x = 1 + \dfrac{x}{1} + \dfrac{x^2}{1.2} + \dfrac{x^3}{1.2.3} + \dfrac{x^4}{1.2.3.4} \\ \qquad + \dfrac{x^5}{1.2.3.4.5} +, \text{ etc.} \end{array}\right\} \ldots (11)$$

Qu'on suppose $x = k$, k ayant la valeur qu'on lui assigne dans l'équation (9); alors l'équation (11) devient
$$\left.\begin{array}{l} e^k = 1 + \dfrac{k}{1} + \dfrac{k^2}{1.2} + \dfrac{k^3}{1.2.3} + \dfrac{k^4}{1.2.3.4} \\ \qquad + \dfrac{k^5}{1.2.3.4.5} +, \text{ etc.} \end{array}\right\} \ldots (12)$$

Donc en rapprochant (8) et (12), on en conclut
$$a = e^k. \quad \ldots \quad (13)$$

Formules logarithmiques.

150. Soit $y = a^x$, l'équation où x et y sont des quantités variables, et a une quantité constante qui diffère de l'unité.

x est le logarithme du nombre quelconque y, et a est la base du système de logarithme. Si $a = 10$, on aura les logarithmes vulgaires, dont nous avons précédemment expliqué la théorie et l'usage.

151. Soient donc deux nombres quelconques, $y = a^x$, et $y' = a^{x'}$; on aura

1°
$$y \cdot y' = a^{x+x'},$$
et
$$\log. y \cdot y' = x + x' = \log. y + \log. y';$$

2°
$$\frac{y}{y'} = a^{x-x'},$$
et
$$\log. \frac{y}{y'} = x - x' = \log. y - \log. y'$$

3°
$$y^m = a^{mx},$$
et
$$\log. y^m = mx = m \log. y;$$

4°
$$\sqrt[m]{y} = \sqrt[m]{a^x} = a^{\frac{x}{m}};$$
et
$$\log. \sqrt[m]{y} = \frac{x}{m} = \frac{\log. y}{m}.$$

Ainsi les logarithmes tirés de l'équation $y = a^x = a^{\log. y}$, donnent les mêmes règles de calcul que les logarithmes vulgaires.

152. Si, dans l'équation $y = a^x$, on fait d'abord $x = 0$, et ensuite $x = 1$; on aura, dans le premier cas, $y = a^0 = 1$, et dans le second, $y = a$. Passant des nombres aux logarithmes, on trouve $\log. 1 = 0$, et $\log. a = 1$. Ainsi, dans tout système de logarithmes, celui de l'unité est zéro, et celui de la base a est l'unité.

153. De l'équation $a = e^k$, on tire en général $\log. a = k \log. e$. Si a est la base du système, on trouve le *module* $k = \frac{1}{\log. e}$, et $\log. e = \frac{1}{k}$. Si, au contraire, e est la base du système, on aura $\log. a = k$.

154. On appelle logarithmes *népériens* les logarithmes dont la base est e, parce que ce sont ceux que Néper calcula d'abord. On leur avait aussi donné le nom de logarithmes hyperboliques, parce qu'ils ont des rapports avec l'hyperbole équilatère.

155. Occupons-nous d'abord des logarithmes népériens. D'après ce qu'on vient de voir, k est le logarithme népérien de a; ainsi, en mettant pour k sa valeur tirée de l'équation (9), des quantités exponentielles, et faisant $a = 1 + y$, on aura le logarithme népérien d'un nombre quelconque $1 + y$ par la formule suivante :

$$\log. (1 + y) = y - \tfrac{1}{2} y^2 + \tfrac{1}{3} y^3 - \tfrac{1}{4} y^4 + \text{etc.} \dots \dots \dots \dots (1)$$

On aura de même, en remplaçant y par $-y$,

$$\log. (1 - y) = - y - \tfrac{1}{2} y^2 - \tfrac{1}{3} y^3 - \tfrac{1}{4} y^4 - \text{etc.} \dots \dots \dots \dots (2)$$

SUPPLÉMENT A L'ALGÈBRE.

On tire des équations (1) et (2),

$$\log.(1+y) - \log.(1-y) = \log.\left(\frac{1+y}{1-y}\right) \\ = 2\left(y + \tfrac{1}{3}y^3 + \tfrac{1}{5}y^5 + \tfrac{1}{7}y^7 + \tfrac{1}{9}y^9 +, \text{etc.}\right) \quad \left.\right\} \ldots (3)$$

156. Soit $\frac{n+d}{n} = \frac{1+y}{1-y}$; on tire de là $y = \frac{d}{2n+d}$. Mettant cette valeur pour y, dans l'équation (3), faisant attention que $n+d = n\left(\frac{n+d}{n}\right)$, et par conséquent que $\log.(n+d) = \log. n + \log.\left(\frac{n+d}{n}\right)$; on aura, pour passer du logarithme de n à celui de $n+d$, la formule suivante

$$\log.(n+d) = \log. n + 2\left(\frac{d}{2n+d} + \tfrac{1}{3} \times \frac{d^3}{(2n+d)^3} \right. \\ \left. + \tfrac{1}{5} \times \frac{d^5}{(2n+d)^5} +, \text{etc.}\right) \quad \left.\right\} \ldots (4)$$

157. Si on fait $d = 1$, l'équation (4) devient,

$$\log.(n+1) = \log. n + \frac{2}{2n+1}\left(1 + \tfrac{1}{3} \times \frac{1}{(2n+1)^2} \right. \\ \left. + \tfrac{1}{5} \times \frac{1}{(2n+1)^4} + \tfrac{1}{7} \times \frac{1}{(2n+1)^6} +, \text{etc.}\right) \quad \left.\right\} \ldots (5)$$

158. Soit d'abord $n = 1$, on aura

$$\log. 2 = \tfrac{2}{3}\left(1 + \tfrac{1}{3} \cdot \tfrac{1}{3^2} + \tfrac{1}{5} \cdot \tfrac{1}{3^4} + \tfrac{1}{7} \cdot \tfrac{1}{3^6} + \tfrac{1}{9} \cdot \tfrac{1}{3^8} \right. \\ \left. + \tfrac{1}{11} \cdot \tfrac{1}{3^{10}} +, \text{etc.}\right) = 0,69314718056. \quad \left.\right\} \ldots (6)$$

En faisant $n = 2$, on aura

$$\log. 3 = \log. 2 + \tfrac{2}{5}\left(1 + \tfrac{1}{3} \cdot \tfrac{1}{5^2} + \tfrac{1}{5} \cdot \tfrac{1}{5^4} + \tfrac{1}{7} \cdot \tfrac{1}{5^6} + \tfrac{1}{9} \cdot \tfrac{1}{5^8} \right. \\ \left. + \tfrac{1}{11} \cdot \tfrac{1}{5^{10}} +, \text{etc.}\right) = 1,09861229.$$

On calculerait de même le logarithme népérien de chaque nombre premier; et avec les logarithmes des nombres premiers, on aurait facilement ceux de leurs multiples.

159. Pour passer des logarithmes népériens ou *naturels* aux logarithmes vulgaires ou de *Briggs*, il faut reprendre les équations $y = a^x$, $a = e^k$; il faut de plus supposer que a est égal à 10, et qu'il représente la base du système. Alors, à cause de $a^x = e^{kx}$, on aura x pour le logarithme vulgaire de y, et kx pour le logarithme népérien de la même quantité; ce qui fait voir qu'on a le logarithme vulgaire, en divisant le logarithme népérien par k. Or, d'après l'équation $a = e^k$, on voit que k est le logarithme népérien de a, et par conséquent celui de 10. Ce logarithme népérien se calcule en faisant $n = 9$ dans la formule (5), laquelle, en faisant attention que log. $9 = 2$ log. 3, donne

$$\log. 10 = 2 \log. 3 + \frac{2}{19}\left(\frac{1}{3} \cdot \frac{1}{19^2} + \frac{1}{5} \cdot \frac{1}{19^4} + \frac{1}{7} \cdot \frac{1}{19^6}\right.$$
$$\left. + \frac{1}{9} \cdot \frac{1}{19^8} +, \text{etc.}\right) = 2{,}302585092994.$$

160. Au lieu de diviser le logarithme népérien par $2{,}302585092994$ pour avoir le logarithme vulgaire, il est plus commode de le multiplier par $\frac{1}{2{,}302585092994} = 0{,}4342944819.$

En se bornant à 8 chiffres décimaux, log. $2 = 0{,}30103000$; tel il est, en effet, dans les tables de Callet et de Borda.

161. La série

$$\frac{2d}{2n+d}\left(1 + \frac{1}{3} \cdot \frac{d^2}{(2n+d)^2} +, \text{etc.}\right)$$

$$\text{ou } \frac{2d}{2n+d} + \frac{1}{3} \cdot \frac{2d^3}{(2n+d)^3} +, \text{etc.}$$

exprime la différence du logarithme népérien de $n+d$, et de celui de n. Cette différence se réduit au premier terme $\frac{2d}{2n+d}$, quand le suivant $\frac{1}{3} \cdot \frac{2d^3}{(2n+d)^3}$ est au-dessous d'une partie décimale, dont l'ordre est marqué par le nombre des chiffres décimaux employés dans l'évaluation des logarithmes. Ainsi dans les tables de Callet, où cet ordre est le septième, le terme $\frac{1}{3} \cdot \frac{2d^3}{(2n+d)^3}$ devient négligeable, dès que l'on a

$$\frac{1}{3} \cdot \frac{2d^3}{(2n+d)^3} < 0{,}0000001, \text{ ou dès que l'on a } n > 100\, d.$$

Cette remarque s'applique avec encore plus de raison aux logarithmes vulgaires, qui ne sont pas tout à fait la moitié des logarithmes népériens.

De plus, à cause de $\frac{2d}{2n+d} = \frac{d}{n} - \frac{d^2}{2n^2} +$, etc., la différence se réduit à $\frac{d}{n}$, dès que $\frac{d^2}{2n^2}$ est au-dessous de la partie décimale dont on vient de parler. C'est ce qui arrive pour les tables de Callet, quand on a $\frac{d^2}{2n^2} < 0{,}0000001$, ou $n > 2237\, d$, ou en nombre rond $n > 2500\, d$. Dans ce cas, la différence des logarithmes représentée par $\frac{d}{n}$ devient proportionnelle à celle des nombres, et réciproquement la différence des nombres est proportionnelle à celle des logarithmes; c'est sur cela qu'est fondé l'usage des parties proportionnelles dans les tables de logarithmes.

Valeurs logarithmiques de divers nombres.

162. Nous terminerons ce supplément par un recueil des logarithmes vulgaires de quelques-uns des nombres dont on fait un usage très fréquent dans les mathématiques appliquées.

La nouvelle mesure linéaire est le mètre, et l'ancienne est la toise : le rapport de ces deux mesures est tel, que

$$\log. 1^{\text{mètre}} = \log. 0^{\text{toise}}, 513074 = 9,7101800;$$
$$\log. 1^{\text{toise}} = \log. 1^{\text{mètre}}, 949036 = 0,2898200.$$

Le rapport de la circonférence au diamètre, ou la demi-circonférence d'un cercle qui a l'unité pour rayon, est

$$\pi = 3,1415926536, \log. \pi = 0,4971499.$$

Le rayon de la terre, considérée comme sphérique, $= 6366198^m$, log. $= 6,8038801$.

Le grade d'un grand cercle, dans la même hypothèse, $= 100000^m$, log. $5,0000000$.

Et le degré sexagésimal $= 111111^m,11\ldots \log. 5,0457574$.

En considérant la terre comme un ellipsoïde de révolution, le rayon de l'équateur $= 6376984^m$, log. $= 6,8046153$. Le demi-axe de rotation, ou le rayon au pôle $= 6356324^m$, log. $6,8032061$.

Dans ce cas, l'aplatissement ou l'excès du grand axe pris pour unité, sur le petit axe, est de $\frac{1}{309}$.

La vitesse du son est de $337^m,27$ par seconde de 3600 à l'heure, log. $= 2,5279777$.

La pesanteur dans le vide, ou le double de l'espace qu'un corps qui tombe librement parcourrait, à Paris, pendant la première seconde de sa chute, est

$$g = 9^m,8087952, \log. = 0,99161567.$$

Elle augmente en allant de l'équateur au pôle et diminue dans un même lieu, à mesure qu'on s'élève au-dessus des plaines.

La longueur du pendule simple, battant à Paris les secondes dans le vide, est

$$= 0^m,9938387, \log. = 9,9973159.$$

Cette longueur croît proportionnellement au carré du sinus de la latitude, ou comme la gravité.

Nota. Les logarithmes des nombres purement fractionnaires sont pris ici conformément à la seconde remarque du n° 118. Il est cependant une autre manière d'exprimer les logarithmes des fractions décimales; la voici. Soit, par exemple, la fraction $0,25 = \frac{25}{100}$; on a

$$\log. 0,25 = \log. 25 - \log. 100 = 1,39794 - 2 = -1 + 0,39794;$$

dernière expression que l'on écrit ainsi : $\overline{1},39794$. Pareillement

$$\log. 0,025 = \overline{2},39794.$$

Par ce moyen, la caractéristique du logarithme est seule négative. Quelques auteurs font usage de cette méthode; mais celle indiquée au numéro cité est la plus généralement suivie, parce qu'elle est uniforme.

ÉLÉMENTS DE GÉOMÉTRIE.

LIVRE PREMIER.

CHAPITRE PREMIER.

PRINCIPES FONDAMENTAUX DE LA GÉOMÉTRIE.

Notions générales sur l'étendue.

1. L'espace que les corps occupent a nécessairement trois dimensions, auxquelles on donne les noms de *longueur, largeur* et *épaisseur.*

Les limites d'un corps sont des *surfaces ;* ainsi une surface est une étendue en longueur et en largeur seulement.

Les limites des surfaces, que l'on appelle *lignes,* ne sont douées que d'une dimension ; qui est la longueur.

Enfin, les limites des lignes, désignées sous le nom de *points*, n'ont ni longueur, ni largeur, ni épaisseur.

Il est évident que ces diverses espèces de limites ne peuvent exister séparément : cependant, nous les considérerons par la pensée, chacune en particulier ; et, pour procéder du simple au composé, nous exposerons successivement les principales propriétés des lignes, des surfaces et des corps. C'est là l'objet de la géométrie.

De la nature des Lignes et des Surfaces.

2. La *ligne droite* est le plus court chemin d'un point à un autre : ainsi, entre deux points donnés, on ne peut mener qu'une seule ligne droite.

3. Toute ligne qui n'est pas droite, ou qui n'est pas composée de lignes droites, est *courbe.* La ligne droite est unique dans son espèce ; mais il y a une infinité de lignes courbes différentes.

4. Le *plan* ou la *surface plane* est celle sur laquelle on conçoit que l'on peut appliquer une ligne droite dans tous les sens. Les lignes des figures relatives à ce livre seront toutes situées sur une telle surface.

5. Toute surface qui n'est ni plane, ni composée de plusieurs plans,

210   COURS DE MATHÉMATIQUES.

Pl. 1.   est *courbe*. Le plan est unique dans son espèce; mais les surfaces courbes sont diversifiées à l'infini.

Fig. 1.   **6.** Parmi les lignes courbes, la plus simple, dans sa nature, et celle que l'on considère uniquement dans les éléments de géométrie, est la *ligne circulaire*, ou la *circonférence de cercle*, dont tous les points, situés sur un même plan, sont également éloignés d'un autre point pris dans ce plan, et que l'on nomme *centre*.

Des propriétés des lignes droites qui dérivent de leurs positions respectives.

7. Il est évident qu'une droite ne peut en rencontrer une autre qu'en un seul point.

Fig. 2.   **8.** Un *angle* est l'espace indéfini compris entre deux droites qui se coupent, et que l'on peut concevoir prolongées autant qu'on le voudra. Les droites CA, CB, sont les *côtés* de l'angle ACB, et le point C en est le *sommet*.

9. *Deux angles sont égaux, lorsqu'étant posés l'un sur l'autre, ils se couvrent parfaitement.*

Fig. 3.   **10.** Si la position respective de deux droites AB, CD, est telle que les deux angles adjacents ACD, DCB soient égaux, chacun de ces angles se nomme *angle droit*, et la droite CD est dite *perpendiculaire* à AB, ou réciproquement. Il est évident que *tous les angles droits sont égaux entre eux*, puisque le même espace ABD ne peut être divisé en deux parties égales, de plusieurs manières par la droite CD.

Fig. 4.   **11.** Tout angle moindre qu'un droit, se nomme *angle aigu* : tel est l'angle FGR.

Tout angle plus grand qu'un droit, se nomme *angle obtus* : tel est l'angle EGR.

Fig. 5.   **12.** *Toute droite qui en rencontre une autre, fait avec celle-ci deux angles adjacents, dont la somme est égale à deux angles droits.* Il est évident, en effet, que les deux angles adjacents EGH, HGF pris ensemble, valent deux droits.

Donc, si un des angles est droit, l'autre l'est aussi, et les lignes qui forment ces angles sont nécessairement perpendiculaires l'une à l'autre.

Fig. 6.   **13.** *Tous les angles consécutifs* ABD, DBE, EBC *formés d'un même côté de la droite* AC, *et pris ensemble, valent deux angles droits*.

Fig. 7.   **14.** *Lorsque deux droites se coupent, les angles opposés par le sommet sont égaux.* En effet, la somme des deux angles adjacents ACD, ACE est égale à deux angles droits (12); de même la somme des deux angles ACD, DCB est égale à deux angles droits; donc, si l'on retranche de chacune de ces sommes l'angle commun ACD, il restera l'angle ACE égal à son opposé DCB. On prouverait de même que ACD = ECB.

15. Il suit de là que *tous les angles que l'on peut former autour d'un point, valent quatre angles droits*.

Des triangles, et de leur égalité.

16. Il faut au moins trois droites pour enfermer un espace, et, dans ce cas, cet espace se nomme *triangle* : tel est l'espace ABC. Les lignes AB, AC, BC, sont les *côtés* de ce triangle.

17. *Deux triangles sont égaux, lorsqu'ils ont un angle égal compris entre deux côtés égaux chacun à chacun.*

Soit $A = A'$, $AB = A'B'$, $AC = A'C'$.

Les deux triangles ABC, A'B'C' peuvent être posés l'un sur l'autre, de manière qu'ils coïncident parfaitement. D'abord, si l'on place le côté A'B' sur son égal AB, le côté A'C' tombera sur son égal AC, à cause de l'égalité des angles A, A', et le point C tombant sur le point C', ainsi que B' sur B, le côté C'B' couvrira parfaitement BC (n° 2). Donc, etc.

Concluons de là que, $BC = B'C'$, $B = B'$, $C = C'$.

18. *Deux triangles sont égaux, lorsqu'ils ont un côté égal adjacent à deux angles égaux chacun à chacun.*

Soit $A' = A$, $B' = B$, $A'B' = AB$.

Pour opérer la superposition, soit placé A'B' sur son égal AB : alors, à cause de l'égalité des angles A, A', le côté A'C' prendra la direction AC, et le point C' tombera quelque part dans cette direction.

De même, puisque B' = B, le côté B'C' prendra la direction BC, et le point C' tombera encore quelque part dans la direction BC : or, ce point C' devant se trouver à la fois sur BC et sur AC, coïncidera nécessairement avec leur intersection C. Donc, etc.

Il suit de là, que $C = C'$, $AC = A'C'$, $BC = B'C'$.

19. *Dans tout triangle, un côté quelconque est plus petit que la somme des deux autres.*

Car la ligne droite AC, par exemple, est le plus court chemin de A en C; donc, AC est plus petit que $AB + BC$.

20. *Si, d'un point O pris dans l'intérieur d'un triangle ACB, on mène aux extrémités du côté AB les droites AO, BO, la somme de ces deux lignes sera moindre que celle des autres côtés AC, BC.*

Soit prolongée AO jusques en D. Dans le triangle ODB, on aura $OB < OD + DB$; ajoutant de part et d'autre AO, il viendra

$$AO + OB < AO + OD + DB, \text{ ou } AO + OB < AD + DB.$$

Pl. 1. Pareillement, $AD < AC + CD$; ajoutant de part et d'autre DB, on aura
$$AD + DB < AC + CB;$$
mais l'on vient de trouver que $AO + OB < AD + DB$; donc, à plus forte raison,
$$AO + OB < AC + CB.$$

Fig. 10. **21.** *Si deux triangles ont un angle inégal compris entre deux côtés égaux chacun à chacun, le troisième côté opposé au plus petit angle sera plus petit que le troisième côté opposé au plus grand angle.*

Soit, par exemple, $AB = A'B'$, $AC = A'C'$, $A < A'$; on aura $CB < C'B'$.

Cette proposition est, pour ainsi dire, évidente par elle-même; car on conçoit que si les deux côtés AC, AB restent de même grandeur, pendant que le troisième côté CB augmente ou diminue sans cesse, l'angle A opposé à celui-ci, doit augmenter ou diminuer de plus en plus. Mais en voici une démonstration rigoureuse.

En plaçant le triangle ACB sur le triangle A'C'B', de manière que AB coïncide avec A'B', il peut arriver trois cas; ou le point C tombera au dedans du triangle A'C'B', ou sur le côté C'B', ou bien hors du triangle A'C'B'.

Fig. 10'. Ier Cas. Si le point C tombe dans l'intérieur du triangle A'B'C', comme en C'', on aura $A'C'' + C''B' < A'C' + C'B'$. Otant d'une part $A'C'' = AC$, et de l'autre, son égal A'C', il restera
$$C''B' \text{ ou } CB < C'B'.$$

Fig. 10''. IIe Cas. Si le point C tombe en C''' sur le côté C'B', il est évident que B'C''', ou son égal BC, sera plus petit que B'C'.

Fig. 10'''. IIIe Cas. Enfin, si le point C tombe en dehors, comme en C^{iv}, on aura
$$A'C' < C'D + A'D \text{ et } C^{iv} B' < C^{iv} D + DB'.$$
Ajoutant ces deux inégalités membre à membre, on aura
$$A'C' + C^{iv} B' < C'B' + A'C^{iv}.$$
Otant d'une part A'C', et de l'autre son égal A'C^{iv}, il restera.
$$C^{iv} B' \text{ ou } CB < C'B'.$$

Fig. 8. **22.** *Deux triangles sont égaux, lorsqu'ils ont trois côtés égaux chacun à chacun.*

Puisque les trois côtés du triangle ACB sont respectivement égaux aux trois côtés du triangle A'C'B', on doit avoir $A = A'$, par exemple; car, si A était plus grand ou plus petit que A', il faudrait qu'on eût CB plus grand ou plus petit que C'B' (n° 21); mais ces côtés sont égaux, donc A doit être égal à A'. On prouverait de même que $B = B'$, et que $C = C'$.

On remarquera que les angles égaux sont opposés à des côtés égaux, et réciproquement.

Des Lignes perpendiculaires et des Obliques.

23. On peut regarder comme une vérité incontestable que, *par un point pris sur une droite, on ne peut élever qu'une seule perpendiculaire à cette droite.* Ainsi, en supposant que CD fasse avec AB deux angles égaux ACD, DCB adjacents, la droite CD sera perpendiculaire à AB (n° 10). Pl. I. Fig. 3.

Les lignes telles que CD, qui ne sont point perpendiculaires à AB, se nomment *obliques*, par rapport à cette ligne. Fig. 7.

24. *Lorsque, par un point pris hors d'une droite, on mène plusieurs lignes à différents points de cette droite,* 1° *la perpendiculaire est plus courte que toute oblique;* 2° *les obliques qui s'écartent également du pied de cette perpendiculaire, sont égales;* 3° *et de deux obliques inégales, la plus longue est celle qui s'écarte davantage du pied de cette perpendiculaire.* Fig. 11.

Soit prolongée AB perpendiculaire à DE, d'une quantité BF = AB; et soient menées les droites CF, DF.

Le triangle CBF est égal au triangle ABC, puisque l'un et l'autre ont un angle égal en B, compris entre deux côtés égaux chacun à chacun (n° 17). En effet, CB est commun aux deux triangles; de plus BF = AB par construction, et les angles en B sont droits par hypothèse; ainsi, CF = AC. Mais la ligne ABF étant droite, on a AF $<$ AC $+$ CF; donc AB, moitié de AF, est plus court que AC, moitié de la ligne brisée ACF. Donc la perpendiculaire AB est plus courte que toute oblique AC, AD.

Soit maintenant BE = BC. Le triangle ABE sera évidemment égal au triangle ACB (n° 17); donc AE = AC; donc deux obliques qui s'écartent également du pied B de la perpendiculaire AB, sont égales. Fig. 11.

Dans le triangle ACF, la ligne brisée ADF est plus courte que la ligne brisée ACF (n° 20); donc la moitié de la première, ou AD, est plus courte que la moitié de la seconde, ou que AC; donc, de deux obliques inégales, la plus longue est celle qui s'écarte le plus du pied de la perpendiculaire.

La perpendiculaire étant plus courte que toute oblique, mesure la vraie distance d'un point à une droite.

25. Il suit de ce qui précède que, 1° *d'un point pris hors d'une droite, on ne peut abaisser qu'une seule perpendiculaire sur cette droite;*

2° Que, *d'un point, on ne peut mener à une droite trois autres droites égales;*

3° Que *deux triangles rectangles sont égaux lorsque, outre l'angle droit B, B', ils ont un côté et un angle égaux chacun à chacun.* Fig. 8.

Soit, par exemple, A'C' = AC et C' = C; si l'on place A'C' sur AC, à cause de C' = C, C'B' prendra la direction CB; mais A'B' devra aussi coïncider avec AB, car s'il n'en était pas ainsi, il s'ensuivrait que, du point A confondu avec A', on pourrait abaisser deux perpendiculaires sur C'B' confondue avec CB.

4° Que *deux triangles rectangles sont égaux lorsque, outre l'angle droit* B' = B, *ils ont deux côtés de même espèce* AC, A'C', CB, C'B' *égaux.* Car, plaçant A'B'C' sur ABC, B'C' se confondra avec son égal BC; puis, à cause de ces côtés B' = B, B'A' prendra la direction BA et A'C', AC devenant des obliques égales placées d'un même côté de la perpendiculaire, s'en écarteront également, et dès lors coïncideront dans tous leurs points;

5° Que, *si une droite* CD *est perpendiculaire sur le milieu d'une autre droite* AB, *tout point* O *de la première sera également distant des extrémités* A, B *de la seconde;*

Que tout point E, *situé hors de la perpendiculaire* CD, *est inégalement éloigné des extrémités de* AB. En effet, le point O étant à égale distance des extrémités de AB, on a AO = OB; et comme dans le triangle EOB, le côté EB < OE + OB, il s'ensuit que EB < OE + AO; donc EB < AE.

26. *Si un triangle a deux côtés égaux, les angles opposés à ces deux côtés sont égaux.*

Soit AO = OB. Si du point O l'on abaisse OC, perpendiculaire sur AB, on aura nécessairement AC = CB; ainsi les deux triangles AOC, BOC seront égaux, comme ayant les trois côtés égaux chacun à chacun, ou un angle droit compris entre deux côtés égaux chacun à chacun. Donc l'angle A = l'angle OBA.

27. *Lorsque deux côtés d'un triangle sont inégaux, le plus grand angle est celui qui est opposé au plus grand côté.*

Soit AE > EB. Elevez CD perpendiculaire sur le milieu de AB, et menez OB. Par suite de cette construction, les angles OBA, OAB sont égaux. Mais l'angle EBA est plus grand que OBA; donc l'angle EBA, opposé au plus grand côté AE, est plus grand que l'angle A, opposé au plus petit côté EB. Le réciproque de ce théorème est également vrai.

Il suit de là que, *si un triangle* ABO *a deux angles* A, B *égaux, les côtés* AO, OB *opposés à ces angles sont égaux;*

Que, quand les trois côtés d'un triangle sont égaux, les trois angles le sont aussi, et réciproquement.

Théorie des parallèles, et conséquences qui en résultent.

28. Deux droites sont dites *parallèles*, lorsqu'étant situées dans un même plan, elles ne peuvent jamais se rencontrer. Les deux droites AC, BD, perpendiculaires à une autre droite AB, sont donc parallèles (n° 25).

GÉOMÉTRIE.   215

Nous admettrons en principe *qu'une droite perpendiculaire à une autre,* Pl. I.
est rencontrée par toutes celles qui sont obliques sur cette autre. Ainsi
l'oblique BE, étant prolongée suffisamment, rencontrera de nécessité la
ligne AC, perpendiculaire à AB. La difficulté de prouver rigoureusement
cette proposition, rend imparfaite la théorie des parallèles.

29. *Si deux parallèles sont coupées par une troisième droite, la* Fig. 14. *somme des deux angles intérieurs du même côté, sera égale à deux droits.*

Du milieu M de la droite GH, abaissons sur AB la perpendiculaire MK; cette ligne sera en même temps perpendiculaire à CD (n° précédent). Les triangles MKG, MLH, tous deux *rectangles,* l'un en K, l'autre en L, sont égaux, parce que les côtés GM, MH, le sont aussi par construction, de même que les angles KMG, HML, comme étant opposés par le sommet (n° 14). Donc l'angle KGM = l'angle MHL. Mais les angles KGM, MGA, valent ensemble deux angles droits, et il en est de même des angles MHL, MHD; donc les angles MGB, MHD, intérieurs du même côté, réunis, forment deux angles droits.

Pour abréger le discours, on appelle *angles correspondants* les angles égaux AGE, CHE, situés d'un même côté de la *sécante* EF;

Angles alternes internes les angles égaux KGM, MHL, situés de part et d'autre de la sécante EF, et entre les parallèles AB, CD;

Angles alternes externes les angles égaux FGK, EHL, situés de part et d'autre de la sécante, et au dehors des parallèles.

Il est remarquable que tous les angles aigus sont, dans cette figure, égaux entre eux, ainsi que tous les angles obtus.

30. *Deux droites parallèles à une troisième, sont parallèles entre* Fig. 13. *elles.*

Soient AC et GH parallèles à BD. D'un point quelconque G, élevez à la droite BD la perpendiculaire GB. Cette ligne sera à la fois perpendiculaire aux droites AC, GH; donc ces droites sont perpendiculaires à une même ligne; donc elles sont parallèles (n° 28).

31. *Deux parallèles sont partout également distantes.*   Fig. 15.

Si, entre les deux parallèles AB, CD, on mène partout où l'on voudra les perpendiculaires AC, BD, à la droite AB, ces perpendiculaires seront égales. En effet, les triangles ACB, CBD sont égaux, comme ayant un côté égal adjacent à deux angles égaux chacun à chacun; car CB est commun aux deux triangles; les angles alternes et internes CBA, BCD sont égaux; par la même raison, il y a égalité entre les angles ACB, CBD; donc AC = BD.

On peut conclure de là que les parties de parallèles comprises entre parallèles sont égales, et réciproquement.

32. *Si deux angles ont les côtés parallèles chacun à chacun, et dirigés dans le même sens; ces angles sont égaux.*

Soit DF parallèle à AB, et DE parallèle à AC. Prolongez DE jusques en G. La droite EG étant une sécante à l'égard des parallèles AB, DF, les angles EDF, EGB correspondants, sont égaux. De même, la droite AB étant une sécante par rapport aux parallèles AC, GE, les angles A, G sont égaux. Donc l'angle A = l'angle D.

Des Lignes droites considérées dans le cercle, et de la mesure des angles.

33. Toute droite menée du centre à la circonférence d'un cercle, se nomme *rayon*. Ainsi CA est un rayon.

Une droite ne peut évidemment rencontrer une circonférence de cercle en plus de deux points.

On appelle *arc* une portion de la circonférence.

La *corde* ou *sous-tendante* d'un arc, tel que ADB, est la droite AB, qui joint ses deux extrémités.

Une corde qui passe par le centre du cercle, se nomme *diamètre* : le diamètre AE est donc le double du rayon AC.

Toute ligne MN qui coupe la circonférence, se nomme *sécante*.

La surface, ou portion de cercle comprise entre l'arc et sa corde, s'appelle *segment*. Telle est la partie ADBA.

La portion de cercle comprise entre un arc AB et les deux rayons AC, CB menés aux extrémités de cet arc, se nomme *secteur*.

La *tangente* à la circonférence, est une droite telle que PQ, qui n'a qu'un point R de commun avec cette circonférence. Ce point se nomme point de *Contact* ou de *Contingence*.

Un angle est dit *inscrit*, lorsque son sommet est à la circonférence, et qu'il est formé par deux cordes. Par exemple, l'angle C est un angle inscrit.

34. *Dans un même cercle ou dans des cercles égaux, les arcs égaux sont soutendus par des cordes égales, et réciproquement.*

Si l'arc AMB est égal à l'arc DNE, on aura, corde AB = corde DE; car l'arc AMB pourra être superposé exactement sur l'arc DNE, à cause de leur égalité et de l'uniformité de leur courbure. Donc les points A, B tombant respectivement en E et en D, on aura nécessairement AB = DE.

Réciproquement, si les cordes AB, DE sont égales, les arcs AMB, DNE qu'elles soutendent, seront égaux; car il est évident que les triangles ACB, DCE ont les trois côtés égaux chacun à chacun; donc les angles ACB, DCE sont égaux; donc les arcs AMB, DNE le sont aussi.

35. *Le plus grand arc est soutendu par la plus grande corde, et réciproquement.*

Soit l'arc ABD > l'arc AMB; les triangles ACB, ACD auront deux côtés Pl. I.
égaux chacun à chacun, puisque les droites AC, CB, CD sont des rayons
d'un même cercle; mais l'angle ACB est plus petit que l'angle ACD, donc
(n° 21) AB < AD.

Réciproquement, si corde AD > corde AB, on conclura des mêmes
triangles, que l'angle ACD > l'angle ACB.

36. *La perpendiculaire élevée à l'extrémité du rayon d'un cercle, est* Fig. 19.
tangente à la circonférence.

Supposons que AB soit perpendiculaire au rayon AC; toute oblique CB
sera plus longue que ce rayon (n° 24), et par conséquent le point B sera
hors du cercle. La ligne AB n'a donc que le point A de commun avec la
circonférence. Donc AB est une tangente (n° 33).

Il suit de là que *lorsque deux cercles se touchent intérieurement ou exté-* Fig. 20.
*rieurement, le point de contact et les centres des cercles sont sur une même
droite.* Car les rayons qu'on pourrait mener au point de contact, seraient
tous deux perpendiculaires en un même point de la droite qui serait tangente en ce point, et, par conséquent, ces rayons se confondraient, quant
à leur direction.

37. *Tout rayon perpendiculaire à une corde passe par le milieu de* Fig. 21.
cette corde, et par le milieu de l'arc qu'elle soutend.

Les deux rayons AC, CB étant deux obliques égales, doivent s'écarter
également de la perpendiculaire CD; donc AE = EB. En second lieu,
puisque la perpendiculaire CD passe par le milieu de AB, le point D pris
sur cette perpendiculaire est à égale distance de A et de B; donc, corde
AD = corde BD; donc, puisque ces cordes sont égales, les arcs AD, BD
sont égaux (n° 34).

Il résulte de là que le centre C, le milieu E de la corde AB, et le milieu
D de l'arc ABD, sont trois points situés en ligne droite.

On tirerait encore pour conséquence, que *les arcs EM, AN compris* Fig. 17.
entre parallèles, sont égaux. Car de ER = RA et MR = RN, on conclurait ER — MR = RA — RN, ou EM = AN.

38. *Deux angles sont toujours entre eux comme les arcs interceptés* Fig. 22
*entre leurs côtés, et décrits de leurs sommets comme centre, avec des
rayons égaux.*

Supposons d'abord que les angles ACB, A'C'B' soient dans un rapport
commensurable, comme 3 : 5, par exemple, ou, ce qui revient au même,
supposons que l'angle M, pris pour mesure commune, soit contenu trois
fois dans l'angle ACB, et cinq fois dans A'C'B'. Les angles partiels étant
égaux, leurs arcs respectifs Ax, xy... A'x', x'y'... seront aussi égaux entre
eux; donc l'arc entier AB sera à l'arc entier A'B', comme 3 : 5.

Ce raisonnement ayant toujours lieu, quel que soit le rapport commensurable des angles C, C', il s'ensuit que les arcs AB, A'B' sont dans le même

Pl. 1.
Fig. 23.

rapport; et il est clair que la réciproque de cette proposition est également vraie.

Si les deux angles ACB, A'C'B' ne sont pas dans un rapport commensurable, portons le plus petit angle A'C'B' sur le plus grand; c'est-à-dire, faisons ACB″ = A'C'B', et supposons que la proportion précédente n'ayant pas lieu, on ait alors,

angle ACB : angle ACB″ :: arc AB : arc AO.

Concevons, ensuite, que l'arc AB soit divisé en parties égales, dont chacune soit plus petite que B″O; il y aura nécessairement un point de division I entre B″ et O, et, pour lors, en vertu de la commensurabilité,

angle ACB : angle ACI :: arc AB : arc AI.

De cette proportion et de la précédente, l'on conclut, à cause de l'égalité des antécédents,

angle ACB″ : angle ACI :: arc AO : arc AI.

Mais l'arc AO est plus grand que l'arc AI; donc, pour que cette dernière proportion pût subsister, il faudrait qu'on eût aussi l'angle ACB″ plus grand que l'angle ACI; or, au contraire, il est plus petit; donc il est impossible que l'angle ACB soit à l'angle A'B'C', comme l'arc AB est à un arc plus grand que A'B' ou AB″.

On prouverait, de la même manière, que le quatrième terme de la proportion ne peut être plus petit que A'B'; donc il lui est égal; donc, on a toujours

angle ACB : angle A'C'B' :: arc AB : arc A'B'.

Puisque l'angle au centre du cercle, et l'arc intercepté augmentent ou diminuent dans le même rapport, on est en droit de prendre l'une de ces grandeurs pour la mesure de l'autre. C'est une des raisons qui ont engagé les géomètres à prendre l'arc AB pour mesure de l'angle ACB, quoiqu'il soit plus naturel de mesurer une grandeur avec une autre de même espèce. Il est évident que cet angle serait droit, si l'arc AB était le quart de la circonférence entière.

Fig. 24. **39.** On tire pour conséquence de ce qui précède, que *deux secteurs pris dans le même cercle, ou dans des cercles égaux, sont entre eux comme leurs arcs respectifs;* ainsi les arcs qui servent de mesure aux angles, peuvent aussi en servir aux secteurs d'un même cercle.

40. *Tout angle inscrit ou formé par deux cordes, a pour mesure la moitié de l'arc compris entre ses côtés.*

Supposons que l'un des côtés de l'angle ACB soit un diamètre, le côté CB, par exemple; et menons par le centre O, la droite EF parallèle à AC.

L'angle au centre FOB est égal à l'angle C, comme correspondant ainsi la mesure de l'un est celle de l'autre. De plus, l'arc FB = CE est la mesure de l'angle FOB (n° 38), et les arcs AF, CE sont égaux comme Pl. I. étant compris entre parallèles (n° 37); donc l'angle C a pour mesure $BF = \frac{AB}{2}$.

Si le centre O est dans l'intérieur de l'angle C, soit mené le diamètre Fig. 25. COD. Les mesures respectives des angles ACD, BCD sont $\frac{AD}{2}$ et $\frac{BD}{2}$; donc l'angle proposé ACB = ACD + DCB a pour mesure $\frac{AD}{2} + \frac{BD}{2}$, c'est-à-dire $\frac{AB}{2}$.

Enfin si le centre O est extérieur à l'angle ACB, soit mené le dia- Fig. 26 mètre COD. Il est visible que puisque cet angle est égal à ACD — BCD, sa mesure $= \frac{DA}{2} - \frac{BD}{2}$, c'est-à-dire, $= \frac{AB}{2}$.

41. *Un angle formé par une corde et une tangente, a pour mesure la* Fig. 27. *moitié de l'arc compris entre ses côtés.*

Menons le diamètre CD. Si l'angle ACB, formé par la corde CB et par la tangente AC, est moindre qu'un droit, le diamètre CD sera en dehors de cet angle, et le contraire aura lieu pour l'angle ACF. Dans le premier cas, ACB = ACD — BCD; et puisque l'angle ACD est droit, le quart de la circonférence $= \frac{CBD}{2}$ en sera la mesure (n° 38). D'un autre côté, l'angle BCD a pour mesure $\frac{BD}{2}$; donc la mesure de l'angle ACB $= \frac{CBD}{2} - \frac{BD}{2} = \frac{CB}{2}$.

Dans le second cas, on a ACF = ACD + DCF; donc l'angle ACF a pour mesure $\frac{CBD}{2} + \frac{DF}{2} = \frac{CBDF}{2}$; c'est-à-dire, la moitié de l'arc compris entre ses deux côtés.

Des Polygones, et de leurs principales propriétés.

42. Les surfaces planes terminées par plusieurs lignes droites ou côtés, se nomment *polygones*. Le plus simple de tous est le triangle, dont nous avons déjà examiné quelques propriétés.

Le triangle, considéré par rapport à ses côtés, se nomme

Equilatéral, quand ses trois côtés sont égaux;

Isocèle, quand il a seulement deux côtés égaux;

Scalène, quand ses trois côtés sont inégaux.

Considéré par rapport à ses angles, il est

Rectangle, lorsqu'il a un angle droit;

220   COURS DE MATHÉMATIQUES.

Pl. I.   *Obtusangle*, lorsqu'il a un angle obtus;

Acutangle, lorsque ses trois angles sont aigus;

Equiangle, lorsque ses trois angles sont égaux.

Dans le triangle rectangle, le côté opposé à l'angle droit se nomme *hypoténuse*.

Après le polygone de trois côtés ou le triangle, vient le polygone de 4 côtés, qu'on nomme. . . *Quadrilatère*;
5. . . . . *Pentagone*;
6. . . . . *Hexagone*;
7. . . . . *Eptagone*;
8. . . . . *Octogone*;
9. . . . . *Ennéagone*;
10. . . . . *Décagone*.

Cette nomenclature ne s'étend guère au delà du décagone; cependant on nomme encore *dodécagone* le polygone de 12 côtés; et *pentédécagone* celui de 15 côtés.

Fig. 28.   Le quadrilatère, qui a les côtés opposés parallèles, se nomme *parallélogramme*: il prend le nom de *rectangle*, si ses angles sont droits.

Fig. 29.   Le *losange* ou *rhombe* est un parallélogramme dont les quatre côtés sont égaux.

Fig. 30.   Le *carré* est le parallélogramme dont les angles sont droits et les côtés égaux.

Un polygone qui est à la fois équiangle et équilatéral, se nomme *polygone régulier*.

Toute ligne tirée du sommet d'un angle à celui d'un autre angle, dans l'intérieur d'un polygone, se nomme *diagonale*.

43. *Les trois angles d'un triangle rectiligne, pris ensemble, valent deux angles droits.*

Fig. 31.   Si on prolonge le côté AC, et que l'on mène CE parallèle à AB, les angles A et DCE seront égaux comme correspondants. De même les angles B et BCE seront égaux comme alternes internes. Mais les trois angles ECD, BCE, ACB valent ensemble deux angles droits; donc aussi les trois angles d'un triangle rectiligne sont égaux à deux droits.

Il suit évidemment de là, 1° que l'angle extérieur BCD vaut la somme des deux intérieurs opposés A et B.

2° Que si un des angles d'un triangle est droit, chacun des deux autres angles est aigu, et la somme de ceux-ci est égale à un angle droit.

Fig. 32 et 33.   **44.** *La somme des angles intérieurs d'un polygone est égale à autant de fois deux angles droits, qu'il y a de côtés moins deux.*

Si par le même point A l'on mène, à tous les sommets des angles opposés, des diagonales AC, AD. . . il est aisé de voir que le polygone sera partagé en autant de triangles que ce polygone a de côtés moins

Donc si dans le triangle ABC, une droite DE menée parallèlement à AC divise le côté AB en deux parties BD, AD commensurables, cette droite divisera aussi la ligne BC dans le même rapport.

En général, quel que soit le rapport de BD à AD, on aura toujours
$$BD : AD :: BE : EC$$
ou
$$AB : BD :: BC : BE;$$
car, supposons que l'on ait au contraire
$$AB : BD :: BC : BF.$$

Si on divise BC en un assez grand nombre de parties égales, pour qu'il tombe un point de division I entre E, F, et que par le point I on mène la droite IK parallèle à AC, on aura, en vertu de la commensurabilité,
$$AB : BK :: BC : BI;$$
or de cette proportion et de la précédente, on tire nécessairement celle-ci,
$$BD : BK :: BF : BI;$$
laquelle ne peut subsister, puisque BD étant plus petit que BK, il faudrait que BF fût plus petit que BI, et au contraire il est plus grand. Le quatrième terme de la proportion hypothétique ne peut donc pas être plus grand que BE : ou démontrerait de même qu'il ne peut pas être plus petit; donc BF = BE; donc, etc.

Réciproquement, *si deux côtés d'un triangle sont coupés par une droite, en parties proportionnelles, cette droite sera parallèle au troisième côté.*

Car, si dans le triangle CAB, on avait
$$CA : Ca' :: CB : CD,$$
et que a'D ne fût pas parallèle à AB, on pourrait toujours, par le point a', faire passer une droite $a'b'$ parallèle à AB, et qui donnerait
$$CA : Ca' :: CB : Cb';$$
mais cette proportion ne diffère de la précédente que par le quatrième terme; donc $Cb' = CD$, et les droites a'D, $a'b'$ se confondent.

47. On appelle *triangles semblables*, ceux qui ont les angles égaux chacun à chacun, et les côtés homologues proportionnels. Par côtés *homologues*, on entend ceux qui ont la même position dans ces figures, ou qui sont adjacents à des angles égaux; ces angles eux-mêmes s'appellent *angles homologues*.

48. *Deux triangles équiangles ont les côtés homologues proportionnels, et sont par conséquent semblables.*

Prenons sur les côtés AC, CB du grand triangle, les parties Ca', Cb' respectivement égales aux côtés ca, cb du petit triangle, et tirons la droite $a'b'$. Le triangle $a'Cb'$ sera égal au triangle acb, comme ayant l'un et l'autre un angle égal compris entre côtés égaux chacun à chacun, puisque, par hypothèse, les triangles ACB, acb sont équiangles. Ainsi la droite $a'b'$ sera égale à ab et parallèle à AB, et l'on aura par le théorème précédent, Pl. 1 Fig. 36.

$$AC : ac :: CB : cb;$$

Tirant b'E parallèle à AC, on aura

$$CB : Cb' :: AB : AE$$

ou $$CB : cb :: AB : ab;$$

A cause de AE $= a'b' = ab$; comparant cette proportion avec la première, on a, à cause du rapport commun CB : cb, cette suite de rapports

$$AC : ac :: CB : cb :: AB : ab;$$

Donc, lorsque deux triangles sont équiangles, leurs côtés homologues sont proportionnels.

49. *Deux triangles qui ont les côtés respectivement parallèles sont donc semblables, car ils sont équiangles* (n° 32).

On prouverait de la même manière, que *deux triangles qui ont un angle égal compris entre côtés proportionnels, sont semblables.*

Car, de ce que, par exemple, C $= c$, et

$$AC : ac :: CB : cb;$$

On conclut (n° 46), que si l'on plaçait acb sur ABC, ab serait parallèle à AB, les angles A et a, B et b, seraient donc égaux; et ces triangles étant équiangles, seraient semblables.

50. *Lorsque deux triangles ont les côtés homologues proportionnels, ces triangles sont semblables.* Pl. II. Fig. 37.

Supposons que, dans les triangles ABC, abc, on ait

$$AB : ab :: AC : ac :: BC : bc;$$

il s'agit de prouver que A $= a$, B $= b$, C $= c$. Pour cet effet, l'on construira le triangle adb équiangle au triangle ACB, de manière que l'on ait l'angle $abd =$ B, et l'angle $bad =$ A. Alors, par le théorème précédent, on aura

$$AB : ab :: AC : ad :: BC : bd;$$

mais, par supposition,

$$AB : ab :: AC : ac :: BC : bc;$$

donc, $ad = ac$, et $bd = bc$; donc les deux triangles adb, acb sont égaux: mais le premier est équiangle au triangle ACB; donc celui-ci et le triangle acb sont équiangles et semblables.

Il résulte de ce qui précède, que, pour s'assurer que *deux triangles sont semblables, il suffit de voir s'ils ont deux angles égaux chacun à chacun, ou les côtés homologues proportionnels.*

PL. II.
Fig. 38. **51.** *Deux triangles sont semblables, lorsque leurs côtés sont perpendiculaires chacun à chacun.*

Soient *de*, *df*, *ef* respectivement perpendiculaires à AC, AB, CB. Dans le quadrilatère C*xey*, les quatre angles valent ensemble quatre angles droits, et par hypothèse les angles en x et y sont droits; donc les deux restants C, *dey* valent deux angles droits : mais les deux angles *dey*, *def* valent eux-mêmes deux droits, donc l'angle *def* = C. On prouverait pareillement que l'angle *fde* = A, et que l'angle *dfe* = B; donc les deux triangles ACB, *def* qui ont les côtés perpendiculaires chacun à chacun, sont équiangles; donc ils sont semblables.

Il est remarquable que les côtés homologues sont ceux qui sont perpendiculaires entre eux; ainsi on tire sur-le-champ,

$$AB : df :: AC : de :: BC : ef.$$

Nous avons supposé qu'un triangle était renfermé dans l'autre; mais, si cette circonstance n'avait pas lieu, on pourrait imaginer un troisième triangle *def* intérieur, dont les côtés seraient parallèles à ceux du triangle comparé à ABC, et alors la démonstration précédente rentrerait dans le cas de la figure actuelle.

Fig. 39. **52.** *Deux parallèles menées à travers des droites qui partent d'un même point, sont coupées en parties proportionnelles par ces droites.*

Si les droites BC, *bc* sont parallèles, on aura, BD : *bd* :: DE : *de* :: EC : *ec*; car, puisque *bd* est parallèle à BD, le triangle A*bd* est équiangle à ABD, et l'on a la proportion.

$$BD : bd :: AD : Ad;$$

par la même raison, les triangles ADE, A*de* étant équiangles, donnent

$$DE : de :: AD : Ad;$$

donc, à cause du rapport commun AD : A*d*, on a

$$BD : bd :: DE : de.$$

On trouverait semblablement que,

$$DE : de :: EC : ec;$$

donc la ligne *bc* est divisée aux points *d*, *e*, comme la ligne BC l'est aux points D, E.

Il suit de là que si BC était divisée en parties égales, sa parallèle *bc* serait de même divisée en parties égales.

Fig. 40. **53.** *Si, de l'angle droit d'un triangle rectangle, on abaisse une perpendiculaire sur l'hypoténuse,*

1° *Cette perpendiculaire partagera le triangle en deux autres, qui lui seront semblables;*

2° *Elle sera moyenne proportionnelle entre les deux segments de l'hypoténuse.*

GÉOMÉTRIE.

3° *Chaque côté de l'angle droit du triangle proposé, sera moyen proportionnel entre l'hypoténuse entière et le segment adjacent.*

Le triangle ABC est rectangle en A, et la perpendiculaire AD, abaissée du point A sur l'hypoténuse CB, partagera ce triangle en deux autres triangles semblables entre eux et au grand triangle; car les angles b, c valant ensemble un angle droit, ainsi que les angles b, C, on a nécessairement C $=$ c, par la même raison B $=$ b; donc les deux triangles ACD, ADB sont équiangles entre eux et au triangle ACB, donc ils sont semblables. Ainsi, en comparant les côtés homologues des deux premiers, on aura

$$CD : AD :: AD : DB;$$

c'est-à-dire que la perpendiculaire AD est moyenne proportionnelle entre les deux segments CD, BD de l'hypoténuse.

Comparant, en outre, les côtés homologues des deux triangles semblables ACB, ACD, on aura

$$CD : AC :: AC : BC; \qquad (1)$$

et il est évident que l'on aura de même,

$$BD : AB :: AB : BC. \qquad (2)$$

Donc, un des côtés de l'angle droit d'un triangle rectangle, est moyen proportionnel entre l'hypoténuse entière et le segment adjacent.

Des deux proportions (2) et (1), l'on tire

$$\overline{AB}^2 = BC \times BD, \ \overline{AC}^2 = BC \times CD;$$

ajoutant ces deux équations, membre à membre, il vient

$$\overline{AB}^2 + \overline{AC}^2 = BC\,(BD + CD);$$

mais $BD + CD = BC$; donc $\overline{AB}^2 + \overline{AC}^2 = \overline{BC}^2$;

c'est-à-dire que *la somme des secondes puissances ou des carrés des côtés de l'angle droit, est égale à la seconde puissance ou au carré de l'hypoténuse.*

Nous parviendrons bientôt à cette proposition importante, par une méthode indépendante de la similitude des triangles.

Des propriétés du Cercle.

54. *Les parties de deux cordes qui se coupent dans le cercle, sont réciproquement proportionnelles.*

Les triangles AED, CEB sont semblables, car ils sont équiangles. En effet, les angles en E sont égaux, comme étant opposés par le sommet; et les angles A, C sont aussi égaux, parce qu'ils ont chacun pour mesure

Pl. II. la moitié de l'arc BD; ainsi les côtés homologues de ces triangles donnent :

$$AE : EC :: ED : EB;$$

donc *les parties d'une corde forment les extrêmes d'une proportion, et les parties de l'autre corde en forment les moyens.*

Fig. 42. Si l'une des cordes, AB par exemple, était un diamètre, et que l'autre corde CD lui fût perpendiculaire, on aurait évidemment EC = ED; donc la proportion précédente deviendrait

$$AE : EC :: EC : EB; \text{ d'où } \overline{EC}^2 = AE \times EB.$$

Il suit de là que *toute perpendiculaire EC au diamètre est moyenne proportionnelle entre les deux segments qu'elle forme sur ce diamètre*; propriété qui dérive aussi immédiatement de celle du triangle rectangle ACB (n° précédent). Ce même triangle fait connaître, en outre, que *la corde AC est moyenne proportionnelle entre le diamètre AB et le segment adjacent AE.*

Fig. 43. **55.** *Si, d'un point pris hors d'un cercle, on mène deux sécantes terminées à la partie concave de la circonférence, ces sécantes entières seront réciproquement proportionnelles à leurs parties extérieures.*

Les triangles ABD, EBC ont un angle commun en B. De plus, A = C (n° 40); donc ces triangles sont semblables (n° 48), et leurs côtés homologues donnent

$$AB : BC :: BD : BE.$$

Une des sécantes entières et sa partie hors du cercle, sont donc les extrêmes d'une proportion, tandis que l'autre sécante et sa partie extérieure en forment les moyens.

Fig. 44. **56.** *Toute tangente au cercle, est moyenne proportionnelle entre la sécante entière et sa partie extérieure.*

Les triangles ACB, ADB sont semblables, car ils ont un angle commun en B; de plus, l'angle inscrit C, et l'angle BAD, formé par une tangente et une corde, ont chacun pour mesure la moitié de l'arc AD (n°s 40 et 41); donc,

$$BC : AB :: AB : BD; \text{ d'où } \overline{AB}^2 = BC \times BD.$$

Des propriétés des Polygones réguliers inscrits et circonscrits au cercle, et du rapport approché du diamètre à la circonférence.

57. Deux polygones quelconques sont *semblables*, lorsqu'ils ont les angles égaux chacun à chacun, et les côtés homologues proportionnels.

58. *Deux polygones réguliers d'un même nombre de côtés, sont des figures semblables.* Pl. II. Fig. 45.

Prenons pour exemple les deux hexagones réguliers ABCDEF, *abcdef*. La somme des angles étant la même dans l'une et dans l'autre figure, et étant égale à huit angles droits (n° 44), l'angle BAF est le sixième de cette somme, aussi bien que l'angle *baf*; donc BAF = *baf* : il en est par conséquent de même des autres angles des polygones; donc ces polygones sont équiangles. De plus, puisque, par la nature de ces figures, AB = BC =..., et *ab* = *bc* =..., il est évident que l'on a la proportion,

$$AB : ab :: BC : bc :: CD : cd ::, \text{etc.}$$

Donc les deux polygones dont il s'agit ont les angles égaux et les côtés homologues proportionnels; donc ils sont semblables.

De cette suite de rapports égaux l'on tire cette nouvelle proportion,

$$AB + BC + CD... + AF : ab + bc + cd... + af :: AB : ab;$$

donc les *périmètres* ou contours *de deux polygones réguliers d'un même nombre de côtés, sont entre eux comme leurs côtés homologues.*

59. *Tout polygone régulier peut être inscrit et circonscrit au cercle.*

Supposons que le point O soit le centre du cercle dont la circonférence passe par les trois points A, B, C; il s'agit de prouver qu'elle passera en même temps par les points D, E... Pour le prouver, abaissons la perpendiculaire OH sur BC; alors les quadrilatères OHCD, OHBA seront égaux, parce que, si on plie la figure ABCD suivant OH, le point C tombera en B, puisque BH = CH; et, à cause de l'égalité des angles du polygone, le côté CD coïncidera avec AB, et la droite OD avec AO. Mais AO est un rayon; donc OD en est un aussi; donc enfin la circonférence qui passe par A, B, C, passe de même par D.

On prouverait, par un raisonnement semblable, que cette circonférence doit passer par le point E, et ainsi de suite; donc tout polygone régulier est inscriptible dans un cercle.

En second lieu, il est évident que toutes les perpendiculaires, telles que OH, abaissées du centre O du polygone sur ses côtés, sont égales; donc, si du point O comme centre, et du rayon OH, on décrit une circonférence, elle touchera tous les côtés du polygone, chacun en son milieu, et le polygone sera circonscrit à cette circonférence.

Le rayon du cercle inscrit se nomme aussi *apothème* du polygone.

Il suit de là que *les périmètres de deux polygones réguliers d'un même nombre de côtés, sont proportionnels aux rayons des cercles inscrits ou circonscrits;* car ces périmètres sont entre eux comme les côtés homologues AB et *ab*, et ces côtés sont proportionnels aux rayons OB et *ob*, ou OH et *oh*.

60. *Deux polygones semblables sont composés d'un même nombre de triangles semblables chacun à chacun, et semblablement disposés.* Fig. 46.

Les polygones semblables ABCD..., abcd..., sont évidemment composés d'un même nombre de triangles disposés de la même manière. De plus, le triangle T est semblable au triangle t, comme ayant chacun un angle égal compris entre côtés proportionnels; ainsi l'angle EBC = ebc; on a donc,

$$AB : ab :: BE : be;$$

d'ailleurs,

$$AB : ab :: BC : bc;$$

donc

$$BE : be :: BC : bc;$$

donc le triangle T' est semblable au triangle t' (n° 49). On prouverait de même que T" et t'' sont semblables; donc, etc.

Fig. 45. **61.** *Le côté de l'hexagone régulier inscrit, est égal au rayon.*

En effet, *l'angle au centre* AOB, est le sixième de 4 angles droits, ou les deux tiers d'un angle droit pris pour unité de mesure. Les deux autres angles égaux ABO, BAO, du même triangle, valent donc ensemble $2 - \frac{2}{3}$, ou $\frac{4}{3}$; ainsi chacun égale $\frac{2}{3}$ d'un droit. Donc le triangle AOB est équilatéral; donc le côté de l'hexagone inscrit est égal au rayon.

Fig. 47. **62.** *Le côté du décagone régulier est égal à la plus grande partie du rayon du cercle circonscrit, divisé en moyenne et extrême raison.*

Une ligne est dite divisée en *moyenne et extrême raison*, lorsque sa plus grande partie est moyenne proportionnelle entre l'autre partie et la ligne entière.

Cela posé, soit AB, le côté du décagone régulier. Alors, l'angle O est le dixième de 4 angles droits, ou les $\frac{2}{5}$ d'un seul; et, en vertu du n° 43, il reste pour les deux autres angles égaux A, OBA, $2 - \frac{2}{5}$ d'un droit, ou $\frac{8}{5}$; ce qui donne pour chacun $\frac{4}{5}$. Maintenant, si l'on divise l'angle OBA en deux parties égales par la droite BM, le triangle ABM sera semblable au triangle ABO, puisque l'angle A leur est commun, et que l'angle ABM $= \frac{2}{5}$ d'angle droit $= $ O; de plus, le triangle BMO sera isocèle; ainsi l'on aura AB = BM = MO. Mais la similitude des triangles ABO, ABM, donne

$$AO : AB :: AB : AM;$$

donc

$$AO : MO :: MO : AM;$$

donc le rayon AO est partagé au point M, en moyenne et extrême raison; donc, enfin, le côté AB du décagone régulier est égal à MO, c'est-à-dire au plus grand des deux segments.

Fig. 48. **63.** *Toute ligne courbe ou polygonale qui enveloppe, d'une extrémité à l'autre, une ligne convexe, est plus longue que la ligne enveloppée.*

On entend par *ligne convexe*, toute ligne qui ne peut être coupée qu'en deux points par une droite.

Soit AMB, cette ligne convexe. Si elle n'est pas plus petite que toutes celles qui l'enveloppent, il existera, parmi ces dernières, une ligne plus Pl. II. courte que toutes les autres, et qui sera plus petite que AMB, ou tout au plus égale à AMB. Soit ACDB, cette ligne enveloppante : entre ces deux lignes, menez à volonté la droite EF qui ne rencontre point AMB, ou qui ne fasse que la toucher. Cette droite étant plus courte que ECDF, il s'en-suit que la nouvelle ligne enveloppante AEFB, est plus petite que la première ACDB. Mais, par hypothèse, celle-ci doit être la plus courte de toutes; donc cette hypothèse ne peut subsister, donc toutes les lignes enveloppantes sont plus longues que AMB.

Il suit de là, 1° que l'on peut trouver une ligne enveloppante qui diffère aussi peu qu'on voudra de la ligne enveloppée ; 2° que l'on peut circonscrire à un cercle un polygone régulier, dont l'excès du périmètre sur la circonférence, ou l'excès de la surface du polygone sur la surface du cercle, soit plus petite qu'une quantité donnée. Le cercle est donc la *limite* des polygones circonscrits; il l'est aussi des polygones inscrits.

64. *Les circonférences des cercles sont, entre elles, comme les diamètres.*

Ire *Démonstration*. Si on désigne par P et P' les périmètres des polygones semblables, circonscrits respectivement aux cercles, dont les rayons sont R, R', on aura, par ce qui précède (corollaire n° 59),

$$\frac{P}{P'} = \frac{R}{R'} ;$$

de plus, si l'on conçoit que le nombre des côtés de ces polygones soit assez grand, pour que les différences entre leurs périmètres et la circonférence du cercle auquel chacun d'eux est circonscrit, soient au-dessous de toute grandeur assignable, la différence du rapport $\frac{C}{C'}$ des circonférences, au rapport $\frac{P}{P'}$ des contours des polygones, pourra être réduite à tel degré de petitesse que l'on voudra. Cette différence étant aussi celle des rapports invariables $\frac{C}{C'}$ et $\frac{R}{R'}$, puisque $\frac{P}{P'} = \frac{R}{R'}$, il s'ensuit que la différence entre $\frac{C}{C'}$ et $\frac{R}{R'}$ est au-dessous de toute grandeur donnée ; donc ces rapports sont égaux ; donc, enfin,

$$\frac{C}{C'} = \frac{R}{R'}, \text{ ou } C : C' :: R : R' :: 2R : 2R' :: D : D',$$

en désignant les diamètres par D, D'.

IIe *Démonstration*. Voici une autre manière de démontrer cette proposition.

En imaginant deux polygones semblables circonscrits aux deux cercles, et dont le nombre des côtés infiniment petits soit infini, c'est-à-dire, soit plus grand que toute quantité assignable, les contours de ces polygones différeront infiniment peu des circonférences correspondantes, ou, ce qui est pour ainsi dire de même, s'identifieront avec ces circonférences. On peut donc prendre les périmètres de ces polygones pour les circonférences mêmes des cercles ; mais par le théorème du n° 59, ces périmètres sont entre eux comme les rayons des cercles circonscrits ; donc, etc.

Il résulte de là que le rapport de la circonférence au diamètre, est le même dans tous les cercles. Si donc π désigne ce rapport, ou, ce qui revient au même, la circonférence d'un cercle dont le diamètre $= 1$, on aura en général
$$1 : \pi :: 2R : C,$$
ou bien
$$C = 2\pi R, \text{ et } R = \frac{C}{2\pi}.$$

C'est à l'aide de ces formules que l'on calcule la circonférence C d'un cercle, lorsque le rayon R est connu, ou que l'on calcule son rayon, quand sa circonférence est donnée.

Suivant *Archimède*, le rapport $\pi = \frac{22}{7}$, du moins, à peu de chose près; c'est-à-dire, que si le diamètre d'un cercle $= 7$, sa circonférence est assez exactement 22. Ce géomètre, pour déterminer ce rapport approché, inscrivit et circonscrivit au cercle un polygone régulier de 96 côtés, en partant de l'hexagone dont le côté est égal au rayon du cercle circonscrit; et il trouva pour résultat, que la circonférence de ce cercle était $< 3\frac{10}{70}$ et $> 3\frac{10}{71}$, ce qui donne en effet le rapport de $1 : 3\frac{1}{7}$ ou $7 : 22$. Depuis, on a trouvé des rapports beaucoup plus rapprochés, et celui de *Métius* est un de ceux-là, puisque étant évalué en décimales, il donne $\frac{355}{113} = 3{,}1415929$, résultat vrai jusqu'au sixième chiffre décimal. Dans les calculs qui n'exigent pas une grande précision, l'on ne fait usage que de ce dernier rapport réduit à celui-ci, $\pi = 3{,}14$.

65. La détermination du rapport approché de la circonférence au diamètre, exige que l'on sache résoudre les deux problèmes suivants.

Ier PROBLÈME. Etant donnée la corde d'un arc, trouver la corde de sa moitié.

Soit $AB = a$, la corde donnée; $AB' = a'$, la corde cherchée; et $AC = r$, le rayon du cercle connu.

En vertu du n° 54, AB' est moyenne proportionnelle entre le diamètre $B'D$ et le segment $B'M$ adjacent; ainsi
$$a'^2 = 2r \times B'M ; \text{ mais } B'M = r - CM = r - \sqrt{r^2 - \frac{a^2}{4}},$$
puisque $\overline{CM}^2 = \overline{AC}^2 - \overline{AM}^2$, (n° 53); donc
$$a'^2 = 2r\left(r - \sqrt{r^2 - \frac{a^2}{4}}\right) = 2r^2 - r\sqrt{4r^2 - a^2};$$
donc
$$a' = \sqrt{2r^2 - r\sqrt{4r^2 - a^2}}.$$

GÉOMÉTRIE.

Si on suppose que le rayon est 1, on a simplement

$$a' = \sqrt{2 - \sqrt{4 - a^2}}.$$

Pour application, considérons a comme le côté de l'hexagone régulier inscrit; auquel cas, $a = 1$ (n° 61), et a' égale le côté du dodécagone régulier. On a donc

$$a' = \sqrt{2 - \sqrt{3}} = 0{,}51763809;$$

par conséquent, si a'' désigne le côté du polygone régulier de 24 côtés, on aura, en dénotant d'ailleurs $\frac{1}{2}\sqrt{(4 - a'^2)}$ par r',

$$a'' = \sqrt{2 - \sqrt{4 - a'^2}} = \sqrt{2 - 2r'} = 0{,}26105238,$$

et ainsi de suite jusqu'au polygone de 96 côtés, dont le côté est

$$a^{\text{IV}} = 0{,}06543817,$$

et le périmètre $\quad 96\,a^{\text{IV}} = 6{,}282064.$

IIe PROBLÈME. *Étant donné le périmètre d'un polygone régulier inscrit dans un cercle connu, trouver le périmètre d'un polygone semblable circonscrit.*

Puisque $\frac{1}{2}\sqrt{4 - a'^2} = r'$ est l'apothème du dodécagone régulier inscrit, $\frac{1}{2}\sqrt{4 - a^{\text{IV}\,2}} = r^{\text{IV}}$ sera l'apothème du polygone de 96 côtés. Mais le rayon AC du cercle AB'B, est l'apothème de tous les polygones circonscrits; si donc A^{IV} est le côté du polygone circonscrit de 96 côtés, on aura (corollaire n° 59),

$$r^{\text{IV}} : 1 :: 96\,a^{\text{IV}} : 96\,A^{\text{IV}} = \frac{96\,a^{\text{IV}}}{r^{\text{IV}}} = 6{,}285429;$$

partant, si l'on prend pour la circonférence du cercle le milieu entre le périmètre du polygone inscrit et celui du polygone circonscrit, on aura,

$$\tfrac{1}{2}\text{ circ. AC} = \frac{96\,a^{\text{IV}} + 96\,A^{\text{IV}}}{4} = 3{,}1418,$$

rapport exact, à moins de 3 dix-millièmes près,

Les géomètres ont depuis longtemps imaginé diverses méthodes de calcul pour déterminer numériquement ce dernier rapport; mais comme aucune d'elles ne peut le donner que par approximation, la *quadrature du cercle*, qui en dépend essentiellement (n° 75), est regardée comme impossible.

CHAPITRE III.

DE L'AIRE DES POLYGONES, ET DE CELLE DU CERCLE.

Pl. II. **66.** On appelle *aire* la surface d'une figure quelconque, considérée par rapport à sa grandeur.

Deux figures de formes très différentes, et qui ont des aires égales, sont dites *équivalentes;* et deux figures semblables, qui peuvent être superposées, sont dites *égales*.

Mesurer une surface, c'est chercher combien de fois elle contient une autre surface, prise pour unité de mesure. L'unité de mesure est le carré.

Fig. 50. La *hauteur* d'un triangle est la perpendiculaire, abaissée du sommet d'un de ses angles sur le côté opposé, que l'on nomme la *base*. Le sommet de l'angle opposé à la base, s'appelle le *sommet* du triangle.

Fig. 51. La *hauteur* d'un parallélogramme est la perpendiculaire qui mesure la distance de deux côtés opposés, que l'on nomme *bases*.

Fig. 52. La *hauteur* d'un trapèze est la perpendiculaire comprise entre ses deux *bases* ou côtés parallèles.

Fig. 53. **67.** *Des parallélogrammes qui ont des bases égales et des hauteurs égales, sont équivalents.*

Soient les parallélogrammes ABCD, ABEF, ayant même base AB et même hauteur DX; il est clair, par la nature de ces figures, que les côtés AB, DC sont égaux entre eux, ainsi que les côtés BE, AF (n° 31). Il est évident en outre que si, des lignes égales DC, FE, on retranche la partie commune CF, les restes DF, CE seront égaux; ainsi les deux triangles ADF, BCE sont équilatéraux entre eux, et par conséquent égaux.

Maintenant, si du quadrilatère ABED, on retranche successivement les triangles égaux BCE, ADF, les restes ABCD, ABEF seront équivalents, donc, etc.

Il suit de là, que *tout parallélogramme est équivalent à un rectangle de même base et de même hauteur*.

Fig. 54. **68.** *Tout triangle est la moitié d'un parallélogramme de même base et de même hauteur.*

En effet, les triangles ABC, ADC sont égaux, comme ayant les trois côtés égaux chacun à chacun. On peut donc dire, 1° qu'un *triangle est la moitié d'un rectangle de même base et de même hauteur;* 2° que *tous les triangles qui ont des bases égales et des hauteurs égales, sont équivalents*.

Fig. 55. **69.** *Deux rectangles de même hauteur sont entre eux comme leurs bases, et réciproquement.*

Soient les deux rectangles ABDC, EFHG, ayant même hauteur AC. Si PL. II. l'on suppose qu'une ligne m, considérée comme unité de mesure linéaire, soit contenue 5 fois dans la base AB, et 3 fois dans la base EF; et que, par tous les points de divisions x, y..., p, q, on élève des perpendiculaires xx', yy'..., pp', qq'..., les rectangles Ax', xy'..., Ep', pq'... seront égaux. Or, les rectangles AD, EH, contiennent respectivement autant de fois un des rectangles partiels, que leurs bases AB, EF contiennent de fois la ligne m; donc, puisque ces bases sont dans le rapport commensurable de 5 : 3, les rectangles AD, EH sont aussi dans le même rapport. Il est évident qu'il en serait de même pour tout autre rapport de même espèce. Il y a plus, la proposition serait encore vraie, si les bases des rectangles étaient dans un rapport incommensurable; et, pour le prouver, on peut employer le mode de démonstration des n°s 38 et 46, c'est-à-dire la *réduction à l'absurde*; donc, en général,

ABDC : EFHG :: AB : EF.

On prouvera la réciproque : *Deux rectangles de même base sont entre eux comme leurs hauteurs*, en regardant GE, CA comme les bases des rectangles, et EF, AB comme leurs hauteurs.

70. *Deux rectangles quelconques sont entre eux comme les produits* Fig. 56. *de leurs bases par leurs hauteurs.*

Supposons que les bases des deux rectangles ABCD, BEFG soient contiguës et sur la même droite AE, et que l'on ait construit le grand rectangle ADHE; les deux rectangles AC, BH ayant même hauteur AD, sont entre eux comme leurs bases. De même, les rectangles BH, BF ayant même base, sont entre eux comme leurs hauteurs; ainsi, d'une part,

ABCD : BEHC :: AB : BE;

et de l'autre

BEHC : BEFG :: BC : BG.

Multipliant ces deux proportions par ordre, et omettant le facteur commun, on aura

ABCD : BEFG :: AB $\times$ BC : BE $\times$ BG;

ce qui prouve la proposition énoncée.

Lorsque le rectangle BEFG est un carré, on prend ordinairement son côté BE pour unité de mesure linéaire; alors la proportion précédente devient

ABCD : BEFG :: AB $\times$ BC : 1.

Si donc les lignes AB et BC sont mesurées avec la même unité BE, le produit AB $\times$ BC exprimera le nombre de fois que l'unité de surface, ou le carré BEFG, est contenu dans le rectangle ABCD. Pour abréger les expressions, on dit que *l'aire d'un rectangle est égale au produit de sa base par sa hauteur.*

Pl. II. Fig. 57. Afin de mieux fixer les idées à cet égard, supposons que AB = 5 mètres, et que BC = 3 mètres ; l'aire du rectangle ABCD sera au carré BEFG :: 3 × 5 : 1, ou, plus simplement, l'aire de ce rectangle sera de 15 mètres carrés.

La seule inspection de la figure démontre sur-le-champ que, quand la base et la hauteur d'un rectangle sont commensurables, ce rectangle a, en effet, pour mesure, le produit de sa base par sa hauteur.

Quelle que soit l'unité de mesure linéaire, il suit de ce qui vient d'être dit, que *l'aire d'un carré est égale au carré de son côté*.

Fig. 58. **71.** *L'aire d'un parallélogramme quelconque est égale au produit de sa base par sa hauteur.*

Car le parallélogramme ABCD est équivalent au rectangle ABFE, qui a même base AB et même hauteur AE.
Donc AB × AE, est la mesure de l'aire du parallélogramme ABCD.

Fig. 54. **72.** *L'aire d'un triangle est égale au produit de sa base par la moitié de sa hauteur.*

Car le triangle ABC est la moitié du parallélogramme ABCD, qui a même base AB et même hauteur DE ; donc $\dfrac{AB \times DE}{2}$ est l'expression de l'aire du triangle ABC.

Fig. 59. **73.** *L'aire d'un trapèze est égale à sa hauteur multipliée par la demi-somme de ses bases parallèles.*

Le trapèze ABCD est composé des deux triangles ACB, ACD : or, le premier a pour mesure $\dfrac{AB \times DE}{2}$, et le second $\dfrac{DC \times DE}{2}$; donc l'aire du trapèze ABCD $= \left(\dfrac{AB + CD}{2}\right) \times DE$.

Si, par le milieu H de la diagonale AC, on mène IK parallèle aux bases AB, CD du trapèze, il est clair que l'on aura

$$HK = \dfrac{AB}{2}, \quad IH = \dfrac{CD}{2} \ (n^\circ 48); \text{ donc } IK = \dfrac{AB + CD}{2};$$

donc l'aire d'un trapèze est aussi égale au produit de la ligne qui joint les milieux des deux côtés non parallèles, multipliée par la hauteur de ce trapèze.

Fig. 45. **74.** *L'aire d'un polygone régulier est égale à la moitié du produit de son contour par son apothème.*

Puisque tous les triangles AOB, BOC..., sont égaux, l'aire du polygone régulier ABCD... est égale à celle du triangle AOB, multipliée par le nombre des côtés de ce polygone. Or, l'aire AOB $= \dfrac{AB \times OH}{2}$; donc, pour le cas de la figure, l'aire du polygone $= 6\,\text{AB} \times \frac{\text{OH}}{2}$. Mais 6 AB est le périmètre, et $\frac{\text{OH}}{2}$ est la moitié de l'apothème ou du rayon du cercle inscrit; donc, etc.

En général, l'aire d'un polygone quelconque, circonscrit à un cercle, est égale au produit de son contour par la moitié du rayon de ce cercle.

75. *L'aire d'un cercle est égale au produit de sa circonférence par la moitié de son rayon.*

Ire *Démonstration.* Nous ferons dépendre la démonstration de ce théorème, de ce principe incontestable, savoir : Que si une grandeur variable X, a pour limites deux autres grandeurs constantes A, B, chacune plus petite que X, celles-ci sont nécessairement égales.

Démonstration. 1° Soit, en effet, $A > B$, rangeons les trois quantités par ordre de grandeur, nous aurons

$$B < A \quad A < X;$$

si l'on prend la variable X de manière que $X - B$ soit moindre qu'une quantité quelconque δ, ce qu'on regarde comme toujours possible, la différence $A - B$ sera, à plus forte raison, moindre que δ;

2° Soit, au contraire, $A < B$, nous aurons, en rangeant encore ces quantités par ordre de grandeur,

$$A < B \quad B < X.$$

Prenant X de manière que $X - A$ soit moindre que δ, à plus forte raison $B - A$ sera-t-elle moindre que δ.

Or, puisque la différence de A à B est nécessairement moindre que toute grandeur donnée δ, quelque petite que soit cette grandeur, il en résulte qu'elle est nulle, ou que $A = B$.

Maintenant, puisque, d'après le théorème du n° 63, on peut concevoir un polygone régulier, et même irrégulier, circonscrit à un cercle du rayon R, de manière que le périmètre P de ce polygone diffère aussi peu qu'on voudra de la circonférence C, l'excès du produit $P \times \frac{1}{2}R$, sur le produit invariable $C \times \frac{1}{2}R$, pourra être au-dessous de toute grandeur assignable. D'un autre côté, l'aire du même polygone, toujours plus grande que celle du cercle, peut approcher de cette dernière d'aussi près qu'on voudra. Les produits $\frac{1}{2}PR$, $\frac{1}{2}CR$, et l'aire du cercle, sont donc trois quantités qui se trouvent absolument dans les mêmes circonstances que la grandeur variable X, et les deux autres grandeurs A, B; donc le produit $\frac{1}{2}CR$, est la vraie mesure de la surface du cercle

IIe *Démonstration.* On démontre encore le théorème actuel ainsi qu'il suit :

Si l'on conçoit un polygone régulier circonscrit, d'un nombre infini de côtés, son périmètre différera infiniment peu de la circonférence du cercle. On peut donc substituer ce polygone à ce cercle. Donc (n° 74), l'aire d'un cercle est égale à sa circonférence, multipliée par la moitié de son rayon.

Désignons par π la circonférence d'un cercle dont le diamètre $= 1$; par R le rayon, et par C la circonférence d'un autre cercle; on aura (n° 64),

$$C = 2\pi R.$$

Or, l'aire du cercle

$$= \tfrac{1}{2} CR, \text{ donc } \tfrac{1}{2} CR = \pi R^2;$$

c'est-à-dire que l'aire d'un cercle est aussi égale au produit du carré de son rayon, par le rapport de la circonférence au diamètre.

Pl. I.
Fig. 18. **76.** *L'aire d'un secteur circulaire est égale au produit de son arc par la moitié de son rayon.*

En effet, il est évident que le secteur ACBM est au cercle entier, comme l'arc AMB est à la circonférence entière, ou :: arc AB $\times \tfrac{1}{2}$ AC : circ. AC $\times \tfrac{1}{2}$ AC. Mais l'aire du cercle $=$ circ. AC $\times \tfrac{1}{2}$ AC (numéro précédent); donc l'aire du secteur ACBM $=$ arc AB $\times \tfrac{1}{2}$ AC.

Quant à l'aire du segment AMB, on voit bien qu'elle est égale à celle du secteur ACBM, moins celle du triangle ACB.

CHAPITRE IV.

DE LA COMPARAISON DES AIRES DES FIGURES SEMBLABLES.

Pl. II.
Fig. 60. **77.** *Le carré construit sur l'hypoténuse d'un triangle rectangle, est égal à la somme des carrés construits sur les deux autres côtés.*

Cette proposition, déjà prouvée au n° 53, se démontre très simplement ainsi qu'il suit :

Soit le triangle ACB, rectangle en A, et soit construit un carré sur chaque côté. Si, du point A, l'on abaisse sur FG la perpendiculaire AE, et que l'on mène les droites AF, BL, les triangles ACF, BCL seront égaux; car ils auront un angle égal compris entre deux côtés égaux chacun à chacun. En effet, angle LCB $=$ angle ACF; côté CL $=$ côté CA, et côté CB $=$ côté CF. Mais le triangle LCB est la moitié du carré ACLK, comme ayant l'un et l'autre même base et même hauteur; par la même raison, le triangle ACF est la moitié du rectangle CDEF; donc le carré AL est équivalent au rectangle CE. On prouverait semblablement que le carré AH est équivalent au rectangle BE; donc le carré CG est égal au carré AH, plus au carré AL, ce qui se traduit ainsi :

$$\overline{CB}^2 = \overline{AB}^2 + \overline{AC}^2.$$

Donc *le carré d'un des côtés de l'angle droit est égal au carré de l'hypoténuse, moins le carré de l'autre côté,* ce qui s'exprime ainsi :

$$\overline{AB}^2 = \overline{CB}^2 - \overline{AC}^2.$$

Cette notation résulte de ce que l'aire d'un carré est égale au carré de sa base (n° 70).

Donc, *dans un carré, le carré fait sur la diagonale est double du carré fait sur le côté;* ou, ce qui est de même, la diagonale est au côté $:: \sqrt{2} : 1$. Ainsi la *diagonale d'un carré est incommensurable avec son côté.*

Les autres propriétés du triangle rectangle sont démontrées au numéro cité précédemment.

78. *Dans tout triangle, le carré du côté opposé à un angle aigu, est égal à la somme des carrés des deux autres côtés, moins deux fois le produit du côté sur lequel tombe la perpendiculaire, multiplié par le segment adjacent à cet angle.* Fig. 61.

Les triangles ACD, DCB, tous deux rectangles, donnent respectivement,

$$\overline{AC}^2 = \overline{AD}^2 + \overline{CD}^2 \text{ et } \overline{CD}^2 = \overline{CB}^2 - \overline{BD}^2.$$

Si l'on substitue cette dernière valeur de $\overline{CD}^2$ dans la première de $\overline{AC}^2$, on obtiendra

$$\overline{AC}^2 = \overline{AD}^2 + \overline{CB}^2 - \overline{BD}^2 ;$$

mais, dans la figure 61, le segment $AD = AB - BD$, et dans la figure 62, le segment $AD = BD - AB$. On a donc, dans l'un et l'autre cas,

$$\overline{AD}^2 = \overline{AB}^2 - 2AB \times BD + \overline{BD}^2 ;$$

expression qui change la seconde valeur de $\overline{AC}^2$ en celle-ci :

$$\overline{AC}^2 = \overline{AB}^2 + \overline{CB}^2 - 2AB \times BD \cdot$$

ce qui démontre la proposition énoncée.

79. *Dans un triangle obtusangle, le carré du côté opposé à l'angle obtus, est égal à la somme des carrés des deux autres côtés, plus deux fois le produit de la base par le segment adjacent à cet angle.* Fig. 62.

On a, par la même raison que dans le théorème précédent,

$$\overline{BC}^2 = \overline{BD}^2 + \overline{CD}^2 \text{ et } \overline{CD}^2 = \overline{AC}^2 - \overline{AD}^2,$$

d'où l'on conclut,

$$\overline{BC}^2 = \overline{BD}^2 + \overline{AC}^2 - \overline{AD}^2 ;$$

mais $\quad BD = AB + AD,$

ou bien $\quad \overline{BD}^2 = \overline{AB}^2 + \overline{AD}^2 + 2AB \times AD;$

Pl. II. donc
$$\overline{BC}^2 = \overline{AB}^2 + \overline{AC}^2 + 2AB \times AD,$$

comme le porte l'énoncé de la proposition.

Fig. 63. **80.** *Dans un triangle quelconque, si on mène du sommet au milieu de la base une droite, le double de la somme des carrés de cette droite et de la moitié de la base, sera égal à la somme des carrés de deux autres côtés.*

Soit E le milieu de la base AB du triangle ABC, et CD sa hauteur, le triangle ECB donnera, par le théorème du n° 78,

$$\overline{CB}^2 = \overline{CE}^2 + \overline{EB}^2 - 2EB \times ED,$$

et le triangle ACE donnera, par le théorème précédent,

$$\overline{AC}^2 = \overline{CE}^2 + \overline{AE}^2 + 2AE \times ED;$$

donc, ajoutant et observant que $AE = EB$, on aura,

$$\overline{AC}^2 + \overline{CB}^2 = \overline{2CE}^2 + \overline{2AE}^2,$$

ce qu'il fallait démontrer.

On conclurait aisément de là que, *dans tout parallélogramme, la somme des carrés des côtés est égale à la somme des carrés des diagonales.*

Fig. 61. **81.** *Les aires des triangles semblables sont, entre elles, comme les carrés de leurs côtés homologues.*

Les triangles ABC, abc étant semblables, on a la proportion

$$AB : ab :: AC : ac;$$

de même, à cause des triangles équiangles ACD, acd, on a

$$CD : cd :: AC : ac.$$

Multipliant ces deux proportions par ordre, il vient

$$AB \times CD : ab \times cd :: \overline{AC}^2 : \overline{ac}^2;$$

d'où
$$\tfrac{1}{2} AB \times CD : \tfrac{1}{2} ab \times cd :: \overline{AC}^2 : \overline{ac}^2.$$

Or, $\tfrac{1}{2} AB \times CD$ est l'aire du triangle ACB, et $\tfrac{1}{2} ab \times cd$ est aussi l'aire du triangle abc; donc, etc.

Fig. 46. **82.** *Les surfaces des polygones semblables sont, entre elles, comme les carrés de leurs côtés homologues, ou de leurs lignes homologues.*

Puisque les polygones ABCDE, abcde sont semblables, ils sont composés d'un même nombre de triangles, T, T', T''; t, t', t'', semblables chacun à chacun, et disposés de la même manière; on a donc, en vertu du théorème précédent,

GÉOMÉTRIE. 239

$$T : t :: \overline{AB}^2 : \overline{ab}^2,$$
$$T' : t' :: \overline{BC}^2 : \overline{bc}^2,$$
$$T'' : t'' :: \overline{CD}^2 : \overline{cd}^2.$$

Pl. II.

Tous ces rapports sont égaux; car, à cause de la similitude des polygones, on a

$$AB : ab :: BC : bc, \text{ etc.}$$

ou $$\overline{AB}^2 : \overline{ab}^2 :: \overline{BC}^2 : \overline{bc}^2, \text{ etc.}$$

Donc, la somme des antécédents $T + T' + T''$, ou le polygone ABCDE, est à la somme des conséquents $t + t' + t''$, ou au polygone $abcde$, comme un antécédent $\overline{AB}^2$ est à son conséquent $\overline{ab}^2$. Donc, etc.

83. *Les aires des cercles sont, entre elles, comme les carrés des rayons, ou des diamètres, ou des circonférences.*

On a vu (n° 75) que l'aire S d'un cercle $= \pi R^2$, R étant le rayon de ce cercle, et π le rapport de la circonférence au diamètre; par conséquent, pour un autre cercle du rayon R', on a $S' = \pi R'^2$; donc, de ces deux égalités, l'on tire la proportion

$$S : S' :: \pi R^2 : \pi R'^2 :: R^2 : R'^2$$

Mais par le théorème du n° 64,

$$R : R' :: C : C'$$

ou $$R^2 : R'^2 :: C^2 : C'^2,$$

et puisque les rayons sont comme les diamètres, on a en outre

$$R^2 : R'^2 :: D^2 : D'^2;$$

donc à cause de l'égalité de ces rapports,

$$S : S' :: D^2 : D'^2 :: C^2 : C'^2.$$

ce qu'il fallait démontrer.

CHAPITRE V.

PROBLÈMES DE GÉOMÉTRIE RELATIFS A LA THÉORIE PRÉCÉDENTE.

Solutions graphiques.

84. *Trouver le rapport de deux droites.*

Fig. 64.

Mesurer la distance de deux points, ou la longueur d'une droite tracée sur la terre ou sur le papier, c'est chercher combien de fois cette droite en contient une autre prise pour unité. Cette unité est absolument arbitraire. En France, l'unité de mesure des longueurs est le mètre, qui, comme l'on sait, se divise en dixièmes, centièmes, etc.... Si donc on veut

Pl. II. connaître le distance du point A au point B sur le terrain, on portera successivement le mètre dans la direction AB, autant de fois qu'il sera possible; et si l'on trouve un reste, on l'évaluera en parties de cette unité.

L'alignement AB se trace à l'aide de jalons ou bâtons bien droits, que l'on plante verticalement et de manière que le premier jalon cache exactement tous les autres; alors les pieds de tous ces jalons sont sur la même ligne droite, si le terrain est horizontal ou d'une seule pente : en général, ils sont dans le même plan vertical.

On voit par là que le rapport de deux lignes est exprimé par celui de deux nombres qui indiquent combien de fois une autre ligne de même nature est contenue dans les deux premières. Par exemple, une longueur $=18^m,5$, et une autre $=5^m,25$; donc ces deux longueurs sont entre elles $:: 18^m, 50 : 5^m, 25 :: 1850 : 525 :: 74 : 21$.

Si les deux lignes étaient tracées sur le papier, on pourrait encore trouver leur rapport exact ou approché, par la méthode que l'on suit en arithmétique, pour trouver le plus grand diviseur commun de deux nombres.

Fig. 65. **85.** *Les trois côtés d'un triangle étant donnés séparément, décrire ce triangle.*

Les trois lignes données sont m, n, p. Prenez $AB=m$, puis du point A, comme centre et d'un rayon égal à n, décrivez un arc xy; ensuite, du point B comme centre et d'un rayon égal p, décrivez un autre arc zt, de manière que celui-ci coupe le premier en C; enfin, tirez les droites CA, CB, et le triangle ABC sera celui qu'il fallait décrire.

La construction seule fait voir que les arcs xy, zt, ne peuvent se couper, et par conséquent que le triangle ne peut avoir lieu, qu'autant que la plus grande ligne donnée est plus petite que la somme des deux autres.

Fig. 66. **86.** *Diviser une droite donnée en deux parties égales.*

Des extrémités de la droite donnée AB, et d'un rayon plus grand que la moitié de cette droite, décrivez deux arcs qui se coupent en C et en D; alors la droite CD sera perpendiculaire à AB. En effet, les deux points C, D étant également éloignés de A et de B, sont nécessairement sur la perpendiculaire élevée au milieu de AB (n° 24); mais deux points déterminent la position d'une droite; donc CD divise la droite AB en deux parties égales.

Fig. 67. **87.** *Par un point donné sur une ligne, élever une perpendiculaire à cette ligne.*

Prenez, à droite et à gauche du point donné C, deux parties égales CD, AC; et des points A, D comme centres, avec un rayon plus grand que AC, décrivez deux arcs qui se coupent en E : la droite CE sera la perpendiculaire demandée. Car le point E étant, par construction, également éloigné de A et de B, appartient à la perpendiculaire élevée sur le milieu Pl. II. de AD; donc CE est cette perpendiculaire.

88. *D'un point donné hors d'une droite, abaisser une perpendiculaire sur cette droite.* Fig. 68.

Du point C comme centre, donné hors de la droite AB, et d'un rayon suffisamment grand, décrivez un arc qui coupe AB en deux points E, F; ensuite de ces points comme centres, et du même rayon, si l'on veut, décrivez deux autres arcs qui se coupent en D : la droite CD sera perpendiculaire sur le milieu de EF, et par conséquent sur la droite AB. En effet, les points C, D sont chacun également distants de E et de F. Fig 69.

89. *Par un point donné, mener une parallèle à une droite donnée.*

Du point donné C pris pour centre, et d'un rayon CB suffisamment grand, décrivez un arc indéfini BD. Du point B comme centre, et du même rayon, décrivez l'arc CA; prenez BD=AC, et tirez la droite CD qui sera la parallèle demandée.

En effet, par construction, les angles alternes internes BCD, ABC sont égaux; donc les lignes AB, CD sont parallèles.

Voici un autre moyen de résoudre ce problème, et qui est assez exact dans la pratique. Fig. 70.

Du point C comme centre, on décrit l'arc xy tangent à AB, et d'un autre point F pris sur AB, on décrit du même rayon l'arc zt. Ensuite on dispose une règle dont le bord passe par le point C, et soit tangent à l'arc zt. La droite CD, déterminée de cette manière, sera la parallèle demandée. Fig. 71.

90. *Par un point donné hors d'une droite, mener une ligne qui fasse avec la première un angle donné.*

Soit C le point donné hors de la droite AB, et M l'angle donné. Par un point D pris à volonté sur AB, on tirera une droite DE, de telle sorte que l'angle EDB=M; ensuite on mènera par le point C une droite CH parallèle à DE. Alors l'angle CHD sera égal à EDB, et le problème sera résolu.

Pl. III.
Fig. 73.

91. *Diviser un angle en deux parties égales.*

Pour diviser l'angle BAC en deux parties égales, de son sommet A comme centre et d'un rayon pris à volonté, décrivez l'arc mn. Puis, des points m, n comme centres, et d'un rayon plus grand que $\frac{1}{2} mn$, décrivez deux arcs qui se coupent en D. Par ce moyen, la droite AD divisera l'angle BAC en deux parties égales.

En effet, les deux points A, D sont chacun également éloignés des extrémités de la corde mn; donc la droite AD est perpendiculaire sur le milieu de cette corde : donc elle divise l'arc mEn et l'angle BAC en deux parties égales.

16

On peut, par la même construction, diviser un arc en 4, 8, 16...2^n, parties égales.

92. *Mener une perpendiculaire à l'extrémité d'une droite sans la prolonger.*

Prenez à volonté un point C dans l'intérieur de l'angle droit EAB. De ce point comme centre, et d'un rayon=AC, décrivez une circonférence ADHE. Par le point D, où cette circonférence coupe la droite AB, menez le diamètre DE, et joignez les points A, E : la droite AE sera perpendiculaire à AB. En effet, l'angle inscrit EAD a pour mesure la moitié de la demi-circonférence EHD, donc cet angle est droit. (n°s 38 et 40).

S'il s'agissait de résoudre le même problème sur le terrain, on s'y prendrait de la manière suivante.

Placez-vous quelque part en C; puis tendez un cordeau d'une longueur AC, de C en D, de telle sorte que l'extrémité D soit dans la direction AB. Tendez ensuite le même cordeau de C en E, dans la direction CD, marquée par des piquets : alors la droite AE sera la perpendiculaire demandée. On voit bien que cette construction revient à la précédente.

93. *Par un point donné, mener une tangente à un cercle.*

Si le point A (fig. 19, pl. 1) est donné sur la circonférence, menez le rayon AC, et élevez sur ce rayon la perpendiculaire AB, qui sera tangente au point A (n° 36).

Si le point A est donné hors de la circonférence, joignez ce point et le centre C du cercle donné; et sur la ligne AC comme diamètre, décrivez la circonférence ABCB' : les droites AB, AB', menées du point donné aux intersections des deux cercles, seront tangentes au premier cercle CB. Cela est évident, puisque les angles CBA, CB'A sont droits chacun (n°s 38 et 40).

Les deux triangles ABC, AB'C étant égaux, il s'ensuit que les angles BAC, B'AC le sont aussi. Donc, pour qu'un cercle touche les côtés d'un angle, il faut que son centre soit sur la droite qui divise cet angle en deux parties égales.

94. *Inscrire un cercle dans un triangle.*

Il résulte de la conséquence déduite de la solution du problème précédent, que pour inscrire un cercle dans un triangle, il faut diviser en deux parties égales, deux des angles de ce triangle ; parce que le point d'intersection des deux lignes de division, sera le centre du cercle cherché. Quant au rayon OK de ce cercle, il est clair qu'il sera égal à la perpendiculaire abaissée du centre O, sur un des côtés AC du triangle ABC.

95. *Faire passer une circonférence par trois points donnés non en ligne droite.*

Les points donnés étant A, B, C, joignez-les par les deux droites AB, BC; et sur le milieu de chacune, élevez les perpendiculaires *de*, *gf*.

Le point O d'intersection de ces perpendiculaires sera alors également PL. III. distant des trois points A, B, C, et sera par conséquent le centre du cercle cherché.

Il n'est pas difficile de prouver qu'on ne peut faire passer qu'une seule *circonférence* par les trois points, A, B, C, et l'on voit bien que si ces points étaient en ligne droite, le problème serait impossible.

Cette solution résout de même le problème où il s'agit de *faire passer une circonférence par les sommets des trois angles d'un triangle*, ou bien de *trouver le centre d'un cercle ou d'un arc*.

Si les trois points, A, B, C sont donnés sur le terrain, et qu'il faille tra- Fig. 78. cer une circonférence par ces trois points supposés beaucoup éloignés les uns des autres, on mesurera avec un graphomètre (n° 225) l'angle ABC, et l'on choisira d'autres points, tels que B', d'où les objets A, C soient vus sous le même angle qu'en B; c'est-à-dire, de manière qu'on ait ABC=AB'C. L'ensemble de tous ces points déterminera l'arc de cercle cherché, que l'on tracera ensuite librement. Pour achever la circonférence, on choisira de même d'autres points b, b'....., en sorte que chacun des angles AbC, Ab'C...., soit égal à l'excès des deux angles droits sur l'angle B'.

96. *Sur une droite donnée, décrire un segment capable d'un angle* Fig. 79. *donné.*

Soit AB la droite donnée, et C l'angle connu. Il s'agit de décrire sur cette droite un arc AKB, qui soit tel que tous les angles inscrits K, K'...., soient égaux à l'angle C.

Faites l'angle MAB=C. Elevez AO perpendiculaire à AM, ainsi que OD perpendiculaire sur le milieu de AB; et le point O, commun à ces deux perpendiculaires, sera le centre de l'arc AKB demandé.

En effet, les angles MAB, et K sont égaux, comme ayant chacun pour mesure la moitié de l'arc AEB (n° 40 et 41); mais par construction, MAB=C, donc K=C.

On verra un usage de cette solution dans la levée des plans.

97. *Trouver une quatrième proportionnelle à trois lignes données.* Fig. 80.

Les trois lignes données sont m, n, p. Sur le côté AX d'un angle arbitraire A, portez, à partir du point A, et à la suite l'une de l'autre, les deux premières lignes m et n; sur l'autre côté AY, portez, à partir du même point A, la troisième ligne p; joignez par BC les extrémités de m et de p; et par l'extrémité de n, menez DE parallèlement à BC. La partie CE sera la quatrième proportionnelle cherchée, car à cause des parallèles DE, BC, on a $m : n :: p : x$.

On trouve de la même manière une troisième proportionnelle à deux lignes données A, B; car elle est la même que la quatrième proportionnelle aux trois lignes A, B, B.

16*

Pl. III.
Fig. 81.
98. *Diviser une ligne donnée en tant de parties égales qu'on voudra.*

Soit proposé de diviser la ligne AB en cinq parties égales. Par l'extrémité A, menez la droite indéfinie AC, et portez sur cette droite cinq fois la longueur quelconque A1; joignez le dernier point de division C et l'extrémité B de la droite AB; menez D1 parallèle à BC, et pour lors AD sera la cinquième partie de AB (n° 46).

Ce procédé peut se varier de différentes manières : en voici un autre qui est fort exact dans la pratique.

Fig. 82. Soit toujours AB la ligne à diviser. Menez à volonté la droite indéfinie BD, et par le point A, la droite AE parallèle à BD. Portez sur chacune de ces parallèles cinq parties égales, et joignez tous les points de division correspondants par les droites AD, (1) (4), (2) (3)....., lesquelles, étant parallèles et équidistantes, diviseront AB en cinq parties égales.

Fig. 83. **99.** *Par un point pris dans l'intérieur d'un angle donné, mener une droite de manière que les parties comprises entre ce point et les deux côtés de l'angle soient égales.*

Soit D le point donné dans l'intérieur de l'angle BAC. Par ce point, menez DE parallèle à AB; prenez EF = AE, et menez la droite FDG, qui sera nécessairement divisée en deux parties égales au point D (n° 46).

Pl. II.
Fig. 61.
100. *Sur une droite donnée, construire un triangle semblable à un triangle donné.*

Soit ACB le triangle donné. Il s'agit de construire sur ab, le triangle acb semblable au premier. Pour cet effet, faites l'angle a = A, et l'angle b = B (n° 89). Les droites ac, bc se rencontreront en un point c, qui sera l'homologue de C, et le problème sera résolu.

On pourrait, mais d'une manière moins simple, construire le triangle abc semblable à ABC, en cherchant d'abord une quatrième proportionnelle aux trois lignes AB, AC, ab, et ensuite une autre quatrième proportionnelle aux trois lignes AB, BC, ab : alors on connaîtrait les trois côtés du triangle abc, que l'on construirait par la méthode du n° 85.

La réduction d'un plan peut s'exécuter à l'aide de l'un de ces procédés; car si tous les points principaux de ce plan sont liés par des triangles, et si on construit d'autres triangles qui leur soient semblables, qui soient disposés de la même manière, et dont les côtés soient à ceux des premiers dans le rapport donné, on aura le *canevas* de la copie du plan proposé. Nous reviendrons sur cet objet.

Au lieu de suivre la voie pénible que nous venons d'indiquer pour trouver une quatrième proportionnelle à trois lignes données, il est plus facile de faire usage des *échelles* dont les longueurs sont dans le rapport même qui doit exister entre les lignes homologues d'une figure et de sa copie; aussi nous allons parler de leur construction.

Pl. III.
Fig. 84.
101. *Construire une échelle de parties égales.*

On entend par *échelle* une droite qui sert à mesurer toutes les lignes

GÉOMÉTRIE.   245

d'un plan ou d'une carte. Lorsque l'on n'a point de détails minutieux à Pl. III. représenter, on emploie le plus souvent des échelles construites au bas de la figure 84; mais dans le cas contraire, on se sert des échelles de *dixmes*. Voici comment on construit ces dernières :

Supposons que l'on veuille le dixième du petit intervalle am, qui peut représenter un mètre, par exemple. On élèvera, à la droite ab, la perpendiculaire ac, sur laquelle on portera dix intervalles égaux; puis, par tous les points de division, l'on mènera des parallèles à la ligne ab; ensuite, on tirera les transversales cm, xn, yp....., qui seront équidistantes, puisque les espaces am, mn.... cx, xy...., sont égaux par construction. De cette manière, la partie de la première parallèle (1) (1'), interceptée dans le triangle $t'bd$, sera le dixième de am, ou d'un mètre. La partie de la seconde parallèle, interceptée de même, en sera les $\frac{9}{10}$, et ainsi de suite.

Maintenant, si l'on veut une longueur de 16 mètres $\frac{5}{10}$, par exemple, on prendra avec le compas la partie de la parallèle (4) (4'), comprise entre ef et la transversale qx. De même, pour avoir la longueur de $28^m,55$, on prendra la partie de la parallèle qui est comprise entre gh et xn, et qui tient le milieu entre les deux autres (5) (5') et (6) (6').

Dans la pratique, on remplace les lettres f, g, par les nombres 10, 20; et les lettres v, u, t, s, r...., par les nombres 1, 2, 3, 4, 5.....

102. *Trouver une moyenne proportionnelle entre deux lignes données.* Fig. 85.

Ire Solution. Sur une droite indéfinie xy, portez à la suite l'une de l'autre les lignes A et B données. Sur la somme xy de ces deux lignes, comme diamètre, décrivez une demi-circonférence, et, par l'extrémité z du segment $xz = A$, élevez à xy la perpendiculaire zu, qui sera la moyenne proportionnelle cherchée. En effet, par la propriété du cercle (n° 54), on a $xz : zu :: zu : zy$, ou A $: zu :: zu :$ B.

IIe Solution. Sur la plus grande ligne B ou xy', décrivez une demi-circonférence; portez la ligne A sur la ligne B, c'est-à-dire, faites $xz = A$, et, par l'extrémité z de la droite A, élevez zu' perpendiculaire à xy'; enfin, menez la corde xu', qui sera la moyenne proportionnelle demandée (n° 54).

Pour trouver une moyenne proportionnelle entre deux nombres, on les multiplie l'un par l'autre, et la racine carrée du produit est cette moyenne proportionnelle. (Voyez l'*Algèbre*, n° 87.)

103. *Diviser une ligne en moyenne et extrême raison.*   Fig. 86.

Soit la droite AB, qu'il s'agit de diviser en moyenne et extrême raison. Menez CA perpendiculaire à AB, et faites $CA = \frac{AB}{2}$; du point C comme centre, et du rayon CA décrivez une circonférence; joignez CB; prenez BE = DB, et le point E divisera AB, comme l'exige l'énoncé de la question.

PL. III. Car, à cause que AB est tangente à la circonférence, on a (n° 56),

$$HB : AB :: AB : BD$$

et ensuite, $\quad HB - AB : AB :: AB - BD : BD;$

mais, $\quad HB - AB = HB - HD = BD;$

et $\quad AB - BD = AB - BE = AE;$

donc, la proportion précédente devient,

$$BD : AB :: AE : BD;$$

ou en mettant les moyens à la place des extrêmes, et BE pour BD,

$$AB : BE :: BE : AE.$$

AB étant plus grand que BE, on a nécessairement $BE > AE$; donc, la plus grande partie BE de la ligne AB est moyenne proportionnelle entre AB et AE.

On remarquera que, par cette construction, la sécante BH est divisée en moyenne et extrême raison au point D.

104. *Trouver le côté d'un carré équivalent à un rectangle donné.*

Soient b et h la base et la hauteur du rectangle donné, x le côté du carré cherché. Il est clair qu'en vertu de l'énoncé de la question, on doit avoir

$$b \times h = x^2, \text{ ou } b : x :: x : h;$$

c'est-à-dire, que le côté du carré est moyen proportionnel entre la base et la hauteur du rectangle. On résoudra donc ce problème par la méthode du n° 102.

PL. II. **105.** *Transformer un polygone rectiligne quelconque, en un autre*
Fig. 72. *polygone équivalent, et qui ait un côté de moins.*

Supposons que le polygone proposé soit le quadrilatère ABCD, il s'agit de trouver un triangle qui lui soit équivalent. Pour cet effet, menez la diagonale AC, et par le point D la droite DE parallèle à cette diagonale et terminée au côté AB prolongé suffisamment ; puis joignez les points E, C ; le triangle BCE sera équivalent au quadrilatère ABCD. Pour le prouver, il faut considérer que les triangles ADC, AEC sont égaux en surface, comme ayant même base AC et même hauteur, puisque leurs sommets sont situés sur une même parallèle à la base : si donc à la partie commune ACB, on ajoute d'une part le triangle ADC, et de l'autre le triangle AEC, on aura deux sommes égales ; donc le triangle EBC est équivalent au quadrilatère ABCD.

On voit par là, la possibilité de transformer un polygone quelconque en un triangle équivalent ; car s'il s'agit, par exemple, d'opérer sur un pentagone, on le transformera, par la méthode précédente, en un quadrilatère équivalent ; puis l'on trouvera un triangle équivalent à ce quadrilatère.

106. *Trouver un carré équivalent à un polygone donné.* Pl. II.

Pour résoudre ce problème graphiquement, on transformera le polygone donné en un triangle équivalent; ensuite on prendra, par le procédé du n° 102, une moyenne proportionnelle entre la base et la moitié de la hauteur de ce triangle : cette moyenne proportionnelle sera le côté du carré cherché (n° 72 et 104).

Il suit de là que toutes les figures rectilignes sont *carrables*.

Nota. Pour construire un carré équivalent à un cercle, il faudrait que le côté de ce carré fût une moyenne proportionnelle entre la circonférence et la moitié du rayon du cercle donné; mais le rapport numérique de ces deux lignes étant incommensurable, il s'ensuit que la quadrature du cercle est impossible; cependant l'aire du carré obtenu par cette méthode, différera d'autant moins de celle du cercle, que le rapport dont il s'agit sera plus approché.

107. *Inscrire un carré dans un cercle.* Pl. III. Fig. 87.

Menez deux diamètres AC, BD perpendiculaires entre eux (n° 86), et les quatre droites qui joindront leurs extrémités seront les côtés du carré inscrit ABCD : cela est évident.

On voit bien ce qu'il faudrait faire pour circonscrire un carré au même cercle; et il n'est pas difficile de prouver que le carré circonscrit est double du carré inscrit.

En divisant en deux parties égales chaque quart de circonférence, et joignant tous les points de division, on aurait l'octogone régulier inscrit; de là on pourrait passer à un autre polygone régulier d'un nombre de côtés double (n° 91). Ainsi tous les polygones réguliers inscriptibles ou circonscriptibles à l'aide du carré, sont ceux de

$$4, 8, 16, 32, \text{etc., côtés.}$$

108. *Inscrire un hexagone régulier dans un cercle.* Fig. 45.

Portez le rayon du cercle donné, six fois de suite autour de la circonférence, puisque le côté de l'hexagone régulier est égal au rayon du cercle circonscrit (n° 61).

En joignant de deux en deux les six points de division, l'on aurait le triangle équilatéral inscrit. Il est remarquable que ce triangle est le quart du triangle équilatéral circonscrit.

Tous les polygones inscriptibles ou circonscriptibles au cercle, à l'aide de l'hexagone régulier, sont ceux de

$$3, 6, 12, 24, \text{etc., côtés.}$$

109. *Inscrire un décagone régulier dans un cercle.* Fig. 47.

On divisera le rayon du cercle donné en moyenne et extrême raison, et la plus grande partie de ce rayon sera le côté du décagone régulier inscrit (n° 62).

Si l'on joint de deux en deux les dix points de division, l'on obtiendra

Pl. III. le pentagone régulier. Il suit de là, et de ce qui a été dit précédemment, que tous les polygones réguliers inscriptibles ou circonscriptibles au moyen du décagone, sont ceux de

$$5, 10, 20, 40, \text{etc.}, \text{côtés.}$$

110. *Inscrire un pentédécagone dans un cercle.*

L'arc soutendu par le côté du pentédécagone est égal à l'arc de l'hexagone, moins celui du décagone. En effet, l'arc de l'hexagone $=\frac{4}{6}$ ou $\frac{2}{3}$ d'un angle droit; l'arc du décagone $=\frac{4}{10}$ ou $\frac{2}{5}$; donc la différence de ces deux arcs $=\frac{2}{3}-\frac{2}{5}=\frac{4}{15}$ d'un angle droit, et c'est précisément l'arc du pentédécagone. Au moyen de ce polygone, on pourra inscrire ou circonscrire tous ceux de

$$15, 30, 60, \text{etc.}, \text{côtés.}$$

Nota. Les problèmes qui précèdent trouvent leur application dans le dessin de la fortification régulière.

Solution par le calcul.

Fig. 88. **111.** *Élever sur le terrain une perpendiculaire à une droite, à l'aide d'un cordeau.*

Nous avons déjà résolu ce problème (n° 92); mais la solution actuelle est fondée sur la propriété du triangle rectangle, et peut être employée lorsqu'il n'y a de libre que l'espace compris entre les deux côtés de l'angle droit.

La droite donnée est CA; il s'agit de lui élever au point C la perpendiculaire CD. Divisez un cordeau en trois parties qui soient entre elles comme 3, 4, 5; attachez ses deux extrémités à un piquet z, et après avoir fait $Cz = 4$, passez ce cordeau derrière le piquet C; tendez-le en sorte que ses deux parties Cy, yz fassent un angle y, et soient respectivement égales à 3 et 5; enfin plantez des jalons dans la direction des deux piquets C, y, et la droite CyD sera la perpendiculaire demandée. En effet, le triangle Czy est rectangle en C, puisque le carré du plus grand côté est égal à la somme des carrés des deux autres (n° 53 et 77).

Fig. 89. **112.** *Mesurer la largeur d'une rivière, en supposant qu'on n'ait d'autre instrument que le mètre.*

A la ligne AC perpendiculaire au courant de l'eau, élevez la perpendiculaire CE par la méthode précédente; prenez CD environ le tiers ou la moitié de CA, et DE à peu près la moitié de CD; placez des jalons dans la direction AD, et au point E élevez la perpendiculaire EF; enfin mesurez BC, CD, DE, EF.

Par cette construction, les triangles ADC, FDE sont semblables; ainsi,

$$DE : EF :: CD : CA = \frac{EF \times CD}{DE};$$

ayant ainsi déterminé CA, on aura la largeur de la rivière AB=CA—CB.

On suppose que A est un objet remarquable de la berge opposée à celle Pl. III. où l'on est, comme une grosse pierre, un arbre, un buisson, etc.

Pour exemple, soient BC=4^m, CD=30^m, DE=20^m, EF=45^m, on aura,

$$20 : 45 :: 30 : CA = \tfrac{270}{4} = 67^m,5.$$
$$4 : 9 ::$$

donc $\qquad$ AB = $67^m,5 - 4^m = 63^m,5$.

113. *Mesurer la hauteur d'un objet inaccessible, en supposant, comme* Fig. 90. *ci-dessus, que l'on n'ait d'autre instrument que le mètre.*

Soit SP la hauteur à mesurer, et supposons que l'intervalle BP ne soit accessible qu'au point B; supposons en outre que le terrain PD soit horizontal, ou du moins d'une seule pente.

On coupera deux perches bien droites, auxquelles on donnera, si l'on veut, la même longueur, et on les plantera verticalement, l'une en B, l'autre en A. Soient, par exemple, BF et AE les hauteurs de ces perches; cherchez, en vous mettant la tête près de la terre, les points C, D, où les rayons visuels SF, SE, passant par l'extrémité de chaque perche et par celle de l'objet à mesurer, rencontrent la surface BD du terrain; puis mesurez les parties DA, AC, CB de cette ligne, ainsi que la longueur de chaque perche, et procédez comme il suit pour calculer la hauteur SP.

En supposant, pour abréger, DA=a, AC=b, CB=c, AE=BF=h, BP=x, PS=y, les triangles semblables CBF, CPS donneront

$$c : h :: c + x : y.$$

Les triangles semblables DAE, DPS donneront pareillement

$$a : h :: a + b + c + x : y;$$

et puisque les conséquents sont les mêmes dans les deux proportions, on est en droit de conclure, que

$$a : c :: a + b + c + x : c + x;$$

d'où l'on tire $\qquad x = \dfrac{(b+c)c}{a-c}$;

puis substituant cette valeur dans la première proportion,

on obtient $\qquad y = \dfrac{h(a+b)}{a-c}$;

c'est-à-dire, que *la différence des deux segments* DA, CB *est à la distance* CD, *comme la hauteur commune des perches est à la hauteur cherchée.*

114. *Connaissant le nombre des côtés d'un polygone régulier, trouver la valeur de l'angle au centre, et celle de l'angle à la circonférence.*

Puisqu'il y a autant d'angles au centre que de côtés dans le polygone, et que tous ces angles sont égaux, l'un d'eux est donc égal à quatre angles droits divisés par le nombre des côtés du polygone; ainsi en désignant ce nombre par n, on a

$$\text{angle au centre} = \frac{4 \text{ droits}}{n}.$$

La somme des angles d'un polygone quelconque étant égale à autant de fois deux angles droits qu'il y a de côtés moins deux (n° 44), et dans un polygone régulier tous les angles étant égaux, il s'ensuit que chacun d'eux est égal à leur somme divisée par leur nombre; on a donc, angle à la circonférence, ou

$$\text{angle du polygone} = \frac{2 \text{ droits } (n-2)}{n}.$$

On conclut de là que l'angle au centre et l'angle du polygone valent ensemble deux angles droits. Ainsi l'on peut résoudre ce problème : *Une place de guerre étant fortifiée régulièrement, et l'angle formé par deux courtines consécutives étant connu, trouver le nombre des bastions.*

Avant l'établissement du nouveau système métrique en France, les géomètres étaient dans l'usage de diviser la circonférence en 360 degrés, le degré en 60 minutes, la minute en 60 secondes, etc.; mais à cause des avantages de la division décimale, on a proposé de partager la circonférence en 400 grades, le grade en 100 minutes, la minute en 100 secondes, et ainsi de suite; de sorte que le quart de la circonférence dans ce système ou le quadrant est de 100 grades : c'est ce qui a déjà été observé en arithmétique. Il suit de là que l'angle au centre des polygones réguliers de 3, 4, 5, 6, etc., côtés, sont respectivement de 120, 90, 72, 60, etc., degrés dans l'ancienne division, et de 133^{gr} $33'$ $33'' \frac{1}{3}$; 100^{gr}; 80^{gr}; 66^{gr} $66'$ $66'' \frac{2}{3}$, etc., dans la nouvelle.

115. *Mesurer un angle avec le rapporteur.*

Le *rapporteur* est un demi-cercle de cuivre ou de corne, divisé en 180 degrés, ou en 200^{gr}, et quelquefois en demi-grades s'il est d'un grand diamètre. On en fait un fréquent usage pour rapporter sur le papier les angles mesurés sur le terrain; on s'en sert aussi pour mesurer un angle sur le papier, et voici comment on procède à ce sujet. On place le centre de cet instrument au sommet de l'angle à mesurer, et l'on fait coïncider son diamètre avec un des côtés de cet angle; alors le nombre de grades contenus dans l'arc compris entre les deux côtés, est la mesure de ce même angle.

116. *Inscrire dans un cercle, avec le rapporteur, un polygone régulier d'un nombre de côtés donné.*

La méthode graphique qui s'applique indistinctement à tout polygone régulier, et qui est suffisamment exacte dans la pratique, consiste à placer le centre d'un grand rapporteur au centre du cercle donné, et à prendre sur la circonférence de ce rapporteur, des arcs consécutifs dont le nombre de grades soit la valeur de l'angle au centre du polygone à inscrire.

Alors en menant des rayons par les extrémités de tous ces arcs, la circonférence du cercle sera divisée comme on le désire.

Il est indubitable que l'on peut, par le même moyen, circonscrire à un cercle un polygone régulier quelconque.

117. *Trouver la surface d'un triangle dont on connaît les trois côtés.* Pl. II. Fig. 50.

Soient les côtés BC$=a$, AC$=b$, AB$=c$; et désignons par x, le segment AD; on aura par le théorème du n° 68, cette relation :

$$\overline{BC}^2 = \overline{AC}^2 + \overline{AB}^2 - 2AB \times AD;$$

ou en faisant usage de la notation actuelle,

$$a^2 = b^2 + c^2 - 2cx;$$

d'où

$$x = \frac{b^2 + c^2 - a^2}{2c};$$

et CD $= y = \sqrt{\overline{AC}^2 - \overline{AD}^2} = \sqrt{b^2 - \left(\frac{b^2 + c^2 - a^2}{2c}\right)^2};$

par conséquent,

$$\text{aire ABC} = \frac{cy}{2} = \frac{c}{2}\sqrt{b^2 - \left(\frac{b^2 + c^2 - a^2}{2c}\right)^2}.$$

Faisant passer $\frac{c}{2}$ sous le radical, c'est-à-dire multipliant tout ce qui est compris sous le signe par $\frac{c^2}{4}$, puis réduisant au même dénominateur, on a

$$\text{aire ABC} = \sqrt{\frac{4b^2c^2 - (b^2 + c^2 - a^2)^2}{16}}.$$

Le numérateur de la fraction qui est sous le radical, exprime la différence de deux carrés, donc (n° 34, *Algèbre*)

$$s . \text{ABC} = \sqrt{\left(\frac{2bc + b^2 + c^2 - a^2}{4}\right)\left(\frac{2bc - b^2 - c^2 + a^2}{4}\right)};$$

$$= \sqrt{\frac{[(b+c)^2 - a^2][a^2 - (b-c)^2]}{4 \cdot 4}};$$

$$= \sqrt{\left(\frac{b+c+a}{2}\right)\left(\frac{b+c-a}{2}\right)\left(\frac{a+b-c}{2}\right)\left(\frac{a-b+c}{2}\right)}.$$

Enfin, si pour abréger l'on fait $a + b + c = p$, on aura

$$\frac{b+c-a}{2} = \frac{p}{2} - a; \quad \frac{a-b+c}{2} = \frac{p}{2} - b; \quad \text{et} \quad \frac{a+b-c}{2} = \frac{p}{2} - c;$$

partant,

$$s . \text{ABC} = \sqrt{\frac{p}{2}\left(\frac{p}{2} - a\right)\left(\frac{p}{2} - b\right)\left(\frac{p}{2} - c\right)}.$$

Il résulte de là que *l'aire d'un triangle dont les trois côtés sont donnés, est égale à la racine carrée du produit de quatre facteurs, dont le premier est la moitié du périmètre du triangle, et dont les autres sont les trois restes que l'on obtient en ôtant successivement de ce demi-périmètre chacun des côtés.*

Cette formule est très utile dans l'arpentage ; car si un polygone rectiligne quelconque est décomposé en triangles, et que l'on connaisse tous leurs côtés, on pourra évaluer immédiatement l'aire de ce polygone à l'aide de cette formule.

Pour application, soit $a = 25^m$; $b = 20^m$, $c = 15^m$; on aura

$$s : \text{ABC} = \sqrt{30 \cdot (30-25)(30-20)(30-15)} = 150^{m.c};$$

mais comme, dans ce cas particulier, le triangle ABC est rectangle, puisque le carré du plus grand côté est égal à la somme des carrés des deux autres côtés, il est plus simple de déterminer sa surface en multipliant un des côtés de l'angle droit par la moitié de l'autre (n°72); on a donc, comme ci-dessus,

$$s \cdot \text{ABC} = \frac{20 \times 15}{2} = 150^{m.c}.$$

Problèmes à résoudre.

118. Nous avons fait usage de l'algèbre pour résoudre le problème précédent, parce que c'est en général le moyen le plus direct et le plus sûr pour parvenir à découvrir, en géométrie, les relations qui existent entre les quantités données et celles que l'on cherche. Voici les énoncés de plusieurs autres questions que les élèves pourront s'exercer à résoudre, soit par la voie purement géométrique, soit par l'analyse.

Trouver la hauteur d'un rectangle qui a $2^m,3$ de base et dont la surface est équivalente à celle du rectangle dont les dimensions sont $23^m,5$, et $15^m,4$. Réponse $16^m,99$.

Le côté d'un carré vaut $13^m,4$, on demande le côté d'un second carré dont la surface soit les $\frac{3}{4}$ de celui du premier. Rép. $11^m,596$.

Combien faut-il de planches pour parqueter une salle de $8^m,40$ de large sur $9^m,25$ de long ; chaque planche a $0^m,17$ de large et $4^m,21$ de long. Rép. 108.5.

La diagonale d'un carré vaut 20^m, on demande le côté de ce carré. Rép. $14^m,14$ à $0^m,01$ près.

On voudrait atteindre à un second étage élevé de 15^m au-dessus du sol avec une échelle de 18^m, à quelle distance du mur doit-on placer le pied de l'échelle. Rép. 10^m.

L'aire d'un rectangle est de $80^{m.c}$, et l'excès de sa base sur sa hauteur est 11^m ; trouver les valeurs numériques de ces deux lignes. Rép. 16^m et 5^m.

GÉOMÉTRIE. 253

L'aire d'un trapèze=1315$^{m.c}$, *et ses deux bases parallèles sont* 13^m *et* 21^m ; *quelle est sa hauteur.* Rép. 77^m, 353.

L'aire d'un triangle équilatéral est de 389$^{m.c}$,71 ; *trouver son côté*, Rép. 30^m.

L'aire d'un hexagone régulier est de 166$^{m.c}$,272 ; *quel est son côté.* Rép. 8^m.

La somme des trois côtés d'un triangle rectangle est 156^m, *et sa surface égale* 1014$^{m.c}$; *déterminer chacun de ces côtés.* Rép. 39^m, 52^m, 65^m.

Les deux segments du diamètre d'un cercle sont dans le rapport de 3 à 5, *et les deux parties de la corde qui forme ces segments sont* 10 *et* 18 ; *trouver ce diamètre.* Rép. 27^m,71.

L'aire d'un cercle est de 132$^{m.c}$, 7326 ; *quel est son rayon ?* Rép. 6^m,5.

Le rayon d'un cercle vaut 3^m,25, *on demande le rayon d'un cercle dont la surface serait les* $\frac{3}{4}$ *de celle du premier.*

Trouver un cercle équivalent à la somme ou à la différence de deux cercles donnés.

Trouver l'aire d'un cercle, sachant que les deux cordes menées d'un point de la circonférence aux extrémités du diamètre sont 17^m *et* 23^m. Rép. 642$^{m.c}$456.

Déterminer l'aire d'un secteur circulaire, dont l'arc est de 43° 22′ 48″, *ancienne division, ou* 48^{gr} 20′, *et dont le rayon égale* 20^m. Rép. 151$^{m.c}$,425.

Les trois côtés d'un triangle sont 30^m, 24^m, *et* 20^m ; *le diviser en deux parties équivalentes par une ligne parallèle au plus grand côté.* Rép. la ligne de division=21^m,21.

Les trois côtés d'un triangle sont comme 3 : 7 : 8, *et son aire est* 340$^{m.c}$; *quels sont ces trois côtés ?* Réponse.... 17^m,16 ; 40^m,04 ; 45^m,76.

Trouver le rapport de l'aire du dodécagone régulier inscrit à celle du carré circonscrit. Réponse... Le dodécagone inscrit est les $\frac{3}{4}$ du carré circonscrit.

LIVRE II.

CHAPITRE PREMIER.

Pl. III. DES PROPRIÉTÉS DES PLANS QUI SE RENCONTRENT, ET DE CELLES DES LIGNES DROITES COUPÉES PAR DES PLANS PARALLÈLES.

119. *L'intersection de deux plans est une ligne droite.* En effet, une droite qui passerait par deux points de la commune section de deux plans, serait à la fois dans l'un et l'autre plan ; donc cette droite est l'intersection même de ces plans.

Par un point, ainsi que par une droite, on peut faire passer une infinité de plans différents.

La position de trois points, ainsi que celle de deux droites qui se coupent ou qui sont parallèles, détermine la position d'un plan.

Une droite est dite *perpendiculaire* à un plan, lorsqu'elle est perpendiculaire à toutes les droites qui passent par son pied dans le plan : réciproquement, le plan est perpendiculaire à la droite.

Le *pied* de la perpendiculaire est le point qu'elle a de commun avec le plan.

Une ligne est *parallèle* à un plan, ou deux plans sont *parallèles entre eux*, lorsque la ligne ne peut jamais rencontrer le plan, ou lorsque les plans ne peuvent se rencontrer à quelque distance qu'on les suppose prolongés l'un et l'autre.

Fig. 91. **120.** *Une droite est perpendiculaire à un plan, lorsqu'elle l'est à deux droites passant par son pied, et tracées dans ce plan.*

Soit AP perpendiculaire sur les droites BP, et CP tracées dans le plan MN. Il faut prouver que toute droite DP, menée dans le même plan et par le point P, est perpendiculaire à AP.

Par le point D, pris à volonté sur DP, menez BC, de manière que BD = CD, et tirez les droites AB, AD, AC. Le triangle BAC donne

$$\overline{AB}^2 + \overline{AC}^2 = \overline{2AD}^2 + \overline{2BD}^2 \text{ (n° 80),}$$

le triangle BCP donne de même

$$\overline{BP}^2 + \overline{CP}^2 = \overline{2DP}^2 + \overline{2BD}^2;$$

soustrayant cette dernière équation de la première, et réduisant, à l'aide des relations $\overline{AB}^2 - \overline{BP}^2 = \overline{AP}^2$, $\overline{AC}^2 - \overline{CP}^2 = \overline{AP}^2$, que fournissent respectivement les triangles rectangles ABP, ACP, on aura

LIVRE II.

CHAPITRE PREMIER.

Pl. III. DES PROPRIÉTÉS DES PLANS QUI SE RENCONTRENT, ET DE CELLES DES LIGNES DROITES COUPÉES PAR DES PLANS PARALLÈLES.

119. *L'intersection de deux plans est une ligne droite.* En effet, une droite qui passerait par deux points de la commune section de deux plans, serait à la fois dans l'un et l'autre plan; donc cette droite est l'intersection même de ces plans.

Par un point, ainsi que par une droite, on peut faire passer une infinité de plans différents.

La position de trois points, ainsi que celle de deux droites qui se coupent ou qui sont parallèles, détermine la position d'un plan.

Une droite est dite *perpendiculaire* à un plan, lorsqu'elle est perpendiculaire à toutes les droites qui passent par son pied dans le plan : réciproquement, le plan est perpendiculaire à la droite.

Le *pied* de la perpendiculaire est le point qu'elle a de commun avec le plan.

Une ligne est *parallèle* à un plan, ou deux plans sont *parallèles entre eux*, lorsque la ligne ne peut jamais rencontrer le plan, ou lorsque les plans ne peuvent se rencontrer à quelque distance qu'on les suppose prolongés l'un et l'autre.

Fig. 91. **120.** *Une droite est perpendiculaire à un plan, lorsqu'elle l'est à deux droites passant par son pied, et tracées dans ce plan.*

Soit AP perpendiculaire sur les droites BP et CP tracées dans le plan MN. Il faut prouver que toute droite DP, menée dans le même plan et par le point P, est perpendiculaire à AP.

Par le point D, pris à volonté sur DP, menez BC, de manière que BD = CD, et tirez les droites AB, AD, AC. Le triangle BAC donne

$$\overline{AB}^2 + \overline{AC}^2 = 2\overline{AD}^2 + 2\overline{BD}^2 \text{ (n° 80)},$$

le triangle BCP donne de même

$$\overline{BP}^2 + \overline{CP}^2 = 2\overline{DP}^2 + 2\overline{BD}^2;$$

soustrayant cette dernière équation de la première, et réduisant, à l'aide des relations $\overline{AB}^2 - \overline{BP}^2 = \overline{AP}^2$, $\overline{AC}^2 - \overline{CP}^2 = \overline{AP}^2$, que fournissent respectivement les triangles rectangles ABP, ACP, on aura

$$\overline{2AP}^2 = 2\overline{AD}^2 - 2\overline{DP}^2, \text{ donc } \overline{AP}^2 + \overline{DP}^2 = \overline{AD}^2;$$

donc, le triangle ADP est rectangle en P; donc, etc.

121. *De toutes les droites menées d'un point à un plan, la plus courte* Fig. 92 *est la perpendiculaire, et la plus longue est celle qui s'écarte davantage du pied de cette perpendiculaire.*

Soit AP perpendiculaire au plan MN, et AB $>$ AC; les points B, C étant situés dans le plan MN, si, par le point A, on tire la droite AD égale à AC, et dans le plan ABP, les triangles rectangles APD, APC seront égaux. Or, par le n° 24, l'oblique AB étant plus grande que AD, on a BP plus grand que PD; mais PD $=$ PC par construction; donc PB $>$ PC; donc, etc.

Il suit de là que le pied P de la perpendiculaire AP, est le centre d'un cercle qui serait décrit sur le plan MN, du point A comme centre, et d'un rayon plus grand que AP : propriété qui fournit le moyen d'abaisser sur un plan une perpendiculaire d'un point pris hors de ce plan.

La vraie distance du point A au plan MN est mesurée par la perpendiculaire AP.

122. *Si, du pied P d'une perpendiculaire AP à un plan MN, on con-* Fig. 93. *duit une perpendiculaire PD sur une ligne quelconque BC menée dans ce plan, et qu'on tire une droite DA du pied de cette seconde perpendiculaire à un point quelconque A de la première, cette droite AD sera perpendiculaire à la ligne BC menée dans le plan.*

Prenez BD $=$ DC, et joignez BP, PC. Par cette construction, les triangles BPD, CPD sont égaux; donc BP $=$ PC. De même, les triangles rectangles APB, APC sont égaux; donc AB $=$ AC; donc les triangles BDA, ADC sont égaux; donc les angles CDA, BDA de ces triangles le sont aussi, et la droite AD est perpendiculaire à BC.

123. *Si une droite est perpendiculaire à un plan, toute ligne paral-* Fig. 94. *lèle à celle-ci sera perpendiculaire au même plan.*

Soit la ligne AP perpendiculaire au plan MN, et CD parallèle à AP. Suivant ces parallèles, conduisez un plan; il coupera MN suivant DP; dans ce dernier plan, menez DE perpendiculaire à PD, et joignez AD.

En vertu du théorème précédent, DE est perpendiculaire à AD, et, par construction, cette droite est aussi perpendiculaire à PD; donc, DE est perpendiculaire au plan APD, ou APDC, et par conséquent à la droite CD. Mais la droite CD, parallèle à AP, est perpendiculaire à PD; donc (n° 120), cette droite est perpendiculaire au plan MN.

Il suit de là, 1° que si deux, ou en général plusieurs lignes situées dans des plans différents, sont perpendiculaires à un plan, ces lignes sont parallèles entre elles; 2° que si deux droites, A, B sont chacune parallèles à une troisième C, ces droites A, B sont aussi parallèles l'une à l'autre.

Pl. III. **124.** *Toute droite parallèle à une ligne menée dans un plan, est*
Fig. 95. *parallèle à ce plan.*

La droite AB, qui est parallèle à la ligne CD menée dans le plan MN, ne pourrait rencontrer ce plan sans couper la droite CD, ce qui est impossible; donc AB est parallèle au plan MN.

Fig. 96. **125.** *Deux plans perpendiculaires à une même droite sont parallèles entre eux; réciproquement, si une ligne est perpendiculaire à l'un des plans parallèles, elle sera aussi perpendiculaire à l'autre plan.*

Supposons que les plans MN, PQ perpendiculaires l'un et l'autre à la droite AB, puissent se rencontrer suivant CD. Prenons un point O sur cette commune section, et menons les lignes AO, BO; la première AO sera tout entière dans le plan MN, puisque A est le pied de la perpendiculaire AB; donc l'angle A est droit. Par la même raison, BO est situé dans le plan PQ, donc l'angle B est droit. Il suit de là que AO et BO seraient deux perpendiculaires abaissées d'un même point sur une droite, ce qui est impossible; donc les plans MN, PQ ne peuvent se rencontrer; donc ces plans sont parallèles.

Fig. 97. **126.** *Les intersections de deux plans parallèles par un troisième plan, sont parallèles.*

Supposons que les droites AB, CD soient les intersections respectives du plan ABDC, avec les plans parallèles MN, PQ. Si ces droites n'étaient pas parallèles, il est évident qu'elles se rencontreraient, puisqu'elles sont dans un même plan; mais alors les plans MN, PQ dans lesquels elles se trouvent respectivement, se rencontreraient aussi, ce qui est contre la supposition; donc les droites AB, CD sont parallèles.

Fig. 98. **127.** *Les parallèles comprises entre deux plans parallèles sont égales.*

Si, par les droites parallèles AB, CD, on conçoit qu'on ait mené le plan ABDC, les intersections AC, BD de ce plan, avec les plans parallèles MN, PQ seront parallèles entre elles, et alors la figure ABDC sera un parallélogramme; donc AB = CD.

Fig. 99. **128.** *Si deux angles non situés dans un même plan, ont les côtés parallèles et dirigés dans le même sens, ces angles seront égaux, et leurs plans seront parallèles.*

Soient les côtes AC, CB de l'angle C, respectivement parallèles aux côtés A'C', C'B' de l'angle C'; et soit pris AC=A'C', CB=C'B'.

Suivant le n° 31, la figure CAA'C' est un parallélogramme, et par conséquent AA' est égale et parallèle à CC'; il en est de même de BB' et de CC'; donc AA' est aussi égale et parallèle à BB' (corollaire n° 123). Ainsi les triangles ACB, A'C'B' ayant les trois côtés égaux chacun à chacun, on a C=C', il est évident que ces triangles, ou que les plans qui les renferment respectivement sont parallèles.

Fig.100. **129.** *Deux droites comprises entre deux parallèles sont coupées en*

GÉOMÉTRIE. 257.

parties proportionnelles par un troisième plan mené parallèlement aux Pl. II.
deux autres.

Les droits AB, CD étant celles que l'on considère, si par ABC on mène un plan, ses intersections avec les plans parallèles MN, RS seront AC, xy; si de même par BCD on mène un plan, il coupera PQ et RS suivant BD et yz. Or dans le triangle ABC on a,

$$A x : x B :: Cy : yB;$$

et dans le triangle BCD on a,

$$Cy : yB :: Cz : zD;$$

donc à cause du rapport commun $Cy : yD$,

$$Ax : xB :: Cz : zD;$$

donc, etc.

CHAPITRE II.

DES ANGLES POLYÈDRES.

130. On appelle *angle dièdre*, c'est-à-dire angle à deux faces, l'incli- Fig. 101. naison de deux plans.

131. *L'angle dièdre est mesuré par l'angle que forment entre elles deux droites menées dans chacune de ses faces, perpendiculairement à leur intersection, et par un même point de cette ligne.*

Si donc GH menée dans le plan AC, est perpendiculaire à AB, et que GK, menée dans le plan AE soit aussi perpendiculaire à AB, et au même point G de l'intersection des plans, l'angle HGK mesurera l'inclinaison de ces deux plans.

132. Deux plans qui se traversent mutuellement, offrent les mêmes propriétés que deux lignes qui se coupent (n° 14.)

De même, lorsque deux plans parallèles sont coupés par un troisième plan, il existe les mêmes propriétés que quand deux droites parallèles sont coupées par une troisième droite (n° 29).

133. *Si une droite est perpendiculaire à un plan, tout plan qui pas-* Fig. 102. *sera par cette droite, sera perpendiculaire à l'autre plan.*

Par la droite AP perpendiculaire au plan MN, menons à volonté le plan AB, et par le pied P de cette perpendiculaire, élevons à la commune section PB des deux plans une perpendiculaire PD dans le plan MN, laquelle sera en même temps perpendiculaire à AP (n° 120); mais l'angle APD mesure l'inclinaison des deux plans MN, PC (n° 131); donc puisque cet angle est droit, les deux plans sont perpendiculaires entre eux.

Concluons de là que si *deux plans sont perpendiculaires à un troisième*

17

Pl. III. plan, la commune section des deux premiers est perpendiculaire au troisième.

134. On appelle *angle solide* ou *angle polyèdre,* l'espace indéfini compris entre plusieurs plans qui se réunissent au même point. Le plus simple de tous les angles polyèdres est celui qui est formé par trois plans; il y a donc dans l'angle *trièdre* six choses à considérer, savoir, trois angles plans et trois angles dièdres.

135. *La somme de deux quelconques des angles plans qui composent un angle trièdre est toujours plus grande que le troisième.*

Fig.103. Soit l'angle trièdre S composé des angles plans ASB, ASC, CSB. Si les angles plans étaient égaux entre eux, la proposition serait évidente; s'il n'en est pas ainsi, soit menée dans le premier angle ASB la droite SD, de manière que l'angle DSB=CSB; puis si l'on prend SD=SC, et que par les deux points C, D, on mène à volonté le plan ABC, les triangles DSB, CSB, seront égaux, comme ayant un angle égal compris entre deux côtés égaux chacun à chacun. Donc DB=CB; mais AC+CB>AD+DB, d'où retranchant de part et d'autre CB=DB, on tire AC>AD. Ainsi les deux triangles ASD, ASC ont un angle inégal compris entre côtés égaux chacun à chacun ; donc (n° 21), ASC>ASD : ajoutant d'un côté l'angle DSB, et de l'autre son égal CSB, on aura

$$ASC + CSB > ASD + DSB \text{ ou } ASB.$$

donc, etc.

Fig.104. **136.** *La somme des angles plans qui composent un angle polyèdre convexe ou à arêtes saillantes, est toujours moindre que quatre angles droits.*

Coupez l'angle polyèdre S par un plan quelconque ABCDE, et du point quelconque O pris dans ce plan, menez les droits AO BO... La somme des angles des triangles ASB, BSC,... qui ont le point S pour sommet commun, équivaut à la somme des angles d'un pareil nombre de triangles AOB, BOC,... formés autour du sommet O. Or, au point A les deux angles SAB, SAE pris ensemble, sont plus grands que le troisième angle BAE; de même au point B, on a SBA + SBC > ABC, et ainsi de suite; par conséquent la somme des angles à la base des triangles SAB, SAE,... est plus grande que la somme des angles à la base des triangles dont le sommet est en O; donc, par compensation, la somme des angles autour du point S est plus petite que la somme des angles, qui, autour du point O, vaut quatre angles droits.

Fig.105. **137.** *Si deux angles trièdres sont formés de trois angles plans égaux chacun à chacun et disposés de la même manière, ces angles seront égaux et superposables.*

Soient S, S' les deux angles trièdres. Du point A pris à volonté sur le côté SA, menez AB et AC perpendiculaires à SB et SC. Du même point A,

GÉOMÉTRIE.   259

abaissez sur le plan BSC la perpendiculaire AP; joignez le pied P de cette Pl. III. perpendiculaire avec les points B, C. Enfin prenez $S'A' = SA$, et faites la même construction pour l'angle S'.

Les triangles SBA, S'B'A', l'un rectangle en B, l'autre en B' sont égaux: il en est de même des triangles ASC, A'S'C'; donc $SB = S'B'$, $SC = S'C'$, $AB = A'B'$ et $AC = A'C'$. De plus, en vertu du n° 122, les angles SBP, S'B'P' sont droits.

Cela posé, le quadrilatère SBPC est égal au quadrilatère S'B'P'C', et en effet, le premier peut être appliqué exactement sur l'autre; donc $BP = B'P'$, et $PC = P'C'$. Il suit de là que les triangles ABP, A'B'P' rectangles, l'un en P, l'autre en P', sont égaux; donc l'angle $ABP = A'B'P'$; mais l'angle ABP mesure l'inclinaison des deux plans BSA, BSC; de même l'angle A'B'P' mesure l'inclinaison des deux plans B'S'A', B'S'C', donc ces deux inclinaisons sont égales, donc les deux angles trièdres S, S' sont superposables.

138. Les angles plans qui composent les angles trièdres S, S' pourraient être disposés dans un ordre inverse, et l'on démontrerait encore que ceux-ci sont égaux dans toutes leurs parties; mais alors ces angles ne seraient point superposables. Ce sont ces derniers que l'on a nommés *angles symétriques*. (*Voyez* la Géométrie de Legendre.)

CHAPITRE III.

DES POLYÈDRES OU DES CORPS TERMINÉS PAR DES PLANS, ET DE Pl. IV. QUELQUES-UNES DE LEURS PROPRIÉTÉS.

139. Un espace fermé dans tous les sens par plusieurs plans, se nomme Fig. 106. *solide*, ou plus exactement *polyèdre*.

Il faut au moins quatre plans pour terminer un espace de toutes parts. Dans ce cas, cet espace se nomme *tétraèdre* : tel est le corps représenté par la figure SABC.

L'intersection de deux faces adjacentes d'un polyèdre s'appelle *côté* ou *arête* du polyèdre. Ainsi SB est une arête du tétraèdre SABC.

Tout corps dont une des faces est un polygone, et dont toutes les autres faces sont des triangles ayant leur sommet au même point, se nomme *pyramide*. Le tétraèdre est donc une pyramide.

Les polyèdres prennent différents noms eu égard au nombre et à la dis- Fig. 107. position de leurs faces. On appelle *prisme*, par exemple, un corps compris sous deux faces opposées égales et parallèles, et dont toutes les autres faces sont des parallélogrammes. Telles sont les figures 107, 108, 109, 110.

Dans le prisme, les deux polygones opposés égaux ABCDE, A'B'C'D'E'

17*

Pl. IV. en sont appelés les *bases*. Le polygone sur lequel une pyramide est censée posée, se nomme aussi la base de cette pyramide.

La pyramide et le prisme sont dits *triangulaires, quadrangulaires,* etc... selon que leur base est un triangle, un quadrilatère, etc.

La *hauteur* d'un prisme est la perpendiculaire abaissée d'un point d'une de ses bases sur l'autre base.

La *hauteur* d'une pyramide est la perpendiculaire abaissée du sommet de ce corps sur le plan de sa base.

Fig.108. On appelle *parallélipipède*, un prisme qui a pour base un parallélogramme. Un parallélipipède est *rectangle* lorsque toutes ses faces sont des rectangles.

Fig.109. Le *cube* ou l'*hexaèdre régulier* est le parallélipipède dont toutes les faces sont des carrés.

La *diagonale* d'un polyèdre quelconque est la droite qui joint les sommets de deux angles polyèdres non adjacents.

Fig.110. **140.** *Les faces opposées d'un parallélipipède sont égales, et les diagonales menées par les sommets des angles trièdres se coupent mutuellement en deux parties égales.*

Puisque d'après la définition de ce solide, les bases opposées ABCD, EFGH sont des parallélogrammes égaux, et que leurs côtés correspondants sont parallèles, il s'ensuit que les arêtes AE, BF, CG, DH sont égales et parallèles entre elles; donc les faces opposées AF, DG et AH, BG sont aussi égales et parallèles.

Maintenant, si l'on mène deux diagonales quelconques AG, DF, il est évident qu'elles seront celles du parallélogramme ADGF ; or ces diagonales se coupent mutuellement en deux parties égales au point O, puisque les deux triangles AOD, FOG sont égaux, comme ayant un côté égal adjacent à deux angles égaux chacun à chacun; donc, etc.

Il est remarquable que les angles trièdres F, D opposés, sont symétriques l'un de l'autre, et que les deux prismes triangulaires ABCEFG, ADCEHG dont est composé le prisme entier, sont équivalents, quoique les faces de l'un soient disposées dans un ordre inverse des faces de l'autre. Ceux qui désireront connaître les démonstrations rigoureuses de ces deux propositions, les trouveront dans la Géométrie de Legendre ou dans celle de Lacroix.

Des conditions d'égalité des Tétraèdres et de celles des Prismes, et de la nature des sections faites dans ces corps.

141. *Si les angles trièdres homologues des pyramides triangulaires sont composés des triangles égaux et semblablement disposés, ces pyramides sont égales.*

GÉOMÉTRIE. 261

Les pyramides triangulaires sont encore égales, si elles ont un angle Pl. IV. *dièdre égal compris entre deux faces égales chacune à chacune et assemblées de la même manière.*

Deux prismes sont égaux, lorsqu'ils ont un angle trièdre compris entre trois plans égaux chacun à chacun et assemblés de la même manière.

Ces trois propositions se prouvent aisément par la superposition.

142. *Si on coupe un prisme par un plan parallèle à la base, la sec-* Fig.107. *tion résultante sera égale à cette base.*

Puisque le plan de section *abcde* est parallèle à la base ABCDE, les parallèles A*a*, B*b*,.... sont comprises entre plans parallèles, et sont par conséquent égales. Ainsi toutes les figures AE*ea*, AB*ba*,... sont des parallélogrammes. De plus, les angles *bae*, BAE sont égaux, comme ayant les côtés parallèles et les ouvertures tournées dans le même sens. Il en est de même des angles *aed*, AED....; donc le polygone *abcde* est égal à la base ABCDE.

143. *Si on coupe une pyramide quelconque par un plan parallèle à* Fig.111. *sa base, ses côtés et sa hauteur seront divisés proportionnellement, et la section sera un polygone semblable à la base.*

Soit *abcd* la section faite dans la pyramide SABCD. Les droites AB, *ab*; AD, *ad*, ... sont parallèles (n° 126); ainsi les angles BAD, *bad*, sont égaux, et le polygone *abcd* est équiangle au polygone ABCD. De plus, par le n° 46, SA : S*a* :: AD : *ad* :: AB : *ab*, etc.; donc les côtés du polygone *abcd* sont proportionnels aux côtés homologues du polygone ABCD; donc ces deux polygones sont semblables (n° 57).

CHAPITRE IV.

DE LA MESURE DES VOLUMES DES PRISMES ET DES PYRAMIDES.

144. L'espace occupé par un corps se nomme sa *solidité*, ou, pour mieux dire, son *volume*. Quand on considère un vase, ou un corps creux, on désigne encore son volume par le mot *capacité*.

Les corps sont ou égaux ou équivalents en volume, selon qu'ils sont ou ne sont pas superposables, et qu'ils occupent des espaces égaux.

145. *Deux parallélipipèdes de même base et de même hauteur sont équivalents entre eux.*

Il peut arriver deux cas réellement distincts : ou les bases supérieures situées dans un même plan, sont comprises entre les mêmes parallèles, ou elles n'y sont pas comprises.

Ier Cas. Soit ABCD la base commune de deux parallélipipèdes AG, AL, Fig.112. ayant même hauteur. Leurs bases supérieures EFGH, IKLM, étant comprises entre les parallèles EM, FL, on voit aisément que les deux prismes

Pl. IV. AEIBFK, DHMCGL sont égaux (n° 141). Mais le premier parallélipipède AG est équivalent au corps entier ABCDEFLM, moins le prisme triangulaire DHML ; de même, le second parallélipipède AL est équivalent au corps entier ABCDEFLM, moins le prisme AEIK, donc ces deux parallélipipèdes sont équivalents.

Fig.113. II° Cas. Si les deux parallélipipèdes que l'on considère, ont pour bases supérieures NOPQ, IKLM situées dans un même plan, et pour base inférieure commune ABCD, ces deux parallélipipèdes sont encore équivalents; car en considérant que le parallélipipède AG a sa base supérieure EFGH, comprise à la fois entre les parallèles qui renferment les bases NOPQ, JKLM, ce parallélipipède sera en même temps équivalent au parallélipipède AP et au parallélipipède AL; donc les deux parallélipipèdes AP, AL, inclinés dans des sens différents, et ayant même base et même hauteur, sont équivalents.

Il résulte de là que *tout parallélipipède peut être changé en un parallélipipède rectangle équivalent, ayant même hauteur et une base équivalente.*

Fig.114. **146.** *Deux parallélipipèdes rectangles qui ont même base, sont entre eux comme leurs hauteurs.*

Les deux parallélipipèdes rectangles AG, AL, ont même base AC. Supposons d'abord que leurs hauteurs AE, AI soient commensurables, soient, par exemple :: 19 : 7. Si on divise AE en 19 parties égales, AI en comprendra 7; et si par tous les points de division de AE on mène des plans parallèles à ABCD, le parallélipipède AG sera évidemment composé de dix-neuf volumes partiels, ayant même hauteur et même base, et le parallélipipède AL sera de même composé de sept de ces volumes partiels; donc ces deux parallélipipèdes sont entre eux :: 19 : 7. Donc, etc.

Lorsque les hauteurs AE et AI sont incommensurables, les volumes des deux corps AG, AL n'en sont pas moins dans le rapport de ces hauteurs ; et pour le démontrer, on peut employer le mode de démonstration du n° 38.

Fig.115. **147.** *Deux parallélipipèdes rectangles qui ont même hauteur, sont entre eux comme leurs bases.*

Pour démontrer cette proposition, supposons que les parallélipipèdes AG, IO, qui ont même hauteur AE, aient leurs faces BG, CO adjacentes et comprises entre les mêmes parallèles BL, FO. En prolongeant respectivement les droites MN, IK jusqu'en P et en R, on formera un nouveau parallélipipède RG, qui aura même base que le parallélipipède AG, et que le parallélipipède IO. Or, d'après le théorème précédent,

$$\text{vol. RG : vol. AG :: IC : AB,}$$
et
$$\text{vol. IO : vol. RG :: IK : CB,}$$

Multipliant ces deux proportions par ordre, et omettant le facteur commun vol. RG, on aura

$$\text{vol. IO : vol. AG :: IC} \times \text{IK : AB} \times \text{CB};$$

mais $IC \times IK =$ aire $ICLK$, et $AB \times CB =$ aire $ABCD$; donc deux parallélipipèdes de même hauteur, sont entre eux comme leurs bases.

148. *Deux parallélipipèdes rectangles quelconques, sont entre eux* Fig.116. *comme les produits de leurs bases par leurs hauteurs, ou comme les produits de leurs trois dimensions.*

Ire *Démonstration.* Soient les deux parallélipipèdes rectangles AG, IO que l'on considère. Si l'on forme le parallélipipède IQ, on aura par les deux derniers théorèmes,

$$\text{vol. AG : vol. IQ :: ABCD : ICLK,}$$
et
$$\text{vol. IQ : vol. IO :: IS : IM;}$$

donc, en multipliant par ordre et réduisant, on a

$$\text{vol. AG : vol. IO :: ABCD} \times \text{IS : ICLK} \times \text{IM}$$
$$:: \text{AB} \times \text{BC} \times \text{BF : IC} \times \text{CL} \times \text{CN.}$$

Il suit de là, et par analogie avec ce qui a été dit au n° 70, qu'on peut prendre pour mesure d'un parallélipipède rectangle, le produit de sa base par sa hauteur, ou le produit de ses trois dimensions. En effet, si on prend pour unité de mesure linéaire une des arêtes d'un *cube*, et que les trois arêtes contiguës d'un autre parallélipipède rectangle soient 3, 5, 9 fois cette unité, ces deux corps seront entre eux :: 1 : 135, ou, ce qui revient au même, le cube pris pour unité de volume, sera contenu 135 fois dans le parallélipipède; c'est là ce qu'il faut entendre quand on dit, pour abréger, que *le volume d'un parallélipipède rectangle est égal au produit de ses trois arêtes contiguës, ou au produit de sa base par sa hauteur.* Ainsi le volume d'un hexaèdre régulier est égal au cube d'un de ses côtés.

IIe *Démonstration.* On démontrerait immédiatement ainsi qu'il suit, cette proposition, pour le cas où les dimensions du parallélipipède rectangle seraient commensurables.

Supposons que le côté du cube pris pour unité de mesure soit contenu, par exemple, 5 fois dans la longueur AD, 3 fois dans la largeur AB, et 8 fois dans la hauteur AE. Il est évident que l'on pourrait placer 15 cubes dans toute l'étendue de la base ABCD, et 8 cubes dans le sens de la hauteur AE; donc le parallélipipède rectangle en contiendra un nombre exprimé par $15 \times 8 = 120$; donc, en général, le volume d'un parallélipipède rectangle est égal au produit de sa base par sa hauteur.

On tire pour conséquence de ce qui précède, que le volume d'un parallélipipède, et en général d'un prisme, est égal au produit de sa base par sa hauteur.

149. *Deux tétraèdres de bases équivalentes et de même hauteur sont* Fig.117. *équivalents.*

Ire *Démonstration.* Soit dans le tétraèdre SABC, un certain nom-

Pl. IV. bre de prismes excédants ABCDEF, etc....., et de prismes déficients IBKGEH, etc....., ayant tous même hauteur; soit aussi, dans le second tétraèdre, le même nombre de prismes. On démontrera aisément que dans chaque tétraèdre la différence des prismes excédants aux prismes intérieurs, qui est égale au premier prisme excédant ABCDFE, peut devenir moindre qu'aucune quantité donnée, et par conséquent que la différence entre un tétraèdre et la somme des prismes excédants peut être aussi petite que l'on voudra.

Cela posé, soit T le tétraèdre $SABC$; t le tétraèdre $sabc$; P et p les prismes extérieurs respectifs; et feignons que T soit différent de t. En multipliant convenablement les tranches, on rendra

$$p - t < T - t, \text{ et alors on aura } p < T;$$

mais $p = P$, car, par hypothèse, les bases ABC, abc sont équivalentes, et les hauteurs SX, sx, sont égales; donc $P < T$: conséquence absurde, puisque la somme des prismes extérieurs est nécessairement plus grande que le tétraèdre correspondant. Donc les deux tétraèdres ne peuvent être inégaux en volume.

IIe Démonstration. Il résulte du théorème du n° 143, que si dans les deux pyramides que l'on considère, on forme des sections à égales distances des bases, et qui leur soient parallèles, les sections correspondantes seront équivalentes. Si donc l'on imagine une infinité de tranches dans chacune de ces pyramides, et en même nombre, celles qui appartiendront à une pyramide constitueront son volume; d'où l'on doit conclure que ces pyramides sont équivalentes.

Fig.118. **150.** *Un tétraèdre est équivalent au tiers du prisme triangulaire de même base et de même hauteur.*

Soit ACBF le tétraèdre dont il s'agit. Achevons le prisme ABCDEF, et par les points A, F, E, menons un plan AFE qui partagera la pyramide quadrangulaire ADEBF en deux pyramides triangulaires ADEF, ABEF.

Les deux pyramides ACBF, DFEA ayant même hauteur et des bases égales ACB, DEF, sont équivalentes. Pareillement les deux pyramides DAEF, AEBF sont équivalentes, parce que leurs bases égales ADE, AEB sont sur un même plan, et que leurs sommets sont au même point F : donc les trois pyramides qui composent le prisme, sont équivalentes entre elles; donc le tétraèdre ACBF est le tiers d'un prisme de même base et de même hauteur.

De là, et du n° 148, résulte cette conséquence, qu'*une pyramide triangulaire*, et en général que *toute pyramide a pour mesure le tiers du produit de sa base par sa hauteur.*

Fig.119. Car, par exemple, la pyramide pentagonale SABCDE est égale à la somme des trois tétraèdres partiels SABC, SACD, SADE.

151. *Toute pyramide triangulaire tronquée ou coupée par un plan* Pl. IV. *parallèle à sa base, est équivalente à trois pyramides qui auraient pour* Fig.120. *hauteur commune celle du tronc, et dont l'une aurait pour base la base inférieure du tronc, l'autre la base supérieure, et la troisième une moyenne proportionnelle entre ces deux bases.*

Par le point C', sommet d'un des angles de la base supérieure du tronc, menez C'D parallèle à l'arête AA'; joignez DB, et menez la droite AB'.

Il est d'abord visible que la pyramide tronquée est composée des trois pyramides entières ACBC', A'C'B'A, et AB'BC'; la première ayant pour base le triangle ABC; la seconde, le triangle A'B'C', et toutes deux ayant pour hauteur celle du tronc. Quant à la troisième AB'BC', elle a pour base le triangle AB'B, et son sommet est en C'; ainsi elle est équivalente à une autre pyramide qui aurait même base et dont le sommet serait en D, à cause que C'D est parallèle à AA'. Mais cette dernière pyramide pouvant être considérée comme ayant pour base le triangle ABD, et pour sommet le point B', elle aura aussi même hauteur que le tronc. Reste donc à faire voir que le triangle ABD est moyen proportionnel entre ABC et A'B'C'.

Or, les triangles ABD, ABC qui ont même hauteur, sont entre eux comme leurs bases AD, AC; on a donc

$$\overline{ABD}^2 : \overline{ABC}^2 :: \overline{AD}^2 : \overline{AC}^2;$$

d'un autre côté les triangles semblables ABC, A'B'C' donnent

$$A'B'C' : ABC :: \overline{A'C'}^2 \text{ ou } \overline{AD}^2 : \overline{AC}^2;$$

donc à cause du rapport commun,

$$\overline{ABD}^2 : \overline{ABC}^2 :: A'B'C' : ABC;$$

donc enfin,

$$\overline{ABD}^2 = ABC \times A'B'C', \text{ ou } A'B'C' : ABD :: ABD : ABC;$$

résultat qui achève de démontrer la proposition énoncée.

Cette propriété de la pyramide triangulaire tronquée, a également lieu pour toute pyramide tronquée à bases parallèles.

152. *Si on coupe un prisme triangulaire par un plan incliné à la* Fig.121. *base, le corps restant sera équivalent à la somme de trois pyramides qui auraient même base que le prisme, et dont les sommets seraient ceux des angles de la section.*

Soit DEF non parallèle à ABC. Si on mène les plans AFB, AFE, le prisme triangulaire sera évidemment décomposé en trois pyramides. La première a pour base ABC, et pour sommet le point F; la seconde pyramide AEBF qui a pour base AEB, et pour sommet F, est équivalente à la pyramide AEBC, dont le sommet est en C; mais celle-ci peut avoir pour base ABC, et pour sommet E. La troisième pyramide ADFE peut être changée d'abord en ADFB, ensuite cette dernière peut l'être en ADBC; mais la pyramide ADBC a, si l'on veut, pour base ACB, et pour sommet D; donc le prisme tronqué ACBDFE se décompose ainsi que le porte l'énoncé du théorème.

Si les arêtes AD, CF, BE étaient perpendiculaires à la base ABC; l'expression du volume du prisme serait par conséquent
$= ABC \times \left(\frac{AD+CF+BE}{3}\right)$; d'où il suit que tout prisme triangulaire a pour mesure le produit de la section perpendiculaire aux trois arêtes parallèles, par le tiers de la somme de ces mêmes arêtes.

CHAPITRE V.

DE LA SIMILITUDE DES POLYÈDRES.

153. Deux corps quelconques terminés par des plans, sont dits *semblables*, lorsqu'ils sont compris sous un égal nombre de plans semblables, et qu'ils ont les angles polyèdres égaux chacun à chacun.

Il résulte de cette définition, que *les arêtes homologues de deux polyèdres semblables sont proportionnelles*, et que *leurs faces homologues sont entre elles comme les carrés des côtés homologues*; il s'ensuit en outre que *ces polyèdres peuvent être décomposés en un même nombre de pyramides triangulaires, semblables chacune à chacune, et disposées de la même manière.*

Ces conséquences sont rigoureusement démontrées dans la Géométrie de Legendre et dans celle de Lacroix. Les bornes de ce précis ne nous permettent pas d'entrer dans des détails à cet égard.

154. *Deux pyramides semblables sont entre elles comme les cubes de leurs arêtes ou lignes homologues.*

Puisque dans les polyèdres semblables, les faces homologues sont entre elles comme les carrés des lignes homologues, on a, en supposant que SP et S'P' sont respectivement les hauteurs des pyramides SABC, S'A'B'C',

$$ABC : A'B'C' :: \overline{SP}^2 : \overline{S'P'}^2;$$

multipliant cette proportion par la suivante, qui est identique,

$$\frac{SP}{3} : \frac{S'P'}{3} :: SP : S'P';$$

on obtient

$$ABC \times \frac{SP}{3} : A'B'C' \times \frac{S'P'}{3} :: \overline{SP}^3 : \overline{S'P'}^3;$$

GÉOMÉTRIE. 267

mais $ABC \times \dfrac{SP}{3}$ est la mesure du volume de la pyramide SABC, et Pl. IV. $A'B'C' \times \dfrac{S'P'}{3}$ est aussi la mesure du volume de la pyramide S'A'B'C'; donc ces deux pyramides semblables sont entre elles comme les cubes des hauteurs, ou en général comme les cubes des côtés homologues.

De là on peut prouver, en procédant comme au n° 82, que *deux polyèdres semblables sont aussi comme les cubes des côtés homologues.*

CHAPITRE VI.

DES CORPS RONDS ET DE LEURS PRINCIPALES PROPRIÉTÉS.

155. Les corps ronds sont produits par la révolution d'une surface plane, qu'on imagine tourner autour d'une ligne droite. Les trois corps ronds dont on s'occupe spécialement en géométrie, sont le *cylindre droit*, le *cône droit* et la *sphère*.

Un *cylindre droit* est un corps engendré par un rectangle qui tourne Fig.123. autour d'un de ses côtés que l'on nomme *axe*. Dans ce mouvement, les côtés perpendiculaires à l'axe décrivent des cercles égaux, qu'on appelle les *bases* du cylindre; ainsi le cylindre AB' a pour bases les cercles AC, A'C', et pour axe la droite CC'.

En général, une droite qui est assujettie à tourner autour d'une courbe quelconque, et à rester constamment parallèle à sa position primitive, engendre une surface cylindrique. Si la courbe qui dirige le mouvement de cette droite, qu'on nomme *génératrice*, est un cercle, et que cette génératrice soit oblique au plan de ce cercle, le cylindre sera oblique.

Dans le cylindre à bases circulaires parallèles, il est évident que toutes les sections parallèles à ces bases sont des cercles égaux chacun à l'une de ces bases. Il n'est pas moins évident que toute section par l'axe est un parallélogramme.

156. On appelle *cône droit*, le corps engendré par la révolution d'un Fig.124. triangle rectangle qui tourne autour d'un des côtés de l'angle droit; côté que, par cette raison, l'on nomme *axe*. Ainsi SA est l'axe du cône droit SABDC. La ligne BS, qui engendre la surface courbe de ce cône, en est appelée la *génératrice*.

La *base* de ce corps est le cercle BDC décrit par le côté AB du triangle générateur SAB, et son sommet est le point S.

En général, une droite qui est assujettie à passer par le même point, et Fig.125. à parcourir une courbe quelconque, engendre une surface conique. Si la courbe qui dirige le mouvement de la génératrice est un cercle, et que l'axe ne soit pas perpendiculaire au plan de cette courbe, le cône prend le nom de *cône oblique à base circulaire*.

Pl. IV. Il suit de la génération du cône, 1° que toute section parallèle à la base est un cercle; 2° que toute section faite par l'axe est un triangle.

Puisque les cercles sont des figures semblables (n° 83), et que les rayons des sections dont il s'agit sont proportionnels aux distances de leurs centres au sommet du cône, il s'ensuit que les aires de ces sections circulaires sont entre elles comme les carrés de ces distances; donc,

$$\text{cercle AB} : \text{cercle } ab :: \overline{SA}^2 : \overline{Sa}^2.$$

On obtient pour sections différentes courbes, selon la position du plan coupant à l'égard du côté SB du cône. La discussion de ces courbes est, à proprement parler, du ressort de l'application de l'algèbre à la géométrie.

157. La *sphère* est un corps terminé par une surface courbe, dont tous les points sont également éloignés d'un point intérieur qu'on nomme *centre*.

Fig.126. On peut concevoir que la sphère est produite par la révolution d'un demi-cercle qui tourne autour de son diamètre. Ainsi toute section de la sphère, faite par un plan passant par le centre, est un cercle égal au cercle générateur. Tel est le cercle ADB, dont le centre C est en même temps celui de la sphère. Ce cercle se nomme aussi *grand cercle* de la sphère.

En général, tout plan qui pénètre la sphère, coupe sa surface suivant une circonférence de cercle. On appelle *petit cercle*, celui dont le plan ne passe pas par le centre : MNEN'M, par exemple, est un petit cercle.

Le *pôle* d'un cercle de la sphère est un point de la surface également éloigné de tous les points de la circonférence de ce cercle. Il est visible qu'un cercle, grand ou petit, a deux pôles situés sur la droite perpendiculaire à ce cercle, et passant par le centre. Ainsi le point P est aussi bien le pôle du grand cercle ADB que du petit cercle MNE.

Deux grands cercles de la sphère se coupent nécessairement en deux parties égales, car leur intersection passant par le centre est un diamètre.

Deux points sur la sphère, qui ne sont pas diamétralement opposés, déterminent la position d'un grand cercle; car ces deux points et le centre de la sphère, déterminent la position d'un plan.

Fig.127. La portion CAEBC de la surface de la sphère, comprise entre deux demi-grands cercles qui se coupent, se nomme *fuseau sphérique*; et la partie du volume de la sphère, comprise entre les plans EAC, EBC de deux demi-grands cercles, s'appelle *onglet sphérique*.

Trois cercles qui se coupent deux à deux sur la sphère, forment un *triangle sphérique*. Les côtés d'un tel triangle peuvent être formés par des arcs de grands cercles ou de petits cercles; mais on ne considère ordinairement que les triangles sphériques dont les côtés sont des arcs de grands cercles, moindres qu'une demi-circonférence. Il suit de là et du théorème du n° 135, que la somme de deux côtés d'un triangle sphérique, est toujours plus grande que le troisième. En effet, les arcs AB, AC, BC, Pl. IV. mesurent les angles plans AOB, AOC, COB, qui composent l'angle trièdre O, dont le sommet est le centre de la sphère, et deux de ces angles, pris ensemble, sont plus grands que le troisième.

Une *zone* est une partie de la surface de la sphère comprise entre deux plans parallèles qui en sont les bases. Si l'un de ces plans est tangent à la sphère, la zone n'a qu'une base, et se nomme aussi *calotte sphérique*.

Le *segment sphérique* est la portion du volume de la sphère comprise entre deux plans parallèles qui en sont les bases.

L'*axe* ou la *hauteur* d'une zone ou d'un segment, est la distance des deux cercles parallèles qui sont les bases de la zone ou du segment.

Un *secteur sphérique* est un corps engendré par la révolution d'un secteur circulaire, tournant autour d'un de ses rayons.

Un plan est *tangent* à la sphère, lorsqu'il n'a qu'un point de commun Fig.129. avec sa surface.

Un polyèdre est dit *circonscrit* à la sphère, lorsque ses faces sont tangentes à cette sphère.

158. *Le plus court chemin d'un point à un autre sur la sphère, est* Fig.128. *l'arc de grand cercle qui joint ces deux points.*

Soit AMB l'arc de grand cercle qui joint les points A, B; et soit, s'il est possible, N un point de la ligne la plus courte entre A et B. Par le point M menez les arcs de grands cercles NA, NB, et prenez AM = AN.

Suivant le n° précédent, on a, AM + MB < AN + NB,

ou réduisant, MB < NB.

Or, la plus courte distance de A en N, de quelque nature qu'elle soit, est égale à la plus courte distance de A en M; donc les deux chemins par AMB et par ANB, ont une partie égale; mais le chemin par ANB est, par hypothèse, le plus court; donc la distance de N en B est plus petite que de M en B, ce qui est absurde, puisque l'arc NB est plus grand que l'arc MB; donc aucun point de la ligne la plus courte entre A et B, tracée sur la sphère, ne peut être hors de l'arc du grand cercle AMB; donc enfin cet arc est lui-même la plus courte distance entre ses extrémités.

L'angle que font entre eux deux arcs de grands cercles, est égal à Fig 129. l'angle formé par les tangentes de ces arcs au même point; par exemple, l'angle TPT' formé par les droites TP, T'P, perpendiculaires à la commune section des cercles PAP', PA'P', et menées dans chacun d'eux, est l'angle même de ces cercles. Cet *angle sphérique* a aussi pour mesure l'arc AA' décrit du point P comme pôle, entre les deux côtés AP, A'P, prolongés s'il est nécessaire, et d'un rayon égal au côté du carré inscrit.

159. *Tout plan perpendiculaire à l'extrémité du rayon, est tangent à la sphère.*

Si le plan TPT' est perpendiculaire à l'extrémité du rayon CP, tout point T pris sur ce plan, sera évidemment hors de la sphère, puisque

270   COURS DE MATHÉMATIQUES.

PL. IV. CT $>$ CP; donc le plan TPT' n'a qu'un seul point de commun avec la surface de la sphère; donc il est tangent à cette surface.

Il résulte de là que lorsque deux sphères se touchent, leurs centres et le point de contact sont en ligne droite.

CHAPITRE VII.

DE LA MESURE DE L'AIRE DES CORPS RONDS.

Fig. 130.   **160.** *Toute surface convexe est moindre qu'une autre surface quelconque qui envelopperait la première en s'appuyant sur le même contour.*

On entend par *surface convexe*, celle qui ne peut être traversée par une droite en plus de deux points. Soit OABCD, celle que l'on considère; si elle n'est pas plus petite que toutes celles qui l'enveloppent, soit parmi celles-ci, PABCD la surface la plus petite qui sera au plus égale à OABCD. Par un point quelconque O, faites passer un plan MN tangent à la surface OABCD; ce plan rencontrera la surface PABCD, et la partie qu'il en retranchera sera évidemment plus grande que le plan terminé à la même surface; donc en conservant le reste de la surface PABCD, on pourrait substituer le plan à la partie retranchée, et on aurait une nouvelle surface qui envelopperait toujours OABCD, et qui serait plus petite que PABCD; mais par hypothèse, celle-ci est la plus petite de toutes; donc cette hypothèse ne peut subsister; donc, etc.

De ce principe découlent les conséquences suivantes :

1° Si une surface convexe, terminée par deux contours, comme le sont, par exemple, les surfaces cylindriques, est enveloppée par une autre surface quelconque terminée aux mêmes contours, la surface enveloppée sera la plus petite des deux.

2° Si une surface convexe, la sphère, par exemple, est enveloppée de toutes parts par une autre surface, la surface enveloppée sera toujours plus petite que la surface enveloppante.

3° On peut concevoir un polyèdre circonscrit à la sphère, et dont la surface, ainsi que le volume, diffèrent aussi peu qu'on voudra de la surface plus petite et du volume plus petit de cette sphère.

Fig. 131.   **161.** *L'aire de la surface courbe d'un cylindre droit, est égale au produit de la circonférence de sa base par sa hauteur.*

Soit CA le rayon de la base du cylindre droit, et CB sa hauteur. En considérant un prisme circonscrit à ce cylindre, on pourra multiplier ses faces latérales, de manière que leurs aires prises ensemble, excèdent l'aire de la surface courbe du cylindre, d'une quantité plus petite qu'une grandeur quelconque donnée. Dans la même circonstance, le contour de la base du prisme différera de la circonférence de la base du cylindre, d'une quantité qui sera moindre que toute autre assignable. Si donc P désigne le périmètre du polygone qui sert de base au prisme circonscrit, Pl. IV. et que H soit la hauteur commune du prisme et du cylindre; l'aire du premier corps, sans y comprendre les bases, sera $P \times H$. Cette quantité variable ayant à la fois pour limites inférieures, $C \times H$ et S; C étant la circonférence du cercle CA, et S étant l'aire cherchée, on aura par le n° 75,

$$S = C \times H.$$

Cette conséquence se vérifie de nouveau, en considérant que le *développement* de la surface d'un cylindre droit est représenté par un rectangle dont la base et la hauteur sont respectivement la circonférence et la hauteur du cylindre.

162. *L'aire de la surface courbe d'un cône droit est égale à la moitié de son côté, multiplié par la circonférence de sa base.*

Concevez, comme dans la démonstration précédente, une pyramide de même hauteur que le cône, et qui lui soit circonscrite. L'aire de la pyramide sera toujours plus grande que l'aire du cône; car si on adosse base à base la pyramide à une pyramide égale, le cône à un cône égal, la surface des deux pyramides enveloppera de toutes parts la surface des deux cônes; donc la première surface sera plus grande que la seconde; donc la surface du cône est plus petite que celle de la pyramide circonscrite.

Cela posé, si H est le côté du cône, ou la perpendiculaire abaissée du sommet sur un des côtés du polygone circonscrit à la base, et que P soit le périmètre de ce polygone, l'aire de la pyramide circonscrite sera $= \frac{P \times H}{2}$. Mais cette quantité variable a pour limites inférieures $\frac{C \times H}{2}$ et S, C étant la circonférence de la base du cône, et S l'aire cherchée; donc (n° 75),

$$S = \frac{C \times H}{2}.$$

Le développement de la surface courbe d'un cône droit, est visiblement représenté par un secteur circulaire dont le rayon est égal au côté du cône, et dont l'arc est égal à la circonférence de la base de ce corps.

163. *La mesure de la surface convexe d'un tronc de cône droit à* Fig. 132. *bases parallèles, est égale à la demi-somme des circonférences des deux bases, multipliée par le côté du tronc.*

Le cône tronqué que l'on considère, est ABEF. Faites BH perpendiculaire à SB, égal à circ. CB; joignez SH. Par le point E, menez EK parallèle à BH, et par le milieu M de EB, menez aussi MN parallèle à BH.

Il résulte de cette construction, que EK est égal à circ. DE, et que MN = circ. QM; en effet, à cause des triangles semblables SDE, SCB, on a

SE : SB :: DE : CB :: circ. DE : circ. CB.

De plus, les triangles semblables SEK, SBH, donnent

SE : SB :: EK : BH.

Pl. IV. Donc,
$$\text{circ. DE} : \text{circ. CB} :: \text{EK} : \text{BH}.$$

Mais BH = circ. CB, donc EK = circ. DE. On prouverait de même que MN = circ. QM.

Cela posé, puisque l'aire du triangle SBH est égale à l'aire du cône entier ASB, que l'aire du triangle SEK est égale à celle du cône SFE, il est évident que l'aire du tronc ABEF = l'aire du trapèze EBHK. Donc l'aire du tronc, sans y comprendre les bases,

$$= \left(\frac{\text{circ. CB} + \text{circ. DE}}{2}\right) \times \text{BE}.$$

On peut encore dire que l'aire d'un tronc de cône est égale à son côté, multiplié par la circonférence d'une section faite à égale distance des deux bases;

$$\text{car MN ou circ. QM} = \frac{\text{circ. CB} + \text{circ. DE}}{2}.$$

Fig. 133. **164.** *L'aire d'un corps engendré par le mouvement d'un demi-polygone régulier inscrit à un demi-cercle tournant autour du diamètre, a pour mesure le produit de ce diamètre par la circonférence du cercle dont le rayon serait l'apothème du polygone.*

Soit ABCDE... H, le demi-polygone régulier inscrit. Des points B, C, et du milieu I de CB, abaissez sur le diamètre AH les perpendiculaires BK, CL, IN. Par le point B, menez BM parallèle à AH, et joignez IO, O étant le centre du polygone.

Les triangles CBM, NIO, ayant les côtés perpendiculaires entre eux chacun à chacun, sont semblables (n° 51); ainsi,

CB : IO :: BM : IN, ou CB : circ. IO :: BM : circ. IN;

et par conséquent,

$$\text{CB} \times \text{circ. IN} = \text{BM} \times \text{circ. IO}.$$

Le côté CB, en tournant autour du diamètre AH, engendre la surface courbe d'un cône tronqué, et cette surface a pour mesure CB × circ. IN (n° 163). Donc elle a aussi pour mesure BM × circ. IO.

Il suit de là que la zone du solide de révolution, engendrée par un des côtés du polygone générateur, a pour mesure le produit de la hauteur de cette zone par la circonférence du cercle qui aurait IO pour rayon; donc l'aire du volume entier est égale au diamètre AH multiplié par la circonférence IO.

Fig. 134. **165.** *L'aire de la sphère a pour mesure le produit de son diamètre par la circonférence d'un grand cercle.*

Ire *Démonstration.* Si l'on circonscrit au grand cercle de la sphère un polygone régulier MNPQRS, d'un nombre pair de côtés, la surface décrite par ce polygone aura pour mesure MS × circ. AC (numéro précédent).

GÉOMÉTRIE. 273

Or, cette surface est plus grande que celle de la sphère CA; mais la dif- PL. IV.
férence peut être rendue aussi petite qu'on voudra, en augmentant convenablement le nombre des côtés du polygone générateur (n° 160). Dans le même cas, la diagonale MS surpassera le diamètre AB, d'une quantité plus petite que toute grandeur donnée; ainsi les trois quantités MS $\times$ circ. AC, AB $\times$ circ. AC, et l'aire cherchée S, sont dans les mêmes circonstances que les trois grandeurs X, A, b du n° 75; donc,

$$S = AB \times \text{circ. AC}.$$

IIe Démonstration. Si on suppose la surface de la sphère divisée en une infinité de zones à bases parallèles, ces zones pourront être considérées, sans erreur assignable, comme celles d'un solide de révolution qui aurait pour épaisseur le diamètre de la sphère. Il sera donc permis de substituer ce solide à la sphère; donc, par le théorème précédent, l'aire de la sphère est égale au produit de son diamètre par la circonférence d'un de ses grands cercles.

Si R représente le rayon de la sphère, D son diamètre et C la circonférence d'un grand cercle, etc., son aire sera DC = 2RC = $4\pi^2 = \pi D^2$, à cause de $\frac{C}{2R} = \pi$; or (n° 75) l'aire du cercle est πR^2, donc *l'aire de la sphère est quadruple de celle d'un de ses grands cercles.*

On conclut de là, et par une méthode analogue à celle du n° 76, 1° que l'aire d'une zone à une ou deux bases, est égale au produit de sa hauteur par la circonférence d'un grand cercle de la sphère à laquelle cette zone appartient; 2° que la surface du fuseau est égale à l'arc qui mesure l'angle de ce fuseau, multiplié par le diamètre, puisque le fuseau est à la surface de la sphère, comme l'arc de ce fuseau est à la circonférence entière.

CHAPITRE VIII.

DE LA MESURE DU VOLUME DES CORPS RONDS.

166. *Le volume d'un cylindre droit ou oblique est égal au produit de* Fig.131 *sa base par sa hauteur.*

En considérant un prisme circonscrit au cylindre ACB, dont le volume diffère aussi peu qu'on voudra de celui de ce corps rond, la base du prisme aura pour limite la base même du cylindre : ainsi, en désignant par P l'aire du polygone circonscrit, par H la hauteur du prisme qui a ce polygone pour base, le produit P $\times$ H sera la mesure du volume de ce corps, et aura pour limites inférieures, surf. AC $\times$ H et V, ou le volume du cylindre; donc la vraie mesure de ce cylindre sera,

$$V = \text{surf. AC} \times H.$$

Pl. IV. **167.** *Le volume d'un cône quelconque a pour mesure le produit de sa*
Fig.125. *base par le tiers de sa hauteur.*

Soit désignée par P, l'aire du polygone circonscrit à la base du cône ; par H, la hauteur de ce corps. On conçoit que le volume de la pyramide qui a pour base le polygone dont il s'agit, et pour hauteur celle du cône, peut surpasser d'aussi peu que l'on voudra le volume de ce cône : or, le volume de la pyramide $= \frac{P \times H}{3}$; si donc V est la vraie mesure du cône, et que AC soit le rayon de sa base, le produit $\frac{P \times H}{3}$ aura pour limites inférieures surf. AC $\times \frac{H}{3}$ et V ; donc, comme ci-dessus.

$$V = \text{surf. AC} \times \frac{H}{3}.$$

Nota. On démontrerait encore immédiatement les deux théorèmes précédents, par la considération suivante : Si à la base du cylindre on substitue un polygone régulier circonscrit d'un nombre infini de côtés, et que l'on considère ce polygone comme la base d'un prisme ayant même hauteur que le cylindre, ce prisme pourra être pris pour ce cylindre. De même on pourra remplacer un cône par une pyramide circonscrite qui aurait aussi même hauteur que ce corps ; donc, etc.

168. *Le volume d'un tronc de cône est équivalent à trois cônes entiers qui auraient chacun même hauteur que le tronc, et dont l'un aurait pour base la base inférieure du tronc ; l'autre, la base supérieure ; et le troisième cône, une moyenne proportionnelle entre ces deux bases.*

Pour concevoir la vérité de ce théorème, il suffit d'imaginer un tronc de pyramide triangulaire, qui ait même hauteur que le cône tronqué, et dont les bases soient équivalentes à celles de ce cône ; car alors les volumes de ces deux troncs seront équivalents entre eux, et la mesure de l'un sera celle de l'autre. Cette proposition rentre donc dans celle du n° 151.

Fig.134. **169.** *Le volume d'une sphère est égal au produit de sa surface par le tiers de son rayon.*

Ire Démonstration. Concevons que le demi-polygone MNPQRS tourne autour du diamètre AB ; les côtés PN, PQ.... engendreront des cônes tronqués, et les côtés MN, RS des cônes entiers, de sorte que le tout formera un solide de révolution circonscrit à la sphère du rayon AC. Imaginons, en outre, un système de pyramides circonscrites à chacun de ces cônes, et un autre système de pyramides ayant pour sommet commun le centre de la sphère, et pour bases les faces mêmes des premières pyramides ; alors le volume du polyèdre circonscrit, formé par l'un ou l'autre système, aura pour mesure $S \times \frac{R}{3}$, S désignant l'aire de ce polyèdre, et R étant

GÉOMÉTRIE.   275

le rayon de la sphère. Or, il est possible d'augmenter le nombre des côtés Pl. IV. du polygone générateur du solide de révolution, ainsi que celui des pyramides de chaque système, de manière que les volumes du solide de révolution, du polyèdre circonscrit à la sphère, diffèrent entre eux d'une quantité aussi petite qu'on voudra; les trois quantités $S \times \frac{R}{3}$,

surf. $R \times \frac{R}{3}$, V, correspondent donc aux trois autres, X, A, B, du n° 75; donc la vraie mesure du volume de la sphère est,

$$V = \text{surf. } R \times \frac{R}{3}.$$

II° Démonstration. Si l'on suppose que la surface de la sphère soit décomposée en une infinité de triangles infiniment petits, et que leurs surfaces soient les bases d'autant de pyramides ayant pour sommet commun le centre de la sphère, le volume de chacune de ces pyramides sera égal à l'aire de sa base par le tiers de sa hauteur, ou le tiers du rayon de la sphère; donc la somme des volumes de toutes ces pyramides, ou le volume de la sphère, est égal au produit de sa surface par le tiers de son rayon.

Si D exprime le diamètre, on aura (n° 75), surf. $R = \pi D^2$; partant,

$$V = \tfrac{1}{6} \pi D^3.$$

On déduit en outre, des principes ci-dessus, que *le volume d'un secteur sphérique a pour mesure la zone qui lui sert de base, multipliée par le tiers du rayon.*

170. *Tout segment sphérique à une seule base, est équivalent à un* Fig. 135. *cylindre qui aurait pour rayon de sa base l'épaisseur de ce segment, et pour hauteur le rayon de la sphère, moins le tiers de l'épaisseur dont il s'agit.*

Le volume du segment terminé par la calotte sphérique ADB, est évidemment égal au volume du secteur sphérique AOBD, moins le volume du cône ABO, qui a pour base celle du segment.

Or, si l'on fait $CD = h$ et $AO = R$, le volume du secteur sera = surf. de la calotte $ADB \times \tfrac{1}{3} AO = 2\pi R h \times \frac{R}{3} = \tfrac{2}{3} \pi R^2 h$ (n°s 64 et 169);

D'un autre côté, le volume du cône $AOB =$ surf. $CA \times \tfrac{1}{3} CO$
$= \pi \overline{CA}^2 \times \tfrac{1}{3} CO = \pi (2R - h) h \tfrac{1}{3} \times (R - h) = \frac{\pi}{3} h (2R - h)(R - h)$,
(n°s 54 et 75);

Donc le volume du segment sphérique à une seule base
$= \tfrac{2}{3} \pi h R^2 - \frac{\pi}{3} h (2R - h)(R - h) = \pi h^2 \times (R - \tfrac{1}{3} h) = \tfrac{1}{3} \pi h^2 (3R - h);$

ce qui prouve la proposition énoncée.

18*

276   COURS DE MATHÉMATIQUES.

PL. IV.
Fig. 136.

171. *Le volume d'un segment sphérique à deux bases parallèles, a pour mesure la demi-somme de ces bases multipliée par son épaisseur, plus le volume de la sphère dont cette même épaisseur est le diamètre.*

Soit DD'E'E le segment dont il s'agit d'avoir le volume; M le milieu de l'arc DME; DO = R le rayon de la sphère; MN = h, MN' = h' les épaisseurs respectives des segments DME, D'ME'; enfin DN = y, D'N' = y' les rayons des bases du segment sphérique à mesurer.

Le segment sphérique DME a pour mesure . . . . . . $\pi h^2 (R - \frac{1}{3} h)$;
et le segment D'ME' . . . . $\pi h'^2 (R - \frac{1}{3} h')$.

Donc le volume du segment DD'E'E que l'on considère, est

$$V = \pi R (h^2 - h'^2) - \frac{1}{3} \pi (h^3 - h'^3).$$

Soit z l'épaisseur NN' de ce segment, on aura $z = h - h'$; d'où $h^2 - h'^2 = z(h + h')$ et $h^3 - h'^3 = z(h^2 + hh' + h'^2)$, et l'expression précédente deviendra

$$V = \pi z [R(h + h') - \frac{1}{3}(h^2 + h'h + h'^2)];$$

mais par la propriété du cercle (n° 54),

$$y^2 = 2Rh - h^2, \ y'^2 = 2Rh' - h'^2;$$

ajoutant ces équations, il vient,

$$y^2 + y'^2 = 2R(h + h') - (h^2 + h'^2);$$

d'où l'on tire,

$$R(h + h') = \frac{y^2 + y'^2 + h^2 + h'^2}{2},$$

enfin substituant cette valeur dans celle de V, on a

$$V = \pi z \left[\frac{y^2 + y'^2}{2} + \frac{(h - h')^2}{6} \right]$$

$$= z \frac{\pi y^2 + \pi y'^2}{2} + \frac{\pi z^3}{6},$$

résultat qui est conforme à l'énoncé de la proposition.

CHAPITRE IX.

COMPARAISON DES CORPS RONDS. — POLYÈDRES RÉGULIERS. — SIMILITUDE DES CORPS RONDS.

172. Les corps ronds semblables, sont ceux qui ont toutes leurs lignes homologues proportionnelles; ainsi les cylindres ou cônes droits sont semblables, lorsque les rectangles ou les triangles rectangles générateurs sont semblables. Les sphères le sont donc essentiellement.

De cette similitude il résulte nécessairement que les surfaces des corps ronds semblables, sont entre elles comme les carrés des lignes homologues ; que leurs volumes sont proportionnels aux cubes des lignes homologues. Ces propriétés se prouvent par des raisonnements analogues à ceux des n°s 81 et 83.

Lorsque l'on compare la sphère au cylindre circonscrit, on reconnaît, 1° que la surface courbe de ce cylindre est équivalente à celle de la sphère ; 2° que la surface totale du cylindre circonscrit, est à celle de la sphère comme 3 : 2 ; 3° c'est aussi le rapport qui existe entre les volumes de ces deux corps.

Cela dérive immédiatement des expressions trouvées n°s 161, 165, 166, 169 ; car 1° la hauteur H du cylindre circonscrit étant 2 R, son aire, non compris les bases, devient $2RC = 4\pi R^2$, ce qui est l'expression de la surface sphérique.

2° Si l'on ajoute à cette expression les valeurs des bases dont chacune $= \pi R^2$, on a,

$$\frac{\text{Surface cylindrique}}{\text{Surface sphérique}} = \frac{6\pi R^2}{4\pi R^2} = \frac{3}{2}.$$

3° On a de même,

$$\frac{\text{Volume du cylindre}}{\text{Volume de la sphère}} = \frac{2\pi R^3}{\frac{4}{3}\pi R^3} = \frac{3}{2}.$$

Définitions des Polyèdres réguliers.

173. Il nous restait à considérer les *polyèdres réguliers* qui jouissent des propriétés remarquables, c'est-à-dire les polyèdres terminés par des polygones réguliers égaux formant des angles dièdres égaux ; mais ces propriétés étant plus curieuses qu'utiles, nous nous bornerons à observer que le nombre de ces corps ne peut surpasser cinq, et que leurs faces ne peuvent être que des triangles équilatéraux, ou des carrés, ou des pentagones : cela tient à ce que la somme des angles plans qui composent chacun de leurs angles polyèdres, doit être moindre que quatre angles droits (n° 136). Voici la nomenclature de ces corps réguliers.

Le *tétraèdre* régulier a ses angles trièdres ; et ses quatre faces sont des triangles équilatéraux.

L'*octaèdre* régulier a ses angles trièdres ; et ses huit faces sont des triangles équilatéraux.

L'*icosaèdre* a ses angles pentaèdres ; et ses vingt faces sont des triangles équilatéraux.

L'*hexaèdre* ou *cube* a ses angles trièdres ; et ses six faces sont des carrés égaux.

Le *dodécaèdre* a aussi ses angles trièdres ; et ses douze faces sont des pentagones.

Ceux qui désireront plus de détails à ce sujet, pourront consulter la

Géométrie de M. Legendre ; c'est dans cet ouvrage principalement qu'ils trouveront les démonstrations des diverses propositions que nous n'avons fait qu'énoncer dans le précis de ces leçons.

Énoncés de plusieurs problèmes dont les solutions sont fondées sur quelques-uns des principes précédents.

Les dimensions d'un parallélipipède rectangle sont $2^m,5$, $4^m,3$ et $3^m,4$; quelle est sa mesure ?

Trouver la troisième dimension d'un parallélipipède rectangle, dont deux dimensions sont $3^m,2$, $2^m,7$, et qui a pour volume 10 mètres cubes ? Réponse, $8^m,64$.

Déterminer les trois dimensions d'un parallélipipède rectangle, sachant que la première est à la seconde :: 2 : 3, que la première est à la troisième :: 4 : 5, et que le volume vaut $12^m,457$? Rép., $1^m,89$; $3^m,83$; $2^m,36$.

Le côté d'un cube vaut $10^m,5$, trouver celui d'un cube dont le volume serait les $\frac{3}{4}$ du volume du premier ? Rép., $4^m,90$.

La base d'un prisme est un hexagone régulier dont le côté est $2^m,3$; la hauteur du prisme vaut $4^m,5$; on demande son volume ? Rép., $61^m,819$.

Les bases d'un tronc de pyramide valent, la première $2^{mm},5$, et la seconde $1^{mm},75$, la hauteur est égale à $0^m,6$; on demande son volume. Rép., $1^{mm},268$.

La hauteur d'une pyramide triangulaire est $11^m,3$, et les trois côtés de sa base sont 6^m, 7^m, 8^m ; quel est son volume ?

Déterminer l'arête du tétraèdre régulier, dont le volume est 15^{mc}.

Un des côtés d'une pyramide vaut $3^m,4$, on demande la valeur du côté homologue d'une pyramide semblable dont le volume serait les $\frac{3}{4}$ de celui de la première ?

Le côté d'un cône droit est 8, et sa hauteur $= 5$, trouver sa surface courbe et son volume.

Les rayons des bases d'un cône droit tronqué, sont 4 et 6, et le côté de ce tronc est 9 ; trouver la surface courbe de ce corps et son volume.

Le volume d'un cylindre est 36, et la circonférence de sa base est 8, trouver sa hauteur.

Le volume d'une sphère vaut 1 mètre cube ; quel est son rayon ? Rép., $0^m,62$.

Le volume d'une sphère $= 139$; quel est son rayon ?

On trouvera aux n°s 71 et 84 de l'*Algèbre*, les solutions de plusieurs autres problèmes de géométrie. Les élèves ne peuvent mieux faire que d'y recourir, parce qu'ils se familiariseront davantage avec les principes de cette science, et qu'ils en feront des applications utiles.

CHAPITRE X.

MESURE DES VOLUMES DES CORPS QUI CONSTITUENT LES OUVRAGES DE FORTIFICATIONS.

174. Dans les arts de construction, on désigne par *déblai* les terres Pl. IV. enlevées, et par *remblai* celles qui servent à exhausser certaines parties de terrain.

Soit qu'il s'agisse d'évaluer des massifs de maçonnerie, soit qu'il faille déterminer la quantité du déblai ou du remblai formé dans un ouvrage de fortification, on y parvient en décomposant d'abord ces massifs en corps moins irréguliers, dont les dimensions se déduisent tant de la connaissance de la figure du terrain indiquée par des nivellements, que de celle de la forme du projet; et en calculant ensuite les volumes de chacun de ces corps à l'aide des principes précédents, et des règles que nous allons donner pour compléter cette partie essentielle de la stéréométrie.

Il arrive souvent que la forme d'un corps ne résulte d'aucune loi géométrique; et, dans ce cas, les volumes partiels pris ensemble ne peuvent représenter que par approximation le volume total : de là la nécessité de les multiplier suffisamment; mais afin de simplifier les opérations numériques, l'on est convenu de considérer certaines surfaces courbes comme étant engendrées par le mouvement d'une droite assujettie à glisser le long de deux autres droites données de position.

Les corps dont les surfaces sont soumises à cette loi de génération, se nomment *corps à faces gauches* ou *réglées*. On voit donc en quoi ces surfaces diffèrent des surfaces courbes proprement dites (n° 5). Avant de chercher les formules qui conviennent à la mesure des corps à faces gauches, considérons celles qui se rapportent aux corps terminés par des surfaces planes.

175. *Mesure du solide* ABCDabcd, *composé de deux prismes trian-* Fig.137. *gulaires* ABDabd, BCDbcd, *dont les arêtes* Aa, Bb, Cc, Dd, *sont perpendiculaires à la base* ABCD.

Suivant le théorème du n° 152, le prisme triangulaire ABDabd, a pour mesure ABD $\times \frac{Aa+Bb+Dd}{3}$; celui BCD$bdc$, a aussi pour mesure BCD $\times \frac{Bb+Cc+Dd}{3}$; ainsi le volume total

$$V = ABD \times \frac{Aa+Bb+Dd}{3} + BCD \times \frac{Bb+Cc+Dd}{3}.$$

Lorsque la base ABCD est un parallélogramme, on a simplement

$$V = \frac{ABCD}{2} \times \frac{Aa+Cc+2Bb+Dd}{3}$$

280   COURS DE MATHÉMATIQUES.

Pl. IV. Il est évident que ces deux formules ont lieu lorsque la surface $abcd$ est la réunion de deux triangles abd, bcd situés dans deux plans différents, comme lorsqu'elle est plane.

Application à la mesure du volume d'un Ponton.

Pl. V.
Fig. 138 et 138 bis.
En vertu de ce qui précède, il est aisé d'avoir le volume d'un ponton. En effet, si l'on conçoit que cette espèce de bateau, dont les figures 138 et 138 bis représentent respectivement le plan et la perspective, soit coupé perpendiculairement à sa longueur et au milieu, le volume de chaque moitié $abcd$ABCD, $abcd$A'B'C'D' sera un assemblage de deux prismes triangulaires tronqués, dont l'un abcABC aura pour expression $abc \times \left(\frac{2aA+cC}{3}\right)$, parce que $Aa = Bb$; et dont l'autre aura aussi pour expression $acd \times \left(\frac{2cC+aA}{3}\right)$; donc le volume du ponton entier composé de deux parties symétriques, est

$$V = abc \left(\frac{2AA'+CC'}{3}\right) + acd \left(\frac{2CC'+AA'}{3}\right).$$

Soit pour exemple,

	mèt.	
La plus grande largeur............. $AB = 1$,	5
La plus petite................. $CD = 1$,	3
La profondeur du ponton........... $= 0$,	8
La plus grande longueur........... $AA' = 6$,	0
La plus petite longueur........... $CC' = 4$,	4

La formule précédente deviendra, en vertu de ses valeurs,

$$V = 1,5 \times 0,4 \left(\frac{12+4.4}{3}\right) + 1,3 \times 0,4 \left(\frac{8,8+6}{3}\right);$$

et en effectuant les calculs indiqués, on aura

$$V = 3,28 + 2,565 = 5,845;$$

ainsi, le volume du ponton est de 5 mètres cubes 845 millièmes.

Calcul d'une batterie.

Fig.13.
176. La figure 139 représente le profil de l'épaulement d'une batterie, et d'un fossé en avant pour en défendre l'accès. Dans la construction de ces sortes d'ouvrages, le remblai se forme uniquement des terres du déblai. Pour le cas dont il s'agit, le massif de la batterie, abstraction faite des embrasures, peut être considéré comme un prisme tronqué, dont la coupe faite perpendiculairement à sa longueur serait le quadrilatère ABDC. Pour satisfaire d'une manière suffisamment exacte à la condition actuelle, il

faut que la surface de la section ABDC soit équivalente à celle de la section EFHG. Or, nous remarquerons que la hauteur intérieure Cc de l'épaulement, ses talus intérieur et extérieur Ac, dB, ou l'angle DBA, son épaisseur AB à la base, et la largeur BE de la berme sont ordinairement donnés d'avance, ainsi que la largeur EG du fossé. Si donc l'on suppose que le talus des terres du déblai, afin qu'elles ne s'éboulent point, doive être le $\frac{1}{n}$ de la profondeur Hh du fossé, on aura ce problème à résoudre pour connaître cette profondeur : *déterminer la hauteur* Hh, *de manière que l'aire* EFHG *soit équivalente à l'aire* ACDB, *en établissant d'ailleurs pour condition que la ligne de tir* CD *passe par le sommet* G *de la contrescarpe.*

Pour traiter le cas le plus simple, nous supposerons que l'inclinaison DBA doit être égale à l'angle θ. Cela posé ;

Soient les données Ac $= a$, Bc $= b$, BE $= c$, EG $= d$, Cc $= h$; angle DBA $= \theta$;

et les inconnues dB $= x$, dD $= y$, hH $= z$. Les triangles semblables CcG, DdG donneront,

Cc : Dd :: cG : dG, ou $h : y :: b + c + d : x + c + d$;

d'où
$$y = \frac{(x+c+d)h}{b+c+d};$$

et le triangle rectangle DdB donnera $y = px$, en désignant par p le rapport connu $\frac{dD}{bB}$.

Égalant ces deux valeurs de y, on tirera ensuite,
$$x = \frac{(c+d)h}{(b+c+d)p - h}.$$

Désignons cette valeur connue par g', et la valeur correspondante de y par h'.

L'aire du triangle ACG, moins celle du triangle DBG, étant égale à la section ACDB, soit pour abréger, AG $= m$ et BG $= m'$; on aura
$$\text{ACDB} = \frac{mh}{2} - \frac{m'h'}{2}.$$

Quant à l'aire de la section EFHG, elle est égale à
$$\left(d + d - \frac{2z}{n}\right)\frac{z}{2} \text{ (n° 73)};$$

ainsi l'équation
$$mh - m'h' = 2z\left(d - \frac{z}{n}\right),$$

exprime analytiquement que le remblai est égal au déblai. Si on la résout

PL. V par rapport à l'inconnue z, et si l'on fait, pour simplifier, $mh - m'h' = R$, on obtiendra

$$z = \frac{dn}{2} \pm \frac{\sqrt{d^2n^2 - 2nR}}{2}.$$

Il résulte de là, et de ce que n ni R ne peuvent être négatives, que le problème est impossible lorsque $2nR > d^2n^2$, ou ce qui est de même, lorsque

$$d < \sqrt{\frac{2R}{n}};$$

et il est aisé de voir que des deux valeurs positives de z, la plus petite est la seule qui soit admissible, car les dimensions du fossé ne peuvent être que positives. En effet, si on prenait $z > \frac{dn}{2}$, la largeur $d - \frac{2z}{n}$ du fond du fossé serait négative.

L'épaulement que l'on considère maintenant étant un prisme tronqué, il s'ensuit que sa mesure s'obtient de la même manière que celle d'un ponton; cependant, pour en connaître le massif effectif, il faut en outre avoir égard au déficit produit par les embrasures.

Mesures des solides à faces gauches.

177. Si l'on imagine qu'un massif de terre irrégulier, situé sur un plan horizontal, soit coupé par un grand nombre de plans verticaux parallèles, et par d'autres plans perpendiculaires à ceux-ci, ce massif sera décomposé en solides, dont une des faces seulement fera partie de la surface du solide de terre; et s'il s'agit d'en évaluer le volume, on pourra, sans erreur bien sensible, considérer chacune de ces surfaces partielles comme étant terminées par des lignes droites, et engendrées à la manière des surfaces gauches (n° 174). C'est presque toujours ainsi, dans les travaux de terrasses, que se fait la décomposition des solides à mesurer; cependant, pour plus de généralité, nous déterminerons d'abord le volume d'un solide à base trapézoïdale.

Fig. 140. Soit ABCD le trapèze servant de base au solide ABCD$abcd$, et AB, DC les côtés parallèles. Si la surface gauche $abcd$, opposée à la base, est engendrée par le mouvement d'une droite ab, parallèle au plan vertical AabB, et s'appuyant constamment sur les lignes ad, bc, et que $aA' = bB$, $bB' = aA$, $cC' = dD$, $dD' = cC$, le solide AC' sera visiblement double du solide proposé, et la base A'B'C'D' sera nécessairement plane. Par conséquent, si on mène les diagonales AC, A'C', le plan AA' CC' divisera le solide AC' en deux troncs de prismes triangulaires ABCA'B'C', ADCA'D'C'. Désignant donc respectivement par B', B'', les triangles ABC, ADC, et par h, h', h'', h''', les hauteurs inégales Aa, Bb, Cc, Dd, on aura pour le volume v' du premier prisme,

$$v' = \left(\frac{AA'+BB'+CC'}{3}\right) B' = \left(\frac{2h+2h'+h''+h'''}{3}\right) B',$$

et pour le volume v'' du deuxième prisme,

$$v'' = \left(\frac{CC'+DD'+AA'}{3}\right) B'' = \left(\frac{2h''+2h'''+h+h'}{3}\right) B'';$$

par conséquent, le volume cherché du solide ABCD$abcd$, est

$$V = \frac{v'+v''}{2} = \left(\frac{2h+2h'+h''+h'''}{6}\right) B' + \left(\frac{2h''+2h'''+h+h'}{6}\right) B'';$$

c'est-à-dire qu'après avoir partagé la base de ce solide en deux triangles, par une diagonale quelconque, on prendra pour base de chaque triangle, une des bases mêmes du trapèze ABCD; puis l'on ajoutera ensemble deux fois les hauteurs qui aboutissent à cette base, et une fois les hauteurs qui aboutissent à la base de l'autre triangle; ensuite on prendra le sixième du tout, que l'on multipliera par l'aire du triangle choisi pour base, et le produit sera le volume de chaque tronc de prisme triangulaire; enfin, la somme de ces deux prismes sera le volume du corps dont la base est un trapèze.

Ce solide peut n'avoir que une, deux ou trois hauteurs. Lorsque la base ABCD se change en parallélogramme, on a $B' = B''$, et alors la formule précédente se réduit à

$$V = B \times \left(\frac{h+h'+h''+h'''}{4}\right);$$

en désignant par B la base ABCD. Ainsi, dans ce cas, il faut multiplier la base par le quart de la somme des quatre hauteurs.

Du mesurage des bois.

178. On est maintenant dans l'usage d'évaluer en mètres cubes, les volumes des matières que l'on emploie dans l'artillerie, et dans l'architecture militaire et civile, à moins que l'on ne soit obligé de faire exécuter des travaux en pays étranger; encore est-il toujours possible de connaître le rapport de la mesure du pays avec le mètre, et par conséquent d'effectuer tous les calculs suivant le système décimal.

S'il s'agissait cependant de déterminer le volume des ouvrages de sujétion, l'on prendrait pour unité de volume, le décimètre cube, qu'il ne faut pas confondre avec le dixième du mètre cube (n° 101, *Arithmétique*), puisqu'en effet la première unité n'est que la 1000ième partie du mètre cube, et qu'au contraire la seconde unité en est la 10ième partie.

Lorsque l'on met les bois en œuvre dans l'artillerie et dans les travaux des fortifications, on les équarrit d'abord, c'est-à-dire qu'on leur donne la forme d'un parallélipipède rectangle; et alors on entend par *équarrissage*, le carré inscrit au cercle pris pour base, dans un corps d'arbre non équarri ou en *grume*. Mais, parce que les arbres diminuent de grosseur en allant du pied vers les branches, on a coutume de considérer la tige d'un arbre comme un cylindre de même longueur que cette tige, et dont le diamètre est égal à celui de la section supposée faite au milieu de cette longueur. On diminue, en outre, ce diamètre de quelques centimètres, par rapport à l'écorce et à l'aubier; mais cette diminution varie selon la nature des bois et le pays où l'on en fait usage.

Soit, en général, d le diamètre *moyen* d'un arbre, exprimé en parties du mètre, et h sa longueur donnée en mètres. En vertu du n° 107, $\frac{d^2}{2}$ sera l'aire du carré inscrit au cercle qui a d pour diamètre, et $v = \frac{d^2}{2} \times h$, sera (n° 148) l'expression du volume de l'arbre équarri.

Si on donnait aux bois une tout autre forme que celle que nous supposons maintenant, il faudrait, pour effectuer leur *cubature*, recourir aux règles précédemment démontrées.

LIVRE III.

NOTIONS DE GÉOMÉTRIE DESCRIPTIVE.

CHAPITRE PREMIER.

THÉORÈMES ET PROBLÈMES.

179. La *méthode des projections* consiste à représenter sur une surface donnée, et suivant une certaine loi, des points situés dans l'espace. Cette partie de la géométrie qui en forme le complément, et à laquelle on a donné le nom de *Géométrie descriptive*, trouvant sans cesse son application dans les arts graphiques, il convient, pour en faciliter l'intelligence aux élèves qui doivent se livrer aux applications, de leur donner quelques notions sur cet objet. Pl. V.

180. *Un point est donné dans l'espace, par ses distances à trois plans connus.* On suppose ordinairement ces plans rectangulaires, et nous les considérerons tels par la suite. Fig. 141.

Soit M le point dont il s'agit, et qui est rapporté aux trois plans rectangulaires bac, dab, cad. Les droites MM', MM'', MM''', mesurant les distances de ce point à chacun de ces plans, sont les arêtes contiguës du parallélipipède rectangle M''' n. Or, dans un tel corps, le carré de la diagonale aM est égal à la somme des carrés des trois arêtes d'un même angle trièdre ; car (n° 77),

$$\overline{aM}^2 = \overline{aM'}^2 + \overline{MM'}^2 \text{ et } \overline{aM'}^2 = \overline{an}^2 + \overline{nM'}^2.$$

Donc le *carré de la distance d'un point quelconque* M *de l'espace, à celui où les trois plans coordonnés se rencontrent, est égal à la somme des carrés des distances du point* M *à chacun de ces plans.*

Le pied de la perpendiculaire abaissée d'un point donné sur un plan, se nomme la *projection orthogonale*, ou simplement la *projection* de ce point.

Les plans sur lesquels on projette les points de l'espace, se nomment *plans de projection*, ou *plans coordonnés*. Pour mieux fixer les idées, nous supposerons que l'un de ces plans est horizontal, et que les deux autres sont verticaux.

La *projection d'une droite* sur un plan, est l'intersection de ce plan avec un autre, que l'on nomme *plan projetant*, qui lui est perpendiculaire, et qui passe par la droite proposée. Ainsi la droite MN a pour projection horizontale M'N', et pour projection verticale M''N''. Fig. 142.

181. *Une droite est déterminée de position dans l'espace, par ses projections sur les plans coordonnés.*

En effet, si par les projections de cette droite, on élève des plans perpendiculaires aux plans de projection respectifs, chacun d'eux contiendra la droite dont il s'agit; donc elle sera la commune section de ces plans.

De là, il est aisé de conclure que l'une des trois projections d'une droite, dépend essentiellement des deux autres. Ainsi nous ne considérerons à l'avenir que deux plans de projection, l'horizontal et le vertical, et nous supposerons même que le plan vertical a été rabattu sur le plan horizontal, en le faisant tourner autour de leur commune section, comme charnière. Cette circonstance donne lieu à une remarque importante, c'est que *les deux projections d'un même point se trouvent sur une même droite perpendiculaire à l'intersection des deux plans de projection.*

Par exemple, dans la figure en *perspective*, le point M est projeté sur les plans *bac*, *bad*, suivant les perpendiculaires MM', MM''; les droites M''n, M'n, respectivement parallèles à ces perpendiculaires, forment donc des angles droits avec la ligne *ab*; donc, en rabattant le plan *dab* sur le plan *bac*, les points M'M'' seront sur la même droite M'M'' perpendiculaire à *ab*.

182. En architecture, le dessin exécuté sur le plan horizontal de projection, se nomme le *plan géométral*; celui-ci fait connaître la situation respective des projections de tous les points remarquables d'un édifice; et ces projections, d'après ce qui a été dit ci-dessus, sont données par les pieds des *lignes à plomb*, ou des perpendiculaires abaissées sur ce plan. C'est sur le plan vertical que se projettent ces mêmes points, et que se trouvent par conséquent leurs hauteurs au-dessus du plan horizontal. La figure qui résulte de cette dernière opération, s'appelle *coupe* ou *profil*, si elle représente une section faite dans le bâtiment; et *élévation*, si elle n'en peint que les parties extérieures.

La droite, suivant laquelle un plan rencontre l'un des plans de projection, se nomme *la trace* de ce premier plan.

183. *Un plan est connu par ses traces sur chacun des plans de projection.*

En effet, si *mM'* et *mM''* sont les traces de ce plan, sur le plan horizontal *bac* et sur le plan vertical *dab*; les trois points M', *m*, M'', n'étant jamais en ligne droite, et appartenant au plan dont il s'agit, en déterminent nécessairement la position.

S'il arrivait que la trace M''*m* fût perpendiculaire à *ab*, le plan M''*m*M' serait perpendiculaire au plan horizontal; et si les deux traces étaient perpendiculaires à *ab*, le plan en question serait à la fois perpendiculaire aux deux plans de projection, cela est évident.

184. *Deux plans non parallèles étant donnés, trouver les projections de leur intersection.*

Soient M′mM″, M′nM″, les deux plans donnés. Les deux points M′, M″, situés respectivement dans le plan horizontal et dans le plan vertical, appartenant en même temps aux deux plans donnés, il s'ensuit que la droite M′M″ est leur commune section. Si donc on abaisse sur ab les perpendiculaires M′q, M″p, les droites pM′, qM″, seront les projections horizontale et verticale de l'intersection des deux plans donnés.

Pl. V.

185. *Trouver les projections de la droite qui passe par deux points donnés.* Fig. 145.

Cette question se résout sur-le-champ, en joignant sur chaque plan de projection, les projections des points donnés. Par exemple, la droite M′N′ qui passe par les projections horizontales de ces points, est aussi la projection horizontale de la droite qui joint ces mêmes points; de même, M″N″ est sa projection verticale.

186. *Les projections de deux droites parallèles dans l'espace, sont elles-mêmes parallèles sur chaque plan de projection.* Fig. 146.

Car MN, PQ étant les droites proposées, les deux plans projetants verticaux NMN′, QPQ′, sont parallèles; puisqu'en supposant les lignes NN′, QQ′ perpendiculaires au plan horizontal abc, les angles MNN′, PQQ′ sont égaux (n° 128), et ont leurs plans parallèles. Donc les projections MN′, PQ′ sont elles-mêmes parallèles (n° 126).

Si le parallélisme des projections n'avait lieu que sur un des plans coordonnés, les droites dont il s'agit ne seraient point parallèles entre elles. Cette circonstance annoncerait seulement que l'une de ces droites est parallèle au plan projetant de l'autre.

On conçoit aisément que deux droites se coupent dans l'espace, lorsque leurs projections sur chaque plan coordonné se rencontrent en deux points situés sur une même ligne perpendiculaire à ab (n° 181), et ces points sont alors les projections du point cherché.

187. *Par un point donné, mener une parallèle à une droite donnée.* Fig. 147.

Il résulte du théorème précédent, que la question actuelle sera résolue si, par les projections P′, P″ du point proposé, l'on mène dans chaque plan coordonné des droites F′G′, F″G″, respectivement parallèles aux projections M′N′, M″N″ de la droite donnée; car les droites F′G′, F″G″ seront les projections horizontale et verticale de la droite cherchée.

188. *Trouver l'intersection d'un plan et d'une ligne droite.* Fig. 148.

Soit, dans la figure en perspective M′oM″ le plan donné, et PR la droite dont il faut trouver les projections R′, R″ du point R de rencontre avec ce plan.

Pour cet effet, on cherchera la commune section de l'un des plans projetants PRR′P′ avec le plan proposé; cette ligne passera nécessairement par le point R, et sa projection sur le plan vertical coupera celle P″R″ de la droite donnée PR en un point R″, qui sera la projection du point cherché.

288   COURS DE MATHÉMATIQUES.

Pl. V.   Pour exécuter réellement cette construction, soit M'oM" le plan donné, et nM', qQ", les projections de la droite dont on cherche la rencontre avec ce plan. Menez des points M', n, les perpendiculaires M'm, nM" à la droite ab, et la ligne mM" sera (n° 184) la projection verticale de la commune section du plan projetant M"nM', avec le plan M'oM". Ainsi le point R" sera la projection verticale du point R. Quant à la projection horizontale R' de ce point, on l'obtient en menant R"R' perpendiculaire à ab (n° 181).

On parviendrait au même but, en effectuant la construction représentée par la figure 149.

Fig.150.   **189.** *Un plan étant donné, trouver pour chaque point du plan horizontal la coordonnée verticale, c'est-à-dire la hauteur de celui qui lui correspond dans le plan donné.*

Soit M'oM" le plan donné, et P' la projection horizontale du point de ce plan, dont on demande la hauteur au-dessus de bac. Si l'on conçoit dans le plan M'oM" une horizontale PQ", elle sera parallèle à la trace oM', et alors qQ" ou nP" sera la hauteur du point P au-dessus du plan horizontal bac.

Cela posé, menez P'q parallèle à oM'; élevez qQ" perpendiculaire à ab, et les lignes P'P", Q"P", respectivement parallèles à qQ" et à ab, se rencontreront en un point P", qui sera la projection verticale du point cherché P. Donc nP", ou qQ", sera sa hauteur au-dessus du plan horizontal.

Fig.151.   **190.** *Déterminer l'angle qu'une droite fait avec l'un des plans de projection.*

Il est visible que l'angle qu'une droite P'N fait avec un plan abc, est celui que cette droite forme avec la trace P'N' du plan projetant P'NN' sur le plan abc. Si donc eF', gG" sont les projections d'une droite donnée, on prendra arbitrairement sur eF' un point N'; et le point N", déterminé par la rencontre de la droite N'N" perpendiculaire à abc avec la projection gG", sera la projection verticale du point N.

Maintenant, il s'agit de trouver les points où la droite MN rencontre les plans coordonnés. Or, ces points sont ceux où la droite d'intersection des deux plans projetants rencontre les plans coordonnés; donc (n° 184), les points P', P", sont les points cherchés.

Reste à déterminer l'angle NP'N'. Pour cet effet, si l'on considère que le triangle NP'N', tournant autour de P'N', soit rabattu sur le plan horizontal, la droite N'N restera constante et égale à N"h. Faisant par conséquent N'n perpendiculaire à P'N', et égale à N"h, l'angle N'P'n sera celui que l'on cherche. La figure 152 représente le cas où la droite donnée rencontre le plan horizontal bac, supposé prolongé vers d.

Fig.153.   **191.** *Trouver l'angle qu'un plan donné fait avec chacun des plans de projection.*

GÉOMÉTRIE DESCRIPTIVE. 289

Soit M'oM" le plan donné, déterminer, par exemple, l'angle que ce plan Pl. V.
fait avec l'horizontal bac.

Si, d'un point quelconque P, pris sur le plan M'oM", on abaisse sur bac
une perpendiculaire PP', et que, par cette perpendiculaire, on conçoive
un plan PP'N', perpendiculaire au plan donné M'oM", l'angle PN'P' sera
celui que l'on demande.

Cela posé, prenez à volonté un point P' sur le plan horizontal, et de
ce point, abaissez sur oM' la perpendiculaire P'N'. Cherchez, par la
méthode du n° 189, la projection P" du point P, et prenez sur qP',
parallèle à oM', la partie P'p = P"r. Alors l'angle pN'P' sera l'inclinaison
cherchée.

Il est facile de démontrer que la perpendiculaire abaissée d'un point
quelconque d'un plan incliné à l'horizon, sur la trace de ce plan, ou sur
une ligne horizontale qui y soit contenue, est la *ligne de plus grande pente*
de ce même plan; d'où il suit que si on voulait déterminer la ligne de plus
grande pente du plan M'oM", on abaisserait d'un point quelconque P,
une perpendiculaire PN' sur l'horizontal oM', laquelle serait la ligne
cherchée.

On conçoit, d'après ce qui précède, le moyen de construire un plan dont
la trace oM', ainsi que l'angle PN'P', seraient connus.

192. *Par un point donné, mener un plan parallèle à un autre plan* Fig. 154.
donné.

Puisque les plans doivent être parallèles, leurs traces sur les plans
coordonnés seront elles-mêmes parallèles (n° 186). C'est sur cette propriété qu'est fondée la construction suivante :

Soit M'mM" le plan donné, et P', P" les projections du point dont il
s'agit. On mènera P'e parallèle à mM', et l'on formera le rectangle epP"E" :
alors le point E" étant sur la trace verticale du plan cherché, l'on mènera à mM" la parallèle nE"N" ; et par le point n, la droite nN', parallèle à mM'. Le plan N"nN', déterminé de cette manière, sera parallèle à
M"mM', et passera par le point donné.

193. *Si une droite est perpendiculaire à un plan, la trace de celui-ci* Fig. 155.
*et la projection de cette droite sur le même plan coordonné, seront perpen-
diculaires l'une à l'autre.*

Le plan que l'on considère est M'mM", et la droite qui lui est perpendiculaire est PQ; ainsi tout plan PQ' passant par cette droite, sera lui-
même perpendiculaire au plan M'mM" (n° 133); par conséquent, si le plan
PQ' est le plan projetant de la droite PQ, il remplira cette condition, et
sera en outre perpendiculaire au plan horizontal bac; donc ce dernier, et
le plan M'mM", lui seront tous deux perpendiculaires; donc leur commune
section, ou la trace mM', jouira aussi de cette propriété; donc enfin mM'
sera perpendiculaire à P'Q', projection horizontale de la droite PQ. On
raisonnerait de même relativement à la projection verticale.

19

290   COURS DE MATHÉMATIQUES.

Pl. VI.
Fig. 156.

194. *Par un point donné, mener une droite perpendiculaire à un plan donné.*

Il résulte du théorème précédent, que si, des projections P′, P″ du point donné, on abaisse respectivement sur les traces mM', mM'' du plan donné, les perpendiculaires P′Q′, P″Q″, elles seront les projections de la ligne jouissant des deux propriétés requises.

Si on voulait déterminer la longueur de la perpendiculaire au plan donné, il faudrait d'abord chercher les projections de son pied par le procédé du n° 188, et ensuite construire sur la projection de la longueur de la perpendiculaire en question, un trapèze dont les bases parallèles et perpendiculaires à cette projection, fussent égales aux hauteurs des extrémités de cette perpendiculaire, au-dessus du plan coordonné qui contient la projection dont il s'agit ; alors le quatrième côté de ce trapèze serait la longueur demandée.

Fig.157.   **195.** *Par un point donné, mener un plan perpendiculaire à une droite donnée.*

Les projections de la droite, et les traces du plan donné, devant, sur chaque plan coordonné, être perpendiculaires entre elles, il s'ensuit que le problème sera résolu dès que l'on connaîtra un point de l'une de ces traces.

Pour cet effet, par le point P′, projection horizontale du point donné, menez P′q perpendiculaire à la projection $e'M'$ de la droite donnée ; cette ligne P′q sera parallèle à la trace du plan cherché, et pourra être regardée comme la projection, sur le plan horizontal, d'une ligne qui lui serait parallèle, et qui passerait par le point donné. Si donc l'on construit par la méthode du n° 189, la rencontre de cette dernière ligne avec le plan vertical, elle aura lieu en Q″. Alors, menant d'une part Q″m perpendiculaire à la projection $e''M''$, ce sera la trace du plan cherché sur le plan vertical ; et menant de l'autre part mM' perpendiculaire à $e'M'$, ce sera sa trace horizontale.

Fig. 156 bis.

On peut maintenant résoudre cet autre problème : *Deux plans étant donnés, trouver l'angle qu'ils font entre eux.*

Car l'angle de deux plans est le même que celui de deux lignes perpendiculaires, menées dans chacun de ces plans à un même point de leur intersection ; lignes qui déterminent nécessairement un plan perpendiculaire à cette intersection (n° 120). Ayant donc construit les projections de l'intersection des plans donnés (n° 184), et mené par un point choisi arbitrairement sur cette droite, un plan qui lui soit perpendiculaire ; puis ayant construit les traces de ce nouveau plan sur chacun des plans proposés, il ne s'agira plus que de déterminer l'angle de ces deux traces. Voici à ce sujet une construction fort simple.

Soient M′mM″, M′nM″ les deux plans donnés ; pM′ et pM″ seront (n° 184) les projections horizontale et verticale de leur commune section. Pour avoir cette commune section elle-même, soit menée pM$_u$ perpendiculaire à pM′ et égale à pM″, alors la droite M′M$_{u}$ sera celle cherchée. Ensuite relevons par la pensée le triangle M″pM′, jusqu'à ce qu'il soit vertical ; et par le point R′ pris à volonté sur pM′, élevons un plan perpendiculaire à M$_{u}$M′, PR′ sera la trace de ce plan sur le plan vertical M$_{u}p$M′. Or en faisant tourner le premier autour de sa trace horizontale S′Q′, la droite R′P qui est perpendiculaire à R′S′ viendra s'appliquer sur M′R′, et le point P sera en P′ : de plus le triangle dont les trois points Q′, P, S′ sont les sommets, ne changera en aucune manière par ce rabattement ; il sera donc précisément le même que Q′ P′ S′ ; ainsi l'angle en P′ sera celui des deux plans donnés.

Pl. VI.

196. *Faire passer un plan par trois points donnés.* Fig.158.

Si, par les points donnés M, N, P, on conçoit deux droites MN, NP, leurs projections respectives seront sur le plan horizontal, M′N′, N′P′ ; et sur le plan vertical elles seront M″N″, N″P″. De plus, leurs points de rencontre F′, E′ avec le plan abc, se détermineront par la méthode du n° 190, ainsi la trace horizontale du plan cherché sera hE′. Il faudra ensuite assujettir ce plan à passer par l'un quelconque des trois points donnés, par le point N, par exemple ; et l'on obtiendra par ce moyen l'autre trace hG″.

Nous n'entrerons pas dans d'autres détails à ce sujet, parce que les figures perspective et géométrale indiquent suffisamment la construction qu'il s'agit d'effectuer.

S'il fallait trouver la hauteur verticale d'un quatrième point donné par sa projection, et qui fût dans le plan même des trois points donnés M, N, P, on se comporterait comme il a été dit au n° 189 ; mais on peut encore résoudre ce problème, indépendamment des traces du plan qui contient ces points. Pour cet effet, supposons, comme ci-dessus, que les points M, N, P, Fig.159. soient projetés en M′, N′, P′, sur le plan horizontal, et qu'il faille trouver la coordonnée ou hauteur verticale du point z′. On mènera la droite M′z′ jusqu'en x′, et la droite x′x parallèle à PP′ ; alors la droite Mx contiendra le point z cherché, et par conséquent zz′, parallèle à MM′ sera la hauteur demandée.

Il serait de même facile de mener dans le plan MNP une horizontale par le point z. Pour cela, on chercherait, à l'aide de la théorie des lignes proportionnelles, soit dans le trapèze MN′, soit dans celui MP′ un point y ou u, dont la hauteur yy′ ou uu′ au-dessus du plan de projection fût égale à zz′, et la droite yzu serait l'horizontale dont il s'agit.

Remarquez que dans les figures géométrales, les hauteurs au-dessus du plan horizontal se comptent à partir de ab (fig. 159 *bis*).

197. *Deux droites non parallèles étant données dans l'espace, mener* Fig.160. *par l'une d'elles un plan parallèle à l'autre, et mesurer la plus courte distance de ces deux droites.*

Soient ef, gh les deux droites données. Si par un point quelconque f

Pl. VI. de la première, on conçoit une droite fq parallèle à l'autre droite gh; les lignes ef, fq détermineront nécessairement la position d'un plan pq, qui sera parallèle à la seconde droite gh (n° 124).

Pour mesurer la plus courte distance de la droite ef à la droite gh, il faut par celle-ci mener un plan hrg perpendiculaire à pq, et du point r commun à la droite ef et à l'intersection ab des deux plans ag, pq, élever à ce dernier la perpendiculaire rs, qui sera tout entière dans le plan ag, et qui mesurera la plus courte distance demandée. Il suit de là que cette plus courte distance est à la fois perpendiculaire aux deux droites données.

Voici les constructions relatives à cette solution. $E'P'$, eP'' sont les projections de la première droite donnée, et $O'm$, oM'' sont celles de la seconde droite. Le point où la première droite rencontre le plan horizontal est E' (n° 190), et celui où la seconde droite rencontre ce même plan est O'. Or pour faire passer par E' une ligne parallèle à la seconde droite donnée, l'on mènera les droites $E'L'$ et eL'' respectivement parallèles aux lignes $O'm$, OM'': ces droites seront les projections de la ligne cherchée.

Il s'agit maintenant de trouver la position du plan passant par cette troisième ligne et par la première droite donnée, plan qui sera parallèle à la seconde droite; c'est à quoi l'on parviendra aisément à l'aide du procédé suivant. Prolongeant $E'L'$ jusqu'en g, et élevant à l'axe ab la perpendiculaire gG'', le point G'' sera celui où la troisième droite rencontre le plan vertical. Prolongeant de même $P'E'$ jusqu'en f, le point F', intersection de la perpendiculaire fF' et du prolongement eP'', sera le point où la première droite rencontre le plan vertical; donc la ligne $F'G''$ sera la trace verticale du plan cherché, et la ligne hE' sera sa trace horizontale.

Reste à abaisser une perpendiculaire d'un point quelconque de la seconde droite, sur le plan $K'hK''$ dont nous venons de déterminer la position. Pour cela, choisissons le point dont les projections sont O', o, et abaissons respectivement de ces projections les perpendiculaires $O'K'$, oK'' sur les traces hK', hK'' (n° 194); puis menons $K''r$ perpendiculairement à ab, et joignons les points r, S'. Le point N' et son correspondant N'', seront les projections du pied de la perpendiculaire dont il est question. Enfin l'on trouvera la longueur de cette perpendiculaire, comme on l'a indiqué à la fin du n° 194.

Pl. VII. Fig. 161. **198.** *Etant donnés les trois angles plans qui forment un angle trièdre, trouver, par une construction plane, l'angle que deux de ces plans font entre eux.*

Soit S l'angle trièdre, composé des angles plans connus ASB, ASC, BSC. Il s'agit de trouver l'angle que deux de ces plans font entre eux; l'angle des plans ASB, ASC, par exemple.

Pour cet effet, concevons que d'un point quelconque B pris sur l'arête SB, on ait abaissé sur le plan ASC la perpendiculaire BP, sur l'arête AS la perpendiculaire BA, et sur SC la perpendiculaire BC. Si on joint PA et

PC, les angles BAP, BCP mesureront les inclinaisons respectives des PL. VII. plans ASB, BSC avec celui ASC (n° 131).

Cela posé, faites sur un plan les angles ASB′, ASC, CSB″ respectivement égaux aux angles ASB, ASC, BSC dans la figure en relief; prenez SB′ = SB″ = SB, et des points B′, B″ abaissez sur les lignes AS, CS les perpendiculaires B′ A, B″ C qui se rencontreront en P. Du point A comme centre et du rayon AB′, décrivez la demi-circonférence B′*b*D; au point P, élevez sur B′D la perpendiculaire P*b*, et joignez *b*A. L'angle *b*AP sera égal à BAP dans la figure en relief, et représentera par conséquent l'inclinaison cherchée des deux plans ASB, ASC; ce qui est évident, car dans la construction précédente les triangles ASB, BSC sont censés rabattus sur le troisième ASC.

Si le point P tombait entre A et B′ dans la figure plane, l'angle DA*b* serait obtus, et mesurerait de même l'inclinaison demandée.

Il a été démontré aux n°⁵ 136 et 135, que les angles plans qui composent un angle trièdre, sont toujours ensemble moindres que quatre angles droits, et que le plus grand angle plan est en même temps plus petit que la somme des deux autres. Il faudrait donc, pour pouvoir construire un angle trièdre, que les trois angles plans pris à volonté satisfissent à ces deux conditions. On voit bien d'ailleurs que le problème proposé serait impossible, si le point P était situé hors de la droite B′ D; ainsi les limites de l'angle CSB″ supposé seul variable, sont CSH, CSK. On voit en outre le parti que l'on peut tirer de la construction ci-dessus, pour résoudre ce problème, qui est l'inverse du précédent.

Etant donnés deux des trois angles plans qui forment un angle trièdre, avec l'angle que leurs plans font entre eux, trouver le troisième angle plan.

CHAPITRE II.

DES PLANS TANGENTS AUX SURFACES COURBES.

199. Un plan tangent à une surface courbe quelconque, est celui qui contient toutes les tangentes qu'il est possible de mener à cette surface, par le point où ce plan la touche.

Il suit de cette définition, que si par le point de contact on fait passer un plan suivant une direction quelconque, son intersection avec le plan tangent sera une droite tangente à la section correspondante faite sur la surface proposée.

Puisque deux droites qui se coupent fixent la position d'un plan, deux des sections dont on vient de parler, donneront lieu à deux tangentes, qui détermineront le plan tangent à la surface courbe dont il s'agit. En général, les constructions se simplifient, quand ces sections sont faites parallèlement aux plans coordonnés.

Pl. VII. Pour mener un plan tangent à une surface courbe, il faut donc savoir mener des tangentes aux courbes planes. Nous n'entrerons pas dans de grands développements à ce sujet, parce que les élèves auront peu d'occasion de résoudre des questions de cette nature. Voici quelques cas particuliers traités de la manière la plus simple.

Plan tangent à un cylindre.

200. Un cylindre est donné de position dans l'espace, par les projections de sa génératrice et celles de la courbe qui dirige le mouvement de cette ligne. Cette courbe est dite à *double courbure*, lorsque quatre de ses points consécutifs quelconques ne sont pas dans un même plan. La position d'une telle ligne est connue dans l'espace, quand elle est l'intersection de deux surfaces courbes données : elle peut toujours être considérée comme l'intersection de deux surfaces cylindriques, dont les génératrices sont respectivement perpendiculaires aux plans de projection.

Un plan tangent à la surface de ce corps, a évidemment pour ligne de contact la génératrice même prise dans une de ses positions; ainsi la question sera entièrement déterminée, si l'on assujettit ce plan à passer par un point donné.

Fig. 162. Soit O' E' le rayon du cercle qui sert de base au cylindre proposé, et qui est tracé sur le plan horizontal de projection. Soient en outre O'L', oL" les projections de l'axe du cylindre, et supposons qu'il faille mener à la surface de ce corps, un plan tangent par un point pris sur cette surface, et dont la projection horizontale est M'. Menez M' N' parallèle à O' L'; du point N' abaissez sur ab la perpendiculaire N'n et tirez nM" parallèle à oL". Le point M" sera la projection verticale du point donné (n° 181), et les lignes M' N', nM" seront les projections de la ligne de contact.

Cela posé, la droite M" P" parallèle à ab représentera la trace de la section horizontale faite dans le cylindre, à la hauteur mM" au-dessus du plan de sa base : or comme cette section est égale à cette base, le cercle P' M', dont le centre est P', en sera la projection horizontale. Menant donc à cette projection la tangente M' R', elle représentera la projection de la seconde droite par laquelle doit passer le plan tangent. Alors la question étant réduite à trouver les traces de ce plan assujetti à passer par deux droites connues, on procédera ainsi qu'il a été dit au n° 197, et comme on le voit même à l'inspection de la figure.

Dans la pratique, on peut se dispenser de décrire le cercle P' M', puisque sN' doit être parallèle à M' q, et que M' q est perpendiculaire à M' P' ou à O' N'.

Le point par lequel doit être mené le plan tangent, pourrait être donné hors de la surface; dans ce cas, l'on formerait une section horizontale passant par le point donné; l'on mènerait une tangente à cette section,

GÉOMÉTRIE DESCRIPTIVE. 295

et le reste de la solution s'achèverait comme ci-dessus; mais alors le problème serait susceptible de deux solutions. PL. VII.

Plan tangent à un cône.

201. On propose de mener un plan tangent à un cône, par un point pris sur sa surface; or la seule différence qui existe entre la solution du problème actuel et celle du problème précédent, c'est que la ligne de contact, au lieu d'être parallèle à la génératrice, comme dans le cas du cylindre, concourt avec elle au sommet du cône. Ce cône est déterminé, lorsque l'on connaît les projections de son sommet et sa trace sur un des plans coordonnés, ou la courbe assujettie à être touchée par la génératrice.

Dans la figure 163, la base du cône est représentée par le cercle horizontal O' E', les projections du sommet sont les points S' S'', et la projection horizontale du point de contact est M'. On reconnaît suffisamment, à l'inspection de la figure, le détail des opérations graphiques qu'il s'agit d'effectuer dans cette circonstance. Fig. 163.

Nota. Les deux surfaces que nous venons de considérer, sont du genre de celles qu'on nomme *développables*, parce que l'on peut, en effet, les concevoir étendues sur un plan, sans qu'il en résulte déchirure ni duplicature.

Plan tangent à une sphère.

202. Une sphère est, de plusieurs manières, donnée de grandeur et de position dans l'espace. Par exemple, elle l'est par les projections de son centre et par la grandeur de son rayon, ou bien par les projections de quatre points pris sur sa surface et non situés dans un même plan. Dans ce dernier cas, le centre de la sphère est dans chacun des plans élevés perpendiculairement sur le milieu des droites qui joignent les deux points donnés. On trouvera facilement ce centre d'après ce qui précède.

Pour mener un plan tangent à la sphère par un point donné de sa surface, il suffit de construire le plan qui est perpendiculaire à l'extrémité du rayon mené par ce point.

Soient O', O'' les projections du centre de la sphère, P' la projection horizontale du point de contact. On cherchera d'abord sa projection verticale P'', et pour cet effet l'on mènera par P' un diamètre à la projection horizontale de la sphère, auquel on élèvera la perpendiculaire P'π'. On tirera par le point O'' l'horizontale O'' M'', et l'on prendra tant au-dessus qu'au-dessous de cette horizontale, M'' P''=P'π' : les points P'', P'' seront les projections verticales du point de contact que l'on considère, car il est évident qu'il existe deux points de la sphère qui ont la même projection sur le plan horizontal. Ne considérant que la projection P' située au-dessous de O'' M'', les droites O'' P'', O' P' sont les projections verticale et horizontale du rayon perpendiculaire au plan tangent dont les traces ST', ST'' se trouvent par la méthode n° 195. Fig. 164.

PL. VII.   La question de mener un plan tangent à une sphère, par un point donné hors de sa surface, est évidemment un problème indéterminé. La courbe de contact de tous les plans tangents, est un cercle de la sphère, dont le plan est perpendiculaire à la droite qui joint le centre de cette sphère et le point dont il s'agit. Ainsi ce point peut être considéré comme le sommet d'un cône droit tangent à la sphère, et ayant pour base le cercle de contact.

Le problème est restreint à deux solutions, quand le plan tangent doit passer par une droite donnée. Dans ce cas, l'on mène par le centre de la sphère un plan perpendiculaire à cette ligne, et par le point où il la rencontre, une tangente au grand cercle qui est l'intersection de la sphère et du plan perpendiculaire à la ligne donnée ; celle-ci et la tangente dont il est question déterminent la position du plan demandé.

La méthode de mener un plan tangent à une surface quelconque par une droite donnée est utile en fortification pour résoudre le *problème du défilement.*

Voilà, pour de jeunes militaires, tout ce qu'il est essentiel de dire sur les procédés élémentaires de la géométrie descriptive; mais ceux qui ont le temps de se livrer à l'étude de cette branche importante des mathématiques, et qui veulent connaître les diverses applications que l'on peut en faire dans les arts doivent surtout lire les ouvrages que Monge et d'autres géomètres après lui ont publiés sur ce sujet.

LIVRE IV.
DU NIVELLEMENT.

CHAPITRE PREMIER.

THÉORIE.

203. L'art du *Nivellement* consiste à déterminer de combien un point PL.VIII. est plus près ou plus éloigné qu'un autre du centre de la terre. Quoique cette planète ne soit pas exactement sphérique, et qu'elle ait au contraire, en vertu de son mouvement de rotation, la figure d'un sphéroïde aplati vers les pôles et renflé vers l'équateur, on peut, dans les opérations ordinaires du nivellement, supposer cet aplatissement nul, et établir pour principe fondamental, que *deux ou plusieurs points sont de niveau entre eux, lorsqu'ils appartiennent à une surface sphérique parallèle à celle des eaux stagnantes;* car telle est la propriété des fluides, que leur surface libre affecte la forme sphérique, lorsqu'ils ne sont point agités. Cependant vu l'immense grandeur du rayon de la terre, la surface des eaux circonscrites dans un très petit espace peut être considérée comme plane.

L'*horizon* d'un lieu est le plan tangent à la surface de la terre, et le point de contact est le lieu même de l'observateur : c'est ce plan que l'on appelle aussi *plan horizontal*.

La *ligne verticale* est le prolongement du rayon terrestre perpendiculaire à l'horizon. Les corps abandonnés à la seule action de la pesanteur, tombent suivant cette ligne.

La *ligne horizontale* est celle qui est perpendiculaire à la ligne verticale; elle est donc toujours située dans l'horizon du lieu.

204. On parvient immédiatement à connaître les différences de niveau de plusieurs points, à l'aide de lignes horizontales auxquelles on rapporte les élévations ou les dépressions de ces points. Ces lignes sont données, soit par la perpendiculaire au fil à plomb, soit par le rayon visuel rasant la surface d'un liquide contenu dans un cylindre recourbé et ouvert à ses deux extrémités, soit enfin par une ligne parallèle à l'axe d'un tube cylindrique de verre blanc, rempli en partie d'alcool ou d'éther, et disposé de manière que la bulle d'air dont la pesanteur spécifique est moindre que celle de cette liqueur, et qui, par cette raison, tend toujours à occuper le point le plus haut de ce tube, soit placée exactement en son milieu. De là les instruments nommés *niveaux à perpendicules, niveaux d'eau, et niveaux à bulle d'air*.

Un rayon visuel horizontal AB se nomme *ligne de niveau apparent*, et Fig.165.

Pl. VIII. toute ligne courbe tracée sur la surface de la terre, est dite une ligne de *niveau vrai* : tel est, par exemple, l'arc terrestre AD.

205. La partie extérieure BD de la sécante BH, est ce que l'on appelle la *différence du niveau apparent* AB *au niveau vrai* AD. Il est important dans la pratique du nivellement, d'évaluer cette hauteur, lorsque l'on connaît la longueur de la tangente AB : or, c'est à quoi l'on parvient aisément; car en vertu du théorème du n° 56, on a

$$BH : AB :: AB : BD = \frac{\overline{AB}^2}{BH} = \frac{\overline{AB}^2}{2CD+BD};$$

d'où
$$\overline{BD}^2 + 2CD \times BD = \overline{AB}^2.$$

Pour calculer rigoureusement BD, il faudrait résoudre une équation du second degré; mais cette hauteur est toujours si petite à l'égard du diamètre 2CD de la terre, que la formule précédente peut, sans erreur sensible, être réduite à

$$BD = \frac{\overline{AB}^2}{2CD}, \text{ ou, pour abréger, } h = \frac{a^2}{2R};$$

de même pour une autre distance $AB' = a'$, on aurait B' D',

ou
$$h' = \frac{a'^2}{2R};$$

d'où il suit que *les hauteurs du niveau apparent au-dessus du niveau vrai, sont entre elles à très peu près comme les carrés des tangentes correspondantes, ou même des arcs auxquels ces tangentes appartiennent.*

Sachant que le rayon $CD = R = 6366198^m$, ou que le logarithme $2R = 7,1049101$, et connaissant la distance $AB = a$, il est facile de calculer la hauteur h dont il s'agit. Cherchons, pour appliquer les principes ci-dessus, les hauteurs du niveau apparent au-dessus du niveau réel, pour les distances 450 et 1000^m.

La hauteur correspondante à 450^m sera donnée par la formule . . . . $h = \frac{a^2}{2R} = \frac{(450)^2}{2R}$, et l'on trouvera en opérant à l'aide des logarithmes, que $h = 0^m,016$.

On aura ensuite la hauteur h' correspondante à la distance $a' = 1000^m$, par le moyen de la proportion suivante :

$$a^2 : a'^2 :: h : h';$$

ou en valeurs numériques,

$$(450)^2 : (1000)^2 :: 0^m,016 : h'.$$

Ainsi $h' = 0^m,0785$. Si l'on devait effectuer d'autres calculs de cette espèce, il serait plus simple de comparer à cette dernière hauteur toutes celles à déterminer, parce que la division se ferait sur-le-champ, en déplaçant convenablement la virgule décimale, comme cela est évident. Au surplus, pour éviter tout calcul à cet égard, voici une petite table des hau- Pl.VIII. teurs du niveau apparent au-dessus du niveau vrai, qui pourra suffire dans beaucoup de circonstances.

DISTANCES en mètres.	HAUTEURS du niveau apparent au-dessus du niveau vrai.	DISTANCES en mètres.	HAUTEURS du niveau apparent au-dessus du niveau vrai.
m.	m.	m.	m.
50	0,0002	550	0,0237
100	0,0008	600	0,0283
150	0,0017	650	0,0332
200	0,0031	700	0,0385
250	0,0049	750	0,0442
300	0,0071	800	0,0503
350	0,0096	850	0,0567
400	0,0126	900	0,0636
450	0,0159	950	0,0709
500	0,0196	1000	0,0785

206. On appelle *point de visée* ou *point de mire*, l'un des points visibles d'un corps vers lequel on dirige un rayon visuel. A une distance un peu grande, le point de visée paraît dans un lieu autre que celui qu'il occupe réellement, c'est cet effet que l'on nomme *réfraction;* elle fait paraître presque toujours les objets plus élevés qu'ils ne le sont réellement; et elle est d'autant plus forte, que ces objets sont moins élevés au-dessus de l'horizon de l'observateur. En général, elle est environ les $\frac{16}{100}$ de la hauteur du niveau apparent au-dessus du niveau réel. Pour ne pas y avoir égard, on place l'instrument à peu près à égale distance des deux points éloignés dont on cherche la différence de niveau, par ce moyen, l'on est même dispensé d'avoir égard à la différence du niveau apparent au niveau vrai. Si, par exemple, OO' est une ligne de niveau apparent, donnée par Fig.100. un instrument placé en A, et que AO = AO' (la ligne OAO' pouvant être brisée à volonté en A), les points O, O', lieux apparents des points de mire o, o' seront nécessairement à égale distance du centre C de la terre, ou seront de niveau; et l'effet de la réfraction en O, ainsi que la hauteur du niveau apparent au-dessus du niveau vrai à ce point, seront respectivement les mêmes qu'en O'. Il suit de là, et à cause de $oO = o'O'$, que la différence de niveau des deux points B, B' est en général représentée par $O'B' - OB = o'B' - oB$. Si $oB = o'B'$, les deux points B', B seront de niveau; si, au contraire, $o'B'$ est plus grand ou plus petit que oB, le premier point B' sera plus bas ou plus haut que le second B; cela est de toute évidence.

CHAPITRE II.

APPLICATION DE LA THÉORIE PRÉCÉDENTE.

Du Niveau d'eau

Pt. VIII.
Fig 167.

207. Le plus simple de tous les niveaux, est le *niveau d'eau*. Il est composé d'un tuyau cylindrique recourbé par les deux bouts, et de manière à recevoir deux fioles F, F' ouvertes l'une et l'autre par leurs extrémités. Ce tuyau est monté, comme les graphomètres, sur un genou et un pied à trois branches, et doit avoir environ un mètre de long. A l'aide de cette disposition, l'on est libre d'incliner, d'élever, d'abaisser et de faire tourner tout l'instrument à volonté. La plupart des niveaux de cette espèce sont construits en fer-blanc et ajustés comme le représente la figure 167; mais les plus solides et les plus commodes sont en cuivre.

Lorsqu'on doit se servir de cet instrument, on verse de l'eau dans une des fioles, et aussitôt elle se communique à l'autre branche : on en met une quantité suffisante pour remplir les deux fioles à peu près aux deux tiers. Alors, quand les deux surfaces de l'eau ne sont point agitées, elles sont de niveau entre elles, en vertu de la propriété des fluides, qui se mettent toujours dans cette situation lorsqu'ils agissent librement, pourvu toutefois qu'il n'y ait aucune bulle d'air logée dans l'intérieur de la branche horizontale, parce qu'alors les deux colonnes en équilibre n'auraient pas la même pesanteur spécifique. Pour faire sortir ces bulles, on bouche l'une des fioles, et l'on penche l'instrument de manière qu'il soit à peu près vertical, alors tout l'air qui peut y être contenu, s'élève et s'échappe par l'autre fiole.

Lorsque l'on transporte le niveau d'une station à une autre, on bouche une de ses fioles, et on incline cet instrument pour que l'eau ne puisse se répandre; ensuite quand on le remet en place, on ouvre peu à peu la fiole bouchée, afin que l'eau reprenne doucement son niveau. C'est aussi en bouchant par intervalle une des fioles avec le doigt, que l'on parvient à diminuer le balancement de la colonne aqueuse, occasionné par le mouvement donné à l'instrument pour le diriger sur le point de mire.

Il faut bien prendre garde que l'eau, durant l'observation, ne s'échappe du niveau par les jointures des pièces qui le composent; et il est nécessaire, pendant les grandes chaleurs, ou pendant les pluies, que l'opération soit de peu de durée à chaque station, afin que l'eau n'ait pas le temps de s'évaporer ou d'augmenter de volume : ordinairement on la colore pour la rendre plus apparente.

Le niveau à bulle d'air et à lunette de Chézy, perfectionné dans ces derniers temps par M. de Prony, est de beaucoup préférable au niveau d'eau, pour les nivellements d'une grande étendue et qui exigent une Pl. VIII. grande précision.

De la Mire.

208. L'usage du niveau exige celui de la *mire*. Cette pièce est un carton ou une feuille de fer-blanc, d'environ trois décimètres en carré, partagé en deux également par une ligne horizontale *mn*. L'une de ces parties doit être blanche, et l'autre de couleur noire. On attache ce carton à l'extrémité d'une règle, de manière que *mn* soit perpendiculaire à la largeur de cette règle. Il est nécessaire que celle-ci entre à coulisse dans une rainure, le long d'un double ou quadruple mètre divisé en décimètres, centimètres et millimètres, afin qu'en parcourant cette rainure, la ligne de mire *mn* puisse être placée dans la direction du rayon horizontal donné par le niveau, et y être fixée.

Du Nivellement simple.

209. Toutes les fois que par une seule station, ou que d'un seul *coup de niveau*, on peut déterminer la différence de hauteur de deux points, cette détermination est du ressort du *nivellement simple*. Les deux problèmes suivants sont relatifs à ce cas.

210. *Déterminer la différence de niveau des points* A, B *accessibles.* Fig. 167 et 168.

Placez le niveau CP à peu près à égale distance de A et B (le point de station P pouvant être pris sans inconvénient hors de la droite *ab*); et faites placer la mire verticalement au point A. Puis par un signe convenu, faites monter ou descendre le *voyant* de la mire jusqu'à ce que le rayon visuel C*a*, rasant les surfaces de l'eau du niveau, aboutisse à la ligne *mn*; et lorsque l'on aura remarqué sur la règle AM la hauteur A*a*, ou la *cote* du point A, on l'écrira sur le brouillon du nivellement. Sans déranger le pied de l'instrument, et sans perdre de temps, faites transporter la mire au point B, et répétez la même opération que pour le point A, afin d'avoir la hauteur B*b*, ou *cote* du point B, que vous écrirez aussi sur le brouillon, pour la retrouver au besoin.

Soit pour exemple Aa=1^m,536, Bb=0^m,95. On voit, par ces cotes inégales, que les deux points A, B ne sont pas de niveau, et qu'au contraire le point A est plus bas que le point B de la quantité Aa—Bb= 1^m,536—0^m,95=0^m,586. En général, *le point le plus bas est* évidemment *celui qui a la plus forte cote*.

Afin de voir plus nettement les surfaces de l'eau, il faut se mettre à une petite distance d'une des fioles, pointer d'un œil seulement et de manière que le rayon visuel soit tangent aux deux fioles.

On se rappellera que les niveleurs appellent aussi *coup d'arrière*, la première cote Aa; et *coup d'avant*, la seconde cote Bb.

302　COURS DE MATHÉMATIQUES.

L.VIII.
Fig.169.

211. *Lever le profil d'un terrain.*

Quand le terrain est inégal entre les points A, B, et qu'il est utile d'en connaître la forme ou le *profil*, comme lorsqu'il s'agit de lever le *profil d'un ouvrage de fortification*, l'on fait placer successivement la mire aux points A, C, D, E, B, pour en avoir les cotes, et l'on mesure en outre la hauteur Po de l'instrument, supposé placé sur la droite *ab*, et à peu près à son milieu. Enfin l'on mesure les distances horizontales *ac*, *cd*, *do*, *oe*, *eb*.

Il est d'usage de faire ces distances égales entre elles, lorsque le terrain est légèrement ondulé, et que les différentes pentes se raccordent par des lignes d'une faible courbure.

La levée d'un profil étant fait, on le rapporte à l'échelle adoptée ; mais quand les cotes ou *ordonnées verticales* sont fort petites par rapport aux distances horizontales, on les augmente toutes de la même quantité, afin que l'espace entre la ligne horizontale *ab* et celle ACDPEB qui représente le terrain, permette d'écrire plus aisément les hauteurs dont il s'agit. C'est aussi par cette raison, et pour rendre les pentes plus sensibles à l'œil, que l'on rapporte souvent ces hauteurs à une échelle plus grande que celle dont on fait usage pour fixer les longueurs horizontales. Ordinairement on prend l'échelle des hauteurs, multiple de celle des longueurs.

Du Nivellement composé.

212. Lorsque les deux points à niveler sont placés au delà des limites de l'étendue du rayon visuel, ou bien lorsque le terrain présente beaucoup d'inégalités ou une pente considérable, on est obligé de lier les deux *termes* du nivellement par une suite de nivellement simples, et c'est en cela que consiste le *nivellement composé*.

Fig.170.　Soit ABCDEFG le terrain composé, et A, G les termes du nivellement, supposés si éloignés l'un de l'autre, qu'on ne peut en déterminer la différence de niveau qu'en faisant plusieurs stations M_1, M_2, M_3, etc. Dans ce nivellement composé, chaque nivellement simple s'attache à celui qui le précède immédiatement par le *coup de niveau d'arrière*, qui se donne sur le point où l'on a visé pour donner le *coup de niveau d'avant*, comme on le voit à l'inspection de la figure. Cette manière d'opérer établit par conséquent une relation de position entre tous les points A, B, C .... G du nivellement.

S'il n'était pas possible de placer l'instrument entre les deux termes de chaque nivellement partiel; si, par exemple, on était obligé de le mettre en B, pour former le second nivellement partiel B, C, on prendrait pour cote d'arrière Bb', la hauteur même de l'instrument.

Lorsque l'on a pour objet unique de connaître la différence de niveau des termes extrêmes A, G du nivellement, on dirige de la manière la plus commode, la ligne ABCDEFG, qui peut être ou non dans le même plan vertical, et les cotes verticales Aa, Bb, Cc,... sont les seules qu'il importe

NIVELLEMENT. 303

de connaître ; mais si la direction de la ligne du nivellement est comman- Pl. VIII. dée par la nature de quelques travaux subséquents, on mesure toutes les distances horizontales, $ab, b'c', \ldots$ ainsi que les angles que ces lignes peuvent faire entre elles. Ordinairement on commence par lever le plan du terrain sur lequel on doit former un projet, et l'on marque par des piquets à fleur de terre, la direction de la ligne ABCD..., comme lorsqu'il s'agit de construire un canal de navigation, ou de changer le cours des eaux d'un ruisseau, pour former des inondations autour d'une place forte dont il importe d'avoir la topographie exacte des environs.

Voici maintenant la manière la plus simple d'obtenir la différence de ni- Fig.170. veau des deux points A, G, connaissant, sur le brouillon du nivellement, toutes les cotes d'arrière et d'avant.

De la somme des coups d'arrière, on ôte celle des coups d'avant, et le reste est la quantité dont le deuxième terme G du nivellement se trouve plus haut ou plus bas que le premier terme A, selon que la somme des coups d'arrière est plus forte ou plus faible que celle des coups d'avant. Lorsque ce reste est nul, les deux points A, G sont de niveau entre eux. Dans le cas de la figure, par exemple, on a

coups d'arrière.	*coups d'avant.*
m	m
2,126	1,948
2,360	2,445
1,588	0,
2,367	0,868
1,544	1,1
0,354	0,785
Somme 10,339	Somme = 7,146

Ainsi le point G est au-dessus du niveau du point A de

$$10^m,339 - 7^m,146 = 3^m,193.$$

La raison de cette règle est facile à trouver, car soit $a, b,$ les coups d'arrière et d'avant de la 1re station ; a', b' les mêmes quantités relatives à la 2e station, et ainsi de suite. La hauteur du point B au-dessus du niveau de A sera $a-b$; la dépression du point C au-dessous du niveau de B, sera $b'-a'$. On aura donc pour la différence d (N) de niveau des points A, G,

$$\begin{aligned} d\,(N) &= (a-b) - (b'-a') + (a''-b'') + (a'''-b''') \\ &\quad + (a^{IV}-b^{IV}) - (b^V-a^V) \\ &= (a + a' + a'' + a''' + a^{IV} + a^V) \\ &\quad - (b + b' + b'' + b''' + b^{IV} + b^V), \end{aligned}$$

résultat qui confirme la règle énoncée ci-dessus.

Pl. VIII. Pour faire le mis-au-net du nivellement, on rapporte tous les points du terrain à une même ligne horizontale XX' passant au-dessus du point le plus haut. Pour cet effet, on augmente convenablement toutes les cotes de hauteurs, ce qui ne présente aucune difficulté.

La vérification du nivellement se fait en recommençant toutes les opérations, et partant du point G pour se rendre en A; c'est dans cette manière de procéder que consiste le *nivellement réciproque*. Celui-ci doit conduire au même résultat que le nivellement direct; mais lorsque l'un et l'autre résultats ne diffèrent entre eux que d'une très petite quantité, on prend pour résultat définitif leur demi-somme (*Arith.*, n° 97), si aucune raison n'engage à adopter l'un de préférence à l'autre.

LIVRE V.

TRIGONOMÉTRIE ET LEVÉE DES PLANS.

CHAPITRE PREMIER.

PRINCIPES.

213. Un triangle est évidemment composé de six parties ; savoir, de Pl. VIII. trois angles et de trois côtés. L'objet de la Trigonométrie est de déterminer trois de ces six parties par la connaissance des trois autres, pourvu que parmi les données relatives au triangle rectiligne, il se trouve au moins un côté.

Ce problème pourrait, dans tous les cas, être résolu à l'aide des constructions géométriques indiquées dans les n°s 97 et suivants ; mais lorsqu'il s'agit d'obtenir des résultats exacts, il importe de recourir au calcul. Dans cette vue, l'on a formé une suite de triangles rectangles qui ont la même hypoténuse, mais dont les angles aigus ont toutes les valeurs possibles ; et alors il n'est aucun triangle de même espèce à résoudre, qui n'ait son semblable dans cette suite. La question est donc réduite à comparer des lignes homologues pour déterminer les parties inconnues du triangle proposé. La théorie que nous allons exposer rapidement, rendra ces notions très claires.

214. Nous avons déjà observé que les géomètres divisent le quart de la circonférence en 90 degrés ou en 100 grades, le grade en 100 minutes, etc... Cette dernière division, qui a une analogie plus intime avec notre système de numération, et qui est la plus propre à abréger les calculs, doit être employée de préférence, surtout dans les livres élémentaires. C'est aussi celle dont nous ferons ordinairement usage par la suite, et cela avec d'autant plus de raison, que nous possédons maintenant des tables très portatives de logarithmes des lignes trigonométriques pour la nouvelle division du quart de cercle.

Il suit de là que l'angle droit, ou le *quadrant*, est de 100 grades ; et que deux angles droits, ou la demi-circonférence,=200 grades=180 degrés anciens.

Le *complément* d'un angle ou d'un arc, est ce qui reste en soustrayant cet angle ou cet arc de 100 grades=90 degrés.

Le *supplément* d'un angle ou d'un arc, est la différence de cet angle ou de cet arc à 200 grades ou à 180 degrés.

Dans tout triangle, un angle est le supplément de la somme des deux autres, puisque les trois angles valent ensemble deux angles droits.

Pl. VIII.
Fig. 171.

Le *sinus* d'un arc est la perpendiculaire abaissée de l'extrémité de cet arc sur le rayon qui aboutit à l'autre extrémité; ainsi BP est le sinus de l'arc AB ou de l'angle BCA.

Deux arcs qui sont suppléments l'un de l'autre, ont donc le même sinus; ainsi les arcs AM, MH ont le même sinus MR.

Tout sinus situé au-dessus du diamètre AH, est positif; et tout sinus situé au-dessous de ce diamètre, est négatif.

Le *sinus du complément* ou le *cosinus* de l'arc AB, est BG ou CP. Le cosinus PC de tout angle aigu ACB, est positif; mais le cosinus CR de tout angle obtus ACM, est négatif. En général, un cosinus est positif s'il fait partie de AC, et il est négatif s'il fait partie de CH.

La *tangente trigonométrique* de l'arc AB, est la droite AE perpendiculaire au rayon AC. La tangente d'un angle obtus, moindre que deux droits, ou plus grand que trois droits, est négative; celle de l'angle ACM, par exemple, est AT.

La *tangente du complément* ou la *cotangente* de AB, est la droite DF perpendiculaire au rayon CD. La cotangente d'un angle obtus est toujours de même signe que sa tangente.

La *sécante* de l'arc AB est la droite CE, et sa *cosécante* est la droite CF. On verra bientôt pourquoi le signe de la sécante est le même que celui du cosinus, et le signe de la cosécante, le même que celui du sinus.

Enfin, le *sinus verse* de l'arc AB est la partie AP du rayon, comprise entre l'extrémité de l'arc et le sinus; et le *cosinus verse* est la partie DG.

Théorèmes et formules concernant les lignes trigonométriques.

Fig. 171.

215. *Le sinus d'un arc est la moitié de la corde qui soutend un arc double;* ainsi BP, qui est le sinus de l'arc AB, est la moitié de la corde BB', qui soutend l'arc double BAB'.

Le carré du rayon est égal à la somme des carrés du sinus et du cosinus d'un arc.

En effet, le triangle BPC étant rectangle en P, on a $\overline{BC}^2 = \overline{BP}^2 + \overline{PC}^2$; donc $R^2 = \sin^2 C + \cos^2 C$, R désignant le rayon AC, et C dénotant l'angle ACB.

La tangente d'un arc est égale au rayon multiplié par le sinus, et divisé par le cosinus de cet arc.

Car à cause des triangles semblables AEC, PBC, on a,

$$AE : AC :: BP : PC, \text{ ou tang. } C : R :: \sin. C : \cos. C.$$

Donc
$$\text{tang. } C = \frac{R \cdot \sin. C}{\cos. C}.$$

TRIGONOMÉTRIE. 307

On voit par cette équation, et par ce qui a été dit (n° 32, *Algèbre*), que Pl. VIII. la tangente d'un arc est positive ou négative, selon que le sinus et le cosinus de cet arc, ont ou n'ont pas le même signe.

La cotangente d'un arc est égale au rayon multiplié par le cosinus, et divisé par le sinus de cet arc.

Cette propriété résulte de la similitude des triangles FCD, BCG. Ainsi on a

DF : DC :: BG : GC, ou cot. C : R :: cos. C : sin. C; d'où

$$\cot. C = \frac{R \cos. C}{\sin. C}.$$

De ce que le triangle AEC est rectangle, il s'ensuit que le carré du rayon, plus le carré de la tangente, est égal au carré de la sécante.

La sécante d'un arc est égale au carré du rayon, divisé par le cosinus de cet arc.

Puisque les triangles AEC, PBC sont semblables, on a

CE : AC :: BC : PC, ou sec. C : R :: R : cos. C.

Donc, $$\sec. C = \frac{R^2}{\cos. C}.$$

Il n'est pas moins facile de prouver que la *cosécante d'un arc est égale au carré du rayon, divisé par le sinus de cet arc.*

216. 1° *Le sinus de la somme, ou de la différence de deux arcs, est* Fig. 172 *égal au produit du sinus du premier par le cosinus du second, plus ou moins le produit du sinus du second, par le cosinus du premier, le tout divisé par le rayon.*

2° *Le cosinus de la somme, ou de la différence de deux arcs, est égal au produit de leurs cosinus, moins ou plus le produit de leurs sinus, le tout divisé par le rayon.*

Soit AC=R, l'arc AB=a, l'arc BD=b, et par conséquent ABD=$a+b$. Des points B, D, abaissez sur AC les perpendiculaires BE, DF ; du point D, menez Dx perpendiculaire à BC ; enfin, par le point x, menez xy parallèle, et xz perpendiculaire à AC.

Les triangles semblables BCE, xCz, donnent les proportions,

CB : BE :: Cx : xz,

ou $$R : \sin. a :: \cos. b : xz = \frac{\sin. a \cos. b}{R};$$

CB : CE :: Cx : Cz,

ou $$R : \cos. a :: \cos. b : Cz = \frac{\cos. a \cos. b}{R}.$$

20*

Pl. VIII. Les triangles BCE, xDy, qui ont les côtés perpendiculaires chacun à
Fig. 172. chacun, sont semblables, et donnent

$$CB : CE :: Dx : Dy,$$

ou
$$R : \cos. a :: \sin. b : Dy = \frac{\cos. a \sin. b}{R};$$

$$CB : BE :: Dx : xy,$$

ou
$$R : \sin. a :: \sin. b : xy = \frac{\sin. a \sin. b}{R}.$$

Mais le sinus de $(a+b)$ étant $DF = xz + Dy$, on a

$$\sin. (a+b) = \frac{\sin. a \cos. b + \sin. b \cos. a}{R}. \qquad (1)$$

De même le cosinus de $(a+b)$ étant $CF = Cz - xy$, on a

$$\cos. (a+b) = \frac{\cos. a \cos. b - \sin. a \sin. b}{R}. \qquad (2)$$

Pour démontrer maintenant les formules relatives au sinus et au cosinus de la différence de deux arcs, soit pris arc $BM =$ arc BD, et soient abaissées du point M les droites MP et Mv respectivement perpendiculaires aux droites AC et xz. On aura visiblement,

$$\text{arc } AM = a - b, \, Mv = Pz = xy, \, Dy = xv,$$
$$\sin. (a-b) = PM = xz - xv,$$
et
$$\cos. (a-b) = CP = Cz + zP;$$
donc,
$$\sin. (a-b) = \frac{\sin. a \cos. b - \cos. a \sin. b}{R}, \qquad (3)$$

$$\cos. (a-b) = \frac{\cos. a \cos. b + \sin. a \sin. b}{R}. \qquad (4)$$

217. Afin de tirer quelques conséquences des théorèmes précédents, nous supposerons d'abord que dans les équations (1) et (2), $b = a$; alors on aura,

$$\left. \begin{array}{l} \sin. 2a = \dfrac{2 \sin. a \cos. a}{R}, \\[2mm] \cos. 2a = \dfrac{\cos^2. a - \sin^2. a}{R}. \end{array} \right\} \qquad (5)$$

Ces formules renferment la solution du problème de la duplication d'un arc. On pourrait déterminer de la même manière les valeurs du sinus et du cosinus du triple, et en général du multiple d'un arc dont on connaît le sinus et le cosinus; mais nous ne ferons ici aucune application de ces valeurs.

TRIGONOMÉTRIE.   309

Pour obtenir l'expression de la tangente de la somme des arcs a et b, Pl. VIII. il ne s'agit que de diviser l'une par l'autre les équations (1) et (2); en effet on a (n° 215);

$$\frac{R \sin.(a+b)}{\cos.(a+b)} = \tang.(a+b) = \frac{R(\sin.a \cos.b + \sin.b \cos.a)}{\cos.a \cos.b - \sin.a \sin.b};$$

divisant le second membre haut et bas par cos. a cos. b, on a, en vertu du n° cité,

$$\tang.(a+b) = \frac{R^2(\tang.a + \tang.b)}{R^2 - \tang.a \tang.b}.$$

En combinant de la même manière les équations (3) et (4), on trouvera,

$$\tang.(a-b) = \frac{R^2(\tang.a - \tang.b)}{R^2 + \tang.a \tang.b}.$$

Si dans la seconde formule (5), on met pour cos.^{2} a sa valeur $R^2 - \sin.^2 a$, on aura

$$\cos. 2a = \frac{R^2 - 2\sin.^2 a}{R}; \qquad (6)$$

résultat qui nous sera utile par la suite.

En prenant la somme et la différence des équations (1) et (3), on obtient celles-ci,

$$\sin.(a+b) + \sin.(a-b) = \frac{2 \sin.a \cos.b}{R},$$

et $$\sin.(a+b) - \sin.(a-b) = \frac{2 \sin.b \cos.a}{R};$$

et si l'on fait $(a+b) = p$, $(a-b) = q$, on aura

$$a = \frac{p+q}{2}, \ b = \frac{p-q}{2};$$

partant

$$\sin.p + \sin.q = \frac{2}{R} \sin.\left(\frac{p+q}{2}\right) \cos.\left(\frac{p-q}{2}\right);$$

$$\sin.p - \sin.q = \frac{2}{R} \sin.\left(\frac{p-q}{2}\right) \cos.\left(\frac{p+q}{2}\right).$$

Divisant ensuite ces deux équations membre à membre, il viendra

$$\frac{\sin.p + \sin.q}{\sin.p - \sin.q} = \frac{\sin.\left(\frac{p+q}{2}\right) \cos.\left(\frac{p-q}{2}\right)}{\cos.\left(\frac{p+q}{2}\right) \sin.\left(\frac{p-q}{2}\right)};$$

donc en vertu des théorèmes du n° 215,

$$\frac{\sin.p + \sin.q}{\sin.p - \sin.q} = \frac{\tang.\frac{p+q}{2}}{\tang.\frac{p-q}{2}}; \qquad (7)$$

Pt. VIII. Ce résultat étant énoncé en forme de proportion, nous apprend que *la somme des sinus de deux arcs est à la différence de ces mêmes sinus, comme la tangente de la demi-somme des arcs est à la tangente de leur demi-différence.*

De pareilles combinaisons des équations (2) et (4), conduiraient à des résultats analogues aux précédents, et qui seraient compris dans les équations suivantes :

$$\cos. p + \cos. q = \frac{2}{R} \cos.\left(\frac{p+q}{2}\right) \cos.\left(\frac{p-q}{2}\right);$$

$$\cos. q - \cos. p = \frac{2}{R} \sin.\left(\frac{p+q}{2}\right) \sin.\left(\frac{p-q}{2}\right);$$

$$\frac{\cos. p + \cos. q}{\cos. q - \cos. p} = \frac{\cot. \frac{1}{2}(p+q)}{\tan. \frac{1}{2}(p-q)}.$$

218. On déduirait de la théorie précédente, un grand nombre de formules nécessaires pour la construction des tables des sinus et la résolution des triangles ; mais ce qui précède suffit pour remplir le but que nous nous sommes proposé.

Afin de donner une idée de la manière dont ces tables ont été calculées, supposons que le sinus et le cosinus d'une seconde soient connus ; on trouvera ensuite par les formules (5) démontrées ci-dessus, le sinus et le cosinus de $2''$, $3''$, $4''$..... $10''$; puis de $20''$, $30''$..... jusqu'à $100''$ ou une minute ; puis $2'$, $3'$..... jusqu'à $100'$ ou 1 grade ; et enfin de $2^{gr.}$, $3^{gr.}$..... jusqu'à $50^{gr.}$. Toutes ces lignes trigonométriques étant calculées, on parviendra aux valeurs des tangentes et cotangentes, en faisant usage des formules qui renferment ces nouvelles lignes. Quant au sinus de l'arc d'une seconde, on l'obtiendra aisément, si l'on considère qu'il est sensiblement égal à l'arc lui-même ; ainsi le rayon des tables étant $= 1$, la demi-circonférence ou l'arc de $200^{gr.} = 3{,}1415926535897932$: divisant cette quantité par le nombre de secondes contenues dans $200^{gr.}$, c'est-à-dire par 2000000, on aura assez exactement.

$$\sin. 1'' = 0{,}00000157079632679.$$

dont le logarithme $= \bar{4}{,}1961199$, etc.

Ce logarithme et d'autres analogues, sont, de préférence aux nombres correspondants, insérés dans les tables dont il s'agit ; et cela, dans la vue de simplifier considérablement les calculs trigonométriques.

Nous donnerons toutefois une table de sinus et tangentes naturels, de degré en degré (ancienne division).

TRIGONOMÉTRIE.

Table de sinus et tangentes naturels.

DE-GRÉS.	SINUS.	TANGENTES.	DE-GRÉS.	SINUS.	TANGENTES.
0	0	0	90	10 000 000	Infinie.
1	174 524	174 551	89	9 998 477	572 899 620
2	348 995	349 208	88	9 993 908	286 362 530
3	523 360	524 078	87	9 986 295	190 811 370
4	697 565	699 268	86	9 975 640	143 006 660
5	871 557	874 887	85	9 961 947	114 300 520
6	1 045 285	1 051 042	84	9 945 218	95 143 645
7	1 218 693	1 227 846	83	9 925 462	81 443 464
8	1 391 731	1 405 408	82	9 902 680	71 153 697
9	1 564 345	1 583 844	81	9 876 883	63 137 515
10	1 736 482	1 763 270	80	9 848 077	56 712 818
11	1 908 090	1 943 803	79	9 816 271	51 445 540
12	2 079 117	2 125 565	78	9 781 476	47 046 301
13	2 249 511	2 308 682	77	9 743 701	43 314 759
14	2 419 219	2 493 280	76	9 702 957	40 107 809
15	2 588 190	2 679 492	75	9 659 258	37 320 508
16	2 756 374	2 867 454	74	9 612 617	34 874 144
17	2 923 717	3 057 307	73	9 563 048	32 708 526
18	3 090 170	3 249 197	72	9 510 565	30 776 835
19	3 255 682	3 443 276	71	9 455 185	29 042 109
20	3 420 202	3 639 702	70	9 396 926	27 474 774
21	3 583 679	3 838 640	69	9 335 804	26 050 891
22	3 746 066	4 040 262	68	9 271 839	24 750 869
23	3 907 311	4 244 749	67	9 205 049	23 558 524
24	4 067 366	4 452 287	66	9 135 454	22 460 368
25	4 226 183	4 663 077	65	9 063 078	21 445 069
26	4 383 712	4 877 326	64	8 987 940	20 503 038
27	4 539 905	5 095 254	63	8 910 065	19 626 105
28	4 694 716	5 317 094	62	8 829 476	18 807 265
29	4 848 096	5 543 090	61	8 746 197	18 040 478
30	5 000 000	5 773 503	60	8 660 254	17 320 508
31	5 150 381	6 008 606	59	8 571 673	16 642 795
32	5 299 193	6 248 694	58	8 480 481	16 003 345
33	5 446 390	6 494 076	57	8 386 706	15 398 650
34	5 591 929	6 745 085	56	8 290 376	14 825 610
35	5 735 764	7 002 075	55	8 191 521	14 281 480
36	5 877 853	7 265 426	54	8 090 170	13 763 819
37	6 018 150	7 535 540	53	7 986 355	13 270 448
38	6 156 615	7 812 856	52	7 880 107	12 799 416
39	6 293 204	8 097 840	51	7 771 460	12 348 972
40	6 427 878	8 390 996	50	7 660 444	11 917 536
41	6 560 590	8 692 868	49	7 547 096	11 503 684
42	6 691 306	9 004 041	48	7 431 448	11 106 125
43	6 819 984	9 325 151	47	7 313 537	10 723 687
44	6 946 584	9 656 888	46	7 193 398	10 355 303
45	7 071 068	10 000 000	45	7 071 068	10 000 000

Le rayon de cette table est 10000000 ; on a inscrit sur la même ligne

312   COURS DE MATHÉMATIQUES.

Pl. VIII. les angles complémentaires pour faciliter la recherche des cosinus et cotangentes.

Cette table peut servir à construire des angles d'un nombre de degrés donné, soit au moyen des sinus et tangentes, soit au moyen des cordes (la corde de $A = 2 \sin. \frac{1}{2} A$). (N° 215.)

Principes pour la résolution des triangles rectilignes rectangles.

Fig. 173. **219.** *Dans tout triangle rectangle, le rayon est au sinus d'un des angles aigus, comme l'hypoténuse est au côté opposé à cet angle.*

Soit ACB le triangle proposé rectangle en A. Si du point B comme centre, et du rayon BD égal à celui des tables, on décrit l'arc DE, et qu'on abaisse EF perpendiculaire à AB, cette perpendiculaire sera le sinus de l'angle B, et les triangles BEF, BCA seront semblables; donc

$$BE : EF :: BC : CA, \text{ ou } R : \sin. B :: BC : CA.$$

220. *Dans tout triangle rectangle, le rayon est à la tangente d'un des angles aigus, comme le côté de l'angle droit adjacent à cet angle est au côté opposé.*

De l'extrémité D du rayon BD, élevez à BA la perpendiculaire DG, qui sera la tangente de l'angle B. Les triangles semblables BDG, BAC, donneront

$$BD : DG :: BA : AC,$$

donc, $R : \tang. B :: BA : AC.$

Principes de la résolution des triangles rectilignes obliquangles.

Pl. II.   **221.** *Dans un triangle rectiligne quelconque, les sinus des angles*
Fig. 61. *sont comme les côtés opposés.*

Soit ABC le triangle proposé, CD sa hauteur, et AB sa base; la perpendiculaire CD tombant au dedans du triangle ABC, les triangles ACD, CDB donneront

$$R : \sin. A :: AC : CD,$$
$$R : \sin. B :: CB : CD.$$

Or, dans ces deux proportions, les extrêmes sont égaux, donc les produits des moyens sont aussi égaux, c'est-à-dire que

$$\sin. A \times AC = \sin. B \times CB;$$

donc, $\sin. A : \sin. B :: CB : AC.$

Cette propriété est encore la même, lorsque la perpendiculaire CD tombe au dehors du triangle, comme il est facile de le prouver.

TRIGONOMÉTRIE.   313

222. *Dans tout triangle rectiligne, la somme de deux côtés est à leur* Pl. II. *différence, comme la tangente de la demi-somme des angles opposés à ces côtés est à la tangente de leur demi-différence.*

En vertu de la proposition précédente, on a
$$BC : AC :: \sin. A : \sin. B ;$$
Ainsi,
$$BC + AC : BC - AC :: \sin. A + \sin. B : \sin. A - \sin. B.$$
De plus, par la formule (7) du n° 217,
$$\sin. A + \sin. B : \sin. A - \sin. B :: \tang. \frac{A+B}{2} : \tang. \frac{A-B}{2};$$
donc
$$BC + AC : BC - AC :: \tang. \frac{A+B}{2} : \tang. \frac{A-B}{2},$$
comme le porte l'énoncé du théorème.

223. *Dans un triangle rectiligne quelconque, le cosinus d'un angle* Pl. VIII. *est au rayon, comme la somme des carrés des côtés qui comprennent cet* Fig. 174. *angle, moins le carré du troisième côté, est au double du produit des deux premiers côtés.*

Pour abréger, désignons par a, b, c, les côtés du triangle ABC, respectivement opposés aux angles A, B, C; et soient en outre AD $= x$, d'où CD $= b - x$.

Cela posé, on aura par le théorème du n° 78,
$$a^2 = b^2 + c^2 - 2bx ; \qquad (1)$$
mais le triangle rectangle ABD donnant
$$R : c :: \cos. A : x = \frac{c. \cos. A}{R},$$
il s'ensuit que,
$$a^2 = b^2 + c^2 - \frac{2bc \cos. A}{R};$$
donc,
$$\frac{\cos. A}{R} = \frac{b^2 + c^2 - a^2}{2bc}, \qquad (2)$$
équation qui, étant mise sous la forme de proportion, fournit l'énoncé du théorème.

L'équation (1) pouvant s'écrire ainsi :
$$c^2 - a^2 = 2bx - b^2,$$
on a, en la décomposant en facteurs,
$$(c + a)(c - a) = b(2x - b);$$
de là,
$$b : c + a :: c - a : 2x - b :$$
or, b est la base du triangle, et $2x - b$ est la différence des segments AD,

Pl. VIII. DC formés par la perpendiculaire BD ; donc *dans tout triangle dont la perpendiculaire tombe au dedans, la base est à la somme des deux autres côtés, comme la différence de ces mêmes côtés est à la différence des segments.*

Il suit de là que si on connaît les trois côtés d'un triangle, et qu'on abaisse du sommet du plus grand angle une perpendiculaire sur le côté opposé pris pour base, on aura, par la proportion précédente, la différence des segments dont cette base représente la somme. On a donc tout ce qu'il faut pour connaître chaque segment. En effet, le plus grand segment est égal à la moitié de leur somme augmentée de leur demi-différence, et le plus petit segment est égal à la moitié de leur somme diminuée de leur demi-différence (n° 59 *Algèbre*).

Les segments étant calculés, il ne s'agira plus que de résoudre les deux triangles rectangles ABD, CBD, pour déterminer les angles A et C.

On peut aussi trouver par une seule analogie, l'un des angles d'un triangle donné par ses trois côtés ; mais pour cela il faut transformer le second membre de l'équation (2), de manière qu'il puisse être décomposé en facteurs. Dans cette vue, si l'on met pour

cos. A sa valeur $\frac{R^2 - 2\sin^2 \frac{1}{2}A}{R}$ (n° 217, formule 6), on aura

$$\frac{R^2 - 2\sin^2 \frac{1}{2}A}{R^2} = \frac{b^2 + c^2 - a^2}{2bc};$$

d'où l'on tire successivement

$$2\sin^2 \tfrac{1}{2} A = \frac{R^2(a^2 - b^2 - c^2) + 2bc}{2bc} = R^2\left(\frac{a^2 - (b-c)^2}{2bc}\right);$$

mais $\qquad a^2 - (b-c)^2 = (a+b-c)(a-b+c);$

par conséquent

$$\sin. \tfrac{1}{2} A = R \sqrt{\frac{(a+b-c)(a-b+c)}{4bc}}.$$

Soit pour simplifier, $a + b + c = s$, on aura

$$(a - b + c) = s - 2b, \ a + b - c = s - 2c;$$

donc

$$\sin. \tfrac{1}{2} A = R \sqrt{\frac{(\tfrac{1}{2}s - b)(\tfrac{1}{2}s - c)}{bc}}; \qquad (3)$$

formule très commode pour le calcul logarithmique, comme on le verra par la suite, et qui donne la proportion

$$bc : (\tfrac{1}{2}s - b) \times (\tfrac{1}{2}s - c) :: R^2 : \sin^2 \tfrac{1}{2} A;$$

c'est-à-dire que *le produit de deux côtés quelconques d'un triangle, est au produit des différences de ces côtés à la moitié du périmètre, comme le carré de rayon est au carré du sinus de la moitié de l'angle compris entre ces mêmes côtés.*

Idée de la résolution des triangles sphériques.   Pl. VIII.

224. Comme parmi les problèmes utiles que les professeurs peuvent proposer aux élèves, il en est dont les solutions sont fondées sur les principes de la trigonométrie sphérique : nous allons démontrer les formules générales qui se rapportent à cette trigonométrie.

Soit ABC le triangle sphérique, construit sur la surface d'une sphère Fig. 175. dont nous supposerons le rayon égal à l'unité; et soit O le centre de cette sphère. Il s'agit de trouver une relation entre les angles plans qui forment l'angle trièdre O de la pyramide ABCO, et les angles dièdres, A, B, C des faces de cette pyramide; ou, ce qui est de même, entre les côtés AB, AC, BC, et les angles A, B, C du triangle sphérique ABC.

Pour cet effet, désignons simplement par A, B, C les angles, et par a, b, c les côtés opposés de ce triangle sphérique; puis considérons AD comme la tangente, OD comme la sécante de l'arc AB : prenons de même AE pour la tangente, et OE pour la sécante de l'arc AC. Le triangle rectiligne ADE donnera (n° 223), en faisant $DE = x$,

$$x^2 = \tang.^2 b + \tang.^2 c - 2 \tang. b \tang. c \cos. A;$$

le triangle ODE donnera pareillement

$$x^2 = \séc.^2 b + \séc.^2 c - 2 \séc. b \séc. c \cos. a;$$

soustrayant de cette équation la première, et faisant attention que $\séc.^2 b - \tang.^2 b = 1$, $\séc.^2 c - \tang.^2 c = 1$, on aura, réductions faites,

$$1 + \tang. b \tang. c \cos. A - \séc. b \séc. c \cos. a = 0,$$

ou, après les transformations qui naissent de la théorie du n° 215,   Fig. 174.

$$1 + \frac{\sin. b \sin. c}{\cos. b \cos. c} \cos. A - \frac{\cos. a}{\cos. b \cos. c} = 0,$$

et par conséquent, en faisant disparaître le dénominateur

$$\left. \begin{array}{l} \cos. a = \cos. b \cos. c + \sin. b \sin. c \cos. A, \\ \cos. b = \cos. a \cos. c + \sin. a \sin. c \cos. B, \\ \cos. c = \cos. a \cos. b + \sin. a \sin. b \cos. C. \end{array} \right\} \quad (M)$$

on aurait de même,

Les diverses combinaisons de ces trois équations donnent la résolution de tous les cas possibles des triangles sphériques, mais nous nous bornerons aux suivantes.

Si de la première des équations (M) on tire la valeur de cos. A, et qu'on l'introduise dans la relation $\sin.^2 A = 1 - \cos.^2 A$, obtenue au n° 215 on aura

$$\sin.^2 A = 1 - \left(\frac{\cos.^2 a + \cos.^2 b \cos.^2 c - 2\cos. a \cos. b \cos. c}{\sin.^2 b \sin.^2 c} \right)$$

$$= \frac{\sin.^2 b \sin.^2 c - \cos.^2 a + 2\cos. a \cos. b \cos. c - \cos.^2 b \cos.^2 c}{\sin.^2 b \sin.^2 c}$$

$$= \frac{(1-\cos.^2 b)(1-\cos.^2 c) - \cos.^2 b \cos.^2 c - \cos.^2 a + 2\cos. a \cos. b \cos. c}{\sin.^2 b \sin.^2 c}$$

$$= \frac{1 - \cos.^2 a - \cos.^2 b - \cos.^2 c + 2\cos. a \cos. b \cos. c}{\sin.^2 b \sin.^2 c}$$

Multipliant les deux termes de cette fraction par $\sin.^2 a$, et prenant ensuite la racine carrée, on obtiendra

$$\sin. A = \sin. a \times \frac{\sqrt{1 - \cos.^2 a - \cos.^2 b - \cos.^2 c + 2\cos. a \cos. b \cos. c}}{\sin. a \sin. b \sin. c}.$$

Désignant par F toute la fraction qui multiplie $\sin. a$, on pourra écrire plus simplement

$$\sin. A = F \sin. a ;$$

or il est facile de voir que l'on a de même

$$\sin. B = F \sin. b,$$
$$\sin. C = F \sin. c.$$

Donc
$$\sin. A : \sin. B : \sin. C :: \sin. a : \sin. b : \sin. c.$$

c'est-à-dire que *les sinus des angles d'un triangle sphérique sont proportionnels aux sinus des côtés qui leur sont opposés.*

Des mêmes équations (M) on tire immédiatement,

$$\cos. A = \frac{\cos. a - \cos. b \cos. c}{\sin. b \sin. c};$$

$$\cos. B = \frac{\cos. b - \cos. a \cos. c}{\sin. a \sin. c};$$

$$\cos. C = \frac{\cos. c - \cos. a \cos. b}{\sin. a \sin. b}.$$

L'une quelconque de ces dernières fait connaître un angle d'un triangle sphérique en fonction des trois côtés; mais on peut la transformer de manière que son second membre soit décomposable en facteurs. Dans cette vue, l'on mettra dans l'équation $1 - \cos. A = 2 \sin.^2 \frac{1}{2} A$, démontrée (n° 217), la valeur précédente de $\cos. A$, et l'on obtiendra successivement

$$2 \sin.^2 \tfrac{1}{2} A = \frac{\sin. b \sin. c - \cos. a + \cos. b \cos. c}{\sin. b \sin. c} = \frac{\cos.(b-c) - \cos. a}{\sin. b \sin. c}.$$

(*Voyez* 216, formule 4.)

Or à cause de (n° 217)

$$\cos. q - \cos. p = 2 \sin. \tfrac{1}{2}(p+q) \sin. \tfrac{1}{2}(p-q),$$

TRIGONOMÉTRIE.

on a évidemment

$$\sin.^2 \tfrac{1}{2} A = \frac{\sin.\left(\frac{a+b-c}{2}\right) \sin.\left(\frac{a+c-b}{2}\right)}{\sin. b \sin. c};$$

d'où l'on tire, en faisant $s = a + b + c$,

$$\sin. \tfrac{1}{2} A = \sqrt{\frac{\sin.\left(\frac{s}{2} - b\right) \sin.\left(\frac{s}{2} - c\right)}{\sin. b \sin. c}};$$

équation analogue à celle (3) du n° 223, relative au triangle rectiligne, et qui peut aisément se calculer par les logarithmes. On en verra une application au n° 248.

Il n'y a pas moyen de décomposer immédiatement en facteurs les seconds membres des équations (M) qui feraient connaître un côté d'un triangle sphérique, si les deux autres côtés et l'angle qu'ils comprennent étaient donnés; aussi est-on obligé de passer des logarithmes aux nombres et des nombres aux logarithmes, pour avoir le logarithme du cosinus du côté cherché. Si, par exemple, il s'agissait d'avoir cos. a, on calculerait séparément par les logarithmes les termes cos. b cos. c et sin. b sin. c cos. A, ensuite on ajouterait ensemble les nombres qui leur correspondent, et le logarithme de la somme serait celui de cos. a.

CHAPITRE II.

DESCRIPTION ET USAGE DES INSTRUMENTS PROPRES A MESURER LES ANGLES ET LES LIGNES.

Du Graphomètre.

225. Le *graphomètre* est un instrument qui sert pour mesurer les angles; c'est un demi-cercle divisé en 180^d, ou en 200 grades. Chaque degré ou grade est lui-même divisé en deux ou plusieurs parties, selon la grandeur du diamètre de ce demi-cercle.

La partie circulaire sur laquelle sont tracées les divisions, se nomme le *limbe*. Aux graphomètres ordinaires on adapte, aux extrémités du diamètre fixe, deux *pinnules* ou petites fenêtres au travers desquelles on regarde les objets. Chaque pinnule, qui doit être exactement perpendiculaire au limbe, est fendue par le haut et ouverte par le bas, ou réciproquement; et le milieu de l'ouverture est traversé, dans le sens de la longueur, par une soie ou par un crin. Lorsqu'on vise à un objet, on a soin de mettre près de l'œil la fente d'une pinnule par laquelle on regarde si le fil correspondant couvre cet objet.

La règle mobile que l'on nomme *alidade*, est assujettie à tourner autour du centre de l'instrument, et est garnie de même de deux pinnules. Pour mesurer les angles avec plus de précision, on a imaginé de tracer des parties plus petites que celles du limbe aux extrémités de cette alidade, et près des pinnules; c'est à l'aide de ces petites divisions ou de ce *vernier*, que l'on estime les parties du degré ou du grade. Supposons, par exemple, que le graphomètre soit divisé en 400 parties égales, dont 2 forment le grade, et que 9 de ces parties correspondent à 10 parties du vernier; alors chacune de dernières embrassera sur ce limbe un arc de $\frac{9.50'}{10} = 45$ minutes centésimales. Si donc la première ligne du vernier, que l'on nomme *ligne de foi*, tombe exactement sur une ligne du limbe, l'angle compris entre le diamètre fixe et le diamètre mobile, sera mesuré par le nombre de parties du limbe; si au contraire la seconde ligne du vernier coïncide avec un trait du limbe, il faudra au nombre de grades ou de demi-grades marqués sur le limbe jusqu'à la ligne de foi, ajouter 5', quantité dont une partie du limbe excède une partie du vernier. En général, on comptera de plus autant de fois 5' qu'il y aura de parties du vernier depuis la ligne de foi jusqu'à la ligne qui correspond à l'une de celles du limbe.

Les graphomètres les plus exacts et les plus commodes, sont ceux qui sont garnis de lunettes que l'on fait mouvoir lentement à l'aide de vis de rappel, et que l'on arrête au moyen de vis de pression. Quand les lunettes peuvent s'incliner de quelques grades à l'égard du limbe, on est dispensé de réduire à l'horizon les angles qui n'y sont pas situés, parce qu'alors on les observe dans ce plan, en disposant le limbe horizontalement.

Ces lunettes sont ordinairement *achromatiques*, c'est-à-dire qu'elles font voir les objets nettement terminés et sans iris. Leur *objectif* est la lentille par laquelle entrent les rayons qui forment l'image d'un objet, et leur *oculaire* est la lentille par où ces rayons sortent pour venir se peindre dans l'œil. Afin que la vision soit plus nette, on ne met que deux verres convexes à chaque lunette; mais alors les objets sont vus renversés.

Dans l'intérieur de ces lunettes, se trouve, près de l'oculaire, le *réticule*, qui est un petit anneau de métal dont les diamètres rectangulaires sont représentés par deux fils de soie ou d'araignée. Il faut que ces fils soient placés précisément au foyer de l'objectif, sans quoi, ils donneraient lieu à une *parallaxe*; c'est-à-dire que leur image éprouverait un petit dérangement à l'égard de l'objet auquel on vise, en regardant par différents points de l'oculaire. L'axe optique, déterminé par la ligne qui va de l'œil à l'intersection des fils du réticule, doit aussi être parallèle au plan du limbe, lorsque les lunettes n'ont aucun mouvement dans le sens perpendiculaire à ce plan. Les artistes qui construisent les instruments de mathématiques, peuvent indiquer à l'acquéreur les moyens d'en faire la vérification et de les rectifier. Nous ne pouvons entrer ici dans de plus grands détails à cet égard.

Il est utile, en outre, qu'un niveau à *bulle d'air* soit adapté à la lunette inférieure, pour pouvoir la disposer horizontalement lorsque l'on mesure des angles de hauteur. L'axe de ce tube étant mis parallèlement à l'axe optique de la lunette, il s'ensuit, d'après les lois de l'hydrostatique, que lorsque la *bulle d'air* occupe le milieu du tube, la lunette est horizontale (n° 204).

Tout l'instrument porte sur un pied construit de manière qu'il est facile d'incliner le limbe dans tous les sens. A cet égard, on évite beaucoup de lenteur et de tâtonnement, en disposant, le plus qu'il est possible, dans la direction des objets que l'on observe, les vis qui procurent cette inclinaison.

Du cercle répétiteur.

226. Entre autres différences remarquables entre le graphomètre et le cercle répétiteur, c'est que le limbe de celui-ci est un cercle entier, et que les deux lunettes sont mobiles ou fixes à volonté. La lunette supérieure entraîne de même deux verniers, et son axe répond précisément au centre du limbe. A l'égard de lunette inférieure, elle est excentrique, et elle tourne seule, si l'on veut, autour du pivot de l'instrument.

Le plus grand avantage du cercle répétiteur est de pouvoir atténuer presque entièrement les erreurs de division et celles des observations, en répétant suffisamment la mesure des angles, comme nous l'enseignerons bientôt.

Dans les petits cercles répétiteurs, le pivot qui supporte le limbe est soudé au centre d'un petit plateau circulaire auquel on peut procurer un mouvement de rotation rapide ou lent. Ce pivot est traversé par un axe ou essieu, dont les extrémités entrent dans des collets faisant partie de deux montants auxquels on a donné le nom de *fourchette*. Un petit quart de cercle adapté au pivot, s'appuie contre ces montants, et s'y fixe au moyen d'une pince, quand on veut que l'inclinaison du limbe soit invariable. Enfin vers la partie supérieure de la *douille* de l'instrument, sont placées deux vis opposées et boutantes, qui servent pour incliner le limbe dans un sens contraire à celui pour lequel le quart de cercle est destiné.

De la mesure des angles avec le graphomètre.

227. Pour mesurer avec le graphomètre l'angle A sous lequel on voit la distance BC, placez d'abord le centre de l'instrument au point A, puis disposez l'alidade fixe de manière que, regardant au travers des pinnules ou de la lunette, le fil vertical couvre le point C. Enfin, dirigez l'alidade mobile ou la lunette supérieure sur l'objet B; l'arc parcouru par celle-ci sera la mesure de l'angle A. Pl. II. Fig. 61.

Cette méthode suppose que les trois points A, B, C sont à très peu près dans le même plan horizontal, ou que le cercle porte des pinnules, ou bien qu'il est garni de lunettes *plongeantes* (n° 225); autrement si les points

B, C étaient hors de l'horizon de l'observateur, et que les lunettes n'eussent point la propriété dont il s'agit, il faudrait placer le limbe dans le plan même de l'angle à mesurer.

Pl. VIII.
Fig. 176.
L'angle sous lequel on voit l'élévation d'un objet situé au-dessus de l'horizon du lieu où l'on observe, se nomme *angle de hauteur*, et l'angle sous lequel on voit l'abaissement d'un objet au-dessous de l'horizon, se nomme *angle de dépression*. Ainsi en supposant que AH soit horizontal, l'angle BAH est un angle de hauteur, et l'angle B'AH est un angle de dépression.

Pour mesurer ces angles verticaux, on donne au plan de l'instrument la position verticale à l'aide d'un fil à plomb; ensuite on met la lunette fixe horizontalement par le moyen du niveau à bulle d'air qui y est adapté; puis l'on dirige la lunette supérieure sur l'objet B' ou B, de manière que le fil horizontal de cette lunette couvre le point de mire. Alors l'arc parcouru par cette même lunette est la mesure de l'angle BAH ou B'AH.

De la mesure des angles avec le cercle répétiteur.

228. Voici la manière de mesurer un angle entre deux objets terrestres, avec le cercle répétiteur dont les divisions se lisent de gauche à droite.

Après avoir mis le limbe dans le plan des objets, on amène la lunette supérieure à *zéro*, et on la fixe par le moyen de la vis de pression; ensuite on la dirige sur l'objet à droite, et pour l'y fixer, on serre la vis de pression du plateau. Cela fait, on rend mobile la lunette inférieure pour l'amener sur l'objet à gauche, puis on la fixe au limbe; ensuite on desserre la vis de pression du plateau, afin de pouvoir faire tourner tout l'instrument, jusqu'à ce que la lunette inférieure soit sur l'objet à droite. Lorsque cette circonstance a lieu, on serre de nouveau cette vis, et l'on amène la lunette supérieure rendue libre sur l'objet à gauche; alors l'arc qu'elle a parcouru depuis son premier point de départ, est la mesure du double de l'angle observé.

On obtient par cette méthode le quadruple, le sextuple, etc., d'un angle, en répétant 2, 3 ... fois cette opération, et partant du point de division où la lunette supérieure se trouve à la fin de chaque *observation conjuguée*.

On nomme *distance au zénith* d'un objet, le complément de sa hauteur, ou sa dépression angulaire augmentée de 100$^{gr.}$ Pour observer une distance au zénith, mettez le plan du cercle verticalement par le moyen d'un fil à plomb, et de manière que les divisions du limbe soient à votre droite, amenez la lunette supérieure à zéro, fixez-la, puis dirigez-la sur l'objet, en faisant tourner le limbe, et serrez la vis du plateau; ensuite mettez la lunette inférieure horizontalement au moyen du niveau à bulle d'air, et pour cet effet, servez-vous de la vis de rappel de cette lunette.

Cela fait, amenez le limbe à votre gauche dans le vertical de l'objet; remettez la lunette inférieure horizontalement, en faisant tourner le limbe par le moyen de la vis du plateau; enfin ramenez sur l'objet la lunette supérieure rendue libre. L'arc qu'elle aura parcouru sera le double de la distance zénithale cherchée.

On pourrait de même obtenir le quadruple, le sextuple . . . de cette distance, en répétant 2, 3. . . . fois cette observation.

Lorsque le cercle répétiteur porte des lunettes plongeantes, on dispose toujours le limbe horizontalement, et par ce moyen, les angles observés entre les objets terrestres sont réduits sur-le-champ à l'horizon, ce qui dispense de faire aucun calcul à cet égard. Cet instrument qu'on nomme alors *théodolite*, peut être employé de la même manière que le graphomètre; car il ne s'agit que d'amener la lunette inférieure à zéro, et de l'y fixer pendant tout le cours des observations. Pour cet effet, on met la lunette supérieure à ce point, et après avoir fixé avec cette lunette un objet éloigné, on y dirige aussi la lunette inférieure qui se trouve, dans ce cas, placée convenablement.

De l'usage de la chaîne métrique et de la stadia.

229. Pour mesurer une ligne droite tracée sur le terrain à l'aide de jalons ou de piquets, on se sert du double-mètre ou de la chaîne métrique, qui est formée de petites baguettes de fer de deux décimètres de long, attachées les unes aux autres par des petits anneaux. Cette chaîne a ordinairement dix mètres de long, et est garnie de deux poignées à ses extrémités. Le chaîneur qui marche en avant dans la direction des jalons, porte dix fiches de fer qu'il plante en terre les unes après les autres, lorsque la chaîne est suffisamment tendue, et quand ses extrémités sont dans une même ligne horizontale, si l'on ne doit mesurer que dans ce plan; ensuite le chaîneur qui vient après, enlève ces fiches à fur et mesure. Si la ligne que l'on parcourt est de plus d'une *portée*, c'est-à-dire, si elle est plus longue que dix fois la chaîne, on continue la même opération, en retenant ou en écrivant sur un livret le nombre de portées et de mètres que contient la ligne mesurée.

Quand les lignes d'opération traversent un terrain qui offre une ou plusieurs pentes fort longues et très sensibles, alors, au lieu de disposer la chaîne horizontalement, ce qui serait trop gênant et peu exact, on mesure la longueur même de chaque pente; et après avoir estimé l'inclinaison de chacune, soit avec le cercle répétiteur, soit par le procédé du nivellement, on réduit les mesures à l'horizon, ainsi qu'on le verra dans le chapitre suivant.

Si le terrain présente des obstacles qui se refusent à l'usage de la chaîne métrique, on estimera les petites distances au moyen d'une longue règle divisée en parties égales par des lignes bien apparentes, règle qu'on nomme *stadia*. Pour cet effet l'on fera placer verticalement cette règle au

Pl. VIII. point dont on veut connaître la distance à la station, et l'on remarquera combien de ses parties sont comprises entre des fils parallèles et horizontaux, disposés au foyer de la lunette dont on se sert pour voir les objets de loin. Par exemple, si deux des fils parallèles du réticule sont espacés de manière à intercepter un certain intervalle sur la stadia placée successivement à la distance de 100, 200, 300, etc., mètres; cet intervalle devra être numéroté 100, 200, 300, etc., mètres. Les officiers d'état-major attachés à la carte de France, ont fréquemment recours à ce procédé pour évaluer approximativement les longueurs des petites directions qu'ils relèvent à la boussole.

CHAPITRE III.

EXEMPLES DE CALCUL TRIGONOMÉTRIQUES.

Résolution des triangles rectilignes rectangles.

230. *Déterminer la projection horizontale d'une pente dont on connaît la longueur et l'inclinaison.*

Pl. 1. Fig. 8. Soit $AC = 480^m$ la pente donnée, et $A = 5^{gr} = 4°30'$ ancienne division (*), son inclinaison. On demande la longueur horizontale AB, projection de AC.

En vertu du principe du n° 219, on a

$$R : AC :: \sin. C \text{ ou } \cos. A : AB;$$

ou en valeurs numériques,

$$R : 480^m :: \cos. 5^{gr} : AB;$$

opérant par les logarithmes, on trouve que

$$\log. 480 = 2{,}6812412$$
$$\log. \cos. 5^{gr} = 9{,}9986591$$
$$\overline{\log. \text{somme} - \log. R = 2{,}6799003 = 478^m{,}52.}$$

Donc la pente AC, projetée sur l'horizon, se réduit à $478^m{,}52$.

NOTA. Les officiers d'état-major se servent ordinairement d'une boussole, armée d'un *éclimètre*, pour lever les plans. La boussole donne les angles de direction, et l'éclimètre les angles d'élévation ou de dépression des objets; par exemple, l'angle d'inclinaison CAB.

(*) Nous donnerons les valeurs des grades en degrés, en faveur de ceux qui n'auraient que des tables de logarithmes construites suivant l'ancienne division. Il est évident, du reste, que les valeurs logarithmiques de ces angles sont les mêmes, quelque système qu'on adopte.

231. *Calculer la corde et la flèche de l'arrondissement de la contrescarpe.* Pl. VIII. Fig 177

Soit l'angle du bastion $ACB = 92^{gr}, 30' = 83° 4' 12''$ anc. div.

et le rayon $AC = 40^m$.

Les triangles ACD, CDB étant égaux et rectangles en D, le premier donne

$$R : AC :: \sin. A : CD.$$
$$R : AC :: \cos. A : AD.$$

Opérant par logarithmes, on trouve Fig. 178.

$\log. (AC = 40) = 1,6020600 \ldots\ldots\ldots\ldots\ldots 1,6020600$

$\qquad$ log. sin. A $\qquad\qquad\qquad$ log. cos. A

ou de $\begin{Bmatrix} \cos. 46^g. 15 \\ \cos. 41°32'6'' \end{Bmatrix} = 9,8742213$ ou de $\begin{Bmatrix} \sin. 46^g. 15' \\ \sin. 41°32'6'' \end{Bmatrix} = 9,8215642$

$\qquad\qquad\qquad\qquad\overline{1,4762813} \qquad\qquad\qquad\qquad\qquad\overline{1,4236242}$

Donc $\qquad CD = 29^m,942,\qquad$ donc $\qquad AD = 26^m,523.$

Il suit de là que la corde $AB = 2AD = 53^m,046$, et que la flèche

$$DE = AC - CD = 10^m,058.$$

Si au lieu du rayon CB on connaissait la largeur Cx du fossé, il faudrait d'abord calculer l'hypoténuse CB du triangle rectangle CxB, dans lequel le côté Cx et l'angle $B = ACB$ seraient connus, et l'on procéderait ensuite comme ci-dessus.

232. *Déterminer la largeur d'un fleuve.*

Tracez le long de la berge et parallèlement au courant de l'eau, une base AB; et après avoir dirigé l'alidade fixe sur cette base, mettez la ligne de foi de l'alidade mobile sur la division marquée 90^d ou 100^{gr}. Voyez à quel point C aboutit le rayon visuel AC, perpendiculaire à AB; puis mesurez la ligne AB, qui doit être environ la moitié de AC; observez l'angle B, et enfin mesurez la distance AD comprise entre la base et le bord de l'eau.

Soit, par exemple,

$AB = 125^m$, $AD = 5^m$, et angle $B = 45^{gr} = 40° 30'$ anc. div.

on aura, n° 220,

$$R : \text{tang. } 45^{gr.} :: 125^m : AC;$$

et par les logarithmes,

$\qquad\qquad\qquad$ log. tang. $45^{gr.} = 9,9311989$
$\qquad\qquad\qquad$ log. $125 = 2,0969100$

$\qquad$ Somme, moins log. du rayon $= 2,0281089 = 106^m,76.$

Donc $\qquad\qquad CD = 106^m,76 - 5 = 101^m,76.$

P L. VIII. A défaut de tables de logarithmes, on construira avec une échelle de parties égales et un rapporteur, une figure semblable à BCA. Pour cet effet, on fera $ab = 125^m$; au point a, on élèvera à ab une perpendiculaire indéfinie, et au point b on prendra avec le rapporteur un arc de 45^{gr}; par l'extrémité de cet arc et par le point b, on tirera une droite cb, qui rencontrera ac en un point c. Alors portant ac sur l'échelle, on verra que cette ligne égale $106^m,76$ à peu de chose près; donc la largeur du fleuve est comme ci-dessus de $101,76$.

Le calcul et la construction sont les mêmes pour déterminer la hauteur d'un édifice érigé sur un plan horizontal, et dont le pied est accessible. Par

Fig.179. exemple, soit SP la tour à mesurer. Placez l'instrument au point B, duquel vous puissiez voir le sommet S de cette tour; mesurez l'angle vertical SBA, formé par l'horizontale AB et par le rayon visuel SB; mesurez en outre la distance comprise entre le centre de la station B et le pied de l'édifice; et faites la proportion,

$$R : \tang. SBA :: AB : AS;$$

AS étant trouvée, augmentez cette hauteur de celle de l'instrument, et la somme sera la hauteur de la tour, depuis le sol jusqu'au point de mire du sommet.

Il est évident que si le sommet S de la tour était celui d'un réseau de triangles destiné à servir de canevas à une carte topographique, et que sa hauteur au-dessus du niveau de la mer fût connue, il suffirait de retrancher de cette hauteur *absolue*, celle de la tour au-dessus du sol, pour avoir ce qu'on appelle la *cote de hauteur* du terrain, qui est un élément essentiel de son relief (211).

Fig.180. **233.** *Trouver l'angle que la ligne de mire fait avec l'axe prolongé, dans une pièce de calibre et de dimensions connues.*

Si par le point D, le plus élevé du renflement du bourlet, on imagine la droite DG parallèle à l'axe AE, l'angle BDG sera égal à l'angle C que l'on cherche. Or les trois côtés du triangle BGD rectangle en G sont connus; donc on aura l'angle BDG par cette proportion,

$$R : \tang. BDG :: DG : BG.$$

Dans la pièce de 12 légère, on a AB = $16^{centim.},86$
ED = $13 ,34$
et de là BG = $3 ,52$
on a en outre DG = $209 ,11$

et par les logarithmes,

log. BG = $0,5465427$
log. R = $10,0000000$
_____
$10,5465427$
moinslog. DG = $2,3203748$

log.tang. BDG = $8,2261679 = 1^{gr}. 7' 15'' = 57' 51''$, 66 anc. divis.

TRIGONOMÉTRIE. 325

Une pièce de 12 *légère étant pointée à* 3gr·33′ (2° 59′ 49″, 2 anc. div.), Pl. VIII. *trouver la hauteur à laquelle la ligne de mire s'élève, à la distance de* 1200 *mètres, qui est à peu près la portée de cette pièce, sous l'angle de* 3gr·33′.

On sait, par la solution du problème précédent, que la ligne de mire fait avec l'axe un angle de 1gr· 7′ 15″; ainsi cette ligne n'est inclinée à l'horizon que de 3gr· 33′ — 1gr· 7′ 15″ = 2gr· 25′ 85″ = (2° 1′ 57″,54 anc. div.), et la hauteur d'un de ses points à la distance horizontale de 1200m, *est le côté* de l'angle droit d'un triangle rectangle que l'on trouve à l'aide de la proportion,

$$R : \text{tang. } 2^{gr.} 25' 85'' :: 1200 : \text{hauteur cherchée};$$

de là

$$\log. \text{tang. } 2^{gr.} 25' 85'' = 8{,}5501222$$
$$\log. 1200^m = 3{,}0791812$$
$$\log. \text{hauteur} = 1{,}6293034 = 42^m,590$$

La hauteur cherchée est donc de 42m,59.

234. Les formules trigonométriques sont souvent employées dans les démonstrations ou les solutions des propositions de Géométrie, parce qu'elles conduisent presque toujours très simplement aux relations que l'on a en vue de trouver. Pour donner une idée du parti que l'on en peut tirer en pareille circonstance, nous allons résoudre les deux problèmes suivants :

1° *Déterminer l'aire d'un triangle rectiligne, connaissant deux de ses* Pl. II. *côtés et l'angle qu'ils comprennent.* Fig. 51.

L'aire s du triangle ABC est égale à $\frac{AB \times CD}{2}$; mais en vertu du principe du n° 219, $CD = AC \times \sin. A$, le rayon des tables étant $= 1$. Substituant cette valeur dans celle de s, on a

$$s = \frac{AB \times AC}{2} \times \sin. A.$$

Ainsi *l'aire d'un triangle rectiligne quelconque est égale à la moitié du produit de deux des ses côtés, multiplié par le sinus de l'angle compris.*

Il suit de là que si a et b sont les côtés contigus d'un parallélogramme, et que C soit l'angle qu'ils forment, l'aire de ce parallélogramme sera

$$s = ab \sin. C.$$

2° *Trouver le rayon du cercle circonscrit à un triangle dont les trois* Pl. VIII. *côtés sont donnés.*

Soient a, b, c les trois côtés du triangle ABC, respectivement opposés Fig. 181. aux angles A, B, C; désignons sa surface par s, et le rayon BO du cercle circonscrit, par R.

Suivant ce qui précède, on a

$$s = \frac{ab}{2} \sin. C;$$

PL. VIII. et si BD est un diamètre, le triangle ABD sera rectangle en A, l'angle D sera égal à l'angle C, et en vertu du n° 219 on aura

$$1 : 2R :: \sin. \text{D ou } \sin. \text{C} : c;$$

d'où
$$\sin. \text{C} = \frac{c}{2R}.$$

Mettant cette valeur dans celle de s, on a définitivement

$$s = \frac{abc}{4R}, \quad \text{ou } R = \frac{abc}{4s};$$

C'est-à-dire que *le rayon du cercle circonscrit à un triangle, est égal au produit de ses trois côtés, divisé par le quadruple de l'aire de ce triangle.*

PL. III.
Fig. 76. Il est encore plus facile de déterminer le rayon du cercle inscrit à un triangle dont on connaît les trois côtés.

Il est évident, en effet, que l'aire S du triangle ABC se compose des aires des triangles AOC, COB, BOA ou que

$$S = R\left(\frac{a+b+c}{2}\right);$$

ce qui donne en faisant $a+b+c = p$

$$R = \frac{S}{\frac{1}{2}p},$$

c'est-à-dire que *ce rayon est égal à l'aire du triangle divisée par son demi-périmètre.*

Résolution des triangles rectilignes obliquangles.

PL. II.
Fig. 61. **235.** *Mesurer une distance, accessible seulement par une de ses extrémités.*

Supposons que A et C soient deux postes ennemis; on demande la distance AC seulement accessible au point A. Tracez la base AC, de manière que les angles A et B ne soient pas trop aigus; mesurez ces angles, et retranchez leur somme de 200 grades, vous aurez la valeur de C; mesurez ensuite la base AB, et faites la proportion,

$$\sin. \text{C} : \text{AB} :: \sin. \text{B} : \text{AC}.$$

Pour exemple, soit $A = 45^{gr} = 40° 30'$ anc. div., $B = 68^{gr}.15$, $= 68° 20' 6''$ anc. div., $AB = 530^m$; on aura

$$C = 200^{gr} - 113.15' = 86^{gr}.85 = 78° 9' 54''\text{ anc. division.}$$

d'où $\quad \sin. 86^{gr}.85' : 530 :: \sin. 68^{gr}.15' : AC;$

et par logarithmes,

TRIGONOMÉTRIE.   327

$$\begin{aligned}\log. 530 &= 2{,}7242759\\ log.\ \sin. 68^{gr.}, 15' &= 9{,}9432171\\ \hline &12{,}6674930\\ \text{moins } \log. \sin. 86^{gr.}, 85 &= 9{,}9906684\\ \hline \log. AC &= 2{,}6768246 = 475^m,14.\end{aligned}$$

Pl. II.
Fig. 61.

donc la distance cherchée $= 475^m, 14$.

236. *Déterminer de combien le but B est plus élevé que la batterie A.* Pl. VIII. Fig. 182.

Soit AH le niveau de la batterie. Mesurez l'angle de hauteur BAH : placez un jalon en C, de manière que AC ne soit pas trop petit à l'égard de AB; mesurez l'angle incliné BAC, en mettant le plan du graphomètre dans celui de cet angle; mesurez aussi la base AC, et ensuite l'angle incliné BCA.

Maintenant supposons que

$$BAH = 5^{gr.},15' = 4°\ 38'\ 6''\text{ anc. div.}, \quad AC = 96^m, 5,$$
$$BAC = 60^{gr.} = 54°\text{ anc. div.} \quad BCA = 85^{gr.} = 76°,30'\text{ anc. div.}$$

Pour trouver la hauteur BH, il faut d'abord calculer l'hypoténuse AB du triangle rectangle ABH, à l'aide du triangle ABC dont on connaît un côté et les deux angles adjacents; pour cela faites la proportion,

$$\sin. ABC : AC :: \sin. BCA : AB;$$

puis dites $\quad R : AB :: \sin. BAH : BH.$

Voici l'opération par les logarithmes,

$$\begin{aligned}\log. (AC = 86{,}5) &= 1{,}9370161\\ \log. \sin. (BCA = 85^{gr.}) &= 9{,}9878315\\ \hline &11{,}9248476\\ -\log. \sin. (ABC = 55^{gr.} = 49°30'\text{ anc. div.}) &= 9{,}8810455\\ \hline \log. AB &= 2{,}0438021\\ \log. \sin. (BAH = 5{,}15) &= 8{,}9074533\\ \hline \text{Somme} - \log. R &= 0{,}9512554 = 8^m,938.\end{aligned}$$

Ainsi la hauteur BH cherchée est de $8^m,94$.

C'est encore par cette méthode que l'on déterminerait la hauteur d'un édifice dont le pied serait inaccessible.

237. *Mesurer une petite distance, dont les extrémités seulement sont accessibles.*

Si un alignement AB devait traverser un terrain marécageux, et qu'il fallût néanmoins en connaître la longueur, on pourrait opérer ainsi qu'il suit :

Fig. 174.

Choisissez un point C, d'où vous puissiez apercevoir les extrémités A, B; et mesurez l'angle C, ainsi que les distances AC, BC. Alors la question

Pl. VIII.
Fig 174. sera réduite à calculer le troisième côté d'un triangle dont on connaît deux côtés et l'angle compris. Pour cet effet, au lieu d'employer la formule (2) du n° 223, qui donne immédiatement la quantité cherchée, il est plus simple, et surtout plus commode, de calculer d'abord les angles A, B, et ensuite le côté AB. Voici par quels moyens : d'abord dans le triangle ABC, on a (n° 222),

$$a+b : a-b :: \tang.\left(\frac{A+B}{2}\right) : \tang.\left(\frac{A-B}{2}\right);$$

et parce que l'angle C est supposé connu, l'on a en outre

$$\frac{A+B}{2} = \tfrac{1}{2}(200^{gr.} - C).$$

Soit $a = AC = 86^m$, $b = BC = 64^m$, $C = 53^{gr.} = 47°42'$ anc. div.

Il résulte du principe qui vient d'être cité, que

$$\left.\begin{array}{c}86+64 : 86-64 ::\\ 75 \ : \ 11 \ ::\end{array}\right\} \tang.\left(\frac{A+B}{2} = 73^{gr.},50'\right) : \tang.\frac{A-B}{2}.$$

Calculant le quatrième terme à l'aide des logarithmes, on trouve que

$$\log. 11 = 1{,}0413927$$
$$\log. \tang. 73^{gr.},50' = 10{,}3544840$$
$$\overline{11{,}3958767}$$
$$\text{moins } \log. 75 = 1{,}8750613$$

$\log. \tang. \frac{A-B}{2} \ldots \ 9{,}5208154 = 20^{gr.},39'27'' = 18°21'12''4$ anc. d.

$$\frac{A+B}{2} = 73^{gr.},50' \qquad \frac{A+B}{2} = 73^{gr.},50'$$
$$\frac{A-B}{2} = 20, \ 39,27 \qquad \frac{A-B}{2} = 20, \ 39, \ 27''.$$

Somme ou $B = 93^{gr.},89'27''$ *Diff.* ou $A = 53^{gr.} 10'73''$.
ou suivant l'ancienne division,
$$= 84°33'2''. \qquad\qquad = 47°47'48''.$$

Maintenant on aura le troisième côté c ou AB par cette proportion,

$$\sin. A : BC :: \sin. C : AB.$$

$$\log. (BC = 64) = 1{,}8061800$$
$$\log. \sin. (C = 53^{gr.}) = 9{,}8690152$$
$$\overline{11{,}6751952}$$
$$-\log. \sin. (A = 53^{gr.} 10'73'') = 9{,}8696801$$
$$\overline{\log. AB = 1{,}8055151} = 63^m,902,$$

donc $AB = 63^m,9$.

TRIGONOMÉTRIE. 329

Ce problème est principalement utile pour déterminer la longueur d'une Pl. VIII. base que l'on ne peut mesurer immédiatement, mais des extrémités de laquelle on aperçoit un grand nombre d'objets dont il importe de déterminer les positions sur un plan.

238. *Déterminer différents points d'un même alignement, lorsque* Fig. 183. *des obstacles empêchent de voir les extrémités l'une de l'autre.*

On choisira, s'il est possible, un point C hors de la ligne AB dont il s'agit, et d'où l'on puisse apercevoir à la fois les extrémités A, B de cette ligne; ensuite on mesurera les distances AC, CB, soit immédiatement, soit par l'une des méthodes exposées précédemment, et on relèvera l'angle ACB. Alors comme deux côtés et l'angle compris du triangle ABC seront connus, on en déterminera aisément les angles A, B. Ainsi pour avoir un point quelconque D dans l'alignement de AB, on résoudra le triangle ACD, dans lequel on connaîtra les trois angles et le côté AC, puisque l'on peut supposer une valeur quelconque à l'angle ACD; et après avoir tracé la ligne CD avec des jalons, on s'avancera dans cette même direction, jusqu'à ce que la longueur parcourue soit égale à celle qui aura été obtenue par le calcul.

Dans le cas où l'on ne verrait du point C que l'un des points A, B, le point B par exemple, on choisira un autre point E, d'où l'on puisse voir le point A. Ensuite on déterminera les distances AE, EC, CB, et les angles AEC, ECB; après quoi résolvant le triangle AEC, on connaîtra la distance AC et l'angle ACE, et le problème sera ramené au cas précédent.

On voit maintenant ce qu'il faudrait faire pour établir une batterie sur le prolongement d'une courtine.

239. *Par un point donné sur le terrain, mener une droite parallèle à* Fig. 184. *une autre droite inaccessible.*

Soit CD la droite inaccessible, et A le point donné, par lequel doit être menée la parallèle AK. Il est clair que le problème se réduit à faire l'angle DAK égal à l'angle CDA; mais comme ce dernier est inconnu, et qu'il est impossible de le mesurer directement, voici comment on le déterminera.

*I*ʳᵉ *Solution.* Mesurez l'angle CAD sous lequel paraît la droite inaccessible CD, et choisissez un autre point B un peu éloigné du premier A, d'où vous puissiez voir cette droite sous le même angle, c'est-à-dire de manière que l'angle CBD soit égal à l'angle CAD. Alors les quatre points A, B, D, C, supposés dans un même plan, seront sur une même circonférence; et en vertu de la propriété des angles inscrits, on aura CBA = CDA. Ainsi en mesurant l'angle CBA, et faisant ensuite DAK = CBA, le problème sera résolu.

*II*ᵉ *Solution.* Lorsqu'il est impossible de faire usage de la solution précédente, et cela arrive toutes les fois que le point A est environné d'ob-

PL. VIII. stacles, on trace une base AB dans le sens de CD, et l'on mesure en A les angles CAB, DAB; puis au point B, les angles DBA, CBA. La base AB, que l'on mesure pareillement, doit être assez longue à l'égard de CD, pour que ces angles ne soient ni trop aigus ni trop obtus.

Il résulte de cette opération, que, dans les triangles BCA, ADB, l'on connaît le côté commun AB, et les deux angles adjacents; ainsi la résolution de ces triangles donnera les côtés AC, AD; puis le triangle CAD étant résolu par la méthode du n° 237, on aura, et la valeur des angles CDA, DCA, et la longueur de la ligne inaccessible CD. On pourra donc mener AK parallèlement à cette ligne.

III° Solution. Si l'on était dépourvu de tables trigonométriques, il faudrait construire, par la méthode du n° 100, une figure *abcd* semblable à celle ABDC du terrain ; dès lors on verrait combien *cd* comprendrait de parties de l'échelle, et combien l'angle *cda* contiendrait de grades du rapporteur; après quoi il ne s'agirait plus que de faire sur le terrain, l'angle DAK = à l'angle *cda*. Mais, dans aucun cas, les solutions graphiques ne sont préférables à celles qui dépendent uniquement du calcul.

Fig. 185. **240.** *Déterminer la direction de la capitale d'un bastion inaccessible.*

La capitale CG d'un bastion ACB, partage l'angle de ce bastion en deux parties égales. Cela posé, choisissez un point D dans la direction de la face CB, et un point E dans la direction AC; et mesurez les deux angles CDE, CED du triangle DCE. L'angle DCE du sommet étant le supplément à deux droits des angles observés, on connaîtra, à l'aide de ces derniers, l'angle flanqué ACB, puisque les angles ACB, DCE sont égaux (n° 14). Par conséquent, si CK est le prolongement de la capitale du bastion, les angles DCK, ECK seront chacun moitié de l'angle ACB. Or, faisant les angles EDF, DEF égaux, chacun à $\frac{DCE}{2}$, les deux droites DF, EF se rencontreront en F sur la circonférence qui passe par les trois points DCE; donc (n° 34) le point F sera le prolongement de la capitale GG, et à égale distance des points D, E. On aura donc deux points C, F de ce prolongement.

En supposant que les droites DF', EF' divisent respectivement en deux parties égales les angles CDE, CED, le point F' sera (n° 93) le centre du cercle inscrit au triangle CDE, et se trouvera pareillement sur le prolongement de la capitale du bastion.

Si l'on ne pouvait parcourir que la droite DE, il faudrait déterminer le point K, de telle sorte que l'angle CKE fût le supplément à deux droits des angles KCE, CEK.

Passons maintenant à la solution trigonométrique d'un problème qui est d'une grande utilité dans la levée des plans.

Fig. 186. **241.** *Déterminer la position d'un point d'où l'on voit trois autres points dont on connaît les distances respectives.*

Du point D, duquel on aperçoit les trois points donnés A, B, C, observez les angles CDB=α, ADC=β, sous lesquels paraissent les distances PL. VIII. connues CB=a, et AC=b, faisant un angle donné ACB=C. Ces quantités suffisent pour résoudre la question.

En effet, soient les angles inconnus CAD=x, et CBD=y; les triangles CDB, CDA donnent respectivement,

$$CD = \frac{a\sin.y}{\sin.\alpha}; \qquad CD = \frac{b\sin.x}{\sin.\beta}.$$

Egalant ces deux valeurs, on a

$$\frac{a\sin.y}{\sin.\alpha} = \frac{b\sin.x}{\sin.\beta} \text{ ou bien } \frac{\sin.x}{\sin.y} = \frac{a\sin.\beta}{b\sin.\alpha}.$$

Or, de cette dernière équation l'on tire celle-ci (n° 87, *Algèbre*),

$$\frac{\sin.x+\sin.y}{\sin.x-\sin.y} = \frac{a\sin.\beta+b\sin.\alpha}{a\sin.\beta-b\sin.\alpha};$$

et en vertu de l'un des principes du n° 217, on a

$$\frac{\tan g.\frac{1}{2}(x+y)}{\tan g.\frac{1}{2}(x-y)} = \frac{1+\frac{b\sin.\alpha}{a\sin.\beta}}{1-\frac{b\sin.\alpha}{a\sin.\beta}}.$$

La somme $x+y$ est connue, car on a

$$x+y = 400^{gr.} - C - \alpha - \beta,$$

et si, pour abréger, on fait

$$\tfrac{1}{2} s = \tfrac{1}{2}(x+y) = 200^{gr.} - \tfrac{1}{2}(C+\alpha+\beta);$$

on aura

$$\tan g.\tfrac{1}{2}(x-y) = \frac{1-\frac{b\sin.\alpha}{a\sin.\beta}}{1+\frac{b\sin.\alpha}{a\sin.\beta}} \times \tan g.\frac{s}{2}; \qquad (1)$$

équation qui fera connaître la demi-différence des angles cherchés. Ainsi par le principe du n° 59 de l'*Algèbre*, on déterminera chacun de ces angles.

Appliquons cette formule générale à un exemple, et pour cela supposons que les angles observés en D soient,

l'un $\alpha = 60^{gr},2535 = 54° 13' 41'',3$ anc. div.
l'autre $\beta = 37,6310 = 33° 52' 4'',4$ anc. div.

d'où $\alpha + \beta \begin{cases} = 97,8845 \\ = 88°5'46'' \text{ a.d.} \end{cases}$ et $\frac{s}{2} \begin{array}{l} = 107,88745 \\ = 97° 5' 55'',34 \text{ anc. divis.} \end{array}$

Supposons de plus que l'on ait dans le triangle ABC,

angle C = $86^{gr},3406 = 77° 42' 24''$ anc. div.
log. $a = 4,1702617$
log. $b = 4,0211893$:

Pl. VIII. on aura d'abord,

$$\log. \frac{b \sin. \alpha}{a \sin. \beta} = \log. b + \log. \sin. \alpha - \log. a - \log. \sin. \beta.$$

mais au lieu d'effectuer la soustraction des logarithmes affectés du signe négatif, comme nous l'avons fait jusqu'à présent, on peut, pour abréger, changer cette soustraction en addition. En effet, il est évident qu'en général $M - N = M + (10 - N) - 10$: or la différence $10 - N$ s'appelle le *complément arithmétique de* N; donc si à la quantité M on ajoute le complément arithmétique de N, et que de la somme on ôte une dizaine, le résultat sera le même que si on avait fait immédiatement la soustraction $M - N$. Généralement il faut ôter autant de dizaines que l'on a ajouté de compléments arithmétiques ; et remarquer que le complément d'un logarithme s'effectue en prenant le complément à 10 du 1er chiffre à droite, et le complément à 9 de tous les autres chiffres.

Ainsi
$$\log. b = 4{,}0211893$$
$$\log. \sin. \alpha = 9{,}9092089$$
$$\text{compl. arith. } \log. a = 5{,}8297383$$
$$\text{compl. arith. } \log. \sin. \beta = 0{,}2539265$$

Somme $= 0{,}0140630$ qui donne $1{,}0329112$;

de là $\quad 1 - \dfrac{b \sin. \alpha}{a \sin. \beta} = 1 - 1{,}0329112 = -0{,}0329112$;

et $\quad 1 + \dfrac{b \sin. \alpha}{a \sin. \beta} = 1 + 1{,}0329112 = 2{,}0329112$,

partant,

$$\text{tang. } \tfrac{1}{2}(x-y) = \frac{-0{,}032911}{+2{,}032911} \times \text{tang. } 107^{gr}{,}88745.$$

Or il est à remarquer que puisque la tangente de l'angle obtus $107^{gr}{,}88745$ est négative (n° 214), le second membre de cette équation sera positif (n° 32 *Algèbre*), on peut donc opérer sans avoir égard aux signes ; ainsi,

$$\log. 0{,}032911 = 8{,}5173424$$
$$\log. \text{tang. } 107^{gr}{,}88745 = 0{,}9047133$$
$$\text{compl. arith. } \log. 2{,}032911 = 9{,}6918816$$

$\log. \text{tang. } \tfrac{1}{2}(x-y) = 9{,}1139373 \quad \begin{cases} 8^{gr}\cdot 22' \; 97''{,}8. \\ 7°\;\; 24'\; 24''{,}5 \text{ anc. div.} \end{cases}$

On a donc
$$\begin{array}{lll} \text{demi-somme} & = 107^{gr}{,}88745 & \overset{\text{anc. div.}}{= 97°\; 05'\; 55''{,}34} \\ \text{demi-différence} & = \;\; 8\;\;\;\;,22978 & = \;\; 7°\; 24'\; 24''{,}5 \end{array}$$

par conséquent (n° 59 *Algèbre*) $x = 116\;\;\;,11723 = 104°\; 30'\; 19''{,}84$
et $\qquad\qquad\qquad\qquad\quad y = \;\;99\;\;\;,65767 = \;\;89°\; 41'\; 30''{,}84$

TRIGONOMÉTRIE. 333

Tous les angles des triangles ACD, CDB étant connus maintenant, il Pl. VIII. sera facile de calculer les distances AD, CD, BD. Si l'on effectue cette opération, l'on trouvera

$$AD = 12515^m,9 \,;\, CD = 18240^m,9 \,;\, BD = 10742^m,5.$$

Nous donnerons, au n° 257, deux solutions graphiques fort simples de ce problème : nous observerons, pour le moment, qu'il devient indéterminé, lorsque les quatre points A, B, C, D sont sur une même circonférence, et cette circonstance a lieu toutes les fois que les angles ACB, ADB valent ensemble deux angles droits (n° 95).

Si au lieu de connaître les deux côtés AC, CD et l'angle compris C, on connaissait au contraire les trois côtés AB, AC, BC, il serait nécessaire de déterminer préalablement l'angle C, afin de pouvoir calculer la formule (1). Pour cet effet, on aura recours à l'un des procédés du n° 223. Sachant, par exemple, que AB = 124, AC = 86, et BC = 100, la proportion

$$ab : (\tfrac{1}{2}s - a)(\tfrac{1}{2}s - b) :: R^2 : \sin^2 \tfrac{1}{2} C \,;$$

devient, en faisant R = 1, pour simplifier,

$$100 \times 86 : 55 \times 69 :: 1 : \sin^2 \tfrac{1}{2} C \,;$$

d'où

$$\sin. \tfrac{1}{2} C = \sqrt{\frac{55 \times 69}{100 \times 86}}.$$

Voici la disposition la plus simple du calcul :

```
               100
               124
                86
Somme.    =    310
½ somme   =    155
    — a   =    100  . . . . . compl. arith. log. =  8,0000000
Ier reste       55  . . . . . . . . . . . . log. =  1,7403627
      ½ s =    155
    — b   =     86  . . . . . compl. arith. log. =  8,0655015
IIe reste       69  . . . . . . . . . . . . log. =  1,8388491
                                   Somme         19,6447133
        ½ somme ou log. sin. ½ C  =                9,8223566
```

d'où ½ C = 46gr 25′ 30″ = 41° 37′ 39″,88 anc. div.,
partant C = 92gr,5060 = 83° 15′ 19″,8 anc. div.

Pour donner d'autres exemples de calculs trigonométriques, nous allons déterminer les différentes parties d'un front de fortification construit suivant le premier système de tracé de Vauban.

Calculs d'un front de fortification.

Pl. IX.
Fig. 187.

242. Soit AB le côté extérieur d'un pentagone régulier. On suppose ordinairement ce côté de 350^m, la perpendiculaire DE de 50^m, la face AH du bastion de 100^m, et la ligne de défense AG égale à AK. Comme la longueur et la position respectives des autres lignes dépendent de ces valeurs, nous allons présenter la série des calculs qui se rapportent au système de fortification actuel.

Calcul de l'angle de la tenaille AEB.

L'angle cherché étant le double de celui AED du triangle rectangle ADE, on aura (n° 220), en supposant le rayon des tables = 1,

$$1 : \cot. AED :: AD : DE, \text{ d'où } \cot. AED = \frac{DE}{AD},$$

ou $1 : \tan. AED :: DE : AD,$ d'où $\tan. AED = \frac{AD}{DE};$
de là

$$\log. (AD = 175) = 2,2430380$$
$$-\log. (DE = 50) = 1,6989700$$

$$\log. \tan. AED = 0,5440680 \begin{cases} = 82^{gr}.28'29''. \\ = 74° 3'16'',6 \text{ anc. div.} \end{cases}$$

Donc l'angle cherché = 164^{gr} 56' 58'' = 148° 6' 33'',2 anc. div., et par conséquent l'angle diminué EAD = 17^{gr}7171 = 15° 56' 43'',4 anc. div. = EBA.

Quant à l'hypoténuse AE, on peut l'obtenir à l'aide du principe du n° 77; ainsi on a

$$AE = \sqrt{\overline{AD}^2 + \overline{DE}^2} = \sqrt{175^2 + 50^2} = 182^m.$$

Calcul de la ligne de défense AK ou AG.

Puisque dans les triangles ABK l'on connaît les deux côtés AB, BK et l'angle compris ABK, on aura la ligne AK par la méthode du n° 237.

D'abord

$$350 + 100 : 350 - 100 :: \cot. \frac{B}{2} : \tan. \tfrac{1}{2} \text{ diff.}$$

ou

$$\tan. \tfrac{1}{2} \text{ diff.} = \frac{250 \times \cot. 8^{gr}.8585}{450} = \frac{5. \tan. 91^{gr}.4415}{9};$$

et $= \dfrac{5 \tan. 82°1'38'',46}{9}$, si l'on emploie l'ancienne division.

TRIGONOMÉTRIE. 335

$$\log. 5 = 0{,}6989700$$
$$\log. \cot. \frac{B}{2} = 0{,}8537042$$

anc. div.
Somme $1{,}5526742$ ½ somme = $91^{gr}14'15''$ = $82°01'38'',46$
— log. 9 $= 0{,}9542425$ ½ différ. = $84\ 27'86''$ = $75°51'\ 2'',06$

$\log. \tan. \frac{1}{2}$ diff. $= 0{,}5984317$ $AKB = 175\ 42'01''$ = $157°52'41'',06$

$= \begin{Bmatrix} 84^{gr}{\cdot}2786 \\ 75°51'2''6 \end{Bmatrix}$ $BAK = 6\ 86'29'' = 6°10'35''86$

Ensuite

sin. BAK : sin. ABK :: BK : AK,

d'où $AK = \dfrac{100 \times \sin. 17^{gr}{,}7171}{\sin. 9^{gr}{,}8629} = \dfrac{100 \times \sin. 15°56'43'',4}{\sin. 6°10'35'',86}$.

$\log. 100 = 2{,}0000000$
$\log. \sin. ABK = 9{,}4388919$

Somme $= 11{,}4388919$
— $\log. \sin. BAK = 9{,}0317860$

$\log. AK = 2{,}4071059 = 255^m{,}33$;

ainsi la ligne de défense est de $255^m{,}33$.

Calcul de l'angle flanqué H'AH.

L'angle flanqué H'AH = 2 CAH = 2 (CAB — EAB). Or, dans le pentagone régulier, l'angle à la circonférence = 120^{gr} ou 108 degrés (n° 114); donc

l'angle flanqué $= \begin{cases} 120\ \ -35{,}4342 = 84^{gr}{\cdot}56'58''. \\ 108° - 31°53'26'',8 = 76°6'33''2. \end{cases}$

Calcul de la courtine FG.

On obtiendra la longueur de la courtine FG, en résolvant le triangle isocèle FEG dans lequel on connaît EF = EG et l'angle au sommet.

En effet, EG = AG — AE, et l'angle FEG = l'angle AEB.

Autrement le triangle rectangle IEG donnera, en supposant le rayon des tables égal à l'unité :

1 : EG :: sin. IEG : ½ courtine.

ou $1 : 73{,}33 :: \sin. \begin{cases} 82^{gr}{,}2829 \\ 74°3'16'',6 \end{cases} : \frac{1}{2} FG;$

d'où $FG = 146{,}66 \times \sin. 82^{gr}{,}2829.$

$\log. 146{,}66 = 2{,}1663117$
$\log. \sin. 82^{gr}{,}2829 = 9{,}9829602$

$\log. \text{court.} = 2{,}1492719$ qui donne $141^m{,}02$.

La longueur de la courtine est donc de $141^m{,}02$.

Pl. IX.
Calcul de l'angle de l'épaule AHF.

Le triangle EFH dans lequel on connaît les deux côtés EF, EH et l'angle compris FEH, donne d'abord,

$$EH + EF : EH - EF :: \cot. \tfrac{1}{2} FEH : \tang. \tfrac{1}{2} \text{diff.}$$

ou

$$82 + 73,33 : 82 - 73,33 :: \tang. \begin{cases} 82^{gr.},2829 \\ 74°3'16'',6 \end{cases} : \tang. \tfrac{1}{2} \text{diff.}$$

opérant comme précédemment, on trouvera que

$$EFH = \begin{cases} 94^{gr.},5651 \\ 85°6'21'' \end{cases}, \quad EHF = \begin{cases} 70^{gr.},0007. \\ 63°0'3'' \text{ anc. div.} \end{cases}$$

Donc l'angle de l'épaule $= \begin{cases} 200 - 70,0007 = 129^{gr.},9993. \\ 180 - 63°0'3'' = 116°59'57'' \text{ anc. div.} \end{cases}$

Ensuite, à l'aide de la proportion

$$\sin. HFE : \sin. FEH :: EH : FH$$

ou $\quad \sin. \begin{cases} 94^{gr.},5651 \\ 85°6'21'' \end{cases} : \sin. \begin{cases} 35^{gr.},4342 \\ 31°53'26'',8 \end{cases} :: 82 : FH,$

on aura 43^m 479 pour la longueur du flanc FH.

Calcul de l'angle du flanc GFH.

L'angle GFH = GFK + EFH = ABK + EFH

$$= \begin{cases} 17^{gr.},7171 + 94,5651 = 112^{gr.},28'22''. \\ 15°56'43'',4 + 85°6'21'' = 101°3'4'',4. \end{cases}$$

Tous ces calculs, qui sont fort simples, doivent mettre les élèves à même de pouvoir déterminer eux-mêmes toutes les parties de la demi-lune, telles que la demi-gorge MR, la face RP, etc.; sachant que la largeur AL du fossé, ou que le rayon de l'arrondissement de la contrescarpe est de 36^m; que le triangle ALK est rectangle en L; que la capitale MP de la demi-lune est 110^m; enfin, que la distance HN de l'angle de l'épaule au point N du prolongement de la face PR de la demi-lune, est de 6^m.

Nota. Comme on peut en général construire deux triangles différents avec deux côtés donnés et l'angle opposé au plus petit de ces deux côtés, il en résulte que la résolution d'un triangle dans lequel on connaît a, b, B, est susceptible de deux solutions, si l'angle B est aigu; et il est remarquable que les deux valeurs de A sont supplémentaires l'une de l'autre, et sont données par la formule $\sin. A = \dfrac{a \sin. B}{b}$.

Énoncés de divers problèmes.

243. Tous les problèmes de trigonométrie qui sont l'objet de ce chapitre, étaient trop importants pour ne pas en développer les solutions;

DE LA LEVÉE DES PLANS. 337

mais afin que les élèves puissent s'exercer à résoudre eux-mêmes des Pl. IX. questions analogues, et faire de nouvelles applications de quelques-uns des principes exposés jusqu'à présent, nous leur proposerons les questions suivantes :

1° *Trouver l'aire d'un heptagone régulier, dont le côté est de* 136^m.

2° *Les trois côtés consécutifs d'un quadrilatère plan, sont* 17^m,8 ; 34^m,6 *et* 22^m,05 ; *les deux premiers forment un angle de* 124^{gr},6 = 112° 8′ 24″ anc. div. ; *le second et le troisième, un angle de* 86^{gr},25 = 77° 37′ 30″ anc. div.; *trouver les diagonales et l'aire de cette figure.*

3° *L'arc d'un secteur circulaire étant de* 54^{gr} 26′ = 48° 50′ 2″,4 anc. div., *et le rayon de* 38^m,6, *trouver l'aire du segment correspondant.*

4° *Les trois côtés d'un triangle sont* 15, 18 *et* 21, *trouver l'aire et le volume de la sphère qui aurait pour rayon celui du cercle circonscrit au triangle.*

5° *La corde d'un arc est de* 1$^{décim.}$,8, *et la flèche, c'est-à-dire la distance du milieu de l'arc au milieu de la corde, est de* 0$^{décim.}$,35 ; *trouver le volume du segment sphérique dont cette flèche est l'épaisseur, et dont le diamètre de la base est la corde dont il s'agit.*

6° *Le développement d'un cône droit forme un secteur circulaire dont l'arc est de* 120$^{gr.}$ = 108° anc. div., *et le rayon de* 26$^{centim.}$,35 ; *trouver la hauteur de ce corps, le diamètre de sa base, l'aire de sa surface courbe, et son volume.*

7° *La section par l'axe d'un cône oblique, est un triangle scalène perpendiculaire à la base de ce corps, et les deux côtés de ce triangle qui se réunissent au sommet du cône, sont* 15 *et* 12, *et forment un angle de* 24$^{gr.}$ 15′ = 21° 41′ 6″ anc. div., *trouver le volume de ce corps.*

8° *La latitude de l'observatoire de Paris est de* 48° 50′ 14″ (division sexagésimale); *celle de Saint-Pierre de Rome, de* 41° 53′ 54″; *la différence des longitudes de ces deux villes, de* 10° 7′ 3″; *quelle est leur distance géographique ?*

9° *Sous quel angle verrait-on la terre, si on était placé au centre de la lune ? sachant que la distance moyenne de ces deux astres est de* 38411 *myriamètres, et que le rayon de la terre est de* 6366198 *mètres.*

CHAPITRE IV.

DE LA LEVÉE DES PLANS.

Détermination trigonométrique des principaux points d'un pays.

244. Quoique les détails dans lesquels nous sommes déjà entrés, touchant les applications de la trigonométrie, conviennent plus particulière-

338 COURS DE MATHÉMATIQUES.

Pl. IX. ment aux ouvrages qui traitent de la science de l'ingénieur-géographe, cependant, comme les élèves des écoles militaires peuvent être un jour chargés de faire des reconnaissances et être employés près des états-majors, nous avons jugé convenable de nous étendre sur cette matière; et c'est par cette raison que nous allons maintenant exposer les principes de la topographie.

Former la *carte* d'un pays de peu d'étendue, c'est construire sur le papier une figure semblable à celle du terrain dont les différentes parties sont supposées être projetées sur un plan horizontal, par des perpendiculaires abaissées de tous les objets sur ce plan (n° 182).

On nomme *carte topographique* ou *plan*, le dessin qui représente tous les détails d'une contrée ou d'un domaine. Quant aux cartes embrassant beaucoup d'étendue de pays, et n'offrant que les objets les plus remarquables des petits ou des grands États, on les appelle *cartes géographiques*. Celles-ci se construisent par des procédés qui ne peuvent être exposés dans cet ouvrage.

Pour déterminer les positions respectives des principaux points d'un plan, il faut considérer ces points comme les sommets des angles des triangles qui, par leur enchaînement, forment un réseau continu dans tous les sens. Ces triangles réunissent les conditions les plus avantageuses, lorsqu'ils sont les plus grands possibles, qu'ils approchent de la forme équilatérale, et qu'ils sont liés au moins à une ligne principale ou *base*. Lorsque cette base et les trois angles de chaque triangle sont mesurés, on a tous les éléments nécessaires pour calculer de proche en proche les distances entre les objets, et alors on a le *canevas* du plan. C'est en cela que consistent les *opérations géodésiques*.

Fig. 188. Soit, par exemple, le réseau triangulaire ABCDE.... dans lequel nous supposerons que l'on connaît les trois angles de chaque triangle, et un des côtés de ce réseau; le côté GH, par exemple, considéré comme base. En résolvant le triangle FGH, dont on connaît les angles et un côté, on obtiendra la longueur FG, que l'on prendra pour la base du second triangle EGF. Celui-ci étant résolu à son tour, on passera au calcul des côtés du troisième triangle ECF; puis au calcul des côtés du quatrième triangle DCE, et ainsi de suite.

Nous prescrivons de mesurer les trois angles d'un triangle, afin de pouvoir découvrir les erreurs des observations. Rarement, cependant, ces trois angles forment une somme égale à deux angles droits; mais lorsque la différence est peu sensible, on la répartit par tiers sur les trois angles dont il s'agit, et par ce moyen l'erreur disparaît. Cette répartition doit toujours se faire avant de résoudre les triangles.

Fig. 189. **245.** Au lieu de former ainsi le canevas d'un plan, il est plus simple, lorsqu'on ne vise pas à une rigoureuse exactitude, de procéder de la manière suivante :

Soient A, B, C, D, F, G, H, K, L, les points fondamentaux d'un plan;

points qui sont représentés par des signaux que l'on a établis convenablement en faisant la reconnaissance du pays, ou par des tours ou clochers sur lesquels on peut aisément observer. On dessinera à vue tous ces objets sur un *croquis* ou *brouillon* destiné à contenir les différentes mesures que l'on prendra dans le cours des opérations, et l'on y tracera la base AB des extrémités de laquelle on aperçoit la plupart des points A, B, C....; ayant soin toutefois que cette base ne soit pas trop petite à l'égard de sa distance aux points visibles.

Pl. IX.
Fig. 189.

Ensuite on mesurera au point A, avec le graphomètre, ou mieux encore avec le cercle répétiteur, les angles CAB, DAB, HAB, FAB, BAG. Si l'on se sert du graphomètre, il convient, pour plus de facilité et de précision, de diriger la lunette fixe sur le point B, et d'amener successivement la lunette mobile sur les points C, D, H, F, G. Ces observations étant faites à la première station A, on ira en faire de semblables à la seconde station B, c'est-à-dire, que l'on relèvera les angles CBA, DBA, HBA, FBA, GBA. Enfin l'on mesurera la base AB, deux fois au moins; et la *moyenne* entre toutes les longueurs obtenues (n° 97, *Arithmétique*), prises avec la même attention, sera la longueur de cette base.

On voit que de cette manière on connaîtra dans chacun des triangles ACB, ADB, etc...., un côté et les angles adjacents; on calculera donc facilement les distances AC, CB, AD, DB...., à l'aide desquelles, et de la base AB, on déterminera ensuite sur le *mis-au-net*, et d'après l'échelle adoptée, les positions respectives des points A, C, D, H, B, G, F (n° 85), lorsque l'on ne voudra pas faire usage du rapporteur (n° 115).

Il reste à placer sur la carte les points K, L qui n'ont pu être aperçus du point A, mais qui peuvent l'être des points B, H. Pour cet effet, on considérera la distance BH comme une nouvelle base qui servira pour lier ces nouveaux points au premier système, en observant les angles KHB, LHB, KBH, LBH; parce qu'alors on connaîtra de même dans les triangles KHB, LHB, deux angles et un côté. Il est évident qu'il n'est pas nécessaire de mesurer la distance BH, puisqu'elle est donnée par la résolution du triangle AHB.

Lorsque la triangulation du pays est faite, on procède aux opérations de détail ainsi que nous l'enseignerons bientôt.

246. Un plan est *orienté*, lorsque l'on connaît l'angle qu'une de ses lignes principales fait avec le méridien terrestre, parce que de là on peut assigner la place que les objets occupent à l'égard des quatre points cardinaux. Un des moyens faciles d'obtenir cet angle, est, pendant une belle nuit, de diriger la lunette supérieure du cercle sur l'*étoile polaire*, après avoir disposé le limbe verticalement comme pour prendre une distance au zénith. On laisse cet instrument exactement dans cette position, et lorsqu'il fait jour, on fait mettre un signal un peu loin du lieu de l'observation, de manière qu'il se trouve dans l'axe optique de la lunette ramenée à l'horizon. Ensuite on observe l'angle entre ce signal et l'un des objets du terrain représentés sur la carte. Cet angle, que l'on nomme *azimut*, fait connaître la direction des côtés des triangles, par rapport à la méridienne terrestre.

L'étoile polaire n'étant pas tout à fait située au pôle du monde, il importe, pour plus grande exactitude, de l'observer au moment même où elle est dans le méridien. Or, on a reconnu que ce moment arrive à très peu près, lorsque cette étoile est dans le même plan vertical avec la première des trois étoiles de la constellation de la grande ourse ou du *chariot*, la plus voisine du quadrilatère. Ainsi l'on saura, à l'aide d'un fil à plomb, lorsque cette circonstance aura lieu.

247. Il n'est pas toujours possible de placer le cercle au centre même de la station, mais on fait ensorte de s'en éloigner le moins possible, afin que l'angle mesuré diffère très peu du véritable. Voici par quel moyen l'on réduit au centre de la station un angle observé, lorsque ce centre est visible et accessible.

Soit C le centre de la station, et O celui de l'instrument ou le sommet de l'angle AOB observé très près du point C; on demande la valeur de l'angle ACB, qui est la réduction du premier.

Faisons les données

$$\text{AOB} = \text{O}, \text{BOC} = y, \text{CO} = r, \text{BC} = \text{G}, \text{AC} = \text{D};$$

et l'angle inconnu ACB = C.

Puisque l'angle extérieur d'un triangle est égal à la somme des deux intérieurs opposés (n° 43), on a, par rapport au triangle IAO,

$$\text{AIB} = \text{O} + \text{IAO},$$

et par rapport au triangle BIC,

$$\text{AIB} = \text{C} + \text{CBO};$$

égalant ces deux valeurs d'une même quantité, on obtient

$$\text{C} = \text{O} + \text{IAO} - \text{CBO};$$

d'un autre côté, on a (n° 221)

$$\sin. \text{CAO} = \frac{r \sin.(\text{O}+y)}{\text{D}}, \quad \sin. \text{CBO} = \frac{r \sin. y}{\text{G}},$$

mais les angles CAO, CBO étant toujours très petits, leurs arcs peuvent être pris pour leurs sinus; donc alors

$$\text{IAO} = \frac{r \sin.(\text{O}+y)}{\text{D}}, \quad \text{CBO} = \frac{r \sin. y}{\text{G}},$$

et comme ces arcs doivent être exprimés en secondes dans la pratique, il faut multiplier leurs valeurs par le rapport $\frac{2000000''}{\pi} = \text{R}''$, π désignant la demi-circonférence d'un cercle dont le rayon est l'unité, et 2000000" étant le nombre de secondes centésimales contenues dans cette demi-cir-

DE LA LEVÉE DES PLANS.

conférence, ou, ce qui est de même, R'' exprimant le nombre de secondes contenues dans un arc dont la longueur est égale à celle de son rayon. D'après cette considération,

$$C - O = R'' \frac{r \sin.(O+y)}{D} - R'' \frac{r \sin. y}{G}.$$

Pour faire usage de cette formule, on aura égard aux signes de sin. $(O + y)$ et de sin. y; ainsi lorsque l'angle $O + y$ ou l'angle y sera compris entre 0 et 200 grades, son sinus sera positif; au contraire, il est négatif s'il surpasse 200 grades.

L'angle y se nomme *l'angle de direction;* c'est celui sous lequel paraissent le centre de la station et l'objet à gauche; il se compte toujours depuis 0° jusqu'à 400°. La distance D est celle du lieu où l'on observe à l'objet à droite, et la distance G est celle de ce même lieu à l'objet à gauche. Il suffit de connaître ces distances à quelques dizaines de mètres près, quand elles sont considérables; mais la petite distance r au centre doit être mesurée avec soin. L'angle y peut aussi n'être connu que par approximation.

Afin d'appliquer la formule à un exemple, soit

L'angle observé $O = 48°,756$, l'angle de direction $y = 294°,1$.

La distance au centre $r = 3^m,257$; $D = 17500^m$, $G = 20300^m$;

on aura pour

1er terme de la correction.		2e terme.
Log. $R'' = 5,80388$		
Log. $r\ \ = 0,51282$		
$+ 6,31670$		$- 6,31670$
Log. sin. $(O + y) - 9,89310$	log. sin. y	$- 9,99807$
c. log. D $\quad\quad 5,75696$	c. log. G	$5,69250$
$- 92'',6$; $\quad - 1,96676$	$+ 101'',7$;	$+ 2,00727$
	1er terme $- 92,6$	

Ainsi la réduction est $+\ \ \ 9'',1$
Mais l'angle observé $= 48^g,7560,0$

Donc l'angle réduit au centre $= 48^g,7569,1$

Il faut bien remarquer que la valeur de R'' n'est plus la même si l'on emploie la division sexagésimale du cercle, elle devient alors $\frac{648000''}{\pi}$, et logarithme $R''\ 5,3144251$; soit pour second exemple, suivant cette division,

L'angle observé $O = 33° 58' 37'',43$, l'angle de direction $y = 232°55'$.

Pl. IX. La distance au centre $r = 3^m,96$, $D = 4510^m$, $G = 4735^m$;

on aura pour

1er terme de la correction.		2e terme.
Log. R″ = 5,3144251		
Log. r = 0,5976952		
+ 5,9121203	. . . .	− 5,9121203
Log. sin. (O + y) — 9,9993612	log. sin. y —	9,9018719
Compl. log. D 6,3458235	compl. log. G	6,3251389
− 180″,84 − 2,2573050	+ 137″ 76	+ 2,1391311
	1er terme − 180″ 84	

Ainsi la réduction est — 43″ 08

L'angle observé O étant 33° 57′ 34″ 43

La différence 33° 57′ 51″,35 est l'angle réduit au centre.

On a déterminé le signe de chaque résultat partiel, en ayant égard à la règle des signes observée dans la multiplication (n° 32, *Algèbre*); ainsi quand les facteurs négatifs sont en nombre impair, le produit doit être affecté du signe moins ; c'est le contraire quand les facteurs négatifs sont en nombre pair.

248. Il arrive aussi très souvent que les objets sont sensiblement au-dessus ou au-dessous de l'horizon de la station ; alors les angles entre ces objets sont tellement inclinés, qu'il n'est pas permis de faire abstraction de cette inclinaison, lorsque l'on est obligé de disposer le limbe de l'instrument dans le plan des objets. Voici, dans ce cas, comment on réduit à l'horizon les angles observés dans un autre plan.

Fig.190. Soient A, B, C, trois points inégalement éloignés du plan horizontal A′ CB′. Si des points B, A, on abaisse sur ce plan les perpendiculaires BB′, AA′, l'angle A′CB′ sera la projection horizontale de l'angle ACB incliné. Pour avoir les éléments de la réduction de cet angle, on observera les distances zénithales des points A et B. Soit $za = \delta$ la distance au zénith du point A, $zb = \delta'$ la distance au zénith du point B, ACB = C l'angle observé, et C′ sa projection horizontale A′ CB′ ; on aura cette projection à l'aide de la formule suivante, démontré au n° 224.

$$\sin. \tfrac{1}{2} C' = \sqrt{\frac{\sin.\left(\frac{C + \delta + \delta'}{2} - \delta\right) . \sin.\left(\frac{C + \delta + \delta'}{2} - \delta'\right)}{\sin. \delta . \sin. \delta'}}.$$

C'est-à-dire que le sinus de la moitié de l'angle réduit, est égal à la racine carrée du produit des sinus des différences des deux distances au zénith à la demi-somme des trois angles observés, divisés par le produit des sinus des mêmes distances au zénith.

DE LA LEVÉE DES PLANS.

Afin de faire une application de cette formule, nous supposons que Pl. IX $\delta = 86^{gr}.25'$; $\delta' = 85^{gr}.40$, et que l'angle $C = 65^{gr}.45'.60''$.

Delà on aura
$$\frac{C+\delta+\delta'}{2} = 118^{gr}.55'30'' \qquad\qquad 118^{gr}.55'30'',$$

et à cause de
$$\delta = 86\ 25 \qquad\qquad \delta' = 85\ 40$$

il s'ensuit que
$$\frac{C+\delta+\delta'}{2} - \delta = 32^{gr}.30'30''\ ;\ \frac{C+\delta+\delta'}{2} - \delta' = 33^{gr}.15'30''.$$

Maintenant opérant par les logarithmes, on trouvera, en désignant par $\frac{s}{2}$ la demi-somme $\frac{C+\delta+\delta'}{2}$.

$$\log. \sin. \left[\frac{s}{2} - \delta = 32^{gr},303\right]\quad 9,6865639$$
$$\log. \sin. \left[\frac{s}{2} - \delta' = 33,\ 153\right]\quad 9,6968322$$
compl. arithm. log. sin. δ $\qquad$ 0,0102095
compl. arithm. log. sin. δ' $\qquad$ 0,0115224

$\qquad\qquad\qquad$ Somme 19.4051280

donc (n° 162, *Algèbre*) log. sin. $\frac{1}{2}$ C' 9,7025640 $= 33^{gr}, 6392$.
Donc la projection C' de l'angle $C = 67^{gr}.27'84''$

Soit encore, en employant la division sexagésimale,

$C = 61°\ 9'\ 27'',3 \qquad \delta = 91°\ 32'\ 45'' \qquad \delta' = 91°25'51''$

on aura
$$\frac{C+\delta+\delta'}{2} = 122°\ 4'\ 1'',65 \qquad\qquad 122°\ 4'\ 1'',65$$

et à cause de
$$\delta = 91\ 32\ 45 \qquad\qquad \delta' = 91\ 25\ 51$$
$$\frac{C+\delta+\delta'}{2} - \delta = 30°31'16'',65\ ;\ \frac{C+\delta+\delta'}{2} - \delta' = 30°38'10'',65$$

Désignant toujours par $\frac{s}{2}$ la demi-somme $\frac{C+\delta+\delta'}{2}$, on aura,

$$\log. \sin. \left[\frac{S}{2} - \delta = 30°31'16'',65\right]\quad 9,7057427$$
$$\log. \sin. \left[\frac{s}{2} - \delta' = 30°38'10'',65\right]\quad 9,7072179$$
compl. sin. δ 0,0001581
compl. sin. δ' 0,0001356
log. sin.² $\frac{1}{2}$ C' 19,4132543
log. sin. $\frac{1}{2}$ C' 9,7066271

PL. IX. qui répond à 30° 35′ 24″,9; donc l'angle réduit à l'horizon = 61° 10′ 49″,18.

Ce calcul devient inutile quand on se sert d'un cercle garni de lunettes plongeantes (n° 228).

249. Les méthodes que nous avons indiquées ci-dessus pour former le mis-au-net du canevas d'une carte, ne sont pas celles qui procurent la plus grande exactitude possible, parce que la position d'un point dépendant essentiellement de celles des autres points déjà placés, il arrive qu'une erreur commise dans la détermination graphique d'un de ces points, influe sur celles de tous les autres points subséquents. Mais en les fixant à l'aide de leurs distances à la méridienne du lieu principal et à sa perpendiculaire, on rend par là leurs positions indépendantes les unes des autres. Cette nouvelle méthode exige alors que l'on calcule les distances dont il s'agit, au moyen des triangles et de l'azimut observé.

Fig.191. Pour fixer les idées à ce sujet, soit AX la méridienne du lieu A et AY sa perpendiculaire, et supposons que les triangles AMM′, AmM′, etc., fassent partie d'un réseau trigonométrique; on demande les coordonnées des points m, M, M′, etc......, c'est-à-dire les distances Ap, pm; AP, PM; AP′, P′ M′, etc. Si l'angle m AP est l'azimut observé, il est clair que tous les triangles seront orientés, et que l'on connaîtra très aisément les autres azimuts MAP, M′ AP′, puisque les angles MAM′, M′Am sont connus. Ainsi en menant par les sommets de tous les triangles de la chaîne, des parallèles à la méridienne et à la perpendiculaire comme on le voit à l'inspection de la figure, les côtés de ces triangles seront les hypothénuses de triangles rectangles que l'on pourra résoudre par le premier principe du n° 219. Par exemple, la résolution des triangles rectangles APM, AP′ M′, donnera les coordonnées des points M, M′; la résolution du triangle M′ M″b fera de même connaître les distances bM″, bM′; et comme les coordonnées du point M″ sont AP″, P″M″, on aura

$$AP'' = AP' + bM', \quad P'' M'' = P' M' - bM''.$$

Pareillement lorsque l'on aura calculé les distances d M‴, dM‴, on aura

$$AP''' = AP'' + dM''', \quad P''' M''' = P'' M'' + dM''';$$

et ainsi du reste.

C'est de cette manière que les distances des lieux de la France à la méridienne et à la perpendiculaire, qui passe par l'Observatoire, ont été calculées par Cassini pour former la carte de ce pays, et déterminer les latitudes et les longitudes de toutes les villes qui en font partie ; mais la nouvelle carte topographique du royaume, qui est en cours d'exécution depuis 1817, est assujettie à un mode de projection un peu différent.

Opérations de détail.

250. Lorsque l'on a seulement pour objet de lever une très petite étendue de terrain, comme un champ de bataille, le plan d'un place

DE LA LEVÉE DES PLANS. 345

forte, etc., il n'est pas absolument nécessaire d'établir d'abord un canevas trigonométrique; mais quand il s'agit de faire la reconnaissance exacte d'un grand pays, il est impossible d'opérer autrement. Alors l'officier chargé de figurer les détails, doit choisir parmi les côtés des triangles, ceux auxquels il peut lier plus aisément ses opérations.

De tous les instruments dont on peut se servir pour lever les plans, la planchette, la boussole et l'équerre d'arpenteur, sont les seuls dont nous indiquerons l'usage.

Des levées à la planchette.

251. Cet instrument, l'un des plus utiles pour figurer de suite le terrain, est composé d'une tablette carrée portant sur un genou que soutient un pied à trois branches, et ayant la liberté de se mouvoir en tous sens. Ce genou doit être d'une construction telle que l'on puisse imprimer à la tablette un mouvement de rotation lent et doux, sans toutefois que ce mouvement la dérange de la position horizontale qu'elle doit avoir pendant la durée des observations.

Aux deux côtés opposés de la tablette sont ordinairement adaptés deux rouleaux, dont chacun des axes, soutenu par deux crapaudines, porte un *rochet* ou pignon denté à l'un de ses bouts. Ces rouleaux servent à tendre et à rouler à fur et mesure le papier sur lequel on trace les opérations.

On donne la position horizontale à la planchette, au moyen d'un niveau à bulle d'air, ou d'un niveau à perpendicule (n° 204). Mais avec un peu d'habitude, l'œil supplée à ces instruments.

Comme la planchette ne doit pas servir uniquement de petite table à dessiner, on se sert, pour prendre des alignements, d'une alidade en cuivre à pinnules ou à lunettes plongeantes; l'un des bords de cette alidade, que l'on nomme *ligne de collimation*, détermine sur le papier adapté à la planchette, la direction des rayons visuels partant du point où l'on est, et aboutissant aux objets environnants.

252. En général, il y a deux méthodes de lever les détails, quel que soit l'instrument que l'on adopte à cet effet. La première est de tracer autour de l'espace à figurer, un polygone quelconque du plus petit nombre possible de côtés; ou, si cet espace est considérable, de le diviser en polygones partiels, d'en mesurer exactement les angles et les côtés; puis d'abaisser de petites perpendiculaires de toutes les sinuosités du terrain sur ces côtés pris pour bases, ainsi qu'on le voit (fig. 192), et enfin de dessiner tous les objets renfermés dans ces polygones.

Si l'espace était un bois tellement épais qu'il fût impossible d'y pénétrer, on l'inscrirait entièrement dans un polygone. Les lignes d'opération se traceraient, au contraire, dans l'intérieur, si cet espace était une île ou un champ entouré de bois ou de marais.

La seconde méthode, qui ne s'emploie ordinairement que quand une seule ligne ou base est accessible, consiste, comme au n° 245, à relever tous les angles que forment, avec cette base connue, les rayons visuels dirigés de ses deux extrémités à tous les points visibles qui sont tant à droite qu'à gauche de cette base; mais l'on conçoit qu'il importe d'éviter les angles trop aigus et trop obtus, parce que la position d'un point donné par l'intersection de deux lignes, est d'autant plus exacte que ces lignes se coupent moins obliquement.

L'emploi de cette méthode suppose que le contour du terrain est composé d'un assemblage de lignes droites; car s'il était courbe et ondulé, on ne pourrait souvent en déterminer qu'un petit nombre de points, et il faudrait même, dans ce cas, en dessiner à vue les parties qui n'auraient pas été déterminées avec l'instrument.

253. APPLICATION DE LA PREMIÈRE MÉTHODE. *Supposons que les points* A,H, *extrémités d'un côté des triangles formés sur le terrain, soient sur la planchette, représentés respectivement par* a *et* h; *on propose de lever l'espace accessible* ABCD...., *et de l'orienter par rapport à la base* AH.

On placera la planchette horizontalement au point A, et de manière que a lui corresponde le plus exactement possible, ce à quoi l'on parviendra aisément, surtout si cet instrument est doué d'un mouvement lent de translation. Après cette disposition, on pose l'alidade sur la planchette, en faisant coïncider la ligne de collimation avec la droite ah tracée sur le papier, et l'on fait tourner la planchette sur son pivot, jusqu'à ce que l'axe de la lunette soit dans la direction de la base AH; alors la planchette est orientée, et ne doit plus être dérangée tant que l'on observe à la même station. On pique ensuite une aiguille verticalement au point a; et pour relever l'angle BAH, on fait tourner légèrement l'alidade autour de cette aiguille, jusqu'à ce que l'on aperçoive dans la lunette le jalon B, ou tout autre placé dans l'alignement AB. Enfin l'on trace au crayon une ligne indéfinie le long de la règle et du côté de l'aiguille, et l'on a sur le papier la ligne ab faisant avec ah l'angle $bah =$ BAH; pourvu cependant qu'après cette seconde opération, la ligne ah coïncide avec AH, ce qu'il est important de vérifier.

Avant de quitter la station A, on fera mesurer la distance AB, on prendra sur l'échelle du plan le nombre de mètres trouvés, et l'on portera la longueur obtenue de cette manière, de a en b. On fera en outre mesurer les parties de la ligne AB, ainsi que les petites perpendiculaires abaissées des points de la courbe sur cette ligne, et on les rapportera sur le plan, comme on a rapporté la ligne entière AB. Si l'on a bien opéré, il faudra que la somme des distances partielles Ax, xy.... soient égales à AB. Lorsque la courbe A$x'y'$.... B serpente beaucoup, il est nécessaire de multiplier, autant qu'il est possible, les perpendiculaires xx', yy'...., et il est commode, dans ce cas, de les rendre équidistantes. Pour abaisser ces perpendiculaires, on se sert de la *boussole* ou de l'équerre d'arpenteur (n^{os} suivants); d'ailleurs, quand elles sont fort courtes, on juge assez bien, à l'œil nu, de leur direction; mais quand les points x', y', sont fort éloignés de la ligne AB, on peut les déterminer à la planchette, par le deuxième procédé, en prenant AB pour base.

En quittant la station A, on y plantera un jalon, et l'on ira placer la planchette horizontalement au point B; en ayant soin, après avoir ôté le jalon B, de faire convenir le point b du plan avec celui dont il s'agit. On orientera derechef l'instrument, ou, ce qui est de même, on rendra sa nouvelle position parallèle à la première : et à cet effet l'on mettra, comme précédemment, le bord de l'alidade sur la ligne ab; puis l'on fera tourner la planchette, jusqu'à ce que l'axe optique de la lunette ou des pinnules passe par le jalon A. Dans cet état, la planchette sera orientée. Ensuite pour relever l'angle ABC, on fera tourner l'alidade autour de l'aiguille b; et lorsque le rayon visuel passera par le jalon C, on aura sur le plan la direction bc correspondante à BC; par conséquent abc sera égal à ABC.

Il est de la plus grande importance de vérifier ses opérations à chaque station; ainsi, sans déranger la planchette, on mettra le bord de l'alidade sur la ligne bh, et si l'on ne s'est pas trompé sur la mesure de AB, ou en orientant l'instrument, il faudra que l'axe optique de la lunette ou des pinules passe en même temps par le point H du terrain. Dans le cas où ce point serait invisible, on dirigerait des rayons visuels sur d'autres points connus et déjà représentés sur le plan. On continuera de la même manière pour lever le reste du contour de la figure ABC...; et ce sera une dernière preuve de la justesse de toute l'opération, si, après avoir orienté la planchette en E, le rayon visuel eb coïncide exactement avec l'alignement EB. Telle est la méthode dite de *cheminement*.

254. Nous avons prescrit de mesurer tous les côtés du polygone, et cela est de rigueur pour bien figurer le contour Ax' y'... B ; mais lorsque les lignes AB, BC... sont les limites mêmes du terrain, et que l'on peut sans inconvénient sacrifier quelque chose de la précision géométrique, la mesure d'une seule base suffit.

En effet, si après avoir déterminé d'une part la longueur de la ligne ab, et de l'autre l'angle abc = ABC, on se transporte en C; que l'on fasse correspondre la ligne bc du plan avec la ligne BC du terrain pour orienter la planchette; et qu'ayant placé une aiguille en a, l'on fasse mouvoir autour d'elle une alidade, jusqu'à ce que le rayon visuel aboutisse au jalon A, la ligne de collimation coupera la droite indéfinie bc en un point c, qui sera sur la carte la position de la station C.

Pour déterminer maintenant le point d, faites d'abord convenir le point c avec celui qu'occupait le jalon C, et voyez si la planchette est bien orientée; ensuite cherchez avec l'alidade la direction de l'alignement cd, en visant en D; puis après vous être transporté en D, et y avoir orienté l'instrument, faites comme ci-dessus tourner l'alidade autour du point a. Lorsque le rayon visuel passera par le point A, le bord de la règle coupera la ligne cd en un point d, qui sera celui que l'on cherchait, et ainsi de suite.

318　COURS DE MATHÉMATIQUES.

Pl. IX.　Nous avons supposé, dans ce qui précède, qu'il était nécessaire de rattacher les détails à des points donnés d'avance par une triangulation, et rapportés déjà sur le papier; mais quand on a seulement pour but de figurer isolément une petite étendue de terrain, le premier point a peut être pris arbitrairement sur la planchette; et si l'on veut ensuite orienter le plan par rapport à un méridien terrestre, on fait usage du *déclinatoire*, ainsi qu'il suit.

255. *Du déclinatoire.* Tout le monde sait que l'une des pointes de l'aiguille aimantée, mise en équilibre sur un pivot, se dirige vers le pôle nord, et que la déclinaison de cette aiguille, maintenant occidentale, est, à Paris, de 22° 12′ environ (division sexagésimale). Cette même aiguille est renfermée dans une boîte rectangulaire, au fond de laquelle est une ligne appelée *nord-sud*, parallèle à l'un de ses côtés. C'est à cet instrument que l'on a donné le nom de *déclinatoire*, parce que l'on s'en sert pour connaître l'angle qu'une ligne tracée sur le terrain fait avec le méridien magnétique. Supposons, par exemple, qu'il faille marquer sur le plan la direction de la méridienne terrestre; on orientera d'abord la planchette comme on l'a dit précédemment, c'est-à-dire que l'on fera convenir la ligne ab du plan avec sa correspondante AB; ensuite on posera le déclinatoire sur la planchette rendue fixe, et on la fera tourner jusqu'à ce que les deux pointes de l'aiguille aimantée tombent sur la ligne *nord-sud*. Cette coïncidence étant obtenue, on tirera une ligne au crayon le long d'un des plus grands côtés du déclinatoire, ligne qui sera par conséquent parallèle à l'aiguille ou au méridien magnétique. Pour avoir ensuite le véritable méridien terrestre, il ne s'agira que de tracer une nouvelle ligne qui fasse avec la première un angle égal à la déclinaison de l'aiguille; mais si l'on se propose seulement de rendre toutes les positions de la planchette parallèles entre elles, en quelque point du plan que l'on opère, on voit bien qu'il faudra faire tourner la planchette sur son pivot, afin que l'aiguille du déclinatoire couvre de nouveau la ligne *nord-sud*, supposée d'abord parallèle à la ligne représentant sur la carte le méridien magnétique. A la rigueur, ce parallélisme ne sera jamais parfait, non seulement parce que la déclinaison de l'aiguille aimantée varie souvent d'un lieu à un autre, et quelquefois aussi dans le même lieu, à différentes heures de la journée, mais en outre parce que les méridiens magnétiques sont des lignes concourantes vers le pôle. La proximité des matières ferrugineuses est aussi une des causes qui font dévier l'aiguille. Ainsi quoiqu'on accélère de beaucoup les levées en orientant la planchette avec le déclinatoire, il vaut mieux l'orienter par alignement, comme nous l'avons enseigné plus haut.

256. APPLICATION DE LA SECONDE MÉTHODE. Il serait superflu d'entrer dans beaucoup de développements relativement à la manière de fixer les points d'un plan par intersections, puisqu'elle ne diffère presque en rien de celle adoptée dans la triangulation. Nous nous bornerons donc à observer que si l'on ne pouvait mesurer que la ligne AE, et qu'il fallût cepen-

DE LA LEVÉE DES PLANS.   349

dant relever les points environnants BCDF... on se placerait en A pour y Pl. IX. Fig. 193.
orienter la planchette, s'il était nécessaire, ou l'on tirerait sur le papier
qui couvre l'instrument une ligne ae, à laquelle on donnerait autant de
parties de l'échelle que AE contient de mètres. On ferait correspondre
respectivement le point a et cette ligne avec la station A et la base AE, et
l'on dirigerait successivement l'alidade tournant autour de a sur les différents
objets B, C, F..., afin d'obtenir les rayons ab, ac, af...; ensuite on
irait au point E répéter les mêmes opérations qu'on a faites au point A, c'est-
à-dire que l'on déterminerait les rayons eb, ec, ef..., qui, par leur intersection
avec les premiers, achèveraient de déterminer les points b, c, f; alors
le plan $abcf$ serait semblable à la figure du terrain ABCF, ou, pour parler
plus exactement, $abcf$ serait la projection orthogonale de ABCF. Quant au
point D qui se trouve presque dans la direction de AE, on le déterminerait
de même par intersection, mais en prenant ec pour base.

Il serait très facile, par ce moyen, d'établir le canevas d'un plan, et d'en
figurer de même tous les détails, indépendamment d'aucun réseau trigonométrique;
mais il y aurait beaucoup d'inconvénients à accorder trop de
confiance à la planchette, dont la justesse, dans aucun cas, ne peut égaler
celle des instruments employés pour la détermination géométrique des
points fondamentaux d'une carte.

257. L'un des problèmes importants qui se présentent fréquemment
dans les levées de détail, consiste à déterminer sur un plan la position de
tel point qu'on voudra du terrain, pourvu toutefois que de ce point l'on
voie des objets dont la position soit déjà connue. Voici comment on le résout
à l'aide de la planchette.

Supposons que les trois points A, B, C *soient donnés sur le plan qui* Fig. 194.
couvre la planchette; on demande d'y fixer la position du point D.

Ier *Cas.* On attachera sur la planchette un papier verni et très transparent;
et autour du point d pris à volonté, mais correspondant à D, on fera tourner
l'alidade pour la placer successivement dans la direction des trois points
A, B, C. Les droites indéfinies da, db, dc tracées sur le papier verni, formeront
entre elles les mêmes angles que les droites DA, DB, DC. Cela fait,
on détachera ce papier, et on le disposera sur le plan de manière qu'il ne
gode pas, et que les trois droites da, db, dc, passent respectivement par
les points a, b, c, donnés sur ce plan. Lorsque cette circonstance aura
lieu, le point d sera placé à l'égard des autres a, b, c, comme le point D du
terrain l'est à l'égard de A, B, C. Il faudra donc décalquer le point d sur le
plan dont il s'agit.

Si l'on n'a point de papier transparent, alors sur ab et bc, comme cordes,
on décrira des arcs de cercle adb, bdc, respectivement capables des
angles observés bda, cdb (n° 96), et ces arcs se couperont en un point
d, qui sera le point demandé. Ce point sera beaucoup mieux déterminé de
cette manière que par le procédé précédent, surtout si les arcs de cercle
dont il représente l'intersection, ne se coupent pas trop obliquement. Dans

Pl. IX. le cas, cependant, où les quatre points a, b, c, d seraient sur une même circonférence, cette détermination ne pourrait plus avoir lieu à l'aide des seuls points A, B, C, puisque ces deux arcs se confondraient. Ainsi il faudrait, pour parer à cet inconvénient, combiner deux des points A, B, C, avec un quatrième point connu.

On conçoit combien ce problème est utile pour fixer en peu de temps, sur une carte militaire peu détaillée, les différentes positions qu'occupe une armée.

IIe Cas. *Supposons maintenant que du point de station D, l'on n'aperçoive que les deux points A, B donnés sur le plan en a et b; on demande de déterminer la position du point D, connaissant d'ailleurs sur la planchette la direction de la droite ab à l'égard du méridien magnétique.*

Pour cet effet, on orientera la planchette à l'aide du déclinatoire (n° 254); ensuite on visera successivement sur les points A, B, en faisant passer l'alidade par les points correspondants a, b du plan; et le point cherché d sera l'intersection des deux rayons da, db, si toutefois la déclinaison de l'aiguille aimantée est constante, ce qui est évident; mais à cause de sa variabilité, cette solution, quoique extrêmement simple, est rarement aussi exacte que l'une des précédentes. Aussi voilà pourquoi, en pareil cas, les ingénieurs n'emploient le déclinatoire que le moins possible.

Des levées à la boussole.

258. La boussole est un instrument qui, malgré son imperfection, présente à l'ingénieur plus d'avantages que tout autre, pour lever avec promptitude tous les objets destinés à remplir et orner les petites masses figurées à la planchette, ou pour faire des reconnaissances militaires.

Cet instrument est composé, comme le déclinatoire, d'une aiguille aimantée mise en équilibre sur un pivot extrêmement délié, et enfermée dans une boîte carrée dont le fond est garni d'un cercle de métal divisé en 360 degrés, ou en 400 grades; il est même utile que ce cercle soit divisé en demi-grades. Au fond de la boîte sont marqués les quatre points cardinaux, et la ligne *nord-sud* numérotée $0^{gr}, 200^{gr}$ est parallèle à l'un des côtés de la boîte. A l'un de ces mêmes côtés est adaptée une alidade *à visière* ou à lunette, qui peut prendre toutes les inclinaisons possibles à l'égard de l'horizon, sans cependant se mouvoir dans un plan autre que celui qui est perpendiculaire au contour gradué. La boussole est mobile sur un genou à coquilles réuni à un pied à trois branches, et que l'on peut détacher de la boîte, pour faire usage de cet instrument comme du déclinatoire.

Lorsque l'on observe avec la boussole, il faut lui donner la position horizontale, et pointer constamment du même côté pour éviter toute méprise; c'est-à-dire amener toujours l'alidade à sa gauche ou à sa droite. On compte ensuite les grades consécutivement depuis 0 jusqu'à 400^{gr}. Bien entendu qu'en regardant au travers de l'alidade, on doit prendre pour

DE LA LEVÉE DES PLANS.   351.

oculaire le petit trou qui est à son extrémité, et pour objectif la languette Pl. IX. correspondante.

La plupart des anciennes boussoles sont graduées de part et d'autre de la ligne nord-sud, depuis 0^d jusques à 180^d. Alors on est obligé de noter sur le brouillon, si l'angle observé est à l'est ou à l'ouest de la ligne nord-sud de la boussole : ce soin est d'autant plus nécessaire, que sans cela il est impossible de construire le mis-au-net. L'autre système de graduation est donc préférable.

Nous aurions peu de chose à dire sur l'usage de la boussole, parce que tout ce qui précède trouve ici ses applications ; mais afin que les élèves puissent mieux juger de l'analogie qui existe, à certains égards, entre cet instrument et la planchette orientée à l'aide du déclinatoire, nous résoudrons de nouveau deux des problèmes précédents.

259. *Lever le plan du polygone* ABCDEF, *dont tous les points sont* Fig.195. *accessibles.*

On placera horizontalement la boussole au point A, et on la fera tourner sur son pivot, jusqu'à ce que le point B soit dans la direction de la visière ou de l'axe optique de la lunette. L'aiguille, après son mouvement oscillatoire, prendra la direction *nord;* ainsi en comptant, suivant l'ordre naturel des numéros de division, le nombre de degrés ou de grades compris depuis le rayon visuel AB, ou, ce qui est de même, depuis le zéro de la ligne nord-sud jusqu'à la pointe boréale de l'aiguille, on aura la mesure de l'angle formé par la direction AB et le méridien magnétique.

Lorsque les mesures prises sur le terrain ne sont pas rapportées de suite à l'aide de l'échelle et du rapporteur (n°s 101 et 115), on forme le croquis du plan sur lequel on écrit toutes ces mesures ; mais quelquefois, pour éviter la confusion, l'on enregistre à part les angles observés au même point, et l'on met alors des lettres et des numéros de renvoi pour se reconnaître en construisant le mis-au-net. Supposons que *abc*... soit le brouillon dont il s'agit, on écrira donc au point *a* le nombre de grades trouvés à la station A; et en supposant que *ab* représente l'alignement AB, on écrira aussi sur cette ligne le nombre de mètres contenus dans AB. On placera de même la boussole horizontalement au point B, et l'on observera l'inclinaison de la droite BC, en ayant soin de l'écrire au point *b* du brouillon. L'on continuera de la même manière, jusqu'à ce que l'on soit revenu à la première station A.

Un des moyens de s'assurer qu'il ne s'est pas glissé d'erreur notable dans la mesure des angles, est de voir si ceux intérieurs du polygone forment ensemble autant de fois deux angles droits qu'il y a de côtés moins deux (n° 44); mais comment connaître chacun de ces angles, puisqu'ils n'ont pas été observés immédiatement? La réponse à cette question est facile. Les directions de l'aiguille aimantée étant censées parallèles pour tous les points du plan, l'angle *abc*, par exemple, sera égal à $nab + s'bc$;

mais $nab = 400 - 355 = 45^{gr}$, et $s'bc = 309 - 200 = 109^{gr}$.; donc $abc = 45 + 109 = 154^{gr}$.; ainsi des autres angles.

A l'égard de la vérification des côtés, on ne pourra la faire qu'en construisant le polygone au moyen du rapporteur et de l'échelle du plan : on verra alors si la figure se ferme bien. Pour effectuer cette construction de la manière la plus simple et la plus exacte, on tirera sur le papier un grand nombre de lignes parallèles qui représenteront les directions de l'aiguille aimantée, et serviront à déterminer la position du rapporteur aux divers points du plan.

La méthode précédente s'emploie avec succès pour lever le cours des rivières, les sinuosités des chemins, les contours des petites propriétés, les îles de maisons, en un mot tous les détails minutieux qui ne pourraient être pris que difficilement ou fort lentement avec la planchette ; mais à mesure que l'on figure à vue et au moyen de la boussole, il faut rapporter sur la planchette les détails que l'on a obtenus, afin d'être à même de faire les vérifications nécessaires, et de mieux exprimer la forme du terrain que l'on a encore sous les yeux, ou dont on conserve parfaitement le souvenir. Il est même nécessaire d'arrêter tous les soirs son dessin à l'encre de la Chine, afin de ne pas risquer d'effacer ce qui a été déjà dessiné.

260. Puisque tous les méridiens magnétiques peuvent, dans un petit espace, être regardés comme parallèles, il s'ensuit qu'il n'est pas absolument nécessaire de faire des stations au sommet de chaque angle du polygone à lever. Par exemple, on peut se dispenser d'observer en B, parce que, connaissant l'inclinaison de BC sur le méridien $s'' n''$, on aura celle de ce même côté par rapport au méridien de B. En effet, les angles intérieurs du même côté étant suppléments l'un de l'autre (nos 29 et 214), le nombre de grades trouvés au point C, diffère de celui que l'on aurait obtenu au point B, de 200^{gr}.; ainsi, lorsque, dans la construction de la figure, on veut au point b déterminer la direction de bc au moyen de l'observation faite en c, il faut prendre sur le rapporteur le numéro diamétralement opposé à celui que l'on a trouvé en C ; de cette manière on diminue de beaucoup le nombre des stations.

Il résulte encore de la propriété énoncée, que l'on peut mener d'un point quelconque B une parallèle à la ligne AC. Pour cet effet, on observera en A l'inclinaison de la ligne AC, et l'on mettra ensuite la boussole au point B, absolument dans la même position qu'au point A. Alors l'alidade Bx sera parallèle à la ligne AC. On voit bien aussi comment il faudrait s'y prendre pour mener une perpendiculaire à une ligne, d'un point donné sur elle ou ailleurs.

261. *Deux points* A, B, *du terrain étant donnés sur la carte en* a *et* b, *et de plus la direction de l'aiguille aimantée étant connue relativement à la droite* ab, *déterminer sur cette carte la station* M.

On mesurera en M les inclinaisons des rayons visuels MA, MB, par rapport au méridien magnétique, et sur la carte *ab* on tracera, au moyen Pl. IX. du rapporteur, les lignes méridiennes *sn*, *s'n'*... Cela fait, pour fixer l'in- Fig.196. clinaison de *am* à l'égard de *sn*, on prendra, comme ci-dessus, le numéro diamétralement opposé à celui que l'on a trouvé en M. On en fera de même relativement à la ligne *nb*, et l'intersection *m* de ces deux lignes sera le point demandé.

Si l'on connaissait plus de deux points, il conviendrait, pour vérifier l'opération, de mener d'autres rayons visuels, et d'en déterminer de même la direction sur la carte ; ces nouveaux rayons passeraient aussi par le point *m*, à moins qu'il n'y eût erreur dans la première opération ou dans l'une de celles-ci.

Entre autres procédés, celui que nous venons d'exposer peut servir pour marquer sur un plan levé en partie, plusieurs points de la crête des montagnes, la position des plateaux, la naissance et la fin des pentes, etc. Cependant ces déterminations géométriques ne suffisent pas, il faut encore, pour faire mieux sentir les différentes formes du terrain, indiquer par des hachures légères, faites à la plume, le sens des *lignes de plus grande pente*, c'est-à-dire des courbes que tracent sur les versants des montagnes et sur les plaines inclinées, les eaux, et en général tous les corps obéissant à la loi de la pesanteur ; ou bien marquer par des traits continus les *tranches horizontales* équidistantes ou *courbes de niveau*, déterminées par des nivellements, et d'après lesquelles on peut se représenter de la manière la plus naturelle tous les accidents du terrain. En un mot, il est convenable d'exécuter avec goût et netteté, conformément aux règles du dessin d'imitation et aux conventions établies, tout ce qui doit composer une carte topographique dont l'utilité est reconnue.

Des levées à l'équerre d'arpenteur.

262. En général, l'équerre d'arpenteur est peu commode pour lever le plan d'un terrain très accidenté et très couvert ; cependant on en peut faire usage dans un pays de plaine qui ne présente pas cet inconvénient.

Cet instrument est, pour l'ordinaire, un cercle de cuivre de 9 à 10 centimètres de rayon, divisé en quatre parties égales par deux lignes qui se coupent à angles droits, et aux extrémités desquelles s'élèvent perpendiculairement au limbe quatre pinnules rivées ou assujetties par des vis. L'équerre s'ajuste de même que la boussole sur un pied à trois branches, et l'on observe comme avec les alidades des planchettes. Il est très important que les pinnules soient toutes les quatre perpendiculaires à l'horizon quand on opère ; car sans cela la droite que l'on ferait tracer sur un terrain en pente, dans l'alignement de deux pinnules obliques, aurait une fausse direction, ainsi qu'il est aisé de s'en convaincre.

Quand on lève un champ à l'équerre, on mène dans l'intérieur et dans le sens de la longueur une droite que l'on nomme *base* ou *directrice*. On abaisse, de tous les angles du périmètre, des perpendiculaires sur cette base. On mesure ces perpendiculaires à la chaîne ou au double mètre, ou bien au pas si l'on ne veut que figurer le terrain à peu près, et l'on mesure de même tous les segments de la base. Il résulte de là que le terrain est décomposé en triangles, trapèzes ou rectangles, et que l'on peut aisément en déterminer l'étendue superficielle, et former le mis-au-net par la méthode exposée au n° 100.

S'il s'agissait de mesurer un terrain dont l'intérieur fût inaccessible, mais dont le pourtour fût libre, on lui circonscrirait un triangle, un rectangle, ou bien un trapèze, ou enfin tout autre polygone à angles droits.

Pl. VIII. Fig. 174. Voici maintenant comment on trouve, avec l'équerre, le pied des perpendiculaires que l'on veut abaisser sur une ligne. Pour déterminer, par exemple, le point D où tomberait la perpendiculaire abaissée du sommet de l'angle B sur la base AC, on placera le centre de l'instrument aux environs de D, en dirigeant deux des pinnules dans l'alignement AC, et voyant si le point B se trouve dans la direction des deux autres pinnules; mais à moins d'un hasard singulier, ce point sera à gauche ou à droite de cette direction. S'il est à gauche, par exemple, l'on reculera par estime l'instrument vers le point A, et l'on recommencera la vérification. Après quelques essais pareils, le centre de l'instrument se trouvera en D.

263. Nous ne parlerons point des levées à vue, parce que l'on ne peut acquérir du tact en ce genre que par l'usage des instruments décrits ci-dessus. C'est surtout lorsque l'on doit, un jour, être chargé de faire, avec célérité, des reconnaissances militaires, qu'il est essentiel de s'exercer à figurer le terrain à l'aide du seul coup d'œil, et de se pénétrer des préceptes de l'art de la guerre, afin de représenter seulement sur la carte les objets que le général a intérêt de connaître pour assurer le succès des opérations de son armée, ou se prémunir contre les attaques de l'ennemi.

CHAPITRE V.

PRÉCIS DE QUELQUES-UNES DES MÉTHODES GRAPHIQUES EMPLOYÉES POUR COPIER OU RÉDUIRE LES PLANS.

264. En supposant d'abord qu'il faille copier un plan de même grandeur, on pourra, comme nous l'avons enseigné au n° 85, et après avoir tracé les lignes du cadre, déterminer par intersections les positions des principaux points, c'est-à-dire, construire sur la copie, des triangles égaux à ceux que l'on imagine ou que l'on trace au crayon sur l'original. Ensuite pour figurer les lignes courbes, on emploiera la méthode du n° 252. Lorsqu'il y a un grand nombre de lignes droites, on pourra encore déterminer leurs positions en les concevant prolongées jusqu'aux lignes du cadre, et en marquant ensuite sur la copie les points d'intersection de ces mêmes lignes.

Au lieu d'employer ce moyen, qui ne laisse pas d'être fort long, surtout Pl. IX. lorsque le plan contient beaucoup de détails, on calque le plan à la vitre, si cela est possible, ou bien l'on dessine d'abord l'original sur du papier vernis ou huilé, puis on calque à la vitre cette première copie sur une feuille mince de papier de Hollande, ayant soin toutefois de rectifier au crayon les parties du second dessin qui auraient pu être altérées par cette dernière opération; mais lorsque les lignes dessinées à l'encre de Chine sur le papier transparent, ne paraissent pas suffisamment au travers de la copie, on réduit de la mine de plomb en poussière très fine que l'on étale sur le côté du papier transparent, opposé à celui sur lequel on a dessiné, et l'on fixe cette poussière en frottant légèrement avec un morceau de papier ou un petit tampon de linge. On étend sur du papier à dessiner cette feuille préparée de la sorte, en mettant la partie plombée en contact avec le papier; et enfin l'on suit avec une pointe à calquer tous les traits de la première copie, en appuyant assez pour que la mine de plomb puisse se déposer sur le papier de Hollande. Par ce moyen, l'on a très exactement le second calque de l'original. Cette opération s'appelle *décalquer* un dessin.

Supposons maintenant, pour plus de généralité, que les lignes de la copie doivent être à celles de l'original dans le rapport de $m:n$. On construira sur l'original ABCD un grand nombre de petits carrés tracés légè- Fig.197. rement au crayon; l'on formera un rectangle *abcd* semblable au premier, c'est-à-dire, de manière que AB soit à $ab :: $ AC $: ac :: m : n$ (n° 97): ensuite l'opération sera réduite à figurer dans chaque petit carré de la copie *abcd*, les objets qui sont dans les carrés correspondants de l'original; et, pour cet effet, l'on pourra adopter la méthode des intersections, en réduisant, bien entendu, dans le rapport de $m:n$ toutes les dimensions prises sur l'original. Pour effectuer ces réductions, on fait ordinairement usage de *l'angle réducteur*. Supposons, par exemple, que le triangle ADE soit isocèle, et que l'on ait fait AD $=$ AE $= m$, puis DE $= n$; alors si AB Fig.198. $=$ AC est une ligne quelconque de l'original, sa réduction sera représentée par la ligne BC. On pourrait aussi rapporter tous les points renfermés dans un carré, d'après leurs distances à deux des côtés de ce même carré (n° 248).

Si l'original était trop précieux pour qu'il fût permis d'y tracer au crayon le treillis ABCD, on le couvrirait d'un papier verni ou d'une glace sur laquelle on aurait tracé ce treillis à l'encre.

Lorsque les aires des deux figures doivent être dans le rapport de $p:q$, les carrés de leurs côtés homologues étant proportionnels à ces mêmes aires, l'on a, en désignant par A une des lignes de l'original, par a ligne homologue de la copie,

$$p:q :: A^2 : a^2, \qquad \text{d'où } a = \sqrt{\frac{q}{p} A^2}.$$

Ainsi a serait moyen proportionnel entre A et $\frac{q}{p}$ A.

Pl. Fig. 199.

Voici une construction géométrique qui résout cette dernière question. Sur AB, comme diamètre égal à $p+q$, on décrira une demi-circonférence; et de l'extrémité F du segment $AF=p$, on élèvera FD perpendiculaire à AB; puis l'on mènera les droites indéfinies DAH, DBK. Alors les carrés des cordes AD, BD étant dans le rapport des segments AF, BF, ou de $p : q$ (n° 54), il est clair que si on prend DH égal à une ligne quelconque de l'original, et que par le point H on mène HK parallèle à AB, la droite DK sera la ligne homologue de la copie.

Il est encore plus commode de construire d'avance l'échelle de la copie et d'en faire usage dans les petits détails, pour réduire les distances prises sur l'original et comparées avec son échelle (n° 101). Cette opération est d'autant plus facile pour les dessins relatifs aux services publics, que leurs échelles ont entre elles des corrélations fixes; mais il n'arrive presque jamais alors que l'on ait à réduire isolément des dessins, si ce n'est pour les réunir lorsqu'ils représentent des objets qui sont de nature à pouvoir se grouper comme les détails de machines, d'instruments, ou ceux qui forment la topographie d'un pays représenté sur plusieurs feuilles, et d'après différentes échelles.

Ces diverses méthodes de copier ou de réduire les plans, et qui sont simples en elles-mêmes, sont cependant à peu près impraticables pour les cartes qui présentent une grande variété de contours et de nombreux détails, tant à cause de la multiplicité des opérations qu'elles exigent, que par la longueur du temps qu'il faut y sacrifier pour atteindre toute l'exactitude possible; aussi se sert-on en pareil cas du *pantographe*, dont la propriété est de copier ou réduire rapidement toutes sortes de dessins. Mais pour que ces copies soient bien fidèles, le pantographe doit être d'une exécution parfaite; et celui qui s'en sert doit le faire manœuvrer avec beaucoup de précaution et de dextérité.

LIVRE VI.

NOTIONS SUR L'APPLICATION DE L'ALGÈBRE A LA GÉOMÉTRIE.

CHAPITRE PREMIER.

ÉQUATIONS DE LA LIGNE DROITE ET DES COURBES DU SECOND DEGRÉ.

265. Lorsqu'une question de géométrie est énoncée en langage algébri- PL. IX. que, c'est-à-dire lorsque les quantités connues et celles que l'on cherche, sont liées entre elles par des équations, la solution de cette question est purement du ressort de l'algèbre; c'est ce que l'on a eu déjà occasion de voir aux n°s 117 et 171. Ainsi, écrire en analyse les propositions de géométrie, ou traduire en géométrie les résultats de l'analyse, voilà ce qui constitue l'*application de l'algèbre à la géométrie*. Ne pouvant donner ici que de simples notions sur cette branche des mathématiques, nous exposerons d'abord rapidement les propriétés de la ligne droite, et quelques-unes de celles des courbes du second degré. Ensuite nous résoudrons un petit nombre de problèmes de la géométrie aux trois dimensions.

266. Un point est donné sur un plan par ses distances à deux droites fixes tracées dans ce plan, de même qu'il est donné dans l'espace par ses distances à trois plans connus (n° 180). Les deux lignes AX, AY, auxquel- les on rapporte le point M du plan qu'elles forment, se nomment *axes des* Fig. 200. *coordonnées*. Nous supposerons toujours ces axes rectangulaires.

Toute distance telle que AP, s'appelle *abscisse*; et toute perpendiculaire telle que PM, se nomme *ordonnée*. Les axes AX, AY, auxquels le point M est rapporté, se nomment aussi respectivement *axe des abscisses* et *axe des ordonnées*, et le point A en est l'origine.

On est convenu de prendre positivement toutes les ordonnées PM qui se trouvent au-dessus de l'axe X'X, et négativement toutes celles *pm* qui se trouvent au-dessous. On considère de même comme positives, les abscisses qui se comptent de A vers X; et comme négatives, celles qui se comptent de A vers X'.

Equation de la ligne droite.

267. Soit la ligne droite donnée BM, dont il s'agit d'exprimer la nature par une équation. Puisque cette droite est connue de position à l'égard des

Pl. IX. axes AX, AY, faisons AB$=b$; et désignons la tangente trigonométrique de l'angle BRA par a; puis faisons AP$=x$, PM$=y$. Cela posé, le triangle rectangle BEM donnera, à cause de ME$=y-b$, et en représentant le rayon des tables par l'unité (n° 220),

$$1 : a :: x : y-b, \text{ d'où } y = ax+b.$$

Telle est l'équation de la droite BM, ou la relation qui existe entre l'abscisse et l'ordonnée d'un point quelconque M de cette droite. Dans cette équation, les deux quantités a, b sont des *constantes*, et les deux autres x, y, sont des *variables* ou coordonnées *courantes*; d'où il suit que deux conditions suffisent pour déterminer une droite; savoir, l'angle qu'elle fait avec l'axe des abscisses et le point où elle coupe un des axes.

Si dans cette dernière équation l'on fait $x=o$, il en résulte que $y=b$;
Fig. 201. c'est la valeur de l'ordonnée positive AC du point C. Si au contraire on y fait $y=o$, on obtient $x=\dfrac{-b}{a}$, et c'est la valeur de l'abscisse négative AR.

Si la droite donnée passait par l'origine des axes, son équation serait seulement,

$$y = ax,$$

parce qu'alors l'ordonnée b correspondante au point A serait nulle; ainsi $y=ax$ est l'équation de la droite AM.

Toute droite CD parallèle à AM, a donc pour équation,

$$y = ax + b;$$

ainsi lorsque deux droites sont données par les équations générales

$$y = ax+b, \quad y = a'x+b',$$

il faut qu'on ait cette équation de condition,

$$a = a',$$

pour que ces droites soient parallèles.

268. *Trouver l'équation d'une droite assujettie à passer par deux points donnés.*

Pl. X. Soient $x', y'; x'', y''$, les coordonnées respectives des points M', M''. L'équation de la droite cherchée sera généralement de la forme

$$y = Ax + B; \qquad (1)$$

la question consiste donc à déterminer les constantes A, B; or, il est évident que puisque cette droite doit passer par les points M', M'', ces deux conditions seront exprimées par les équations

$$y' = Ax' + B, \qquad (2)$$
$$y'' = Ax'' + B, \qquad (3)$$

à l'aide desquelles on obtiendra les valeurs de A et B. Par exemple, en Pl. X. soustrayant ces deux équations l'une de l'autre, on a sur-le-champ,

$$A = \frac{y'-y''}{x'-x''}, \text{ et de là } B = \frac{x'y''-x''y'}{x'-x''}.$$

Maintenant si l'on introduit ces valeurs dans l'équation (1), il viendra

$$y = \frac{y'-y''}{x'-x''} x + \frac{x'y''-x''y'}{x'-x''}$$

pour l'équation de la droite cherchée.

Cette forme n'est ni la plus simple ni la plus symétrique que l'on puisse obtenir; en effet, si l'on soustrait successivement l'une de l'autre les équations (1) et (2), et celles (2) et (3), on aura

$$y - y' = A(x - x'), \text{ et } y' - y'' = A(x' - x'');$$

le premier résultat est l'équation d'une droite assujettie à passer par un des points donnés; mais en y substituant la valeur de A, prise dans le second résultat, on a

$$y - y' = \frac{y'-y''}{x'-x''}(x-x')$$

pour l'équation de la droite passant par les deux points donnés.

269. *Trouver l'équation d'une droite perpendiculaire à une autre* Fig. 202. *droite donnée.*

Soit BC la droite donnée, son équation sera

$$y = ax + b. \qquad (1)$$

Il s'agit d'obtenir l'équation d'une autre droite telle que DE, perpendiculaire à BC.

Par l'origine A, menez AG parallèle à BC, et Am' perpendiculaire à AG; alors l'équation de cette dernière sera $(pm) = ax$, et celle de Am' parallèle à DE; sera $(pm') = a'x$; mais à cause de la similitude des triangles rectangles Apm, Apm', on a (n° 53),

$$(pm) \times (pm') = \overline{Ap}^2;$$

de plus, pm et pm' sont de signes contraires (n° 266), par conséquent $-aa'x^2 = x^2$, ou simplement,

$$-aa' = 1, \text{ d'où } a' = -\frac{1}{a}.$$

Ainsi lorsque l'équation de AG est $y = ax$, celle de la droite qui lui est perpendiculaire, est $y = -\frac{1}{a}x$, donc l'équation de DE est en général,

$$y = -\frac{1}{a}x + B;$$

PL. X. si cette droite était en outre assujettie à passer par un point donné $x'\ y'$, son équation, d'après ce qui précède, serait

$$y - y' = -\frac{1}{a}(x - x'). \qquad (2)$$

Quand on a pour but de déterminer les coordonnées du point d'intersection de deux droites, il faut, dans leurs équations, attribuer aux variables x et y les mêmes valeurs; alors la question consiste à résoudre deux équations du premier degré entre deux inconnues. Qu'on se propose, par exemple, de trouver la longueur P de la perpendiculaire abaissée d'un point $x'\ y'$ sur la droite BC donnée par l'équation (1), alors en désignant par $x\ y$ les coordonnées du pied de cette perpendiculaire, on aura (n° 77),

$$P = \sqrt{(x-x')^2 + (y-y')^2}.$$

Reste à éliminer x et y de cette expression, en tirant les valeurs de ces coordonnées des équations (1) et (2) qui ont lieu à la fois; mais pour effectuer cette élimination de la manière la plus simple et la plus élégante, on substituera d'abord dans P, pour $y - y'$ sa valeur (2), et l'on aura

$$P = \frac{x-x'}{a}\sqrt{1+a^2};$$

puis l'on mettra l'équation (1) sous la forme

$$y - y' = ax + b - y' + ax' - ax',$$

ou plutôt sous celle-ci :

$$y - y' = a(x - x') + b + ax' - y';$$

ensuite égalant cette valeur de $y - y'$ à celle (2), on obtiendra

$$x - x' = \frac{a(y' - ax' - b)}{1 + a^2},$$

et de là

$$P = \frac{y' - ax' - b}{1 + a^2}\sqrt{1+a^2} = \frac{y' - ax' - b}{\sqrt{1+a^2}};$$

telle est l'expression cherchée.

203. **270.** *Les équations des deux droites étant données, trouver l'angle qu'elles forment.*

soit $\quad y = ax + b$ l'équat. de la droite BD,
et $\quad y = a'x + b'\ $ celle de la droite B'D';

il s'agit de déterminer l'angle D'CD = C. Or cet angle étant la différence des angles DCK, D'CK que les droites données BD, B'D', font respectivement avec l'axe des x, il est évident que par le n° 217, on a

$$\tang. C = \frac{\tang. D'CK - \tang. DCK}{1 + \tang. D'CK \times \tang. DCK}.$$

GÉOMÉTRIE ANALYTIQUE.

Mais ici tang. $DCK = a$, et tang. $D'CK = a'$; donc la tangente de l'angle cherché, ou

$$\text{tang. } C = \frac{a' - a}{1 + a'a}. \qquad (1)$$

Si la première droite avait la direction bd, l'angle dCK serait obtus, et par conséquent la tangente a serait négative; de sorte que la tangente de l'angle $D'Cb$ aurait pour expression,

$$\text{tang. } D'Cb = \frac{a' + a}{1 - a'a}. \qquad (2)$$

La relation $a'a + 1 = 0$ qui a lieu lorsque les deux droites données sont perpendiculaires entre elles, est un cas particulier de la formule (1); en effet, l'angle C étant alors égal au quadrant, on a tang. $C = \infty$, c'est-à-dire tang. C égale l'infini. Or, pour que cette circonstance ait lieu, il faut que le dénominateur $1 + a'a$ de la fraction $\frac{a'-a}{1+a'a}$ soit $= 0$; donc $a'a + 1 = 0$, comme par le numéro précédent.

On parvient à l'équation (1) par une autre méthode bien moins directe, à la vérité, mais qui a l'avantage d'être générale; la voici:

Menons par l'origine a des coordonnées deux droites aM, aM' respectivement parallèles aux droites données BD, $B'D'$; leurs équations seront

$$y = ax, \quad y = a'x.$$

Désignons par xy, $x'y'$ les coordonnées des points M, M'; faisons $aM = aM' = r$; alors les deux équations précédentes deviendront

$$y = ax, \quad y' = a'x'$$

et on aura en outre

$$r^2 = x^2 + y^2, \quad r^2 = x'^2 + y'^2. \qquad (3)$$

Cela posé, le carré de la droite $MM' = u$ aura généralement pour expression, (n° 77),

$$u^2 = (x - x')^2 + (y - y')^2,$$

ou développant et réduisant à l'aide des relations (3), on aura plus simplement

$$u^2 = 2r^2 - 2(xx' + yy'),$$

et comme le triangle aMM', dans lequel l'angle $MaM' = C$, fournit cette relation (n° 223),

$$u^2 = 2r^2 - 2r^2 \cos. C,$$

on a, en égalant ces deux valeurs de u^2,

$$\cos. C = \frac{xx' + yy'}{r^2}.$$

Maintenant soient X, X' les angles que les droites aM, aM' font chacune avec l'axe des x; on aura évidemment

$$x = r \cos. X, \quad y = r \sin. X$$

et par conséquent

$$\frac{y}{x} = \frac{\sin. X}{\cos. X} = \tang. X = a;$$

par la même raison,

$$\frac{y'}{x'} = \frac{\sin X'}{\cos. X'} = \tang. X' = a'.$$

partant

$$\cos. C = \cos. X \cos. X' + \sin. X \sin. X'$$
$$= \cos. X \cos. X' (1 + aa').$$

Mais la première relation (3) pouvant être écrite ainsi :

$$r^2 = x^2 \left(1 + \frac{y^2}{x^2}\right) = x^2 (1 + a^2) = r^2 \cos.^2 X (1 + a^2),$$

on a

$$\cos. X = \frac{1}{\sqrt{1+a^2}}, \text{ de même } \cos. X' = \frac{1}{\sqrt{1+a'^2}};$$

partant

$$\cos. C = \frac{1 + aa'}{\sqrt{1+a^2}\sqrt{1+a'^2}}.$$

Enfin à cause de $\tang. C = \frac{\sin. C}{\cos. C} = \frac{\sqrt{1 - \cos.^2 C}}{\cos. C}$, on a comme ci-dessus,

$$\tang. C = \frac{\sqrt{(1+a^2)(1+a'^2) - (1+aa')^2}}{1 + aa'} = \frac{\sqrt{(a'-a)^2}}{1+aa'} = \frac{a'-a}{1+aa'}.$$

On verra dans la géométrie aux trois dimensions, une autre application de cette méthode.

Equation du cercle.

271. En supposant que le cercle donné C ait pour rayon R, et que les coordonnées de son centre soient a et b, la distance de ce point à tout autre M pris sur sa circonférence, aura pour expression,

$$CM \text{ ou } R = \sqrt{\overline{CD}^2 + \overline{DM}^2} = \sqrt{(x-a)^2 + (y-b)^2} \quad (n^\circ 77),$$

x et y étant les coordonnées du point M. C'est là l'équation la plus générale de la circonférence du cercle, rapportée aux coordonnées rectangles AX, AY. On l'écrit le plus souvent ainsi qu'il suit,

$$(y-b)^2 + (x-a)^2 = R^2, \qquad (1)$$

Si l'origine des coordonnées était placée à l'extrémité E du diamètre EF, l'ordonnée b serait évidemment nulle, et pour lors l'équation précédente se réduirait à

$$y^2 + (x-a)^2 = R^2,$$

ou à cause de $a = R$ dans cette circonstance, on aurait simplement,

$$y^2 = 2Rx - x^2 = x(2R - x).$$

Ce résultat est la traduction analytique de la propriété démontrée au n° 54.

Lorsque l'on place l'origine des coordonnées au centre du cercle, l'équation (1) se simplifie davantage, parce que a et b sont nuls à la fois; on a donc pour l'équation la plus simple du cercle,

$$y^2 + x^2 = R^2,$$

laquelle exprime de même la propriété dont il s'agit, puisqu'elle peut s'écrire de la manière suivante,

$$y^2 = (R + x)(R - x).$$

L'équation la plus générale du cercle renfermant trois constantes, il faut nécessairement trois conditions pour le particulariser. On trouvera des exemples de cette remarque dans les deux problèmes suivants.

272. *Faire passer une circonférence de cercle par trois points donnés.* Fig. 205.

Les trois points donnés M', M'', M''', ayant respectivement pour coordonnées x', y'; x'', y''; x''', y'''; et l'équation de la circonférence cherchée étant de la forme

$$(y - q)^2 + (x - p)^2 = R^2,$$

p et q désignant les coordonnées du centre, on aura les trois autres équations

$$\left. \begin{array}{l} (y' - q)^2 + (x' - p)^2 = R^2 \\ (y'' - q)^2 + (x'' - p)^2 = R^2 \\ (y''' - q)^2 + (x''' - p)^2 = R^2 \end{array} \right\} \quad (A)$$

desquelles on pourrait déduire les valeurs des trois constantes inconnues; mais au lieu d'effectuer ce calcul, on peut se borner à vérifier cette propriété par l'analyse; savoir : que le centre du cercle à décrire est à l'intersection des perpendiculaires élevées sur le milieu des droites qui joignent deux à deux les points donnés. Pour cela, on développera les puissances indiquées; et des (2e) et (3e) équations du groupe (A), l'on retranchera successivement la première, et l'on obtiendra celles-ci

$$2(y' - y'')q + 2(x' - x'')p + y''^2 - y'^2 + x''^2 - x'^2 = 0$$
$$2(y' - y''')q + 2(x' - x''')p + y'''^2 - y'^2 + x'''^2 - x'^2 = 0$$

que l'on peut mettre sous les formes suivantes,

$$\left(q - \frac{y' + y''}{2} \right)(y' - y'') + \left(p - \frac{x' + x''}{2} \right)(x' - x'') = 0$$

$$\left(q - \frac{y' + y'''}{2} \right)(y' - y''') + \left(p - \frac{x' + x'''}{2} \right)(x' - x''') = 0,$$

ou bien sous celle-ci,

$$\left(q - \frac{y'+y''}{2}\right) = -\frac{x'-x''}{y'-y''}\left(p - \frac{x'+x''}{2}\right) \quad \text{(B)}$$

$$\left(q - \frac{y'+y'''}{2}\right) = -\frac{x'-x'''}{y'-y'''}\left(p - \frac{x'+x'''}{2}\right) \quad \text{(C)}$$

Maintenant si l'on compare l'une de ces équations, la première, par exemple, à la dernière du n° 268, on reconnaîtra sans peine qu'elle représente l'équation d'une droite passant par un point dont les coordonnées sont $\frac{x'+x''}{2}$, $\frac{y'+y''}{2}$, et faisant avec l'axe des abscisses un angle dont la tangente est $-\frac{x'-x''}{y'-y''}$. Ainsi le centre du cercle est sur une droite divisant en deux parties égales chacune de celles qui joignent les points donnés. Mais l'équation de la corde M'M'' étant, (n° 268), $y - y' = \frac{y'-y''}{x'-x''}(x - x')$, la tangente trigonométrique de l'angle qu'elle fait avec l'axe des x, est $\frac{y'-y''}{x'-x''}$; donc (n° 269) la droite qui a (B) pour équation est perpendiculaire à cette dernière, ce qu'il fallait prouver.

273. *Décrire un cercle qui soit tangent à une droite donnée, et qui passe par deux points donnés.*

Prenons, ce qui est permis, pour axe des abscisses la droite donnée AX, et pour son origine le point A où la droite M'M'', menée par les deux points donnés, rencontre l'axe des x.

D'abord, en vertu de ce qui a été démontré dans le numéro précédent, le centre C du cercle cherché se trouve sur la droite NC, élevée perpendiculairement au milieu de M'M''. Reste donc à trouver le point de contact P.

Soient AP=p, PC=q, et x', y'; x'', y'' les coordonnées respectives des points M', M''. L'équation du cercle rapporté aux axes rectangles AX, AY, sera, à cause de PC=rayon,

$$(y-q)^2 + (x-p)^2 = q^2,$$

et par rapport aux points donnés, elle devient successivement,

$$(y'-q)^2 + (x'-p)^2 = q^2,$$
$$(y''-q)^2 + (x''-p)^2 = q^2,$$

d'où l'on tire, comme précédemment,

$$\left. \begin{array}{l} y'^2 + x'^2 - 2qy' - 2px' + p^2 = 0 \\ 2(y'-y'')q + 2(x'-x'')p + y''^2 - y'^2 + x''^2 - x'^2 = 0 \end{array} \right\} \quad \text{(A)}$$

mais $y''^2 + x''^2 = \overline{AM''}^2 = k''^2$, $y'^2 + x'^2 = \overline{AM'}^2 = k'^2$; et parce que les trois points AM'M'' sont en ligne droite, on a les relations

$$\frac{x'}{k'} = \frac{x''}{k''}, \text{ et } \frac{y'-y''}{x'-x''} = \frac{y'}{x'}.$$

GÉOMÉTRIE ANALYTIQUE.   365

Maintenant si on prend la valeur de q dans la première équation (A), l'on obtiendra $q = \dfrac{k'^2 - 2px' + p^2}{2y'}$; et si on la substitue dans la seconde équation, ensuite que l'on réduise à l'aide des relations ci-dessus, on aura pour résultat, Pl. X.

$$p^2 = k'k'';$$

c'est-à-dire que l'abscisse AP du centre du cercle à décrire, est moyenne proportionnelle entre la sécante entière A M'' et sa partie AM' hors du cercle ; propriété déjà démontrée au n° 56.

Equation de l'Ellipse.

274. Une des propriétés de cette courbe est que si on mène de chacun de ses points M à deux points fixes F, F', les droites MF, MF', la somme de ces lignes sera toujours constante. Nous donnerons (n° 279) les moyens de décrire l'ellipse par points ou par un mouvement continu, lorsque l'on connaît les *foyers* F, F' et la somme des *rayons vecteurs* MF, MF'. Fig. 207.

Représentons par $2a$ la ligne donnée AB, et par $2c$ la distance FF' ; prenons pour origine le point C, milieu de FF' et faisons $CP = x$, $PM = y$.

Les triangles rectangles FPM, F'PM, donnent, à cause de $FP = c - x$, et de $F'P = c + x$,

$$MF = \sqrt{(c-x)^2 + y^2}, \quad MF' = \sqrt{(c+x)^2 + y^2};$$

et puisque par la nature de la courbe, $MF + MF' = 2a$, il s'ensuit que

$$2a = \sqrt{(c+x)^2 + y^2} + \sqrt{(c-x)^2 + y^2}.$$

Faisant passer la première quantité radicale dans le premier membre ; élevant ensuite les deux membres au carré, et réduisant, il vient

$$a^2 + cx = a\sqrt{(c+x)^2 + y^2};$$

élevant encore au carré les deux membres de cette nouvelle équation, et réduisant, on trouve

$$a^2 y^2 + (a^2 - c^2) x^2 = a^4 - a^2 c^2;$$

enfin, si l'on fait $a^2 - c^2 = b^2$, on aura

$$a^2 y^2 + b^2 x^2 = a^2 b^2. \qquad (1)$$

Telle est l'équation de la courbe AMB qui jouit de la propriété énoncée. La valeur de y, déduite de ce résultat, étant

$$y = \pm \dfrac{b}{a} \sqrt{a^2 - x^2},$$

et se trouvant toujours réelle tant que x, positive ou négative, sera plus petite que a, il en résulte que la courbe est entièrement fermée. On détermine les points où elle coupe les axes des coordonnées, en faisant successivement $x=0, y=0$, dans l'équation (1). La première supposition donne $y=\pm b$; c'est la valeur de CD ou de CE. La deuxième supposition donne $x=\pm a$; c'est la valeur de CB ou de AC. Ainsi la courbe passe par les points A, D, B, E, et ne passe pas au delà : on a donc $AB=2a$, $DE=2b$. Ces deux dernières lignes se nomment les *axes* de l'ellipse, et le point C en est le centre. Lorsque $a > b$, $2a$ est le grand axe ou le premier axe, et $2b$ est le petit axe, ou le second. Mais lorsque $a = b$, on retrouve l'équation du cercle $y^2+x^2=a^2$. On peut donc considérer un cercle comme une ellipse dont les deux axes sont égaux. Il est clair alors que les deux foyers coïncident avec le centre, ou que l'*excentricité* CF est nulle.

Pour compter les abscisses à partir du sommet A de l'ellipse, on voit bien qu'il faudra, dans l'équation précédente de cette courbe, faire $x=x'-a$, puisque $CP=AP-AC$; ainsi l'on aura, toute réduction faite,

$$y^2 = \frac{b^2}{a^2}(2ax' - x'^2). \qquad (2)$$

Telle est l'équation de l'ellipse rapportée au sommet de cette courbe.

La double ordonnée qui passe par l'un des foyers de l'ellipse se nomme le *paramètre* : si on le désigne par p, l'abscisse correspondante sera $= c = \sqrt{a^2 - b^2}$, et alors l'équation (1) donnera

$$p = \frac{2b^2}{a} = \frac{2b \times 2b}{2a};$$

c'est-à-dire que *le paramètre est une troisième proportionnelle au grand axe $2a$, et au petit axe $2b$.*

Dans l'ellipse, les carrés des ordonnées sont entre eux comme les produits des distances du pied de ces ordonnées aux deux sommets. En effet, si on désigne par X' et Y les coordonnées d'un point, autre que celui qui a x' pour abscisse, l'équation (2) se changera en celle-ci,

$$Y^2 = \frac{b^2}{a^2}(2aX' - X'^2),$$

et l'une et l'autre fourniront la proportion,

$$y^2 : Y^2 :: x'(2a - x') : X'(2a - X').$$

Si on circonscrit à l'ellipse BMA un cercle du rayon $CB = a$, et qu'on désigne par Y l'ordonnée PN correspondante à l'abscisse $CP = x$; on aura, par la propriété du cercle,

$$Y^2 = a^2 - x^2,$$

et par celle de l'ellipse rapportée à son centre,

$$y^2 = \frac{b^2}{a^2}(a^2 - x^2),$$

GÉOMÉTRIE ANALYTIQUE.   367

donc $\quad Y^2 : y^2 :: 1 : \dfrac{b^2}{a^2}$, ou $Y : y :: a : b :: 2a : 2b;$ PL. X.

c'est-à-dire que les *ordonnées du cercle circonscrit et de l'ellipse, correspondantes à une même abscisse, sont entre elles comme le premier et le second axe de cette ellipse.*

Les applications de l'analyse à la mécanique et à l'astronomie exigent souvent que l'ellipse soit rapportée à des *coordonnées polaires.* Dans cette courbe, l'une de ces nouvelles coordonnées est le rayon vecteur r ou la distance d'un de ses points au foyer, l'autre est l'angle φ de ce rayon avec le grand axe $2a$.

Or, à cause de $c^2 = a^2 - b^2$, ou de $e^2 = \dfrac{a^2 - b^2}{a^2}$, ($e^2$ étant le carré de l'excentricité CF pour le demi-grand axe $a = 1$, les coordonnées rectangulaires x, y exprimées en coordonnées polaires seront $x = \mathrm{CF} + \mathrm{FP}$, $\overline{y} = \overline{\mathrm{PM}}$, et par conséquent

$$x = ae + r\cos\varphi, \quad y = r\sin\varphi.$$

Substituant ces valeurs dans l'équation (1) il viendra, avec un peu d'attention

$$r^2 = [a(1-e^2) - er\cos\varphi]^2$$

Enfin prenant la racine carrée des deux membres, on aura pour l'équation polaire cherchée

$$r = \dfrac{a(1-e^2)}{1 + e\cos\varphi}.$$

On entend par *aplatissement* de l'ellipse, l'excès du demi-grand axe a sur le demi-axe b, le premier étant supposé égal à l'unité; c'est-à-dire que si l'on désigne cet aplatissement par α l'on a $\alpha = \dfrac{a-b}{a}$.

Les mesures géodésiques les plus précises ont fait connaître que la terre, ordinairement supposée sphérique a au contraire la forme d'un ellipsoïde de révolution dont l'aplatissement aux pôles est à très peu près de $\frac{1}{305}$.

(*Voyez* la *Nouvelle description géométrique de la France,* par M. Puissant.)

275. QUADRATURE DE L'ELLIPSE. En menant à volonté des ordonnées communes à l'ellipse et au cercle circonscrit, et considérant leurs extrémités comme les sommets des angles des polygones inscrits BMM' M"..., BNN' N"... à ces deux courbes; un quelconque des trapèzes PP' NN', aura pour mesure,

$$\dfrac{\mathrm{PN} + \mathrm{PN'}}{2}(\mathrm{PP'}) \text{ ou } \dfrac{Y + Y'}{2}(x - x') = T.$$

Le trapèze correspondant PP'M'M aura de même pour mesure,

$$\dfrac{\mathrm{PM} + \mathrm{PM'}}{2}(\mathrm{PP'}) \text{ ou } \dfrac{y + y'}{2}(x - x') = t.$$

Pl. X. Mais par ce qui précède,

$$Y : y :: Y' : y' :: a : b;$$

par conséquent (n° 87, *Algèbre*),

$$\frac{Y+Y'}{2} : \frac{y+y'}{2} :: a : b :: T : t,$$

ou bien
$$\frac{T}{t} = \frac{a}{b}.$$

Pour deux autres trapèzes correspondants T', t', on aurait de même

$$\frac{T'}{t'} = \frac{a}{b}, \text{ et ainsi de suite.}$$

Donc en désignant par P l'aire du polygone BNN' N''..., et par p celle du polygone BMM'M''..., on aura, à cause de l'égalité des rapports

$$\frac{T}{t} = \frac{T'}{t'} = \frac{T''}{t''}, \text{ etc.}$$

$$\frac{T+T'+T''...}{t+t'+t''...} = \frac{P}{p} = \frac{a}{b}.$$

Or, plus on multipliera le nombre des côtés de ces polygones, moins P et p différeront respectivement de l'aire E du cercle et de celle ε de l'ellipse ; donc la limite du rapport

$$\frac{P}{p} = \frac{E}{\varepsilon} = \frac{a}{b}, \text{ donc enfin } \varepsilon = \frac{bE}{a};$$

c'est-à-dire que l'*aire de l'ellipse est égale à celle du cercle circonscrit multipliée par le rapport du second axe au premier*. Mais l'aire du cercle circonscrit a pour expression πa^2 (n° 75),

Donc $\varepsilon = \pi ab.$

Ainsi l'*aire d'une ellipse est aussi égale au produit de ses demi-axes, multiplié par le rapport de la circonférence au diamètre.* Ce rapport n'étant qu'approché, il s'ensuit que l'ellipse ainsi que le cercle ne sont pas des courbes exactement carrables.

Équation de l'hyperbole.

Fig. 208. **276.** Dans cette courbe, la différence des rayons vecteurs est toujours constante. Nous verrons (n° 279) comment, à l'aide de cette propriété, on peut décrire l'hyperbole, soit par points, soit par un mouvement continu.

Si F, F' sont les foyers de la courbe, et que l'origine A des abscisses soit prise au milieu de FF' $=2c$, on aura, comme dans le n° 74 et en adoptant la même notation,

$$FM = \sqrt{(c-x)^2 + y^2}, \qquad F'M = \sqrt{(c+x)^2 + y^2};$$

et si l'on désigne par $2a$ la différence $F'M-FM$, on aura

$$2a = \sqrt{(c+x)^2+y^2} - \sqrt{(c-x)^2+y^2}.$$

Opérant comme dans le n° cité, et faisant $b^2=c^2-a^2$, on trouvera pour l'équation de la courbe actuelle,

$$b^2x^2-a^2y^2=a^2b^2. \qquad (1)$$

Le moyen de déterminer les points où cette courbe rencontre l'axe des x et celui des y, est de faire successivement dans ce résultat, $y=0$, et $x=0$.

La première hypothèse donne $x=\pm a$; c'est la valeur du demi-grand axe AB ou AB'.

La seconde hypothèse donne $y = \pm \sqrt{-b^2}$,

quantité imaginaire; mais pour conserver l'analogie entre l'hyperbole et l'ellipse, on est convenu de supposer $y=\pm\sqrt{b^2}$ ou $y=\pm b$, et dans ce cas l'on fait $AC=b$ et $AC'=-b$.

Lorsque les deux demi-axes a et b sont égaux, l'équation (1) se réduit à

$$x^2-y^2=a^2.$$

Cette dernière est analogue à l'équation du cercle, et l'hyperbole qui en dérive se nomme *hyperbole équilatère*.

En résolvant la même équation (1) par rapport à y, on obtient

$$y = \pm \frac{b}{a} \sqrt{x^2-a^2};$$

et comme la quantité sous le signe radical est toujours positive, tant que x positive ou négative est plus grande que a, on doit en conclure que l'hyperbole a deux branches MBm.... $M'B'm'$.... coupées symétriquement par l'axe des x, et qui s'étendent indéfiniment à droite et à gauche du centre A de cette courbe.

Lorsque l'on veut transporter l'origine des coordonnées à l'un des sommets B' de la courbe, on fait $x=x'-a$ dans l'équation (1), laquelle devient alors

$$y^2 = -\frac{b^2}{a}(2ax'-a'^2) \qquad (2)$$

C'est l'équation de l'hyperbole, lorsque l'origine des coordonnées est au sommet de cette courbe.

En adoptant la notation employée à la fin du n° 274 et faisant $c^2=a^2+b^2$, $e^2=\frac{a^2+b^2}{a^2}$, on trouverait que l'équation polaire de l'hyperbole est

$$r = -\frac{a(1-e^2)}{1+e\cos.\varphi}.$$

On démontrerait comme pour l'ellipse, 1° que *le paramètre*

Pl. X. $p = \dfrac{2b^2}{a}$; c'est-à-dire que *dans l'hyperbole, il est de même une troisième proportionnelle aux deux axes;*

2° *Que les carrés des ordonnées sont entre eux comme les produits des abscisses correspondantes.*

3° *Que l'aire d'une hyperbole quelconque comprise entre deux ordonnées, est à l'aire de l'hyperbole équilatère correspondante, comprise entre les mêmes ordonnées, comme le second axe est au premier.* Mais la méthode par laquelle on détermine les aires absolues de ces courbes n'est pas de nature à être exposée dans cet ouvrage.

Equation de la parabole.

Fig. 209. **277.** La propriété caractéristique de cette courbe, est que tous ses points sont autant éloignés d'une droite donnée AC, que d'un point fixe ou foyer F également donné. Nous donnerons n° 279 le tracé de cette courbe,

Soient AP $= x$, PM $= y$, et AF $= \dfrac{p}{2}$; on aura PF $= x - \dfrac{p}{2}$.

Puisque l'on doit toujours avoir CM $=$ MF, et que......

MF $= \sqrt{\left(x-\dfrac{p}{2}\right)^2 + y^2}$, il est évident que l'on a la relation

$$x = \sqrt{\left(x-\dfrac{p}{2}\right)^2 + y^2}.$$

Élevant le tout au carré, développant et réduisant, on obtient

$$y^2 = px - \dfrac{p^2}{4}. \qquad (1)$$

Telle est l'équation de la parabole. Lorsque $y = 0$, on a pour l'abscisse du sommet B, $x = \dfrac{p}{4}$; ainsi ce sommet est au milieu de la distance AF. En y plaçant l'origine des coordonnées, auquel cas $x = x' + \dfrac{p}{4}$, l'équation précédente se réduit à la suivante,

$$y^2 = px', \qquad (2)$$

qui est l'équation au sommet de la parabole : de là on tire

$$y = \pm \sqrt{px'}.$$

De ce résultat l'on doit inférer que la courbe est partagée, par l'axe des x, en deux parties symétriques; qu'elle s'étend à l'infini, mais du côté des x positives seulement.

Si l'on cherchait la valeur de la double ordonnée qui passe par le foyer, PL. X. on la trouverait égale à p; en effet, on a alors $x' = \frac{p}{4}$; partant,

$$y^2 = p \cdot \frac{p}{4} = \frac{p^2}{4}, \text{ ou } 2y = p.$$

Concluons de là que le paramètre mm' de la parabole, est le quadruple de la distance du sommet au foyer.

Pour un autre point ayant pour coordonnées X' et Y, on aurait de même,
$$Y^2 = p X';$$
ainsi,
$$y^2 : Y^2 :: x' : X';$$
c'est-à-dire que *dans la parabole les carrés des ordonnées sont entre eux comme les abscisses correspondantes*.

Si dans l'équation (2) du n° 274, l'on met pour $\frac{b^2}{a^2}$ sa valeur $\frac{p}{2a}$, elle deviendra,
$$y^2 = \frac{p}{2a}(2ax' - x'^2);$$
et si dans celle-ci l'on fait a infini, elle se réduira à
$$y^2 = px';$$
ce qui apprend que la parabole est une ellipse dont le grand axe est infini. On verra en mécanique que cette courbe représente la route que suivrait un projectile lancé dans dans le vide.

Si dans cette dernière équation de la parabole on faisait $x = \frac{1}{2}p + r\cos.\varphi$, $y = r\sin.\varphi$, pour la transformer en coordonnées polaires, on obtiendrait sans difficulté
$$r = \frac{\frac{1}{2}p}{1 - \cos.\varphi}.$$

278. QUADRATURE DE LA PARABOLE. Par les extrémités M, M', M''.... des ordonnées PM, P' M', P'' M''.... Menons les droites MN, M' N', M'' N'',... parallèles à l'axe des x, et joignons les points MM', M' M''....; alors il en résultera le polygone MM' M''.... B inscrit à la parabole; et si xy, $x'y'$, $x''y''$,.... sont les coordonnées des points M, M', M''...., on aura par la propriété de cette courbe,
$$y^2 = px, \quad y'^2 = px', \quad y''^2 = px'', \text{ etc.} \qquad (m)$$

Cela posé, les aires des trapèzes intérieurs PM', P' M''.... seront
$$\frac{y+y'}{2}(x-x') = Q, \qquad \frac{y'+y''}{2}(x'-x'') = Q', \text{ etc.}$$
et celles des trapèzes extérieurs NM', N' M'', ...
$$\frac{x+x'}{2}(y-y') = q, \qquad \frac{x'+x''}{2}(y'-y'') = q', \text{ etc.}$$

Pl. X. Ainsi

$$\frac{Q}{q} = \frac{(y+y')(x-x')}{(y-y')(x+x')}, \quad \frac{Q'}{q'} = \frac{(y'+y'')(x'-x'')}{(y'-y'')(x'+x'')}, \text{ etc.}$$

En soustrayant la 2ᵉ équation (m) de la première, il vient

$$x - x' = \frac{y^2 - y'^2}{p} = \frac{(y+y')(y-y')}{p},$$

et substituant cette valeur dans le premier rapport précédent, on a, après avoir réduit,

$$\frac{Q}{q} = \frac{(y+y')^2}{p(x+x')}:$$

or, rien n'empêchant de prendre le point M' aussi près qu'on voudra du point M, il s'ensuit que les différences $x - x'$ et $y - y'$ pourront être au-dessous de toute grandeur assignable ; l'expression du rapport $\frac{Q}{q}$ aura donc pour limite $\frac{2y^2}{px} = 2$; donc alors

$\frac{Q}{q} = 2$. Dans la même circonstance, $\frac{Q'}{q'} = 2$, $\frac{Q''}{q''} = 2$, etc.

Tous ces rapports étant égaux, on a

$$\frac{Q + Q' + Q'' \ldots}{q + q' + q'' \ldots} = 2.$$

Mais le numérateur $Q + Q' + Q'' \ldots$ exprime, dans cette hypothèse, l'aire S du segment parabolique MM' M''.... BP , et le dénominateur représente l'aire s de l'espace mixtiligne MM' M''.... BN : ces deux aires réunies constituent celle du rectangle circonscrit BPMN ; on a donc, en désignant simplement par P l'aire de ce rectangle,

$$\frac{S}{s} = 2, \quad P = S + s, \text{ et enfin } S = 2s = \frac{2}{3} P.$$

Il suit de là que *l'aire de l'espace parabolique BMP est les deux tiers du rectangle* PN *circonscrit*. Ainsi la parabole est une courbe exactement carrable.

279. Le cercle, l'ellipse, l'hyperbole et la parabole, sont des courbes du second degré ou du second ordre, parce que leurs équations renferment les secondes puissances des variables. Nous allons donner la discussion complète d'une équation générale du second degré entre deux variables, afin de faire voir qu'une telle équation ne peut donner naissance qu'à l'une des courbes dont nous venons de parler. Ce sont ces courbes que les anciens nommaient *sections coniques*, parce qu'en effet on les obtient en coupant, suivant certaines conditions, un cône par un plan.

Pl. IV.
Fig. 125. Supposons pour exemple, que la génératrice SB du cône BSC à base circulaire, soit prolongée du côté du sommet, dans toutes ses positions possi-

bles; le prolongement de cette génératrice engendrera le second cône B′SC′ qui aura même sommet S que le premier, et dont l'axe SA′ fera le prolongement de AS. Cela posé, 1° si le plan coupant bc est parallèle à la base BC, la section sera un cercle; 2° si ce plan coupe les deux côtés SB, SC du premier cône, la section sera une ellipse; 3° si ce plan est parallèle à l'un de ces côtés, la section sera une parabole; 4° enfin, si ce même plan coupe les deux cônes opposés BSC, B′SC′, sans passer par le sommet S, la section sera une hyperbole.

Le tracé de ces courbes se déduit immédiatement de leurs propriétés. Pl. X. Fig. 207. Etant données la distance des foyers FF′ $= 2c$ de l'ellipse, et la somme des rayons vecteurs $= 2a$, on en conclut le demi-grand axe $= a$ et le demi-petit axe $b = \sqrt{a^2 - c^2}$. Cela posé on marquera sur une ligne droite la distance a c $=$ le demi-grand axe, et la distance b c $=$ le demi-petit axe; puis ayant mené AB, ED à angles droits, on fera mouvoir la ligne a b c de manière à ce que a, b se trouvent constamment sur deux côtés de cet angle; le point c décrira l'ellipse.

En effet soit abM, une des positions de la ligne décrivante, les triangles semblables aCb, bMP, donnent Cb : bP :: ab : bM ou C$b + b$P : bP :: $ab + b$M : bM, ou en désignant toujours par a le demi-grand axe, par b le demi-petit axe, et par x, y, les coordonnées du point M.

$$x : b\text{P} :: a : b$$

mais $\quad b\text{P} = \sqrt{b^2 - y^2}; \quad$ donc $b\,x = a\sqrt{b^2 - y^2}$.

Elevant au carré et transposant, on obtient

$$b^2 x^2 + a^2 y^2 = a^2 b^2$$

qui est précisément l'équation connue de l'ellipse (n° 274). Cette méthode, très commode pour être employée sur le papier, ne conserve pas le même avantage lorsqu'on veut tracer en grand; on la remplace alors par celle-ci.

On fixe aux points F et F′ les extrémités d'un cordon dont la longueur est celle du grand axe, ou de la somme des rayons vecteurs; on tend ce cordon à l'aide d'un style qu'on fait glisser le long de ce cordon même, jusqu'à ce qu'il revienne au point d'où il est parti. Son extrémité a tracé alors la courbe demandée.

Pour décrire une portion quelconque d'hyperbole par un mouvement Fig. 208. continu, on assujettit une règle à tourner autour du point F′; on fixe à l'extrémité R de cette règle et au point F, un fil dont la longueur soit moindre que F′R de la quantité BB′; on fait ensuite tourner la règle en appuyant contre elle, avec un style M, le fil RMF, de manière qu'il demeure toujours tendu; le style trace ainsi un arc de courbe qui appartient à l'hyperbole dont l'axe est BB′, et dont les foyers sont FF′. Nous ne nous arrêterons point à la construction de cette courbe par points.

La construction de la parabole résulte de sa propriété caractéristi- Fig. 209. que (n° 277); pour décrire cette courbe par points, il faut d'un rayon FM″ $>$ BF, mais d'ailleurs arbitraire, décrire un cercle, faire AP″ $=$ FM″,

Pl. X. et mener par P″ parallèlement à AC une droite P″ M″ ; le point M″ où cette droite coupera le cercle, appartiendra à la parabole demandée; car il est évident que CM″ étant parallèle et égale à AP″, sera égale à FM″. Pour tracer cette courbe par un mouvement continu, on place le long de AC une règle sur laquelle on fait mouvoir une équerre dont l'un des côtés est représenté par C′ R ; on attache au point F l'extrémité d'un fil dont la longueur est CR, et dont l'autre extrémité est fixée au point R ; on tend ce fil par un style en l'appliquant contre le côté CR, et le style décrit une portion de parabole.

CHAPITRE II.

TRANSFORMATION DES COORDONNÉES; PROPRIÉTÉS DES COURBES DU SECOND ORDRE.

280. L'équation la plus générale du second degré à deux variables, est

$$Ay^2 + Bxy + Cx^2 + Dy + Ex = F, \qquad (1)$$

les coefficients A, B, C, D, E, F étant des quantités connues. Si on la résolvait par rapport à y, on aurait

$$y = -\frac{Bx+D}{2A}$$
$$\pm \frac{1}{2A} \sqrt{(B^2-4AC)x^2 + 2(BD-2AE)x + D + 4AF}.$$

Or en supposant toujours que la courbe à laquelle cette équation appartient, soit rapportée à des axes rectangles, il est évident qu'il existe deux ordonnées pour une même abscisse x. De sorte que si l'on attribuait à cette abscisse toutes les valeurs possibles, tant positives que négatives, on aurait les valeurs correspondantes de y, et par conséquent les ordonnées réelles ou imaginaires de tous les points de la courbe cherchée, ce qui ferait connaître l'étendue et les limites de cette courbe; mais pour ne pas nous engager dans de trop longs calculs, et ne pas dépasser d'ailleurs les bornes d'un ouvrage destiné à de jeunes militaires qui ne peuvent faire des sciences mathématiques le principal objet de leurs études, nous exposerons seulement ici la méthode de la transformation des coordonnées : méthode qui consiste à réduire à sa forme la plus simple l'équation générale (1), sans toutefois lui rien ôter de sa généralité, ni changer la nature des courbes qu'elle exprime.

Formules pour la transformation des coordonnées.

281. Puisque nous avons en vue de conserver le degré de l'équa-

GÉOMÉTRIE ANALYTIQUE. 375

tion (1), il faut nécessairement que les valeurs que nous substituerons pour Pl. X.
x et y soient de la forme suivante :

$$x = mt + pu + \alpha, \quad y = nt + qu + \beta;$$

x et y étant les coordonnées primitives, et t, u les nouvelles coordonnées.
Quant aux constantes m, n, p, q, α, β, elles déterminent la position des
nouveaux axes par rapport aux premiers.

Supposons, pour plus de simplicité, que le second système seulement Fig. 210.
soit oblique, et que celui-ci et le premier aient la même origine A. Par
exemple, soient AX et AY les axes des coordonnées rectangulaires, et
AT, AU les axes des coordonnées obliques ; puis désignons par x, y les
coordonnées AP, PM du point M, relatives au premier système, et par
t, u les coordonnées AK, KM du même point, relatives au second système.
Enfin soit nommé φ l'angle TAX, et θ l'angle UAX, on aura, à cause des
triangles rectangles ARK, KGM, et en supposant le rayon des tables$=1$,

$$AR = t \cos. \varphi, \quad RK = t \sin. \varphi,$$
$$KG = u \cos. \theta, \quad GM = u \sin. \theta;$$

or $\quad AP = AR + KG, \quad$ et $PM = RK + GM,$

donc $\quad x = t \cos. \varphi + u \cos. \theta, \quad y = t \sin. \varphi + u \sin. \theta;$

ou bien, faisons pour abréger, $\cos. \varphi = m$, $\sin. \varphi = n$, $\cos. \theta = p$,
$\sin. \theta = q$; on aura

$$x = mt + pu, \quad y = nt + qu.$$

Ainsi en substituant dans une équation en x et y, les valeurs mêmes de
ces variables, on parviendra à une transformée en t et en u, qui sera du
même degré, et la courbe représentée par cette nouvelle équation sera
rapportée à des coordonnées obliques faisant entre elles l'angle $\theta - \varphi$.

282. Si les axes du second système étaient eux-mêmes rectangulaires, cet angle $\theta - \varphi$ serait égal au quadrant, c'est-à-dire que l'on
aurait

$\theta - \varphi = 100^{gr}$, et par conséquent $\theta = 100 + \varphi$; de là (n°s 214 et 216);
et à cause de $\sin. 100^{gr} = 1$, $\cos. 100^{gr} = 0$,

l'on conclut $\quad \sin. \theta = \cos. \varphi, \quad$ et $\cos. \theta = - \sin. \varphi;$

partant les valeurs ci-dessus de x et de y, seraient simplement,

$$x = t \cos. \varphi - u \sin. \varphi, \quad y = t \sin. \varphi + u \cos. \varphi;$$

ou bien

$$x = mt - nu, \quad y = nt + mu.$$

Dans la même hypothèse, si on changeait la position de l'origine, on Fig. 211.
aurait

$$x = mt - nu + \alpha, \quad y = nt + mu + \beta;$$

α et β désignant les coordonnées de la nouvelle origine rapportée au système primitif. En effet, soit a l'origine primitive, et A la nouvelle origine, il est évident que l'on a

$$ap = AP + ab, \quad pM = PM + Ab;$$

mais $\quad ab = \alpha, Ab = \beta,$ et $ap = x, pM = y;$

donc $\quad x = mt - nu + \alpha, \quad y = nt + mu + \beta.$

283. Dans bien des cas, il est commode de fixer la position d'un point à l'aide de sa distance à l'origine et de l'angle que cette ligne fait avec celle des x.

Soient $AM = r$, angle $MAP = \varphi$; on aura par la propriété du triangle rectangle,

$$AP = r \cos. \varphi, \text{ et } PM = r \sin. \varphi;$$

ou $\quad x = r \cos. \varphi,$ et $\quad y = r \sin. \varphi.$

Dans ce cas, la ligne AM ou r s'appelle le *rayon vecteur* du point M, et l'origine A de ce rayon vecteur se nomme le *pôle*. Lorsque dans l'équation d'une courbe on introduit ces dernières valeurs de x et de y, cette courbe est dite rapportée à des coordonnées *polaires*; nous en avons vu des exemples.

Discussion de l'équation générale du second degré à deux variables.

284. Passons maintenant à l'usage des formules que nous venons d'obtenir, pour simplifier l'équation générale

$$Ay^2 + Bxy + Cx^2 + Dy + Ex = F. \qquad (1)$$

Si nous transposons d'abord les axes parallèlement à eux-mêmes, on aura

$$x = x' + \alpha, \quad y = y' + \beta;$$

et l'équation (1) deviendra

$$\begin{aligned} &Ay'^2 + Bx'y' + Cx'^2 \\ &+ (2A\beta + B\alpha + D)y' + (2C\alpha + B\beta + E)x' \\ &+ A\beta^2 + B\alpha\beta + C\alpha^2 + D\beta + E\alpha - F \end{aligned} \Bigg\} = 0. \quad (2)$$

Or comme nous pouvons disposer des quantités α et β, qui sont absolument arbitraires, nous supposerons, afin de faire disparaître les termes affectés de x' et de y', que leurs valeurs résultent des équations,

$$2A\beta + B\alpha + D = 0, \quad 2C\alpha + B\beta + E = 0;$$

et que l'on a par conséquent,

$$\alpha = \frac{BD - 2AE}{4AC - B^2}, \quad \beta = \frac{BE - 2CD}{4AC - B^2};$$

d'où il suit que l'équation (2) est ramenée à cette forme,

$$Ay'^2 + Bx'y' + Cx'^2 - F' = 0. \qquad (3)$$

GÉOMÉTRIE ANALYTIQUE.   377

Il n'est donc pas possible, par ce moyen, de chasser le rectangle $x'y'$ PL. X. des coordonnées, puisque le coefficient B est indépendant des quantités α et β; mais cette transformation réussira, si dans la dernière équation (3), l'on introduit les valeurs

$$x' = mt - nu, \quad y' = nt + mu;$$

parce qu'alors elle deviendra

$$\left. \begin{array}{l} (Am^2 - Bmn + Cn^2)u^2 \\ + [2(A-C)mn + B(m^2-n^2)]ut \\ + (An^2 + Bmn + Cm^2)t^2 - F' \end{array} \right\} = 0. \qquad (4)$$

et que l'on pourra disposer d'une des quantités m et n, qui ne doivent satisfaire qu'à l'équation $m^2 + n^2 = 1$, pour égaler à zéro le coefficient de ut; ce qui donnera cette nouvelle relation entre m et n,

$$2(A-C)mn + B(m^2-n^2) = 0.$$

Ainsi l'équation (4) sera ramenée à la forme suivante ;

$$A'u^2 + C't^2 = F', \qquad (5)$$

en y faisant

$$\left. \begin{array}{l} Am^2 - Bmn + Cn^2 = A' \\ An^2 + Bmn + Cm^2 = C' \end{array} \right\} \qquad (M)$$

Pour avoir des valeurs de A' et de C' indépendantes de m et de n, il faudra déduire celles de ces dernières quantités, des équations

$$2(A-C)mn + B(m^2-n^2) = 0,$$
$$m^2 + n^2 = 1;$$

or, de la première on tire

$$mn = \frac{B(m^2-n^2)}{2(C-A)}.$$

Elevant cette valeur au carré, et substituant dans le résultat, pour n^2 sa valeur $1-m^2$; on obtiendra, en faisant d'ailleurs $\frac{B}{2(C-A)} = k$, cette équation

$$m^4 - m^2 = -\frac{k^2}{1+4k^2},$$

de laquelle on tire;

$$m^2 = \tfrac{1}{2} \pm \frac{1}{2\sqrt{1+4k^2}} = \tfrac{1}{2} + \frac{C-A}{2\sqrt{(C-A)^2+B^2}},$$

et par suite

$$n^2 = \tfrac{1}{2} \mp \frac{1}{2\sqrt{1+4k^2}} = \tfrac{1}{2} - \frac{C-A}{2\sqrt{(C-A)^2+B^2}};$$

par conséquent

$$m^2 - n^2 = \frac{C-A}{2\sqrt{(C-A)^2+B^2}}, \quad mn = \frac{B}{2\sqrt{(C-A)^2+B^2}}.$$

Pl. X. Maintenant si l'on combine les équations (M) par voie d'addition et de soustraction, l'on obtiendra

$$A' + C' = A + C,$$
$$A' - C' = (A - C)(m^2 - n^2) - 2Bmn;$$

donc en vertu du principe du n° 59 *Algèbre*, on aura, après avoir éliminé $m^2 - n^2$, et mn,

$$A' = \tfrac{1}{2}(A + C) + \tfrac{1}{2}\sqrt{(C-A)^2 + B^2}.$$
$$C' = \tfrac{1}{2}(A + C) + \tfrac{1}{2}\sqrt{(C-A)^2 + B^2}.$$

Ces dernières expressions prouvent, 1° que A' et C' seront toujours des quantités réelles; 2° que A' peut toujours être rendu positif; car si A et C sont tous deux négatifs, il n'y aura qu'à changer tous les signes de l'équation (1); si au contraire A et C sont de signes différents, A pourra être pris positivement, et pour lors C sera négatif : d'où l'on voit que la partie radicale de A', qui devient dans ce cas $\tfrac{1}{2}\sqrt{(C+A)^2 + B^2}$, l'emportera nécessairement sur la partie rationnelle $\tfrac{1}{2}(A - C)$.

Quant à la quantité C', elle sera positive lorsque A et C étant de cette nature, on aura

$$C + A > \sqrt{(C-A)^2 + B^2},$$
ou
$$(C + A)^2 > (C-A)^2 + B^2,$$
ou bien
$$2AC > -2AC + B^2$$

ou ce qui est de même, lorsque

$$4AC > B^2,$$

expression qui constate que la quantité $4AC - B^2$ est positive.

Au contraire, C' sera négative, si A et C sont de signes différents; car, dans ce cas, sa partie radicale l'emportera sur sa partie rationnelle, et la valeur de $4AC - B^2$ sera négative.

Il résulte de là que le signe de C' dépend uniquement de celui de l'expression $4AC - B^2$.

285. Il reste à examiner le cas où $4AC = B^2$: or cette relation donnant $C' = 0$, l'équation (5) est réduite à $A'u^2 = F'$, et les valeurs précédentes de α et β deviennent infinies. Il n'est donc plus possible de faire disparaître à la fois de l'équation (2) les termes en x' et en y'. Mais voici comment on évite cette difficulté.

Mettant dans l'équation (1) les valeurs

$$x = mt - nu, \quad y = nt + mu,$$

on aura la transformée,

$$\left. \begin{array}{l} A'u^2 + C't^2 \\ + [2(A-C)mn + B(m^2-n^2)]ut \\ + (Dn + Em)t + (Dm - En)u \\ - F \end{array} \right\} = 0, \qquad (6)$$

et faisant, comme ci-dessus,
$$2(A - C) mn + B(m^2 - n^2) = 0,$$
on obtiendra pour m, n, A' et C', les mêmes valeurs qu'on a trouvées précédemment; de sorte que l'équation (6) sera réduite à celle-ci,
$$\left. \begin{array}{l} A'u^2 + C't^2 + (Dm - En, u \\ \quad + (Dn + Em)t \\ \quad - F \end{array} \right\} = 0. \qquad (6')$$

Cette opération ne fait que changer la direction des axes; pour déplacer l'origine, il faut ici supposer
$$t = t' + \alpha', \quad u = u' + \beta',$$
et l'on aura cette nouvelle transformée,
$$\left. \begin{array}{l} A'u'^2 + C't'^2 + (2A'\beta' + Dm - En)u' \\ \quad + (2C'\alpha' + Dn + Em)t' \\ +A'\beta'^2 + C'\alpha'^2 + (Dm - En)\beta' + (Dn + Em)\alpha' \\ \quad - F \end{array} \right\} = 0, \qquad (7)$$

de laquelle il ne sera pas possible de faire disparaître le terme en t', quand on aura $C' = 0$; car dans cette circonstance, α' serait infinie. La réduction qui réussit, est lorsque l'on a entre α' et β' les relations
$$\left. \begin{array}{l} 2A'\beta' + Dm - En = 0 \\ A'\beta'^2 + C'\alpha'^2 + (Dm - En)\beta' + (Dn + Em)\alpha' - F = 0 \end{array} \right\} \qquad (N)$$

c'est-à-dire lorsque l'on transporte l'origine des coordonnées à un point de la courbe; puisque cette seconde relation n'est autre chose que celle (6'), dans laquelle t et u sont changées respectivement en α' et β'. Ainsi toutes les fois que l'équation (1) sera effectivement celle d'une courbe, elle pourra être ramenée à la forme
$$A'u'^2 + C't'^2 - E't' = 0; \qquad (7')$$
en faisant, dans la transformée (7), le coefficient de u' égal à zéro, ainsi que toute la quantité indépendante de u' et de t' : c'est-à-dire que les relations précédentes (N) fourniront des valeurs réelles pour α' et β'. D'ailleurs, c'est ce qu'il est facile de prouver *à priori*, lorsque $C' = 0$; seul cas qu'il s'agit d'examiner en ce moment, et pour lequel l'équation (7') se réduit à
$$A'u'^2 - E't' = 0. \qquad (8)$$

En effet, simplifions d'abord la seconde relation (N), en retranchant celle-ci de la première multipliée par β; on aura, à cause de $C' = 0$,
$$\left. \begin{array}{l} 2A'\beta' + Dm - En = 0 \\ A'\beta'^2 - (Dn + Em)\alpha' + F = 0 \end{array} \right\} \qquad (N')$$
équations qui donneront nécessairement des valeurs réelles, puisqu'elles peuvent se résoudre comme celles du premier degré.

Pl. X. Si en même temps que $C' = 0$, on avait $Dn + Em = 0$, il ne resterait que l'inconnue β' dans les relations (N'), et alors il pourrait arriver qu'elles ne s'accordassent point pour de certaines valeurs particulières des constantes; mais les mêmes hypothèses réduisent la transformée (6') à

$$A'u^2 + (Dm - En)u = F,$$

ou pour abréger, à

$$A'u^2 + D'u = F,$$

résultat indépendant de la coordonnée t.

286. Concluons de cette analyse, que l'équation générale **(1)** peut, par des transformations convenables de coordonnées, prendre l'une des trois formes suivantes :

$$A'u^2 + C't^2 = F'$$
$$A'u'^2 = E't',$$
$$A'u^2 + D'u = F,$$

et que la première a lieu lorsque $4AC >$ ou $< B^2$, tandis que les deux autres répondent au cas où $4AC = B^2$.

Maintenant il importe d'assigner la forme des courbes représentées par ces dernières équations. Supposons premièrement que les trois quantités A', C' et F' soient positives, et rapportons la courbe donnée par l'équation

$$A'u^2 + C't^2 = F'$$

à des coordonnées polaires, en faisant

$$t = r\sin.\varphi;\quad u = r\cos.\varphi;$$

on aura

$$A'r^2\cos.^2\varphi + C'r^2\sin.^2\varphi = F',$$

ou

$$A'\cos.^2\varphi + C'\sin.^2\varphi = \frac{F'}{r^2}.$$

on a donc

$$r = \pm\sqrt{\left(\frac{F'}{A'\cos.^2\varphi + C'\sin.^2\varphi}\right)},$$

quantité toujours réelle, quel que soit l'angle φ; mais lorsqu'on suppose r infini, l'équation

$$A'\cos.^2\varphi + C'\sin.^2\varphi = 0,$$

montre que la valeur de φ est imaginaire, puisque l'on en tire

$$\frac{\sin.\varphi}{\cos.\varphi} = \tang.\varphi = \pm\sqrt{\frac{-A'}{C'}}:$$

or le rayon vecteur r, mesure toujours la distance de l'origine ou du pôle, à un point quelconque de la courbe; et, dans le cas actuel, ce rayon peut prendre toutes les positions possibles autour de ce point; donc la courbe que nous discutons est fermée : c'est celle à laquelle on a donné le nom Pl. 5. d'*ellipse*.

Il est remarquable que les valeurs de r sont égales et de signes contraires ; par conséquent pour chaque valeur de φ, toute corde à la courbe, qui passe par l'origine des coordonnées, est coupée en deux parties égales par ce point. Dans ce cas, cette corde se nomme un *diamètre*, et le point qui la partage ainsi en deux parties égales, est le *centre* de cette courbe.

On obtient les points où elle coupe les axes des t et des u, en faisant successivement dans son équation, $u = 0$, $t = 0$; et l'on a

$$t = \pm \sqrt{\frac{F'}{C'}}\, ;\quad u = \pm \sqrt{\frac{F'}{A'}}\, ;$$

ce procédé est conforme à ce qui a été dit au n° 274, pour déterminer les sommets de la courbe.

Si F' seulement était négatif, l'équation $A'u^2 + C't^2 = -F'$, n'appartiendrait à aucune courbe, cela est évident ; mais si F' était nul, on aurait

$$A'u^2 + C't^2 = 0\, ;$$

équation qui se vérifierait en faisant à la fois, $t = 0$, $u = 0$, et qui ne représenterait alors qu'un point placé à l'origine même des coordonnées.

Supposons que A' et C' soient de signes différents, auquel cas $4AC - B^2$ est négatif : on a

$$A'u^2 - C't^2 = F',$$

et pour l'équation polaire,

$$(A' \cos^2 \varphi - C' \sin^2 \varphi)\, r^2 = F,$$

ou $$A' \cos^2 \varphi - C' \sin^2 \varphi = \frac{F'}{r^2}\, ;$$

par conséquent

$$r = \pm \sqrt{\frac{F'}{A' \cos^2 \varphi - C' \sin^2 \varphi}}.$$

La valeur de r sera donc positive ou négative, réelle ou imaginaire ; elle sera réelle tant que F' étant positif, on aura

$$A' \cos^2 \varphi > C' \sin^2 \varphi,$$

ou $$\tang^2 \varphi < \frac{A'}{C'},$$

ou bien, lorsque F' étant négatif, on aura

$$\tang^2 \varphi > \frac{A'}{C'}\, ;$$

et elle sera imaginaire dans des circonstances contraires.

De l'hypothèse $r = \infty$, on déduit

$$A' \cos^2 \varphi - C' \sin^2 \varphi = 0,$$

Pl. X. et partant, $\tan \varphi = \pm \sqrt{\dfrac{A'}{C'}}$.

Donc, dans ce cas, l'angle φ a deux valeurs réelles de signes contraires; donc la courbe actuelle a des points situés à l'infini dans deux sens opposés; c'est l'*hyperbole*. Cette courbe a, comme l'ellipse, une infinité de diamètres; car les deux valeurs réelles de r sont égales et de signes contraires, et doivent, pour cette raison, être portées sur la même ligne à droite et à gauche de l'origine des coordonnées ou du centre de la courbe dont il s'agit.

On obtient les deux sommets réels de cette courbe, en faisant dans son équation, $t = 0$, ce qui donne

$$u = \pm \sqrt{\dfrac{F'}{A'}};$$

ces deux sommets sont donc sur l'axe des u à égales distances de l'origine ou du centre. L'hypothèse de $u = 0$, donne

$$t = \pm \sqrt{\dfrac{-F'}{C'}}.$$

Ainsi l'hyperbole ne rencontre point l'axe des t; mais en considérant cette dernière expression comme réelle, on a la grandeur du second demi-axe de cette courbe (n° 276).

Si on avait $F' = 0$, l'équation $A' u^2 = C' t^2$, ou

$$u = \pm t \sqrt{\dfrac{C'}{A'}},$$

donnerait lieu à deux droites placées symétriquement au-dessus et au-dessous de l'axe des t, et passant par l'origine.

Enfin, il est aisé de s'assurer que la courbe donnée par l'équation $A' u'^2 = E' t'$, s'étend seulement à l'infini, à droite ou à gauche de l'axe des u'; c'est la *parabole*.

287. Il est utile de remarquer que les trois espèces de courbes que nous venons de reconnaître dans l'équation (1), sont comprises dans la transformée

$$A' u'^2 + C' t'^2 - E' t' = 0,$$

qui donne l'ellipse, lorsque $4AC - B^2$ est positif, l'hyperbole dans le cas contraire; et qui comprend la parabole, lorsque $4AC = B^2$.

Mais qu'est-ce que peut représenter, en géométrie, l'équation

$$A' u^2 + D' u = F?$$

c'est ce qui nous reste à examiner. En la résolvant par rapport à u, l'on trouve

$$u = \dfrac{-D' \pm \sqrt{4 A' F + D'^2}}{2 A'}.$$

Cette expression étant indépendante de l'abscisse t, et susceptible de deux valeurs, il s'ensuit qu'elle représente deux droites parallèles à l'axe des t, et distantes de cet axe,

l'une, de la quantité $\dfrac{-D' + \sqrt{4A'F + D'^2}}{2A'}$, et l'autre de la quantité $\dfrac{-D' - \sqrt{4A'F + D'^2}}{2A'}$.

Propriétés des courbes du second degré, déduites de la transformation des axes.

288. Nous avons fait voir dans les numéros précédents, comment on parvenait à des équations fort simples des courbes du second degré, en prenant leurs axes mêmes pour ceux des coordonnées, et leur centre ou leur sommet pour origine. On pourrait demander s'il existe effectivement d'autres systèmes d'axes rectangulaires ou obliques, par rapport auxquels les équations de ces courbes ont le même degré de simplicité et la même forme que relativement aux *axes principaux* dont il est question : c'est à quoi nous allons répondre.

Propriétés de l'ellipse rapportée à ses diamètres conjugués.

289. D'abord, l'équation de l'ellipse $A' u^2 + C' t^2 = F'$, peut être ramenée à la forme symétrique suivante :
$$a^2 y^2 + b^2 x^2 = a^2 b^2, \qquad (1)$$
obtenue au n° 274; et cela en changeant t en x, et u en y, puis faisant
$$C' = \dfrac{F'}{a^2}, \quad A' = \dfrac{F'}{b^2},$$
$2a$ étant, comme l'on sait, le grand axe, et $2b$ le petit axe. Or, si l'on change seulement la direction des coordonnées, et qu'on laisse indéterminé l'angle qu'elles forment entre elles, on aura (n° 281),
$$x = mt + pu, \quad y = nt + qu,$$
et en vertu du n° 215, on aura en outre les relations
$$m^2 + n^2 = 1, \quad p^2 + q^2 = 1.$$
De la substitution des valeurs de x et y dans l'équation (1), il résulte que
$$a^2 (nt + qu)^2 + b^2 (mt + pu)^2 = a^2 b^2,$$
ou en développant et ordonnant,

$$\begin{array}{c|c|c|c}
a^2 q^2 & u^2 + a^2 n^2 & t^2 + 2a^2 nq & ut = a^2 b^2 \\
+ b^2 p^2 & + b^2 m^2 & + 2b^2 mp &
\end{array}$$

Telle est l'équation de l'ellipse rapportée à des coordonnées quelconques. Si pour faire disparaître le terme en ut, on pose
$$2a^2 nq + 2b^2 mp = 0,$$

l'équation précédente se réduira à

$$a^2 q^2 + b^2 p^2 \quad | \quad u^2 + a^2 n^2 + b^2 m^2 \quad | \quad t^2 = a^2 b^2$$

et la courbe sera rapportée à deux *diamètres conjugués* quelconques.

Pour trouver la grandeur de ces diamètres, soit fait ici successivement $u = 0$, $t = 0$ (n° 274); on aura, en dénotant respectivement par a' et b', les valeurs résultantes de t et de u,

$$a'^2 = \frac{a^2 b^2}{a^2 n^2 + b^2 m^2}; \quad b'^2 = \frac{a^2 b^2}{a^2 q^2 + b^2 p^2} \qquad (2)$$

et l'équation de l'ellipse sera

$$a'^2 u^2 + b'^2 t^2 = a'^2 b'^2.$$

Il ne doit y avoir aucun doute sur la possibilité de la transformation actuelle, parce qu'à cause des trois équations de condition

$$m^2 + n^2 = 1, \ p^2 + q^2 = 1,$$
$$a^2 nq + b^2 mp = 0,$$

entre les quatre quantités, m, n, p, q, on est le maître de disposer de l'une d'elles, et d'obtenir toujours des valeurs réelles pour les autres quantités. En effet, la troisième équation de condition pouvant s'écrire ainsi,

$$a^2 + b^2 \frac{mp}{nq} = 0,$$

ou
$$a^2 + b^2 \cot. \varphi \cot. \theta = 0.$$

nous montre que quelque valeur qu'on suppose à φ, celle de cotang θ sera toujours réelle; il y a donc une infinité de systèmes de diamètres conjugués, pour lesquels l'équation de l'ellipse est absolument semblable à celle relative aux axes. Voyons maintenant si cette même propriété existe lorsque l'angle des nouvelles coordonnées est droit. Dans cette hypothèse,

$$\theta - \varphi = 100^{gr}.$$

et, comme nous l'avons déjà dit,

$$\sin. \theta = \cos. \varphi, \ \cos. \theta = -\sin. \varphi;$$

les deux relations $m^2 + n^2 = 1$, $p^2 + q^2 = 1$, rentrent donc l'une dans l'autre, ou, ce qui est de même, sont identiques. Quant à l'équation de condition

$$a^2 nq + b^2 mp = 0,$$

elle devient

$$2a^2 \sin. \varphi \cos. \varphi - 2b^2 \sin. \varphi \cos. \varphi = 0,$$

ou, parce que $2 \sin. \varphi \cos. \varphi = \sin. 2\varphi$ (n° 217), elle se change en celle-ci,

$$(a^2 - b^2) \sin. 2\varphi = 0;$$

GÉOMÉTRIE ANALYTIQUE. 385

laquelle donne uniquement

$$\sin. 2\varphi = 0, \text{ ou } \varphi = 0;$$

ce qui nous apprend que les nouveaux axes rectangulaires se confondent avec les axes primitifs : conséquemment il n'existe qu'un système de cette nature dans lequel l'équation de l'ellipse puisse avoir la forme (1). Mais si on avait $a = b$, auquel cas l'ellipse se changerait en cercle, la relation

$$(a^2 - b^2) \sin. 2\varphi = 0$$

serait toujours satisfaite, quelle que fût la valeur de φ; donc cette dernière courbe peut être rapportée à une infinité de systèmes d'axes rectangles, par rapport auxquels son équation a la forme $x^2 + y^2 = a^2$.

Les relations (2) qui ont lieu entre les quantités a, b, a', b', ne sont pas les plus simples qu'il soit possible de trouver. En effet, en les multipliant l'une par l'autre, on obtient

$$a'^2 b'^2 = \frac{a^4 b^4}{a^4 n^2 q^2 + a^2 b^2 m^2 q^2 + a^2 b^2 n^2 p^2 + b^4 m^2 p^2},$$

et si l'on élève au carré l'équation de condition $a^2 nq + b^2 mp = 0$, on a

$$a^4 n^2 q^2 + 2a^2 b^2 mnpq + b^4 m^2 p^2 = 0,$$

ou

$$a^4 n^2 q^2 + b^4 m^2 p^2 = -2a^2 b^2 mnpq;$$

introduisant cette valeur dans le dénominateur de la valeur de $a'^2 b'^2$, ce dénominateur deviendra un carré parfait, et l'on aura, après avoir simplifié et extrait la racine carrée des deux membres,

$$a' b' = \frac{ab}{mq - np};$$

mais

$$mq - np = \cos. \varphi \sin. \theta - \sin. \varphi \cos. \theta = \sin. (\theta - \varphi) \text{ (n° 216),}$$

donc

$$a' b' \sin. (\theta - \varphi) = ab, \text{ ou } 4a'b' \sin. (\theta - \varphi) = 2a \times 2b;$$

or, si l'on fait attention que $a'b' \sin. (\theta - \varphi)$ est l'aire d'un parallélogramme dont les côtés faisant l'angle $\theta - \varphi$, sont a', et b', on conclura de ce résultat, que *le rectangle construit sur les axes d'une ellipse est équivalent au parallélogramme construit sur ses diamètres conjugués.*

Fig.213.

Cherchons maintenant une propriété absolument indépendante de l'angle de ces diamètres; car, puisque nous avons les cinq équations,

(1), $m^2 + n^2 = 1$; (2) $p^2 + q^2 = 1$;

(3), $a^2 nq + b^2 mp = 0$;

(4), $a'^2 = \frac{a^2 b^2}{a^2 n^2 + b^2 m^2}$ (5), $b'^2 = \frac{a^2 b^2}{a^2 q^2 + b^2 p^2}$;

l'on conçoit que celles (1), (2), (4), (5), doivent, par le procédé de l'éli-

25

mination, faire connaître les quatre quantités m, n, p, q; et que la substitution de leurs valeurs dans l'équation de condition (3), doit mettre cette propriété en évidence. Voici une manière fort simple d'effectuer ce calcul.

Les équations (1) et (4), qui ne renferment que les inconnues m, n, peuvent être écrites ainsi,
$$m^2 + n^2 = 1;$$
$$a'^2 a^2 n^2 + a' b^2 m^2 = a^2 b^2;$$

or, en traitant n^2 et m^2 comme des inconnues au premier degré, puis procédant ainsi qu'il a été dit (n° 63, *Algèbre*), on aura
$$m^2 = \frac{a^2(a'^2 - b^2)}{a'^2(a^2 - b^2)}, \qquad n^2 = \frac{b^2(a^2 - a'^2)}{a'^2(a^2 - b^2)}.$$

Le second système d'équations
$$q^2 + p^2 = 1,$$
$$b^2 a^2 q^2 + b'^2 b^2 p^2 = a^2 b^2,$$

étant parfaitement semblable au premier système, il suffit, pour déterminer p^2 et q^2 de changer a' en b' dans les valeurs précédentes de m^2 et n^2; ainsi l'on a de suite,
$$p^2 = \frac{a^2(b'^2 - b^2)}{b'^2(a^2 - b^2)} \qquad q^2 = \frac{b^2(a^2 - b'^2)}{b'^2(a^2 - b^2)}.$$

Cela posé, puisque l'équation de condition (3) revient à
$$a^2 n q = - b^2 m p,$$
on a, en la carrant,
$$a^4 n^2 q^2 = b^4 m^2 p^2.$$

Substituant ici pour n^2, m^2, p^2, q^2, leurs valeurs, et effaçant les dénominateurs, vu qu'ils seraient les mêmes dans les deux membres, on obtiendra
$$(a^2 - a'^2)(a^2 - b'^2) = (a'^2 - b^2)(b'^2 - b^2).$$

Développant, réduisant et décomposant en facteurs, on trouvera
$$(a^4 - b^4) - (a^2 - b^2)(a'^2 + b'^2) = 0,$$

puis supprimant le facteur commun $a^2 - b^2$, on aura enfin
$$a'^2 + b'^2 = a^2 + b^2,$$
ou
$$4a'^2 + 4b'^2 = 4a^2 + 4b^2;$$

donc, *dans l'ellipse, la somme des carrés des diamètres conjugués est égale à la somme des carrés des axes.*

Propriétés analogues de l'hyperbole.

290. L'équation de cette courbe rapportée à ses axes, est, par ce qui précède,
$$A'u^2 - C't^2 = F';$$

en changeant u en y, t en x, et faisant $C' = \dfrac{-F'}{a^2}$, $A' = \dfrac{-F'}{b^2}$, cette équation prend la forme

$$-a^2 y^2 + b^2 x^2 = a^2 b^2,$$
ou
$$a^2 y^2 - b^2 x^2 = -a^2 b^2,$$

qui est celle que nous avons obtenue par une autre voie (n° 276), et qui dérive par conséquent de l'équation analogue de l'ellipse, en y faisant b^2 négatif. On doit penser alors que si, pour l'hyperbole, on change la direction des coordonnées, on parviendra aux mêmes conséquences que pour l'ellipse : aussi en faisant le calcul, trouve-t-on d'abord

$$(a^2 n^2 - b^2 m^2)t^2 + 2(a^2 nq - b^2 mp)ut + (a^2 q^2 - b^2 p^2)u^2 = -a^2 b^2,$$

puis, pour l'équation de condition,

$$a^2 nq - b^2 mp = 0;$$

enfin, pour les valeurs des carrés des demi-diamètres conjugués,

$$a'^2 = \dfrac{-a^2 b^2}{a^2 n^2 - b^2 m^2}, \qquad b'^2 = \dfrac{-a^2 b^2}{a^2 q^2 - b^2 p^2}.$$

Il ne faut pas croire que ces valeurs soient toutes deux de même signe; car si l'on suppose que la seconde soit négative, ce qui a lieu lorsque $a^2 q^2 > b^2 p^2$, on aura au contraire

$$a^2 n^2 < b^2 m^2.$$

En effet, il résulte de cette hypothèse que

$$\dfrac{p^2}{q^2} < \dfrac{a^2}{b^2}, \qquad \text{ou } \dfrac{p}{q} < \dfrac{a}{b};$$

et comme, de l'équation de condition ci-dessus, on tire

$$\dfrac{p}{q} = \dfrac{a^2 n}{b^2 m},$$

il s'ensuit que

$$\dfrac{a^2 n}{b^2 m} < \dfrac{a}{b}, \quad \text{ou } \dfrac{a}{b} < \dfrac{m}{n}, \quad \text{ou en enfin } an < bm;$$

donc alors a'^2 est positif, et b'^2 négatif; donc, en admettant que

$$-a'^2 = \dfrac{a^2 b^2}{a^2 n^2 - b^2 m^2}, \qquad b'^2 = \dfrac{a^2 b^2}{a^2 q^2 - b^2 p^2},$$

l'équation de l'hyperbole rapportée à ses diamètres conjugués, deviendra

$$a'^2 u^2 - b'^2 t^2 = -a'^2 b'^2;$$

ainsi cette courbe a elle-même une infinité de diamètres conjugués, mais elle ne coupera jamais l'axe des u.

En continuant de procéder pour l'hyperbole comme pour l'ellipse, on parviendrait à ces deux conséquences, savoir :

1° *Dans l'hyperbole, le parallélogramme construit sur les diamètres conjugués est égal au rectangle des axes.*

2° *La différence des carrés des diamètres conjugués est égale à celle des carrés des axes.*

Propriétés de la parabole rapportée à ses diamètres conjugués.

291. L'équation de la parabole est (nos 277 et 286),

$$y^2 = kx.$$

Elle ne peut être transformée en une autre de même forme par le simple changement de direction des coordonnés, parce que les équations de condition ramèneraient aux coordonnées primitives; mais en déplaçant en même temps l'origine, la transformation a lieu, comme on va voir.

Soit donc,

$$x = mt + pu + \alpha, \quad y = nt + qu + \beta;$$

on aura

$$m^2 + n^2 = 1, \quad p^2 + q^2 = 1;$$

et l'équation précédente deviendra

$$\begin{aligned} n^2 t^2 + 2nqut + q^2 u^2 \\ + (2\beta n - km)t + (2\beta q - kp)u \\ + \beta^2 - \alpha k \end{aligned} \Bigg\} = 0.$$

Telle est celle de la parabole rapportée à deux axes quelconques pour la ramener à la forme,

$$u^2 = k't$$

faisons

$$n = 0, \quad nq = 0, \quad 2\beta q - kp = 0, \quad \beta^2 - \alpha k = 0,$$

ce qui est permis, puisque les indéterminées sont au nombre de 6. L'hypothèse $n = 0$, ou sin. $\varphi = 0$ satisfait à la seconde équation $nq = 0$; et de la troisième on tire

$$\frac{q}{p} = \frac{k}{2\beta}.$$

Il suit de là que tous les diamètres de la parabole sont parallèles à son axe principal, et que la position de l'axe des u est donnée par l'équation

$$\frac{q}{p} = \frac{k}{2\beta},$$

dont le second membre exprime la tengente trigonométrique de l'angle des nouvelles coordonnées ; or la relation

$$\beta^2 - \alpha k = 0, \text{ ou } \beta^2 = k\alpha,$$

signifie que la nouvelle origine, dont les coordonnées rectangulaires sont α, β est un des points de la courbe (n° 268), et parce que α reste indéterminée, cette nouvelle origine peut être prise partout où l'on voudra

GÉOMÉTRIE ANALYTIQUE.   389

sur les branches de la parabole; donc la valeur des angles des t, u, dépendra de celle qu'on attribuera à l'abscisse ou à l'ordonnée de cette nouvelle origine; donc l'équation de la parabole rapportée à ses diamètres conjugués, est

$$u^2 = \frac{km}{q^2} t;$$

Donc enfin *les carrés des ordonnées de cette courbe sont proportionnels aux abscisses correspondantes, quel que soit l'angle des coordonnées.*

Des tangentes aux courbes du second degré.

292. Si l'on conçoit que la partie d'une sécante comprise dans une courbe diminue sans cesse, les deux points d'intersection s'approcheront de plus en plus l'un de l'autre, et lorsque leur distance sera nulle, la sécante deviendra tangente à la courbe. Voici une des méthodes les plus simples que l'on puisse employer pour exprimer cette condition par l'analyse algébrique.

Remarquons d'abord que l'équation générale des courbes du second degré, $A'u'^2 + C't'^2 - E't' = 0$, trouvée au n° 285, peut, en y changeant t' en x, u' en y, et en divisant tous les termes par A' être mise sous cette forme,

$$y^2 = mx + nx^2. \qquad (1)$$

Cela posé, soient α, β les coordonnées positives du point M; l'équation de la tangente cherchée, assujettie à passer par ce point, sera, n° 268,

$$y - \beta = A(x - \alpha), \qquad (T)$$

dans laquelle A est une quantité inconnue qu'il s'agit de déterminer, et qui, lorsque les coordonnées sont rectangulaires, comme nous le supposons ici, exprime la tangente trigonométrique de l'angle formé par cette ligne et celle des abscisses.

Rapportons les points de la courbe NN' à des coordonnées polaires et pour cet effet faisons, n° 281,

$$x = x' + r \cos. \varphi, \quad y = y' + r \sin. \varphi,$$

ou pour abréger,

$$x = x' + rp, \qquad y = y' + rq, \qquad (K)$$

x' y' désignant les coordonnées AP' PN' du point N' commun à la sécante NN' et à la courbe; alors on aura entre ces coordonnées, la relation

$$y'^2 = mx' + nx'^2, \qquad (2)$$

puisque dans l'équation (1), x et y doivent se changer respectivement en x' et y'; et cette même équation (1) deviendra, en y introduisant les valeurs (K),

$$(y' + rq)^2 = m(x' + rp) + n(x' + rp)^2.$$

Pl. X. Si on développe cette équation, et qu'on ordonne par rapport à r, on obtient

$$q^2 \quad \Big| \quad r^2 + 2qy' \quad \Big| \quad r + y'^2 - nx'^2 - mx' = 0$$
$$-np^2 \quad \Big| \quad -mp$$
$$\quad \Big| \quad -2npx'$$

résultat de la forme suivante

$$Mr^2 + Br + C = 0;$$

lequel se réduirait à

$$Mr + B = 0;$$

puisque C, qui est indépendant de r, a pour valeur $y'^2 - my' - nx'^2$, et que cette valeur est nulle en vertu de la relation (2). Ainsi, en supposant que la partie $NN' = r$ de la droite MN s'anéantisse, cette droite sera tangente à la courbe, et résoudra la question; donc alors,

$$B = 0.$$

Telle est l'équation qui exprime la condition du contact. On peut donc, dans le développement dont il s'agit, n'avoir égard qu'aux termes multipliés par la première puissance de r; ainsi on a

$$B = 2y'q - mp - 2npx' = 0;$$

Fig. 215. d'où

$$\frac{q}{p} = A = \frac{m + 2nx'}{2y'};$$

par conséquent l'équation (T) de la tangente, devient

$$y - \beta = \frac{2nx' + m}{2y'} (x - \alpha). \tag{T'}$$

Fig. 216 et 217. Si le point M était donné sur la courbe même, on aurait $\alpha = x'$, $\beta = y'$, et pour lors l'équation précédente deviendrait, en ajoutant $mx' - mx'$ dans le second membre,

$$2yy' = x' (2nx + m) + mx. \tag{T''}$$

Soit pour exemple la parabole dont l'équation est $y'^2 = kx'$; on a dans ce cas $m = k$, et $n = 0$; ainsi l'équation (T'') de la tangente à cette courbe, devient

$$2yy' = k(x' + x) \tag{t''}$$

Lorsque l'on assujettit cette droite à passer par un point extérieur à la courbe, et dont les coordonnées positives sont α et β, il est évident que l'on a

$$2\beta y' = k(x' + \alpha).$$

Or en combinant cette équation avec celle $y'^2 = kx'$ de la courbe, on aurait les valeurs de x' et de y' c'est-à-dire les coordonnées des deux points de contact; car par un point pris extérieurement à la parabole on peut mener deux tangentes.

Si dans l'équation (t'') on fait $y=0$, on aura AT' ou $x=-x'$; c'est-à-dire que l'abscisse AT' du point T' où la tangente rencontre l'axe des x, est, abstraction faite du signe, égale à l'abscisse AP du point de contact M. La distance PT' se nomme la *soustangente*; ainsi *dans la parabole la soustangente est double de l'abscisse correspondante*.

Pl. X. Fig. 217.

293. Une transformation absolument semblable à celle que nous venons d'effectuer sur l'équation $y^2 = mx + nx^2$, étant appliquée à l'équation
$$A'u^2 + C't^2 = F',$$
ou
$$y'^2 = m'x'^2 + n',$$
commune à l'ellipse et à l'hyperbole, en prenant leurs centres pour origine des coordonnées, conduirait à l'équation de la tangente rapportée à la même origine; aussi trouverait-on pour cette équation,
$$y - \beta = \frac{m'x'}{y'}(x - \alpha); \qquad (t')$$
mais lorsque le point donné est celui de contact, on a $\alpha = x'$, $\beta = y'$, et pour lors ce résultat se change en cet autre,
$$yy' = m'xx' + n'; \qquad (t'')$$
après avoir ajouté du même côté $n' - n'$, et avoir réduit.

Pour appliquer cette dernière formule à des cas particuliers, soit d'abord
$$a^2y'^2 + b^2x'^2 = a^2b^2;$$
ou
$$y'^2 = -\frac{b^2}{a^2}x'^2 + b^2;$$
alors on aura
$$m' = -\frac{b^2}{a^2}, \quad n' = b^2,$$
et la substitution de ces valeurs donne
$$a^2yy' + b^2xx' = a^2b^2,$$
pour l'équation de la tangente à l'ellipse. Lorsque cette ligne est assujettie à passer par un point extérieur à cette courbe, on change x en α et y en β, puisque l'on suppose que α β sont les coordonnées de ce point.

Si les deux axes de l'ellipse étaient égaux, cette courbe se changerait en un cercle, et dans ce cas l'on aurait $a = b$; donc l'équation de la tangente au cercle, est
$$yy' + xx' = a^2,$$
a étant le rayon.

Enfin, l'équation de l'hyperbole étant $a^2y'^2 - b^2x'^2 = -a^2b^2$, celle de sa tangente est évidemment
$$a^2yy' - b^2xx' = -a^2b^2.$$

Il faudrait, dans ces deux dernières formules, changer comme ci-dessus, x en α, et y en β, si α, β désignaient les coordonnées d'un point particulier par lequel dût passer la tangente.

294. Il est important de remarquer que l'on parviendrait encore à des résultats semblables, quand même on combinerait l'équation de la droite avec celles des courbes du second ordre, rapportées à leurs diamètres conjugués; mais dans ce cas cette droite devrait être rapportée au même système de coordonnées obliques que ces courbes, et il ne serait plus vrai de dire que dans l'équation (T), $A = \frac{q}{p}$ est une tangente trigonométrique; ce coefficient serait tout simplement le rapport d'une ordonnée q à l'abscisse correspondante p d'un des points de la droite dont il est question.

295. On entend par *normale* à une courbe, la perpendiculaire à la tangente, menée par le point de contact. La longueur de la normale se compte depuis ce point de contact jusqu'au point où elle coupe l'axe des abscisses. Ainsi MN perpendiculaire à la tangente MT à l'ellipse, est la normale de cette courbe : or, il suit de ce qui a été dit au n° 269, que l'équation de la normale aux courbes du second degré est généralement,

$$y - y' = -\frac{1}{A}(x - x')$$

x', y' étant les coordonnées rectangulaires du point de contact, et x, y celles d'un point quelconque de la normale; mais à cause de

$$A = \frac{2nx' + m}{2y'}, \text{ on a,}$$

$$y - y' = -\frac{2y'}{2nx' + m}(x - x').$$

296. Nous ne nous arrêterons pas à faire voir comment on peut déterminer, dans les courbes actuelles, l'expression de la normale MN, de la *sous-normale* NP, ainsi que des autres lignes que l'on a coutume de considérer; mais nous allons faire connaître une propriété fort remarquable des tangentes.

Cherchons d'abord dans l'ellipse $a^2 y^2 + b^2 x^2 = a^2 b^2$, les équations des rayons vecteurs FM, F'M. Le premier passant par le point M, dont les coordonnées sont x' y', a pour équation

$$y - y' = k(x - x');$$

Mais par le n° 274, la distance $AF = c = \sqrt{a^2 - b^2}$; et parce que la tangente trigonométrique de l'angle MFB est négative (n° 214), on a

$$k = -\frac{MP}{PF} = \frac{y'}{c - x'};$$

par conséquent l'équation précédente devient

$$y - y' = -\frac{y'}{c - x'}(x - x').$$

D'un autre côté la tangente MT a pour équation,

$$y - y' = -\frac{b^2 x'}{a^2 y'}(x - x'), \text{ ou simplement } y - y' = A(x - x').$$

Ainsi cette ligne et le rayon vecteur FM forment un angle dont la tangente trigonométrique a pour expression (n° 217), Pl. X. Fig. 216.

$$\frac{A-k}{1+Ak};$$

mettant ici pour A et k leurs valeurs, et réduisant à l'aide de la relation $a^2 - b^2 = c^2$, il viendra

$$\text{tang. FMT} = \frac{b^2}{cy'}.$$

Sans entreprendre un calcul analogue à celui-ci, pour déterminer l'équation du rayon vecteur F'M, on voit bien qu'il suffit, dans les formules précédentes, de faire c négatif, puisque AF' est situé à l'opposé de AF; on aura donc sur-le-champ,

$$\text{tang. F'MT} = \frac{-b^2}{cy'}.$$

Concluons de là que les angles FMT, F'MT ayant leurs tangentes trigonométriques égales et de signes contraires, sont suppléments l'un de l'autre, et par conséquent que l'angle T'MF'=TMF; propriété qui a également lieu pour l'hyperbole, comme il est aisé de s'en convaincre.

On démontre en physique qu'un rayon de lumière venant frapper en M un corps opaque, est réfléchi par la surface de ce corps, de telle manière que l'angle de réflexion est égal à l'angle d'incidence; ainsi un rayon lumineux qui partirait du point F, et viendrait frapper en M une surface elliptique, serait réfléchi en F'.

297. Lorsque le grand axe d'une ellipse est infini, cette courbe dégénère en parabole, et l'un des rayons vecteurs qui prend alors le nom de *diamètre*, devient parallèle à cet axe; donc tous les rayons lumineux partant du foyer d'une surface parabolique, sont réfléchis parallèlement à l'axe de cette surface : c'est en effet ce qu'apprendrait la méthode de calcul précédente, puisqu'on trouverait que les angles FMT', F'MT sont égaux.

Il résulte donc de ce qui précède, que dans les trois courbes du second ordre, la normale divise toujours en deux parties égales l'angle formé par les deux rayons vecteurs ; propriété qui offre un moyen bien simple pour mener une tangente à l'une de ces courbes, lorsque le point de contact est donné. Fig. 217.

Des asymptotes.

298. On sait, par ce qui précède, que la tangente à l'hyperbole, menée par le point M, dont les coordonnées AP, PM sont x', y', a pour équation, Fig. 218.

$$a^2 yy' - b^2 xx' = -a^2 b^2.$$

or pour déterminer la distance PT, qui se nomme la *sous-tangente*, il faut d'abord faire $y = 0$ dans cette équation, parce qu'au point T l'ordonnée est nulle; on aura donc ensuite,

$$\text{AT, ou } x = \frac{a^2}{x'},$$

de là,
$$PT = AP - AT = x' - \frac{a^2}{x'} = \frac{x'^2 - a^2}{x'}.$$

Il est remarquable que la valeur de AT décroîtra d'autant plus, que l'abscisse AP sera plus grande, mais que l'on n'aura jamais AT $= 0$, puisque le numérateur de la fraction $\frac{a^2}{x'}$ est une quantité constante; cependant cette valeur pourra être prise aussi petite qu'on voudra. Ainsi le point A est la limite vers laquelle le point T tend sans cesse. Dans la même circonstance, l'angle MTP diminue de plus en plus; et comme on a

$$\text{tang. MTP} = A = \frac{b^2 x'}{a^2 y'} = \frac{b x'}{a \sqrt{x'^2 - a^2}},$$

en faisant attention que l'équation de la courbe donne

$$y'^2 = \frac{b^2 x'^2 - a^2 b^2}{a^2},$$

on peut écrire

$$\text{tang. MTP} = \frac{b}{a \sqrt{1 - \frac{a^2}{x'^2}}}$$

d'où l'on voit qu'à mesure que la fraction $\frac{a^2}{x'^2}$ diminue, la valeur de tang. MTP tend à devenir égale à $\frac{b}{a}$; mais si au sommet B de l'hyperbole on élève au demi-axe AB la perpendiculaire BK $= b$, et que l'on mène AKI, l'angle BAK aura pour tangente trigonométrique $\frac{b}{a}$; donc cet angle est une limite que celui MTP ne saurait atteindre, mais dont il peut cependant approcher sans cesse; donc la droite AKI est en même temps la limite de toutes les tangentes de la branche BM de l'hyperbole. C'est cette droite AKI que l'on nomme *asymptote*; il en existe évidemment une autre AK'I', située au-dessous de l'axe des x, et faisant avec cet axe le même angle que la première. Enfin en prolongeant ces deux asymptotes du côté des x négatifs, elles seront en même temps celles des deux branches de l'hyperbole opposée. Il est donc vrai de dire que les branches de cette courbe s'approchent sans cesse des asymptotes, sans jamais pouvoir les atteindre.

Maintenant, pour faire connaître la simplification dont l'équation de l'hyperbole est susceptible, lorsqu'on choisit ses asymptotes pour axes

des coordonnées, nous transformerons dans cette vue l'équation de cette Pl. Σ
courbe, à l'aide des formules générales
$$x = mt + pu, \quad y = nt + qu.$$
Cette équation qui est
$$a^2 y^2 - b^2 x^2 = -a^2 b^2,$$
deviendra donc
$$(a^2 q^2 - b^2 p^2) u^2 + 2(a^2 nq - b^2 mp) ut$$
$$+ (a^2 n^2 - b^2 m^2) t^2 = -a^2 b^2;$$
mais dans le cas actuel,
$$\frac{n}{m} = \tang. BAK = \frac{b}{a}, \text{ et } \frac{q}{p} = \tang. BAK' = \frac{-b}{a},$$
d'où
$$\frac{n^2}{m^2} = \frac{b^2}{a^2}, \quad \frac{q^2}{p^2} = \frac{b^2}{a^2},$$
relations qui nous apprennent que les coefficients de u^2 et de t^2 sont nuls;
on a donc pour équation de l'hyperbole,
$$ut = \frac{-a^2 b^2}{2(a^2 nq - b^2 mp)}. \qquad (1)$$
De plus, à cause de
$$\frac{n^2}{m^2} = \frac{b^2}{a^2}, \text{ et de } m^2 + n^2 = 1, \text{ (n° 215)}$$
on tire
$$m = \frac{a}{\sqrt{a^2 + b^2}}, \text{ et } n = \frac{b}{\sqrt{a^2 + b^2}}.$$
De même, à cause de
$$\frac{q^2}{p^2} = \frac{b^2}{a^2}, \text{ et de } p^2 + q^2 = 1$$
on tire
$$p = \frac{a}{\sqrt{a^2 + b^2}}, \text{ et } q = \frac{-b}{\sqrt{a^2 + b^2}}.$$
Ici nous prenons négativement la valeur de q, parce qu'en vertu de la relation $\frac{q}{p} = \frac{-b}{a}$, p et q doivent être de signes contraires.

Il suit de là que
$$2(a^2 nq - b^2 mp) = -4\left(\frac{a^2 b^2}{a^2 + b^2}\right),$$
par conséquent l'équation (1) de la courbe est simplement
$$ut = \frac{a^2 + b^2}{4} = M^2.$$
Telle est celle que nous avions en vue de trouver. Si l'hyperbole était équilatère, son équation serait évidemment
$$ut = \frac{a^2}{2},$$
et l'angle des asymptotes serait droit.

PL. X.
Fig.214

299. Avant de passer à d'autres théories, nous démontrerons encore une autre propriété très remarquable de l'hyperbole, savoir : *Si par un point M' quelconque de cette courbe on mène une sécante M'N'', les deux parties M'N', M''N'' de cette droite, comprises entre chaque branche de l'hyperbole et son asymptote, seront égales.*

Prenons pour axes des coordonnées, les asymptotes AN'', AN'; et désignons par $x'y'$, $x''y''$ les coordonnées obliques des points M', M'' de l'hyperbole par lesquelles passe la sécante N'N''. L'équation de cette droite, en tant qu'elle contient le point M', sera de la forme (n° 268),

$$y - y' = A(x - x');$$

par la même raison, on aura relativement au point M''

et par suite
$$y - y'' = A(x - x'')$$
$$y' - y'' = A(x' - x'') \quad \} \quad (a)$$

D'un autre côté, l'hyperbole rapportée à ses asymptotes, fournira par ce qui précède, ces deux relations

$$x'y' = M^2, \quad x''y'' = M^2,$$

lesquelles étant soustraites l'une de l'autre, donnent celle-ci,

$$x'y' - x''y'' = 0,$$

qui peut se mettre sous cette forme,

$$x'(y' - y'') + y''(x' - x'') = 0,$$

et qui, en vertu de la deuxième (a) se change en cette autre

ou
$$Ax'(x' - x'') + y''(x' - x'') = 0,$$

$$(x' - x'')(y'' + Ax') = 0.$$

Or le premier facteur de cette équation ne pouvant être nul, il s'ensuit que

$$y'' + Ax' = 0, \text{ et que par conséquent } x' = \frac{-y''}{A};$$

c'est là l'expression de Q'N';

Faisant ensuite $y = 0$ dans la première équation (a), afin d'avoir l'abscisse x du point N'' où la sécante rencontre l'axe AN''; on aura

$$x - x'' = \frac{-y''}{A};$$

c'est-à-dire la valeur de P''N'',

Fig.218. donc Q'N' = P''N'', donc (n° 18) les deux triangles Q'M'N', P''N''M'' sont égaux; donc enfin N'M' = N''M'', ce qui est la propriété énoncée.

Il suit de là un moyen très simple de mener une tangente à l'hyperbole rapportée à ses asymptotes, lorsque le point par lequel cette droite doit passer est donné sur cette courbe. En effet, soit m le point de contact donné; menez mp parallèle à l'asymptote AJ, et prenez $pn = Ap$; la droite nmn' sera la tangente demandée. Cela est de toute évidence, d'après ce qui vient d'être démontré.

CHAPITRE III.

PRINCIPES DE LA GÉOMÉTRIE AUX TROIS DIMENSIONS.

300. Nous n'avons considéré, dans les chapitres précédents, que des points et des lignes tracés sur un plan, et rapportés à deux axes. Maintenant nous envisagerons la chose sous le point de vue le plus général; c'est-à-dire que nous supposerons, comme dans le livre III, que les points de l'espace sont rapportés à trois plans coordonnés rectangulaires; mais malgré l'utilité et l'attrait de ce genre de considérations, nous entrerons dans peu de détails à cet égard, parce que nous n'avons pour but que de faire l'analyse du petit nombre de propositions de géométrie susceptibles de trouver des applications dans la mécanique élémentaire.

301. Nous avons déjà observé qu'un point était donné dans l'espace par ces distances à trois plans perpendiculaires entre eux. Ces distances se nomment les *coordonnées* de ce point. Ainsi, an, nM', $M'M$ sont les coordonnées du point M situé dans l'espace. On désigne ordinairement ces distances respectives par x, y, z, lorsqu'elles sont censées indéterminées, ou par x', y', z', lorsqu'elles sont censées connues. Dans ce cas, la droite ab se nomme l'axe des x; la droite ac, l'axe des y; la droite ad, l'axe des z. Pl. V. Fig. 141.

Les trois plans rectangulaires cab, cad, bad, dont les axes x, y, z sont les intersections, étant prolongés dans tous les sens, forment évidemment huit angles trièdres égaux. Lorsque le point de l'espace est dans la région $badc$, ses coordonnées sont positives. Il sera facile de déterminer le signe de chaque coordonnée, si l'on fait attention que l'axe ab prolongé au delà de l'origine a est négatif, et qu'il en est de même des autres axes ac, ad.

302. Il suit du n° 180, que si l'on désigne par r la distance aM, diagonale du parallélipipède rectangle $anM'M$, on aura

$$r^2 = x^2 + y^2 + z^2.$$

Cette équation, dans laquelle r peut être considérée comme constante, et x, y, z comme variables, satisfait nécessairement à tous les points de la surface d'une sphère du rayon r, et dont le centre est l'origine a des coordonnées; aussi c'est pour cette raison que l'on dit qu'elle est celle de la sphère.

Pour trouver l'équation de la trace de la surface de la sphère sur le plan bac ou xy, on voit bien qu'il faut faire $z = 0$, puisque tous les points de cette trace sont dans ce plan; donc,

$$r^2 = x^2 + y^2,$$

est l'équation de la trace dont il s'agit, ou du cercle générateur de la sphère.

Pl. VI. Pareillement,
$$r^2 = x^2 + z^2, \text{ et } r^2 = y^2 + z^2$$

sont respectivement les équations de l'intersection de la sphère avec les plans xz, yz.

Fig. 159. Maintenant soient x, y, z les coordonnées du point M, et $x'\, y'\, z'$, celles du point N; la distance de ces deux points sera
$$R = \sqrt{(x-x')^2 + (y-y')^2 + (z-z')^2}.$$

En effet, dans le trapèze rectangle M'mnN' on a
$$\overline{M'N'}^2 = \overline{mn}^2 + (M'm - N'n)^2$$
$$= (x'-x)^2 + (y-y')^2;$$

de même, dans le trapèze rectangle M'MNN', on a
$$\overline{MN}^2 = \overline{M'N'}^2 + (NN' - MM')^2$$
$$= (x'-x)^2 + (y-y')^2 + (z'-z)^2;$$

donc
$$R^2 = (x-x')^2 + (y-y')^2 + (z-z')^2.$$

Si l'on suppose que R soit constant, et que x', y', z' soient les coordonnées du centre d'une sphère du rayon R, cette dernière équation sera celle de cette sphère, et x, y, z seront les coordonnées d'un point quelconque de sa surface.

303. Lorsqu'une droite est située dans l'espace, elle est donnée de position par ses projections sur deux plans coordonnés (n° 181). Soit, par exemple, MN cette droite; l'équation de sa projection horizontale M'N' sera de cette forme,
$$y = ax + \alpha;$$
et l'équation de sa projection verticale sera de même,
$$z = bx + \beta.$$

Or, si l'on voulait avoir la projection de cette même droite sur le plan cad ou des yz, il faudrait éliminer x entre ces deux équations, car cette troisième projection est donnée par les deux autres (n° 181).

Si la droite proposée devait passer par un point ayant $x'\, y'$, z' pour coordonnées, les équations de ses projections seraient, en opérant comme au n° 268
$$y - y' = a(x - x'),$$
$$z - z' = b(x - x'),$$
dans lesquelles x, y, z appartiendraient à un point quelconque de cette droite.

Si en outre on l'assujettissait à passer par un second point ayant x'', y'', z'' pour coordonnées, on aurait évidemment,
$$y'' - y' = a(x'' - x') \quad \text{d'où } a = \frac{y'' - y'}{x'' - x'},$$
$$z'' - z' = b(x'' - x') \quad \Big| b = \frac{z'' - z'}{x'' - x'},$$

GÉOMÉTRIE ANALYTIQUE. 399

et pour lors les équations précédentes deviendraient,   Pl. V

$$y - y' = \frac{y'' - y'}{x'' - x'}(x - x'),$$

$$z - z' = \frac{z'' - z'}{x'' - x'}(x - x'),$$

Remarquez bien que les valeurs ci-dessus de a et de b, sont celles des tangentes trigonométriques des angles que les projections de MN sur les plans xy et xz, font respectivement avec l'axe des x; et que les constantes α, β seraient nécessairement nulles, si la droite passait par l'origine des coordonnées.

304. On sait, par le n° 186, que lorsque deux droites sont parallèles dans l'espace, leurs projections sur chaque plan coordonné sont elles-mêmes parallèles. Soient donc,

$$y = ax + \alpha,$$
$$z = bx + \beta,$$

les équations d'une droite; celles d'une autre droite, parallèle à celle-ci, seront (n° 267);

$$y = ax + \alpha',$$
$$z = bx + \beta',$$

α' et β' restant indéterminées, puisqu'il y a une infinité de droites qui peuvent être parallèles à la proposée; mais elles cesseraient de l'être, si cette seconde droite devait passer par un point donné.

305. *Trouver l'angle de deux droites situées dans l'espace et don-* Fig.141. *nées de position par rapport à trois axes rectangles.*

Supposons, pour plus de simplicité, que ces deux droites partent de l'origine a des coordonnées rectangles, et considérons aM comme l'une d'elles : cette droite sera donnée de position dans l'espace, si les angles Mab, Mac, Mad, qu'elle fait avec les axes x, y, z, sont connus. Pareillement, une autre droite aN serait donnée de position, si les angles Nab, Nac, Nad, étaient connus.

Soient alors,

$$\text{M}ab = \text{X et N}ab = \text{X}',$$
$$\text{M}ac = \text{Y} \quad \text{N}ac = \text{Y}',$$
$$\text{M}ad = \text{Z} \quad \text{N}ad = \text{Z}',$$

puis, prenons $aM = aN$; faisons $aM = r$; désignons par x, y, z, les coordonnées du point M; et par x' y', z' celles du point N.

Cela posé, on aura (n° 302),

$$\left. \begin{array}{l} r^2 = x^2 + y^2 + z^2 \\ r^2 = x'^2 + y'^2 + z'^2 \end{array} \right\} \quad (m)$$

Pl. V. mais dans le triangle aMn, rectangle en n, on a (2° 219), en faisant le rayon des tables égal à l'unité,

$$an = x = r \cos. X,$$

de même, dans le triangle rectangle aMn', on a

$$an' = y = r \cos. Y;$$

enfin, dans le triangle rectangle aMn'', on a

$$an'' = z = r \cos. Z,$$

Substituant ces valeurs dans la première équation (m), on obtient cette relation remarquable,

$$1 = \cos.^2 X + \cos.^2 Y + \cos.^2 Z. \qquad (a)$$

La seconde équation (m) donnerait donc de même,

$$1 = \cos.^2 X' + \cos.^2 Y' + \cos.^2 Z'; \qquad (b)$$

Ainsi *la somme des carrés des cosinus des angles qu'une droite fait avec trois axes rectangles est égale à l'unité, ou au carré du rayon des tables.*

Maintenant, comme par le théorème du n° 223 le triangle aMN donne

$$\overline{MN}^2 = \overline{aM}^2 + \overline{aN}^2 - 2a\overline{M} \times a\overline{N} \times \cos. V;$$

V désignant l'angle des deux droites aM, aN, on a dans l'hypothèse actuelle, et en ayant égard aux relations obtenues au n° 302,

$$(x - x')^2 + (y - y')^2 + (z - z')^2 = 2r^2 - 2r^2 \cos. V,$$

ensuite développant et réduisant à l'aide des formules (m), on trouve

$$xx' + yy' + zz' = r^2 \cos. V.$$

Enfin substituant pour x, y, z, etc., leurs valeurs ci-dessus, on a définitivement

$$\cos. V = \cos. X \cos. X' + \cos. Y \cos. Y' + \cos. Z \cos. Z', \quad (n)$$

c'est-à-dire, que *le cosinus de l'angle de deux droites situées dans l'espace, est égal à la somme faite des produits des cosinus des angles qu'elles forment respectivement avec chacun des axes rectangulaires, le rayon des tables étant toutefois pris pour unité.*

On peut donner à ce résultat une tout autre forme qu'il importe de connaître. D'abord, remarquons que la projection sur le plan des xy de la droite aM est aM', laquelle a pour équation (n° 220),

$$y = \tang. (M'ab) \, x = ax;$$

mais

$$\tang. (M'ab) = \frac{M'n}{an} = \frac{y}{x} = \frac{\cos. Y}{\cos. X} = a.$$

Par la même raison, puisque la projection verticale de aM, est aM'', et que l'équation de cette projection est

$$z = \tang. (M''ab) \, x = bx,$$

on a

$$\tan(M''ab) = \frac{z}{x} = \frac{\cos. Z}{\cos. X} = b;$$

et il est évident que pour la seconde droite aN, dont les équations des projections, sont

$$y = a'x, \qquad z = b'x$$

on a pareillement

$$\frac{\cos. Y'}{\cos. X'} = a', \qquad \frac{\cos. Z'}{\cos. X'} = b';$$

de là

$$\cos.^2 Y = a^2 \cos.^2 X, \qquad \cos.^2 Z = b^2 \cos.^2 X$$
$$\cos.^2 Y' = a'^2 \cos.^2 X', \qquad \cos.^2 Z' = b'^2 \cos.^2 X'.$$

Mettant ces valeurs dans les relations (a) et (b), on obtient aisément

$$\cos. X = \frac{1}{\sqrt{1+a^2+b^2}}, \qquad \cos. X' = \frac{1}{\sqrt{1+a'^2+b'^2}},$$

et parce que l'équation (n) peut être mise sous cette forme :

$$\cos. V = \left(1 + \frac{\cos. Y \cos. Y'}{\cos. X \cos. X'} + \frac{\cos. Z \cos. Z'}{\cos. X \cos. X'}\right) \cos. X \cos. X',$$

il est évident qu'elle peut être changée en celle-ci,

$$\cos. V = (1 + aa' + bb') \cos. X \cos. X',$$

ou en cette autre,

$$\cos. V = \frac{1 + aa' + bb'}{\sqrt{1+a^2+b^2}\sqrt{1+a'^2+b'^2}}. \qquad (n')$$

Si l'angle des deux droites proposées était droit, l'on aurait $\cos. V = 0$, et partant,

$$1 + aa' + bb' = 0;$$

telle est l'équation de condition qui existe dans cette hypothèse.

Quand même ces droites ne se couperaient point, les conclusions précédentes seraient toujours les mêmes, parce que l'on pourrait mener, par l'origine des axes, deux autres droites respectivement parallèles aux proposées, et qui formeraient avec ces axes absolument les mêmes angles que celles-ci.

De l'Equation du plan.

306. Pour trouver une relation entre les coordonnées x, y, z de tous les points d'une surface plane, comme nous en avons déjà obtenu une pour la sphère, supposons qu'un plan soit engendré par le mouvement d'une droite tournant autour d'une autre droite, et faisant constamment avec cette dernière un angle de 100 gr. Les équations de la ligne fixe assujettie à passer par un point x' y', z', seront

$$\left.\begin{array}{l} y - y' = a(x - x') \\ z - z' = b(x - x') \end{array}\right\} \qquad (p)$$

Celles de la droite mobile menée par le même point, seront en général,

$$y - y' = a'(x - x') \brace z - z' = b'(x - x')} \quad (q)$$

Mais comme cette droite doit être perpendiculaire à l'autre, on aura par le n° précédent, l'équation de condition

$$1 + aa' + bb' = 0;$$

a' et b' étant constantes pour une même position de la perpendiculaire, mais variables en passant d'une position à une autre. Mettant ici pour a' et b' leurs valeurs déduites des équations (q), on obtiendra

$$x - x' + a(y - y') + b(z - z') = 0, \brace x + ay + bz - (x' + ay' + bz') = 0.} \quad (1)$$

ou

C'est là l'équation d'un plan mené d'une manière quelconque dans l'espace, puisque a et b qui déterminent la position de la droite fixe, et les coordonnés x', y', z' sont tout à fait arbitraires. On peut dire aussi que cette équation est celle d'un plan perpendiculaire à une droite donnée par ses projections (p), et passant par un point donné $x'\, y'\, z'$.

Afin de rendre les calculs plus symétriques, on a coutume de donner à l'équation générale précédente du premier degré à trois indéterminées, la forme

$$Ax + By + Cz + D = 0; \quad (1')$$

auquel cas,

$$\frac{B}{A} = a, \quad \frac{C}{A} = b, \quad \frac{D}{A} = -(x' + ay' + bz').$$

Cependant parmi les quatre constantes A, B, C, D, trois seulement sont nécessaires pour particulariser ce plan. Dans les applications l'on égale à l'unité une de ces constantes, ou bien on la détermine par des conditions particulières.

Il est évident qu'on aura les équations des deux traces du plan (1) sur celui des xy et des xz, en faisant successivement $z = 0$, et $y = 0$. Ces équations sont

$$Ax + By + D = 0$$
$$Ax + Cz + D = 0.$$

et les deux traces se rencontrent sur l'axe des x, en un point dont l'abscisse est

$$x = -\frac{D}{A};$$

en effet, à ce point l'on a nécessairement à la fois $y = 0$, et $z = 0$.

Si le plan $(1')$ passait par l'origine des coordonnées, on aurait nécessairement $D = 0$; car lorsque x et y sont nulles en même temps, la coordonnée z correspondante doit être nulle aussi, en vertu de l'hypothèse.

307. Maintenant rien n'est plus facile que de résoudre analytiquement le problème du n° 184 où il s'agit de déterminer les projections de l'intersection de deux plans donnés ; car les équations de ces plans étant

$$\left.\begin{array}{l} Ax + By + Cz + D = 0 \\ A'x + B'y + C'z + D' = 0 \end{array}\right\} \qquad (k)$$

la question est réduite à attribuer aux indéterminées x, y, z, les mêmes valeurs dans ces deux équations, vu que les coordonnées des points de l'intersection de deux plans sont communes aux équations de ces plans. Ainsi, éliminant, par exemple, z entre les équations (k), on aura pour résultante l'équation de la projection, sur le plan xy, de l'intersection proposée.

Pour trouver l'angle des deux plans (k), concevons par l'origine des coordonnées deux autres plans parallèles à ceux-ci, et deux droites perpendiculaires à chacun d'eux ; ces nouveaux plans qui auront pour équations

$$Ax + By + Cz = 0, \quad A'x + B'y + C'z = 0,$$

et ces deux droites dont les projections seront données par les équations

$$\left.\begin{array}{l} y = ax \\ z = bx \end{array}\right\}, \qquad \left.\begin{array}{l} y = a'x \\ z = b'x \end{array}\right\},$$

feront le même angle que les plans proposés : or, d'après ce qu'on a vu au n° 306, on a ces relations,

$$\left.\begin{array}{l} a = \dfrac{B}{A} \\ b = \dfrac{C}{A} \end{array}\right\}, \qquad \left.\begin{array}{l} a' = \dfrac{B'}{A'} \\ b' = \dfrac{C'}{A'} \end{array}\right\},$$

Si donc V désigne l'angle de ces deux plans, on aura, en vertu de la relation (n') du n° 305,

$$\cos. V = \frac{AA' + BB' + CC'}{\sqrt{1 + A^2 + B^2}\sqrt{1 + A'^2 + B'^2}}.$$

Lorsque $V = 100^{gr}$, les plans dont il s'agit sont perpendiculaires entre eux, et l'on a simplement

$$AA' + BB' + CC' = 0,$$

puisque dans ce cas, $\cos. V = 0$.

Si les deux plans (k) devaient être parallèles, leurs traces sur chacun des plans coordonnés seraient aussi respectivement parallèles entre elles : alors les traces du premier plan étant

$$Ax + By + D = 0$$
$$Ax + Cz + D = 0;$$

26*

et celles du second plan étant de même,
$$A'x + B'y + D' = 0,$$
$$A'x + C'z + D' = 0,$$

il faut absolument, pour qu'elles soient parallèles deux à deux, que l'on ait (n° 267),
$$\frac{A}{B} = \frac{A'}{B'}, \quad \frac{A}{C} = \frac{A'}{C'}.$$

Ces relations donnant
$$B' = \frac{A'B}{A}, \quad C' = \frac{A'C}{A};$$

la seconde équation (k) deviendra
$$(Ax + By + Cz)\frac{A'}{A} + D' = 0,$$

et sera celle d'un plan parallèle au premier. Si ce plan cherché devait en outre passer par un point dont les coordonnées fussent x', y', z', on aurait
$$(Ax' + By' + Cz')\frac{A'}{A} + D' = 0,$$

en retranchant ce résultat de l'équation précédente, il viendra, après avoir divisé par $\frac{A'}{A}$,
$$A(x - x') + B(y - y') + C(z - z') = 0.$$

308. L'expression de la plus courte distance d'un point x', y' z' à un plan donné, s'obtient par un procédé analogue à celui du n° 270. En effet, les équations de la perpendiculaire cherchée sont (n° 306),
$$\left. \begin{array}{l} y - y' = a(x - x') \\ z - z' = b(x - x') \end{array} \right\} \quad (1)$$

l'équation du plan donné est
$$\text{ou} \quad \begin{array}{l} Ax + By + Cz + D = 0 \\ A(x - x') + B(y - y') + C(z - z') + D' = 0, \end{array} \Big\} \quad (2)$$
en faisant $D' = D + Ax' + By' + Cz'$;

et la plus courte distance u demandée a pour expression
$$u = \sqrt{(x - x')^2 + (y - y')^2 + (z - z')^2}.$$

Substituant dans cette expression, pour $y - y'$, $z - z'$, leurs valeurs (1), on aura
$$u = (x' - x)\sqrt{1 + a^2 + b^2};$$

Mais les conditions qui expriment que la droite (1) est perpendiculaire au plan (2) sont (n° 306),
$$a = \frac{B}{A}, \quad b = \frac{C}{A};$$

par conséquent
$$u = \frac{x' - x}{A}\sqrt{A^2 + B^2 + C^2}.$$

Il ne s'agit plus que d'éliminer $x' - x$ de ce résultat : or de l'équation (2) on tire au moyen de celles (1)

partant
$$x' - x = \frac{D'}{A + aB + bC} = \frac{AD'}{A^2 + B^2 + C^2},$$

$$u = \frac{D'}{\sqrt{A^2 + B^2 + C^2}} = \frac{D + Ax' + By' + Cz'}{\sqrt{A^2 + B^2 + C^2}}.$$

309. Nous ne laisserons point ignorer qu'il existe une manière fort simple d'exprimer analytiquement qu'un plan est donné de position dans l'espace, lorsqu'il est assujetti à être perpendiculaire à une droite donnée de direction et passant par l'origine. Supposons d'abord pour plus de généralité que M, pied de cette perpendiculaire AM, ait pour coordonnées obliques x, y, z, et que par les extrémités de ces coordonnées on ait mené des plans perpendiculaires à cette droite ; la distance $AM = p$ sera évidemment celle des deux plans extrêmes dont il s'agit. Il n'est pas moins évident que si l'on désigne par α, β, γ, les angles que la droite p fait avec les axes des x, y, z, les trois parties AR, RS, SM, interceptées entre les plans que l'on considère, seront respectivement,

$$x \cos. \alpha, \; y \cos. \beta, \; z \cos. \gamma;$$

ainsi on aura pour la longueur de la perpendiculaire AM,

$$x \cos. \alpha + y \cos. \beta + z \cos. \gamma = p,$$

équation qui sera en même temps celle d'un plan perpendiculaire à la droite p, et passant par son extrémité M, ce qu'il fallait trouver.

Maintenant admettons que les axes AX, AY, AZ, soient perpendiculaires entre eux; dans ce cas les coefficients cos. α, cos. β, cos. γ, seront, en vertu du n° 305 liés par l'équation

$$\cos.^2 \alpha + \cos.^2 \beta + \cos.^2 \gamma = 1.$$

De là il est aisé d'avoir une expression très simple du cosinus de l'angle formé par deux plans rapportés à des coordonnées rectangles, car soient

$$x \cos. \alpha + y \cos. \beta + z \cos. \gamma = p,$$
$$x \cos. \alpha' + y \cos. \beta' + z \cos. \gamma' = p',$$

les équations des deux plans donnés, les droites p, p', qui leur sont respectivement perpendiculaires, et qui passent par l'origine, formeront un angle égal à l'inclinaison de ces plans. Ainsi, appelant V cet angle, on aura sur-le-champ, d'après la relation (n) du n° 305,

$$\cos. V = \cos. \alpha . \cos. \alpha' + \cos. \beta \cos. \beta' + \cos. \gamma \cos. \gamma'.$$

Si les plans actuels étaient perpendiculaires entre eux, on aurait,
$$V = 100^{gr}, \text{ ou } \cos. V = 0;$$
et pour lors,
$$\cos. \alpha. \cos. \alpha' + \cos. \beta \cos. \beta' \cos. \gamma \cos. \gamma' = 0.$$

Si au contraire ils étaient parallèles l'un à l'autre, on aurait $V = 0$, ou $\cos. V = 1$; partant,
$$\cos. \alpha \cos. \alpha' + \cos. \beta \cos. \beta' + \cos. \gamma \cos. \gamma' = 1.$$

Dans les applications, le calcul est évidemment plus rapide, quand on désigne par une seule lettre le cosinus d'un angle.

310. Nous pourrions parvenir, avec la même facilité, à d'autres résultats analytiques à l'aide desquels on résoudrait avec beaucoup d'élégance tous les problèmes de géométrie descriptive rapportés dans le livre III ; mais ce qui précède suffira, sans doute, pour faire saisir aux élèves l'esprit des démonstrations de quelques-uns des principes de mécanique fondés sur la théorie précédente, et qui constituent la dernière partie de cet ouvrage. Quant à ceux qui ont un penchant particulier pour l'étude des hautes sciences mathématiques, ils trouveront dans des écrits plus étendus, tout ce qui est nécessaire pour compléter leur instruction en ce genre.

PRÉCIS DE MÉCANIQUE.

DÉFINITIONS ET NOTIONS PRÉLIMINAIRES.

1. La *Mécanique* est la science du mouvement et de l'équilibre. Pl. XI.
Un point matériel est en mouvement, quand il coïncide successivement avec divers points de l'espace contigus les uns aux autres.

On appelle *force* ou *puissance*, toute cause qui meut ou tend à mouvoir un corps ; on considère dans une force sa direction et sa quantité.

Nous représenterons les directions des forces par des lignes droites ; nous prendrons sur ces droites des longueurs proportionnelles aux forces pour déterminer leurs rapports, et les intensités des forces seront désignées par les lettres P, Q, S, etc., placées sur les directions de ces forces.

Lorsque les forces appliquées à un corps, ou système de points matériels, se détruisent mutuellement, le système ne prend aucun mouvement, et les forces sont en équilibre.

La *Statique* est la partie de la mécanique qui traite de l'équilibre des forces appliquées aux corps solides ; et celle qui traite de l'équilibre des fluides, ou des corps qui y sont plongés, s'appelle *Hydrostatique*.

La *Dynamique* a pour objet les circonstances du mouvement d'un point matériel, ou d'un système, lorsque les forces qui lui sont appliquées ne se font pas équilibre.

2. Si plusieurs forces P, Q, R, S, etc., sollicitent un point matériel, et sont en équilibre, on peut supposer que cet équilibre est dû à la présence d'une quelconque des forces, de R, par exemple ; or, il y aurait encore équilibre, si aux forces P, Q et S on substituait une force égale et directement opposée à R ; c'est-à-dire la force — R ; celle-ci, produisant le même effet que les forces P, Q et S, en est, pour cette raison, appelée la *résultante*.

L'opération par laquelle on réduit plusieurs forces au plus petit nombre pour connaître leur résultante, ou le moindre nombre de force à opposer aux premières pour faire équilibre à celles-ci, s'appelle *composition des forces*.

Lorsqu'une force P sollicite un corps, on peut supposer que son action Fig. 1. est appliquée à un point quelconque A de la direction de cette force, pourvu que ce point soit invariablement lié au corps ; car en appliquant à ce point deux forces égales à P, dont l'une agisse suivant la même direction et dans le même sens que P, et l'autre en sens contraire, on pourra supposer que celle-ci détruit l'effet de P ; le corps sera alors sollicité par la force restante égale à P appliquée au point A, et l'état du corps n'aura pas été changé.

PREMIÈRE SECTION.

STATIQUE.

CHAPITRE PREMIER.
Composition et Décomposition des forces.

Pl. XI.
Fig. 2.
3. Si deux forces égales, AB et AC, sont appliquées à un même point A, leur résultante divise évidemment l'angle BAC en deux parties égales, et est par conséquent dirigée suivant la diagonale du rhombe ABCD, puisqu'il n'y a aucune raison pour que cette résultante fasse un plus petit angle avec une des forces qu'avec l'autre.

Il n'est pas moins évident que si on suppose cette résultante appliquée au point D, on pourra lui substituer les deux forces CD et BD, agissant de C vers D, et de B vers D; et que leur effet sera le même sur le point D, ou sur le point A, que celui des deux forces AB et AC, pourvu que ces points A et B soient invariablement liés entre eux.

Fig. 3
4. Si, lorsque deux forces appliquées à un même point A sont entre elles comme m et n, ou comme m et p, leur résultante est dirigée suivant la diagonale du parallélogramme construit sur ces forces; je dis que, lorsque les forces seront entre elles comme m et $n+p$, la résultante de celles-ci sera encore dirigée suivant la diagonale du parallélogramme construit sur ces forces.

En effet, soit le parallélogramme ABGF, et CD parallèle à AB; et supposons que $AB : AC : CF :: m : n : p$. Les deux forces AB et AC produisent par l'hypothèse une force unique qui passe par le point D; à celle-ci on peut substituer deux autres forces BD et CD agissant de B vers D et de C vers D; or la force BD passe par le point G, et si on suppose la force CD appliquée en C, celle-ci et la force CF produisent par la même hypothèse une force unique qui passe aussi par le point G. La résultante des forces AB, AC et CF, ou des deux forces AB et AF, passe donc au point G, et comme cette résultante est appliquée en A, elle est donc dirigée suivant la diagonale AG.

Faisons $m=n=p=1$; la résultante sera dirigée suivant la diagonale, lorsque les forces seront entre elles $:: 1:2$, ensuite $:: 1:3$, et ainsi de suite, et enfin quand elles seront dans le rapport de 1 à g. La proposition ayant lieu quand les forces sont entre elles $:: g : 1$, elle aura encore lieu quand les forces seront entre elles $:: g : 2$, ensuite $:: g:3$, et ainsi de suite, et enfin quand elles seront entre elles :: $g : h$, ces deux nombres étant Pl. XI commensurables.

Dans le cas où les forces sont incommensurables, la résultante est en- Fig. 4. core dirigée suivant la diagonale; car si elle pouvait alors passer par le point O; en partageant AB en parties égales plus petites que OG, et portant ces parties sur BG, il y aura un point I de division entre G et O; menant ensuite MI parallèle à AB, la résultante des deux forces commensurables AB et AM sera dirigée suivant AI; mais la résultante de celle-ci et de MF, qui n'est autre chose que celle des deux forces AB et AF, doit passer dans l'angle IAF, elle ne pourra donc pas passer par le point O; donc, quel que soit le rapport de deux forces appliquées à un même point, la résultante de ces deux forces est dirigée suivant la diagonale du parallélogramme construit sur ces forces, comme côtés contigus.

Remarquons que si, d'un point quelconque g pris sur la direction de la Fig. 5. résultante, on mène les droites gb et gf respectivement parallèles aux directions AF et AB, on a

$$P : Q :: Ab : Af.$$

5 La résultante de deux forces P et Q, ou AB et AF appliquées en un Fig. 6. même point A est représentée par la diagonale AG du parallélogramme ABGF.

Car la force T à opposer aux deux forces P et Q, pour leur faire équilibre, ou pour faire équilibre à leur résultante, dont la direction est AG, doit agir suivant cette dernière droite; mais si on suppose que la force Q fait équilibre aux deux forces P et T, la résultante de celle-ci sera dirigée suivant le prolongement de QA, et sera représentée par AH = AF; or si on mène HD parallèle à AB, et qu'on joigne HB qui sera égale et parallèle à AG, on aura

$$P : T :: AB : AD;$$

donc, puisque AB représente la force P, AD représentera la force T, et comme cette force doit faire équilibre aux deux forces P et Q, ou à leur résultante R, celle-ci sera donc aussi représentée par AD = AG.

Ce théorème sert à trouver graphiquement la résultante de plusieurs forces qui sont dans un même plan, sans être parallèles, ou qui concourent en un même point : on déterminera d'abord la résultante de deux de ces forces, en les supposant appliquées à leur point de concours; on composera ensuite, de la même manière, cette résultante avec une troisième force, et ainsi de suite.

6. La résultante de deux forces P et Q peut s'exprimer au moyen de ces forces, et de l'angle qu'elles forment.

Abaissons du point G la droite GI perpendiculaire sur AQ, et nommons Fig. 7. α l'angle PAQ formé par les directions des forces; les triangles rectangles GFI et AGI, donnent,

$$GI = P \sin \alpha, \quad FI = P \cos \alpha, \quad \overline{AG}^2 = \overline{AI}^2 + \overline{GI}^2;$$

remarquant que $\sin^2 a + \cos^2 a = 1$, on obtient

$$R^2 = P^2 + Q^2 + 2PQ \cos \alpha;$$

et

$$\tang. RAQ = \frac{GI}{AI} = \frac{P \sin \alpha}{Q + P \cos \alpha}.$$

Fig. 8. **7.** Trois forces P, Q et R, dont une est la résultante des deux autres, peuvent être représentées chacune par le sinus de l'angle formé par les directions des deux autres.

Car les quantités FG, AF et AG, qui représentent ces forces, formant un triangle, on a

$$FG : AF : AG :: \sin. RAQ : \sin. AGF : \sin. AFG;$$

or, $\sin. AGF = \sin. RAP$, et $\sin. AFG = \sin. PAQ$;

donc,

$$FG : AF : AG, \text{ ou } P : Q : R :: \sin. RAQ : \sin. PAR : \sin. PAQ.$$

Il suit de là que de trois forces, dont une est la résultante des deux autres, deux quelconques sont réciproquement comme les perpendiculaires abaissées sur leurs directions, d'un point pris arbitrairement sur la direction de la troisième.

Fig. 9. **8.** La résultante R de trois forces, P, Q et S, appliquées à un même point A, et dont les directions ne sont pas dans un même plan, est, pour sa quantité et sa direction, la diagonale du parallélipipède construit sur les parties des directions de ces forces qui expriment leurs grandeurs respectives.

Soient AB, AD et AC, les grandeurs respectives des forces P, Q et S, et ABEDCM le parallélipipède construit sur ces trois droites. La résultante r des deux forces P et Q est représentée par la diagonale AE; et à cause que EM est égale et parallèle à AC, AEMC est un parallélogramme. La diagonale AM de ce parallélogramme, ou du parallélipipède, représentera donc la résultante des deux forces r et S, ou celle des trois forces P, Q et S.

Si les directions des forces P, Q et S sont rectangulaires, on a

$$r^2 = P^2 + Q^2, \text{ et } R^2 = P^2 + Q^2 + S^2.$$

9. On peut toujours décomposer une force R, appliquée à un point A, en trois autres forces respectivement parallèles à trois droites tirées par un même point dans l'espace.

Prenons AM pour représenter la force R; menons par le point A, trois droites parallèles aux axes donnés, ces trois droites détermineront trois plans; conduisons ensuite par le point M trois plans respectivement parallèles aux trois premiers, ces six plans formeront un parallélipipède dont AM sera la diagonale, et dont les arêtes contiguës au point A, seront les composantes cherchées.

Dans le cas où le parallélipipède est rectangle, si on joint le point M

avec les points B, D et C, et si on désigne par α, β et γ les angles que la diagonale AM fait avec les arêtes AB, AD et AC, les triangles rectangles ABM, ADM et ACM donneront,
$$P = R\cos\alpha,\ Q = R\cos\beta,\ \text{et}\ S = R\cos\gamma;$$

d'où l'on voit que l'action d'une force R, estimée suivant une direction donnée, se trouve en multipliant cette force par le cosinus de l'angle qu'elle forme avec la direction donnée.

Si l'on ajoute les carrés des trois dernières équations, en observant que
$$R^2 = P^2 + Q^2 + S^2,$$
on obtient cette relation déjà démontrée au n° 305 (*Géométrie Analytique*).
$$1 = \cos^2\alpha + \cos^2\beta + \cos^2\gamma.$$

10. Pour trouver la résultante de plusieurs forces appliquées à un même point, suivant des directions quelconques, on décomposera chaque force en trois autres, dirigées suivant trois axes rectangulaires tirés par ce point, en la multipliant successivement par le cosinus de l'angle qu'elle fait avec chacun de ces axes; on fera une somme des forces qui agissent suivant chaque axe, et on n'aura plus que trois forces perpendiculaires entre elles :

	P	Q	S	T
soient donc des puissances dont les directions forment avec l'axe des x, des angles	α	α'	α''	α'''
avec celui des y, des angles	β	β'	β''	β'''
enfin, avec celui des z, des angles	γ	γ'	γ''	γ'''

La force P fournira dans le sens de chaque axe, les composantes $P\cos\alpha$, $P\cos\beta$, $P\cos\gamma$, la force Q donnera $Q\cos\alpha'$, $Q\cos\beta'$, $Q\cos\gamma'$, et ainsi des autres; si donc l'on nomme X, Y, Z, les sommes des forces agissant dans le sens de chaque axe, on aura
$$X = P\cos\alpha + Q\cos\alpha' + S\cos\alpha'' + T\cos\alpha''' + \ldots$$
$$Y = P\cos\beta + Q\cos\beta' + S\cos\beta'' + T\cos\beta''' + \ldots$$
$$Z = P\cos\gamma + Q\cos\gamma' + S\cos\gamma'' + T\cos\gamma''' + \ldots$$

de sorte que désignant par R la résultante des forces X, Y, Z, et par A, B, C les angles respectifs formés par R avec les axes, on a
$$R = \sqrt{X^2 + Y^2 + Z^2}.$$
$$R\cos A = X,\ R\cos B = Y,\ R\cos C = Z,$$
d'où
$$\cos A = \frac{X}{R},\ \cos B = \frac{Y}{R},\ \cos C = \frac{Z}{R},$$

équations qui déterminent la grandeur et la direction de la résultante d'un nombre quelconque de forces appliquées à un même point.

Il importe, en faisant usage de ces formules, de remarquer que les cosinus sont positifs, quand la force tend à augmenter les coordonnées positives comptées sur l'axe avec lequel l'angle est formé, et négatives dans le cas contraire.

Nommant φ l'angle que R fait avec sa projection sur le plan de X et de Y, et ψ l'angle que cette projection fait avec la force X : la direction de R sera également déterminée par les formules,

$$\tan \psi = \frac{Y}{X}, \quad \text{et} \tan \varphi = \frac{Z}{\sqrt{X^2 + Y^2}}.$$

11. Si les forces appliquées à un même point, et situées dans des plans différents, ne sont qu'au nombre de trois, telles que P, Q et S ; en désignant par a, b, c les angles que ces forces font deux à deux, et se rappelant que le cosinus de l'angle que forment entre elles deux droites est égal à la somme des produits des cosinus des angles que ces deux droites font avec chaque axe (n° 305, *Géométrie analytique*), on trouvera, en suivant le procédé ci-dessus,

$$R^2 = P^2 + Q^2 + S^2 + 2PQ \cos. a + 2PS \cos. b + 2QS \cos. c.$$

12. Lorsque les forces P, Q, S, T, etc., appliquées, suivant des directions quelconques, à un même point matériel libre, se détruisent mutuellement, la résultante de toutes ces forces est nulle ; on a donc,

$$R = \sqrt{X^2 + Y^2 + Z^2} = 0;$$

Or, en remarquant que la valeur de R^2 est la somme de trois carrés, et que cette somme ne peut être nulle qu'autant que chaque carré est séparément $= 0$, on voit que l'équilibre de plusieurs forces appliquées à un même point ne peut avoir lieu qu'autant qu'on a en même temps,

$$X = 0, Y = 0, \text{ et } Z = 0;$$

ou que, autant que l'état d'équilibre a lieu en particulier entre chacun des groupes de forces parallèles aux axes.

13. La résultante de deux forces parallèles P et Q qui agissent dans le même sens, est parallèle aux directions de ces forces, et égale à leur somme ; et les distances de la direction de cette résultante à celles des forces, sont réciproquement proportionnelles à ces forces.

Supposons les forces entre elles comme AM et BI, appliquées perpendiculairement à la droite inflexible AB ; on peut, sans changer la résultante de ces deux forces, appliquer à la droite AB deux forces AH et BK égales et contraires dans la direction AB. Construisons les rectangles AHLM et NKBI ; la résultante des deux forces P et Q sera la même que celles des forces AL et BN. Concevons ces deux dernières forces appliquées à leur point de concours E, et représentées par EZ et EV ; abaissons EC perpendiculaire à AB ; et construisons les rectangles EGZT et EDVO. La résultante des deux forces P et Q sera encore la même que celle des quatre forces EG, ED, ET et EO; or les deux premières étant égales et contraires, se détruisent; il ne reste donc pour former la résultante que les deux forces ET et EO qui agissent dans le même sens suivant EC, et qui, par conséquent, se réduisent à une seule égale à leur somme ou à P+Q, puisque ET = AM et que EO = BI.

Les triangles semblables EZT et EAC donnent :

$$ET : EC :: ZT : AC;$$

les triangles semblables EOV et ECB, donnent de même

$$EC : EO :: CB : OV;$$

multipliant ces deux proportions, on a, à cause de ZT=OV,

$$ET : EO :: BC : AC;$$

ou,
$$P : Q :: BC : AC;$$

ou, après avoir tiré la droite quelconque BF,

$$P : Q :: BY : YF.$$

Fig. 11.

Donc, pour trouver la résultante de deux forces parallèles P et Q, qui agissent dans le même sens, il faudra couper leurs directions par une droite quelconque BF; et faisant BF = a et FY = x, la résultante R de ces deux forces sera déterminée par les deux formules,

$$R = P + Q, \text{ et } x = \frac{Qa}{P+Q}.$$

Si la force Q agissait en sens contraire de la force P, on changerait son signe, et ces deux formules deviendraient

$$R = P - Q, \text{ et } x = \frac{-Qa}{P-Q}.$$

Dans ce dernier cas, si on a P > Q, la quantité x sera négative, et devra être portée de F en Y′, et la résultante agira dans le même sens que P. Si au contraire on a Q > P, x sera positive et plus grande que FB, la résultante passera vers Y″, et agira dans le sens de la force Q.

Si Q agissant toujours en sens contraire de P ou avait P = Q, R deviendrait nulle et x infini, c'est-à-dire que dans le cas particulier de deux forces parallèles agissant en sens contraires, leur réduction à une seule est physiquement impossible, et par conséquent on ne peut pas leur faire équilibre avec une seule force, quelque valeur qu'on lui donne et de quelque manière qu'on l'applique. C'est à ce système qu'on a donné le nom de *Couple*. L'effort d'un *Couple* ne peut en général être contre-balancé que par celui d'un autre *Couple*. (Voyez la *Statique* de M. Poinsot.)

La proportion P : Q :: BY : YF, donne aussi

$$P + Q \text{ ou } R : P : Q :: BF : BY : YF;$$

d'où l'on voit que, si on coupe les directions de deux forces parallèles et

Pl. XI. de leur résultante par une droite quelconque, chacune de ces forces pourra
Fig. 11. être représentée par la partie de cette droite interceptée par les deux autres.

14. S'il s'agit de décomposer une force R en deux autres P et Q, qui lui soient parallèles, et dont l'une P soit donnée, ainsi que son point d'application F; l'autre composante sera donnée par les formules,

$$Q = R - P, \quad \text{et } YB = \frac{P \cdot FY}{R - P}.$$

Si on voulait décomposer une force R en deux forces qui lui fussent parallèles, et qui fussent appliquées aux points donnés F et B, on déduirait encore des proportions ci-dessus,

$$P = \frac{R \cdot YB}{BF}, \quad \text{et } Q = \frac{R \cdot FY}{BF}.$$

15. La résultante de plusieurs forces parallèles P, Q, S, etc., situées ou non dans un même plan, est égale à la somme de ces forces, en leur donnant des signes convenables.

Car les forces P et Q étant parallèles, leur résultante r est parallèle à ces forces, et l'on a $r = P + Q$; r et S étant parallèles à P, sont parallèles entre elles, leur résultante R est parallèle à ces forces, et on a $R = r + S$,

ou, $$R = P + Q + S.$$

La direction de R se trouve en joignant les points d'application de P et Q par une droite qu'on partage en raison inverse de ces forces; on joint ce point de division avec le point d'application de S par une seconde droite qu'on partage encore en raison inverse des forces r et S, et le second point de division est le point d'application de R.

Des moments, de leur usage dans la composition des forces, et des équations d'équilibre.

16. On appelle *moment* d'une force, le produit de cette force par la distance de sa direction à un point, à une droite ou à un plan.

Le moment de la résultante de deux forces parallèles, par rapport à un point quelconque pris dans le plan de ces forces, est égal à la somme des moments de ces forces.

Fig. 12. D'un point quelconque A, pris dans le plan des forces parallèles P et Q, tirons AD perpendiculaire aux directions de ces forces et de leur résultante R. Le point C d'application de cette résultante doit être situé de manière qu'on ait

$$P \cdot BC = Q \cdot CD;$$

mais $BC = AC - AB$, et $CD = AD - AC$; substituant ces valeurs dans

MÉCANIQUE. 415

l'équation précédente, et rassemblant tous les termes multipliés par AC, Pl. XI.
on aura
$$(P+Q).AC, \text{ ou } R.AC = P.AB + Q.AD;$$
ou, en désignant par r, p et q les distances AC, AB et AD,

Fig. 12.

$$Rr = Pp + Qq.$$

Si une des forces agissait en sens contraire des autres, il faudrait changer *son signe*, ainsi que celui de sa distance au point A, si la direction de cette force était située de l'autre côté de ce point.

17. Le moment de la résultante de plusieurs forces parallèles situées dans un même plan, par rapport à un point quelconque de ce plan, est égal à la somme des moments de ces forces, en donnant aux forces et aux distances des signes convenables.

Car, si U est la résultante des deux forces P et Q, et u sa distance au point A, on vient de voir qu'on a
$$Uu = Pp + Qq.$$
Soit S une troisième force, et R la résultante de S et U, on trouve de la même manière,
$$Rr = Uu + Ss.$$
et ajoutant ces équations, il vient
$$Rr = Pp + Qq + Ss.$$

La résultante d'un nombre quelconque de forces parallèles, dirigées dans un même plan, est donc déterminée par les équations suivantes :
$$R = P + Q + S + \text{etc.}$$
$$r = \frac{Pp + Qq + Ss}{P + Q + S}.$$

Observons qu'on ne troublerait pas l'égalité $Rr = Pp + Qq + Ss$ en multipliant toutes les forces, ou toutes les distances par un même coefficient; d'où il suit que la droite AD peut n'être pas perpendiculaire aux directions des forces.

18. Concevons maintenant une quatrième force T, égale et directement opposée à la résultante des forces P, Q et S; il y aura équilibre entre les quatre forces P, Q, S et T, et l'on aura $R = -T$, $Rr = -Tt$; substituant, au lieu de R et Rr leurs valeurs, on obtiendra, pour les conditions de l'équilibre de plusieurs forces parallèles situées dans un même plan et appliquées à un corps libre, les équations suivantes :
$$P + Q + S + T = 0$$
$$Pp + Qq + Ss + Tt = 0,$$
les moments étant pris par rapport à un point quelconque du plan des forces.

416   COURS DE MATHÉMATIQUES.

Pl. XI. Si le point A du système est fixe, et si les forces P, Q et S sont en équilibre, la résultante R n'étant pas nulle, devra être appliquée à ce point pour y être détruite, et l'équation de l'équilibre dans ce cas, à cause que $r = 0$, sera
$$Pp + Qq + Ss + \text{etc.} = 0,$$
les moments étant pris par rapport au point fixe du système.

Fig. 13. **19.** Le moment de la résultante de plusieurs forces qui ont des directions quelconques dans un même plan, par rapport à un point quelconque de ce plan, est égal à la somme des moments de ces forces.

Soit R la résultante des forces P, Q et S; tirons par le point quelconque A, une droite AX, qui rencontre les directions de ces forces et celle de leur résultante, respectivement aux points B, C, D et E; désignons par α, β, γ et δ les angles XBP, XCQ, etc., que les directions des forces font avec l'axe AX, et par p, q, s, r, les distances des directions des forces au point A; concevons chaque force appliquée au point où sa direction rencontre AX, et décomposons-la en deux autres; l'une dirigée suivant AX, et l'autre perpendiculaire à cet axe, ces dernières étant parallèles, et ayant EI pour résultante, on a par le théorème précédent,
$$EI \cdot AE = BG \cdot AB + CH \cdot AC + DL \cdot AD; \qquad (a)$$
mais les triangles semblables EIU et ATE donnent
$$EI : EU :: AT : AE, \text{ ou } EI \cdot AE = EU \cdot AT = Rr.$$
On prouverait de même que
$$BG \cdot AB = Pp, CH \cdot AC = Qq, \text{ et } DL \cdot AD = Ss.$$
Substituant ces valeurs dans l'équation (a), elle devient
$$Rr = Pp + Qq + Ss + \text{etc.} \qquad (b)$$

Les valeurs trigonométriques des forces qui entrent dans l'équation (a), calculées au moyen des angles α, β, γ et δ, ainsi que les situations de ces forces à l'égard du point A, détermineront les signes qu'on doit donner aux termes de l'équation (b).

Lorsque la résultante R passe par le point A, on a $r = 0$, et l'équation précédente devient
$$Pp + Qq + Ss = 0;$$
d'où l'on voit que la somme des moments de plusieurs forces situées dans un même plan est nulle, par rapport à un point quelconque de la direction de leur résultante.

Si les forces P, Q et S sont appliquées aux extrémités des perpendiculaires abaissées du point A sur leurs directions, et si l'on suppose que le système des perpendiculaires est invariable et ne peut que tourner autour du point A, les forces dont les moments sont positifs tendent à faire tourner dans un même sens, tandis que celles dont les moments sont négatifs, tendent à faire tourner en sens contraire, et le sens dans lequel le système tend à tourner dépend du signe de Rr. On peut employer cette considération pour déterminer les signes des moments des forces.

20. La résultante des forces qui agissent suivant AX, étant représentée par X, et celle des forces perpendiculaires au même axe par Y, on a

$$X = P \cos. \alpha + Q \cos. \beta + S \cos. \gamma + \text{etc.} \quad (c)$$
$$Y = P \sin. \alpha + Q \sin. \beta + S \sin. \gamma + \text{etc.} \quad (d)$$

et la résultante R des forces P, Q et S, ou des deux forces X et Y, est déterminée de grandeur et de direction par les formules,

$$R = \sqrt{X^2 + Y^2}, \quad r = \frac{Pp + Qq + Ss}{R}$$

et
$$\tan. \delta = \frac{Y}{X}.$$

Si l'on applique au système des forces P, Q et S, une force T égale et directement opposée à R, il y aura équilibre entre P, Q, S et T. Décomposons cette dernière en deux autres, l'une dirigée suivant l'axe AX, et l'autre perpendiculaire à cet axe ; elles seront égales et directement opposées aux forces X et Y, et l'on aura X = — T cos. δ, et Y = — T sin. δ ; on a d'ailleurs Rr = — Tt. Substituant dans ces égalités, au lieu de X, Y et Rr, leurs valeurs données par les équations (c), (d), (b), on aura pour les équations de l'équilibre entre les forces P, Q, S, T, située dans un même plan,

$$\left. \begin{array}{l} P \cos. \alpha + Q \cos. \beta + S \cos. \gamma + T \cos. \delta = 0 \\ P \sin. \alpha + Q \sin. \beta + S \sin. \gamma + T \sin. \delta = 0 \end{array} \right\} \text{pour qu'il n'y ait point translation.}$$

$$Pp + Qq + Ss + Tt = 0, \text{ pour qu'il n'y ait point rotation.}$$

Dans la dernière de ces trois équations, les moments sont pris par rapport à un point quelconque du plan des forces.

S'il y a un point fixe dans le système des points d'application des forces, il faut pour l'équilibre que la résultante passe par ce point, ou que $r = 0$, ce qui donne seulement

$$Pp + Qq + Ss + \text{etc.} = 0.$$

On peut donner une autre forme à cette dernière équation, en concevant chaque force décomposée à son point d'application en deux autres, l'une parallèle et l'autre perpendiculaire à l'axe AX ; représentons par x' et y' les coordonnées du point d'application de P, et par X' et Y' ses composantes parallèles aux axes : X'y' et Y'x' seront les moments des forces X' et Y' par rapport au point A ; et à cause que ces forces tendent à faire tourner en sens contraire autour de ce point, le moment de leur résultante P est égal à la différence des moments des composantes ; on a donc

$$Pp = X'y' - Y'x';$$

pareillement,

$$Qq = X'' y'' - Y'' x'', \text{ et } Ss = X''' y''' - Y''' x''';$$

substituant ces valeurs dans l'équation,

$$Pp + Qq + Ss + \text{etc.} = 0,$$

elle devient

$$X' y' - Y' x' + Y'' y'' - Y'' x'' + X''' y''' - Y''' x''' = 0.$$

Fig. 14. **21.** Le moment de la résultante de plusieurs forces parallèles, non situées dans un même plan, par rapport à un plan parallèle aux directions de ces forces, ou par rapport à une droite tirée dans un plan perpendiculaire à ces forces, est égal à la somme des moments de ces forces.

Soient AZ et AX deux plans, l'un parallèle et l'autre perpendiculaire aux directions des forces P, Q et S. L'intersection AM de ces plans sera une droite quelconque tirée dans le plan AX; supposons que U est la résultante des forces P et Q, que R est celle des forces S et U, et que les directions des forces P, Q, U, S et R rencontrent le plan AX respectivement aux points C, D, E, G et F; abaissons de ces points des perpendiculaires sur AM, et désignons ces perpendiculaires par p, q, u, s et r; tirons la droite DEC, et prolongeons-la jusqu'à ce qu'elle rencontre en B la droite AM, ou le plan AZ. Cela posé, le point B étant dans le plan des forces P et Q, on a par rapport à ce point,

$$U \cdot BE = P \cdot BC + Q \cdot BD;$$

mais on peut, aux trois distances BE, BC et BD, substituer les perpendiculaires u, p et q qui leur sont proportionnelles, et l'équation précédente devient

$$Uu = Pp + Qq.$$

On démontrerait de la même manière que

$$Rr = Uu + Ss,$$

ajoutant ces équations, il viendra

$$Rr = Pp + Qq + Ss. \quad (x)$$

Si on désigne par r', p', q' et s' les distances des mêmes forces à une droite AM', tirée dans le plan AX perpendiculairement à AM, on trouvera de même que

$$Rr' = Pp' + Qq' + Ss'. \quad (y)$$

La résultante des forces parallèles P, Q, S, non situées dans un même plan, est donc déterminée par les trois équations suivantes:

$$R = P + Q + S \quad (z)$$
$$r = \frac{Pp + Qq + Ss}{P + Q + S}$$
$$r' = \frac{Pp' + Qq' + Ss'}{P + Q + S}.$$

Les deux dernières peuvent être multipliées chacune par un même coefficient ; d'où l'on voit qu'on peut substituer aux perpendiculaires des obliques parallèles entre elles.

Les quantités r et r' ne changeraient pas de valeurs, si on multipliait toutes les forces par un même coefficient, c'est-à-dire si on substituait aux forces P, Q, S d'autres forces parallèles entre elles, et qui leur fussent proportionnelles.

Lorsque les forces P, Q, S sont égales, les quantités r et r' expriment les distances moyennes respectives des forces aux plans AZ et AZ′, ou aux droites AM et AM′.

22. Appliquons au système une force T égale et directement opposée à R, il y aura équilibre entre les forces P, Q, S et T, et on aura $R = -T$, $Rr = -Tt$, et $Rr' = -Tt'$. Substituant dans ces équations, au lieu de R, Rr, et de Rr', leurs valeurs données par les équations (z), (x) et (y), on aura pour les conditions de l'équilibre des forces P, Q, S, T, situées dans des plans différents, les équations suivantes :

$$P + Q + S + T = 0$$
$$Pp + Qq + Ss + Tt = 0$$
$$Pp' + Qq' + Ss' + Tt' = 0.$$

S'il y a dans le système un axe fixe AM, autour duquel ce système ne puisse que tourner, il faudra pour l'équilibre que la résultante passe par cet axe, ou qu'on ait $r = 0$, ce qui donnera

$$Pp + Qq + Ss + \text{etc.} = 0\,;$$

et si le système est fixé à un de ses points A, de manière à ne pouvoir que tourner autour de ce point, il faudra, pour qu'il y ait équilibre, que la résultante passe par ce point, ou qu'en menant par ce point les deux axes AM et AM′, on ait $r = 0$ et $r' = 0$, ce qui donne les deux conditions suivantes :

$$Pp + Qq + Ss + Tt + \text{etc.} = 0.$$
$$Pp' + Qq' + Ss' + Tt' + \text{etc.} = 0.$$

23. Soit maintenant un nombre quelconque de forces P′, P″, P‴, ayant des directions quelconques dans l'espace, et supposons d'abord qu'il y ait dans le système un point fixe autour duquel ces forces sont en équilibre, leur résultante devra passer par ce point. Menons par ce point trois axes rectangles, et concevons cette résultante décomposée en deux forces, l'une dans le plan xy, et l'autre perpendiculaire à ce plan : ces deux dernières forces passeront aussi par le point fixe.

Représentons par X′ Y′ et Z′ les composantes de P′, respectivement parallèles aux axes des x, des y et des z; par x', y' et z' les coordonnées du point d'application de P′; et supposons d'abord ce point sollicité par deux forces V et —V perpendiculaires au plan xy. On pourra composer —V avec X′ dans un plan parallèle au plan xz, il en résultera une force qui rencontrera le plan xy en un point dont les coordonnées seront $x' + \dfrac{X'z'}{V}$ et y'. Concevons cette dernière force appliquée à ce point, et décomposée en deux forces parallèles, l'une à l'axe des x et l'autre à l'axe des z; celles-ci auront encore pour valeurs X' et $-V$. Imaginons ensuite au même point d'application de P' deux forces égales T et $-T$ perpendiculaires aussi au plan xy; on trouvera de la même manière que les forces Y' et $-T$ peuvent être supposées appliquées, parallèlement à leurs directions, en un point du plan xy, dont les coordonnées sont x' et $\dfrac{Y'z'}{t} + y'$. On fera une semblable opération sur les autres forces P'', P''', etc. Cela posé, les forces X', X'', etc., Y', Y'', etc., situées dans le plan xy, et dont la résultante passe par l'origine, donnent l'équation

$$X'y' - X'x' + X''y'' - Y''x'' + \text{etc.} = 0;$$

et les forces perpendiculaires au plan xy, et dont la résultante passe aussi par l'origine, donnent, réductions faites,

$$Z'x' - X'z' + Z''x'' - X'z'' + \text{etc.} = 0$$
$$Z'y' - Y'z' + Z''y'' - Y''z'' + \text{etc.} = 0.$$

Le point fixe est sollicité parallèlement à chaque axe par la somme des forces parallèles à cet axe; donc, si le système est libre et en équilibre, on doit avoir en outre les trois équations suivantes :

$$X' + X'' + X''' + \text{etc.} = 0$$
$$Y' + Y'' + Y''' + \text{etc.} = 0$$
$$Z' + Z'' + Z''' + \text{etc.} = 0;$$

l'origine étant placée à volonté en un point quelconque du système.

De la pesanteur et des centres de gravité.

24. La *pesanteur* est la force avec laquelle tous les corps abandonnés à eux-mêmes s'approchent de la terre, suivant des directions perpendiculaires à sa surface. Son intensité n'est pas la même à tous les points de la surface de la terre, car on sait par des expériences qu'elle croît proportionnellement au carré du sinus de la latitude, depuis l'équateur où elle est la plus petite, jusqu'au pôle où elle est la plus grande : on a reconnu en outre qu'elle diminue suivant la raison inverse du carré de la distance du corps pesant au centre de la terre, à mesure qu'on s'élève sur la même verticale. Cependant il est permis de supposer que toutes les parties matérielles et égales d'un corps qui occupe peu d'étendue, tendent à descendre avec la même force, et suivant des directions parallèles entre elles.

Le poids du corps, qui est la résultante de toutes ces forces, est égal à la pesanteur d'un de ses points matériels multipliés par leur nombre, c'est-à-dire par *la masse* du corps ; d'où l'on voit que le poids d'un corps est Pl. XI. proportionnel à sa masse.

Il y a dans chaque corps un point unique par lequel passe constamment la direction du poids de ce corps, quelle que soit sa position ; ce point s'appelle *centre de gravité*. On détermine sa situation relativement à trois plans, en divisant la somme des distances de tous ses points matériels à chacun de ces plans par le nombre de ces points, et chaque quotient exprime la distance du centre de gravité au plan correspondant.

En effet, supposons que dans une position quelconque d'un corps, la Fig. 15. situation du point G, par rapport aux trois plans rectangulaires XAY, ZAY et ZAX, ait été déterminée par ce procédé. Concevons le poids de chaque molécule du corps décomposé en trois forces respectivement perpendiculaires à ces plans : les forces perpendiculaires à chaque plan seront égales entre elles ; leur résultante sera donc autant éloignée de chacun des autres plans que le point G, et passera par conséquent par ce point ; les trois résultantes se réduiront à une seule force verticale appliquée au point G, et égale au poids du corps.

On peut donc considérer tout le poids d'un corps comme réuni à son centre de gravité ; et ce point étant soutenu, le corps doit demeurer en équilibre.

25. La distance du centre de gravité G d'un corps à chacun des trois plans, étant égale à la somme des distances de ses points à ce plan divisée par le nombre des points de ce corps, ou sa masse, il s'ensuit que le produit de la masse d'un corps par la distance de son centre de gravité à un plan, ou que le *moment d'un corps* par rapport à un plan, est égal à la somme des distances de ses parties élémentaires au même plan.

Donc la distance du centre commun de gravité de plusieurs corps à un plan, est égale à la somme des moments de ces corps divisée par la somme de leurs masses, en prenant avec les mêmes signes les moments des corps qui sont d'un côté du plan, et avec des signes contraires les moments de ceux qui sont de l'autre côté.

Ainsi pour avoir le centre de gravité d'un système quelconque de corps, il faudra déterminer d'abord le centre de gravité particulier de chacun de ces corps, prendre la somme de leurs moments par rapport à trois plans rectangulaires, et diviser chaque somme par la masse du système ; les quotients seront les coordonnées du centre de gravité.

Si les centres de gravité particuliers des corps étaient situés dans un des trois plans, la somme des moments étant nulle par rapport à ce plan, le centre commun de gravité se trouverait dans ce plan, et il suffirait de chercher sa distance à chacun des deux autres plans, ou à leurs traces dans le plan des corps, c'est-à-dire à deux axes rectangulaires tirés dans le plan des corps.

Enfin, si les centres de gravité particuliers des corps se trouvaient sur une même droite, la somme des moments des corps étant nulle par rapport à cette droite, le centre commun de gravité se trouverait sur cette droite à une distance d'un quelconque de ses points égale à la somme des moments des corps, prise par rapport à ce point, divisée par la somme des masses.

Lorsque les corps qui composent le système sont homogènes, ou de même nature, on peut, dans les expressions des distances du centre de gravité, substituer aux poids ou aux masses des corps, les volumes de ces mêmes corps, puisque ces volumes sont alors proportionnels aux poids ou aux masses.

26. Le centre de gravité de deux poids égaux étant au milieu de la droite qui les joint, il s'ensuit que le centre de gravité de tout corps homogène est à son centre de figure, s'il en a un; puisque le poids total de ce corps peut être décomposé en un nombre de paires de poids égaux, opposés et également distants du centre de figure.

Donc le centre de gravité d'une droite homogène est à son milieu; celui du contour ou de l'aire d'un parallélogramme est à l'intersection de ses diagonales : le centre de gravité de la circonférence ou de l'aire d'un cercle est à son centre ; celui de la surface ou du volume d'une sphère est au centre de cette sphère, etc.

27. *Trouver le centre de gravité du contour d'un polygone.*

On prendra la somme des moments des côtés du polygone par rapport à deux axes tirés dans son plan, on divisera cette somme par le contour du polygone, et les quotients seront les coordonnées du centre de gravité cherché.

28. *Trouver le centre de gravité de l'aire d'un triangle.*

Le centre de gravité de l'aire d'un triangle est situé, à partir du sommet d'un de ses angles, aux deux tiers de la droite menée du sommet de cet angle au milieu du côté opposé.

Soit le triangle ABC, et I le milieu du côté BC. Concevons l'aire du triangle composée d'éléments parallèles à BC; le centre de gravité de chacun de ces éléments étant à son milieu, se trouvera sur la droite AI ; le centre de gravité du système de tous ces éléments, ou celui de l'aire du triangle sera donc aussi sur AI. Par la même raison, ce centre doit se trouver aussi sur la droite CO menée au milieu du côté AB ; il est donc au point d'intersection G de deux droites AI et CO : or en menant OI, cette ligne est parallèle à AC et en est la moitié, et les triangles semblables OIG, ACG donnent

$$AG : IG :: AC : OI :: 2 : 1;$$

et par conséquent,

$$AG : AI :: 2 : 3.$$

De là il est facile de démontrer que si trois forces étaient appliquées en G, et qu'elles fussent égales en grandeurs et en directions aux droites GA, GB, GC, ces forces se feraient équilibre.

29. Le centre de gravité de l'aire d'un triangle est le même que celui de trois points massifs égaux situés aux sommets des trois angles de ce triangle.

Pl. XI.
Fig. 16.

Car le centre de gravité des deux points B et C est au milieu I du côté BC. Supposant ensuite les masses des deux points B et C réunies en I, et joignant AI, cette droite est chargée en I et en A de deux masses, dont la première est double de la seconde; le centre de gravité de ces deux masses, ou celui des trois points A, B, C, est donc deux fois plus proche du point I que du point A; il est donc aux deux tiers de la droite AI à partir du point A.

30. La distance du centre de gravité de l'aire d'un triangle à une droite tirée dans le plan de ce triangle, ou à un plan quelconque, est égale au tiers de la somme des distances des sommets des angles de ce triangle à cette ligne, ou à ce plan.

Substituons à l'aire du triangle trois points massifs égaux placés aux trois sommets du triangle; la distance du centre de gravité de ces trois points à la droite ou au plan, est égale à la somme des distances de ces points divisée par leur nombre.

31. *Trouver le centre de gravité de l'aire d'un polygone.*

On décomposera le polygone en triangles, dont on cherchera les centres de gravité particuliers; on prendra la somme des moments de ces triangles par rapport à deux axes tirés dans le plan du polygone; on divisera chaque somme par l'aire du polygone et les quotients seront les coordonnées du centre de gravité cherché.

32. *Trouver le centre de gravité de l'aire d'un trapèze.*

On joindra les milieux des deux bases par une droite; et on prendra sur cette droite, à partir de la plus grande base, une quatrième proportionnelle à la somme des deux bases, à cette somme augmentée de la plus petite base, et au tiers de la droite qui joint les milieux des deux bases.

Soit le trapèze ABCD : concevons son aire composée d'éléments parallèles aux bases; la droite EH qui joint les milieux des deux bases, passe par le milieu de chacun de ces éléments, et par conséquent par le centre de gravité de leur système ou celui du trapèze. Tirons AE et DH, et prenons les tiers EF et HK de ces dernières lignes; les points F et K sont les centres de gravité respectifs des triangles ACD et ADB; le centre de gravité du trapèze est aussi sur FK, il est donc au point d'intersection G des deux droites EH et FK. Menons FO et KI parallèlement aux bases; faisons $AB = a$, $CD = b$, $EH = c$, et $HG = x$, nous aurons

Fig. 17.

$$FO = \frac{a}{6}, \quad IK = \frac{b}{6}, \quad OG = \frac{2}{3}c - x, \quad \text{et } GI = x - \frac{1}{3}c;$$

or, à cause des triangles semblables FOG et GIK, on a

$$FO : IK :: OG : IG;$$

Pl. XI. substituant dans cette proportion au lieu de chaque terme sa valeur, on trouvera

$$x = \frac{c}{3}\left(\frac{a+2b}{a+b}\right).$$

Fig. 18. La droite SG, menée du sommet S d'une pyramide triangulaire au centre de gravité G de sa base, passe par le centre de gravité de toute section abc faite par un plan parallèle à cette base.

Car CG rencontre AB à son milieu F, SF rencontre ab à son milieu f, et les droites CF et cf étant parallèles et situées dans le plan CSF, sont coupées proportionnellement en G et g; donc g est le centre de gravité de l'aire de la section abc.

Il en serait de même si la pyramide avait pour base un polygone quelconque.

Fig. 19. Soient G, G' et G" les centres de gravité des triangles qui composent la base ABEDC. Les droites SG, SG' et SG" passent par les centres de gravité g, g' et g'' des triangles correspondants de la section; et si K est le centre de gravité du système des deux triangles ABC et BEC, les droites GG' et gg' étant parallèles et dans le plan SGG', sont coupées proportionnellement en K et k par la droite SK; le point k est donc le centre de gravité du quadrilatère $abec$. La droite SG' passe par le centre de gravité g' du triangle cdc; donc, si H est le centre de gravité du système du quadrilatère ABEC et du triangle EDC, les droites KG" et kg'', étant parallèles et dans le plan SKG", sont coupées proportionnellement en H et h par la droite SH, et par conséquent le point h est le centre de gravité de la section $abedc$.

33. Le centre de gravité du volume d'une pyramide triangulaire est sur la droite qui joint le sommet d'un de ses angles avec le centre de gravité de la face opposée, aux trois quarts de la longueur de cette droite, à partir du sommet de l'angle.

Fig. 20. Soit la pyramide ABCD. Du milieu E de BC, menons les droites ED et EA; prenons les tiers EH et EK de ces lignes, les points H et K seront les centres de gravité respectifs des faces BCD et BAC. Tirons AH; cette droite passant par les centres de gravité particuliers de toutes les lames élémentaires parallèles à BCD, dont on peut supposer que la pyramide est composée, contiendra le centre commun de gravité de tous ces éléments, ou celui de la pyramide : ce même centre doit, par la même raison, se trouver sur la droite DK; il ne peut donc être qu'au point G d'intersection des deux droites AH et DK qui sont situées dans le plan AED. Menons KH, cette droite coupant proportionnellement les lignes ED et EA, est parallèle à AD, et en est le tiers, et les triangles semblables AGD et GHK donnent.

$$AG : GH :: AD : KH :: 3 : 1;$$

et par conséquent,

$$AG : AH :: 3 : 4.$$

Il est remarquable que si quatre forces étaient appliquées au centre de gravité G de la pyramide, et qu'elles fussent égales en grandeurs et en directions aux droites GA, GB, GC, GD, ces forces seraient en équilibre.

34. Le centre de gravité d'une pyramide quelconque, est situé aux trois quarts de la droite menée du sommet de la pyramide au centre de gravité de sa base, à partir du sommet de la pyramide.

Car cette droite passant par les centres de gravité particuliers de toutes les lames élémentaires parallèles à la base, dont on peut supposer que la pyramide est composée, contiendra le centre de gravité du système de ces éléments ou le centre de gravité de la pyramide; et si aux trois quarts de la hauteur, à partir du sommet, on conçoit un plan parallèle à la base, ce plan coupant proportionnellement toutes les droites menées du sommet à la base, passera par les centres de gravité des tétraèdres qui composent la pyramide. Le centre de gravité du système de ces tétraèdres ou celui de la pyramide, sera donc dans ce plan, et par conséquent à l'intersection de ce plan et de la droite menée du sommet de la pyramide au centre de gravité de sa base, c'est-à-dire aux trois quarts de cette dernière droite.

35. Le centre de gravité d'une pyramide triangulaire, est le même que celui de quatre points massifs égaux, situés aux sommets des quatre angles de cette pyramide.

Car le centre de gravité des trois corps placés aux trois angles d'une des faces, est le même que celui de cette face. Joignant ce centre de gravité avec le quatrième corps par une droite, il faudra, pour avoir le centre de gravité des quatre corps, partager cette droite en raison inverse des masses placées à ses extrémités, ce qui se fera en divisant la droite en quatre parties égales pour en prendre trois, à partir du quatrième corps.

La distance du centre de gravité d'une pyramide triangulaire à un plan, est le quart de la somme des distances des sommets de ses angles à ce plan, puisque le centre de gravité de la pyramide est le même que celui de quatre points massifs égaux placés aux sommets des angles de cette pyramide.

Donc le moment d'une pyramide triangulaire, par rapport à un plan, est égal au produit du volume de la pyramide par la distance moyenne des sommets de ses angles à ce plan, d'où l'on voit qu'on peut exprimer la position du centre de gravité d'un polyèdre, au moyen des coordonnées des sommets des angles de ce polyèdre.

36. On verra aisément que les corps uniformes, tels que les prismes et cylindres, ont leurs centres de gravité au milieu de la droite qui joint les centres de gravité de leurs bases; que le centre de gravité de la surface d'un cône droit entier ou tronqué, à bases parallèles, est le même que celui de la section faite par un plan passant par l'axe du cône; que le centre de gravité d'un cône est aux trois quarts de son axe, à partir du

Pl. XI. sommet; que le centre de gravité d'un cône tronqué à bases parallèles, est éloigné d'un point de l'axe d'une quantité égale à la différence des moments du cône entier et du cône retranché, par rapport à ce point, divisée par la masse du tronc; et qu'enfin pour avoir la distance du centre de gravité d'un cône tronqué, creusé cylindriquement et concentriquement à son axe, tel qu'un canon, il faut prendre la différence entre le le moment du cône entier et la somme des moments du cône retranché et du cylindre, et diviser cette différence par le volume du corps.

Fig. 21. **37.** Le centre de gravité d'un arc de cercle est sur le rayon qui passe par le milieu de cet arc, à une distance du centre qui est une quatrième proportionnelle à la longueur de l'arc, à sa corde et au rayon.

Soit l'arc de cercle AFB. Le rayon CF mené au milieu de l'arc, divise cet arc en deux parties symétriques, et passe par le centre de gravité de leur système. Concevons cet arc partagé en une infinité d'éléments, tels que MN; menons le diamètre LQ parallèle à la corde AB; abaissons du milieu O de chacun de ces éléments une perpendiculaire OP sur le diamètre. MN $\times$ OP est le moment de l'élément MN, par rapport au diamètre LQ : or, en menant MI parallèle à la corde AB et le rayon CO, les triangles semblables MNI et OPC donnent

$$MN : MI :: CO : OP.$$

donc MN $\times$ OP $=$ CO $\times$ HK; d'où l'on voit que le moment de chaque élément est égal au rayon multiplié par la projection de cet élément sur la corde AB. La somme des moments des éléments par rapport au diamètre LQ, a donc pour expression le produit du rayon par la corde; mais la somme des moments de tous les éléments est égale au moment de l'arc entier, donc si CG est la distance du centre de gravité de l'arc au diamètre LQ, on a

$$CO \cdot AB = AFB \cdot CG;$$
ou $$AFB : AB :: CO : CG.$$

Fig. 22. **38.** Le centre de gravité de l'aire d'un secteur circulaire, est sur le rayon mené au milieu de l'arc du secteur, à une distance du centre, qui est une quatrième proportionnelle à l'arc, à sa corde et aux deux tiers du rayon.

Car, en considérant le secteur comme composé d'une infinité de triangles égaux qui ont leurs sommets au centre, chacun de ces triangles a son centre de gravité aux deux tiers du rayon mené au milieu de sa base, et l'aire du secteur peut être considérée comme distribuée uniformément sur l'arc DIE décrit avec un rayon CI $= \frac{2}{3}$ CF. Le centre de gravité G du secteur étant le même que celui de ce dernier arc, on aura par ce qui précède,

$$CG = \frac{CI \cdot DE}{DIE} = \frac{\frac{2}{3} CF \cdot AB}{AFB}.$$

Fig. 23. **39.** Le centre de gravité de l'aire d'un segment de cercle, est sur le rayon mené au milieu de l'arc, et à une distance du centre du cercle égale au douzième du cube de la corde divisé par l'aire du segment.

Soit le segment AFBM. Supposons que les centres de gravité particuliers du segment, du triangle et du secteur, sont respectivement en G, I et K; en prenant les moments de ces figures par rapport au centre, on a

$$AFBM \cdot CG = AFBC \cdot CK - ABC \cdot CI;$$

or
$$AFBC = AFB \cdot \tfrac{1}{2} CF, \quad CK = \tfrac{\tfrac{2}{3} CF \cdot AB}{AFB},$$

$$ABC = AB \cdot \tfrac{1}{2} CM, \quad \text{et } CI = \tfrac{2}{3} CM;$$

substituant ces valeurs dans l'équation des moments, elle deviendra

$$AFBM \cdot CG = \frac{AB(\overline{CF}^2 - \overline{CM}^2)}{3} = \frac{\overline{AB}^3}{12};$$

d'où l'on tire

$$CG = \frac{\tfrac{1}{12}\overline{AB}^3}{AFBM}.$$

40. Le centre de gravité de la surface d'une calotte sphérique est au milieu de son axe ou de sa flèche.

Car en concevant cette surface partagée en une infinité de zones de même hauteur, par des plans parallèles à la base de cette calotte, ces zones seront équivalentes et chargeront l'axe également et uniformément; leur centre commun de gravité ou celui de la calotte sera donc au milieu de la flèche.

41. Le centre de gravité d'un secteur sphérique est sur son axe, à une distance du centre de la sphère, égale aux trois quarts du rayon moins les trois huitièmes de la hauteur de la calotte.

Concevons le secteur composé d'une infinité de pyramides équivalentes, dont les sommets soient au centre de la sphère : chacune de ces pyramides aura son centre de gravité aux trois quarts du rayon mené au centre de gravité de sa base, en sorte qu'on pourra considérer la masse du secteur comme distribuée uniformément sur une calotte concentrique à celle du secteur, et dont le rayon serait les trois quarts de celui de la sphère; le centre de gravité du secteur est donc au milieu de l'axe de cette calotte concentrique. Donc si r est le rayon de la sphère, et x la hauteur de la calotte du secteur, la hauteur de la calotte concentrique sera $\tfrac{3}{4} x$, dont la moitié étant retranchée du rayon de cette dernière calotte, donnera $\tfrac{3}{4} r - \tfrac{3}{8} x$ pour la distance cherchée.

42. Le centre de gravité du segment sphérique, en conservant les mêmes dénominations, est éloigné du sommet de la calotte d'une quantité exprimée par

$$\frac{8rx - 3x^2}{12r - 4x}.$$

Pl. XI. En effet, le moment du segment par rapport au sommet de la calotte, est égal à la différence des moments du secteur et du cône : or le volume du secteur est $\frac{2}{3}\pi r^2 x$, celui du cône est $\pi (2rx - x^2) \frac{r-x}{3}$; la distance du centre de gravité du secteur au sommet de la calotte est $\frac{1}{4}r + \frac{3}{8}x$; celle du centre de gravité du cône est $\frac{1}{4}r + \frac{3}{4}x$; la différence des moments du secteur et du cône sera donc

$$\frac{2}{3}\pi r^2 x \left(\frac{1}{4}r + \frac{3}{8}x\right)$$
$$- \pi (2rx - x^2)\left(\frac{r-x}{3}\right)\left(\frac{1}{4}r + \frac{3}{4}x\right);$$

divisant par le volume du segment qui est $\pi x^2 (r - \frac{1}{3}x)$, et réduisant, on trouvera l'expression ci-dessus.

Usage des centres de gravité pour déterminer les surfaces et les volumes des solides de révolution.

43. La surface qu'engendre une courbe plane, en tournant autour d'un axe situé dans le plan de cette courbe, est égale au produit de la courbe génératrice par le chemin que parcourt son centre de gravité.

Fig. 24. Soit l'arc AOB qui tourne autour de l'axe EF, et G son centre de gravité; concevons cet arc partagé en une infinité d'éléments, tels que mm', $m'm''$, etc.; du centre de gravité G, et du milieu de chacun de ces éléments abaissons sur l'axe les perpendiculaires CG, is, $i's'$, etc., mm' en tournant autour de EF engendre une surface exprimée par $mm' . 2\pi . is$, l'élément $m'm''$ engendre pareillement une surface exprimée par $m'm'' . 2\pi . i's'$, et ainsi des autres; en sorte que la surface entière de révolution est égale à la somme de ces produits. Appelant donc S cette surface, on a

$$S = 2\pi (mm' . is + m'm'' . i's' + \text{etc.});$$

mais la quantité comprise entre les parenthèses est égale à AOB . CG; donc

$$S = AOB . 2\pi . CG.$$

Fig. 25. **44.** Le solide engendré par la révolution d'une figure plane autour d'un axe situé dans le plan de la figure, est égal au produit de l'aire génératrice par la circonférence décrite par son centre de gravité.

Concevons cette figure partagée en une infinité d'éléments, tels que mn, $m'n'$, etc., de même hauteur h, par des perpendiculaires à l'axe. Le solide engendré par la révolution de mn est la différence des solides engendrés par mk et nk, et est exprimé par $\pi h(y^2 - y'^2)$, en désignant par y et y' les rayons mk et nk; pareillement le solide engendré par $m'n'$ est exprimé par $\pi h(z^2 - z'^2)$, z et z' étant les distances des points m' et n' à l'axe. Donc, si on nomme V le solide entier de révolution, on aura

$$V = \pi [h(y^2 - y'^2) + h(z^2 - z'^2) + \text{etc.}]$$

MÉCANIQUE.   429

$$\text{ou } V = 2\pi\left[h\left(\frac{y^2-y'^2}{2}\right) + h\left(\frac{z^2-z'^2}{2}\right) + \text{etc.}\right]$$

PL. XI.

Mais la totalité des quantités multipliées par 2π est la somme des moments de tous les éléments de l'aire génératrice par rapport à l'axe, puisque

$$h\left(\frac{y^2-y'^2}{2}\right) = h(y-y')\left(\frac{y+y'}{2}\right) = h(y-y')\left(y' + \frac{y-y'}{2}\right):$$

or $h(y-y')$ est l'aire de l'élément mn, et $y' + \frac{y-y'}{2}$ est la distance du milieu de mn à l'axe; on peut donc à cette somme de moments substituer le moment de l'aire génératrice par rapport au même axe, ou le produit DAOB . CG; donc

$$V = 2\pi \cdot \text{AOBD} \cdot \text{CG} = \text{AOBD} \cdot \text{cir. CG}.$$

CHAPITRE II.

DES MACHINES.

45. Les machines sont des instruments propres à mettre en équilibre des forces de grandeurs et de directions quelconques; équilibre qui peut alors avoir lieu sans que les résultantes soient nulles d'elles-mêmes, pourvu qu'elles se dirigent vers les obstacles qui les détruisent par leur résistance. Ainsi, lorsque deux forces sont inégales et qu'elles agissent l'une sur l'autre, la plus petite ne peut faire équilibre à la plus grande que quand leur résultante commune passe par un point fixe. On voit donc que si à la place des obstacles on substitue des forces qui représentent leurs résistances actuelles, les lois de l'équilibre des machines seront les mêmes que celles des corps entièrement libres : c'est ce que l'on comprendra encore mieux par ce qui suit.

De l'équilibre des forces qui agissent les unes sur les autres par le moyen des cordes.

46. Nous supposerons d'abord les cordes sans pesanteur et réduites à leurs axes, qui seront alors des lignes parfaitement flexibles et inextensibles. Fig 26.

Soient trois cordons AT, AF et AP, réunis par le nœud A, et F une force ou puissance appliquée au cordon AF, qui retient le poids P en équilibre, au moyen du point fixe T, auquel le cordon AT est attaché; et proposons-nous de trouver les conditions de l'équilibre.

Décomposons la force agissante F, représentée par AB, en deux autres forces, dont l'une AI soit dirigée au point d'appui T, et l'autre AM, directement opposée au poids; ce qui exige que les trois cordons soient dans un même plan. La première AI de ces deux forces, sera

Pl. XI. détruite par la résistance indéfinie du point fixe, et représentera la pression exercée sur ce point, ou la tension T du cordon AT; et la seconde AM sera la force qui devra, pour l'équilibre, être égale au poids: on aura donc

$$F : P : T :: AB : AM : AI;$$

mais (n° 7), dans ce cas, chacune de ces trois forces est représentée par le sinus de l'angle formé par les directions des deux autres, ce qui donne les deux proportions suivantes:

$$T : P :: \sin. FAP : \sin. TAF,$$
$$F : P :: \sin. TAM : \sin. TAF.$$

Fig. 27. Si la corde TAF passe dans un anneau attaché à l'extrémité du cordon AP, la force P, dans le cas de l'équilibre, doit en outre diviser l'angle TAF en deux parties égales, puisque cette force se trouvant alors disposée de la même manière à l'égard des directions des cordons AF et AT, il n'y aura aucune raison pour que l'anneau glisse plutôt d'un côté que de l'autre; les deux parties TA et AF de la corde, sont donc également tendues, et l'on a

$$F : P :: \sin. \tfrac{1}{2} TAF : \sin. TAF :: 1 : 2 \cos. \tfrac{1}{2} TAF.$$

Fig. 28. **47.** Pour trouver le point où s'arrêterait un poids P attaché à un anneau enfilé par une corde de longueur donnée, et dont les extrémités sont retenues aux deux points fixes T et F, donnés de position; il faut, par chacun de ces points, mener une verticale, et de ces mêmes points comme centres, avec un rayon égal à la longueur de la corde, couper la verticale opposée en N et G; l'intersection A des deux droites TN et FG, sera le point cherché.

Parce qu'en menant les horizontales MN et GH, on aura dans les triangles égaux TMN et FGH, l'angle T égal à l'angle F, et par conséquent celui-ci égal à FNT, et AN=AF; donc, 1° TAF est la longueur de la corde; 2° la direction AP du poids divise l'angle TAF en deux angles égaux, comme étant respectivement égaux aux angles T et F.

48. Lorsque la force P tient l'anneau en équilibre, on peut regarder le point de l'anneau en contact avec la corde, comme un point fixe, et faire abstraction du reste de l'anneau; et il suit de ce qui précède, que si deux forces tendent une corde appuyée sur un point fixe, la pression sur ce point divise en deux parties égales l'angle formé par les deux parties de la corde qui sont alors également tendues.

Donc aussi lorsque deux forces se font équilibre au moyen d'une corde qui embrasse la convexité d'un polygone ou d'une courbe quelconque, la pression sur le sommet de chaque angle divise cet angle en deux parties égales, toutes les parties de la corde sont également tendues, et les deux forces sont égales.

Fig. 29. **49.** Soient maintenant plusieurs nœuds liés entre eux par les cordons

AB, BC, etc., et tirés par les forces P, Q, R, S et T; et supposons qu'on Pl. XII. veuille connaître, dans le cas de l'équilibre, le rapport entre deux forces quelconques du système, telles que P et T.

Les nœuds A, B, C, devant être en équilibre, et n'assemblant chacun que trois cordons, on aura, en désignant par m et n, les tensions respectives des cordons AB et BC, les proportions suivantes :

$$P : m :: \sin. a : \sin. b,$$
$$m : n :: \sin. d : \sin. c,$$
$$n : T :: \sin. f : \sin. e;$$

multipliant ces proportions entre elles, il vient

$$P : T :: \sin. a \sin. d \sin. f : \sin. b \sin. c \sin. e.$$

Si les forces Q, R et S étaient des poids, le polygone PABCT, et les Fig. 80. trois poids seraient dans un même plan vertical; en effet, le plan vertical PAQB, est le même que le plan vertical ABRC, comme ayant la droite commune et non verticale AB. Ce dernier plan, par une raison semblable, est le même que le suivant BCST. Les angles a et c, ainsi que ceux d et e, étant alors suppléments l'un de l'autre, ont le même sinus, et la proportion ci-dessus devient

$$P : T :: \sin. f : \sin. b,$$

laquelle, en menant la verticale XZ par le point de concours des forces P et T, est la même que celle-ci,

$$P : T :: \sin. g : \sin. h;$$

ce qui fait voir que la verticale XZ est la direction de la résultante des forces P et T; et par conséquent aussi celle de la résultante de tous les poids qui chargent la corde.

50. Considérons une corde pesante comme un fil chargé d'une infinité de petits poids; ce fil formera un polygone d'un nombre infini de côtés, ou une courbe qui sera tout entière dans un plan vertical avec les deux puissances appliquées à ses extrémités, suivant des directions tangentes à cette courbe; et si par le point de concours de ces deux tangentes on élève une verticale, cette droite passera par le centre de gravité de la corde, sera la direction de la résultante des deux puissances qui seront en raison inverse des sinus des angles que leurs directions formeront avec la verticale.

Donc, si une puissance agit sur un corps ou sur une machine au moyen d'une corde pesante, suivant une direction qui ne soit pas verticale, la corde ne transmettra pleinement l'action de cette puissance, qu'autant que la verticale, menée par le point de concours des tangentes aux extrémités de la courbe décrite par la corde, divisera en deux parties égales l'angle formé par ces deux tangentes.

51. Une corde pesante ne peut jamais être exactement tendue, si ce n'est dans une direction verticale.

Pl. XII. Car le poids de la corde, décomposé en deux forces directement op-
Fig. 30. posées aux deux puissances qui la tendent et la tiennent en équilibre, est
représenté par le sinus de l'angle formé par ces deux puissances : or le
poids de la corde n'étant jamais nul, cet angle ne peut jamais être égal à
deux droits.

Si les forces qui sollicitent un nœud sont au nombre de plus de trois, après avoir décomposé chacune d'elles en deux ou en trois autres respectivement parallèles à deux ou à trois axes rectangulaires, selon que les cordons sont ou ne sont pas dans un même plan, il faudra, pour établir l'immobilité du nœud, que la somme des forces, parallèle à chaque axe, soit égale à zéro ; ce qui fait voir que si le nœud est sollicité par plus de trois forces dans un même plan, et par plus de quatre forces non situées dans un même plan, les directions des forces étant données, le rapport de ces forces est indéterminé dans le cas de l'équilibre ; et si on regarde les extrémités des grandeurs respectives des tensions des cordons, à partir du nœud, comme un système de points, on trouvera que le nœud est le centre de gravité du système.

Du Levier.

52. Le *levier* est une verge inflexible, droite ou courbe, qu'on suppose ne pouvoir que tourner autour d'un point d'appui.

Fig 31. Soit une puissance F qui soutient le poids P au moyen du levier HAK, dont le point d'appui est en A. Supposons cette puissance appliquée au point B, où sa direction rencontre la verticale menée par le centre de gravité du poids ; tirons la droite BA au point d'appui ; prenons BC pour représenter la puissance F ; construisons sur BC, comme diagonale, et sur les directions BD et BA, le parallélogramme DCEB ; ce qui exige que les forces F et P, et le point d'appui A, soient dans un même plan. Nous pourrons substituer à la puissance F les deux forces BE et BD : or BE sera détruite par la résistance de l'appui, et BD étant directement opposée au poids P, doit lui être égale pour l'équilibre. Prenons BG = BD, et tirons GE ; les deux droites BG et CE étant égales et parallèles, BCEG est un parallélogramme, et BE, qui est la charge de l'appui, est la résultante de deux forces F et P ; donc puisque le point A est sur la direction de cette résultante, en abaissant les perpendiculaires AI et AM sur les directions des forces, on doit avoir :
F.AM—P.AI=0, ou

$$F : P :: AI : AM;$$

c'est-à-dire que deux puissances qui tendent à faire tourner un levier en sens contraires, et qui se font équilibre, sont en raison réciproque des distances de leurs directions au point d'appui.

Si l'on joint le point M avec le point I par la droite MI, les triangles AMI et BCE semblables, à cause que le quadrilatère AIBM est inscriptible à un cercle, donneront CE : BE :: AM : MI, ou en désignant par C la charge de l'appui, Pl. XII.

$$P : C :: AM : MI.$$

Le levier étant droit, si les puissances ont des directions parallèles, ces puissances sont en raison réciproque des parties du levier, comprises entre l'appui et leurs directions ; puisqu'on peut substituer au rapport des perpendiculaires AI et AM, celui de AH à AK. Ces longueurs se nomment les *bras* de levier des forces qui sont appliquées à leur extrémité ; quant à la charge de l'appui, elle est égale à la somme des forces. Fig. 32.

Lorsqu'une force F fait équilibre à un poids P, on peut à cette force en substituer une autre F' qui lui soit parallèle, et qui soit appliquée à un point K' du levier, telle que l'on ait, Fig. 33.

$$F : F' :: AK' : AK.$$

Car pour l'équilibre entre F et P, on a F . AK = P . AH, et pour l'équilibre entre F' et P, on doit avoir F' . AK' = P . AH ; donc F . AK = F' . AK', ou F : F' :: AK' : AK. Après cette substitution, la charge de l'appui, qui était F + P, deviendra F' + P ou F . $\frac{AK}{AK'}$ + P.

53. On distingue ordinairement trois espèces de leviers, selon les situations respectives de l'appui, du poids et de la puissance.

Si l'appui est entre le poids et la puissance, le levier est de la première espèce, et la puissance est d'autant plus petite que le poids, que son bras de levier est plus long que celui du poids.

Dans le levier de la seconde espèce, le poids est entre l'appui et la puissance, celle-ci est toujours plus petite que le poids.

Enfin, le levier est de la troisième espèce, lorsque la puissance est entre l'appui et le poids ; la puissance y est toujours plus grande que le poids.

Lorsqu'un levier est sollicité par plusieurs forces situées dans un même plan avec l'appui, ces forces ne peuvent être en équilibre qu'autant que leur résultante passe par le point d'appui ; le moment de cette résultante, et par conséquent la somme des moments de toutes les forces, par rapport au point d'appui, doit être égale à zéro.

Si l'on veut avoir égard à la pesanteur du levier, il faut considérer son poids comme une force appliquée verticalement à son centre de gravité, et comprendre son moment avec ceux des forces appliquées au levier.

54. La *balance* est un levier de la première espèce, qui sert à peser un corps avec un corps de même poids ; les bras de levier doivent donc être égaux. On la construit de manière à être en équilibre lorsque les bassins sont vides, et si l'on charge ensuite les bassins de deux poids égaux, l'équilibre devra encore subsister ; réciproquement si les bras de levier sont égaux, et si les poids mis dans les bassins se font équilibre, les poids devront être égaux, et l'un des deux fera connaître l'autre.

Lorsque les bras de la balance sont inégaux, les poids qui sont en rai-

Pl. XII. son réciproque de leurs bras de levier, sont aussi inégaux ; alors il faut peser le corps dont on veut connaître le poids successivement dans chaque bassin, et prendre une moyenne proportionnelle entre les deux poids qui ont fait équilibre à ce corps.

En effet, soient m le poids inconnu du corps à peser, a et b les bras de levier, p et q les poids employés. Le premier, en équilibre avec le corps m, donne $pa = mb$; et le second, en équilibre avec le corps m placé dans l'autre bassin, donne $qb = ma$; multipliant ces deux équations, on trouve

$$m = \sqrt{pq}.$$

Un autre procédé consiste à mettre le corps que l'on veut peser, en équilibre avec des poids quelconques ; à retirer ensuite le corps, qu'on remplacera par des poids connus, jusqu'à ce que l'équilibre soit rétabli : la somme de ces derniers poids représentera exactement le poids du corps. Ce procédé, dû à Borda, est connu sous le nom de *Méthode des doubles pesées*.

55. La *romaine* est un levier dont les bras sont inégaux, et qui sert à peser un corps attaché au plus petit bras, au moyen d'un poids constant qu'on éloigne suffisamment de l'appui. On la construit de manière à être en équilibre, indépendamment des deux poids ; et la balance étant chargée et en équilibre, si la distance du poids constant à l'appui est double ou triple de celle du corps, le poids de celui-ci est double ou triple du poids constant.

Des Poulies et Moufles.

56. Une *poulie* est une roue, dont la circonférence est creusée en gorge pour recevoir une corde, et qui est traversée par un boulon, ou axe, porté par les branches d'une chape.

Fig. 34. La poulie est fixe quand la chape est attachée à un point fixe. La puissance et la résistance à vaincre sont appliquées à la circonférence de la poulie, au moyen d'une même corde qui en enveloppe une partie.

Fig. 35. La poulie est mobile quand la chape est liée à la résistance et se meut avec elle.

Dans l'une et dans l'autre, lorsqu'il y a équilibre, les forces appliquées à la corde qui passe dans la gorge de la poulie, sont égales.

Donc, 1° la puissance est égale au poids dans l'équilibre de la poulie fixe, et cette poulie ne sert qu'à changer la direction de la puissance.

Fig. 36. 2° La force F étant appliquée au point où sa direction rencontre celle du poids, et représentée par AB, si on la décompose en deux forces, dont l'une verticale AC soit égale à AB, on a pour l'autre une force AD, qui divise l'angle FAP en deux parties égales, et qui par conséquent passe par le centre de la poulie et représente la charge de ce centre ; désignant donc cette charge par C, on a

$$P : C :: AC : AD.$$

MÉCANIQUE.   435

Mais si l'on tire les rayons MO et OI aux points où les cordons quit-Pl. XII. tent la poulie, et la soutendante MI de l'arc enveloppé par la corde, les triangles ABD et OMI semblables, comme ayant les côtés perpendiculaires chacun à chacun, donnent AB ou AC : AD :: OM : MI; donc aussi

$$P : C :: OM : MI.$$

Si les cordons étaient parallèles, OM serait $= \frac{1}{2}$ MI, et l'on aurait C=2P.

3° Dans la poulie mobile, le poids appliqué au centre doit diviser en deux Fig. 37. parties égales l'angle TAF formé par les cordons TM et FI, sans quoi la poulie glisserait le long de la corde. Supposons donc la force F, représentée par AB, appliquée en A, et décomposée en deux autres, dont l'une, AC=AB, soit dirigée au point fixe T; l'autre AD, divisera l'angle TAF en deux parties égales, sera directement opposée au poids, et devra lui être égale pour l'équilibre; on aura donc

$$F : P :: AB : AD;$$

ou, enmenant les rayons OM et OI, et la soutendante MI,

$$F : P :: OM : MI.$$

Si les cordons étaient parallèles, on aurait

$$F : P :: 1 : 2.$$

On voit donc que, dans l'équilibre de la poulie fixe ou mobile, les forces tangentielles sont égales, et sont chacune à la force du centre, comme le rayon de la poulie est à la sous-tendante de l'arc enveloppé par le cordon.

57. Lorsqu'une puissance soutient un poids au moyen d'un système de Fig. 38. poulies mobiles embrassées chacune par un cordon attaché, d'une part, à un point fixe, et de l'autre, au centre de la poulie voisine, la puissance est au poids, comme le produit des rayons des poulies mobiles est au produit des sous-tendantes des arcs enveloppés de ces poulies.

En effet, soient T et T', les tensions des cordons IK et LM; r, r', r'', les rayons des poulies A, B, C; s, s', s'', les soustendantes des arcs enveloppés, on a, par ce qui précède,

$$F : T :: r : s;$$
$$T : T' :: r' : s';$$
$$T' : P :: r'' : s''.$$

Multipliant ces proportions, il vient

$$F : P :: r . r' . r'' : s . s' . s''.$$

Si les cordons étaient parallèles, les sous-tendantes seraient doubles des rayons correspondants, et on aurait, en désignant par n le nombre des poulies mobiles;

$$F : P :: 1 : 2^n.$$

58. Une *moufle* est un système de poulies assemblées dans une même Fig. 39.

28*

Pl. XII.
Fig. 39.
chape, sur le même axe, ou sur des axes particuliers. On emploie en même temps deux moufles, l'une est attachée à un point fixe, et l'autre est liée à la résistance, et se meut avec elle; toutes les poulies des deux moufles sont embrassées par une même corde, dont un des bouts est attaché à une des deux moufles, et l'autre est tiré par la puissance.

Si une puissance retient un poids en équilibre, au moyen des moufles, la puissance est égale au poids divisé par la somme des cosinus des angles que font avec la verticale les cordons qui vont d'une moufle à l'autre.

Car si l'on décompose les tensions égales de ces cordons, chacune en trois autres perpendiculaires entre elles, et dont une soit verticale, il n'y aura que celles-ci qui produiront l'équilibre; leur somme devra donc être égale au poids : or, chacune de ces dernières forces est égale à la tension de la corde, ou à la puissance multipliée par le cosinus de l'angle que le cordon correspondant fait avec la verticale; donc, si l'on désigne ces angles par α, α', α'', la puissance par F, et le poids par P, on aura

$$F \cos. \alpha + F \cos. \alpha' + F \cos. \alpha'' = P,$$

ou

$$F = \frac{P}{\cos. \alpha + \cos. \alpha' + \cos. \alpha''}.$$

S'il y avait n cordons allant d'une moufle à l'autre, et s'ils étaient parallèles, on aurait

$$F = \frac{P}{n}.$$

De l'équilibre dans le Tour, Treuil ou Cabestan.

Fig. 40.
59. Le *tour* est composé d'un cylindre et d'une roue qui ont le même axe, et qui sont liés solidement l'un à l'autre. La puissance appliquée tangentiellement à la roue, fait tourner cette roue et le cylindre, et celui-ci s'enveloppe en même temps de la corde à laquelle est attaché le poids qu'on veut approcher de la machine.

Au lieu d'une roue, on peut employer des leviers implantés dans le corps du cylindre, perpendiculairement à son axe ; et chaque puissance agit à l'extrémité d'un de ces leviers.

60. Dans l'équilibre du tour, la puissance est au poids ou à la résistance, comme le rayon du cylindre est au rayon de la roue.

Fig. 41.
En effet, soit ABO une section de la roue, faite par le plan perpendiculaire à l'axe, dans lequel se trouve la direction de la puissance F; DEC une section du cylindre, faite par un plan parallèle à celui de la roue et passant par le centre de gravité du poids P. On pourra supposer ce poids appliqué à l'extrémité du rayon horizontal CE de cette section. Menons le rayon OA au point d'application de la puissance ; suivant ce rayon et l'axe du cylindre conduisons un plan, ce plan coupera la section cylindrique suivant le

MÉCANIQUE. 437

rayon CD, parallèle à AO ; tirons la droite DO, qui rencontrera l'axe en G ; Pl. XII. et concevons la force F décomposée en deux forces T et S, qui lui soient Fig. 41. parallèles et soient appliquées aux points D et G ; nous pourrons supposer que le poids est soutenu par ces deux forces ; or, la force S passant par l'axe du cylindre, ne tend à produire aucun mouvement de rotation, et ne contribue en rien à soutenir le poids ; la force T fait donc seule équilibre au poids ; et à cause que l'angle TDC est égal à l'angle droit FOA, il s'ensuit que TD est perpendiculaire à DC ; de plus, comme les forces T et P sont dans un même plan, on peut regarder la force T comme faisant équilibre au poids P, au moyen du levier DCE, dont l'appui est en C, et dont les bras sont égaux ; donc T = P. Mais les forces T et S étant les composantes parallèles de F, on a

$$F : T :: GD : GO :: DC : AO ;$$

donc aussi,
$$F : P :: DC : AO.$$

Pour trouver la charge de chacun des appuis, on supposera que le poids est appliqué en C, et on le décomposera en deux forces verticales, passant par les appuis H et K ; on considérera ensuite la puissance F comme appliquée en A, parallèlement à sa direction, et on la décomposera en deux forces qui lui soient parallèles, et passant aussi par les deux appuis : alors, abstraction faite du poids de la machine, on connaîtra les deux forces qui sollicitent chaque appui, et l'angle que ces deux forces font entre elles ; on aura donc la grandeur et la direction de la pression exercée sur chacun des appuis.

Il reste à prouver que les forces P et F peuvent être supposées appliquées aux points C et A de l'axe, parallèlement à leurs directions.

1° Les deux forces T et P se faisant équilibre au moyen du levier ECD, dont le point d'appui est en C, se réduisent à une seule force qui passe par ce point ; donc, si on conçoit cette résultante appliquée en C, et décomposée en deux forces T' et P', respectivement parallèles à T et P, on aura

$$P' = P \text{ et } T' = T.$$

2° Les deux forces T' et S étant parallèles, et agissant sur l'axe, ont une résultante $F' = T' - S = T - S = F$, qui rencontrent l'axe en un point distant de G, d'une quantité x qu'on trouvera par cette proportion :

$$F' : T' \text{ ou } F : T :: GC : x ;$$
mais
$$F : T :: GD : GO ;$$
ou
$$F : T :: GC : GA.$$

En comparant la dernière proportion avec la première, on voit que $x = GA$; donc, il s'exerce sur l'axe, au point C, une force verticale égale au poids ; et au point A, une force égale et parallèle à F

La proportion $F : P :: CD : AO$, donne

$$F \cdot AO = P \cdot CD ;$$

ou, en représentant par R et r les rayons de la roue et du cylindre,
$$FR = Pr.$$

61. Donc, lorsque deux forces, qui ne sont pas dans un même plan, tendent à faire tourner un treuil ou un corps quelconque autour d'un axe, les moments de ces forces, par rapport à l'axe, sont égaux entre eux, lorsqu'il y a équilibre.

Si les forces n'agissaient pas dans des plans perpendiculaires à l'axe, il faudrait, pour l'équilibre, que les moments de leurs projections sur un plan perpendiculaire à l'axe, fussent égaux entre eux.

Dans l'évaluation du rayon du cylindre, il faut supposer le poids appliqué à l'axe de la corde, ce qui augmente le rayon du cylindre d'un ou de plusieurs demi-diamètres de la corde.

62. La *chèvre* qui sert à élever des pièces de canon, est composée d'un cabestan et d'un équipage de moufles. Dans cette machine, la puissance appliquée au levier du cabestan, est à la tension du câble, comme le rayon du cylindre est à la longueur du bras de levier; mais cette tension est au poids à soulever, comme l'unité est au nombre des brins qui soutiennent le poids; la puissance est donc au poids, comme le rayon du cabestan est à autant de fois la longueur du bras de levier, qu'il y a de brins.

63. Le *cric* est composé d'une barre de fer, dentée d'un côté, et retenue par une chape dans laquelle cette barre est mobile dans le sens de sa longueur; les dents de la barre engrènent avec celles d'un pignon qu'une puissance fait tourner au moyen d'une manivelle. La résistance qu'une dent de la barre oppose à la dent correspondante du pignon, peut être considérée comme un poids appliqué à un cylindre de même rayon que le pignon, et le rayon de la manivelle, comme un levier implanté dans le corps du pignon; la puissance est donc au poids que la barre supporte, ou à l'effort que cette barre exerce dans le sens de sa longueur, comme le rayon du pignon est au rayon de la circonférence que la manivelle tend à décrire.

Pour augmenter la force du cric, on peut faire engrener les dents du pignon avec celles d'une roue, et les dents du pignon de cette roue avec celles de la barre; alors la puissance est à l'effort qui s'exerce sur une des dents de la roue, comme le rayon du pignon est à celui de la circonférence que la manivelle tend à décrire; et cet effort est au poids comme le rayon du pignon de la roue est au rayon de cette roue. En multipliant ces deux proportions, on trouvera que la puissance est au poids, comme le produit des rayons des pignons est au produit des rayons de la roue et de la manivelle.

64. On prouvera, par un raisonnement semblable, que, si une puissance soutient un poids, au moyen de plusieurs roues dentées, portant chacune un pignon dont les dents engrènent celles de la roue voisine, la puissance est au poids comme le produit des rayons des pignons est au produit des rayons des roues.

De l'équilibre sur les Plans.

65. Un corps qui ne touche un plan qu'en un point, et qui est sollicité Pl. XII. par plusieurs forces, ne peut demeurer en équilibre sur ce plan, qu'autant que toutes ces forces sont réductibles à une seule, dirigée au point d'appui perpendiculairement au plan.

Car, le plan ne résistant qu'au point d'appui, suivant une direction qui lui est perpendiculaire, il ne peut détruire qu'une force de même direction et passant par ce même point.

Donc, si le corps n'est sollicité que par la pesanteur, il faut, pour qu'il demeure en équilibre, que le plan soit horizontal, et que la verticale abaissée du centre de gravité de ce corps, passe par le point d'appui.

Lorsque le corps touche le plan en deux points, la résultante de toutes les forces qui le sollicitent, doit être perpendiculaire au plan, et rencontrer la droite qui joint les points d'appui entre ces points ; parce qu'alors cette résultante se décompose en deux forces perpendiculaires au plan, appliquées aux deux appuis, et qui sont détruites par ces appuis.

Si le corps touche le plan en trois points, la résultante de toutes les forces qui le sollicitent doit rencontrer l'aire du triangle formé par les droites qui joignent ces trois points ; puisqu'alors on peut décomposer cette résultante en deux forces perpendiculaires au plan, dont l'une soit appliquée à un des appuis, et l'autre à un point de la droite qui joint les deux autres appuis : cette dernière force peut ensuite être décomposée en deux forces perpendiculaires au plan, et appliquées aux deux derniers appuis. En prenant les moments de ces trois composantes et de leur résultante, par rapport à un des côtés du triangle, on verra que la pression du point d'appui opposé à ce côté, et la pression totale, sont en raison inverse des distances de leurs directions à ce côté.

Enfin, lorsque le corps touche le plan en plus de trois points, le problème de déterminer la pression de chacun des appuis reste indéterminé ; car la pression totale, décomposée en forces perpendiculaires au plan et appliquées aux appuis, donne trois conditions, qui sont : que la somme des moments des composantes, prises successivement par rapport à deux axes tirés dans le plan, soit égale au moment de la pression totale, et que la somme des composantes soit égale à la pression totale ; ces trois conditions fournissent donc moins d'équations que d'inconnues.

66. Lorsqu'une puissance retient un corps pesant en équilibre sur un Fig. 46. plan incliné, la puissance est au poids de ce corps, comme le sinus de l'inclinaison du plan à l'horizon, est au cosinus de l'angle que la direction de la puissance fait avec le plan.

En effet, imaginons une verticale par le centre de gravité G du corps M ; la direction de la force F, qui fait équilibre au poids P de ce corps, doit rencontrer la verticale en un point I, duquel on puisse abaisser sur le plan une perpendiculaire qui ne laisse pas tous les points d'appui d'un même côté. Concevons la puissance F, représentée par ID, et décomposée en deux forces : l'une IH directement opposée au poids, et l'autre IK perpendiculaire au plan, ce qui exige que la puissance agisse dans un plan vertical perpendiculaire au plan incliné. La force IK étant perpendiculaire au plan, sera détruite, et représentera la charge du plan. Quant à la force IH, elle devra être égale au poids pour l'équilibre. Nommons α, l'inclinaison du plan à l'horizon ; β, l'angle que la puissance fait avec le plan ; et γ, l'angle que la puissance fait avec l'horizontale IO. La décomposition de la force F, donne 1°

$$F : P :: \sin. HIK : \sin. FIR.$$

Or, $\sin. HIK = \sin. KIP = \sin. \alpha$, et $\sin. FIR = \cos. \beta$; donc

$$F : P :: \sin. \alpha : \cos. \beta.$$

2° Si on appelle R la pression sur le plan, on a

$$R : P :: \sin. FIH : \sin. FIR.$$

Mais : $\sin. FIH = \cos. \gamma$, donc

$$R : P :: \cos. \gamma : \cos. \beta.$$

La valeur $F = \dfrac{P \sin. \alpha}{\cos. \beta}$ apprend que, le poids et l'inclinaison du plan à l'horizon restant les mêmes, la puissance est d'autant plus petite que $\cos. \beta$ est plus grand ; donc la direction la plus avantageuse de la puissance est parallèle à la longueur du plan incliné, et on a alors

$$F : P :: \sin. \alpha : 1.$$

Si on abaisse, du sommet A du plan, la verticale AC, cette ligne est appelée la *hauteur* du plan; AB en est la *longueur*, et BC la *base*. Désignant ces trois quantités respectivement par h, l et b, le triangle rectangle ABC donne

$$\sin. \alpha : 1 :: h : l;$$

donc, $\quad\quad\quad\quad F : P :: h : l.$

Dans le même cas, on a, pour la pression sur le plan,

$$R : P :: \cos. \alpha : 1 :: b : l.$$

Si la direction de la puissance est horizontale, on a $\beta = \alpha$, et les deux proportions primitives deviennent pour ce cas,

$$F : P :: \sin. \alpha : \cos. \alpha :: h : b,$$
et $\quad\quad R : P :: 1 : \cos. \alpha :: l : b.$

67. Un corps pesant ne peut être en équilibre entre deux plans inclinés, qu'autant qu'il se trouve, dans la verticale qui passe par le centre de gravité de ce corps, un point I, duquel on puisse abaisser sur chaque plan une perpendiculaire qui ne laisse pas d'un même côté tous les points de contact du corps avec le plan; il faut aussi que ces perpendiculaires soient Pl. XII dans un même plan vertical.

Car on peut supposer alors que le poids du corps, considéré comme appliqué en I, est décomposé en deux forces S et T, dirigées, suivant ces deux perpendiculaires, pour être détruites par ces plans. Fig. 47.

Les droites IS, IP et IT, devant être dans un plan vertical perpendiculaire à chacun des plans inclinés, l'intersection de ces derniers plans doit donc être perpendiculaire au plan vertical SIT, ou être horizontale.

Si on désigne le poids du corps par P; par S et T, les pressions exercées respectivement sur les plans AB et AC; et par α et β, les inclinaisons de ces plans à l'horizon, on aura

$$P : S : T :: \sin. \text{SIT} : \sin. \text{PIT} : \sin. \text{PIS}.$$

Mais l'angle SIT a le même sinus que l'angle BAC, et ce dernier angle a pour supplément la somme des angles α et β; donc $\sin.$ SIT $= \sin. (\alpha + \beta)$, et les angles PIT et PIS sont respectivement égaux aux angles β et α. Donc,

$$P : S : T :: \sin. (\alpha + \beta) : \sin. \beta : \sin. \alpha.$$

Si les plans sont également inclinés à l'horizon, on a $\beta = \alpha$, et par conséquent,

$$P : S :: \sin. 2\alpha : \sin. \alpha :: 2\cos. \alpha : 1.$$

De la Vis.

68. La *vis* est un cylindre droit, enveloppé d'un filet uniforme qui lui est adhérent, et qui fait partout un même angle avec la génératrice du cylindre.

On appelle *pas de la vis*, l'intervalle AB entre deux filets consécutifs, Fig. 48. mesuré parallèlement à l'axe de la vis.

Si sur AB on construit un triangle rectangle en B, dont le côté BM soit égal à la circonférence du cylindre, et qu'on enveloppe le cylindre avec ce triangle, le point M viendra aboutir en B; l'hypoténuse AEB conservera constamment la même inclinaison sur AB et ses parallèles, et sera la position du filet sur la surface du cylindre; le filet suivant n'aura la même inclinaison que AEB, qu'autant qu'il sera l'hypoténuse d'un triangle BFI, parfaitement égal au triangle ABM.

Donc, 1° tous les pas d'une vis sont égaux entre eux.

2° Un point pesant en équilibre sur le filet de la vis, peut être considéré comme retenu sur un plan incliné, dont la hauteur et la base seraient respectivement égales au pas de la vis, et à la circonférence du cylindre.

3° On peut concevoir le filet de la vis, comme composé d'autant d'hélices parallèles entre elles, qu'il y a de points dans la section du filet, chacune de ces hélices étant supposée envelopper un cylindre d'un rayon égal à la distance de cette hélice à l'axe de la vis.

Pl. XII. L'*écrou* est un solide creusé cylindriquement, et sillonné intérieurement, de la même manière que le cylindre de la vis est revêtu extérieurement. On peut se représenter le creux de l'écrou, comme le moule de la partie de la vis qu'il embrasse. La puissance agit le plus souvent à l'extrémité d'un levier implanté dans le corps de la vis ou de l'écrou.

69. Dans l'équilibre de la vis, la puissance appliquée à l'écrou, est au poids dont l'écrou est chargé, ou à l'effort que la puissance exerce dans le sens de l'axe, comme le pas de la vis est à la circonférence que la puissance tend à décrire.

Fig. 49. En effet, la vis étant fixe et verticale, il est clair que l'écrou abandonné à sa pesanteur, parcourrait, en tournant, tous les filets inférieurs de la vis, et qu'une puissance horizontale F, appliquée à l'écrou, pourrait s'opposer à ce mouvement. Supposons donc que le poids P, dont l'écrou est chargé, soit décomposé en autant de petits poids, tels que celui p, qu'il y a de points de l'écrou qui appuient sur le filet de la vis : concevons de même la puissance F, décomposée en autant de forces horizontales qu'il y a de ces petits poids, et soit f, la force élémentaire qui doit faire équilibre au poids élémentaire p, placé en A. Menons par l'axe une horizontale IAD, qui passe par le point A, et supposons que la force f agisse perpendiculairement à ID ; imaginons de plus que le poids p soit retenu d'abord immédiatement par une force parallèle à F ; nommons H le pas de la vis, et désignons par r et R les distances IA et ID. A cause que la force r horizontale retient le poids p, à l'aide d'un plan incliné dont la hauteur est H et dont la base est la circonférence qui a r pour rayon, on a

$$s : P :: H : 2\pi r.$$

Mais en regardant IAD comme un levier dont le point d'appui est en I, et observant que la force f doit produire le même effet que la force s, on a

$$f : s :: r : R.$$

Multipliant ces deux proportions, il viendra

$$f : p :: H : 2\pi R.$$

Et puisque ce rapport est indépendant de r, il sera le même entre la totalité des forces f ou F, et la totalité des poids p ou P ; donc

$$F : P :: H : 2\pi R.$$

Fig. 50. **70.** Si on suppose que la roue d'un treuil soit dentée, et que ses dents engrènent avec les filets d'une vis qu'une puissance tend à faire tourner au moyen d'une manivelle, on déterminera, ainsi qu'il suit, le rapport de la puissance au poids.

La puissance est à la résistance qu'une des dents de la roue oppose au filet de la vis, comme le pas de la vis est à la circonférence que la puissance tend à décrire ; mais cette résistance est au poids appliqué à la circonférence du cylindre, comme le rayon du cylindre est au rayon de la roue. Multipliant ces proportions, on aura le rapport cherché de la puissance au poids. Pl. XII.

Cette machine, qu'on appelle *vis sans fin*, participe du levier, du plan incliné et du tour.

Du Coin.

71. Le *coin* est un prisme triangulaire, dont une des faces qu'on appelle la tête du coin, est ordinairement plus étroite que chacune des deux autres : celles-ci forment par leur rencontre une arête qui est le tranchant du coin; c'est par cette arête que le coin pénètre dans le corps que l'on veut diviser. Fig. 51.

Soit ABC le profil du coin, ou la section faite par un plan perpendiculaire aux arêtes, et passant par la direction de la puissance F appliquée perpendiculairement à AB; décomposons cette force en deux autres X et Y, respectivement perpendiculaires aux côtés AC et BC, nous aurons

$$F : X : Y :: \sin. XOY : \sin. FOY : \sin. FOX;$$

mais on peut substituer à ces sinus ceux des angles C, B et A, ou les côtés opposés à ces angles dans le triangle ABC, et la suite proportionnelle se changera en celle-ci,

$$F : X : Y :: AB : AD : BC.$$

Si l'on décompose la force Y en deux autres; l'une perpendiculaire, et l'autre Z parallèle à la tête du coin, on aura

$$Y : Z :: 1 : \sin. FOY :: 1 : \sin. B;$$

et, en abaissant CK perpendiculaire à la tête du coin, on a

$$1 : \sin. B :: CB : CK;$$

donc, $\quad Y : Z :: CB : CK$

Or nous avons trouvé précédemment

$$F : Y :: AB : CB;$$

multipliant ces proportions, on trouvera

$$F : Z :: AB : CK.$$

On aurait le même rapport entre la force F et celle de Z' qu'elle produit parallèlement à AB sur l'autre côté du coin, on aurait donc

$$F : Z + Z' :: AB : 2CK.$$

Du Frottement.

72. Le *frottement* est la résistance qu'on éprouve à faire glisser un corps sur un autre. Cette résistance provient de la nature des corps dont la surface est toujours composée de parties saillantes et rentrantes. Lorsqu'un corps appuie contre un autre, les parties saillantes d'une des deux

PL. XII. surfaces s'engagent plus ou moins dans les cavités de l'autre, et si l'on veut faire glisser un des deux corps sur l'autre, il faut dégager les aspérités, les fléchir ou les rompre, et par conséquent employer à cet effet une certaine force qu'on appelle *frottement*.

Le frottement, dépendant de la nature et de l'état des surfaces en contact, ne peut être déterminé exactement par des règles générales. On sait, par l'expérience, qu'on diminue le frottement en polissant les surfaces, et en en bouchant les pores avec des matières grasses; qu'on éprouve la même résistance à faire mouvoir un corps sur sa plus grande ou sur sa plus petite face, pourvu que celle-ci n'approche pas trop d'être une arête ou une pointe; enfin, que le frottement est proportionnel à la pression.

73. Lorsqu'on voudra déterminer pour deux substances, le rapport du frottement à la pression, on placera un des deux corps sur un plan de même matière que le second; on inclinera le plan jusqu'à ce que le corps placé sur ce plan soit prêt à glisser; alors le rapport de la hauteur du plan à sa base sera le rapport du frottement à la pression pour les deux substances.

Fig. 52. En effet, supposons que le corps M est sur le point de glisser le long du plan AB; abaissons une verticale du centre de gravité de ce corps, et prenons IK sur cette verticale pour représenter le poids du corps M; décomposons ce poids en deux forces, l'une IQ perpendiculaire au plan, et l'autre IH suivant ce plan; la première sera la pression du corps sur le plan, et la seconde sera la force avec laquelle le corps tend à glisser le long du plan; donc puisqu'elle est détruite, et qu'elle est directement opposée au frottement, cette seconde force IH est égale au frottement; or à cause des triangles semblables HIK et ABC, on a

$$HI : IQ :: AC : BC.$$

désignant par Φ le frottement, par P la pression, et par φ le rapport, donné par l'expérience, de la hauteur AC du plan à sa base BC, on a

$$\Phi = \varphi P = P . \text{tang. ABC}$$

car
$$\varphi = \text{tang. ABC}$$

on voit donc que si l'on place une corps pesant quelconque, sur un plan horizontal, et qu'on incline ensuite ce plan jusqu'à ce que le corps prenne un mouvement de glissement naissant, l'angle ABC formé par ce plan avec l'horizon, a une tangente numériquement égale au rapport du frottement à la pression pour les substances en contact.

L'angle ABC s'appelle dans le cas présent, *angle du frottement*.

74. Déterminons le frottement dans le treuil, le levier et la poulie.

Soit F la puissance qui peut faire équilibre au poids P, en faisant abstraction du frottement; f la quantité dont la puissance F doit être augmentée pour vaincre le frottement ; i l'angle que la puissance fait avec la direction du poids; R, r, r' les rayons respectifs de la roue, du cylindre et de l'essieu. Cela posé, la pression que l'essieu exerce sur les tourillons étant la résultante des deux forces $F+f$ et P, sera exprimée par

$$\sqrt{(F+f)^2+P^2+2P(F+f)\cos.\,i};$$

le frottement Φ, qui est une partie φ de cette pression, sera

$$\Phi=\varphi\sqrt{(F+f)^2+P^2+2P(F+f)\cos.\,i};$$

et comme cette force est tangente à l'essieu, son moment par rapport à l'axe sera

$$\varphi\,r'\sqrt{(F+f)^2+P^2+2P(F+f)\cos.\,i};$$

donc, puisque la force f doit contre-balancer le frottement, le moment de f doit être égal au moment du frottement, et on a

$$f\mathrm{R}=r'\varphi\sqrt{(F+f)^2+P^2+2P(F+f)\cos.\,i};$$

dans laquelle il faudra mettre au lieu de F sa valeur $\dfrac{Pr}{R}$.

Si la puissance est verticale, l'équation précédente donne

$$f=\frac{\varphi\,P\,r'\left(1+\dfrac{r}{R}\right)}{r-r'\varphi}.$$

Cette formule convient au tour et au levier traversé par un boulon.

Pour la poulie, on fera $R=r$, et on aura

$$f=\frac{2\varphi P r'}{r-r'\varphi}.$$

Ces deux dernières formules font voir que plus on diminuera le rayon de l'essieu, en lui conservant la solidité nécessaire, plus le frottement diminuera.

Ajoutons P à la dernière valeur de f, et représentons par S la somme de ces deux forces ; nous aurons

$$S=P\left(\frac{r+r'\varphi}{r-r'\varphi}\right)$$

pour la puissance S prête à élever le poids dans la poulie, lorsque les cordons sont parallèles.

75. Cherchons maintenant la puissance nécessaire pour vaincre la résistance et le frottement dans les moufles.

Nous supposerons les cordons parallèles entre eux, les poulies de même matière et de mêmes rayons, les boulons de même matière et de mêmes rayons, et nous représenterons par m la quantité $\dfrac{r+r'\varphi}{r-r'\varphi}$. Cela posé, si t est la tension du cordon le plus éloigné de la puissance, tm sera la tension du cordon suivant, lorsqu'il sera sur le point d'entraîner le premier cordon ; la tension du troisième cordon, dans la même circonstance, sera exprimée par tm^2 ; tm^3 sera la tension du quatrième cordon ; et si la puissance F est appliquée au cinquième cordon, on aura

$$F = tm^4 ;$$

mais la somme des tensions des cordons qui vont d'une moufle à l'autre, doit être égale au poids ;

donc, $\quad P = t(1 + m + m^2 + m^3) ;$

et par conséquent,

$$P = \frac{Pm^4(m-1)}{m^4-1}.$$

76. Pour déterminer la puissance F capable de vaincre la résistance et le frottement sur le plan incliné, représentons par α l'angle que la direction de cette puissance fait avec le plan, par i l'inclinaison du plan à l'horizon, et le poids par P ; décomposons les forces F et P chacune en deux autres, dont l'une soit parallèle et l'autre perpendiculaire au plan. Les forces parallèles au plan seront F cos. α et P sin. i ; les forces perpendiculaires au plan seront exprimées par F sin. α et P cos. i ; la somme de celles-ci, qui est la pression sur le plan, étant multipliée par φ, exprimera le frottement, et la puissance F sera sur le point d'entraîner le poids P si on a l'équation

$$F \cos.\alpha = P \sin.i + \varphi(P \cos.i \pm F \sin.\alpha);$$

d'où l'on tire

$$F = \frac{P(\sin.i + \varphi \cos.i)}{\cos.\alpha \mp \varphi \sin.\alpha}.$$

Si la puissance F est parallèle au plan, la formule précédente devient

$$F = \frac{P(h + \varphi b)}{l},$$

en désignant respectivement par h, b et l la hauteur, la base et la longueur du plan ;

Et si la puissance est horizontale, on a pour sa valeur,

$$F = P\left(\frac{h + \varphi b}{b - \varphi h}\right).$$

On peut appliquer cette dernière formule à la vis, en substituant (*voyez* l'équilibre de la vis) à la force s, la quantité $\frac{P(h + 2\varphi \pi r)}{2\pi r - \varphi h}$, dans la proportion $f : s :: r : R$. On en tire alors,

$$f = \frac{Pr}{R}\left(\frac{h + 2\varphi \pi r}{2\pi r - \varphi h}\right),$$

et en prenant pour r le rayon moyen de toutes les hélices élémentaires qui composent la surface pressée du filet, on aura, à peu près, pour la force prête à faire naître le mouvement dans la vis,

$$F = \frac{Pr}{R}\left(\frac{h + 2\varphi \pi r}{2\pi r - \varphi h}\right).$$

MÉCANIQUE.   447

Cherchons maintenant la valeur du frottement dans les tourillons des piè- Pl. XII, Fig. 39 bis.
ces de rotation.

Soit A un tourillon tournant dans le palier M*m*N, R*m* la direction de la pression R, qui s'exerce sur ce tourillon par l'effet des forces qui agissent sur lui. Si le système était en repos, le tourillon se placerait dans le palier de manière que la direction de la force R fût normale à sa surface, et à celle du palier à leur point de contact commun ; mais à cause du mouvement de rotation, qui est censé avoir lieu de droite à gauche, le tourillon se transporte dans le palier jusqu'à ce qu'il soit parvenu en *m* dans une situation telle que la tangente *mp* au point *m* fasse avec *m*R un angle égal au complément de l'angle du frottement (73), et il s'y maintient en équilibre sans pouvoir glisser le long de la surface du palier.

En nommant donc f le rapport du frottement à la pression, la tangente de l'angle $pm\text{R}$ sera $\frac{1}{f}$, et son sinus $\frac{1}{\sqrt{1+f^2}}$, la pression normale qui aura lieu en m sera donc $\frac{\text{R}}{\sqrt{1+f^2}}$, et le frottement qu'elle occasionnera $\frac{\text{R}f}{\sqrt{1+f^2}} = f'\text{R}$, en posant pour abréger $\frac{f}{\sqrt{1+f^2}} = f'$, son moment par rapport à l'axe A du tourillon, qui reste fixe sera donc égal à

$$f' \text{R} r$$

r étant le rayon du tourillon.

Lorsque ce tourillon est absolument fixe et qu'une roue percée en un axe d'un œil cylindrique pour le recevoir, tourne autour de lui, les mêmes choses ont évidemment lieu si ce n'est que la rotation s'opérant autour du centre du vide, le moment du frottement ne sera plus $f'\text{R}r$, mais bien

$$f' \text{R} r'$$

r' étant le rayon du vide.

Il résulte des expériences faites par M. le capitaine d'artillerie *Morin*, de 1831 à 1834, tant sur le frottement des surfaces planes que sur celui des tourillons, que le frottement est :

1° Proportionnel à la pression, dans un rapport constant qui ne dépend que de la nature des corps en contact et de celle de l'enduit.

2° Indépendant de l'étendue de la surface en contact.

3° Indépendant de la vitesse du mouvement.

Enfin, il est vrai, ainsi que Coulomb l'avait constaté, que pour beaucoup de corps, et notamment pour les bois, le frottement est plus grand lorsque les surfaces ont été quelque temps en contact, que quand le mouvement est acquis. Mais il résulte d'un grand nombre d'observations qu'un léger ébranlement peut faire disparaître cette différence, et décider la séparation des surfaces en contact par un effort de traction, peu supérieur à celui qui suffit pour vaincre le frottement quand ce mouvement est acquis. Nous donnons ci-après le résumé des expériences de M. Morin.

TABLEAU I. — *Frottement des surfaces planes à l'instant du départ ou lorsqu'elles ont été quelque temps en contact.*

INDICATION des surfaces en contact.	DISPOSITION des fibres.	ÉTAT des surfaces.	RAPPORT du frottement à la pression.
Chêne sur chêne.	parallèles.	sans enduit.	0,62
	idem.	frottées de savon sec.	0,44
	perpendiculaires.	sans enduit.	0,54
	idem.	mouillées d'eau.	0,71
	bois debout sur bois à plat.	sans enduit.	0,43
Chêne sur orme.	parallèles.	idem.	0,38
Orme sur chêne.	idem.	idem.	0,69
	idem.	frottées de savon sec.	0,41
	perpendiculaires.	sans enduit.	0,57
Frêne, sapin, hêtre, sorbier sur chêne.	parallèles.	idem.	0,53
Cuir tanné sur chêne.	le cuir à plat.	idem.	0,61
	le cuir de champ.	idem.	0,43
		mouillées d'eau.	0,79
Cuir noir, corroyé ou courroie.. sur surface plane en chêne.	parallèles.	sans enduit.	0,74
sur tambour en chêne..	perpendiculaires.	idem.	0,47
Natte de chanvre sur chêne.	parallèles.	sans enduit.	0,50
	idem.	mouillées d'eau.	0,87
Corde de chanvre sur chêne.	idem.	sans enduit.	0,80
Fer sur chêne.	idem.	idem.	0,62
	idem.	mouillées d'eau.	0,65
Fonte sur chêne.	idem.	idem.	0,65
Cuivre jaune sur chêne.	idem.	sans enduit.	0,62
Cuir de bœuf pour garniture de piston sur fonte.	à plat ou de champ	avec huile, suif ou saindoux.	0,12
Cuir noir corroyé ou courroie sur poulie en fonte.	à plat.	sans enduit.	0,28
		mouillées d'eau.	0,38
Fonte sur fonte.	»	sans enduit.	0,16
Fer sur fonte.	»	idem.	0,19
Chêne, orme, charme, fer, fonte et bronze glissant deux à deux, l'un sur l'autre.	»	enduites de suif.	0,10
		enduites d'huile ou de saindoux.	0,15

TABLEAU II. — *Frottement des surfaces planes en mouvement les unes sur les autres.*

INDICATION des surfaces en contact.	DISPOSITION des fibres.	ÉTAT des surfaces.	RAPPORT du frottement à la pression.
Chêne sur chêne. . . .	parallèles.	sans enduit. . . .	0,48
	idem.	frottées de savon sec	0,16
	perpendiculaires..	sans enduit. . . .	0,34
	idem.	mouillées d'eau. .	0,25
	bois debout sur bois à plat. . .	sans enduit. . . .	0,19
Orme sur chêne.	parallèles.	idem.	0,43
	perpendiculaires..	idem.	0,45
Frêne, sapin, hêtre, poirier sauvage, et sorbier sur chêne.	parallèles.	idem.	0,36 à 0,40
		idem.	0,62
Fer sur chêne.	idem.	mouillées d'eau. .	0,26
		frottées de savon sec	0,21
		sans enduit. . . .	0,49
Fonte sur chêne. . . .	idem.	mouillées d'eau. .	0,22
		frottées de savon sec	0,19
Cuivre jaune sur chêne.	idem.	sans enduit. . . .	0,62
Fer sur orme.	idem.	idem.	0,25
Fonte sur orme.	idem.	idem.	0,20
Cuir noir corroyé sur chêne. . . , ...	idem.	idem.	0,27
Cuir tanné sur chêne. .	à plat ou de champ	idem.	0,30 à 0,35
		mouillées d'eau. .	0,29
Cuir tanné sur fonte et sur bronze.	idem.	sans enduit. . . .	0,56
		mouillées d'eau. .	0,36
		onctueuses et mouillées d'eau..	0 23
		enduites d'huile ..	0,15
Chanvre en brins ou en corde sur chêne. . . .	parallèles.	sans enduit. . . .	0,52
	perpendiculaires..	mouillées d'eau. .	0,33
Chêne et orme sur fonte. .	parallèles.	sans enduit. . . .	0,38
Poirier sauvage sur fonte.	idem.	idem.	0,44
Fer sur fer.	idem.	idem.	les surfaces se rodent.
Fer sur fonte et sur bronze, Fonte sur fonte et sur bronze.	»	Les faces étant un peu onctueuses. . . .	0,18
			0,15
Bronze sur { bronze. . . . { fonte. . . . . { fer.	» » »	sans enduit. . . . » un peu onctueuses.	0,20 0,22 0,16
Chêne, orme, charme, poirier sauvage, fonte, fer, acier et bronze glissant l'un sur l'autre ou sur eux-mêmes. . . .	»	lubrifiées à la manière ordinaire avec suif, saindoux, huile, cambouis mou, etc.	0,07 à 0,08
		légèrement onctueuses au toucher.	0,15

TABLEAU III. — *Frottement des tourillons en mouvement sur leurs coussinets.*

SURFACES EN CONTACT.	ÉTAT DES SURFACES.	RAPPORT DU FROTTEMENT à la pression lorsque l'enduit est renouvelé.	
		à la manière ordinaire.	d'une manière continue.
Tourillons en fonte sur coussinets en fonte...	enduites d'huile d'olive, de saindoux, de suif ou de cambouis mou............	0,07 à 0,08	0,054
	avec les mêmes enduits et mouillées d'eau.......	0,08	»
	enduites d'asphalte......	0,054	»
	onctueuses.............	0,14	»
	idem et mouillées d'eau...	0,14	»
Tourillons en fonte sur coussinets en bronze..	enduites d'huile d'olive, de saindoux, de suif ou de cambouis mou............	0,07 à 0,08	0,054
	onctueuses.............	0,16	»
	idem et mouillées d'eau...	0,16	»
	très peu onctueuses.......	0,19	»
Tourillons en fonte sur coussinets en bois de gaïac............	sans enduit.............	0,18	»
	enduites d'huile ou de saindoux.................	»	0,090
	onctueuses d'huile ou de saindoux.................	0,10	»
	onctueuses d'un mélange de saindoux et de plombagine.	0,14	»
Tourillons en fer sur coussinets en fonte.....	enduites d'huile d'olive, de suif, de saindoux ou de cambouis mou.................	0,07 à 0,08	0,054
Tourillons en fer sur coussinets en bronze.....	enduites d'huile d'olive, de saindoux ou de suif....	0,07 à 0,08	0,054
	enduites de cambouis ferme.	0,09	»
	onctueuses et mouillées d'eau.............	0,19	»
	très peu onctueuses.......	0,25	»
Tourillons en fer sur coussinets en gaïac.....	enduites d'huile ou de saindoux.................	0,11	»
	onctueuses	0,19	»
Tourillons en bronze sur coussinets en bronze..	enduites d'huile.......	0,10	»
	idem de saindoux.......	0,09	»
Tourillons en bronze sur coussinets en fonte...	enduites d'huile ou de suif.	»	0,045 à 0,052
Tourillons en gaïac sur coussinets en fonte....	enduites de saindoux....	0,12	»
	onctueuses...........	0,15	»
Tourillons en gaïac sur coussinets en gaïac...	enduites de saindoux.....	»	0,07

SECTION II.

DYNAMIQUE.

CHAPITRE PREMIER.

Du mouvement uniforme.

77. Lorsqu'un point matériel parcourt des espaces égaux dans des temps égaux, le mouvement de ce point est appelé *uniforme*.

La *vitesse* d'un corps est l'espace que ce corps parcourt uniformément pendant un temps quelconque qu'on prend pour unité, comme la seconde.

Un corps en repos doit persévérer dans cet état, à moins qu'il n'en soit tiré par une cause étrangère, puisqu'il n'y a pas de raison pour que ce corps se détermine à se mouvoir plutôt d'un côté que vers le côté opposé.

Un corps en mouvement, et abandonné à lui-même, doit donc conserver constamment la même vitesse; il doit de plus se mouvoir en ligne droite puisqu'il n'y a aucune raison pour qu'il se détourne plutôt d'un côté que de l'autre de la droite qui joint le lieu où il était avec son lieu dans l'instant suivant.

78. L'effet d'une force sur un point matériel est de lui faire parcourir un certain espace en un certain temps; en prenant ce temps pour unité, l'effet de cette force sera représenté par la vitesse de ce point; d'où il suit que la force d'un corps est égale au produit de la force d'un de ses points par leur nombre, c'est-à-dire égale au produit de la vitesse de ce corps par sa masse. Ce produit est appelé *quantité de mouvement*.

La vitesse étant proportionnelle à la force, la composition des vitesses imprimées à un point matériel, se fait de la même manière que celles des forces appliquées à ce point.

79. L'espace parcouru d'un mouvement uniforme, pendant un temps quelconque, est égal au produit de la vitesse multipliée par le temps.

Car si l'on répète l'espace parcouru pendant l'unité de temps, ou la vitesse autant de fois qu'il y a d'unités de temps dans la durée du mouvement, on aura évidemment l'espace total parcouru.

Donc, si l'on désigne par E l'espace parcouru, par u la vitesse, et par t le nombre d'unités du temps pendant lequel on a considéré le mouvement, on aura

$$E = ut, \qquad (1)$$

pour l'équation du mouvement uniforme, à partir du repos.

Du mouvement uniformément et continuellement accéléré.

80. Le mouvement *uniformément accéléré*, est celui d'un point matériel qui est soumis continuellement à l'action d'une force constante.

Dans ce mouvement, la vitesse, au bout d'un temps quelconque, se mesure par l'espace que le mobile pourrait parcourir pendant l'unité de temps suivante, si la force accélératrice cessait d'agir pendant cette unité de temps.

On appelle *force accélératrice*, la force acquise en une seconde par l'unité de masse, c'est-à-dire la vitesse acquise pendant la première seconde.

81. Dans le mouvement uniformément accéléré, la vitesse acquise, au bout d'un temps quelconque, est égale au produit de la force accélératrice par le temps, et l'espace parcouru est égal au produit de la moitié de la force accélératrice par le carré du temps.

En effet, soient t la durée du mouvement évaluée en secondes, et K cette même quantité évaluée en instants égaux, assez petits pour que, pendant la durée de chacun de ces instants, le mouvement puisse être regardé comme uniforme. Nous supposerons que la force accélératrice communique au mobile, au commencement de chaque instant, toute la vitesse qu'elle peut faire naître pendant cet instant, et si n est le nombre de ces instants contenus dans une seconde, nous aurons $K = nt$. Cela posé, soit i l'espace que la force accélératrice peut faire parcourir au mobile pendant un instant,

$$i, 2i, 3i, \text{etc.....} ni .... Ki,$$

seront les espaces parcourus pendant les instants successifs du temps t.

Supposons qu'au bout de la première seconde la force accélératrice cesse d'agir, le mobile qui vient de parcourir ni dans le $n^{\text{ième}}$ instant, parcourait dans la seconde suivante $n^2 i$; donc si on désigne par φ la force accélératrice, ou la vitesse acquise pendant la première seconde, on aura

$$\varphi = n^2 i.$$

Si, à la fin du temps t, on suppose que l'action de la force accélératrice vienne à cesser, le mobile qui vient de parcourir Ki dans le $K^{\text{ième}}$ instant parcourra nKi dans la seconde suivante, et cet espace sera la vitesse acquise au bout du temps t. Appelant donc u cette vitesse, on aura $u = nKi$; mettant dans cette valeur de u, nt au lieu de K, et ensuite au lieu de $n^2 i$ sa valeur φ, il viendra

$$u = \varphi t. \qquad (2)$$

L'espace parcouru étant la somme de la progression arithmétique ci-dessus, on aura, en appelant e cet espace (*Algèbre*, 93),

$$e = (i + Ki) \frac{K}{2} = (1 + K) \frac{Ki}{2}.$$

Mais pour que le mouvement puisse être regardé comme continuellement accéléré, il faut que les instants soient très petits, ou que leur nombre K soit très grand; supprimant donc 1 vis-à-vis de K, l'expression de l'espace devient

$$e = \tfrac{1}{2} \varphi\, t^2. \qquad (3)$$

Si l'on élimine t entre les deux équations (2) et (3), on aura pour la relation de la vitesse à l'espace,

$$e = \frac{u^2}{2\varphi}. \qquad (4)$$

Lorsque le mobile a une vitesse V avant d'être soumis à la force accélératrice, les équations de son mouvement sont,

$$u = V + \varphi\, t,$$
$$e = Vt + \tfrac{1}{2} \varphi\, t^2,$$
$$e = \frac{u^2 - V^2}{2\varphi},$$

en supposant que la vitesse V est dans le sens de l'accélération; mais si la force accélératrice agit en sens contraire du mouvement imprimé V, le mouvement est alors uniformément retardé, et les circonstances en sont exprimées par les trois équations suivantes :

$$u = V - \varphi\, t, \qquad (5)$$
$$e = Vt - \tfrac{1}{2} \varphi\, t^2, \qquad (6)$$
$$e = \frac{V^2 - u^2}{2\varphi}. \qquad (7)$$

Représentons par a ce que e devient, lorsque $t = 1$ dans l'équation (3), on trouve

$$\varphi = 2a,$$

qui apprend que la force accélératrice a pour mesure le double de l'espace parcouru dans la première seconde.

Substituons dans la même équation (3), au lieu de $\varphi\, t$, sa valeur u donnée par l'équation (2), on a

$$e = \frac{ut}{2},$$

qui, comparée à l'équation (1), n° 79, fait voir que l'espace parcouru d'un mouvement uniformément accéléré, n'est que la moitié de celui que le mobile aurait parcouru uniformément pendant le même temps avec la vitesse finale.

82. Les équations (2), (3) et (4), font voir que si un corps est soumis à l'action d'une force accélératrice constante, sa vitesse est proportionnelle au temps, et que l'espace qu'il parcourt croît comme le carré du temps, ou comme le carré de la vitesse acquise.

83. Les espaces parcourus pendant les secondes successives de la durée du mouvement, sont entre eux comme les nombres impairs.

Car l'espace parcouru pendant t secondes, est $\frac{1}{2}\varphi t^2$; l'espace parcouru pendant $t-1$ secondes, est $\frac{1}{2}\varphi(t-1)^2$; retranchant ce produit du précédent, et désignant le reste par E, on a, pour l'espace parcouru pendant la $t^{\text{ème}}$ seconde,

$$E = \tfrac{1}{2}\varphi(2t-1).$$

Soient maintenant $E_1, E_2, E_3, E_4\ldots$ les espaces parcourus pendant la 1re, la 2e, la 3e, la 4$^{\text{e}}\ldots$ seconde du mouvement, et faisons successivement $t=1, =2, =3, =4\ldots$ dans la formule précédente, on aura

$$E_1 = \tfrac{1}{2}\varphi\cdot 1\,;\ E_2 = \tfrac{1}{2}\varphi\cdot 3\,;\ E_3 = \tfrac{1}{2}\varphi\cdot 5\,;\ E_4 = \tfrac{1}{2}\varphi\cdot 7\,;\ldots$$

donc,

$$E_1 : E_2 : E_3 : E_4 \ldots :: 1 : 3 : 5 : 7 \ldots$$

84. Le mouvement vertical des corps pesants dans le vide est uniformément et continuellement accéléré, parce que la pesanteur agit continuellement, par degrés infiniment petits, et également dans tous les points de la ligne qu'ils parcourent. Nous disons également, car, quoique la pesanteur décroisse comme le carré de la distance au centre de la terre augmente, l'espace qu'on peut faire parcourir verticalement à un corps pesant est toujours trop petit, relativement au rayon de la terre, pour qu'il soit nécessaire d'avoir égard à la variation de sa pesanteur.

Les expériences faites à Paris au moyen des oscillations du pendule, ont donné 9^m,808672 ou 30$^{\text{pi.}}$,19546 pour la vitesse que la pesanteur fait acquérir à un corps pendant la première seconde de sa chute dans le vide. Cette quantité étant représentée par g, et substituée au lieu de φ dans les équations (2), (3) et (4), on aura, pour déterminer les circonstances du mouvement des corps qui tombent librement, les équations suivantes :

$$u = gt, \qquad (8)$$
$$h = \tfrac{1}{2}gt^2. \qquad (9)$$
$$h = \frac{u^2}{2g}, \qquad (10)$$

en désignant par h la hauteur dont le mobile est tombé. Les mêmes substitutions étant faites dans les équations (5), (6) et (7), on aura, pour déterminer les circonstances du mouvement d'un corps projeté verticalement de bas en haut avec la vitesse V, les trois équations suivantes :

$$u = V - gt, \qquad (11)$$
$$h = Vt - \tfrac{1}{2}gt^2, \qquad (12)$$
$$h = \frac{V^2 - u^2}{2g}. \qquad (13)$$

Le temps au bout duquel le corps cessera de s'élever, se trouvera en faisant $u=0$ dans l'équation (11), et la hauteur totale $\dfrac{V^2}{2g}$ à laquelle le corps s'élèvera en vertu de la vitesse V, s'obtiendra en faisant $u=0$ dans l'équation (13).

Lorsqu'une valeur de t rendra négative celle de u ou de h, le résultat indiquera qu'au bout de ce temps le corps retombe avec cette vitesse, ou qu'il est abaissé au-dessous du point de projection d'une quantité égale à cette hauteur.

Du mouvement des corps pesants le long des plans inclinés.

85. Si un point matériel est abandonné sur un plan incliné à l'horizon, la pesanteur g de ce point se décompose à chaque instant en deux forces accélératrices, l'une perpendiculaire et l'autre parallèle au plan; la première, en appelant i l'inclinaison du plan, est détruite par la résistance du plan, et a pour valeur $g \cos. i$, c'est la pression du point sur le plan; et la seconde, à laquelle le mobile obéit entièrement, a constamment pour valeur $g \sin. i$: le mouvement de ce point est donc uniformément et continuellement accéléré.

La force accélératrice parallèle au plan, étant située dans un plan vertical perpendiculaire au plan incliné, la route du corps sur le plan est une des lignes de plus grande pente de ce plan.

Substituons dans les équations (2), (3) et (4), au lieu de φ sa valeur $g \sin. i$ que nous venons de trouver, le mouvement d'un corps qui descend le long d'un plan incliné, en vertu de sa pesanteur, sera déterminé par les trois équations suivantes :

$$u = gt \sin. i, \qquad (14)$$
$$e = \tfrac{1}{2} gt^2 \sin. i, \qquad (15)$$
$$e = \frac{u^2}{2g \sin. i}. \qquad (16)$$

Faisons les mêmes substitutions dans les équations (5), (6) et (7); on aura, pour exprimer le mouvement d'un corps pesant qui monte le long d'un plan incliné, en vertu d'une vitesse V imprimée à ce corps parallèlement au plan, les trois équations suivantes :

$$u = V - gt \sin. i, \qquad (17)$$
$$e = Vt - \tfrac{1}{2} gt^2 \sin. i; \qquad (18)$$
$$e = \frac{V^2 - u^2}{2g \sin. i}. \qquad (19)$$

Faisant $u = 0$ dans les équations (17) et (19), elles donneront, l'une le temps au bout duquel le corps cessera de monter, et l'autre l'espace total que le corps parcourra en montant le long du plan.

Lorsque le plan est horizontal, et que le corps éprouve une résistance R constante le long du plan, son mouvement est représenté par les équations suivantes :

$$u = V - Rt,$$
$$e = Vt - \tfrac{1}{2} Rt^2,$$
$$e = \frac{V^2 - u^2}{2R};$$

d'où l'on tirera, en faisant $u = 0$, le temps au bout duquel la vitesse sera éteinte, et l'espace total que le corps parcourra.

86. Un corps qui a parcouru la longueur d'un plan incliné, a acquis la même vitesse que s'il était tombé librement d'une quantité égale à la hauteur du plan.

Soient h la hauteur du plan, et l sa longueur, on a, par l'équation (10) pour la vitesse acquise par le corps qui a parcouru h, $u = \sqrt{2gh}$; et on a par l'équation (16), pour la vitesse de celui qui a parcouru la longueur du plan, $u = \sqrt{2gl \sin. i}$, en changeant e en l; mais $l \sin. i = h$, donc les vitesses acquises par les deux corps sont égales.

87. Si deux corps pesants partent en même temps du sommet commun de deux plans inclinés, pour les parcourir, ils arrivent en même temps aux extrémités des perpendiculaires abaissées sur ces plans, d'un même point de leur hauteur commune.

Soient t et t' les temps employés à parcourir les espaces AB et AC déterminés par les perpendiculaires DB et DC; i et i' les inclinaisons des plans AM et AN à l'égard de l'horizon; on a (*équation* 15) $AB = \tfrac{1}{2} gt^2 \sin. i$, et $AC = \tfrac{1}{2} g t'^2 \sin. i'$; mais $AB = AD \sin. i'$, et $AC = AD \sin. i'$, donc $t = t'$.

Décrivons sur AD comme diamètre une circonférence, elle passera par les sommets des angles droits ABD et ACD; d'où l'on voit que toutes les cordes menées par les extrémités du diamètre vertical d'un cercle, sont parcourues dans le même temps par un corps pesant.

88. Les temps employés par deux corps pesants à parcourir les longueurs de deux plans inclinés, sont entre eux comme les longueurs de ces plans, divisées par les racines carrées de leurs hauteurs.

Car, en conservant les mêmes dénominations, si on substitue dans l'équation (15) successivement l et l' au lieu de e, $\frac{h}{l}$ et $\frac{h'}{l'}$ au lieu de $\sin. i$, on en tire pour les temps T et T' employés à parcourir les longueurs des deux plans,

$$T = \frac{l}{\sqrt{\tfrac{1}{2} g h}}, \quad \text{et } T' = \frac{l'}{\sqrt{\tfrac{1}{2} g h'}};$$

donc

$$T : T' :: \frac{l}{\sqrt{h}} : \frac{l'}{\sqrt{h'}}.$$

CHAPITRE II.

DU MOUVEMENT DES PROJECTILES DANS LE VIDE.

89. On appelle *projectile* tout corps lancé suivant une direction quel- Pl.XIII. conque, et qui obéit en même temps à la pesanteur.

90. L'espace qu'un projectile parcourt dans le vide, est une courbe plane et verticale que l'on nomme *trajectoire*.

En effet, supposons qu'un point matériel soit lancé du point A, suivant Fig. 54. AC; et que AB soit l'espace que ce point parcourrait dans le premier instant, suivant cette direction, en vertu de la force de projection seule ; représentons par la verticale AP la hauteur dont la pesanteur peut faire descendre un corps pendant le même instant. En construisant un parallélogramme sur AB et AP, le projectile se trouvera à la fin du premier instant, à l'extrémité I de la diagonale de ce parallélogramme ; dans le second instant, le projectile, sans l'action de la pesanteur, parcourrait sur le prolongement de la diagonale AI un espace ID $=$ AI, et combinant cette force avec l'action verticale IQ de la pesanteur dans le même temps, le projectile se trouvera au bout du second instant, à l'extrémité de la diagonale IO du parallélogramme construit sur ID et IQ ; il en serait de même pour les instants suivants : or la suite de toutes ces diagonales compose une courbe, et, à cause que chacun de ces parallélogrammes a ses deux côtés contigus dans le plan vertical du parallélogramme précédent, il s'ensuit que la courbe, ou la trajectoire, est toute entière dans un même plan vertical.

91. *Déterminer l'équation de la trajectoire.*

Pour trouver l'équation de la trajectoire rapportée à l'horizontale, nom- Fig. 55. mons i l'angle de projection KAC, que fait avec l'horizontale la direction AK suivant laquelle le projectile a été lancé ; V la vitesse imprimée; h la hauteur $\frac{V^2}{2g}$ due à cette vitesse; soient AMC la courbe décrite, M le lieu du projectile au bout du temps quelconque t, x et y les coordonnées rectangles AP et PM.

Concevons qu'au moment où le projectile est lancé, sa vitesse soit décomposée en deux autres, l'une horizontale, qui aura pour valeur V cos.i, et l'autre verticale exprimée par V sin. i. En vertu de la première, l'espace AP ou x aura été parcouru uniformément, et on aura

$$x = Vt \cos. i; \qquad (20)$$

PM étant la hauteur à laquelle un corps pesant peut s'élever pendant le temps t en vertu de la vitesse V sin. i, on aura (*équat.* 6),

$$y = Vt \sin. i - \tfrac{1}{2} g t^2. \qquad (21)$$

Pl.XIII. Éliminant t entre ces deux équations, et remarquant que $V^2 = 2gh$, on trouve pour l'équation cherchée de la trajectoire,

$$4hy \cos.^2 i = 4hx \sin. i \cos. i - x^2. \qquad (22)$$

Si l'on résout cette équation par rapport à x, on aura

$$x = 2h \sin. i \cos. i \pm \sqrt{4h \cos.^2 i (h \sin.^2 i - y)}.$$

Fig. 55. Cette valeur de x fait voir, 1° que la courbe est symétrique par rapport à un axe vertical ED, éloigné de l'origine A de la quantité $AE = 2h \sin. i \cos. i$; puisqu'une même valeur de y répond à deux valeurs de x, dont les extrémités sont également éloignées de cet axe;

2° Que pour la plus grande valeur de x, ou la portée AC répondant à $y = 0$, on a

$$AC = 4h \sin. i \cos. i = 2h \sin. 2i;$$

3° Que la plus grande élévation du projectile, ou la plus grande valeur que y puisse avoir pour que x soit réel, est $h \sin.^2 i$.

Cette valeur correspondant à $x = 2h \sin. i \cos. i = AE$, est représentée par $ED = h \sin.^2 i$.

La première valeur de l'amplitude AC, ne changeant pas en y mettant au lieu de l'angle i le complément de cet angle, il s'ensuit qu'on obtient les mêmes portées avec deux angles compléments l'un de l'autre, ou également éloignés d'un demi-droit.

La seconde valeur de AC fait voir que la charge de poudre restant la même, la portée est la plus grande, lorsque l'angle de projection est la moitié d'un angle droit; et si nous représentons par P la portée sous cet angle, nous aurons

$$P = 2h.$$

Substituant cette valeur dans celle de AC, toutes les amplitudes avec une même charge seront rapportées à l'amplitude P, et données par l'équation suivante :

$$AC = P \sin. 2i.$$

Si nous voulons connaître la nature de la courbe ADC, rapportons ses points à l'axe vertical DE, faisons $MQ = y'$ et $DQ = x'$; nous aurons $x = 2h \sin. i \cos. i - y'$, et $y = h \sin.^2 i - x'$; substituons ces valeurs dans l'équation (22), elle deviendra

$$y'^2 = 4hx' \cos.^2 i;$$

la courbe est donc (n° 277 *Géom. Analyt.*) une parabole dont le paramètre relatif à l'axe est $4h \cos.^2 i$.

Pour trouver l'angle de projection qu'on doit employer pour atteindre un but dont la position est connue, après avoir divisé l'équation (22) par $\cos.^2 i$, nous y substituerons tang. i à $\frac{\sin. i}{\cos. i}$, et sec.$^2 i$, ou $1 + $ tang.$^2 i$ au

MÉCANIQUE. 459

lieu de $\frac{1}{\cos.^2 i}$, et nous trouverons   Pl. XII.

$$\tang. i = \frac{2h \pm \sqrt{4h^2 - 4hy - x^2}}{x}.$$

Cette formule fait voir que tant que $x^2 + 4hy$ sera une quantité plus petite que $4h^2$, on pourra atteindre le but avec deux directions différentes. Si le but est sur l'horizon, on fera $y = 0$ et s'il est au-dessous, on fera y négatif.

Le temps que le projectile emploie à parvenir au but, se trouve par l'équation $x = Vt \cos. i$, en y substituant au lieu de x, la distance horizontale AP de la batterie au but.

Du tir de but en blanc.

92. Le *tir de but en blanc* est celui qui s'exécute en dirigeant la ligne de mire sur l'objet que l'on veut atteindre.

La *ligne de mire* naturelle est le rayon visuel qui rase la partie supé- Fig. 53. rieure de la plate-bande de culasse, et le point le plus élevé du bourrelet.

La *hausse* est une targette mobile dans une coulisse pratiquée derrière la culasse du canon, et qui peut être fixée à une certaine hauteur au moyen d'une vis de pression. La partie supérieure de la hausse a une entaille qui sert de visière et peut s'élever jusqu'à 18 lignes ; la ligne de mire est alors le rayon visuel qui passe par la visière, et le point le plus élevé du renflement de la volée.

Le canon devant toujours être plus fort de métal aux environs de la Fig. 57. charge que vers la volée, il s'ensuit que lorsque la ligne de mire naturelle est dirigée au but, l'axe de la pièce se trouve élevé au-dessus de la ligne de mire d'une certaine quantité qu'on appelle *angle de mire* ; l'effet de la hausse est d'augmenter cet angle, et par conséquent celui que l'axe fait au-dessus de l'horizon, en conservant au canonnier l'avantage de se diriger au but.

Si l'on conçoit la vitesse imprimée au projectile comme décomposée en deux autres, l'une horizontale et l'autre verticale, la vitesse horizontale sera la même pendant tout le trajet ; mais la vitesse verticale sera diminuée continuellement par la pesanteur, elle sera nulle l'instant pendant lequel le mouvement sera horizontal, et ensuite négative ; on voit donc que le projectile sorti de la pièce traversera d'abord la ligne de mire en montant, et qu'il viendra la rencontrer une seconde fois en un point M. La distance AM de ce point à la bouche de la pièce, est ce qu'on appelle *portée de but en blanc*, et lorsque le but se trouve au point M, il est atteint comme si le projectile avait parcouru la droite AM.

Pour que le but soit atteint, il faut donc que le projectile, considéré comme sans pesanteur, et arrivé dans la verticale du but, y soit élevé, au-dessus de ce but, de la quantité dont la pesanteur fait descendre ce

PL.XIII. projectile pendant le même temps qu'il a employé à arriver dans cette verticale, et c'est ce qui arrive au but en blanc M. Mais si le but est plus éloigné que le but en blanc, et conserve la même hauteur, le projectile passera au-dessous, il faudra donc pointer plus haut, ou employer la hausse.

93. *Connaissant la hausse et les dimensions du canon, trouver l'angle de mire.*

Fig. 58. Soient représentés par l la longueur de l'axe du canon, par r et R les demi-diamètres à la volée et à la culasse, par H la hausse DF; menons CE parallèle à l'axe. L'angle de mire CKA sera égal à l'angle FCE. Or dans le triangle rectangle FCE, on a tang. $FCE = \dfrac{FE}{AB}$; désignant l'angle de mire par m, cet angle est donné par l'équation suivante :

$$\text{tang. } m = \frac{H + R - r}{l}. \qquad (23)$$

94. *Connaissant les dimensions d'une pièce et son inclinaison à l'horizon, trouver l'équation de la ligne de mire.*

Fig. 59. Appelons i l'angle KAP de projection; si l'on en retranche l'angle m, on a l'inclinaison b de la ligne de mire sur l'horizontale ou l'axe des x. Nommons u et t les coordonnées AQ et QN de la ligne de mire, l'équation de celle-ci sera représentée par

$$t = u \text{ tang. } b + q.$$

Mais la ligne de mire doit passer par le point C, pour lequel $t = r$ cos. i, et $u = -r$ sin. i; l'équation précédente est donc à ce point

$$r \text{ cos. } i = - r \text{ sin. } i \text{ tang. } b + q.$$

Retranchant cette dernière équation de la précédente, on a pour l'équation de la ligne de mire

$$t = u \text{ tang. } b + r (\text{cos. } i + \text{sin. } i \text{ tang. } b). \qquad (24)$$

95. *Connaissant la hausse, les dimensions de la pièce, l'angle de projection et la charge, trouver la portée de but en blanc.*

On rendra les coordonnées communes dans les deux équations (24) et (22), ce qui donnera

$$y = x \text{ tang. } b + r (\text{cos. } i + \text{sin. } i \text{ tang. } b);$$

et,
$$y = x \text{ tang. } i - \frac{x^2}{4h \cos^2 i};$$

égalant ces deux valeurs de y, et résolvant l'équation par rapport à x, qu'on peut prendre pour la portée de but en blanc, on trouvera

$$x = 2h \cos^2 i (\text{tang. } i - \text{tang. } b)$$
$$\pm \sqrt{4h^2 \cos^4 i (\text{tang. } i - \text{tang. } b)^2 - 4hr (\cos^3 i + \cos^2 i \sin. i \text{ tang. } b)}.$$

Si les angles i et b sont très petits, comme cela arrive pour le canon, on pourra supposer cos. $i = 1$, négliger sin. i tang. b, faire Pl. XIII. tang. $i -$ tang. $b =$ tang. m, et on aura encore assez exactement pour la portée de but en blanc,

$$x = 2h \text{ tang. } m \pm \sqrt{4h^2 \text{ tang.}^2 m - 4hr},$$

valeur indépendante de l'angle i.

96. *Trouver la relation entre la hausse et l'angle de projection.*

Soient BK la position de l'axe, et CM la ligne de mire dirigée au Fig. 60. point M, dont les coordonnées sont x et y. L'angle de mire CKA $=$ KAM $+$ CMA $=$ KAP $-$ MAP, à cause que l'angle CMA est extrêmement petit: or on a tang. MAP $= \frac{y}{x}$, et par conséquent,

$$\text{tang.} m = \frac{\text{tang. } i - \frac{y}{x}}{1 + \frac{y}{x} \text{ tang. } i};$$

comparant cette valeur de tang. m à celle trouvée (n° 93), nous aurons

$$H = l \left(\frac{x \text{ tang.} i - y}{x + y \text{ tang.} i} \right) - (R - r).$$

Lorsque la hauteur du but est très petite relativement à x, on peut négliger les termes affectés de y, et la relation précédente deviendra

$$H = l \text{ tang. } i - (R - r),$$

pour la hausse correspondante à l'angle de projection i.

Si le résultat était négatif, l'extrémité F de la hausse tomberait au-des- Fig. 61. sous du point D, en F', d'où on ne pourrait apercevoir le but M; on observera alors qu'il revient au même de diriger la ligne F' C sur le point M, ou la ligne de mire naturelle DC sur le point S, c'est-à-dire plus bas que le but d'une quantité MS qu'on trouvera à peu près par cette règle de trois,

$$l : x :: H : MS.$$

Il pourrait arriver que MS surpassât la hauteur du but au-dessus du ter- Fig. 62. rain; le point S n'étant plus visible, il faudra alors diriger la ligne de mire sur le point R du sol, et on aura à peu près la distance ER de ce point à la pièce, par la règle de trois suivante, en désignant par a la hauteur du bouton de volée au-dessus du terrain

$$a + \frac{Hx}{l} - y : a :: x : ER.$$

97. Comme la résistance de l'air altère considérablement les résultats précédents, on a cherché d'abord à connaître par l'expérience les relations qui lient les vitesses, les charges, les portées, etc.

Bien que ces lois, fondées sur des résultats d'expériences et sur des considérations théoriques, ne soient pas d'une exactitude rigoureuse, nous les

Pl. XIII résumerons ici d'après l'Aide-Mémoire de l'artillerie 1836, parce qu'elles peuvent fournir à la pratique des indications utiles.

Les vitesses initiales sont entre elles comme les racines carrées des poids des charges d'une même poudre. Cette relation est assez exacte, lorsque les différences entre les vitesses et les charges comparées sont peu considérables, et lorsqu'il s'agit de petites charges. Mais en réalité, les accroissements de vitesse, correspondant à des augmentations de charge, sont toujours au-dessous de l'évaluation qui s'en déduirait, et d'autant plus que les charges sont plus fortes. Ils s'en éloignent déjà très-sensiblement lorsque les charges approchent du tiers du poids du boulet.

La vitesse n'augmente avec la charge que jusqu'à un certain terme particulier à chaque bouche à feu, passé lequel, si la charge augmente, la vitesse diminue. La charge de plus grande vitesse est d'autant plus forte que le canon est plus long; mais elle ne croît pas dans le même rapport que la longueur de la pièce.

La vitesse, à charges égales, augmente avec la longueur du canon à peu près en raison des racines cinquièmes des longueurs.

Les vitesses des boulets de même diamètre et de poids différents, avec des charges égales sont à peu près en raison inverse des racines carrées des poids.

Les portées augmentent dans un rapport beaucoup moindre que les vitesses initiales, et à peu près comme les racines carrées de ces dernières.

La portée de but en blanc n'éprouve pas de changement sensible, l'angle de mire et la vitesse restant les mêmes; lorsque l'angle de projection varie dans les limites ordinaires du tir.

Enfin, l'expérience a fait connaître les portées ci-dessous, la charge de poudre étant le tiers du poids du boulet et la ligne de mire horizontale.

Angle de mire naturel, et portées de but en blanc des canons

de siége et place de	24...	1°15' 6"...	682 mèt.
	16...	1 8 20....	662
	12...	1 5 36....	643
	8...	1 3 45....	545
de campagne de...	12...	0 58 23....	526
	8...	0 58 44....	506

Il est clair que toutes les fois que le but sera à la distance du but en blanc de l'arme, il faudra pointer sans hausse.

Dans les autres cas on fera usage des résultats ci-dessous.

MÉCANIQUE.

Angles sous lesquels est vu un objet de 2ᵐ de hauteur, et hausses correspondant à ces angles pour les différentes bouches à feu, aux distances de mètres

PL. XIII.

	200	300	400	500	600	700	800	900	1000	1100	1200
Angles.....	34'38	22'92	17'19	13'75	11'46	9'86	8'59	7'64	6'87	6'22	5'73
Hausses pour canons de 24...	m 0,0320	m 0,0215	m 0,0160	m 0,0127	m 0,0107	m 0,0092	m 0,0080	m 0,0071	m 0,0064	m 0,0058	m 0,0053
— de 16....,	0,0317	0,0211	0,0158	0,0122	0,0105	0,0090	0,0079	0,0070	0,0061	0,0057	0,0052
— de 12 de place.	0,0290	0,0193	0,0145	0,0116	0,0097	0,0080	0,0073	0,0065	0,0058	0,0053	0,0048
— de 8......	0,0262	0,0174	0,0131	0,0104	0,0087	0,0075	0,0066	0,0058	0,0052	0,0048	0,0044
— de 12 de campagne...	0,0208	0,0138	0,0104	0,0083	0,0069	0,0059	0,0052	0,0046	0,0041	0,0037	0,0034
— de 8......	0,0178	0,0119	0,0089	0,0071	0,0059	0,0051	0,0045	0,0039	0,0035	0,0032	0,0029

Le but en blanc du fusil d'infanterie sans la baïonnette, est à 116ᵐ de distance de la bouche; avec la baïonnette, il n'y a pas de but en blanc parce que la ligne de mire passant sur la virole laisse au-dessous de sa direction tout le cours de la trajectoire : ainsi dans ce cas, quel que soit l'objet à battre, il faut toujours viser au-dessus pour l'atteindre.

Pour toucher un homme au milieu du corps, en un terrain horizontal, on doit viser

A hauteur de poitrine jusqu'à la distance de...... 100ᵐ.
A la hauteur des épaules jusqu'à............ 140.
A la hauteur de la tête jusqu'à............. 180.
Au sommet de la coiffure jusqu'à........... 200.

A une distance plus grande que 200ᵐ le tir du fusil ne conserve pas assez de justesse pour être redoutable. Cependant le fusil de munition peut porter la balle à 600ᵐ, et au delà sous un angle de 4 à 5°; son maximum de portée est de 1000ᵐ, sous un angle de 29°.

Du mouvement d'un point pesant dans une courbe verticale, et des oscillations des pendules simples.

98. Si un point sans pesanteur parcourt les côtés successifs d'un polygone, il perd, à la rencontre de chaque côté, une partie de sa vitesse actuelle, égale au produit de cette vitesse par le sinus verse de l'angle que le côté qui vient d'être parcouru fait avec celui que le corps va rencontrer.

En effet, soit i l'angle formé par ces deux côtés, et V la vitesse avec la-

464   COURS DE MATHÉMATIQUES.

Pl. XIII. quelle le corps a parcouru le premier de ces côtés, au moment où ce corps rencontre le second côté; concevons sa vitesse décomposée en deux autres, l'une perpendiculaire, et l'autre parallèle à ce dernier côté; la première de ces deux vitesses sera détruite, et la seconde avec laquelle le corps parcourra le second sera égale à V cos. i; la vitesse perdue sera donc V — V cos. i, ou V (1 — cos. i), ou V sin. verse i.

Le sinus verse d'un arc ou d'un angle, est à son sinus comme ce même sinus est à la somme du rayon et du cosinus du même angle; donc, si sin. i est infiniment petit comme dans les courbes, la vitesse perdue à la rencontre de chaque côté, sera une quantité infiniment petite du second ordre, et la vitesse totale perdue, en parcourant une infinité de ces côtés, ou un arc fini, sera encore infiniment petite ou nulle à l'égard de la vitesse V.

Fig. 63 et 64. Considérons maintenant une courbe verticale, comme un polygone d'un nombre infini de côtés ou de plans inclinés, tels que AB, BC, CD, etc. Prolongeons BC, CD, etc., jusqu'à l'horizontale HAK. Un point pesant, abandonné en A sur le plan AB, acquerra, en parcourant ce plan, la même vitesse que s'il avait parcouru le plan EB; et puisque la rencontre du plan BC n'altère pas sa vitesse, on peut supposer qu'il passe du plan EB sur le plan BC; alors étant arrivé au point C, il aura la même vitesse que s'il avait parcouru EC. On prouverait de même que ce point aurait en D la même vitesse que s'il eût parcouru le plan HD, ou la verticale GD; donc un corps pesant qui descend dans une courbe, en vertu de sa pesanteur, a, en un point quelconque, la même vitesse que s'il était tombé d'une hauteur égale à celle de l'arc parcouru, et son mouvement est indépendant de la nature de la courbe.

Lorsque le corps aura passé au point où la tangente à la courbe est horizontale, la pesanteur lui enlèvera les degrés de vitesse qu'elle lui avait donnés, en parcourant les côtés correspondants; d'où l'on voit qu'il ne cessera de monter que lorsqu'il se sera élevé dans la branche TR, à la même hauteur que celle dont il est tombé dans la première; après quoi il redescendra pour remonter dans la première branche jusqu'au point d'où il était parti. Le chemin ATR s'appelle une oscillation.

Si les deux branches de la courbe ATR sont symétriques par rapport à la verticale TD, tous les éléments correspondants de ces deux branches étant égaux, et parcourus avec la même vitesse, les temps employés à les décrire seront égaux.

Fig. 65. Lorsque la courbe ATR est un cercle, les vitesses acquises en T par deux points pesants qui ont parcouru les arcs AT et MT, sont comme les cordes de ces arcs; puisque ces vitesses sont comme les racines carrées des hauteurs TO et TP de ces arcs, et que ces racines sont comme les cordes AT et MT.

Si l'on veut faire naître dans un corps une vitesse donnée V, on calculera la hauteur $TP = \dfrac{V^2}{2g}$; par le point P, menant une horizontale PM qui rencontrera la courbe verticale AT en M, et faisant partir le mobile du point M, il aura acquis en T une vitesse égale à V.

MÉCANIQUE.

99. On appelle *pendule simple*, un très petit corps d'une grande densité, suspendu, par un fil inextensible très délié, à un point fixe. Pl. XIII.

Si l'on écarte le pendule de la verticale, il tend à y revenir en vertu de sa pesanteur; parce que cette force se décompose à chaque instant en deux autres, l'une dans la direction du fil, et qui est détruite par la résistance du point fixe, et l'autre, perpendiculaire à cette direction; c'est cette dernière force qui meut le pendule de la même manière que dans une courbe verticale, puisqu'on peut substituer à chaque instant la résistance du point fixe à celle de la courbe.

En considérant un cercle comme un polygone d'un nombre infini de côtés, un quelconque de ces côtés est égal au produit de sa projection sur le diamètre qui passe par l'origine, par le rapport du rayon du cercle à l'ordonnée correspondante à ce côté.

En effet, soit MM' un de ces côtés; tirons le rayon CM, l'ordonnée MP, Fig. 66. et la ligne MO, parallèle au diamètre AB. Les triangles MM'O et CMP semblables, comme ayant les côtés respectivement perpendiculaires, donnent

$$MP : MO :: CM : MM';$$

donc
$$MM' = \frac{PP' \cdot CM}{MP}. \qquad (25)$$

100. La durée de l'oscillation d'un pendule simple, dans un très petit arc de cercle, est sensiblement égale à $\pi \dfrac{\sqrt{r}}{\sqrt{g}}$, en désignant par r le rayon de l'arc que décrit le pendule ou la longueur de celui-ci, par g la gravité, et par π le rapport de la circonférence au diamètre.

Supposons que le pendule, parti du point B, soit arrivé en M, et que u Fig. 67. soit sa vitesse acquise à ce point. Menons l'horizontale BD, les ordonnées infiniment voisines MP et M' P', et décrivons sur AK, comme diamètre, la circonférence ANKO. Faisons AP $= x$, PM $= y$, le petit côté MM' $= s$, sa projection PP' $= s'$, la hauteur AK de l'oscillation $= b$; enfin appelons t le temps que le pendule emploie à parcourir MM', et T la durée de l'oscillation entière.

D'abord nous aurons $u = \sqrt{2gx}$; la petitesse du côté MM' permet de supposer qu'il est parcouru uniformément avec la vitesse u;

donc,
$$t = \frac{MM'}{u} = \frac{r \cdot s'}{y\sqrt{2gx}}, \qquad \text{(équation 25).}$$

Mais y est moyen proportionnel entre $(b-x)$ et $2r$, à cause que b est le sinus verse d'un arc très petit; on a donc

$$y = \sqrt{2r(b-x)},$$

et par conséquent,

$$l = \frac{rs'}{\sqrt{2gx}\sqrt{2r(b-x)}} = \frac{\sqrt{r}}{\sqrt{g}} \cdot \frac{\frac{1}{2}s'}{\sqrt{x(b-x)}}$$

$$= \frac{\sqrt{r}}{b\sqrt{g}} \cdot \frac{\frac{1}{2}bs'}{\sqrt{x(b-x)}} = \frac{\sqrt{r}}{\sqrt{g}} \cdot \frac{NN'}{b};$$

et comme on trouverait un résultat semblable pour tous les côtés qui composent l'arc BMK, il s'ensuit que la durée de la chute par cet arc, ou $\frac{1}{2}T = \frac{\sqrt{r}}{\sqrt{g}} \cdot \frac{ANK}{b}$; d'où on tire,

$$T = \frac{\sqrt{r}}{\sqrt{g}} \cdot \frac{ANKO}{AK} = \frac{\pi\sqrt{r}}{\sqrt{g}}.$$

La valeur de T étant indépendante de $b = AK$, il s'ensuit que les oscillations, dans des petites portions d'une circonférence, sont sensiblement *isochrones*, ou de même durée.

La durée T' de l'oscillation d'un autre pendule, dont la longueur est r', dans le lieu où la gravité est g', est pareillement exprimée par

$$T' = \frac{\pi\sqrt{r'}}{\sqrt{g'}},$$

donc, en général,

$$T : T' :: \frac{\sqrt{r}}{\sqrt{g}} : \frac{\sqrt{r'}}{\sqrt{g'}}.$$

Si les pendules oscillent dans un même lieu, ou à des latitudes égales, on a

$$T : T' :: \sqrt{r} : \sqrt{r'}.$$

Si le même pendule oscille dans des lieux différents, on a

$$T : T' :: \sqrt{g'} : \sqrt{g}.$$

Enfin, lorsque deux pendules oscillent en même temps dans des lieux différents,

$$g : g' :: r : r'.$$

101. Les nombres d'oscillations que deux pendules différents peuvent faire dans un même temps, et dans un même lieu, sont en raison inverse des racines carrées des longueurs de ces pendules.

Car, soient T et T' les durées des oscillations de ces deux pendules, r et r' leurs longueurs, n et n' les nombres respectifs d'oscillations qu'ils peuvent faire dans un même temps exprimé par K; on aura, $K = nT = n'T'$, d'où on tire

$$n : n' :: T' : T,$$

mais, $\qquad T' : T :: \sqrt{r'} : \sqrt{r};$

donc, $\qquad n : n' :: \sqrt{r'} : \sqrt{r}.$

102. Lorsque le pendule et la verge à laquelle il est lié ont des masses PL.XIII. sensibles, le système prend le nom de *pendule composé*. Plus les points du pendule sont voisins du point fixe, plus ils sont retardés; et plus ils sont éloignés, plus ils sont accélérés; en sorte qu'il y a un point du pendule qui n'est ni retardé ni accéléré, c'est-à-dire, qui se meut comme s'il était seul, et c'est la distance de ce point (qu'on appelle *centre d'oscillation*) au point de suspension, qui mesure la longueur du pendule.

Si l'on désigne par r' cette longueur, par n' le nombre d'oscillations du pendule composé, pendant $1'$, par n le nombre d'oscillations du pendule à secondes pendant le même temps, et par r la longueur de ce dernier pendule, la proportion précédente pourra servir, en déterminant n' par l'observation, à trouver la longueur d'un pendule composé, ou le centre d'oscillation d'un corps.

En faisant osciller dans le vide, pendant un temps quelconque exprimé en secondes par θ, un pendule dont la longueur a été bien déterminée, et observant le nombre n d'oscillations qu'il a faites, la fraction $\frac{\theta}{n}$ exprime la durée T de chaque oscillation de ce pendule; substituant cette valeur dans la formule $T = \pi \frac{\sqrt{r}}{\sqrt{g}}$, on tire la valeur de

$$g = \frac{\pi^2 n^2 r}{\theta^2} = 30^{pi},198 = 9^m,809.$$

Cette valeur de g, substituée dans la formule $T = \pi \frac{\sqrt{r}}{\sqrt{g}}$, dans laquelle on supposera $T = 1$, donnera pour la longueur du pendule à secondes sexagésimales, à Paris,

$$r = 3^{pi},057 = 0^m,994.$$

Le pendule emploie moins de temps à parcourir l'arc BMK, moitié de l'oscillation, que la corde BK de cet arc.

En effet, la durée de la chute par l'arc BMK, est égale à $\frac{1}{2} \pi \frac{\sqrt{r}}{\sqrt{g}}$, la durée de la chute le long du plan incliné, représenté par la corde BK, étant la même que celle par le diamètre AK, et qui est $\frac{\sqrt{4r}}{\sqrt{g}}$; il s'ensuit que ces deux durées sont entre elles $:: \pi : 4$.

La pression qu'éprouve le point fixe, en un point quelconque M, en désignant par P le poids du pendule, se compose de deux forces, dont l'une provenant du poids P, est égale à $\frac{P}{r}[r-(b-x)]$, et l'autre égale à $\frac{2Px}{r}$, provenant de la force centrifuge, comme nous le verrons dans le numéro suivant.

Des forces centrales.

103. Si un corps M, attiré continuellement vers un point fixe C, par Fig. 69. une force constante φ, et lancé suivant une direction MB, perpendiculaire à CM, décrit une circonférence de cercle autour du point C, la force centrale φ, est à la gravité comme la hauteur due à la vitesse de projection, est à la moitié du rayon CM.

En effet, nommons V la vitesse de projection suivant MB, et r le rayon CM. Sans l'action de la force centrale, le mobile décrirait sur MB, pendant le temps très petit t, un espace MN $= Vt$, et s'écarterait du point C de la quantité IN qu'on peut regarder comme égale à MG; donc, si le mobile reste sur la circonférence, il a dû être attiré par la force centrale φ, d'une quantité égale à MG $= \frac{1}{2} \varphi t^2$. Mais par la nature du cercle,

$$MG = \frac{\overline{MI}^2}{2r} = \frac{\overline{MN}^2}{2r} = \frac{V^2 t^2}{2r}$$ égalant ces deux valeurs de MG, il vient

$$\varphi = \frac{V^2}{r}. \qquad (26)$$

cette expression de la force centrale est aussi celle de la force centrifuge, puisque l'une est égale et de signe contraire à l'autre.

Appelant maintenant h la hauteur due à la vitesse V, la valeur de φ devient

$$\varphi = \frac{2gh}{r},$$

d'où l'on tire

$$\varphi : g :: h : \tfrac{1}{2} r.$$

Telle est la proportion qu'il fallait démontrer. Dans ce qui précède, nous n'avons réellement considéré que l'unité de masse; mais si l'on multiplie les deux premiers termes de la proportion précédente par la masse du mobile, cette proportion pourra s'énoncer ainsi :

La force centripète du corps, s'il est libre, ou sa force centrifuge, s'il est retenu au point fixe C par un fil, est au poids de ce corps, comme la hauteur due à la vitesse V, est à la moitié du rayon CM.

D'où l'on voit que tant que φ et r resteront constants, la vitesse V sera constante.

Si nous multiplions les deux membres de l'équation (26) par la masse M du mobile, et si nous désignons par F la force centrifuge de cette masse, nous aurons

$$F = \frac{MV^2}{r}.$$

Cette formule fait voir qu'à masses égales, les forces centrifuges de deux corps sont entre elles comme les carrés des vitesses divisés par les rayons des circonférences décrites; donc, si F' est la force centrifuge d'un autre corps qui circule avec la vitesse V' dans une circonférence dont le rayon est r', on a

$$F : F' :: \frac{V^2}{r} : \frac{V'^2}{r'};$$

Soient T et T' les durées des révolutions des deux mobiles; à cause que $V = \frac{2\pi r}{T}$, et $V' = \frac{2\pi r'}{T'}$, on aura

$$F : F' :: \frac{r}{T^2} : \frac{r'}{T'^2}. \qquad (27)$$

Si les durées des révolutions étaient égales, on aurait

$$F : F' :: r : r' ;$$

et si l'on avait $T^2 : T'^2 :: r^3 : r'^3$, comme dans le mouvement des corps célestes, selon la troisième loi de Képler, la proportion (27) deviendrait

$$F : F' :: r'^2 : r^2.$$

Tirons maintenant de ces propriétés du mouvement circulaire la mesure de la variation de la pesanteur à la surface du globe terrestre. On sait que cette surface peut être sensiblement considérée comme celle d'une sphère assujettie à tourner sur son axe en 24 heures ; ainsi toutes ses parties sont animées d'un degré de force centrifuge qui est d'autant plus grand qu'elles sont plus éloignées de l'axe de rotation. Par exemple, à l'équateur cette force est à son *maximum* et directement opposée à la pesanteur, et elle est nulle aux pôles.

La pesanteur, dans un lieu quelconque, agissant normalement à la surface des mers, et étant égale à la résultante de l'attraction terrestre et de la force centrifuge, il s'ensuit que la longueur du pendule et la pesanteur sont variables avec la latitude.

L'expérience a fait voir qu'à l'équateur, un corps pesant qui tombe librement dans le vide parcourt dans la première seconde, $4^m,8899$, ou, ce qui est de même, que $g = 9^m,7798$. Ainsi en appelant G la gravité à l'équateur ou la force centrifuge $F = \dfrac{V^2}{r} = \dfrac{4\pi^2 r}{T^2}$, d'après ce qui précède, on a $g = G - \dfrac{4\pi^2 r}{T^2}$, ou $G = g + \dfrac{4\pi^2 r}{T^2}$.

Dans cette dernière formule T désignant la durée de la révolution sidérale de la Terre autour de son axe, et r étant le rayon de l'équateur, π le rapport de la circonférence au diamètre, on a

$$T = 86164^m \text{ secondes}, r = 6376950^m, \pi = 3.1415926 ;$$

ainsi définitivement

$$G = 9.7798 + 0,0339 = 9^m,8137.$$

On voit donc que si la terre était immobile, un corps qui tomberait librement dans le vide à l'équateur, parcourrait $4^m,9068$ dans la première seconde de sa chute ; mais le contraire ayant lieu, la force centrifuge F, y a pour valeur $G - g = 0,0339$. Quant au rapport de cette dernière force à la gravité, il est évidemment représenté par

$$\frac{F}{G} = \frac{0^m,0339}{9^m,8137} = \frac{1}{289},$$

donc, à l'équateur la force centrifuge est la $289^{\text{ième}}$ partie de la gravité ou de la pesanteur absolue.

Propriétés du centre de gravité.

104. Si plusieurs corps libres ont des mouvements rectilignes parallèles entre eux et uniformes, leur centre commun de gravité est mu parallèlement aux directions des corps, avec une vitesse égale à la somme des quantités de mouvements des corps, divisée par la somme des masses.

1° Concevons, dans un instant quelconque, par le centre de gravité du système, deux plans parallèles aux directions des corps, la somme des moments des corps, par rapport à chacun de ces plans, sera nulle dans cet instant; et à cause que les corps restent pendant leurs mouvements toujours également distants de ces plans, la somme de leurs moments sera constamment nulle par rapport à chacun de ces plans : le centre de gravité sera donc mu dans chacun de ces plans, et parcourra par conséquent leur intersection, qui est une droite parallèle aux directions des corps.

2° Imaginons un plan perpendiculaire aux directions des corps; formons l'équation des moments des corps, par rapport à ce plan, au commencement et à la fin d'une unité de temps; retranchons une équation de l'autre, et divisons l'équation restante par la somme des masses, nous trouverons que l'espace parcouru par le centre de gravité, pendant cette unité de temps, ou que la vitesse du centre de gravité est égale à la somme des forces du système, divisée par la somme des masses : or ce quotient est constant; donc le mouvement du centre de gravité est uniforme, et le même que si toutes les forces lui étaient immédiatement appliquées.

105. Si les corps toujours mus uniformément ont des directions rectilignes quelconques, le mouvement de leur centre commun de gravité est rectiligne, uniforme, et le même que si toutes les forces lui étaient appliquées chacune parallèlement à sa direction.

Décomposons la vitesse de chaque corps en trois autres respectivement parallèles à trois axes rectangles tirés par le centre de gravité dans un instant quelconque. Le mouvement du centre de gravité, résultant des vitesses parallèles à chaque axe, sera parallèle à cet axe, uniforme, et le même que si toutes les forces parallèles à cet axe lui étaient appliquées; donc si le centre de gravité, parti de l'origine, est arrivé au bout du temps t, en un point dont les coordonnés soient x, y, z, et si a, b et c sont les vitesses du centre de gravité respectivement parallèles aux axes des x, y et z, on aura

$$x = at, \ y = bt, \text{ et } z = ct;$$

éliminant t, il vient

$$y = \frac{bx}{a}, \text{ et } z = \frac{cx}{a};$$

on voit par là que les projections de la route du centre de gravité sur deux des plans coordonnés, sont des lignes droites; cette route est donc rectiligne.

L'espace parcouru par le centre de gravité pendant le temps t, étant la distance de l'origine au point x, y, z, on a, en appelant E cet espace,

$$E = \sqrt{x^2+y^2+z^2} = t\sqrt{a^2+b^2+c^2},$$

d'où l'on voit que le mouvement du centre de gravité est uniforme, et que sa vitesse $\sqrt{a^2+b^2+c^2}$ est la même que si les forces lui étaient appliquées, chacune parallèlement à sa direction.

106. Si les corps étaient liés entre eux, le centre de gravité serait encore mu de la même manière que s'ils étaient libres; en sorte que la réaction mutuelle des parties du système n'altère pas le mouvement du centre de gravité.

En effet, soient P, P′, etc., les forces qu'auraient les corps s'ils étaient libres. Supposons qu'à cause de la liaison des parties du système, ces forces se changent en F, F′, etc.; et soient f, f', etc., les autres composantes des forces P, P′, etc. Les forces F, F′, etc., étant les seules qui doivent avoir lieu, les forces f, f', etc., seront détruites : or, les forces F, F′, etc., meuvent les corps comme s'ils étaient libres; on peut donc les supposer appliquées au centre de gravité, parallèlement à leurs directions. Quant aux forces f, f', etc., elles se font équilibre, satisfont aux trois équations de l'équilibre de translation ; on peut donc aussi les supposer appliquées au centre de gravité, chacune parallèlement à sa direction; et comme elles n'y produisent aucun mouvement ; il s'ensuit que les forces F, F′, etc., meuvent le centre de la même manière que s'il était sollicité à la fois par les forces F, F′, etc., f, f', etc., c'est-à-dire par les forces P, P′, etc., transportées aussi au centre de gravité parallèlement à leurs directions.

107. Lorsque la force transmise à un système invariable, passe par son centre de gravité, toutes les parties du système ont des vitesses égales.

Car, s'il y avait dans le système des vitesses plus grandes les unes que les autres, elles devraient se trouver toutes d'un même côté du centre de gravité, et leur résultante, qui se trouverait du côté des plus grandes forces, ne passerait pas alors par le centre de gravité, ce qui serait contraire à l'hypothèse.

108. Si la force transmise à un corps ne passe pas par son centre de gravité, outre son mouvement de translation, le corps prend encore un mouvement de rotation autour de son centre de gravité.

En effet, si l'on appliquait au centre de gravité une force égale, parallèle et contraire à celle du corps, cette force détruirait le mouvement de translation du centre; mais comme les deux forces appliquées au corps ne sont pas directement opposées, le corps ne demeurera pas en équilibre, et le centre de gravité n'ayant aucun mouvement, ce corps ne pourra que tourner autour du centre de gravité ; et comme la force appliquée au centre de gravité ne tend à produire aucun mouvement de rotation, il s'ensuit qu'en supprimant son action, le mouvement de rotation aura encore lieu avec le mouvement de translation, et que ces deux mouvements sont indépendants l'un de l'autre.

De la loi d'inertie et du choc des corps.

109. On entend par *inertie* la faculté dont jouit la matière inorganique de persévérer dans son état de repos ou de mouvement : ainsi lorsque cet état vient à changer, on ne peut l'attribuer qu'à une force ou puissance extérieure dont la mécanique mesure les effets.

« L'inertie, dit Laplace (*Exposition du système du monde*), est principalement remarquable dans les mouvements célestes, qui, depuis un grand nombre de siècles, n'ont pas éprouvé d'altération sensible. Ainsi nous regardons l'inertie comme une loi de la nature, et lorsque nous observerons de l'altération dans le mouvement d'un corps, nous supposerons qu'elle est due à l'action d'une cause étrangère. »

Cette inertie ne provient point de la pesanteur, puisqu'on éprouve de la résistance à communiquer du mouvement à un corps posé sur un plan horizontal parfaitement poli. Il en serait de même en frappant vivement de haut en bas un corps qui tomberait dans le vide.

L'inertie est proportionnelle à la masse, car elle appartient également à toutes les parties matérielles égales d'un corps.

110. On appelle *corps durs*, ceux dont la forme ne peut être changée, quelles que soient les forces qu'on leur applique extérieurement, et *corps élastiques*, ceux qui peuvent être comprimés, et qui ont la propriété de reprendre leur première forme par les mêmes degrés de force par lesquels ils l'ont perdue.

La dureté et l'élasticité considérées dans un état parfait, sont deux propriétés qui n'existent pas réellement, aussi les formules que nous allons faire connaître ne peuvent se vérifier, dans les expériences de physique, que d'une manière plus ou moins approximative.

Le choc direct est celui qui se fait suivant une droite qui passe par les centres de gravité des corps, et qui est perpendiculaire au plan tangent aux surfaces des deux corps, au point de rencontre de ces deux surfaces.

Si deux corps durs de même masse se choquent en sens contraires avec des vitesses égales, ils doivent demeurer en repos après le choc, puisqu'il n'y a aucune raison pour que l'un quelconque des deux corps entraîne l'autre.

111. Deux corps qui se choquent en sens contraires, et se font équilibre, ont des quantités de mouvements égales entre elles.

En effet, supposons que la masse de l'un des corps ne soit qu'un point matériel, chaque point du second corps devra éteindre dans ce point unique, une vitesse égale à celle de ce second corps, en sorte que la force du premier corps doit équivaloir à celle d'un point matériel animé d'une vitesse égale au produit de la vitesse du second corps, multipliée par le nombre de ses points, ou par la masse de ce second corps.

Par un raisonnement semblable, on verra qu'on peut substituer à la force du second corps, celle d'un point matériel animé d'une vitesse égale au produit de la vitesse du premier corps, par sa masse; le choc peut donc être réduit à celui de deux points matériels égaux, dont les vitesses contraires sont respectivement égales à ces produits. Dans le cas de l'équilibre, ces produits sont donc égaux; c'est-à-dire que les vitesses des deux corps sont en raison inverse de leurs masses.

112. La vitesse des corps durs, après le choc, est égale à la somme de leurs quantités de mouvements avant le choc, divisée par la somme de leurs masses.

Supposons que les corps vont dans un même sens; désignons par M la masse du choquant, et par V sa vitesse avant le choc; par M' la masse du choqué, et par V' sa vitesse avant le choc. Remarquons que le choc cesse aussitôt que le choqué a autant de vitesse qu'il en reste au choquant, et qu'alors les deux corps juxtaposés ont des vitesses égales qu'ils conservent après le choc.

Soit x cette vitesse commune; on peut considérer le choquant à l'instant du choc, comme ayant les deux vitesses x et $V-x$ dans le sens du choc, puisque la somme de ces deux vitesses n'est autre que V. On peut considérer aussi le choqué comme ayant, à l'instant du choc, les deux vitesses x, dans le sens de la vitesse du choquant, et $x-V'$ en sens contraire, puisque la différence de ces deux vitesses est V' dans le sens du choquant.

Mais par la supposition, les corps ne doivent conserver que la vitesse commune x; donc, ils doivent se faire équilibre en vertu des deux autres vitesses; donc, par ce qui précède, on doit avoir :

$$M : M' :: x - V' : V - x,$$

d'où l'on tire,

$$x = \frac{MV + M'V'}{M + M'}$$

Si le corps choqué eût été, avant le choc, en sens contraire du corps choquant, c'est-à-dire de celui qui a la plus grande quantité de mouvement, on aurait eu :

$$x = \frac{MV - M'V'}{M + M'}.$$

Lorsque le corps choqué est en repos avant le choc, on a

$$x = \frac{MV}{M + M'}.$$

La première de ces trois valeurs de x, donne l'équation

$$\frac{Mx + M'x}{M + M'} = \frac{MV + M'V'}{M + M'},$$

qui fait voir que la somme des quantités de mouvement, après le choc, est la même qu'avant le choc; et que la vitesse du centre commun de gravité des deux corps, après le choc, est la même qu'avant le choc (n° 104). C'est en cela que consiste le principe de la *conservation du centre de gravité*.

113. Pour avoir les vitesses de deux corps élastiques, après le choc, il faut du double de la vitesse que ces corps auraient après le choc, s'ils étaient sans ressort, retrancher la vitesse que chacun d'eux avait avant le choc.

En effet, pendant que les corps se compriment, la distribution des forces se fait comme dans le choc des corps durs; donc, si x est la vitesse que les corps auraient dans ce cas; $V - x$ sera la vitesse perdue par le choquant pendant la compression; et comme on suppose la réaction du ressort égale et contraire à la force avec laquelle il a été comprimé, $V-x$ sera la vitesse perdue par la réaction, en sorte que la vitesse totale perdue par le choquant, sera $2V - 2x$; retranchant cette vitesse perdue de la vitesse V que le choquant avait avant le choc, on aura $2x - V$ pour la vitesse de celui-ci après le choc.

La vitesse que le corps choqué gagne pendant la compression, est $x - V'$, la réaction du ressort lui en fait gagner encore autant; la vitesse totale que le corps choqué gagne par le choc, est donc $2x - 2V'$; ajoutant cette vitesse avec celle V' qu'il avait avant le choc, on aura $2x - V'$ pour la vitesse du corps choqué après le choc. Dans cette dernière formule, V' peut être négative ou nulle.

La vitesse du centre commun de gravité de deux corps élastiques après le choc, est la même qu'avant le choc.

Car, après le choc, cette vitesse est $\dfrac{M(2x-V)+M'(2x-V')}{M+M'}$, ou $2x - \left(\dfrac{MV+M'V'}{M+M'}\right)$, ou enfin $\dfrac{MV+M'V'}{M+M'}$, qui est précisément la vitesse du centre de gravité des deux corps avant le choc.

114. Dans le choc des corps élastiques, la somme des produits de chaque masse par le carré de sa vitesse après le choc, est égale à la somme des produits de chaque masse par le carré de sa vitesse avant le choc.

En effet, $M(2x - V)^2 + M'(2x - V')^2 = 4x^2(M + M') - 4x(MV + M'V') + MV^2 + M'V'^2$; mettant dans le second membre, au lieu de x sa valeur $\dfrac{MV+M'V'}{M+M'}$, ce second membre se réduit à $MV^2 + M'V'^2$.

On entend par *force vive* d'un corps, le produit de sa masse par le carré de sa vitesse; ainsi, dans le choc des corps parfaitement élastiques, la somme de leurs forces vives est la même avant et après le choc. Tel est le principe de la *conservation des forces vives*.

La vitesse avec laquelle les corps élastiques s'éloignent l'un de l'autre après le choc, est égale à celle avec laquelle ils s'approchaient l'un de l'autre avant le choc.

Car, si les corps vont dans le même sens avant le choc, la vitesse avec laquelle le choquant s'approche du choqué, est $V - V'$. Après le choc, la vitesse avec laquelle le choqué s'éloigne du choquant, est

$$2x - V' - (2x - V) \text{ ou } V - V'.$$

Dans le choc de deux sphères dont la matière est dénuée de toute élasticité, la force vive perdue est

$$MV^2 + M'V'^2 - (M + M') x^2,$$

en désignant par x la vitesse commune après le choc : or, en retranchant de cette différence la quantité $2x [MV + M'V' - (M + M') x]$ qui est nulle, en vertu de l'équation

$$x = \frac{MV + M'V'}{M + M'} \qquad \text{(Numéro précédent.)}$$

on a

$$MV^2 + M'V'^2 + (M + M') x^2 - 2(MV + M'V') x$$
$$= M(V - x)^2 + M'(V' - x)^2.$$

Ainsi, dans l'hypothèse actuelle, la force vive détruite est égale à la somme des forces vives dues aux vitesses $V - x$, $V' - x$, perdues respectivement par chaque corps. Tel est un cas particulier d'un théorème général dû à Carnot.

SECTION III.

HYDROSTATIQUE.

CHAPITRE PREMIER.

115. Une masse fluide est un amas de particules matérielles d'une extrême ténuité, et douées d'une parfaite mobilité en toutes sortes de sens.

On distingue deux sortes de fluides; les premiers s'appellent *fluides incompressibles,* parce qu'on n'en peut diminuer le volume, quelle que soit la pression qu'on leur applique; telle est l'eau et la plupart des liqueurs(*). Les autres sont *compressibles* et *élastiques*, comme l'air et les différents gaz.

116. Lorsqu'une masse fluide, considérée comme étant sans pesanteur, remplit entièrement un vase fermé de toutes parts, si l'on fait à ce vase deux ouvertures égales, et qu'on y applique, au moyen de deux pistons, deux pressions égales, les deux pistons seront évidemment en équilibre; ce qui prouve que le fluide transmet entièrement, et en tous sens, la pression appliquée à un des pistons.

Donc, si l'une des ouvertures est plus grande que l'autre, la pression appliquée au plus petit piston se transmettra pleinement sur chaque partie de la base du plus grand, égale à la base du plus petit; en sorte que les pressions qu'on devra appliquer aux deux pistons pour qu'ils soient en équilibre, devront être proportionnelles aux bases de ces pistons.

Soit en général P la pression exercée sur un piston dont la base est A, nP la puissance qui lui fait équilibre en agissant sur un piston dont la base est nA. Faisons nP $= p$, et nA $= a$, on aura

$$pA = aP.$$

Cette équation donne $p = \dfrac{a}{A}$ P, valeur qui montre qu'avec une puis-

---

(*) Il n'existe réellement aucun fluide rigoureusement incompressible; mais les pressions auxquelles il faudrait les soumettre pour réduire leur volume sont telles, qu'on peut, sans craindre d'erreur sensible, considérer comme nulle leur compressibilité : les expériences de M. Oersted ont montré que sous la pression ordinaire de l'atmosphère l'eau se réduisait des 0,000046 de son volume, quantité tout à fait négligeable.

sance arbitraire P on peut produire une pression p aussi grande qu'on voudra, pourvu qu'on donne à a et A qui représentent les bases des pistons, des valeurs convenables. C'est sur ce principe qu'est fondée la presse de *Pascal*.

Si l'on fait $A = 1$ dans l'équation ci-dessus, la pression se trouvera rapportée à l'unité de surface, et la valeur

$$p = aP,$$

qui en résulte, montre que la pression éprouvée par une aire quelconque, s'obtient en multipliant cette aire par la pression qu'éprouve l'unité de surface.

La même masse fluide pressée étant en équilibre, la pression que chaque molécule contiguë à la surface du vase, ou à celle d'un corps placé dans l'intérieur du fluide, exerce sur cette surface, est perpendiculaire à cette surface; sans quoi cette pression ne serait pas détruite entièrement par la résistance de cette surface, et l'équilibre n'aurait pas lieu.

117. Si les molécules d'une masse fluide contenue dans un vase ouvert sont sollicitées par la pesanteur seule, et si la surface du fluide est de niveau, toute la masse est en équilibre.

En effet, la pesanteur d'une quelconque des molécules de cette surface étant alors perpendiculaire à cette surface, cette molécule ne doit tendre à se mouvoir d'aucun côté sur cette surface; il en est de même pour toutes les molécules des couches parallèles à la première.

Donc, les surfaces d'un même fluide pesant, contenu dans un syphon, forment une même surface de niveau, ou sont dans un même plan horizontal, si le syphon n'est pas d'une très grande étendue. La théorie des instruments employés dans le Nivellement, dérive de cette propriété des fluides.

118. La pression qu'éprouve en tous sens une molécule quelconque d'un fluide pesant en équilibre dans un vase, est égale au poids d'un filet vertical de ce fluide qui aurait pour hauteur la distance de cette molécule au plan de la surface supérieure du fluide.

D'abord cette molécule est également pressée en tous sens, sans quoi elle serait mue du côté où elle éprouverait la moindre pression. Concevons ensuite que toute la masse fluide, à l'exception de ce filet, vienne à se durcir sans changer de place ni de volume, la molécule éprouvera encore la même pression; mais alors elle porte évidemment le poids entier du filet qui est resté fluide.

119. On appelle *pesanteur spécifique* d'un corps, ou d'un fluide, le poids de l'unité de volume de ce corps; or, il est évident que si l'on multiplie le poids de l'unité de volume d'un corps par le nombre de ses unités de volume, on doit avoir son poids total; donc le poids d'un corps est égal au produit de sa pesanteur spécifique par son volume.

La densité d'un corps est la masse de l'unité de volume de ce corps; la masse totale d'un corps est donc égale au produit de sa densité par son volume. Ainsi appelant P le poids d'un corps, M sa masse, V son volume, D sa densité, et g la gravité, on a

$$M = DV, \text{ et } P = gM = gDV.$$

Désignant en outre par Π la pesanteur spécifique, on a

$$\Pi = gD, \text{ et } P = \Pi V;$$

d'où il est aisé de conclure que le rapport des densités, ou des pesanteurs spécifiques de deux corps ayant même volume, est le même que celui de leurs poids respectifs.

120. La pression qu'un fluide pesant exerce sur une surface plane, située comme on le voudra, est égale au produit de cette surface multipliée par la distance de son centre de gravité au plan de niveau, et par la pesanteur spécifique du fluide.

Car, si l'on partage cette surface en une infinité de petites surfaces, tous les points de chacune de ces dernières pourront être considérés comme également distants du plan de niveau; et à cause que chaque point est pressé perpendiculairement à la surface par une force égale au poids d'un filet de fluide qui aurait pour hauteur la distance de ce point au plan de niveau, il s'ensuit que chacune de ces petites surfaces éprouve une pression égale au poids d'un prisme de fluide, qui aurait pour base cette petite surface, et pour hauteur la distance de cette même petite surface au plan de niveau. Mais le poids de ce prisme est exprimé par le produit de la petite surface par sa distance au plan de niveau, et par la pesanteur spécifique du fluide; donc, la pression totale est égale à la somme des produits des petites surfaces multipliées chacune par sa distance au plan de niveau, et par la pesanteur spécifique du fluide. De plus, la somme des produits des petites surfaces par leurs distances au plan de niveau, est égale au produit de la surface entière par la distance de son centre de gravité au plan de niveau; donc, la pression totale est exprimée par le produit de la surface pressée par la distance de son centre de gravité au plan de niveau, et par la pesanteur spécifique du fluide.

Donc, si le fond d'un vase, rempli d'un fluide pesant, est horizontal, la pression sur le fond est la même, plus petite ou plus grande que le poids du fluide contenu dans le vase, selon que ce vase est cylindrique, ou qu'il est évasé ou rétréci par le haut.

121. Pour avoir le centre de pression, ou le point par lequel passe la résultante de toutes les pressions élémentaires, il faut prendre la somme des moments de ces pressions, par rapport à deux axes rectangles tirés sur la surface, et diviser chaque somme de moments par la pression totale; les quotients seront les coordonnées du centre de pression.

Si, par exemple, une droite verticale est pressée par un fluide pesant en repos, et que l'on conçoive sa hauteur H partagée en un nombre infini n de parties égales à h, les moments des pressions élémentaires, par

MÉCANIQUE.   479

rapport à la ligne de niveau, étant entre eux comme les carrés de la suite Pl. XIII. naturelle des nombres, la somme de ces moments sera égale au tiers du cube du moment de la dernière pression, c'est-à-dire en désignant par p la pesanteur spécifique du fluide, égale à $\frac{pn^3h^3}{3}$; alors en divisant ce produit par la pression totale $\frac{pn^2h^2}{2}$, on a, pour la distance du centre de pression à la ligne de niveau, $\frac{2}{3}nh$, ou $\frac{2}{3}H$.

122. Lorsqu'un corps d'une forme quelconque est, en tout ou en par- Fig. 69. tie, dans un fluide pesant, il s'y trouve sollicité par sa pesanteur, et par une infinité de pressions perpendiculaires à la surface de la partie submergée; toutes ces forces doivent se détruire pour que le corps demeure en équilibre.

Considérons seulement la courbe plane et verticale ABCDNH dans un fluide, dont le niveau est PQ. Prenons l'élément très petit AB, menons les horizontales AC, BD, et les verticales AR et BS, puis la verticale MO par le milieu de AB. Soient f, f' et f'' les pressions que le fluide exerce perpendiculairement sur les éléments AB, DE et HK; décomposons chacune de ces forces en deux, l'une horizontale et l'autre verticale; appelons p la pesanteur spécifique du fluide. La force horizontale sur AB, sera $p \cdot MO \cdot BC$; la force horizontale sur l'élément opposé DE, aura la même expression; et les deux forces agissant en sens contraires, se détruiront. Il en sera de même de toutes les forces horizontales agissant sur les éléments opposés. La force verticale sur AB, sera exprimée par $p \cdot AC \cdot MO$; la force verticale sur HK, sera égale à $p \cdot HI \cdot OT$; ces deux forces étant directement opposées, il en résulte, pour soulever le filet AK, une force égale à $p \cdot MT \cdot AC$, c'est-à-dire égale au poids du volume du fluide, dont AK tient la place; ainsi on voit que toutes les pressions horizontales se détruisent, et que les forces verticales qui sollicitent le corps, se réduisent au poids du corps, et à une autre, de signe contraire, égale au poids du volume de fluide déplacé; donc, si l'on désigne par P la pesanteur spécifique du corps, et par V son volume, le corps pourra être considéré comme sollicité par la force unique verticale, égale à

$$PV - pV.$$

Si $P = p$, le corps ne montera ni ne descendra.

Si $p < P$, le corps descendra jusqu'au fond du vase avec une force égale à l'excès de son poids sur celui du fluide déplacé; et si $p > P$, le corps s'élèvera et sortira du fluide, jusqu'à ce que le volume v de la partie submergée, soit tel qu'on ait

$$PV - pv = 0,$$
ou $$PV = pv. \qquad (28)$$

123. La résultante des forces verticales provenant des pressions du fluide, passe, dans le cas de l'équilibre, par le centre de gravité du volume de la partie submergée.

En effet, la distance de cette résultante à deux axes horizontaux, est égale à la somme des moments des poids des filets verticaux de fluide qui rempliraient le volume de la partie submergée, divisée par le poids du fluide dont le corps occupe la place; mais ces quotients expriment aussi les distances aux mêmes axes du centre de gravité du volume de la partie submergée.

On voit donc que si un corps, dont la pesanteur spécifique est moindre que celle d'un fluide, est en équilibre sur le fluide,

1° Le poids de ce corps est égal au poids du volume de fluide déplacé (*équat.* 28).

2° Les deux forces verticales PV et $-pv$ qui le sollicitent, passant l'une par le centre de gravité du corps, et l'autre par le centre de gravité du volume de la partie plongée, ces deux centres doivent se trouver dans une même verticale, afin que ces deux forces soient directement opposées et se détruisent.

Soit V le volume d'un corps, dont la pesanteur spécifique P surpasse celle des différents fluides exprimés par p, p', p''. Si l'on suspend ce corps successivement dans ces fluides, pV, $p'V$ et $p''V$ seront les pertes de poids respectives de ce corps dans ces fluides. Or on a évidemment ces proportions,

$$pV : PV :: p : P,$$

et, $$pV : p'V :: p : p'; \text{etc.}$$

La première de ces proportions servira à faire connaître la pesanteur spécifique du corps au moyen de celle du fluide, et de la perte de poids du corps dans ce fluide.

La seconde fera connaître la pesanteur spécifique p' d'une liqueur quelconque, au moyen de celle p d'une autre liqueur, et des pertes de poids d'un même corps dans ces deux liquides.

On peut encore déterminer la pesanteur spécifique d'une liqueur, au moyen d'une fiole lestée et surmontée d'un petit bassin propre à recevoir des poids : on plonge cette fiole dans la liqueur dont on connaît la pesanteur spécifique, et dans celle dont la pesanteur spécifique est à trouver; et à l'aide de petits poids qu'on ajoute ou qu'on ôte du bassin, on fait en sorte que le volume v de la partie submergée soit le même dans les deux liqueurs; alors si q et $q \pm K$ sont les poids successifs de l'instrument, quand il surnage dans chacune des deux liqueurs dont nous supposons que les pesanteurs spécifiques sont p et p', comme on a $q = pv$ et $q \pm K = p'v$, on doit avoir

$$q : q \pm K :: p : p'.$$

L'instrument dont il s'agit se nomme *Aréomètre*.

Pour connaître la pesanteur spécifique d'un corps plus léger que le fluide dans lequel on veut le plonger, on attachera à ce corps un autre corps assez dense pour que le système des deux puisse plonger entièrement : on observera la perte de poids de ce système dans le fluide ; on en retranchera la perte de poids du corps ajouté, et le reste sera la poussée du fluide sur le premier corps, c'est-à-dire le produit de la pesanteur spécifique du fluide par le volume de ce corps ; enfin divisant ce reste par le poids de ce même corps, on aura le rapport de la pesanteur spécifique du fluide à celle du corps.

Les physiciens ont formé une table des pesanteurs spécifiques de différentes substances, dans laquelle la densité de l'eau distillée, considérée dans le vide et soumise à la température d'environ 4° du thermomètre centigrade au-dessus de *zéro*, est prise pour unité, parce que c'est à ce terme que cette densité a atteint son *maximum*. Alors le poids d'un centimètre cube de cette eau, est ce qui forme le *gramme* ou notre unité de poids. Par exemple, on trouve dans cette table que la pesanteur spécifique de l'or est 19, c'est-à-dire qu'un volume quelconque de ce métal est dix-neuf fois plus pesant qu'un pareil volume d'eau distillée. Ainsi pour évaluer en grammes le poids d'un volume d'une substance quelconque, il faut multiplier sa pesanteur spécifique par son volume évalué en centimètres cubes.

CHAPITRE II.

DE L'AIR, DU BAROMÈTRE, ET DE SON USAGE DANS LA MESURE DES HAUTEURS.

124. L'air est un fluide transparent qui environne la terre depuis sa surface jusqu'à une hauteur d'environ 50000^m ; l'expérience prouve qu'il est compressible dans le rapport des poids qui le chargent, et que, de même que les autres gaz et les vapeurs, il est élastique et dilatable par la chaleur. Sa dilatation est, selon M. Gay-Lussac, les $\frac{3}{800}$ (ou 0,00375) du volume qu'il occupait à la température zéro, pour chaque degré du thermomètre centigrade. Toutefois de nouvelles et nombreuses expériences dues à M. Regnault, la font seulement de 0,003665.

Les couches inférieures de l'atmosphère étant chargées des couches supérieures, il s'ensuit que l'air, à la surface de la terre, est comprimé par le poids de ces dernières couches, et qu'il tend par conséquent, en vertu de sa force élastique, à s'étendre en tous sens avec une force égale à ce poids. A mesure qu'on s'élève au-dessus de la surface de la terre, la hauteur de la colonne d'air comprimante diminue, la densité de l'air doit donc aussi diminuer.

Le baromètre est un tube de verre de 82^{cm}, scellé à un de ses bouts, et dont l'intérieur a été parfaitement nettoyé et desséché. On a d'abord rempli entièrement ce tube avec du mercure purifié, qui en a chassé l'air; tenant ensuite l'orifice bouché, on a renversé le tube dans une cuvette contenant du mercure en assez grande quantité pour que l'air n'ait pu rentrer dans le tube. Le mercure du tube s'est alors abaissé de lui-même, et sa hauteur au-dessus du niveau du mercure de la cuvette s'est réduite à $0^m,76$.

La suspension de cette colonne de mercure est évidemment due à la pression de l'air qui pèse sur le mercure de la cuvette, et qui ne presse pas la surface supérieure du mercure contenu dans le tube, puisque le mercure en descendant a laissé la partie supérieure du tube entièrement privée d'air. Une colonne verticale entière d'air atmosphérique pèse donc autant qu'une colonne de mercure de même base, et de 76^{cm} de hauteur.

Cette hauteur du mercure dans le baromètre ne reste pas toujours la même dans le même lieu : ses variations tiennent à des changements dans l'atmosphère qui ne sont pas bien connus; elles indiquent seulement que la pression de l'atmosphère augmente ou diminue selon que cette hauteur augmente ou diminue.

125. Si l'on porte le baromètre d'un lieu dans un autre plus élevé, la colonne d'air qui presse le mercure de la cuvette se trouvant raccourcie et moins pesante qu'auparavant, ne pourra plus soutenir la même hauteur de mercure dans le baromètre, et le mercure s'abaissera. Voyons comment cet abaissement peut faire connaître la différence de niveau des deux lieux.

Concevons une colonne verticale entière de l'atmosphère, partagée en un assez grand nombre de couches horizontales d'une même épaisseur x, assez petite pour que la densité de l'air soit sensiblement la même dans toute l'étendue de chaque couche; $x, 2x, 3x \ldots nx = X$ seront les distances des bases supérieures de ces couches au niveau de la mer. Représentons par $H, H', H'' \ldots h$ les élévations décroissantes et correspondantes du mercure dans le baromètre à ces hauteurs; désignons par 1 la densité du mercure à la température 0, et par D celle de l'air au niveau de la mer et à la même température.

Le baromètre passant de la première couche dans la seconde, le poids de la diminution de la colonne de mercure dans le baromètre sera égal au poids de la première couche; donc on aura, en divisant par la gravité et par la base commune des colonnes,

$$Dx = H - H',$$

ou

$$D = \frac{1}{x}(H - H').$$

Mais la densité de la première couche est proportionnelle à la hauteur H, et peut être représentée par CH, C étant un coefficient constant, pour toute la colonne d'air qu'on suppose partout à la même température; donc

$$D = CH;$$

égalant ces deux valeurs de D, il vient
$$H' = H(1 - Cx);$$
on trouverait de la même manière,
$$H'' = H'(1 - Cx) = H(1 - Cx)^2,$$
et ainsi de suite ; d'où l'on voit que les élévations du mercure dans le baromètre, aux hauteurs x, $2x$, $3x$, etc., sont en progression géométrique; donc lorsque le baromètre sera dans la n^e couche, ou à la hauteur X, on aura
$$h = H(1 - Cx)^n;$$
d'où l'on tire
$$n = \frac{-1}{\log.(1-Cx)} (\log. H - \log. h).$$

Egalant cette valeur de n avec celle tirée de l'équation $nx = X$, développant log. $(1 = Cx)$, par la méthode du n° 155 (*Algèbre*), et négligeant les puissances de x supérieures à la première, la formule devient
$$X = \frac{M}{C} (\log. H - \log. h);$$
M étant le module 2,30258509 (n° 159 *Algèbre*).

L'équation $D = CH$ donne $C = \frac{D}{H}$. Or, MM. Biot et Arago ont trouvé que lorsque $H = 0^m,76$, $D = \frac{1}{10463}$; ce qui donne $\frac{M}{C} = 18336$; et par conséquent,
$$X = 18336^m (\log. 0^m,76 - \log. h).$$
De même pour une autre hauteur X', on a
$$X' = 18336^m (\log. 0^m,76 - \log. h'),$$
donc X — X', ou
$$z = 18336^m (\log. h' - \log. h).$$

Supposons maintenant que les températures aux deux extrémités de la colonne d'air que le baromètre a parcourues soient t et t'. On supposera que la température a été uniforme entre ces limites, et égale à $\frac{t+t'}{2}$; la colonne d'air, qui, dans le cas de la température 0, aurait eu z pour hauteur, aura été dilatée et par conséquent plus légère, il en aura donc fallu une plus grande hauteur pour produire la même pression, c'est-à-dire qu'il faudrait augmenter z de la quantité $\frac{3z}{800}\left(\frac{t+t'}{2}\right)$; toutefois, M. Laplace a remarqué que l'on tenait compte, en partie, de l'état hygrométrique de l'air, en portant la dilatation de l'air à $\frac{1}{250}$ au lieu de $\frac{3}{800}$; la correction devient alors $\frac{z}{250}\left(\frac{t+t'}{2}\right)$, et la première valeur corrigée prend la forme

$$z = 18336\left(1 + \frac{t+t'}{500}\right)(\log. h' - \log. h).$$

Enfin la condensation du mercure étant, d'après Dulong et Petit, de $\frac{1}{5550}$ de son volume pour chaque degré centigrade d'abaissement dans la température, si T et T' sont les températures du mercure du baromètre aux stations supérieure et inférieure, la hauteur h du mercure aura été observée trop petite; il faudra donc l'augmenter de $\frac{h}{5550}(T'-T)$, et la formule suffisamment corrigée sera

$$z = 18336\left(1 + \frac{t+t'}{500}\right)\left[\log. h' - \log. h\left(1 + \frac{T'-T}{5550}\right)\right].$$

Le savant naturaliste Ramond a cependant reconnu, par un grand nombre d'observations barométriques faites à des points dont on connaissait exactement les différences de niveau, qu'il était nécessaire de modifier le coefficient 18336, et de le porter à 18393, afin que la formule précédente, dans laquelle il est fait abstraction de la variation de la pesanteur dans le sens vertical, donnât avec plus de précision, et vers le 45ᵉ degré de latitude, les hauteurs des montagnes très élevées.

Le moment le plus favorable à ce genre d'observations, est lorsque l'équilibre existe dans l'atmosphère, ce qui est indiqué par le baromètre et le thermomètre qui sont alors longtemps stationnaires, et ce qui arrive ordinairement vers le milieu du jour. Il est utile aussi d'observer pendant l'absence du soleil, ou du moins de placer tout l'appareil à l'ombre.

126. C'est à l'aide de la formule dont il s'agit, que l'on peut déterminer la hauteur d'un lieu quelconque situé au-dessus du niveau de la mer. Lorsque l'on possède un grand nombre d'observations barométriques correspondantes, faites à deux stations et dans l'intervalle de quelques heures, l'on prend pour seules hauteurs les moyennes entre toutes les hauteurs du baromètre et du thermomètre, qui y ont été observées (n° 97 *Arithmétique*).

Voici un exemple de ce calcul :

Suivant les observations du célèbre voyageur Humboldt, faites à *Guanaxuto* (ville du royaume de la nouvelle Grenade), la hauteur h du baromètre était de 266^{llg},4 ; la température t de $+21°,3$; celle T de l'air, également de 21°,3 (thermom. centig.).

Dans le même temps, on avait au bord de la mer,

$$h' = 338^{llg},3, \quad t' = +25°,3, \quad \text{et } T' = +25°,3.$$

La formule précédente pouvant, pour la facilité du calcul, être mise sous cette forme,

$$z = 18^m,393 \left[1000 + 2(t+t')\right] \left[\log. h' - \log. h \left(\frac{5550 + T' - T}{5550}\right)\right];$$

il s'ensuit que si l'on fait

$$\log. h' - \log. h \left(\frac{5550 + T' - T}{5550}\right) = A,$$

l'on aura

$$\log. z = \log. (18^m,393) + \log. [1000 + 2(t+t')] + \log. A.$$

OPÉRATION.

Barom. inf. $h' = 338,3$ log. . . . . = 2,5293020
Barom. sup. h, log. = 2,4255342 ⎫
Log. $(5550 + 4) = 3,7446059$ ⎬ Somme. . . . . . = 2,4258471
Comp. log. $(5550) = 6,2557070$ ⎭

                                                      Différence ou A = 0,1034549

Log. A. . . . . = 9,0147511
Log. $(1000 + 93°,2)$. . . . . = 3,0386996
Log. constant de $18^m,393$. . . . . . = 1,2646526

           Log. hauteur cherchée. . . . = 3,3181033 qui répond à 2080^m

Donc, cette hauteur $z = 2080^m$; valeur qui ne diffère en moins que de $4^m,23$ de celle qu'on obtient, en ayant égard à d'autres circonstances physiques que l'on ne peut décrire dans un ouvrage purement élémentaire. Au surplus l'*Annuaire* du Bureau des Longitudes renferme, chaque année, des tables très simples et très commodes pour déterminer très exactement les différences de niveau au moyen des observations barométriques, on ne peut donc mieux faire que d'y recourir.

FIN.

TABLE

DES DÉFINITIONS ET DES PRINCIPES.

ARITHMÉTIQUE.

La *quantité* est tout ce qui peut être augmenté ou diminué.
L'*unité* est le terme de comparaison des quantités de même espèce.
Le *nombre* est le résultat de cette comparaison. N° 1
L'*arithmétique* est la science des nombres. 3
Le nombre *abstrait* ne désigne pas des unités d'une espèce déterminée. Quand l'espèce des unités est exprimée, le nombre est *concret*. 4
La *numération* est la première opération de l'arithmétique, elle consiste à énoncer un nombre écrit et réciproquement. 5
La numération décimale, généralement admise, est fondée sur la convention qu'un chiffre prend une valeur dix fois plus grande, s'il avance d'un rang vers la gauche et réciproquement. 6
Les *décimales* sont des parties de dix en dix fois plus petites que l'unité; on les exprime à l'aide d'une virgule placée à la droite des unités. 12
On rend un nombre dix fois plus grand ou plus petit en avançant ou reculant la virgule d'un rang vers la droite ou la gauche. 15
L'*addition* est l'opération par laquelle on réunit plusieurs nombres en un seul, qui est la somme. 17
La *soustraction* est l'opération par laquelle on retranche un nombre plus petit d'un nombre plus grand, pour avoir leur différence, ou l'excès de l'un sur l'autre. 22
La *multiplication* est l'opération par laquelle on prend un nombre autant de fois qu'il y a d'unités dans un autre. Le premier nombre est le *multiplicande*, le second le *multiplicateur*, qui est toujours abstrait. Le résultat se nomme *produit*; il est toujours de la nature du multiplicande. On appelle aussi *facteurs* les nombres qu'on multiplie l'un par l'autre. 27
S'il y a des décimales à l'un ou l'autre des facteurs, ou à tous deux, il y en aura autant au produit qu'il y en a dans les deux facteurs ensemble. 35
La *division* est l'opération par laquelle un produit étant donné avec un de ses facteurs on retrouve l'autre; ce produit s'appelle alors *dividende*, le facteur donné *diviseur*, et le facteur cherché *quotient*. 40, 42
Lorsque le dividende ou le diviseur ou tous deux ont des décimales, on écrit à la suite de l'un ou de l'autre autant de zéros qu'il en faut pour que le nombre des décimales soit égal dans tous les deux; puis on supprime la virgule, et on divise comme si les deux nombres étaient entiers. 48

Quand la division laisse un reste, on peut le convertir en décimales, et continuer la division, ce qui donnera autant de décimales au quotient. 49

Des Fractions.

Une *fraction* est l'expression d'un quotient moindre que l'unité; elle représente donc une ou plusieurs parties de l'unité, par le moyen de deux nombres dont l'un compte ces parties et s'appelle pour cela *numérateur*, et l'autre en désigne l'espèce et s'appelle *dénominateur*. 50

Une fraction est multipliée en multipliant son numérateur ou divisant son dénominateur; elle est divisée par la division de son numérateur ou la multiplication de son dénominateur. 51 à 57

Une fraction ne change pas de valeur si ses deux termes sont multipliés, ou divisés par un même nombre. 58

On réduit une fraction à sa plus simple expression, en divisant ses deux termes par leur *plus grand commun diviseur*. 59

Un nombre est divisible par 9 ou par 3, si la somme de ses chiffres est multiple de 9 ou de 3. 60

Pour multiplier une fraction par une fraction, on multiplie les numérateurs entre eux et les dénominateurs entre eux. 61

Pour diviser une fraction par une fraction, il faut multiplier la fraction dividende par la fraction diviseur renversée. 62

Pour avoir la somme ou la différence de plusieurs fractions, il faut qu'elles aient le même dénominateur : si elles ne l'ont pas, on le leur donnera en multipliant les deux termes de chacune par le produit des dénominateurs de toutes les autres. 63

Les fractions décimales ont pour dénominateurs sous-entendus l'unité suivie d'autant de zéros qu'il y a de décimales; d'où il suit qu'un nombre décimal ne change pas de valeur quand on écrit à sa suite un ou plusieurs zéros. 64

Si une fraction ordinaire a pour dénominateur un nombre qui ait d'autres facteurs que 2 et 5, elle ne peut être convertie complétement en décimales; le développement devient périodique. 69

Une fraction décimale *périodique* est égale à une fraction ordinaire qui a pour numérateur la période, et pour dénominateur autant de 9 qu'il y a de chiffres à la période. 70

Des Nombres complexes.

Les nombres *complexes* sont composés de plusieurs espèces d'unités subordonnées. 71

Leur addition et leur soustraction ne diffèrent de celles des nombres incomplexes que par les différentes subdivisions de l'unité principale. 72 à 74

On les multiplie en réduisant les deux facteurs, chacun à sa petite sous-espèce, et divisant le produit de ces deux résultats par le produit des deux nombres qui expriment combien l'unité principale de chaque facteur contient de fois la plus petite sous-espèce. 76

Ou par la méthode des *parties aliquotes*. On appelle ainsi des parties ou fractions qui ont l'unité pour numérateur. La règle est de multiplier d'abord tout le multiplicande par les entiers du multiplicateur, en décomposant successivement les sous-espèces du multiplicande en aliquotes de la précédente, puis de prendre pour les sous-espèces du multiplicateur des aliquotes convenables du multiplicande. 77

Il faut toujours préparer la division des nombres complexes en rendant le diviseur incomplexe, s'il ne l'est pas. 78

De plus, s'il est de la nature du dividende, celui-ci sera mis sous la forme d'une seule expression fractionnaire. 78 et 79

Si le dividende et le diviseur sont de nature différente, il suffit de rendre le diviseur incomplexe. 80

Pour convertir un nombre complexe en décimales, il faut, en commençant par la plus petite sous-espèce, diviser successivement par le nombre qui dit combien de fois chaque sous-espèce est contenue dans la précédente. 81

Réciproquement on convertira une fraction décimale en nombre complexe, si on multiplie successivement par les nombres qui disent combien de fois chaque sous-espèce contient la suivante. 81

Des Proportions.

Un *rapport* est le résultat de la comparaison de deux quantités : le rapport *arithmétique* exprime leur différence, et le rapport *géométrique* est le quotient de l'une divisée par l'autre. Le premier terme du rapport s'appelle *antécédent*, et le second s'appelle *conséquent*. 82

Une *proportion* est l'assemblage de deux rapports égaux. 83

Dans la proportion arithmétique, la somme des extrêmes égale celle des moyens. 84

Quand elle est continue, la somme des extrêmes égale le double du moyen. 84

Dans la proportion géométrique, le produit des extrêmes égale celui des moyens. 86

Si elle est continue, le produit des extrêmes égale le carré du moyen. *id.*

On peut faire, avec les quatre termes d'une proportion, huit permutations qui laissent subsister la proportionnalité, puisqu'ils conservent l'égalité entre le produit des moyens et celui des extrêmes. 87

On peut, dans chaque rapport, augmenter ou diminuer l'antécédent du conséquent, les rapports ne cesseront pas d'être égaux. 87

La somme ou la différence des antécédents est à la somme ou à la différence des conséquents comme un antécédent est à son conséquent. 87

Dans une suite de rapports égaux, la somme des antécédents est à celle des conséquents, comme un antécédent est à son conséquent. 88

Plusieurs proportions multipliées par ordre donnent quatre produits qui sont en proportion. 89

La règle de *trois* sert à faire trouver un terme d'une proportion par le moyen des trois autres. Un extrême est égal au produit des moyens divisé par l'autre extrême. Un moyen est égal au produit des extrêmes divisé par l'autre moyen. Si la proportion est *continue*, un extrême est égal au carré du moyen divisé par l'autre extrême, un moyen est égal à la racine carrée du produit des extrêmes. 90

En composant chaque rapport des deux termes de même nature, la proportion se dispose d'elle-même pour donner le résultat. 91

La règle d'*escompte* fait trouver la valeur actuelle d'une créance qui n'est exigible qu'au bout d'un certain temps. 92

La règle de trois *composée* a lieu lorsque la question renferme plus de trois termes connus, desquels dépend le nombre inconnu. 93

La règle de *change* sert à convertir une somme due, dans la monnaie d'un pays, successivement en celle de plusieurs autres, jusqu'à celui où on veut la recevoir. 94

La règle de *société* ou de partage, sert à partager un nombre en plusieurs parts qui soient dans des rapports donnés. 95

La règle d'*alliage* fait trouver le prix d'une mesure d'un mélange, connaissant le nombre des mesures de chacune des espèces qui le composent et leur prix. 96

Des nouvelles Mesures.

L'unité des mesures linéaires est le *mètre* ou la dix-millionième partie du quart du méridien. 98

On en forme des multiples et des sous-multiples décimaux. 99

L'unité de mesure des surfaces est le mètre carré; celle des mesures agraires est l'*are* ou le décamètre carré. 100

L'unité de mesure des volumes est le mètre cube; celle des mesures de capacité est le *litre*, équivalant au décimètre cube. 101

L'unité de poids est le *gramme* ou le poids d'un centimètre cube d'eau pure au *maximum* de densité. 102

L'unité monétaire est le *franc* composé de $\frac{9}{10}$ d'argent fin et de $\frac{1}{10}$ d'alliage; il équivaut à $\frac{81}{80}$ de livre tournois. 103

Les mesures anciennes se convertissent facilement en mesures nouvelles et réciproquement, par le moyen de leurs rapports. 104 à 107

L'ancienne division du cercle s'appelle *sexagésimale*, parce que les *degrés* y sont divisés en 60', et les minutes en 60".

La nouvelle division s'appelle *centésimale*; les *grades* y étant divisés en cent minutes et les minutes en cent secondes. On passe de l'une à l'autre par la considération que 90 d. valent 100 gr. 108

ALGÈBRE.

L'*Algèbre* est une arithmétique généralisée dans laquelle les quantités sont représentées par des lettres sans valeur déterminée, et leurs relations par des *signes* convenus ; cette science a pour objet principal la recherche de la série des opérations qu'il faut effectuer pour passer des quantités connues à celles qui ne le sont point. 1 à 6

On appelle *coefficient* le nombre placé à la gauche d'un terme algébrique ; il marque combien de fois on prend ce terme. 7

Les termes semblables sont composés des mêmes lettres, on réunit ceux qui ont le signe +; on fait aussi la somme de ceux qui ont le signe —; on retranche le plus petit des deux coefficients du plus grand, et on donne au reste le signe du plus grand ; cela s'appelle faire la *réduction*. 8 à 19

Pour soustraire un *polynôme* d'un autre, il faut, en l'écrivant à sa suite, changer les signes de tous les termes du polynôme soustrait. 20, 21

Une lettre écrite à côté d'une autre exprime le produit des deux quantités qu'elles représentent ; un chiffre nommé *exposant*, placé à la tête d'une lettre, indique combien de fois cette lettre est facteur dans le même terme. 22 à 25

Pour multiplier un terme par un autre, il faut opérer sur les signes, sur les coefficients, sur les lettres, sur les exposants. La règle des signes est que si les deux facteurs ont même signe, le produit est positif, et s'ils sont de signes différents, le produit est négatif. Les coefficients se multiplient. Le produit doit contenir toutes les lettres des deux facteurs. Enfin, une lettre a pour exposant au produit, la somme de ceux qu'elle avait dans les deux facteurs. 26 à 32

Pour multiplier un polynôme par un autre, il faut ordonner leurs termes, c'est-à-dire, les ranger suivant les exposants d'une même lettre ; puis multiplier successivement chaque terme du multiplicateur par tout le multiplicande. La somme de ces produits partiels sera le produit total. 33, 34

Pour diviser un terme algébrique par un autre, il faut avoir égard, 1° aux signes, la règle est la même que dans la multiplication ; 2° aux coefficients, on divise celui du dividende par celui du diviseur ; 3° aux lettres, on écrit au quotient les lettres du dividende qui ne sont pas au diviseur ; 4° aux exposants, une lettre qui se trouve au dividende et au diviseur a pour exposant au quotient celui du dividende, moins celui du diviseur. 35 à 40

Une quantité qui a pour exposant zéro, équivaut à l'unité. 41

Pour diviser un polynôme par un autre, il faut les ordonner par rapport à une même lettre, puis diviser le premier terme du dividende par le premier terme du diviseur, pour avoir le premier terme du quotient qu'on multipliera par tout le diviseur ; ce produit retranché du dividende, donnera un reste sur lequel on opérera de même pour avoir le second terme du quotient, ainsi de suite, tant que la division pourra s'opérer.

Comment on opère quand la lettre suivant laquelle on a ordonné porte le même exposant dans plusieurs termes. 43

La règle pour trouver le plus grand commun diviseur de deux quantités est la même qu'en arithmétique, seulement il faut observer qu'on peut multiplier ou diviser l'une des deux quantités par un facteur qui n'est pas diviseur de l'autre ou qui n'a pas de diviseur commun avec elle; parce que cela ne change rien au plus grand commun diviseur, qui est composé de tous les facteurs communs aux deux quantités. 44

Des Équations.

Le calcul des fractions algébriques repose sur les mêmes principes que celui des fractions numériques; les règles sont les mêmes. 45 à 52

Deux expressions différentes d'une même quantité forment une équation : elle doit résulter des conditions du problème, en exprimant les relations des quantités connues et des inconnues entre elles. 53

Pour résoudre une équation du premier degré à une inconnue, il faut y faire tous les changements nécessaires pour qu'elle soit transformée en une autre dont le premier membre ne contienne que l'inconnue, et le second des quantités connues seulement. 54

Pour cela on peut transporter un terme d'un membre dans l'autre en changeant son signe, multiplier ou diviser tous les termes par un même nombre, sans troubler l'égalité des deux membres. 55, 56

S'il y a des termes fractionnaires, on mettra tous les termes de l'équation au même dénominateur, en multipliant les entiers par le produit de tous les dénominateurs, et le numérateur de chaque terme fractionnaire par le produit des dénominateurs de tous les autres; puis on supprimera ce dénominateur commun, ce qui revient à multiplier par lui toute l'équation. 57, 58

Le plus grand des deux nombres est égal à la demi-somme plus la demi-différence, et le plus petit à la demi-somme diminuée de la demi-différence. 59

Pour avoir chaque partie d'un nombre à partager suivant des rapports donnés, il faut le multiplier par chacun des nombres proportionnels, et diviser chaque produit par la somme de ces nombres. 59

Si le problème renferme plusieurs inconnues, il doit donner lieu à autant d'équations. On tirera de chacune la valeur d'une même inconnue, on égalera l'une de ces valeurs à chacune des autres, on aura une équation et une inconnue de moins, et en continuant ainsi, on arrivera à une équation à une seule inconnue; quand on aura sa valeur, des substitutions successives donneront celles des autres. 60

On *élimine* encore les inconnues en leur donnant le même coefficient dans chaque équation, puis soustrayant l'une de l'autre. 62

Ou bien, en supposant des facteurs qui permettent d'égaler à zéro la somme des coefficients de chaque inconnue, on arrivera à l'expression générale de la valeur de chaque inconnue en fonction des coefficients. 63

Quand la question conduit à une équation identique, c'est-à-dire dont les deux membres sont égaux en tout, le problème est indéterminé. 65

Si on est conduit à un résultat absurde, le problème est impossible. *id.*

$\frac{0}{0}$ est en général le symbole d'une quantité indéterminée. *id.*

$\frac{a}{0}$ est la notation de l'infini. *id.*

ALGÈBRE. 493

Le *carré* d'un nombre est le produit de ce nombre par lui-même.

L'équation du 2e degré à une inconnue est celle où se trouve le carré de l'inconnue; 66

S'il ne s'y trouve pas d'autre puissance de l'inconnue, la solution se réduit à l'extraction de la racine carrée. 67, 68 et 71

Le carré d'un nombre composé de dizaines et d'unités, contient le carré des dizaines, le double produit des dizaines par les unités et le carré des unités. Cette remarque conduit à la méthode d'extraction de la racine carrée. 71

La *racine* d'un nombre qui n'est pas un carré est une quantité *irrationnelle*; pour en approcher, on écrit à la suite du nombre deux fois autant de zéros que l'on veut de décimales à la racine. 69

Pour extraire la racine carrée d'une fraction, on extrait celle du numérateur et du dénominateur. Si le dénominateur n'est pas un carré, on multiplie les deux termes par ce dénominateur, et on extrait la racine approchée du numérateur. 70

Ou bien on transforme la fraction donnée, en décimales d'un nombre pair de chiffres décimaux, et on extrait sa racine. *id.*

La racine carrée a le double signe $\pm$. 72

Si le problème conduit à l'extraction de la racine d'une quantité négative, il est impossible; ces sortes de racines s'appellent *imaginaires*. 71

L'équation *complète* du second degré à une inconnue doit être ramenée à la forme $x^2 + px = q$, où on voit que le carré de l'inconnue x^2 doit être positif et sans autre coefficient que l'unité. On complétera ensuite le premier membre en ajoutant à chacun d'eux $\frac{p^2}{4}$, c'est-à-dire le carré de la moitié du coefficient de x; alors le premier membre étant devenu un carré parfait, on en tirera la racine, et on indiquera celle du second membre. L'équation sera donc résolue, puisqu'elle sera abaissée au premier degré. 72

Les règles pour l'extraction de la racine carrée des quantités algébriques se déduisent de celles données pour la multiplication et la division; ainsi, pour avoir la racine carrée d'un monôme, on extraira la racine du coefficient, et on divisera l'exposant de chaque lettre par 2. 73

La méthode d'extraction de la racine carrée d'un polynôme se déduit de la composition du carré d'un binôme qui contient le carré du premier terme, le double produit du premier par le second, et le carré du second. 74

Le *cube* d'un nombre est le produit de ce nombre multiplié par son carré. Si le nombre a des dizaines et des unités, son cube contient quatre parties; le cube des dizaines, trois fois le produit du carré des dizaines par les unités, trois fois les dizaines par le carré des unités, et le cube des unités. La composition de ce cube conduit à la méthode d'extraction de la racine cubique. 76

Pour approcher de la racine cubique d'un nombre qui n'est pas un cube parfait, on écrit à sa suite autant de zéros qu'il en faut, pour qu'il ait trois fois autant de décimales qu'on en veut à la racine. 79

Pour extraire la racine cubique d'une fraction, on extrait celle du numérateur et du dénominateur. Si le dénominateur n'est pas un cube, on multipliera les deux termes par le carré de ce dénominateur, ou bien on réduira la fraction en décimales. 81

Quand on sait extraire la racine carrée et la racine cubique, on peut extraire des racines quatrième, sixième, huitième, neuvième, douzième, seizième, etc.,... enfin, toutes celles dont l'exposant est puissance de 2 ou de 3, ou produit d'une puissance de 2 par une puissance de 3.   82

Lorsque quatre quantités sont en proportion, leurs puissances et leurs racines de même exposant y sont aussi.   87

Des Progressions.

La *progression arithmétique* est une suite de nombres, telle que la différence de deux termes consécutifs est constante.   92

Un *terme quelconque* de la progression arithmétique, se compose du premier, plus autant de fois la différence qu'il y a de termes ayant celui qu'on cherche. 93

La *somme des termes* d'une progression arithmétique est égale à celle du premier et du dernier, multipliée par la moitié du nombre des termes.   *id.*

Ces deux équations donnent 20 formules qui servent à résoudre, dans tous les cas, ce problème général ; connaissant trois des cinq quantités suivantes, le premier terme, le dernier, la différence, le nombre des termes, leur somme, trouver les deux autres.   94

La *progression géométrique* est une suite de nombres, telle que le quotient de deux termes consécutifs est constant.   96

Un *terme quelconque* de la progression géométrique est égal au premier multiplié par le quotient de la progression, élevé à une puissance marquée par le nombre des termes qui précèdent celui qu'on cherche.   97

Pour avoir la *somme des termes* de la progression géométrique, multipliez le dernier terme par le quotient, retranchez de ce produit le premier terme, divisez le reste par le quotient diminué de l'unité.   *id.*

Ces deux équations donnent 20 formules, qui servent à résoudre, dans tous les cas, ce problème général ; connaissant trois des cinq quantités suivantes, le premier terme, le dernier, le quotient, le nombre des termes, leur somme, trouver les deux autres.   *id.*

La somme des termes d'une progression géométrique décroissante à l'infini, égale le produit du premier par le quotient, divisé par le quotient diminué de l'unité.   99

Des Logarithmes.

Les *logarithmes vulgaires* sont des termes d'une progression arithmétique commençant par zéro, qui correspondent à ceux d'une progression géométrique commençant par l'unité.   100

Le logarithme d'un produit est égal à la somme des logarithmes de ses facteurs.   104

Le logarithme d'un quotient est égal au logarithme du dividende, moins le logarithme du diviseur.   105

Le logarithme d'une puissance quelconque d'un nombre, se trouve en multipliant le logarithme de ce nombre par l'exposant de la puissance.   106

Le logarithme de la racine quelconque d'un nombre, se trouve en divisant le logarithme de ce nombre par l'exposant de la racine.   107

ALGÈBRE. 495

Le logarithme d'un extrême d'une proportion est égal à la somme des logarithmes des moyens, moins le logarithme de l'extrême connu. 109

Le logarithme d'un moyen est égal à la somme des logarithmes des extrêmes, moins le logarithme du moyen connu. *id.*

Le logarithme du moyen, dans une proportion continue, est égal à la moitié de la somme des logarithmes des extrêmes. 110

Il suffit d'avoir les logarithmes des nombres premiers, pour en former tous les autres. 114

La *caractéristique* d'un logarithme est le nombre entier qui précède la fraction décimale ; elle marque dans quelle décade est le nombre auquel répond ce logarithme ; elle peut être supprimée sans inconvénient dans les tables des logarithmes vulgaires. 116

Si on multiplie, ou si on divise un nombre quelconque par une puissance de 10, la fraction décimale dans le logarithme du produit, ou dans celui du quotient, sera la même que dans le logarithme du nombre primitif. 117

Les logarithmes des fractions moindres que l'unité étant négatifs, on a imaginé, pour les éviter, d'augmenter de 10 unités la caractéristique du logarithme du numérateur. 118

La somme des carrés des nombres naturels depuis 1 jusqu'à n, se trouve en faisant le produit des trois facteurs n, $n+1$, $2n+1$, et le divisant par 6 ; cette formule sert à évaluer le nombre des boulets d'*une pile à base carrée*. 120 à 122

La somme des nombres triangulaires depuis 1 jusqu'à $\frac{1}{2}(n^2+n)$, se trouve en faisant le produit des trois facteurs n, $n+1$, $n+2$, et le divisant par 6 ; cette formule sert à évaluer le nombre des boulets de la *pile triangulaire*.

Le nombre des boulets d'une *pile oblongue* à base rectangulaire, se calcule en multipliant le nombre des boulets d'une face triangulaire par le tiers de la somme des trois arêtes parallèles, ou cette somme par le tiers du nombre des boulets de la face triangulaire. 124

Le nombre des *combinaisons* de m lettres prises n à n, sera m^n, si on répète la même lettre dans la même combinaison, et si on arrange les n lettres de toutes les manières possibles. 130

Le nombre des combinaisons de m lettres prises n à n, sera $m.(m-1)(m-2)...(m-n+1)$, si on ne répète pas la même lettre dans la même combinaison, et si d'ailleurs on arrange les n lettres de toutes les manières possibles : ces sortes de combinaisons s'appellent *permutations*. 131

Le nombre des combinaisons de m lettres n à n, sera.............
$\frac{m(m-1)(m-2)....(m-n+1)}{1.2.3.....n}$, si on n'admet pas les combinaisons composées des mêmes lettres, ni la répétition d'une même lettre dans la même combinaison : ces combinaisons représentent des *produits différents*. 132

Dans le développement de la puissance m du *binôme* $(x+a)$, le nombre des termes est $m+1$, le 1er terme est x^m, le 2e $mx^{m-1}a$, les exposants de x vont toujours en diminuant d'une unité, ceux de a en augmentant d'une unité ; le coefficient d'un terme quelconque est le produit du coefficient du terme précédent par l'exposant de x dans ce même terme, divisé par le nombre qui exprime le rang de ce terme. 133 à 138

La formule du développement de la puissance m d'un binôme est générale, et applicable également au cas où *m* est *fractionnaire*, elle peut donc servir à l'extraction des racines. 145, 146

Elle sert aussi dans le cas de l'*exposant négatif*. 147

Le développement en série de la quantité exponentielle a^x, est la base du calcul des logarithmes. 148, 149

De l'équation $y=a^x$ se déduisent les formules des logarithmes. 150 à 160

GÉOMÉTRIE.

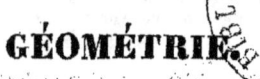

LIVRE PREMIER.

CHAPITRE PREMIER.

PRINCIPES FONDAMENTAUX.

L'espace occupé par les corps a trois dimensions, *longueur*, *largeur* et *épaisseur*.

Les limites des corps sont des *surfaces*, et n'ont que deux dimensions, longueur et largeur.

Les limites des surfaces sont des *lignes*, et n'ont qu'une dimension qui est la longueur. Les limites des lignes sont des *points* sans aucune dimension. N. 1

La ligne droite est la plus courte d'un point à un autre. 2

Toute ligne qui n'est pas droite ou composée de droites, est *courbe*. 3

Le *plan* ou la *surface plane* est celle sur laquelle on conçoit qu'une droite peut s'appliquer exactement dans tous les sens. 4

Toute surface qui n'est ni plane ni composée de plans, est courbe. 5

La *ligne circulaire* ou la *circonférence de cercle*, est une courbe dont tous les points situés dans un même plan, sont généralement éloignés d'un autre point pris dans ce plan, et qu'on nomme *centre*. 6

Une droite ne peut en rencontrer une autre qu'en un point. 7

Un *angle* est l'espace indéfini compris entre deux droites qui se coupent, et que l'on peut concevoir prolongées autant qu'on le voudra. 8

Deux angles sont égaux, lorsque étant posés l'un sur l'autre ils se recouvrent parfaitement. 9

Une ligne est *perpendiculaire* sur une autre, quand elle fait avec cette autre deux angles adjacents égaux; chacun d'eux se nomme *angle droit*. 10

Tout angle moindre qu'un droit se nomme *angle aigu*. 11

Tout angle plus grand qu'un droit se nomme *angle obtus*. id.

Toute droite qui en rencontre une autre, fait avec celle-ci deux *angles adjacents*, dont la somme est égale à deux angles droits. 12

Tous les *angles consécutifs* formés d'un même côté d'une droite, et ayant leur sommet commun, valent ensemble deux angles droits. N° 13

Lorsque deux droites se coupent, *les angles opposés par le sommet* sont égaux. 14

Tous les angles qu'on peut former autour d'un point valent 4 droits. 15

Un *triangle* est l'espace renfermé entre trois droites qui se coupent deux à deux. 16

Deux triangles sont égaux, s'ils ont un angle égal compris entre deux côtés égaux chacun à chacun. 17

Ou un côté égal adjacent à deux angles égaux chacun à chacun. 18

Dans tout triangle, un côté quelconque est plus petit que la somme des deux autres. 19

Si d'un point pris dans l'intérieur d'un triangle, on mène des droites à deux angles du triangle, la somme de ces droites sera moindre que celle des deux côtés du triangle qui les enveloppent. 20

Si deux triangles ont un angle inégal compris entre deux côtés égaux chacun à chacun, le troisième côté opposé au plus petit angle, sera plus petit que le troisième côté opposé au plus grand angle. 21

Deux triangles sont égaux, s'ils ont les trois côtés égaux chacun à chacun. 22

Par un point pris sur une droite, on ne peut élever qu'une perpendiculaire à cette droite. 23

Lorsque par un point pris hors d'une droite, on mène plusieurs lignes à différents points de cette droite, 1° la perpendiculaire est plus courte que toute *oblique;* 2° les obliques qui s'écartent également du pied de la perpendiculaire sont égales; 3° de deux obliques inégales, la plus longue est celle qui s'écarte davantage du pied de la perpendiculaire. 24

Si un triangle a deux côtés égaux, les angles opposés à ces côtés sont égaux, et réciproquement. 26

Si deux côtés d'un triangle sont inégaux, le plus grand angle est opposé au plus grand côté, et réciproquement. 27

Deux droites sont dites *parallèles*, lorsqu'étant situées dans un même plan, elles ne peuvent jamais se rencontrer. 28

Si deux parallèles sont coupées par une troisième droite, la somme des deux *angles intérieurs d'un même côté* sera égale à deux droites. 29

Les angles *correspondants* sont égaux, les *alternes internes* sont égaux, les *alternes externes* sont égaux. 29

Deux droites parallèles à une troisième sont parallèles entre elles. 30

Deux parallèles sont partout également distantes. 31

Si deux angles ont les côtés parallèles chacun à chacun, et dirigés dans le même sens, ils sont égaux. 32

Toute droite menée du centre à la circonférence est un *rayon*. 33

Un *arc* est une portion de la circonférence. *id.*

La *corde* d'un arc est la droite qui joint ses extrémités. *id.*

La corde qui passe par le centre est un *diamètre;* il est double du rayon. *id.*

Toute ligne qui coupe la circonférence est une *sécante*. *id.*

La portion de cercle comprise entre un arc et sa corde, s'appelle *segment*. *id.*

La portion de cercle comprise entre un arc et les deux rayons menés aux extrémités de cet arc, se nomme *secteur*. N° 33

La tangente à la circonférence, est une droite qui n'a qu'un point commun avec elle. *id.*

Un angle est dit *inscrit*, quand il a son sommet à la circonférence, et qu'il est formé par deux cordes. *id.*

Dans un même cercle, ou dans des cercles égaux, les cordes égales sous-tendent des arcs égaux et réciproquement. 34

Le plus grand arc est sous-tendu par la plus grande corde, et réciproquement. 35

La perpendiculaire élevée à l'extrémité du rayon, est *tangente* à la circonférence. 36

Tout rayon perpendiculaire à une corde, passe par le milieu de cette corde, et par le milieu de l'arc qu'elle sous-tend. 37

Deux angles sont entre eux comme les arcs décrits de leurs sommets comme centres avec des rayons égaux. 38

Tout *angle inscrit* a pour mesure la moitié de l'arc compris entre ses côtés. 40

Un angle formé par une corde et une tangente, a pour mesure la moitié de l'arc compris entre ses côtés. 41

Les surfaces planes terminées par des lignes droites se nomment *polygones*. 42

Le plus simple est le triangle; il se nomme *équilatéral*, quand ses trois côtés sont égaux : *isocèle*, quand deux côtés seulement sont égaux : *scalène*, quand les trois côtés sont inégaux. Le côté opposé à l'angle droit d'un triangle rectangle, se nomme *hypoténuse*. *id.*

Les trois angles d'un triangle rectiligne valent ensemble deux angles droits. 43

La somme des angles intérieurs d'un polygone, est égale à autant de fois deux angles droits qu'il y a de côtés moins deux. 44

S'il n'y a que des angles saillants, la somme de tous les angles extérieurs est égale à quatre angles droits. 45

CHAPITRE II.

THÉORIE DES LIGNES PROPORTIONNELLES.

Des droites parallèles qui divisent en parties égales un côté d'un triangle, divisent pareillement en parties égales l'autre côté, si elles sont en même temps parallèles au troisième côté. 46

Si deux côtés d'un triangle sont coupés par une droite en parties proportionnelles, cette droite est parallèle au troisième côté. 46

Les *triangles semblables*, sont ceux qui ont les angles égaux chacun à chacun, et les *côtés homologues* proportionnels; les côtés homologues sont adjacents à des angles égaux qui se nomment aussi *angles homologues*. 47

Deux *triangles équiangles* ont les côtés homologues proportionnels, et sont par conséquent semblables. 48

Deux triangles qui ont les côtés respectivement parallèles sont donc semblables, car ils sont équiangles. 49

Deux triangles qui ont un angle égal compris entre côtés proportionnels, sont semblables. *id.*

GÉOMÉTRIE.

Deux triangles qui ont les côtés homologues proportionnels, sont semblables. N° 50

Deux triangles sont semblables, s'ils ont leurs côtés perpendiculaires chacun à chacun. 51

Deux parallèles menées à travers des droites qui partent d'un même point, sont coupées en parties proportionnelles par ces droites. 52

Si de l'angle droit d'un triangle rectangle on abaisse une perpendiculaire sur l'hypoténuse, 1° cette perpendiculaire partagera le triangle en deux autres qui lui seront semblables; 2° elle sera moyenne proportionnelle entre les deux segments de l'hypoténuse; 3° chaque côté de l'angle droit du triangle proposé, sera moyen proportionnel entre l'hypoténuse entière et le segment adjacent. 53

Les parties de *deux cordes qui se coupent dans le cercle* sont réciproquement proportionnelles; d'où il suit que toute perpendiculaire au diamètre est moyenne proportionnelle entre les deux segments qu'elle forme sur ce diamètre. 54

Si d'un point hors du cercle on mène *deux sécantes terminées à la partie concave de la circonférence*, ces sécantes entières seront réciproquement proportionnelles à leurs parties extérieures. 55

Toute *tangente au cercle* est moyenne proportionnelle entre la sécante entière et sa partie extérieure. 56

Deux polygones sont semblables, s'ils ont les angles égaux chacun à chacun, et les côtés homologues proportionnels. 57

Deux *polygones réguliers* d'un même nombre de côtés, sont des figures semblables. 58

Tout polygone régulier peut être inscrit et circonscrit au cercle. 59

Le rayon du cercle inscrit se nomme *apothème* du polygone. id.

Les *périmètres* de deux polygones réguliers d'un même nombre de côtés, sont proportionnels aux rayons des cercles inscrits ou circonscrits. id.

Deux polygones semblables sont composés d'un même nombre de triangles semblables chacun à chacun, et semblablement disposés. 60

Le côté de l'*hexagone régulier* inscrit est égal au rayon. 61

Le côté du *décagone régulier* est égal à la plus grande partie du rayon du cercle circonscrit, divisé en moyenne et extrême raison. 62

Toute ligne courbe ou polygonale qui enveloppe, d'une extrémité à l'autre, une ligne convexe, est plus longue que la ligne enveloppée. 63

Les circonférences des cercles sont entre elles comme les diamètres. 64

Le rapport de la circonférence au diamètre, suivant Archimède, est comme 22 : 7, et suivant Métius, comme 355 : 113. id.

Soit 1 le rayon du cercle, a la corde d'un arc; celle de sa moitié $=\sqrt{2-\sqrt{4-a^2}}$. 65

Soit p le périmètre d'un polygone régulier inscrit, $r^{(n)}$ son apothème, 1 le rayon du cercle; le périmètre du polygone semblable circonscrit sera $\dfrac{p}{r^{(n)}}$. id.

CHAPITRE III.

DE L'AIRE DES POLYGONES ET DE CELLE DU CERCLE.

L'*aire* est l'étendue de la surface d'une figure. — N° 66

L'unité de mesure est le carré. — id.

Les *parallélogrammes* qui ont des bases égales et des hauteurs égales, sont équivalents. — 67

Tout triangle est la moitié d'un parallélogramme de même base et de même hauteur. — 68

Deux rectangles de même hauteur sont entre eux comme leurs bases, et réciproquement. — 69

Deux rectangles quelconques sont entre eux comme les produits de leurs bases par leurs hauteurs. — 70

L'aire d'un parallélogramme quelconque est égale au produit de sa base par sa hauteur. — 71

L'aire d'un triangle est égale au produit de sa base par la moitié de sa hauteur. — 72

Un *trapèze* est un quadrilatère qui a deux côtés parallèles ; l'aire du trapèze est égale à sa hauteur multipliée par la demi-somme de ses bases parallèles. — 73

L'aire d'un polygone régulier est égale à la moitié du produit de son contour par son apothème. — 74

L'aire du cercle est égale au produit de sa circonférence par la moitié de son rayon. — 75

L'aire d'un secteur circulaire est égale au produit de son arc par la moitié de son rayon. — 76

CHAPITRE IV.

COMPARAISON DES AIRES DES FIGURES SEMBLABLES.

Le carré construit sur l'hypoténuse d'un triangle rectangle, est égal à la somme des carrés construits sur les deux autres côtés. — 77

Dans tout triangle, le carré d'un côté opposé à un angle aigu, est égal à la somme des carrés des deux autres côtés, moins deux fois le produit du côté sur lequel tombe la perpendiculaire, multiplié par le segment adjacent à cet angle. — 78

Dans un triangle obtusangle, le carré du côté opposé à l'angle obtus est égal à la somme des carrés des deux autres côtés, plus deux fois le produit de la base par le segment adjacent à cet angle. — 79

Dans un triangle quelconque, si on mène du sommet au milieu de la base une droite, le double de la somme des carrés de cette droite et de la moitié de la base, sera égal à la somme des carrés des deux autres côtés. — 80

D'où il suit que dans tout parallélogramme, la somme des carrés des côtés est égale à la somme des carrés des diagonales. — id.

Les triangles semblables sont entre eux comme les carrés de leurs côtés homologues. — 81

GÉOMÉTRIE. 501

Les surfaces des polygones semblables sont entre elles comme les carrés de leurs côtés homologues, ou de leurs lignes homologues.   N° 82

Les aires des cercles sont entre elles comme les carrés des rayons ou des diamètres, ou des circonférences.   83

CHAPITRE V.

APPLICATION DES PRINCIPES.

Solutions graphiques.

Trouver le rapport de deux droites.   84
Les trois côtés d'un triangle étant donnés séparément, construire ce triangle.   85
Diviser une droite donnée en deux parties égales.   86
Par un point donné sur une ligne, élever une perpendiculaire à cette ligne.   87
D'un point donné hors d'une droite, abaisser une perpendiculaire sur cette droite.   88
Par un point donné, mener une parallèle à une droite donnée.   89
Par un point donné hors d'une droite, mener une ligne qui fasse avec la première un angle donné.   90
Diviser un angle en deux parties égales.   91
Mener une perpendiculaire à l'extrémité d'une droite, sans la prolonger.   92
Par un point donné, mener une tangente au cercle.   93
Inscrire un cercle dans un triangle.   94
Faire passer une circonférence par trois points donnés non en ligne droite.   95
Sur une droite donnée, décrire un *segment capable d'un angle donné*.   96
Trouver une *quatrième proportionnelle* à trois lignes données.   97
Diviser une ligne donnée en tant de parties égales qu'on voudra.   98
Par un point donné dans l'intérieur d'un angle donné, mener une droite de manière que les parties comprises entre ce point et les deux côtés de l'angle soient égales.   99
Sur une droite donnée, construire un triangle semblable à un triangle donné.   100
Construire une *échelle de parties égales*; une échelle de *dixmes*.   101
Trouver une *moyenne proportionnelle* entre deux lignes données.   102
Diviser une ligne en *moyenne et extrême raison*.   103
Trouver le côté d'un carré équivalent à un rectangle donné.   104
Transformer un polygone rectiligne en un autre polygone équivalent, et qui ait un côté de moins.   105
Trouver un carré équivalent à un polygone donné.   106
Inscrire un carré dans un cercle.   107
Inscrire un hexagone régulier dans un cercle.   108
Inscrire un décagone régulier dans un cercle.   109
Inscrire un pentédécagone dans un cercle.   110

Solutions par le calcul.

Elever sur le terrain une perpendiculaire à une droite, à l'aide d'un cordeau. N°111
Mesurer la *largeur d'une rivière*, sans autre instrument que le mètre. 112
Mesurer la *hauteur d'un objet inaccessible*, sans autre instrument que le mètre. 113
Connaissant le nombre des côtés d'un polygone régulier, trouver la valeur de l'angle au centre, et celle de l'angle à la circonférence. 114
Mesurer un angle avec le rapporteur. 115
Inscrire dans un cercle, avec le rapporteur, un polygone régulier d'un nombre de côtés donné. 116
Trouver la surface d'un triangle dont on connaît les trois côtés. 117
Problèmes à résoudre. 118

LIVRE II.

CHAPITRE PREMIER.

DES PROPRIÉTÉS DES PLANS QUI SE RENCONTRENT, ET DE CELLES DES LIGNES DROITES COUPÉES PAR DES PLANS PARALLÈLES.

L'intersection de deux plans est une ligne droite. 119
Par un point, ainsi que par une droite, on peut faire passer une infinité de plans différents. *id.*
La position de trois points, ainsi que celle de deux droites qui se coupent ou qui sont parallèles, détermine la position d'un plan. *id.*
Une droite est perpendiculaire à un plan, lorsqu'elle l'est à deux droites passant par son pied et tracées dans ce plan. 120
De toutes les droites menées d'un point à un plan, la plus courte est la perpendiculaire, et la plus longue est celle qui s'écarte le plus du pied de cette perpendiculaire. 121
Si du pied d'une perpendiculaire à un plan, on abaisse une perpendiculaire sur une ligne menée dans ce plan, et qu'on tire une droite du pied de cette deuxième perpendiculaire à un point quelconque de la première, cette droite sera perpendiculaire à la ligne menée dans le plan. 122
Si une droite est perpendiculaire à un plan, toute ligne parallèle à celle-ci sera perpendiculaire au même plan. 123
Toute droite parallèle à une ligne menée dans un plan, est parallèle à ce plan. 124
Deux plans perpendiculaires à une même droite, sont parallèles entre eux ; réciproquement si une ligne est perpendiculaire à l'un des plans parallèles, elle sera aussi perpendiculaire à l'autre plan. 125
Les intersections de deux plans parallèles par un troisième plan, sont parallèles. 126
Les parallèles comprises entre deux plans parallèles, sont égales. 127
Si deux angles non situés dans le même plan, ont les côtés parallèles et

dirigés dans le même sens, ces angles seront égaux, et leurs plans seront parallèles. N° 128

Deux droites comprises entre deux plans parallèles, sont coupées en parties proportionnelles par un troisième plan mené parallèlement aux deux autres. 129

CHAPITRE II.

ANGLES POLYÈDRES.

On appelle *angle dièdre*, c'est-à-dire angle à deux faces, l'inclinaison de deux plans. 130

L'angle dièdre est mesuré par l'angle que forment entre elles les deux perpendiculaires menées dans chacun des plans à un même point de leur commune section. 131

Deux plans qui se traversent offrent les mêmes propriétés que deux lignes qui se coupent. 132

La théorie des plans parallèles est la même que celle des lignes parallèles. *id.*

Si une droite est perpendiculaire à un plan, tout plan qui passera par cette droite, sera perpendiculaire à l'autre plan. 133

Si deux plans sont perpendiculaires à un troisième plan, la commune section des deux premiers est perpendiculaire au troisième. *id.*

On appelle *angle solide* ou *angle polyèdre*, l'espace indéfini compris entre plusieurs plans qui se réunissent au même point. 134

La somme de deux quelconques des angles plans qui composent un angle trièdre, est toujours plus grande que le troisième. 135

La somme des angles plans qui composent un angle polyèdre convexe, ou à arêtes saillantes, est toujours moindre que quatre angles droits. 136

Si deux angles *trièdres* sont formés de trois angles plans égaux chacun à chacun, et disposés de la même manière, ces angles seront égaux et superposables. 137

CHAPITRE III.

DES POLYÈDRES.

Un espace terminé par plusieurs plans, se nomme *polyèdre*. 139

L'espace terminé par quatre plans, se nomme *tétraèdre*. *id.*

Tout corps dont une des faces est un polygone, et dont toutes les autres faces sont des triangles ayant leur sommet au même point, se nomme *pyramide*. *id.*

On appelle *prisme*, un corps compris sous deux faces opposées égales et parallèles, et dont toutes les autres faces sont des parallélogrammes. *id.*

La hauteur d'un prisme, est une perpendiculaire abaissée d'un point d'une de ses bases sur l'autre base. *id.*

On appelle *parallélipipède*, un prisme qui a pour base un parallélogramme. *id.*

Le *cube* ou l'*hexaèdre régulier* est le parallélipipède dont toutes les faces sont des carrés. *id.*

La diagonale d'un polyèdre, est la droite qui joint les sommets de deux angles polyèdres non adjacents. *id.*

Les faces opposées d'un parallélipipède sont égales, et les diagonales se coupent mutuellement en deux parties égales. 140

Si les angles trièdres homologues de deux pyramides triangulaires sont composés de triangles égaux et semblablement disposés, ces pyramides sont égales. N° 141

Les pyramides triangulaires sont encore égales, si elles ont un angle dièdre égal compris entre deux faces égales chacune à chacune, et assemblées de la même manière. *id.*

Deux prismes sont égaux, s'ils ont un angle trièdre compris entre trois plans égaux chacun à chacun, et assemblés de la même manière. *id.*

Si on coupe un prisme par un plan parallèle à la base, la section résultante sera égale à cette base. 142

Si on coupe une pyramide quelconque par un plan parallèle à la base, ses côtés et sa hauteur seront divisés proportionnellement, et la section sera un polygone semblable à la base. 143

CHAPITRE IV.

DE LA MESURE DU VOLUME DES PRISMES ET DES PYRAMIDES.

Le *volume* d'un corps est l'espace qu'il occupe. 144

Deux parallélipipèdes de même base et de même hauteur, sont équivalents entre eux. 145

Deux parallélipipèdes rectangles qui ont même base, sont entre eux comme leurs hauteurs. 146

Deux parallélipipèdes qui ont même hauteur, sont entre eux comme leurs bases. 147

Deux parallélipipèdes rectangles quelconques, sont entre eux comme les produits de leurs bases par leurs hauteurs, ou comme les produits de leurs trois dimensions. 148

Le cube est l'unité de mesure des volumes. *id.*

Le volume d'un prisme quelconque est égal au produit de sa base par sa hauteur. *id.*

Deux tétraèdres de bases équivalentes et de même hauteur, sont équivalents. 149

Un tétraèdre est équivalent au tiers du prisme triangulaire de même base et de même hauteur. 150

Toute pyramide a pour mesure le tiers du produit de sa base par sa hauteur. *id.*

Toute *pyramide triangulaire tronquée*, ou coupée par un plan parallèle à sa base, est équivalente à trois pyramides qui auraient pour hauteur commune celle du tronc, et dont l'une aurait pour base la base inférieure du tronc, l'autre la base supérieure, et la troisième une moyenne proportionnelle entre ces deux bases. 151

Si on coupe un prisme triangulaire par un plan incliné à la base, le corps restant sera équivalent à la somme de trois pyramides qui auraient même base que le prisme, et dont les sommets seraient ceux des angles de la section. 152

CHAPITRE V.

DE LA SIMILITUDE DES POLYÈDRES.

Les arêtes homologues de deux polyèdres semblables sont proportionnelles; leurs faces homologues sont entre elles comme les carrés des côtés homologues. Ces polyèdres peuvent être décomposés en un même nombre de pyramides triangulaires, semblables chacune à chacune et semblablement disposées. N° 153

Deux pyramides semblables sont entre elles comme les cubes de leurs arêtes, ou lignes homologues. 154

Deux polyèdres semblables sont comme les cubes des côtés homologues. *id.*

CHAPITRE VI.

DES CORPS RONDS ET DE LEURS PRINCIPALES PROPRIÉTÉS.

Le *cylindre droit* peut être engendré par un rectangle qui tourne autour d'un de ses côtés qu'on nomme *axe*. 155

Le *cône droit* peut être conçu comme engendré par un triangle rectangle tournant autour d'un des côtés de l'angle droit. 156

D'où il suit que toute section parallèle à la base est un cercle. *id.*

Que toute section par l'axe est un triangle. *id.*

La *sphère* est un corps terminé par une surface courbe, dont tous les points sont également éloignés d'un point intérieur qu'on nomme *centre*. 157

L'intersection de la sphère par un plan est *un grand cercle*, si le plan passe par le centre de la sphère; un petit cercle s'il n'y passe pas. *id.*

La portion de la surface sphérique, comprise entre deux demi-grands cercles qui se coupent, se nomme *fuseau sphérique*. *id.*

La portion comprise entre deux plans parallèles, se nomme *zone*. *id.*

Elle se nomme *calotte sphérique*, si la zone n'a qu'une base. *id.*

Un polyèdre est *circonscrit* à la sphère, quand toutes ses faces sont tangentes à cette sphère. *id.*

Le plus court chemin d'un point à un autre sur la sphère, est l'arc de grand cercle qui joint ces deux points. 158

Tout plan perpendiculaire à l'extrémité du rayon, est tangent à la sphère. 159

CHAPITRE VII.

DE LA MESURE DE L'AIRE DES CORPS RONDS.

Toute surface convexe est moindre qu'une autre surface quelconque qui envelopperait la première, en s'appuyant sur le même contour. 160

L'aire de la surface courbe d'un cylindre droit est égale au produit de sa base par sa hauteur. 161

L'aire de la surface courbe d'un cône droit, est égale à la moitié de son côté, multipliée par la circonférence de la base. 162

La mesure de la surface d'un *tronc de cône droit* à bases parallèles, est égale à la demi-somme des circonférences des deux bases, multipliée par le côté du tronc. 163

L'aire d'un corps engendré par le mouvement d'un demi-polygone régulier, inscrit à un demi-cercle tournant autour du diamètre, a pour mesure le produit de ce diamètre par la circonférence du cercle dont le rayon serait l'apothème du polygone. N° 164

L'aire de la sphère a pour mesure le produit de son diamètre par la circonférence d'un grand cercle. 165

CHAPITRE VIII.

DE LA MESURE DU VOLUME DES CORPS RONDS.

Le volume d'un cylindre droit ou oblique, est égal au produit de sa base par sa hauteur. 166

Le volume d'un cône quelconque a pour mesure le produit de sa base par le tiers de sa hauteur. 167

Le volume d'un tronc de cône à bases parallèles, est équivalent à trois cônes entiers qui auraient chacun même hauteur que le tronc, et dont l'un aurait pour base la base inférieure du tronc, l'autre la base supérieure, et le troisième une moyenne proportionnelle entre ces deux bases. 168

Le volume de la sphère est égal au produit de sa surface par le tiers de son rayon. 169

Tout *segment sphérique à une seule base* est équivalent à un cylindre qui aurait pour rayon de sa base l'épaisseur de ce segment, et pour hauteur le rayon de la sphère, moins le tiers de l'épaisseur dont il s'agit. 170

Le volume d'*un segment sphérique à deux bases parallèles*, a pour mesure la demi-somme de ses bases, multipliée par son épaisseur, plus le volume d'une sphère dont cette même épaisseur est le diamètre. 171

CHAPITRE IX.

COMPARAISON DES CORPS RONDS. — POLYÈDRES RÉGULIERS. — SIMILITUDE DES CORPS RONDS.

Les sphères sont des corps semblables. 172

La surface courbe du cylindre circonscrit à la sphère, est équivalente à celle de cette sphère; la surface totale du cylindre est à celle de la sphère comme 3 est à 2; le même rapport existe entre les volumes de ces corps. *id.*

Le *tétraèdre* régulier a ses angles trièdres, et ses quatre faces sont des triangles équilatéraux. 173

L'*octaèdre* régulier a ses angles trièdres, et ses huit faces sont des triangles équilatéraux. *id.*

L'*icosaèdre* régulier a ses angles pentaèdres, et ses vingt faces sont des triangles équilatéraux. *id.*

L'*hexaèdre* régulier ou le *cube* a ses angles trièdres, et ses six faces sont des carrés égaux. *id.*

Le *dodécaèdre* régulier a aussi ses angles trièdres, et ses douze faces sont des pentagones égaux. *id.*

Énoncés de plusieurs problèmes fondés sur les principes précédents. *id.*

GÉOMÉTRIE.   507

CHAPITRE X.

**MESURE DES VOLUMES DES CORPS QUI CONSTITUENT LES OUVRAGES
DE FORTIFICATION.**

On entend par *déblai* les terres enlevées, et par *remblai* celles qui servent à exhausser certaines parties de terrain. N° 174

Le *ponton* s'évalue en le considérant comme composé de deux prismes tronqués droits égaux, et dont la base commune est un trapèze; chacun d'eux se décompose en deux prismes triangulaires tronqués droits. 175

La *batterie* s'évalue en transformant le trapèze, qui est la coupe du *fossé*, en un quadrilatère qui sera celle de la batterie. 176

Mesures des solides à faces gauches. 177
Du mesurage des bois. 178

LIVRE III.

NOTIONS DE GÉOMÉTRIE DESCRIPTIVE.

CHAPITRE PREMIER.

Un point est donné dans l'espace par ses distances à trois plans connus. 180

Le carré de la distance d'un point M à celui où les trois plans coordonnés se rencontrent, est égal à la somme des carrés des distances du point M à chacun de ces plans. id.

Une droite est déterminée de position dans l'espace par ses *projections* sur *les plans coordonnés*. 181

Les deux projections d'un même point se trouvent sur une même droite perpendiculaire à l'intersection des deux plans de projection. id.

Un *plan* est connu par ses *traces* sur chacun des plans de projection. 183

Avec les intersections des traces de deux plans non parallèles, on trouve les *projections de l'intersection* de ces plans. 184

Les projections de deux points font trouver celle de la droite qui passe par ces points. 185

Les projections de deux droites parallèles dans l'espace, sont elles-mêmes parallèles sur chaque plan de projection. 186

Ce qui donne le moyen de mener par un point donné, une parallèle à une droite donnée. 187

D'après ces principes, on trouve l'intersection d'un point et d'une droite. 188

Un plan étant donné, on trouve pour chaque point du plan horizontal la coordonnée verticale, c'est-à-dire la hauteur de celui qui lui correspond dans le plan donné. 189

On détermine l'angle qu'une droite fait avec un des plans de projection. 190

On trouve l'angle que fait un plan donné avec chacun des plans de projection. 191

Par un point donné, on mène un plan parallèle à un autre plan donné. 192

Si une droite est perpendiculaire à un plan, sa trace et la projection de cette droite sur le même plan coordonné, seront perpendiculaires l'une à l'autre. N° 193

Ce principe sert à mener, par un point donné, une perpendiculaire à un plan donné, ou un plan perpendiculaire à une droite donnée. 194, 195

On trouve l'angle que deux plans donnés forment entre eux. 195

On détermine les traces d'un plan passant par trois points donnés. 196

Deux droites non parallèles étant données dans l'espace, si par l'une d'elles on mène un plan parallèle à l'autre, la plus courte distance de ce plan à la seconde droite, sera celle des deux droites. 197

Etant donnés les trois angles plans qui forment un angle trièdre, une construction plane fait trouver l'angle dièdre que deux de ces plans font entre eux. 198

CHAPITRE II.

DES PLANS TANGENTS AUX SURFACES COURBES.

Un *plan tangent à une surface courbe* contient toutes les tangentes possibles à cette surface par le point du contact du plan. 199

Partant de ce principe, on trouve les traces du *plan tangent à un cylindre*. 200

A un cône. 201

A une sphère. 202

LIVRE IV.

DU NIVELLEMENT.

CHAPITRE PREMIER.

THÉORIE.

Deux points sont de *niveau* entre eux, lorsqu'ils appartiennent à une surface sphérique parallèle à celle des eaux stagnantes. 203

L'*horizon*, ou le *plan horizontal* est le plan tangent à la surface de la terre, ayant pour point de contact le lieu de l'observation. 203

La *verticale* est le prolongement du rayon terrestre perpendiculaire à l'horizon; c'est la direction de la *pesanteur*. *id.*

Un rayon visuel horizontal se nomme *ligne de niveau apparent*. 204

Une courbe quelconque tracée sur la surface de la terre, est une *ligne de niveau vrai*. 204

Les hauteurs du niveau apparent au-dessus du niveau vrai, sont entre elles comme les carrés des tangentes correspondantes, ou même des arcs. 205

Le *point de mire* est un des points visibles du corps vers lequel on vise. 206

La *réfraction* le fait ordinairement paraître plus haut. *id.*

CHAPITRE II.

APPLICATION.

Le *niveau d'eau* est un tube recourbé par les deux bouts, terminés par deux fioles dans lesquelles l'eau monte à peu près aux deux tiers. 207

GÉOMÉTRIE. 509

La *mire* est un carton partagé par une horizontale en deux parties, l'une noire, l'autre blanche. N° 208

Le *nivellement simple* détermine d'un coup de niveau la différence de hauteur de deux points. 209, 210 et 211

Lorsqu'on lie les deux termes du nivellement par une suite de nivellements simples, *le nivellement est composé*. 212

LIVRE V.

TRIGONOMÉTRIE ET LEVÉE DES PLANS.

CHAPITRE PREMIER.

PRINCIPES.

Des six parties d'un triangle, les trois angles et les trois côtés, la *trigonométrie* en détermine trois par le moyen des trois autres, parmi lesquelles se trouve au moins un côté. 213

Le quart de la circonférence ou le quadrant est de 90 deg. ou 100 grades. 214

De là on dit que l'*angle droit* est de 100 gr., et que le *complément* d'un angle ou d'un arc est la différence de cet arc à 100 gr. *id.*

Son *supplément* est la différence de cet arc ou de cet angle à deux droits ou 200 gr. ou 180 degrés. *id.*

Le *sinus* d'un arc est la perpendiculaire abaissée de l'extrémité de cet arc sur le rayon qui passe par l'autre extrémité. *id.*

Le *cosinus* d'un arc est le sinus de son complément. *id.*

La *tangente* d'un arc est la tangente au cercle à l'origine de cet arc, prolongée jusqu'à la rencontre de la *sécante*. *id.*

La *sécante* est le rayon mené par l'extrémité de l'arc, jusqu'à la rencontre de la tangente. *id.*

Le sinus d'un arc est la moitié de la corde qui soustend un arc double. 215

Le carré du rayon est égal à la somme des carrés du sinus et du cosinus. *id.*

La tangente est égale au rayon multiplié par le sinus et divisé par le cosinus. 215

La cotangente est égale au rayon multiplié par le cosinus et divisé par le sinus. 215

La sécante est égale au carré du rayon divisé par le cosinus. *id.*

La cosécante est égale au carré du rayon divisé par le sinus. *id.*

Le sinus de la somme ou de la différence de deux arcs, est égal au produit du sinus du premier par le cosinus du second, plus ou moins le produit du sinus du second par le cosinus du premier, le tout divisé par le rayon. 216

Le cosinus de la somme ou de la différence de deux arcs, est égal au produit de leurs cosinus, moins ou plus le produit de leurs sinus, le tout divisé par le rayon. 216

La somme des sinus de deux arcs est à la différence de ces mêmes sinus, comme la tangente de la demi-somme des arcs est à la tangente de leur demi-différence. 217

Dans tout triangle rectangle, le rayon est au sinus d'un des angles aigus, comme l'hypoténuse est au coté opposé à cet angle. 219

Dans tout triangle rectangle, le rayon est à la tangente d'un des angles aigus, comme le coté de l'angle droit adjacent à cet angle est au côté opposé. N° 220

Dans un triangle rectiligne quelconque, les sinus des angles sont comme les cotés opposés. 221

Dans tout triangle rectiligne, la somme des deux côtés est à leur différence, comme la tangente de la demi-somme des angles opposés à ces côtés est à la tangente de leur demi-différence. 222

Dans un triangle rectiligne quelconque, le cosinus d'un angle est au rayon, comme la somme des carrés des côtés qui comprennent cet angle, moins le carré du troisième, est au double du produit de deux premiers côtés. 223

Dans tout triangle dont la perpendiculaire tombe au dedans, la base est à la somme des deux autres côtés, comme la différence de ces mêmes côtés est à la différence des segments. 223

Le produit de deux côtés quelconques d'un triangle, est au produit des différences de ces côtés à la moitié du périmètre, comme le carré du rayon est au carré du sinus de la moitié de l'angle compris entre ces côtés. 223

De ces principes découlent les principales relations entre les angles et les côtés d'un triangle sphérique. 224

CHAPITRE II.

INSTRUMENTS PROPRES A MESURER LES ANGLES ET LES LIGNES.

Le *graphomètre* est un demi-cercle divisé en 200 gr. ou 180 degrés; le bord divisé s'appelle *limbe*. Les diamètres, l'un fixe, l'autre mobile, sont garnis de *pinnules* ou de lunettes. Le diamètre mobile s'appelle *alidade*; son extrémité est garnie d'un *nonius* ou *vernier* qui peut donner les 20es de grade. Le diamètre fixe peut porter un niveau à *bulle d'air*, pour le placer horizontalement. 225

Le *cercle répétiteur* est un cercle garni de deux lunettes mobiles; il peut remplacer le graphomètre, et il a l'avantage de pouvoir atténuer, presque indéfiniment, les erreurs de la division et celles des observations. 226

L'angle sous lequel on voit l'élévation d'un objet au-dessus de l'horizon est un *angle de hauteur*; celui sous lequel on voit son abaissement au-dessous de l'horizon, est un *angle de dépression*. 227

Cet angle se mesure à l'aide d'un *éclimètre* adapté à la boussole, dans les opérations de détail. 230

CHAPITRE III.

APPLICATIONS.

On détermine la projection horizontale d'une pente dont on connaît la longueur et l'inclinaison, par le principe du n° 219. 230

On calcule de même la corde et la flèche de l'arrondissement de la contrescarpe. 231

Par le principe du n° 220, on détermine la largeur d'un fleuve. 232

On trouve l'angle que fait la ligne de mire avec l'axe prolongé, dans une pièce de calibre et de dimensions connues. 233

La hauteur à laquelle s'élève la ligne de mire à une distance donnée. *id.*

GÉOMÉTRIE.   511

Par les formules trigonométriques, on détermine l'aire d'un triangle rectiligne, connaissant deux de ses côtés et l'angle qu'ils comprennent, et le rayon du cercle circonscrit à un triangle dont les trois côtés sont donnés; par exemple.   N° 234

On trouve que l'aire du triangle est égale à la moitié du produit de deux côtés, multipliés par le sinus de l'angle compris;   *id.*

Et que le rayon du cercle circonscrit est égal au produit des trois côtés, divisé par le quadruple de l'aire du triangle.   *id.*

Le rayon du cercle inscrit est égal à l'aire du triangle, divisée par son demi-périmètre.   *id.*

On mesure une distance accessible seulement à une de ses extrémités.   235

On détermine de combien le but est plus élevé que la batterie.   236

On mesure une petite distance, dont les extrémités seulement sont accessibles, en usant de ce principe, savoir : dans tout triangle rectiligne, la somme de deux côtés est à leur différence, comme la tangente de la demi-somme des angles opposés à ces côtés est à la tangente de leur demi-différence.   237

On détermine aussi différents points d'un même alignement, lorsque des obstacles empêchent de voir les extrémités l'une de l'autre.   238

Par un point donné sur le terrain, on mène une droite parallèle à une droite inaccessible.   239

On détermine la direction de la capitale d'un bastion inaccessible.   240

La position d'un point d'où l'on voit trois autres points dont les distances respectives sont connues.   241

Enfin on calcule les différentes parties d'un front de fortification : l'angle de la tenaille, la ligne de défense, l'angle flanqué, la courtine, l'angle de l'épaule, l'angle du flanc, etc.   242

Énoncés de divers problèmes.   243

CHAPITRE IV.

DE LA LEVÉE DES PLANS.

On donne les moyens de déterminer les positions respectives des principaux points d'un plan, en formant un réseau triangulaire.   244

Ou en regardant ces points comme sommets de triangles qui ont tous même base.   245

On oriente un plan par le moyen de l'étoile polaire.   246

L'*azimut* est l'angle que fait une horizontale avec la méridienne.   *id.*

On réduit un angle au centre de la station.   247

On réduit un angle à l'horizon par une des formules du n° 224.   248

La méthode la plus sûre pour fixer les points d'une carte, est d'établir leurs distances à une méridienne et à sa perpendiculaire.   249

La *planchette* sert à lever les détails, soit en renfermant l'espace à figurer dans un polygone du plus petit nombre de côtés possible, soit par la méthode du n° 245.   251 à 254

Le *déclinatoire* sert à orienter le plan sur la planchette.   255

Si d'un point on en voit plusieurs autres dont la position soit déjà fixée, ils serviront à faire trouver la place de ce point sur le plan.   257

La *boussole*, par la propriété qu'a l'aiguille aimantée de demeurer toujours parallèle à elle-même, sert à lever le contour d'un polygone, le cours d'une rivière, les sinuosités d'un chemin. N° 258

Deux points étant connus, et l'angle que fait le méridien magnétique avec la droite qui les unit, on détermine la position d'un troisième point. 261

L'*équerre d'arpenteur* sert à lever un terrain par le moyen d'une *base* ou *directrice* sur laquelle on abaisse des perpendiculaires des sommets de tous les angles. 262

CHAPITRE V.

PRÉCIS DE QUELQUES MÉTHODES GRAPHIQUES EMPLOYÉES POUR COPIER OU RÉDUIRE LES PLANS.

On copie en calquant à la vitre, ou sur des papiers transparents, puis décalquant ce premier dessin. 264

On réduit, par le moyen des *carreaux* et de *l'angle réducteur*, ou avec des *échelles*, ou enfin en se servant du *pantographe*. 264

LIVRE VI.

NOTIONS SUR L'APPLICATION DE L'ALGÈBRE A LA GÉOMÉTRIE.

CHAPITRE PREMIER.

ÉQUATIONS DE LA LIGNE DROITE ET DES COURBES DU SECOND DEGRÉ.

Un point est donné sur un plan par ses distances à deux *axes* ordinairement rectangulaires; ils s'appellent *axes des coordonnées;* l'un est l'axe des *abscisses*, l'autre *l'axe des ordonnées*. 266

Deux conditions déterminent la position d'une droite, l'angle qu'elle fait avec l'axe des abscisses, et le point où elle coupe un des axes. La tangente de cet angle représente le rapport constant entre les coordonnées de chacun des points de la droite. 267

D'après cela on trouve l'équation d'une droite passant par deux points donnés. 268

Celle d'une droite perpendiculaire à une droite donnée. 269

La longueur d'une perpendiculaire abaissée d'un point donné sur une droite connue. *id.*

L'angle de deux droites données. 270

Etant donnés, le rayon d'un cercle et les coordonnées de son centre, on trouve son équation. 271

Avec elle on vérifie cette propriété que le centre d'un cercle passant par trois points donnés, est à l'intersection de deux perpendiculaires menées par le milieu des droites qui joignent deux à deux les points donnés. 272

Et cette autre, que la tangente est moyenne proportionnelle entre la sécante entière et sa partie extérieure; ce qui donne le moyen de décrire un cercle tangent à une droite donnée et passant par deux points donnés. 273

GÉOMÉTRIE ANALYTIQUE. 513

L'*ellipse* est une courbe fermée, dont une des propriétés est que, si on mène de chacun de ces points à deux points fixes dans son intérieur nommés *foyers*, deux droites appelées *rayons vecteurs*, la somme de ces lignes sera constante; cette propriété conduit à son équation. N° 274

L'aire d'une ellipse est égale au produit de ses demi-axes, multipliée par le rapport de la circonférence au diamètre. 275

Dans l'*hyperbole* la différence des rayons vecteurs est constante; en exprimant cette propriété, on obtient l'équation de la courbe. 276

La propriété caractéristique de la *parabole* est que tous ses points sont autant éloignés d'une droite donnée nommée *directrice*, que d'un point fixe donné qu'on appelle *foyer*. L'équation de la courbe se tire de cette propriété. 277

L'aire de la parabole est égale aux deux tiers de celle du rectangle circonscrit. 278

Les courbes du second degré, le cercle, l'ellipse, l'hyperbole et la parabole, sont appelées aussi *sections coniques*. 279

Tracé des courbes du second degré. *id.*

CHAPITRE II.

TRANSFORMATION DES COORDONNÉES, PROPRIÉTÉS DES COURBES DU SECOND DEGRÉ.

L'équation la plus générale du second degré à deux variables, renferme les secondes et les premières puissances de ces variables, ainsi que le produit de ces premières puissances. 280

Les formules pour la transformation des coordonnées, ne changent point le degré de l'équation d'une courbe. 281

Le *rayon vecteur* est une droite qui part d'un point fixe ou *pôle*, et qui aboutit à un point quelconque d'une courbe. 283

Discuter l'équation générale du second degré à deux variables, c'est assigner les conditions analytiques auxquelles cette équation doit satisfaire pour représenter telle ou telle courbe de ce degré. 284 à 288

Le rectangle construit sur les axes de l'ellipse est équivalent au parallélogramme construit sur ses diamètres conjugués. 289

Dans l'ellipse, la somme des carrés des diamètres conjugués est égale à la somme des carrés des axes. 289

Dans l'hyperbole, le parallélogramme construit sur les diamètres conjugués est égal au rectangle des axes. 290

Et la différence des carrés des diamètres conjugués est égale à celle des carrés des axes. *id.*

Dans la parabole, les carrés des ordonnées sont proportionnels aux abscisses correspondantes, quel que soit l'angle des coordonnées.

La tangente étant considérée comme une sécante pour laquelle les deux points d'intersection avec la courbe se confondent, on en déduit les formules qui expriment cette condition et servent par conséquent à représenter les tangentes aux courbes du second degré. 292

La *normale* est la perpendiculaire à la tangente menée par le point de contact, jusqu'à la rencontre de l'axe des abscisses. 295

33

Le *sous-normale* est la portion de cet axe comprise entre le pied de la normale et l'ordonnée. N° 296

Si le grand axe d'une ellipse est infini, cette courbe dégénère en parabole, et l'un des rayons vecteurs devient un diamètre et est parallèle à cet axe. 297

On appelle *asymptotes* de l'hyperbole, deux droites qui se coupent au centre de la courbe, et s'approchent sans cesse de ses branches, sans jamais pouvoir les atteindre. 298

Equation de l'hyperbole rapportée à ses asymptotes. *id.*

Propriété de cette courbe, de laquelle dérive un moyen très simple de lui mener une tangente lorsque le point de contact est donné. 298

CHAPITRE III.

PRINCIPES DE LA GÉOMÉTRIE AUX TROIS DIMENSIONS.

L'équation $r^2 = x^2 + y^2 + z^2$ représente une sphère du rayon r; on obtient celle des intersections de la sphère par les trois plans coordonnés en faisant dans la première successivement, $x=0, y=0, z=0$. 300

Les équations des projections d'une droite sur les plans coordonnés déterminent la position de cette droite dans l'espace. 301

La somme des carrés des cosinus des angles qu'une droite fait avec trois axes rectangles est égale à l'unité ou au carré du rayon des tables. 303

Le cosinus de l'angle de deux droites est égale à la somme faite des produits des cosinus des angles qu'elles forment respectivement avec chacun des axes rectangulaires. *id.*

L'équation du *plan* se trouve en le supposant engendré par le mouvement d'une droite, tournant autour d'une autre droite, et faisant constamment avec elle un angle droit. 304

On détermine le cosinus de l'angle de deux plans. 307

On trouve l'expression de la plus courte distance d'un point à un plan. 308

MÉCANIQUE.

DÉFINITIONS ET NOTIONS PRÉLIMINAIRES.

La Mécanique est la science du mouvement et de l'équilibre. N° 1
Toute cause qui meut ou tend à mouvoir un corps, se nomme *force*. *id.*
Quand des forces appliquées à un corps se détruisent mutuellement, il y a *équilibre*. 1
La *Statique* a pour objet l'équilibre des forces appliquées aux corps solides. *id.*
La *Dynamique* considère les circonstances du mouvement de ces corps. *id.*
L'*Hydrostatique* est la science qui traite de l'équilibre des fluides. *id.*
L'*Hydrodynamique* est celle qui considère le mouvement des fluides. *id.*
Une force unique qui ferait mouvoir un point matériel de la même manière que plusieurs forces ensemble, se nomme la *résultante* de ces forces, et celles-ci s'appellent les *composantes* de cette dernière. 2
L'action d'une force est la même, en quelque point de sa direction qu'elle soit appliquée. 2

SECTION PREMIÈRE.

STATIQUE.

CHAPITRE PREMIER.
COMPOSITION ET DÉCOMPOSITION DES FORCES.

La résultante de deux forces quelconques qui agissent sur un point matériel, et qui sont représentées par des lignes prises sur leur direction à partir de ce point, est pour sa grandeur et sa direction, la diagonale du parallélogramme construit sur ces forces. 3, 4 et 5
Relation entre deux forces, l'angle de leurs directions et leur résultante. 6
Deux forces et leur résultante peuvent être représentées chacune par le sinus de l'angle formé par les directions des deux autres. 7
Trois forces non situées dans un même plan, et appliquées à un même point, ont une résultante représentée en grandeur et en direction par la diagonale du parallélipipède construit sur les parties des directions de ces forces qui expriment leurs grandeurs respectives, à partir de leur point d'application. 8
On peut toujours décomposer une force en trois autres respectivement parallèles à trois droites données. Chaque composante se trouve en multipliant la force qu'on veut décomposer par le cosinus de l'angle que sa direction fait avec l'axe auquel cette composante est parallèle. 9
Grandeur et direction de la résultante d'un nombre quelconque de forces appliquées à un même point, suivant les directions données. 10

TABLE DES PRINCIPES.

Expression de la résultante de trois forces appliquées à un même point, et qui ne sont pas situées dans un même point. 11

Equations qui ont lieu dans le cas de l'équilibre de plusieurs forces appliquées à un même point. 12

La résultante de deux forces parallèles qui agissent dans le même sens, et parallèle aux directions de ces forces, est égale à leur somme; et les distances de la direction de cette résultante à celle des composantes, sont réciproquement proportionnelles à ces composantes. 13

Ce que c'est qu'un *couple*. *id.*

Décomposition d'une force en deux autres qui lui soient parallèles. 14

La résultante de plusieurs forces parallèles, situées ou non dans un même plan, est égale à la somme de ces forces, en leur donnant des signes convenables. 15

Des moments, de leur usage dans la composition des forces, et des équations d'équilibre.

Le *moment d'une force* est le produit de cette force par la distance de sa direction à un point, à une ligne ou à un plan. 16

Le moment de la résultante de deux ou d'un plus grand nombre de forces parallèles situées dans un même plan, est égal à la somme des moments de ces forces. 16, 17 et 18

Expression de la distance de la direction de cette résultante à un point pris à volonté dans le plan de ces forces. 17

Le moment de la résultante de plusieurs forces qui ont des directions quelconques dans un même plan, par rapport à un point de ce plan, est égal à la somme des moments de ces forces. 19

Equations qui déterminent la grandeur et la direction de cette résultante. 20

Equations qui ont lieu dans l'équilibre de plusieurs forces situées dans un même plan, 1° quand ce système est libre; 2° quand il est assujetti à tourner autour d'un point fixe. 20

Le moment de la résultante de plusieurs forces parallèles non situées dans un même plan, par rapport à un plan parallèle à leurs directions, est égal à la somme des moments de ces forces. 21

Formules qui déterminent la position de cette résultante. *id.*

Si ces forces parallèles sont égales, la distance de leur résultante à un plan devient celle de la distance moyenne respective de ces mêmes forces à ce plan. 21

Equations qui ont lieu dans l'équilibre de plusieurs forces parallèles, 1° quand le système est libre; 2° quand il ne peut tourner autour d'un axe fixe; 3° autour d'un point. 22

Equations qui ont lieu dans l'équilibre de plusieurs forces de directions quelconques, lorsque le système est libre, et lorsqu'il ne peut que tourner en tout sens autour d'un point fixe. 23

De la pesanteur et des centres de gravité.

La *pesanteur* ou la *gravité* est la force avec laquelle tous les corps abandonnés

MÉCANIQUE.   517

à eux-mêmes s'approchent de la terre, suivant des directions perpendiculaires à sa surface. 24

Le *poids* d'un corps est proportionnel à sa *masse*. id.

Le *centre de gravité* d'un corps est le point unique par lequel passe constamment la direction du poids de ce corps, quelle que soit sa position. 24

La distance du centre commun de gravité de plusieurs corps, est égale à la somme des moments de ces corps, divisée par la somme des masses. 25

Le centre de gravité de tout corps homogène est à son centre de figure. 26

Le centre de gravité du contour ou de l'aire d'un parallélogramme est à l'intersection de ses diagonales; celui de la circonférence ou de l'aire du cercle est à son centre; celui de la surface ou du volume de la sphère est au centre. 26

Le centre de gravité du contour d'un polygone, se trouve en divisant la somme des moments de ses côtés par rapport à deux axes pris dans son plan, par le contour du polygone; les quotients seront les coordonnées du centre de gravité. 27

Le centre de gravité d'un triangle est situé, à partir d'un de ses angles, aux deux tiers de la droite menée du sommet de cet angle au milieu du côté opposé. 28

La distance du centre de gravité d'un triangle à une ligne tirée dans le plan du triangle, ou à un plan quelconque, est égale au tiers de la somme des distances des sommets des angles du triangle, à la ligne ou au plan. 30

Le centre de gravité de l'aire d'un polygone se trouve en le décomposant en triangles. 31

Si, à partir de la plus grande base du trapèze, on prend sur la droite qui joint le milieu des bases une quatrième proportionnelle à la somme des bases, à cette somme augmentée de la plus petite, et au tiers de la ligne qui joint les milieux des bases, on aura le centre de gravité du trapèze. 32

Le centre de gravité de la pyramide triangulaire, est sur la droite qui joint le sommet d'un de ses angles avec le centre de gravité de la face opposée, aux trois quarts de la longueur de cette droite, à partir du sommet de l'angle. 33

Le centre de gravité d'une pyramide quelconque, est situé aux trois quarts de la droite menée du sommet de la pyramide au centre de gravité de la base, à partir du sommet. 34

La distance du centre de gravité d'une pyramide triangulaire à un plan, est le quart de la somme des distances des sommets de ses angles à ce plan. 35

Le prisme et le cylindre ont leur centre de gravité au milieu de la droite qui joint le centre de gravité de leurs bases. 36

Le centre de gravité de la surface, ou du volume d'un cône droit, ou d'un tronc de cône droit à bases parallèles, est le même que celui de la section faite par un plan passant par l'axe du cône. 36

Le centre de gravité d'un arc de cercle est sur le rayon qui passe par le milieu de l'arc, à une distance du centre, qui est une quatrième proportionnelle à la longueur de l'arc, à sa corde et au rayon. 37

Celui de l'aire du secteur circulaire est sur le rayon qui le partage également, à une distance du centre qui est une quatrième proportionnelle à l'arc, à la corde et aux deux tiers du rayon. 38

Celui de l'aire du segment de cercle, est sur le rayon qui le partage également, à une distance du centre égale au douzième du cube de la corde divisé par l'aire du segment. 39

Celui d'une calotte sphérique est au milieu de son axe. 40

Celui du secteur sphérique est sur son axe, à une distance du centre égale aux trois quarts du rayon, moins les trois huitièmes de la hauteur de la calotte. 41

On trouve la distance du centre de gravité du segment sphérique en divisant son moment par son volume. 42

Usage des centres de gravité pour déterminer les surfaces et les volumes des solides de révolution.

La surface qu'engendre une courbe plane, en tournant autour d'un axe situé dans son plan, est égale au produit de la courbe par le chemin que parcourt son centre de gravité. 43

Le solide engendré par la révolution d'une figure plane autour d'un axe situé dans son plan, est égal au produit de l'aire génératrice par la circonférence décrite par son centre de gravité. 44

Ces deux principes constituent la *méthode centrobarique*.

CHAPITRE II.

DES MACHINES.

De l'équilibre des forces qui agissent les unes sur les autres par le moyen des cordes.

Si deux forces tendent une corde appuyée sur un point fixe, la pression sur ce point divise en deux parties égales l'angle formé par les deux parties de la corde qui sont alors également tendues. 48

Equilibre dans le *polygone funiculaire*. 49

Si une force agit au moyen d'une corde, suivant une direction non verticale, la corde ne transmettra pleinement l'action de cette force, qu'autant que la verticale, menée par le point du concours des tangentes aux extrémités de la courbe décrite par la corde, divisera également l'angle de ces tangentes. 50

Une corde pesante ne peut jamais être exactement tendue, si ce n'est dans une direction verticale. 51

Du Levier.

Le *levier* est une verge inflexible droite ou courbe, qu'on suppose ne pouvoir que tourner autour d'un point d'appui. 52

Deux puissances qui tendent à faire tourner un levier en sens contraires, et qui se font équilibre, sont en raison réciproque de leurs distances au point d'appui. 52

Si l'appui est entre le poids et la puissance, le levier est de la première espèce; il est de la seconde, si le poids est entre l'appui et la puissance; et de la troisième, si la puissance est entre l'appui et le poids. 53

La *balance* est un levier de la première espèce. 54

La *romaine* est un levier de la première espèce, dont les bras sont inégaux. 55

Des Poulies et Moufles.

La *poulie* est une roue, dont la circonférence est creusée en gorge pour recevoir une corde, et qui est traversée par un axe porté par les branches d'une chape. 56

La puissance est égale au poids dans l'équilibre de la poulie fixe, qui ne sert qu'à changer la direction de la puissance. *id.*

Lorsqu'une puissance soutient un poids, au moyen d'un système de poulies mobiles embrassées chacune par un cordon attaché, d'une part à un point fixe, et de l'autre au centre de la poulie voisine, la puissance est au poids, comme le produit des rayons des poulies mobiles est au produit des sous-tendantes des arcs enveloppés de ces poulies. 57

La *moufle* est un système de poulies assemblées dans une même chape; on emploie deux moufles, l'une fixe, l'autre mobile et attachée à la résistance. Il y a équilibre, quand la puissance égale le poids divisé par la somme des cosinus des angles que font, avec la verticale, les cordons qui vont d'une moufle à l'autre. 58

De l'Equilibre dans le tour, treuil ou cabestan.

Le *tour* est composé d'un cylindre et d'une roue qui ont même axe; l'équilibre a lieu quand la puissance est au poids, comme le rayon du cylindre est au rayon de la roue. 59, 60

La *chèvre* est composée d'un cabestan et d'un équipage de moufles; il y a équilibre, quand la puissance est au poids, comme le rayon du cabestan est à autant de fois la longueur du bras de levier qu'il a de brins. 22

Le *cric* est composé d'une barre de fer dentée d'un côté, et engrenant dans un pignon qu'on fait tourner au moyen d'une manivelle. Il y a équilibre, quand la puissance est au poids, comme le rayon du pignon est au rayon de la circonférence que la manivelle tend à décrire. 63

De l'Equilibre sur les plans.

Un corps qui ne touche un plan qu'en un point, ne peut demeurer en équilibre, qu'autant que les forces qui le sollicitent sont réductibles à une seule dirigée au point d'appui perpendiculairement au plan. 65

Lorsqu'une puissance retient un corps pesant en équilibre sur un plan incliné, la puissance est au poids de ce corps, comme le sinus de l'inclinaison du plan à l'horizon est au cosinus de l'angle que la direction de la puissance fait avec le plan, ou comme la hauteur du plan est à sa longueur. 66

Un corps ne peut être en équilibre entre deux plans inclinés, qu'autant qu'il se trouve, dans la verticale qui passe par le centre de gravité, un point d'où l'on puisse abaisser sur chaque plan une perpendiculaire qui ne laisse pas d'un même côté tous les points de contact du corps avec le plan, il faut aussi que ces perpendiculaires soient dans un même plan vertical. 67

De la Vis.

La *vis* est un cylindre droit enveloppé d'un filet uniforme qui fait partout un même angle avec la génératrice du cylindre.   68

Le *pas* est l'intervalle entre deux filets consécutifs, mesuré parallélement à l'axe.   id.

L'équilibre a lieu quand la puissance appliquée à l'*écrou* est au poids dont l'écrou est chargé, comme le pas de la vis est à la circonférence que la puissance tend à décrire.   69

Du Coin.

Le *coin* est un prisme triangulaire dont la face la plus étroite s'appelle la *tête*; c'est l'arête opposée à la tête qui est le *tranchant* du coin.   71

La théorie de la décomposition des forces conduit à l'équation d'équilibre dans le coin.   71

Du Frottement.

Le *frottement* est la résistance qu'on éprouve à faire glisser un corps sur un autre.   72

Si on place un corps sur un plan, et qu'on l'incline jusqu'à ce que le corps soit prêt à glisser, le rapport de la hauteur du plan à sa base sera le rapport du frottement à la pression pour les deux substances.   73

Plus on diminue le rayon de l'essieu dans le tour, en lui conservant la solidité nécessaire, plus le frottement diminue.   74

Les équations d'équilibre dans les moufles, le plan incliné, la vis, étant convenablement modifiées, font connaître la puissance nécessaire pour vaincre le frottement dans les machines simples; valeur du frottement d'après les expériences de M. Morin.   75, 76

SECTION II.

DYNAMIQUE.

CHAPITRE PREMIER.

Du Mouvement uniforme.

Le mouvement d'un point matériel est *uniforme*, s'il parcourt des espaces égaux en temps égaux.   77

La *vitesse* est l'espace que parcourt uniformément un corps pendant un temps pris pour unité.   id.

La force d'un corps est égale au produit de sa vitesse par sa masse.   78

L'espace parcouru d'un mouvement uniforme, pendant un temps quelconque, est égal au produit de la vitesse multipliée par le temps.   79

Du Mouvement uniformément accéléré.

Le mouvement *uniformément accéléré*, est celui d'un point matériel soumis continuellement à l'action d'une force constante.   80

Dans ce mouvement, la vitesse acquise au bout d'un temps quelconque, est égale au produit de la force *accélératrice* par le temps; et l'espace parcouru est égal au produit de la moitié de la force accélératrice par le carré du temps. 81

Les espaces parcourus pendant les secondes successives, sont entre eux comme les nombres impairs. 83

Le mouvement vertical des corps pesants est uniformément accéléré. 84

Du Mouvement des corps pesants le long des plans inclinés.

Un corps qui a parcouru la longueur d'un plan incliné, a acquis la même vitesse que s'il était tombé librement d'une quantité égale à la hauteur du plan. 86

Si deux corps pesants partent en même temps du sommet commun de deux plans inclinés pour les parcourir, ils arrivent en même temps aux extrémités des perpendiculaires abaissées sur ces plans d'un même point de leur hauteur. 87

Les temps employés par deux corps à parcourir les longueurs de deux plans inclinés, sont entre eux comme les longueurs de ces plans, divisées par les racines carrées de leurs hauteurs. 88

CHAPITRE II.

Du Mouvement des projectiles dans le vide.

Un *projectile* est un corps lancé suivant une direction quelconque, et qui obéit en même temps à la pesanteur. 89

La ligne qu'il parcourt est une courbe plane et verticale nommée *trajectoire*. 90

L'équation de cette courbe fait voir qu'elle est symétrique par rapport à un axe vertical. 91

On obtient les mêmes portées avec deux angles compléments l'un de l'autre ou également éloignés d'un demi-droit. *id.*

La charge de la poudre étant la même, la portée est la plus grande, lorsque l'angle de projection est la moitié d'un angle droit. *id.*

Du tir du but en blanc.

Le *tir de but en blanc* s'exécute en dirigeant la ligne de mire sur l'objet qu'on veut atteindre. 92

La *ligne de mire* naturelle rase la partie supérieure de la plate-bande de culasse et le point le plus élevé du bourrelet. *id.*

La *hausse* placée derrière la culasse peut s'élever jusqu'à 18 lignes. *id.*

L'*angle de mire* est celui que fait cette ligne avec la ligne de tir, ou l'axe prolongé. *id.*

La distance de la bouche au point où le projectile coupe pour la seconde fois la ligne de mire, s'appelle *portée de but en blanc*. *id.*

L'application des principes de la géométrie et de la trigonométrie donne la solution des problèmes suivants. 93

Connaissant la hausse et les dimensions du canon, trouver l'angle de mire. *id.*

Connaissant les dimensions de la pièce et son inclinaison à l'horizon, trouver l'équation de la ligne de mire. 94

Connaissant la hausse, les dimensions de la pièce, l'angle de projection et la charge, trouver la portée de but en blanc. 95

Trouver la relation entre la hausse et l'angle de projection. 96

Résultats d'expériences sur le tir. 97

Du mouvement d'un point pesant dans une courbe verticale, et des oscillations des pendules simples.

Un point sans pesanteur parcourant les côtés successifs d'un polygone, perd à la rencontre de chaque côté une partie de sa vitesse actuelle, égale au produit de cette vitesse par le sinus verse de l'angle que fait le côté parcouru avec celui que le point va parcourir. 98

Donc cette perte est infiniment petite dans les courbes.

Un corps pesant qui descend dans une courbe verticale en vertu de sa pesanteur, a, en un point quelconque, la même vitesse que s'il était tombé d'une hauteur égale à celle de l'arc parcouru, et son mouvement est indépendant de la nature de la courbe. 98

Dans le cercle, les vitesses acquises par deux points pesants sont comme les cordes des arcs parcourus. *id.*

Le *pendule simple* est un très petit corps d'une grande densité, suspendu par un fil très délié à un point fixe. 99

Les *oscillations* dans de petites portions d'une circonférence, sont *isochrones*. 100

Les nombres d'oscillations que deux pendules différents peuvent faire dans un même temps et dans un même lieu, sont en raisons inverses des racines carrées des longueurs de ces pendules. 101

Quand le pendule et sa verge ont des masses sensibles, le pendule est *composé*. 102

Des Forces centrales.

La force centripète d'un corps libre, ou sa force centrifuge, s'il est retenu, est au poids du corps, comme la hauteur due à la vitesse est à la moitié du rayon de la circonférence que ce corps décrit. 103

Propriétés du centre de gravité.

Si plusieurs corps libres ont des mouvements rectilignes parallèles entre eux et uniformes, leur centre commun de gravité est mu parallèlement aux directions des corps, avec une vitesse égale à la somme des quantités de mouvement des corps, divisée par la somme des masses. 104

Si les corps ont des directions rectilignes quelconques, le mouvement de leur centre commun de gravité est rectiligne, uniforme, et le même que si toutes les forces lui étaient appliquées chacune parallèlement à sa direction. 105

Si les corps étaient liés entre eux, le centre de gravité serait encore mu de la même manière que s'ils étaient libres. 106

Lorsque la force transmise à un système invariable passe par son centre de gravité, toutes les parties du système ont des vitesses égales. 107

Si la force transmise à un corps ne passe pas par son centre de gravité, outre son mouvement de translation, le corps prend encore un mouvement de rotation autour de son centre de gravité. 108

De la loi d'inertie et du choc des corps.

En vertu de la *loi d'inertie*, un corps en repos ou en mouvement, résiste à son changement d'état; cette inertie est proportionnelle à la masse. 109

Les *corps durs* sont ceux dont aucune force appliquée extérieurement ne peut changer la forme. 110

Les *corps élastiques* qui peuvent être comprimés, reprennent leur première forme par les mêmes degrés de force par lesquels ils l'ont perdue. *id.*

Le *choc direct* se fait suivant une droite qui passe par le centre de gravité des corps perpendiculairement au plan tangent aux surfaces des deux corps, au point de rencontre de ces deux surfaces. *id.*

Deux corps durs qui se choquent en sens contraire avec des vitesses égales, demeurent en repos après le choc. *id.*

Deux corps qui se choquent en sens contraire et se font équilibre, ont des quantités de mouvement égales entre elles. 111

La vitesse des corps durs, après le choc, est égale à la somme de leurs quantités de mouvement avant le choc, divisée par la somme de leurs masses. 112

La somme des quantités de mouvement après le choc, est la même qu'avant le choc; et la vitesse du centre de gravité des deux corps, après le choc, est la même qu'avant le choc. *id.*

Pour avoir les vitesses de deux corps élastiques après le choc, il faut du double de la vitesse que ces corps auraient après le choc, s'ils étaient sans ressort, retrancher la vitesse que chacun d'eux avait avant le choc. 113

La vitesse du centre commun de gravité de deux corps élastiques après le choc, est la même qu'avant le choc. *id.*

Dans le choc des corps élastiques, la somme des produits de chaque masse, par le carré de la vitesse après le choc, est égale à la somme des produits de chaque masse par le carré de sa vitesse avant le choc. 114

On entend par *force vive* d'un corps, le produit de sa masse par le carré de sa vitesse.

La vitesse avec laquelle les corps élastiques s'éloignent l'un de l'autre après le choc, est égale à celle avec laquelle ils s'approchaient l'un de l'autre avant le choc. *id.*

Dans le changement brusque qui s'opère par le choc de deux corps durs, la partie de la force vive détruite est égale à celle qui résulterait de la vitesse perdue par chaque corps. *id.*

SECTION III.

HYDROSTATIQUE.

CHAPITRE PREMIER.

Une *masse fluide* est un amas de particules matérielles d'une extrême ténuité, parfaitement mobiles en tout sens. 115

On distingue deux sortes de fluides, les fluides *incompressibles* et les fluides *compressibles* ou *élastiques*. *id.*

Si les molécules d'une masse fluide contenue dans un vase ouvert, sont sollicitées par la pesanteur seule, et si la surface du fluide est de niveau, toute la masse est en équilibre. 116

La pression qu'éprouve en tout sens une molécule d'un fluide pesant en équilibre dans un vase, est égale au poids d'un filet vertical de ce fluide qui aurait pour hauteur la distance de cette molécule au plan de la surface supérieure du fluide. 118

La *pesanteur spécifique* d'un corps est le poids de l'unité de volume de ce corps. 119

Le *poids* d'un corps est le produit de sa pesanteur spécifique par son volume. *id.*

La *densité* d'un corps est la masse de l'unité de volume de ce corps. *id.*

La pression qu'un fluide pesant exerce sur une surface plane, située comme on voudra, est égale au produit de cette surface multipliée par la distance de son centre de gravité au plan de niveau, et par la pesanteur spécifique du fluide. 120

Lorsqu'un corps de forme quelconque est en tout ou en partie dans un fluide pesant, il s'y trouve sollicité par sa pesanteur, et par une infinité de pressions perpendiculaires à la surface de la partie submergée; toutes ces forces doivent se détruire pour qu'il y ait équilibre. 122

La résultante des forces verticales provenant des pressions du fluide, passe, dans le cas d'équilibre, par le centre de gravité de la partie submergée. 123

Si un corps d'une pesanteur spécifique moindre que celle d'un fluide, est en équilibre sur le fluide, le poids du corps est égal au poids du volume du fluide déplacé. *id.*

Pour évaluer en grammes le poids du volume d'une substance, il faut multiplier sa pesanteur spécifique par son volume évalué en centimètres cubes. *id.*

CHAPITRE II.

De l'Air, du Baromètre et de son usage dans la mesure des hauteurs.

L'air est un fluide transparent, compressible dans le rapport des poids qui le chargent, élastique; et dilatable de environ $\frac{1}{280}$ de son volume pour chaque degré du thermomètre centigrade. 124

Le *baromètre* indique que la pression de l'atmosphère augmente ou diminue suivant l'élévation ou l'abaissement de la colonne de mercure. *id.*

Cet instrument peut donc servir à mesurer les hauteurs en tenant compte, suivant une formule connue, des différentes circonstances météorologiques qui ont lieu pendant l'opération. 125

FIN DE LA TABLE DES PRINCIPES.

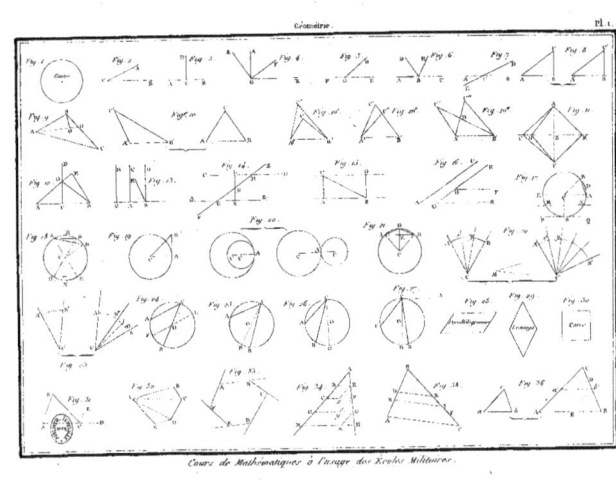

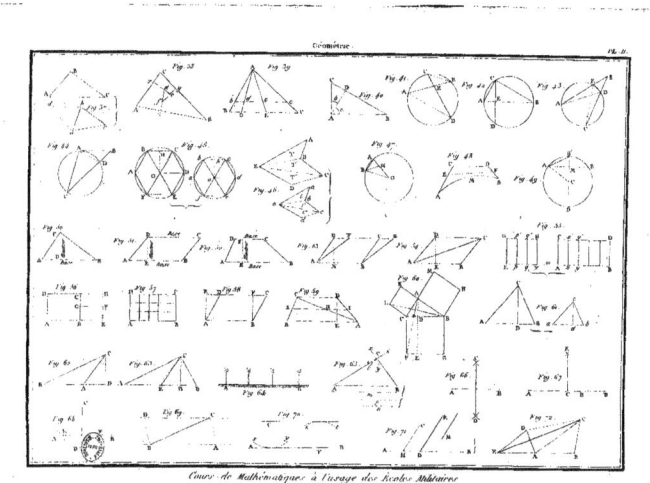

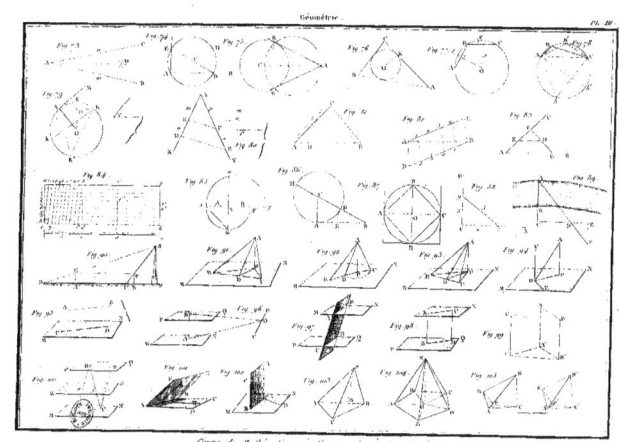

Géométrie.

Cours de Mathématiques à l'usage des Écoles Militaires.

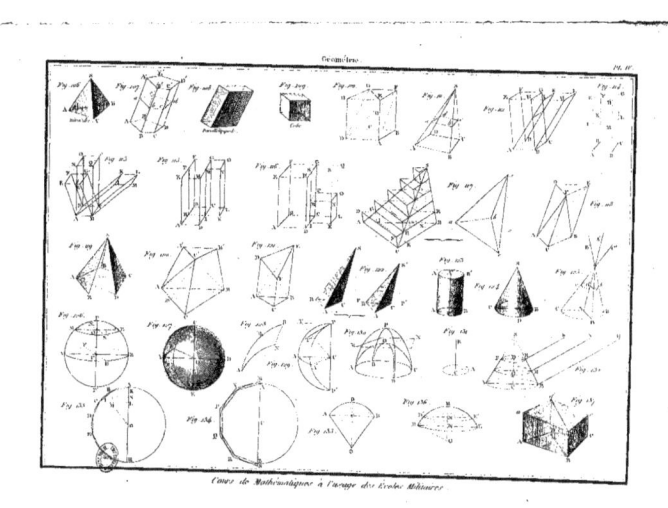

Cours de Mathématiques à l'usage des Écoles Militaires

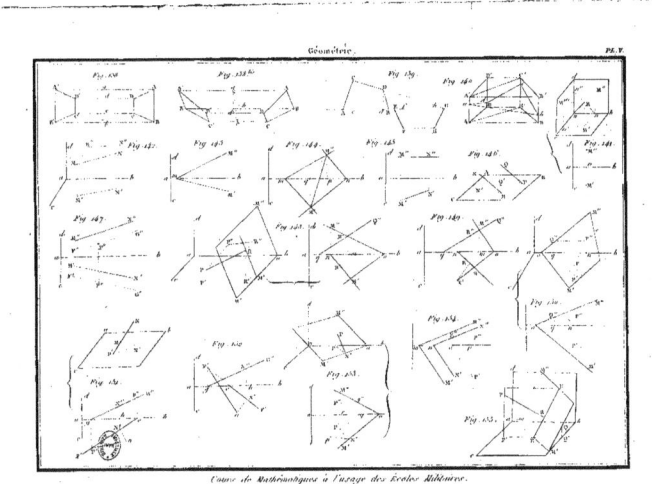

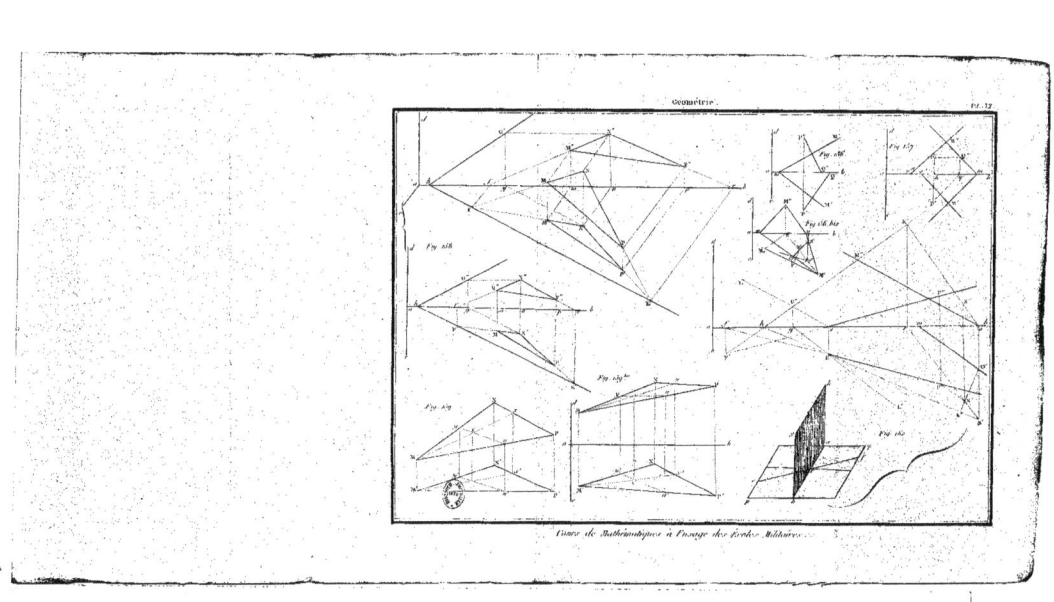

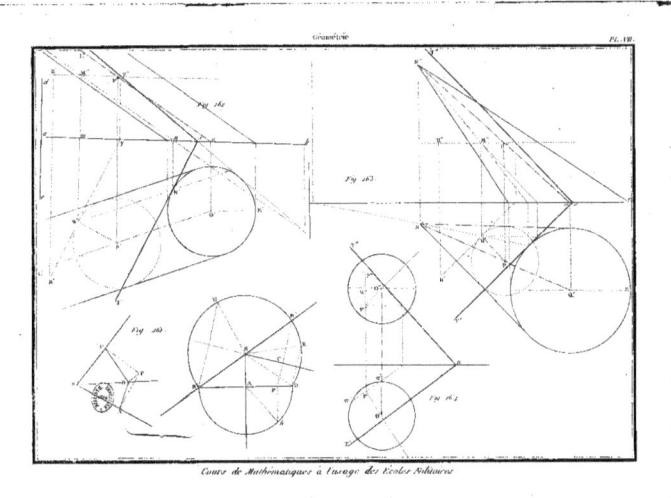

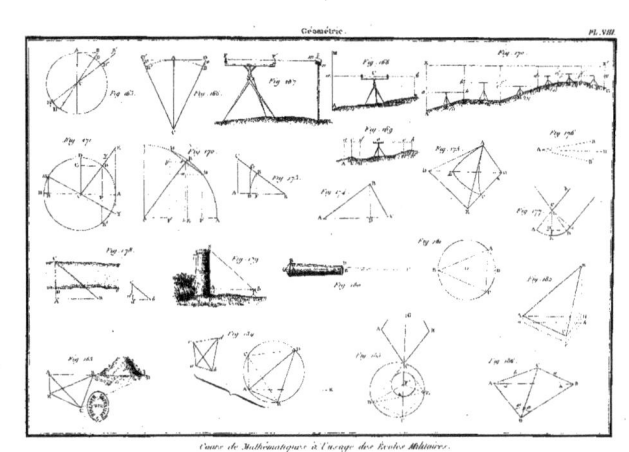

Géométrie. Pl. VIII

Cours de Mathématiques à l'usage des Écoles Militaires.

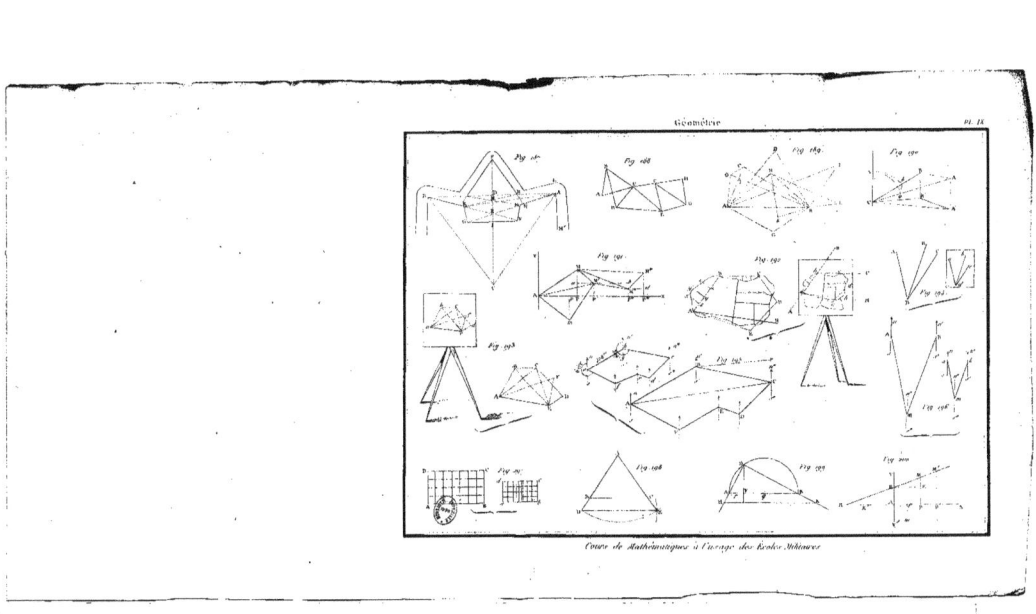

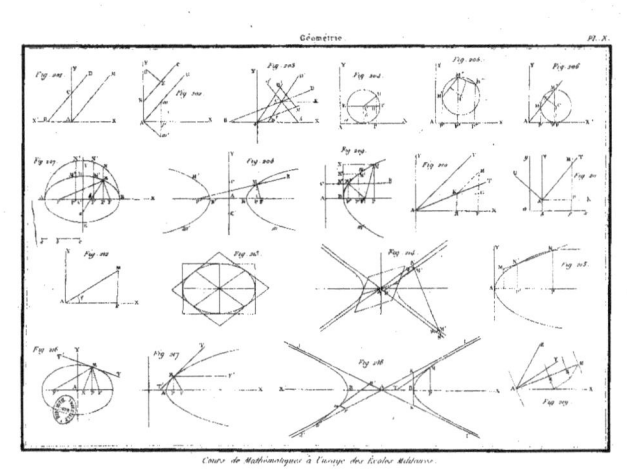

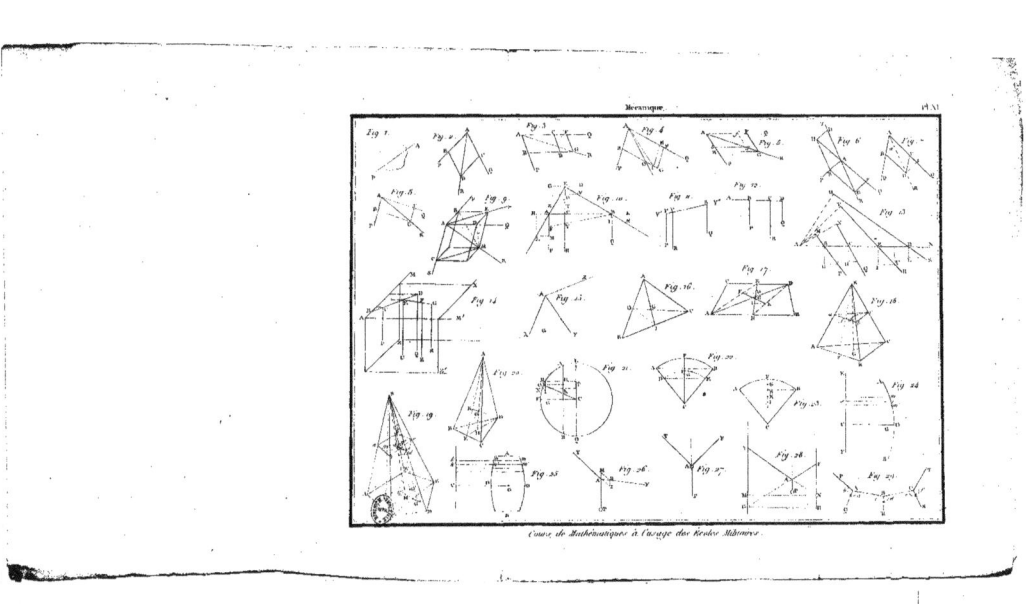

Cours de Mathématiques à l'usage des Écoles Militaires.

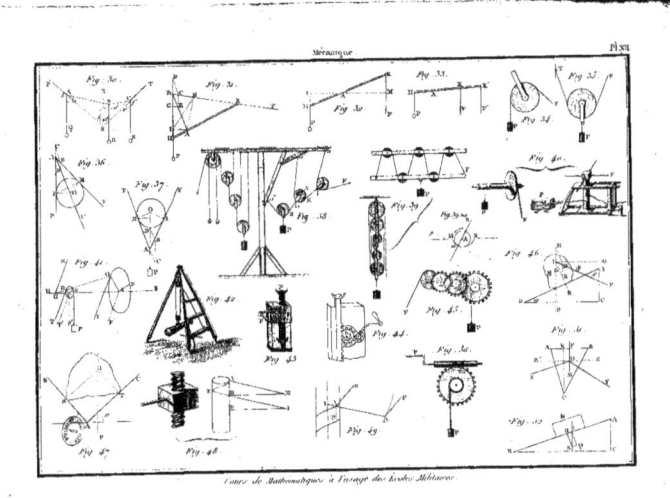
Cours de Mathématiques à l'usage des Écoles Militaires.

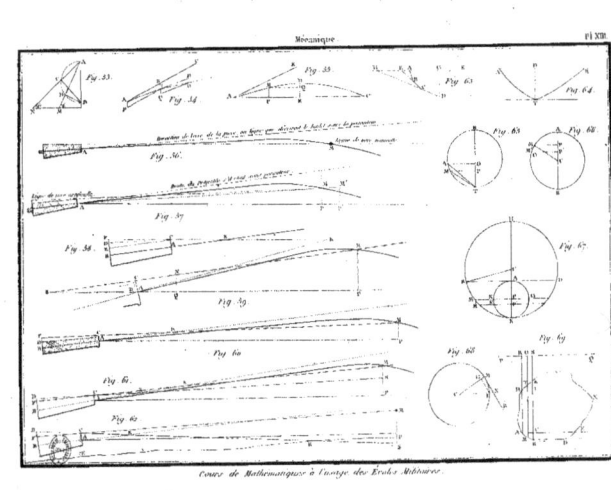

Cours de Mathématiques à l'usage des Écoles Militaires.

www.ingramcontent.com/pod-product-compliance
Lightning Source LLC
Chambersburg PA
CBHW060802230426
43667CB00010B/1665